数学名著译丛

代数拓扑基础

〔美〕J. R. 曼克勒斯　著
谢孔彬　译

科学出版社
北京

内 容 简 介

本书根据 James R. Munkres 所著“Elements of Algebraic Topology”(Perseus 出版社 1993 年版)译出.

全书共分 8 章 74 节,内容丰富,论述精辟. 主要内容包括单纯同调群及其拓扑不变性、Eilenberg-Steenrod 公理系统、奇异同调论、上同调群与上同调环、同调代数、流形上的对偶等.

由于作者独具匠心的灵活编排,使得本书能适合于多种教学需要,如可作为研究生一学年或学期的教材,也可供本科高年级选修课选用. 此外本书可供广大科技工作者和拓扑学爱好者阅读.

图书在版编目(CIP)数据

代数拓扑基础/(美)J.R.曼克勒斯(Munkres,J.R.)著;谢孔彬译.
—北京:科学出版社,2006
(数学名著译丛)
ISBN 978-7-03-017359-1

Ⅰ. 代… Ⅱ. ①曼…②谢… Ⅲ. 代数拓扑 Ⅳ. O189.2

中国版本图书馆 CIP 数据核字(2006)第 057327 号

责任编辑:陈玉琢 莫单玉/责任校对:钟 洋
责任印制:赵 博/封面设计:王 浩

科学出版社出版
北京东黄城根北街 16 号
邮政编码:100717
http://www.sciencep.com
北京富资园科技发展有限公司印刷
科学出版社发行 各地新华书店经销
*
2006 年 9 月第 一 版 开本:850×1168 1/32
2025 年 3 月第八次印刷 印张:18 3/8
字数:481 000

定价:98.00 元

(如有印装质量问题,我社负责调换)

译 者 的 话

本书根据 Perseus 出版公司 1993 年新版译出. 它与 1982 年版相比章节篇幅都没有改变,仅在个别地方和习题作了小的改动,并且修正了若干印刷错误.

本书的作者 J. R. 曼克勒斯先生是美国麻省理工学院的知名教授. 他不仅是拓扑学领域的权威,而且是国际上著名的数学家和教育家. 他在拓扑学方面有一系列受到数学界和教育界推崇的优秀著作,本书是其中之一. 此外,他的《初等微分拓扑学》(Elementary Differential Topology)一书早在 20 世纪 60 年代由李培信先生译成中文版(上海科学技术出版社,1966). 他的《拓扑学基本教程》(Topology:A First Course)一书也于 20 世纪 80 年代经江泽涵、姜伯驹二位先生推荐,由罗嵩龄、熊金城等译成中文版(科学出版社,1987). 此书后来又出了(英文)第二版,内容也有较大扩充. 这些著作在我国数学教育中都曾发挥了积极作用,受到数学界和广大读者的普遍赞誉. 因此《代数拓扑基础》(Elements of Algebraic Topology)一书的翻译出版自然也就成为广大数学教育工作者和广大读者的愿望,也是译者渴望已久的事情. 如今这一愿望能够真正得以实现,首先要感谢科学出版社的大力支持,同时在本书的翻译过程中始终得到山东理工大学教务处科技处和数学与信息科学学院等各级领导的大力支持和帮助,在此一并表示衷心感谢!

关于翻译工作本身,译者除严格遵循通常的翻译标准外着重注意了以下两点:第一,因为数学语言必须是严格准确的,所以我特别注意到尽可能避免自然语言可能产生的歧义;第二,为了避免数学语言可能使人产生的枯燥感,我在尊重原文确切表达的基础上尽量照顾到译文的节奏和韵律,使之读起来流畅上口,感觉舒服. 但这仅是译者的努力方向和目标,绝不意味着已经达到了这样的标准. 相反,由于译者才疏学浅,虽然竭尽努力,但译文中的错误和不当之处在所难免. 敬请专家同行和广大读者批评指正!

译　者
2006 年元旦

序　言

本书是为一年级研究生而写的代数拓扑学教程，它提供了同调论和上同调论的基本材料．对于将在拓扑学、微分几何、Lie 群和同调代数等方面继续学习的学生来说，学习本课程将是以后工作的前提条件；而对另一些学生而言，本课程与代数学以及实分析和复分析一起成为他们的总体背景的一部分．

我们自始至终都突出强调几何的动机和应用．对于课程的抽象部分，我们总是先用具体例子铺垫，然后逐步引入．

本书从处理同调论中最具体的单纯同调群开始．在它们的拓扑不变性被证明和 Eilenberg-Steenrod 公理被验证之后，奇异同调群就能作为它们的自然推广而引入．CW 复形是作为一种有用的工具而出现的．这些基本的"核心"材料通过上同调群和上同调环的论述而完善起来．

书中还有附加的两章．其中，前一章论述同调代数，包括万有系数定理和 Künneth 定理；另一章论述流形，尤其是与 Poincaré、Lefschetz、Alexander 和 Pontryagin 等人的名字相联系的对偶定理．引进 Čech 上同调是用来研究其中的最后一个定理．

本书不论述同伦论．这样做是为了不致使本书的篇幅过于庞大．在 Massey 的书[Ma]中有关于基本群的详尽而引人入胜的初等论述．至于一般同伦论，读者可以查阅 Whitehead 的优秀专题论文[Wh]，而对于该论文来说，本书又是有用的准备．

预备知识

我们假定学生在一般拓扑学和代数学两个方面都具备一定的背景知识．在拓扑学方面，我们假定学生熟悉一般拓扑空间中的连续函数和紧性、连通性，熟悉正规空间中的分离公理乃至 Tietze 扩张定理．没有这种背景知识的学生应该准备进行一些自学．任何一本拓扑学方面的标准教科书都能满足这种要求(例如文献[D]、[W]、[Mu]、[K]). 即使有这种背景的学生也可能不甚了解我们所需要的商空间. 因此在需要的时候,我们将要复习这个专题(§20 和§37).

至于代数方面所涉及的内容,一本论及群、商群、同态以及关于环、域和向量空间的基本事实的教程即可满足要求,而无需特别深奥的定理. 由于需要,我们将回顾这些基本结果,在§5 中论述了直和与直积,在§11 中证明了有限生成的 Abel 群的基本定理.

本书的内容编排

每一个教授代数拓扑课程的人对于论题的选择都会有自己不同的见解. 我试图尽可能灵活地组织编排本书的内容,以便使教师能够按照他们的爱好自主地选取材料. 前六章涵盖了前面所提到的基本"核心"材料. 一些标有星号的节,不是这些基本核心材料的组成部分,因而它们可以省略或推迟而不影响连贯性. 最后两章分别是关于同调代数和对偶性的内容;它们是相互独立的,可以讲授其中任何一章,也可以讲授两章.

希望这样做的教师可以省略第二章以缩减单纯同调的论述. 按这种处理方法,单纯同调群的拓扑不变性不是像在第二章中那样直接用单纯逼近来证明,而是把它作为单纯同调论与奇异同调论同构的一个推论(§34).

当把本书作为两个学期的教程使用时,我们就能理所当然地要求包括它的全部内容. 这是我在麻省理工学院教授一年级研究生课程时通常遵循的计划. 这就允许有足够的时间彻底地处理习题. 非同常规的习题本身就是一种挑战. 更难的习题标有星号,但是没有不合情理的困难.

如果将本书用作一学期的教材,那就必须做出应当包括哪些材料的若干种选择. 一种可能的教学大纲是由整个前四章组成. 另一种方案是由前五章组成,但要略去大多数或全部标有星号的节.

第三种可能的方案是略去第二章,而由下列内容组成:

第一章

第三章(略去§27)

第四章(在§31 前插入§15,在§37 前插入§20)

第五章和第六章

如果时间允许,教师可以讲授第七章或者第八章前四节的材料.(第八章的后几节依赖于略去的材料.)

致谢

每一个教代数拓扑的人都有许多机会查阅由 Hilton 与 Wylie 合著的经典著作[H-W]和由 Spanier 著的经典著作[S].我也不例外.想必读者能察觉出它们的影响贯穿本书始终.我从 George Whitehead 那里学到了关于 CW 复形的知识.关于流形上对偶性的论述是在 Norman Steenrod 的讲义基础上进行的.从我在麻省理工学院的学生那里我获悉了关于定义的动机的、论题的次序、讲演的节奏和习题的适宜程度等方面的信息.

特别向 Viola Wiley 小姐致谢,感谢她打印了作为本书基础的讲义原稿.

最后,我要感谢父母对我的教诲,他们总是鼓励我要走自己的路,尽管路途是那么遥远和漫长.谨以此书献给我的父母双亲以表达我对他们的深深热爱和思念!

J.R.曼克勒斯

目　　录[†]

† 标记星号的节可以略去或者推迟到需要时再读，第二章可以省略.

第一章　单纯复形的同调群

拓扑学的一个基本问题是确定两个空间是否同胚. 为说明两个空间是同胚的,就要构造把一个空间映射到另一个空间的连续双射,而且它的逆也必须是连续的. 要说明两个空间不同胚,则必须证明这样的映射不存在. 但要做到这一点往往是更困难的. 通常的做法是找出某种拓扑性质(即在同胚下不变的性质),它被一个空间满足而不被另一个空间满足. 例如,$\mathbf{R}^2$ 中的闭单位圆盘不能与平面 $\mathbf{R}^2$ 同胚,因为闭圆盘是紧的而平面不是紧的;实直线 $\mathbf{R}$ 也不能与 $\mathbf{R}^2$ 同胚,因为从 $\mathbf{R}$ 删去一个点,剩下的是一个不连通空间,而从 $\mathbf{R}^2$ 中删去一个点情况则不然.

这样的初等性质在解决同胚问题时不能使人们达到很深入的程度. 例如,要把所有紧曲面在同胚意义下进行分类就要求比这更复杂的拓扑不变量. 一般地,若 $n \neq m$,证明 $\mathbf{R}^n$ 与 $\mathbf{R}^m$ 不同胚的问题就是如此.

代数拓扑学就是起源于 Poincaré 和 Betti 等数学家试图构造这样的不变量. Poincaré 引入了一种群,称为拓扑空间的基本群,按其定义,它是一个拓扑不变量. 我们很容易就能证明许多熟悉的空间(诸如球面、环面和 Klein 瓶等)具有不同的基本群. 因此这些空间不可能是同胚的([Mu],第八章). 实际上,我们能够利用基本群把所有紧曲面进行分类([Ma],第四章).

另一方面,Betti 把每一个空间与一系列 Abei 群联系起来,我们把这些群称为该空间的同调群. 在这种情况下,同胚的空间具有同构的同调群. 尽管最终将会证明这是正确的,但这绝不是显而易见的事情. 这些群也能用来解决同胚问题,它们所具有的一个优点是它们常常比基本群容易计算.

我们将从研究同调群开始讨论代数拓扑学. 以后我们还要论

述其它拓扑不变量,例如上同调群和上同调环等.

定义同调群有几种不同的方式,但是对于足够“好”的空间来说,所有这些定义都导致同样的结果. 其中我们将要详细考虑两种,分别是单纯同调群和奇异同调群. 我们从历史上最先出现的单纯同调群开始,无论在概念上还是在计算上它们都是具体的和切实可行的. 然而它们仅对特别“好”的空间(多面体)有定义,而且证明它们的拓扑不变性是很困难的. 随后,我们将论述奇异同调群,它是作为单纯同调群的推广而引进的. 它们对任意空间都有定义,而且由其定义立即可知它们是拓扑不变量. 另外,对于理论研究来说,它们比单纯同调群要方便得多. 它们不如单纯同调群那样容易计算,但是当两者都有定义时,奇异同调群与单纯同调群是一致的.

对任意空间定义同调群的第三种方法应归功于 E·Čech. 虽然 Čech 同调论还不能完全令人满意,但是 Čech 上同调论却是重要而且有用的. 它出现在本书临近末尾的部分.

§1 单 纯 形

在定义单纯同调群之前,我们必须讨论使单纯同调群有定义的空间类,它们是所有多面体组成的空间类. 多面体是这样一种空间,它们能够由诸如线段、三角形、四面体以及它们的高维推广这样一些“构件”沿着它们的面“黏合在一起”而构成. 本节我们来研究这些基础构件;而在下一节我们将利用它们来构造多面体.

首先我们需要研究一点 Euclid 空间的解析几何的内容.

给定 $\mathbf{R}^N$ 的一个点集 $\{a_0,\cdots,a_n\}$,如果对任何(实)标量 t_i,等式

$$\sum_{i=0}^{n} t_i = 0 \text{ 和 } \sum_{i=0}^{n} t_i a_i = \mathbf{0}$$

蕴涵 $t_0 = t_1 = \cdots = t_n = 0$,那么我们把这个集合称为**几何独立的**.

显然一个单点集总是几何独立的. 初等代数证明,一般来说点集$\{a_0,\cdots,a_n\}$是几何独立的当且仅当向量组

$$a_1 - a_0,\cdots,a_n - a_0$$

按通常线性代数的意义是线性无关的. 因而 $\mathbf{R}^N$ 中两个不同的点构成一个几何独立集;再如三个不共线的点,四个不共面的点,等等.

给定一个几何独立的点集$\{a_0,\cdots,a_n\}$,我们定义由这些点所构成的 **n 维平面** P 是由 $\mathbf{R}^N$ 中所有使得

$$x = \sum_{i=0}^{n} t_i a_i$$

的点组成,其中 t_i 是一些标量,且$\sum t_i = 1$. 由于 a_i 是几何独立的,所以 t_i 由 x 唯一确定. 请注意到每个点 a_i 均属于平面P.

我们也可以把平面 P 描述成所有适合

$$x = a_0 + \sum_{i=1}^{n} t_i(a_i - a_0)$$

的点 x 的集合,其中 $t_1,\cdots,t_n$ 是一些标量. 按这种形式,我们说 P 是"过 a_0 点平行于向量 $a_i - a_0$ 的平面".

容易检验,如果$\{a_0,\cdots,a_n\}$是几何独立的而且 w 位于由这些点所组成的平面之外,那么$\{w,a_0,\cdots,a_n\}$是几何独立的.

$\mathbf{R}^N$ 是仿射变换 T 是一个映射,它是平移(即,对于固定的 P,它是形如 $x=x+P$的映射)与非奇异线性变换的复合. 如果 T 是仿射变换,那么从定义立即可知,T 保持独立集,而且 T 把由 $a_0,\cdots,a_n$ 张成的平面P 映射到由 $T_{a_0},\cdots,T_{a_n}$ 所张成的平面上.

由于平移 $T(x)=x-a_0$ 把平面 P 映射到 $\mathbf{R}^N$ 的以 $a_1-a_0,\cdots,a_n-a_0$ 为基的子向量空间上,如果我们紧接着 T 再作 $\mathbf{R}^N$ 的一个线性变换把$a_1-a_0,\cdots,a_n-a_0$ 变成 $\mathbf{R}^N$ 中的前 n 个单位基向量 $\varepsilon_1,\cdots,\varepsilon_n$,那么我们得到 $\mathbf{R}^N$ 的一个仿射变换 S 使得 $S(a_0)=\mathbf{0}$并且对于 $i>0$,$S(a_i)=\varepsilon_i$. 映射 S 把P 变成 $\mathbf{R}^N$ 中前 n

个坐标的平面 $\mathbf{R}^n\times\mathbf{0}$,因而为什么我们把 P 称为 $\mathbf{R}^N$ 中的一个“n 维的平面”就很清楚了.

定义 令 $\{a_0,\cdots,a_n\}$ 是 $\mathbf{R}^N$ 中的一个几何独立集. 我们定义由 $a_0,\cdots,a_n$ 张成的 n 维单形 σ 是 $\mathbf{R}^N$ 中所有适合下列条件的点的集合:

$$x=\sum_{i=0}^{n}t_ia_i,\quad 其中\sum_{i=0}^{n}t_i=1$$

而且对所有 i,$t_i\geqslant 0$,各个数值 t_i 都由 x 唯一确定,我们把它们称为 σ 的点 x 关于 $a_0,\cdots,a_n$ 的**重心坐标**.

例 1 在低维情况下,我们很容易画出一个单形. 当然,一个 0 维单形是一个点. 由 a_0 和 a_1 张成的 1 维单形由所有形如

$$x=ta_0+(1-t)a_1,\ 0\leqslant t\leqslant 1$$

的点组成;这恰好是连接 a_0 和 a_1 的线段. 类似地,由 a_0,a_1,a_2 张成的 2 维单形 σ 是以这三点为顶点的三角形. 这一点最容易看出如下:设 $x\neq a_0$,那么

$$x=\sum_{i=0}^{2}t_ia_i=t_0a_0+(1-t_0)[(t_1/\lambda)a_1+(t_2/\lambda)a_2]$$

其中 $\lambda=1-t_0$. 方括号的式子表示连接 a_1 和 a_2 的线段上的一点 P,这是因为 $(t_1+t_2)/\lambda=1$,而且对于 $i=1$、2,$t_i/\lambda\geqslant 0$.

这样,x 就是连接 a_0 和 P 的线段上的一点. 参看图 1.1. 反过来,可以验证这种线段上的任何一点在 σ 中. 由此可知,σ 是所有连接 a_0 与 a_1a_2 上的点的线段之并;即 σ 是一个三角形.

类似的证明表明一个 3 维单形是一个四面体.

让我们列举单形的若干基本性质. 证明是容易的而且大都留作习题.

我们始终都令 P 是由几何独立集 $\{a_0,\cdots,a_n\}$ 的点所决定的 n 维平面,并且令 σ 是由这些点张成的 n 维单形. 如果 $x\in\sigma$,令 $\{t_i(x)\}$ 是 x 的重心坐标,它们是由条件

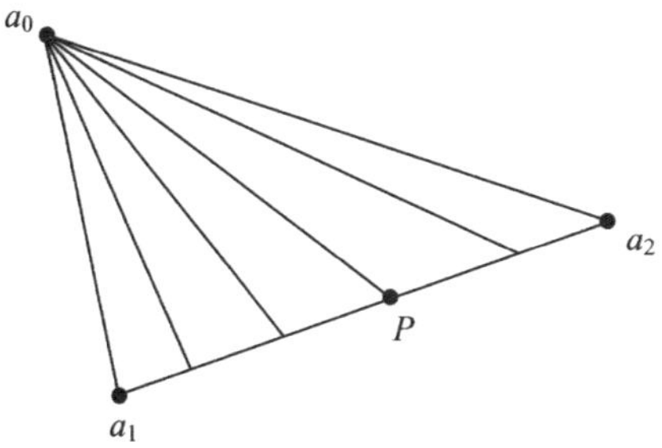

图 1.1

$$x = \sum_{i=0}^{n} t_i a_i \text{和} \sum_{i=0}^{n} t_i = 1$$

唯一决定的. 那么有下列性质成立:

(1) x 关于 $a_0, \cdots, a_n$ 的重心坐标 $t_i(x)$ 是 x 的连续函数.

(2) σ 是所有连接 a_0 与由 $a_1, \cdots, a_n$ 张成的单形 s 上的点的线段之并. 两条这样的线段只在 a_0 点相交.

现在我们回想到,对于 $\mathbf{R}^N$ 的一个子集 A 来说,如果 A 的每一对点 x、y,连接它们的线段都在 A 中,那么我们就称 A 是**凸的**.

(3) σ 是 $\mathbf{R}^N$ 中的紧凸集,它等于 $\mathbf{R}^N$ 中所有包含 $a_0, \cdots, a_n$ 的凸集之交.

(4) 给定一个单形 σ,那么有且仅有一个张成 σ 的几何独立的点集.

我们把张成 σ 的点 $a_0, \cdots, a_n$ 称为 σ 的**顶点**;数目 n 称为 σ 的**维数**;由 $\{a_0, \cdots, a_n\}$ 的子集张成的任何单形都称为 σ 的**面**. 尤其是,由 $\{a_1, \cdots, a_n\}$ 张成的面称为与 a_0 **相对的面**. σ 的不同于 σ 自身的面称为 σ 的**真面**;它们的并称为 σ 的**边缘**并且记为 $\mathrm{Bd}\sigma$. σ 的**内部**由等式 $\mathrm{Int}\sigma = \sigma - \mathrm{Bd}\sigma$ 定义,有时把集合 $\mathrm{Int}\sigma$ 称为一个**开单形**.

因为 $\mathrm{Bd}\sigma$ 是由 σ 的所有使得至少一个重心坐标 $t_i(x)$ 为零的

点 x 组成，所以 $\mathrm{Int}\sigma$ 是由 σ 的那些对所有 i，$t_i(x)>0$ 的点组成的. 由此可知，给定 $x\in\sigma$，则恰好有 σ 的一个面 s 使得 $x\in\mathrm{Int}s$，因为 s 必然是 σ 的由那些使得 $t_i(x)$ 为正的 a_i 张成的面.

(5) $\mathrm{Int}\sigma$ 是凸的并且在平面 P 中是开的，它的闭包是 σ. 而且，$\mathrm{Int}\sigma$ 是将 a_0 与 $\mathrm{Int}s$ 的点相连接的所有线段之并，其中 s 是 σ 的与 a_0 相对的面.

在这里让我们来回顾一些标准记号. 如果 x 在 $\mathbf{R}^n$ 内且 $x=(x_1,\cdots,x_n)$，那么 x 的范数定义为

$$\|x\| = \Big[\sum_{i=1}^{n}(x_i)^2\Big]^{1/2}.$$

***n* 维单位球** B^n 是 $\mathbf{R}^n$ 中所有适合 $\|x\|\leqslant 1$ 的点的集合，而**单位球面** S^{n-1} 是适合 $\|x\|=1$ 的点的集合. S^{n-1} 的**上半球面** E_+^{n-1} 是 S^{n-1} 的适合 $x_n\geqslant 0$ 的所有点组成的；而**下半球面** E_-^{n-1} 由适合 $x_n\leqslant 0$ 的那些点组成.

按照这些定义，B^0 是一个单点空间；B^1 是线段 $[-1,1]$；而 S^0 是两点空间 $\{-1,1\}$. 2 维球 B^2 是 $\mathbf{R}^2$ 的中心在原点的单位圆盘；而 S^1 是单位圆周.

(6) 在 σ 与单位球 B^n 之间存在一个同胚把 $\mathrm{Bd}\sigma$ 映射到单位球面 S^{n-1} 上.

我们把性质(1)～(5)留作习题，而证明(6). 实际上，我们将证明一个更强的结果，以后它对我们是有用的.

回想到如果 $w\in\mathbf{R}^n$，那么从 w 出发的一条**射线** $\mathscr{R}$ 是所有形如 $w+tp$ 的点的集合，其中 p 是 $\mathbf{R}^n-\mathbf{0}$ 中的一个固定点，而 t 遍历非负实数.

引理 1.1 令 U 是 $\mathbf{R}^n$ 中的有界凸集，令 $w\in U$.

(a) 每一条从 w 出发的射线与 $\mathrm{Bd}U=\overline{U}-U$ 恰好交于一点.

(b) 在 $\overline{U}$ 与 B^n 之间存在一个同胚把 $\mathrm{Bd}U$ 映射到 S^{n-1} 上.

证明 (a) 给定从 w 出发的一条射线 $\mathscr{R}$，它与 U 的交集是凸

的、有界的且在 $\mathscr{R}$ 中是开的. 因此它由形如 $w+tp$ 的所有点组成,其中 t 遍历半开区间 $(0,a)$. 于是 $\mathscr{R}$ 与 $\overline{U}-U$ 交于点 $x=w+ap$.

假设 $\mathscr{R}$ 与 $\overline{U}-U$ 交于另一点,比如说是 y. 那么 x 在射线 $\mathscr{R}$ 上位于 w 与 y 之间. 实际上,由于对某个 $b>a$, $y=w+bp$. 所以我们有

$$x=(1-t)w+ty$$

其中 $t=a/b$. 我们把这个等式写成下列形式

$$w=(x-ty)/(1-t)$$

然后选取 U 的一个收敛于 y_n 的点列 y_n,而且定义

$$w_n=(x-ty_n)/(1-t)$$

参看图 1.2. 序列 w_n 收敛于 w,因而对某个 n, $w_n\in U$. 但是又因为 $x=tw_n+(1-t)y_n$,所以点 x 属于 U,因为 U 是凸的. 这与我们对 x 的选取矛盾.

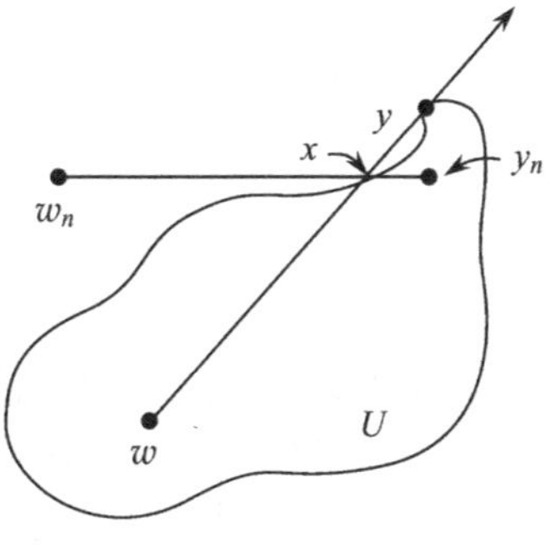

图 1.2

(b) 为了方便起见,假定 $w=\mathbf{0}$. 等式 $f(x)=x/\|x\|$ 定义 $\mathbf{R}^n-\mathbf{0}$ 到 S^{n-1} 上的一个连续映射. 由(a), f 能限制成 $\mathrm{Bd}U$ 与 S^{n-1} 的一个双射. 由于 $\mathrm{Bd}U$ 是紧的,所以这个限制是一个同胚. 令 $g:S^{n-1}\to\mathrm{Bd}U$ 是它的逆. 令 G 把连接 $\mathbf{0}$ 与 S^{n-1} 的点 u 的线段线性地映射到连接 $\mathbf{0}$ 与 $g(u)$ 的线段上,并由此把 g 扩张成一个双射 $G:B^n\to\overline{U}$. 我们正式定义为

$$G(x)=\begin{cases}\|g(x/\|x\|)\|x, & x\neq\mathbf{0}\\ \mathbf{0}, & x=\mathbf{0}\end{cases}$$

对于 $x\neq 0$, G 的连续性是直接的,而且容易得出 G 在 $\mathbf{0}$ 点的连续性如下:如果 M 是 $\|g(x)\|$ 的一个界,那么每当 $\|x-\mathbf{0}\|<\delta$

时,我们就有 $\| G(x)-G(\mathbf{0}) \| < M\delta$. □

习　　题

1. 验证单形的性质(1)~(3). [提示:如果 T 是把 a_0 映射到 $\mathbf{0}$ 并把 a_i 映射到 ϵ_i 的仿射变换,那么 T 把点

$$x = \sum_{i=0}^{n} t_i a_i$$

映射到点 $(t_1, \cdots, t_n, 0, \cdots, 0)$.]

2. 验证性质(4)如下:

(a) 证明如果 $x \in \sigma$ 且 $x \neq a_0, \cdots, a_n$,那么 x 位于包含在 σ 中的某个开线段内. (假定 $n>0$)

(b) 通过证明若 $a_0 = tx + (1-t)y$,其中 $x, y \in \sigma$ 且 $0<t<1$,则 $x = y = a_0$,从而证明 a_0 不在包含于 σ 中的任何开线段内.

3. 验证性质(5).

4. 把性质(2)推广如下:令 σ 是由 $a_0, \cdots, a_n$ 张成的;令 s 是 σ 的由 $a_0, \cdots, a_p$(这里 $p<n$)所张成的面;而令 t 是由 $a_{p+1}, \cdots, a_n$ 张成的. 那么我们把 t 称为 σ 的与 s 相对的面.

(a) 证明 σ 是所有连接 s 的点与 t 的点的线段之并,而且这些线段之中的任何两条至多相交于一个公共端点.

(b) 证明 $\text{Int}\sigma$ 是连接 $\text{Int}s$ 的点与 $\text{Int}t$ 的点的所有开线段之并.

5. 令 U 是 $\mathbf{R}^n$ 中的一个有界开集. 设 U 关于原点是**星凸的**;这意味着对于 U 中的每个 x 来说,从 $\mathbf{0}$ 到 x 的线段在 U 内.

(a) 证明从 $\mathbf{0}$ 出发的一条射线与 $\text{Bd}U$ 有可能在多于一个点上相交.

*(b) 举例说明 $\bar{U}$ 未必同胚于 B^n.

§2　单纯复形和单纯映射

$\mathbf{R}^N$ 中的复形

定义　$\mathbf{R}^N$ 中的一个单纯复形 K 是 $\mathbf{R}^N$ 中单形的一个集族使得:

(1) K 的单形的每一个面都在K 中.

(2) K 的任何两个单形的交是它们之中每个单形的面.

例 1 在图 2.1 中画出的、由一个 2 维单形及其面组成的集族 K_1 是一个单纯复形. 集族 K_2——由具有一条公共边的两个 2 维单形连同它们的面组成——是一个单纯复形. 而集族 K_3 不是. K_4 是吗?

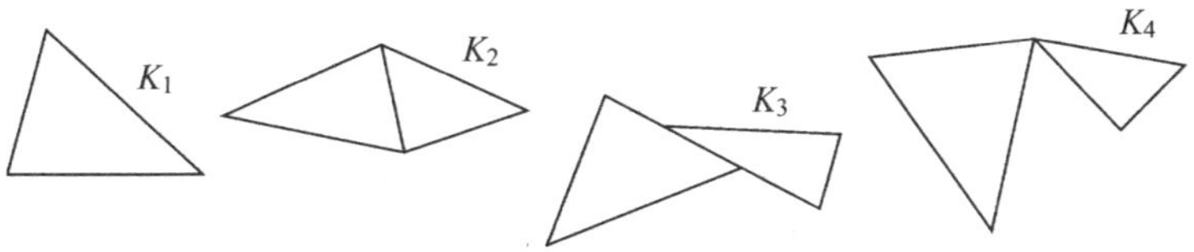

图 2.1

下列引理有时在验证单形的集族是单纯复形时是有用的:

引理 2.1 单形的集族 K 是单纯复形,当且仅当下列条件成立:

(1) K 的单形的每一个面都在K 中.

(2′) K 的每一对不同的单形,其内部不相交.

证明 首先假定 K 是一个单纯复形. 给定 K 的两个单形σ 和τ,我们证明如果它们的内部有一个公共点 x,那么 $\sigma=\tau$. 令 $s=\sigma\cap\tau$. 如果 s 是σ 的一个真面,那么 x 就应当属于 $\mathrm{Bd}\sigma$,但 x 不属于 $\mathrm{Bd}\sigma$. 因此,$s=\sigma$. 类似的论证说明 $s=\tau$.

为证其逆,假设(1)和(2′)成立. 我们证明如果集合 $\sigma\cap\tau$ 非空,那么它等于 σ 的面 σ',其中 σ'是由σ 的在τ 中的那些顶点 $b_0,\cdots,b_m$ 张成的. 首先,σ'包含在$\sigma\cap\tau$ 中,因为 $\sigma\cap\tau$ 是凸的而且包含$b_0,\cdots,b_m$. 为证明反向包含关系,设 $x\in\sigma\cap\tau$. 那么对于σ 的某个面s 和τ 的某个面t,$x\in\mathrm{Int}\sigma\cap\mathrm{Int}t$. 从(2′)可知 $s=t$. 因此,s 的顶点在τ 中,从而由定义,它们是集合$\{b_0,\cdots,b_m\}$中的元素. 于是,就像所期望的那样,s 是σ'的一个面,因而 $x\in\sigma'$. □

从这个引理可知，如果 σ 是一个单形，那么由 σ 及其真面组成的集族是一个单纯复形：条件(1)是直接的；条件(2′)成立是因为对每个点 $x\in\sigma$，恰有 σ 的一个面 s 使得 $x\in \operatorname{Int} s$.

定义 如果 L 是 K 的一个子集族，且它包含其成员的所有面，那么 L 依其自身的条件也是一个单纯复形，我们把它称为 K 的**子复形**. 若 K 的一个子复形是由 K 的至多是 p 维的所有单形组成的，则称之为 K 的 ***p* 维骨架**，并记为 $K^{(p)}$. 集族 $K^{(0)}$ 的点称为 K 的**顶点**.

定义 令 $|K|$ 是 $\mathbf{R}^N$ 的子集，它是 K 的单形之并. 对每一个单形给出它作为 $\mathbf{R}^N$ 的子空间的自然拓扑，而且我们把 $|K|$ 的一个子集 A 称为在 $|K|$ 中是闭的，当且仅当对于 K 中的每一个 σ，$A\cap\sigma$ 在 σ 中是闭的，那么由此即可把 $|K|$ 拓扑化. 容易看出这就定义了 $|K|$ 上的一个拓扑，因为这个集族在有限并和任意交运算下是封闭的. 我们把空间 $|K|$ 称为 K 的**底空间**或 K 的**可剖空间**.

一个空间，若它是一个单纯复形的可剖空间，则我们把它称为一个**多面体**.（我们注意到有些拓扑学家把这个术语留给有限单纯复形的可剖空间.）

一般来说，$|K|$ 的这个拓扑比 $|K|$ 作为 $\mathbf{R}^N$ 的子空间所继承的拓扑要细(大)：如果 A 按子空间的拓扑在 $|K|$ 中是闭的，那么对于 $\mathbf{R}^N$ 中的某个闭集 B 就有 $A=B\cap|K|$. 于是对每一个 σ，$B\cap\sigma$ 在 σ 中是闭的，因而由定义，$B\cap|K|=A$ 按 $|K|$ 的这个拓扑是闭的.

一般说来这两个拓扑是不同的.（参看例 2 和例 3.）然而如果 K 是有限的，那么它们就是相同的. 因为假设 K 是有限的并且 A 在 $|K|$ 中是闭的，那么 $A\cap\sigma$ 在 σ 中是闭的，并由此在 $\mathbf{R}^N$ 中是闭的. 因为 A 是有限多个集合 $A\cap\sigma$ 的并，所以集合 A 在 $\mathbf{R}^N$ 中也是闭的.

例 2 令 K 是 $\mathbf{R}$ 中所有形如 $[m,m+1]$ 的一维单形(其中 m 是一个非零整数)和所有形如 $[1/(n+1),1/n]$ 的一维单形(n 是一个正整数)连同这些单形的所有面组成的集族. 那么 K 是一个

复形，其底空间作为一个集合等于 $\mathbf{R}$，但是作为一个拓扑空间不等于 $\mathbf{R}$. 例如，形如 $1/n$ 的点的集合在 $|K|$ 中是闭的，但在 $\mathbf{R}$ 中不是闭的.

例 3 令 K 是 1 维单形 σ_1，σ_2，… 以及它们的顶点组成的集族，其中 σ_i 是 $\mathbf{R}^2$ 中以 $\mathbf{0}$ 和 $(1, 1/i)$ 为顶点的 1 维单形. 参看图 2.2. 那么 K 是一个单纯复形. $|K|$ 与开抛物线弧 $\{(x, x^2) \mid x > 0\}$ 的交在 $|K|$ 中是闭的，因为它与每一个单形 σ_i 的交是单独一个点. 然而按 $|K|$ 从 $\mathbf{R}^2$ 导出的拓扑它不是闭的，因为在该拓扑中它以原点作为一个极限点.

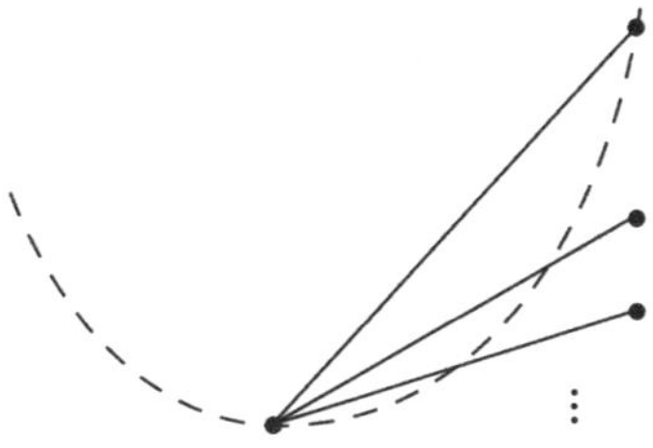
图 2.2

我们来证明多面体的若干基本性质.

引理 2.2 如果 L 是 K 的一个子复形，那么 $|L|$ 是 $|K|$ 的闭子空间. 特别是，若 $\sigma \in K$，那么 σ 是 K 的一个闭子空间.

证明 设 A 在 $|L|$ 中是闭的. 如果 σ 是 K 的一个单形，那么 $\sigma \cap |L|$ 是 σ 的那些属于 L 的面 s_i 的并. 由于 A 在 $|L|$ 中是闭的，所以集合 $A \cap s_i$ 在 s_i 中是闭的，并因此在 σ 中是闭的. 由于 $A \cap \sigma$ 是集合 $A \cap s_i$ 的有限并，所以它在 σ 中是闭的. 于是我们断定 A 在 $|K|$ 中是闭的.

反之，若 B 在 $|K|$ 中是闭的，那么对于每个 $\sigma \in K$，尤其是对于每个 $\sigma \in L$，$B \cap \sigma$ 在 σ 中是闭的. 由此 $B \cap |L|$ 在 $|L|$ 中是闭的. □

引理 2.3 映射 $f: |K| \to X$ 是连续的当且仅当对于每个 $\sigma \in K$，$f|\sigma$ 是连续的.

证明 如果 f 是连续的，那么由于 σ 是 K 的子空间，所以 $f|\sigma$ 是连续的. 反过来，设每一个映射 $f|\sigma$ 是连续的. 如果 C 是 X 的一个闭子集，那么 $f^{-1}(C) \cap \sigma = (f|\sigma)^{-1}(C)$，且由 $f|\sigma$ 的连续

性，$(f|\sigma)^{-1}(C)$在 σ 中是闭的．从而由定义，$f^{-1}(C)$在$|K|$中是闭的． □

定义 如果 X 是一个空间，$\mathscr{C}$ 是 X 的子空间组成的集族，它们的并是 X，假如一个集合 A 在 X 中是闭的当且仅当对于每一个 $C\in\mathscr{C}$，$A\cap C$ 在 C 中都是闭的；而这又等价于集合 U 在 X 中是开的当且仅当对于每个 C，都有 $U\cap C$ 在 C 中是开的，这时我们说 X 的拓扑关于集族 $\mathscr{C}$ 是**凝聚的**．

尤其是，$|K|$的拓扑关于由子空间 $\sigma(\sigma\in K)$组成的集族是凝聚的．

一般对于凝聚拓扑，引理 2.3 的类似结果成立：映射 $f:X\to Y$ 是连续的当且仅当$f|_C$ 对于每个$C\in\mathscr{C}$都是连续的．

定义 如果 x 是多面体$|K|$的一点．那么 x 恰好在K 的一个单形的内部，(比如说)此单形的顶点是 $a_0,\cdots,a_n$．那么

$$x=\sum_{i=0}^{n}t_ia_i$$

其中对每个 i，$t_i>0$ 而且$\sum t_i=1$．如果 v 是K 的任意一个顶点，那么我们定义 x 关于v 的**重心坐标**$t_v(x)$如下：如果 v 不是顶点 a_i 之一，则置 $t_v(x)=0$；如果 $v=a_i$，则置 $t_v(x)=t_i$．

对于固定的 v，当限制在 K 的一个固定单形上时，函数$t_v(x)$是连续的，因为按以上规定的意义，它或者在 σ 上恒等于零，或者等于 x 关于σ 的顶点 v 的重心坐标．因此由引理 2.3，$t_v(x)$在$|K|$上是连续的．

引理 2.4 $|K|$是 Hausdorff 空间．

证明 给定 $x_0\neq x_1$，那么至少有一个顶点 v 使得$t_v(x_0)\neq t_v(x_1)$．选取 r 在这两个数之间，那么集合$\{x\mid t_v(x)<r\}$和$\{x\mid t_v(x)>r\}$就是所要求的不相交开集． □

引理 2.5 如果 K 是有限的，那么$|K|$是紧的．反之，如果$|K|$的一个子集 A 是紧的，那么对于 K 的某个有限子复形K_0，$A\subset|K_0|$．

证明 如果 K 是有限的，那么 $|K|$ 是紧子空间 σ 的有限并，因而是紧的．现在设 A 是紧的且设 A 不在 K 的任何有限子复形的可剖空间内．每当集合 $A\cap \mathrm{Int}s$ 非空时，选取一个点 $x_S\in A\cap \mathrm{Int}s$．那么集合 $B=\{x_S\}$ 是无限的．此外，B 的每个子集是闭的，因为它与任何单形 σ 的交是有限的．因为 B 是闭的和离散的，所以它没有极限点，但这与紧空间的每一个无限子集必有极限点这一事实相矛盾． □

在研究 $|K|$ 的局部性质时，$|K|$ 的三个特殊子空间常常是有用的．在这里我们要提到它们．

定义 如果 v 是 K 的一个顶点，那么 v 在 K 中的**星形**，记作 $\mathrm{St}v$，有时也记作 $\mathrm{St}(v,K)$，它是 K 的那些以 v 为一个顶点的单形的内部之并．它的闭包，记为 $\overline{\mathrm{St}}v$，称为 v 在 K 中的**闭星形**．它是 K 的所有以 v 为顶点的单形之并．而且是 K 的一个子复形的可剖空间．集合 $\overline{\mathrm{St}}v-\mathrm{St}v$ 称为 v 在 K 中的**链环**，并且记作 $\mathrm{Lk}v$．参看图 2.3．

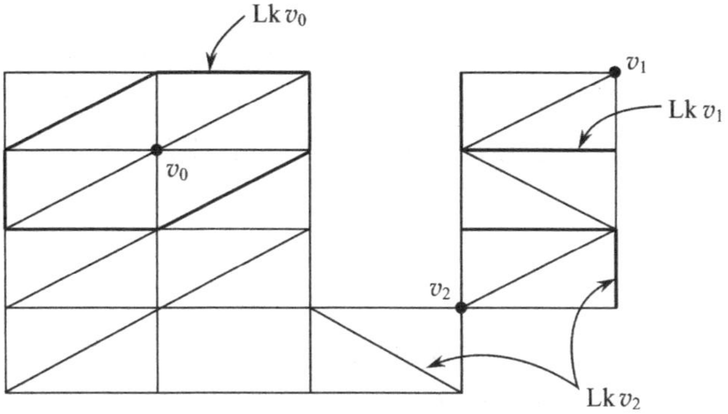

图 2.3

集合 $\mathrm{St}v$ 在 $|K|$ 中是开的，因为它是由 $|K|$ 的所有使得 $t_v(x)>0$ 的点 x 组成的．它的余集是 K 的所有不以 v 为顶点的单形之并，因而它是 K 的一个子复形的可剖空间．集合 $\mathrm{Lk}v$ 也是

K 的一个子复形的可剖空间，它是 $\bar{\mathrm{St}}v$ 与 $\mathrm{St}v$ 的余集的交. 容易看出，集合 $\mathrm{St}v$ 和 $\overline{\mathrm{St}}v$ 是道路连通的. 可是集合 $\mathrm{Lk}v$ 未必是连通的.

定义 如果复形 K 的每一个顶点只属于 K 的有限多个单形，则我们说它是局部有限的. 换句话说，一个复形 K 是局部有限的，当且仅当每个闭星形 $\overline{\mathrm{St}}v$ 是 K 的一个局部有限的子复形的可剖空间.

引理 2.6 *复形 K 是局部有限的当且仅当空间 $|K|$ 是局部紧的.*

证明 设 K 是局部有限的. 给定 $x\in K$，则对于 K 的某个顶点 v 来说，它在 $\mathrm{St}v$ 中，由于 $\overline{\mathrm{St}}v$ 是一个紧集，所以 $|K|$ 是局部紧的. 我们把证明其逆留作习题. □

单纯映射

现在我们引入从一个复形到另一个复形的"单纯映射"的概念.

引理 2.7 *令 K 和 L 都是复形，而且令 $f: K^{(0)}\to L^{(0)}$ 是一个映射. 假设每当 K 的顶点 $v_0,\cdots,v_n$ 张成 K 的一个单形时，点 $f(v_0),\cdots,f(v_n)$ 都是 L 的一个单形的顶点，那么 f 能够扩张成一个连续映射 $g:|K|\to|L|$ 使得*

$$x=\sum_{i=0}^{n}t_iv_i \Rightarrow g(x)=\sum_{i=0}^{n}t_if(v_i).$$

我们把 g 称为由顶点映射 f 诱导的(线性)单纯映射.

证明 请注意到虽然 L 的顶点 $f(v_0),\cdots,f(v_n)$ 未必是互不相同的. 但由假设它们仍然张成 L 的一个单形 τ. 当我们在 $g(x)$ 的表达式中归并项时，各系数非负且它们的和为 1 仍然成立. 因而 $g(x)$ 是 τ 的一点. 因此 g 把由 $v_0,\cdots,v_n$ 张成的 n 维单形 σ 连续地映射到其顶点集是 $\{f(v_0),\cdots,f(v_n)\}$ 的单形 τ.

映射 g 作为 σ 到 τ 中的映射是连续的，因而作为 σ 到 $|L|$ 中

的映射也是连续的. 于是由引理 2.3, g 作为 $|K|$ 到 $|L|$ 中的映射就是连续的. □

我们要特别注意到单纯映射的复合是单纯的:设 $g:|K|\to|L|$ 和 $h:|L|\to|M|$ 都是单纯映射. 由定义,如果 $x=\sum t_i v_i$(其中 v_i 是 σ 的互不相同的顶点),那么 $g(x)=\sum t_i g(v_i)$.

于是只要 $\{v_0,\cdots,v_n\}$ 是 K 的一个单形的顶点集. 即使 v_i 不是互不相同的,同一公式仍然能成立. 例如,设

$$x=\sum_{i=0}^{n} t_i v_i$$

其中对所有 i, $t_i\geqslant 0$ 而且 $\sum t_i=1$;再设 $v_0=v_1$ 但顶点 $v_1,\cdots,v_n$ 是互不相同的. 写成

$$x=(t_0+t_1)v_0+t_2v_2+\cdots+t_nv_n;$$

那么由定义

$$\begin{aligned} g(x) &= (t_0+t_1)g(v_0)+t_2g(v_2)+\cdots+t_ng(v_n) \\ &= \sum_{i=0}^{n} t_i g(v_i). \end{aligned}$$

把这个评注应用到当前的情形,我们注意到即使 L 的顶点 $g(v_0),\cdots,g(v_n)$ 未必互不相同,下列公式仍然成立:

$$h(g(x))=h\left(\sum t_i g(v_i)\right)=\sum t_i h(g(v_i)).$$

因此,正如我们所断言的那样, $h\circ g$ 是一个单纯映射.

引理 2.8 设 $f:K^{(0)}\to L^{(0)}$ 是一个双射对应使得 K 的顶点 $v_0,\cdots,v_n$ 张成 K 的一个单形当且仅当 $f(v_0),\cdots,f(v_n)$ 张成 L 的一个单形. 那么诱导单纯映射 $g:|K|\to|L|$ 是一个同胚.

我们把 g 称为 K 与 L 的一个单纯同胚或同构.

证明 K 的每一个单形 σ 都被 g 映射到 L 的一个与 σ 维数相同的单形 τ 上. 我们只需证明由顶点对应 f^{-1} 诱导的线性映射 $h:\tau\to\sigma$ 是映射 $g:\sigma\to\tau$ 的逆. 为此我们指出如果 $x=\sum t_i v_i$,那么由

定义 $g(x)=\sum t_i f(v_i)$. 由此

$$h(g(x))=h(\sum t_i f(v_i))=\sum t_i f^{-1}(f(v_i))$$
$$=\sum t_i v_i = x.$$
□

系 2.9 令 Δ^N 表示由一个 N 维单形及其面组成的复形. 如果 K 是一个有限复形,那么对于某个 N,K 同构于 Δ^N 的一个子复形.

证明 令 $v_0,\cdots,v_N$ 是 K 的顶点. 选取 $a_0,\cdots,a_N$ 为 $\mathbf{R}^N$ 中几何独立的点,而且令 Δ^N 是由它们张成的 N 维单形和它的面组成的. 顶点映射 $f(v_i)=a_i$ 诱导 K 与 Δ^N 的一个子复形之间的同构. □

一般单纯复形

前面我们一直要求一个复形 K 必须是对某个 N 在 $\mathbf{R}^N$ 中,这就使 K 的基数和 K 的单形的维数受到限制. 现在我们把这些限制去掉.

令 J 是一个任意指标集,而且令 $\mathbf{R}^J$ 表示 $\mathbf{R}$ 与其自身的 J 重积. $\mathbf{R}^J$ 的一个元素是从 J 到 $\mathbf{R}$ 的一个函数,通常用"多元组的记号"表示为 $(x_\alpha)_{\alpha\in J}$. 当然 $\mathbf{R}^J$ 是一个带有通常按分量的加法和数乘运算的向量空间.

令 $\mathbf{E}^J$ 表示 $\mathbf{R}^J$ 的一个子集,它是由使得对除 α 的有限多个值以外均有 $x_\alpha=0$ 的所有点 $(x_\alpha)_{\alpha\in J}$ 组成的. 那么 $\mathbf{E}^J$ 在按分量的加法和数乘下也是一个向量空间. 如果 ε_α 是 J 到 R 中的一个映射,它在指标 α 上的值是 1,在 J 的其它元素上值为 0,那么集合 $\{\varepsilon_\alpha \mid \alpha\in J\}$ 是 $\mathbf{E}^J$ 的一个基. (它当然不是 $\mathbf{R}^J$ 的基.)

我们把 $\mathbf{E}^J$ 称为**广义 Euclid 空间**,而且由度量

$$|x-y|=\max\{|x_\alpha-y_\alpha|\}_{\alpha\in J}$$

将它拓扑化.

我们对于 $\mathbf{R}^N$ 中的复形所做的每一件事都能推广到 $\mathbf{E}^J$ 中的

复形上. 空间 $\mathbf{E}^J$ 是它的一些有限维子空间——即由基 $\{\varepsilon_\alpha \mid \alpha \in J\}$ 的有限子集张成的子空间的并. 每一个这样的子空间对某个 N 来说恰好是 $\mathbf{R}^N$ 的一个拷贝. $\mathbf{E}^J$ 的任何有限点集 $\{a_0, \cdots, a_n\}$ 都在这样一个子空间之中,如果它们是独立的,那么它们所张成的单形在同一子空间中. 而且 $\mathbf{E}^J$ 的度量对每个这样的子空间给出通常的拓扑. 因此 $\mathbf{E}^J$ 中单形的任何有限族对于某个 N 来说在 $\mathbf{R}^N$ 的一个拷贝中. 我们实际所做的一切就是允许我们处理这样一些复形,对它们来说,全部单形族不可能完全安装到任何一个 $\mathbf{R}^N$ 中. 理论上说,似乎在 $\mathbf{E}^J$ 中做要比在 $\mathbf{R}^N$ 上做更复杂,但实际上,根本没有引起任何困难.

我们留给读者来检验我们的结果对 $\mathbf{E}^J$ 中的复形成立. 今后我们将自由地使用这些结果.

让我们来做一个更进一步的注释. 如果 K 是 $\mathbf{R}^N$ 中的一个复形,那么 K 的每个单形至多是 N 维的. 另一方面,如果 K 是 $\mathbf{E}^J$ 中的复形,那么关于 K 的单形的维数就无需任何上界限制. 我们把 K 的维数定义为 K 的单形的最大维数,并记为 $\dim K$,假如这样的维数存在的话;否则,我们说 K 是**无穷维的**.

习　题

1. 令 K 是一个单纯复形;令 $\sigma \in K$. 请问,在什么时候 $\operatorname{Int}\sigma$ 在 $|K|$ 中是开的? 何时 σ 在 $|K|$ 中是开的?

2. 证明 $\operatorname{St} v$ 和 $\overline{\operatorname{St}} v$ 一般是道路连通的.

3. (a) 直接证明例 3 中的多面体不是局部紧的.

(b) 证明:一般说来,如果复形 K 不是局部有限的,那么空间 $|K|$ 就不是局部紧的.

4. 证明:例 3 中的多面体不是可度量化的. [提示:证明第一可数公理不成立.]

5. 如果 $g: |K| \to |L|$ 是一个把 σ 的顶点映射到 τ 的顶点上的单纯映射,证明:g 把 σ 的某个面同胚地映射到 τ 上.

6. 如果始终只是以 $\mathbf{E}^J$ 代替 $\mathbf{R}^N$,那么引理 2.1~2.8 的证明就能无需改

变地适用于 $\mathbf{E}^J$ 中的复形.

7. 令 K 是一个复形. 证明:$|K|$是可度量化的当且仅当 K 是局部有限的.[提示:函数

$$d(x,y) = \operatorname{lub} | t_v(x) - t_v(y) |$$

是对 K 的每个有限子复形的拓扑都适合的度量.]

8. 令 K 是一个复形. 证明$|K|$是正规的.[提示:如果 A 在$|K|$中是闭的且 $f:A\to[0,1]$是连续的,那么可以利用 Tietze 定理把 f 扩张到$A\cup|K^{(p)}|$上.]

9. 令 K 是 $\mathbf{R}^N$ 中的一个复形. 证明$|K|$是 $\mathbf{R}^N$ 的子空间当且仅当$|K|$的每一个点 x 在 $\mathbf{R}^N$ 的一个只与K 的有限多个单形相交的开集中. 把结论推广到 $\mathbf{E}^J$ 上.

10. 证明 $\mathbf{R}$ 中所有形如$[1/(n+1),1/n]$(n 为正整数)的单形连同它们的顶点组成的集族是一个复形,它的可剖空间是 $\mathbf{R}$ 的子空间$(0,1]$.

§3 抽象单纯复形

实际上,用给定其并是 X 的一族单形来描述一个多面体不是处理特定多面体的简便方法. 人们很快就会陷入到解析几何的细节之中;刻画所有单形并肯定仅当它们应当相交时才相交,这是很繁琐的. 而利用我们将要引入的"抽象单纯复形"的概念为工具刻画 X 却要容易得多.

定义 一个**抽象单纯复形**是一个由非空有限集组成的集族 $\mathscr{S}$ 使得如果 A 是 $\mathscr{S}$的元,那么 A 的每一个非空子集也是 $\mathscr{S}$的元.

我们把 $\mathscr{S}$的元 A 称为 $\mathscr{S}$的**单形**,它的**维数**是一个小于其元素个数的整数. A 的每一个非空子集称为A 的一个**面**. $\mathscr{S}$的**维数**是其单形的最大维数,否则当没有这样的最大维数时,它是无穷维的. $\mathscr{S}$的**顶点集** V 是 $\mathscr{S}$的单点元素之并. 我们将对顶点 $v\in V$ 和 0 维单形$\{v\}\in\mathscr{S}$不加区别. $\mathscr{S}$的一个其自身是复形的子族称为 $\mathscr{S}$ 的一个**子复形**.

对于两个抽象复形 $\mathscr{S}$和 $\mathscr{T}$来说,如果有一个把 $\mathscr{S}$的顶点集映射到 $\mathscr{T}$的顶点集的双射对应 f 使得$\{a_0,\cdots,a_n\}\in\mathscr{S}$当且仅当$\{f$

$(v_0),\cdots,f(v_n)\}\in\mathscr{T}$,则我们说$\mathscr{S}$和$\mathscr{T}$是**同构的**.

定义 如果 K 是一个单纯复形,令 V 是 K 的顶点集. 令 $\mathscr{K}$ 是 V 的所有使得顶点 $a_0,\cdots,a_n$ 能张成 K 的一个单形的子集 $\{a_0,\cdots,a_n\}$ 组成的集族. 我们把集族 $\mathscr{K}$ 称为 K 的**顶点格式**.

集族 $\mathscr{K}$ 是抽象单纯复形的一个特例. 实际上,正如下列定理所表明的那样. 它是一个至关重要的例子.

定理 3.1 (a) 每一个抽象复形 $\mathscr{S}$ 同构于某个单纯复形 K 的顶点格式.

(b) 两个单纯复形线性同构当且仅当它们的顶点格式作为抽象单纯复形是同构的.

证明 (b) 可从引理 2.8 立即得出. 为证明(a),我们如下来进行:给定一个指标集 J,令 Δ^J 是 $\mathbf{E}^J$ 中所有由 $\mathbf{E}^J$ 的标准基 $\{\varepsilon_\alpha\}$ 的有限子集张成的单形的集族. 那么容易看出 Δ^J 是一个单纯复形. 如果 σ 和 τ 是 Δ^J 的两个单形,那么它们的联合顶点集是几何独立的并且张成 Δ^J 的一个单形. 我们将把 Δ^J 称为"无穷维单形".

现在令 $\mathscr{S}$ 是具有顶点集 V 的一个抽象复形. 选取一个指标 J 充分大使得有一个内射函数 $f: V\to\{\varepsilon_\alpha\}_{\alpha\in J}$. (如果你愿意,可令 $J=V$.)我们用下列条件来指定 Δ^J 的一个子复形 K:对于每一个(抽象)单形 $\{a_0,\cdots,a_n\}\in\mathscr{S}$ 来说,由 $f(a_0),\cdots,f(a_n)$ 所张成的(几何)单形在 K 中. 于是立即得知,K 是一个单纯复形而且 $\mathscr{S}$ 同构于 K 的顶点格式;f 就是所要求的它们的顶点集之间的对应. □

定义 如果抽象单纯复形 $\mathscr{S}$ 与单纯复形 K 的顶点格式同构,那么我们就把 K 称为 $\mathscr{S}$ 的一个**几何实现**. 直到线性同构的意义下,它是唯一确定的.

让我们举例说明抽象复形是如何能够用来刻画具体单纯复形的.

例 1 假设我们要表示一个单纯复形 K,其底空间同胚于柱

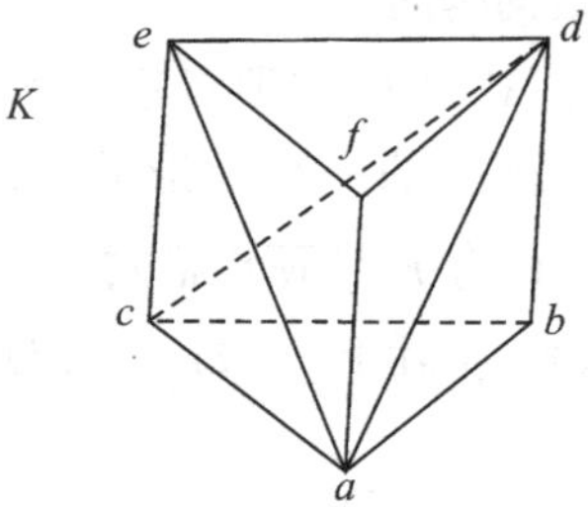

图 3.1

面 $S^1\times \mathrm{I}$(这里 I 表示单位闭区间[0,1]). 这样做的一种方法画在图 3.1 中,它把 K 表示成由 6 个 2 维单形及它们的面组成的集族. 用图形表示这同一个复形 K 的另一种方法是画成图 3.2 中的图示. 这个图由两样东西构成:首先,它是一个底空间为矩形的复形 L;其次,是对 L 的顶点的一种特定标记法(有些顶点标有相同的符号). 我们将把这个图示看作表示抽象复形 $\mathscr{S}$的简易方法,其中$\mathscr{S}$的顶点集由字母 a、b、c、d、e、f 组成;它的单形是集合$\{a,f,d\}$、$\{a,b,d\}$、$\{b,c,d\}$、$\{c,d,e\}$、$\{a,c,e\}$、$\{a,e,f\}$连同它们的非空子集. 当然,这个抽象复形同构于前面所画出的复形 K 的顶点格式,因而它恰好表示了同一个复形(在线性同构的意义下). 也就是说图 3.1 的复形 K 是 $\mathscr{S}$的一个几何实现.

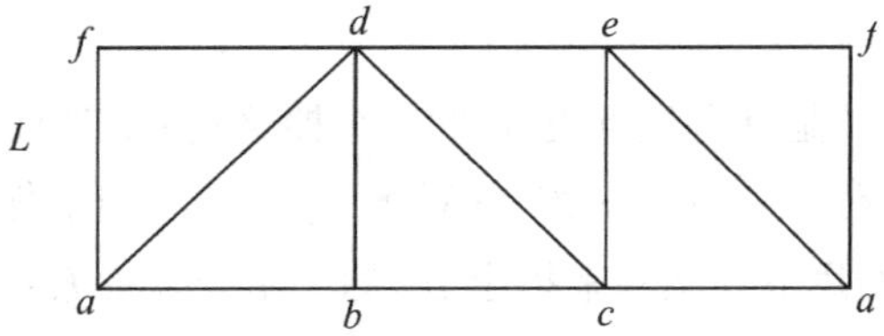

图 3.2

令 $f: L^{(0)}\to K^{(0)}$是这样一个映射,它对 L 的每个顶点指定K 的对应标记的顶点. 那么 f 能扩张成一个单纯映射 $g: |L|\to |K|$. 因为两个空间都是紧 Hausdorff 空间,所以 g 是一个商映射,或"粘合映射". 它把$|L|$的右边与左边线性地等同起来. 当然这是从一块矩形纸片构成一个柱面的通常方式——将纸片弯曲并将右边粘合到左边!

例 2 现在假设我们从一个复形 L 与其顶点的一种标记法开

始. 例如考虑带有像图 3.3 中那样不同顶点标记的同一个复形 L. 恰如以前一样,这个图示表示一个抽象复形 $\mathscr{S}$,我们可以列举出它的单形. 令 K 是 $\mathscr{S}$的一个几何实现. 同前,K 的顶点对应于字母$a,\cdots,f$. 我们考虑线性单纯映射 $g:|L|\to|K|$,它对 L 的每个顶点指派 K 的对应标记的顶点. 另外 g 是一个商映射,在这种情况下,它把$|L|$的左边与$|L|$的右边线性地等同起来,但是带有一个扭转. 空间$|K|$就是我们所说的 **Möbius 带**. 在 $\mathbf{R}^3$ 中它可以画成如图 3.3 所示的熟悉形式.

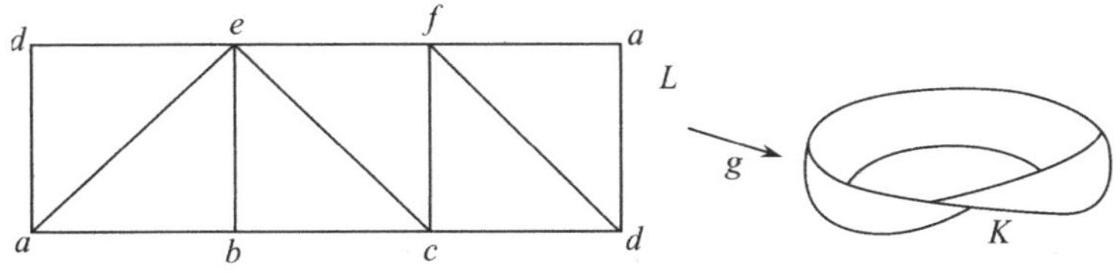

图 3.3

例 3 我们常常把**环面**定义为从矩形通过做图 3.4 所示的粘合面得到的商空间. 如果我们希望构造一个其底空间同胚于环面的复形,那么我们可以应用图3.5中所示的方法而得到. 可以验证所得到的从 L 到这个图解所示的几何实现的商映射恰好完成了构成环面所需要的粘合.

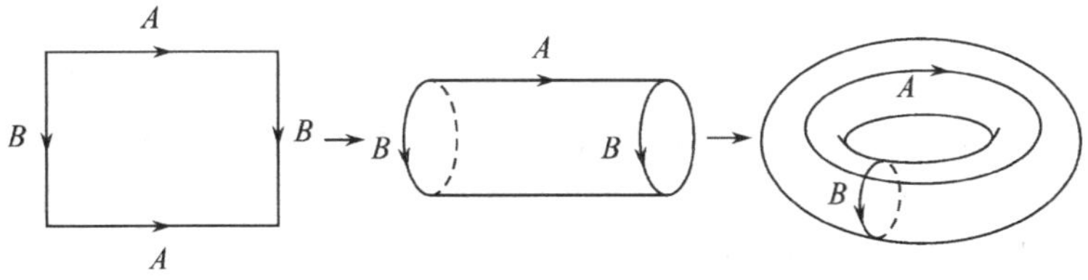

图 3.4

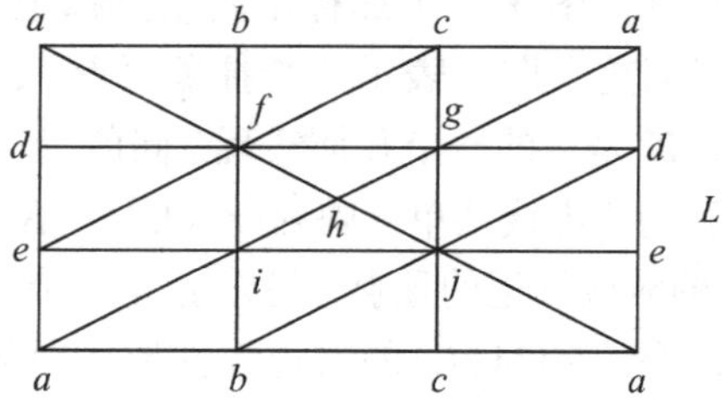

图 3.5

例 4 一般要肯定商映射 g 不能完成比人们期望的更多的粘合需要慎重. 例如,你可能认为图 3.6 中的示图确定环面,但事实并非如此. 正如你若更仔细地检查图示就会看到的那样,这个商映射所做的绝不仅仅是把对边粘合在一起.

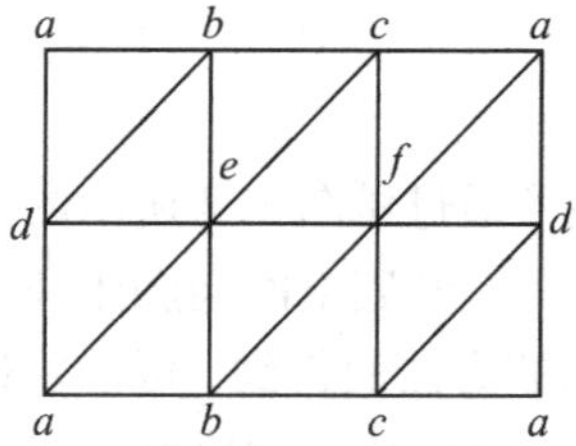

图 3.6

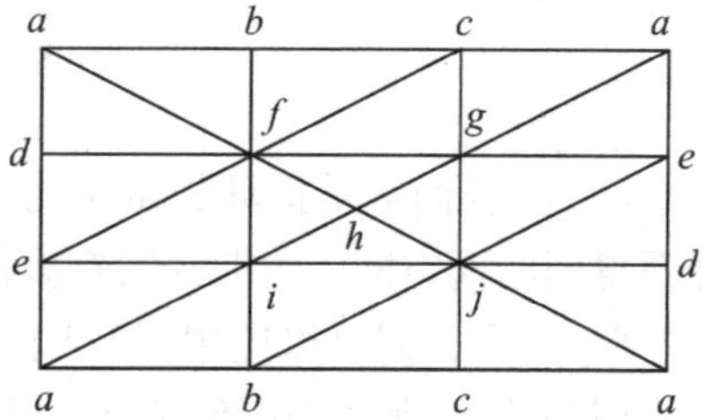

图 3.7

例 5 图 3.7 中的图解表示一个抽象复形,其底空间称为 **Klein 瓶**. 它是从矩形通过按照图 3.8 所示的方法将边粘合而得到的商空间. 所得到的这个空间不能被嵌入到 $\mathbf{R}^3$ 中,但是我们可以通过让它"穿过自身"的方法而在 $\mathbf{R}^3$ 中把它画出来.

现在我们更细致地描述上面的例子中所指出的过程:给定一个有限复形 L,L 的顶点的一种**标记法**就是把 L 的顶点集映射到一个集合(称为**符号集**)的一个满射函数 f. 与这种标记法对应的是一个抽象复形 $\mathscr{S}$,它的顶点是符号,它的单形由形如$\{f(v_0),\cdots,$

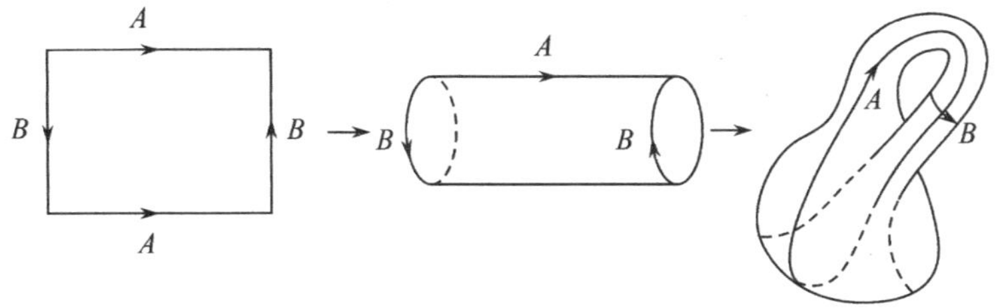

图 3.8

$f(v_n)\}$的所有集合组成，其中 $v_0, \cdots, v_n$ 张成L 的一个单形. 令K 是$\mathscr{S}$的一个几何实现. 那么从 f 导出的$L^{(0)}$到 $K^{(0)}$上的顶点映射能扩张成一个满单纯映射 $g: |L| \to |K|$. 我们说 K 是从**被标记的复形L 导出的复形**，而且称 g 为**相伴的粘合映射**.

因为$|L|$是紧的而且$|K|$是 Hausdorff 空间，所以 g 把闭集映射到闭集，从而 g 是一个闭的商映射. 当然一般 g 可能把L 的单形映射到K 的一个维数较低的单形上. 例如，g 可将整个L 坍缩到单个点上. 我们对这种情形不发生的情况更感兴趣. 我们尤其感兴趣的是与前面的例子类似的那些情况. 现在我们叙述一个引理，给出在什么条件下，一般"粘合映射"g 的行为能像我们的例子中的情况那样. 首先我们需要一个定义.

定义 如果L 是一个复形，L_0 是 L 的一个子复形. 假若 L 的其顶点属于L_0 的每一个单形其自身也必属于 L_0，那么我们就把 L_0 称为 L 的**满子复形**.

例如，在图 3.5 中画出的矩形 L 的边缘是L 的一个满子复形，但是画在图 3.6 中的矩形的边缘就不是.

引理 3.2 令 L 是一个复形，f 是其顶点的一种标记法；令 $g: |L| \to |K|$是相伴的粘合映射. 令 L_0 是 L 的一个满子复形. 假设每当 v 和 w 是L 的具有同一标记的顶点时，就有

(1) v 和 w 属于L.

(2) $\overline{\mathrm{St}}v$ 和$\overline{\mathrm{St}}w$ 是不相交的.

那么 $\dim g(\sigma)=\dim\sigma$ 对所有 $\sigma\in L$ 成立. 而且,如果 $g(\sigma_1)=g(\sigma_2)$,那么 σ_1 和 σ_2 必然是属于 L_0 的不相交单形.

证明是容易的并且把它留作习题. 在这个引理的应用中,$|L|$ 通常是平面上或 $\mathbf{R}^N$ 中的多面体区域,而且 L_0 是这个区域的边缘.

习　　题

1. 我们把**射影平面** P^2 定义为从 2 维球面 S^2 通过对每个 $x\in S^2$ 将 x 和 $-x$ 等同而得到的空间.

(a) 证明 P^2 与从 B^2 通过对每一个 $x\in S^1$ 将 x 与 $-x$ 等同而得到的空间是同胚的.

(b) 证明图 3.9 中的标记复形 L 决定一个复形 K,它的空间同胚于 P^2.

(c) 描述由图 3.10 的标记复形所决定的空间.

2. 描述由图 3.11～3.14 中的标记复形所决定的空间.

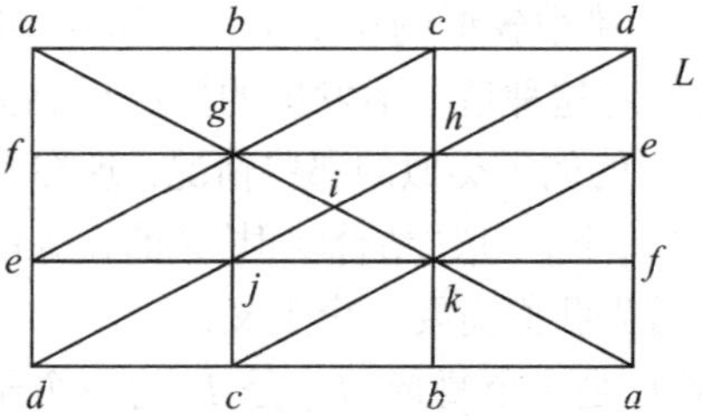

图 3.9

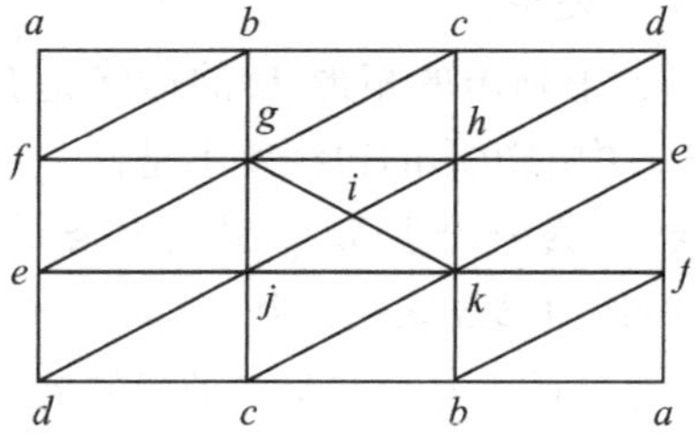

图 3.10

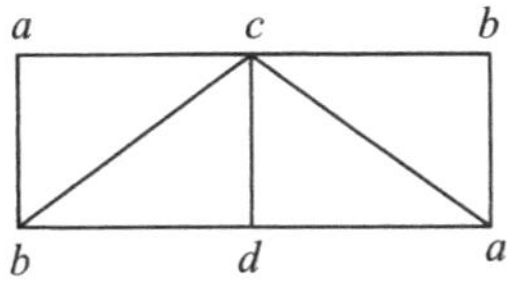

图 3.11

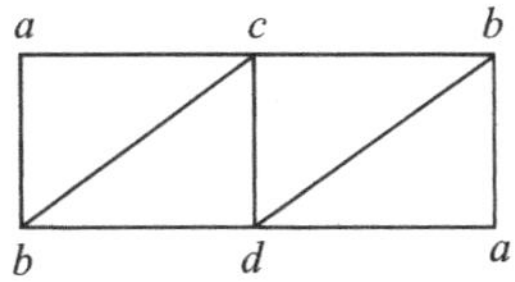

图 3.12

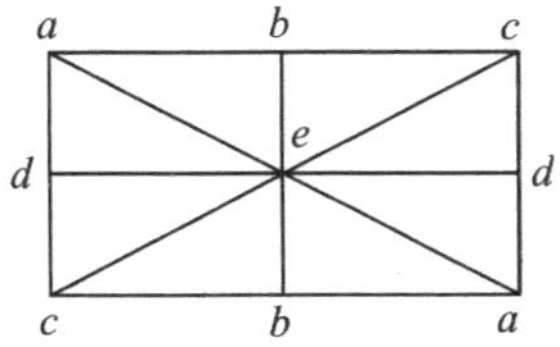

图 3.13

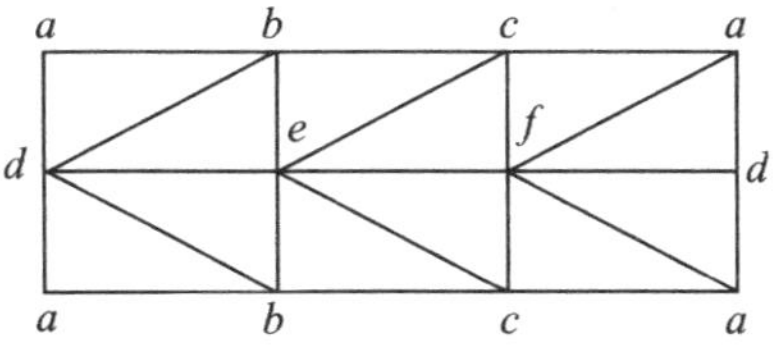

图 3.14

3. 证明引理 3.2.

4. 令 S 是带有偏序关系$\leqslant$的一个集合. 组合学中的一种标准方法是把 S 与一个抽象复形 $\mathscr{S}$相联系,其中 $\mathscr{S}$的顶点是 S 的元素,而 $\mathscr{S}$的单形是 S 的有限全序子集. 设给定$\{a_0,\cdots,a_8\}$上的由下列关系生成的偏序:

$$a_1 \leqslant a_3 \leqslant a_7 \leqslant a_8;\ a_1 \leqslant a_5 \leqslant a_7;$$

$$a_2 \leqslant a_6 \leqslant a_8;\ a_2 \leqslant a_5.$$

试描述 $\mathscr{S}$的一个几何实现.

§4 Abel 群回顾

本节我们要回顾一些即将用到的来自代数的结果. 尤其是关于 Abel 群的若干事实.

我们将 Abel 群的运算写成加法. 那么 0 表示零元素, $-g$ 表示 g 的加法逆. 如果 n 是一个正整数,那么 ng 表示 n 倍和 $g+g+\cdots+g$,而且$(-n)g$ 表示$n(-g)$.

我们以 **Z** 表示整数组成的群,以 **Q** 表示有理数群,以 **C** 表示复数群.

同态

如果 $f:G\to H$ 是一个同态,那么 f 的**核**是 G 的子群 $f^{-1}(0)$, f 的**象**是 H 的子群 $f(G)$, f 的**上核**是商群 $H/f(G)$. 我们分别以 $\ker f$, $\operatorname{im} f$ 和 $\operatorname{cok} f$ 表示这些群. 映射 f 是一个单态射当且仅当 f 的核为零(即等于平凡群). f 是一个满态射当且仅当 f 的上核为零;在这种情况下, f 诱导一个同构 $G/\ker f\cong H$.

自由 Abel 群

一个 Abel 群 G,如果它有一个**基**,即有 G 的一族元素 $\{g_\alpha\}_{\alpha\in J}$ 使得每一个 $g\in G$ 都能唯一地写成一个有限和

$$g = \sum n_\alpha g_\alpha,$$

其中 n_α 是整数,那么我们说 Abel 群 G 是**自由的**. 其中的唯一性蕴涵着每一个元 g_α 具有无穷的阶,即 g_α 生成 G 的一个无限循环子群.

更一般地,如果每一个 $g\in G$ 都能写成有限和 $g=\sum n_\alpha g_\alpha$,但不必是唯一的,那么我们说族 $\{g_\alpha\}$ **生成** G. 特别是,当集合 $\{g_\alpha\}$ 为有限时,我们说 G 是**有限生成的**.

如果 G 是自由的,并且有一个由 n 个元素,比如说是 $g_1,\cdots,g_n$ 组成的基,那么容易看出 G 的每一个基恰由 n 个元素组成. 因为群 $G/2G$ 由所有形如

$$\left(\sum \varepsilon_i g_i\right) + 2G$$

的陪集组成,其中 $\varepsilon_i=0$ 或 1. 这个事实蕴涵着群 $G/2G$ 恰有 2^n 个元素组成. G 的一个基中所包含的元素的个数称为 G 的**秩**.

更一般地有,如果 G 有一个无穷基,那么 G 的任何两个基具有相同的基数,但是我们将用不到这个事实.

自由 Abel 群的一个至关重要的性质是:如果 G 有一个基

$\{g_\alpha\}$,那么从集合$\{g_\alpha\}$到一个 Abel 群 H 的任何函数 f 都能唯一地扩张成从 G 到 H 中的一个同态.

构造自由 Abel 群的一种具体方法如下:给定一个集合 S,我们定义**由 S 生成的自由 Abel 群** G 是使得 $\phi(x)\neq 0$ 仅对 x 的有限多个值成立的所有函数 $\phi: S\to Z$ 组成的集合;而且我们把两个这样的函数相加是通过把它们值相加来进行的. 给定 $x\in S$,就有 x 的一个特征函数 ϕ_x 定义为

$$\phi_x(y)=\begin{cases}0, & y\neq x\\ 1, & y=x\end{cases}$$

函数集$\{\phi_x \mid x\in S\}$形成 G 的一个基,因为每个函数 $\phi\in G$ 能被唯一地写成一个有限和

$$\phi=\sum n_x\phi_x$$

其中 $n_x=\phi(x)$并且求和是在所有使 $\phi(x)\neq 0$ 的 x 上进行的. 我们常常混用记号而且把元素 $x\in S$ 与它的特征函数 ϕ_x 等同起来. 利用这种记号,G 的一般元素能够唯一地写成由集合 S 的元构成的有限的"形式线性组合"

$$\phi=\sum n_\alpha x_\alpha$$

如果 G 是一个 Abel 群,那么当 $ng=0$ 对某个正整数 n 成立时,元素 $g\in G$ 是**有限阶**的. G 中所有有限阶元素的集合是 G 的一个子群 T,称为**挠子群**. 若 T 为零,则我们说 G 是**无挠的**. 一个自由 Abel 群必然是无挠的,但反之则不成立.

如果 T 仅由有限多个元素组成,那么 T 中元素的个数称为 T 的**阶**. 如果 T 是有限阶的,那么 T 的每个元素必是有限阶的,但反过来却不成立.

内直和

设 G 是一个 Abel 群,而且设$\{G_\alpha\}_{\alpha\in J}$是 G 的由某个指标集 J 双射标记的一族子群. 设 G 中的每个 g 均能唯一地写成一个有

限和$g=\sum g_\alpha$，其中对每个$\alpha, g_\alpha \in G_\alpha$. 那么我们把$G$称作是群$G_\alpha$的内直和，而且写成

$$G=\bigoplus_{\alpha \in J} G_\alpha .$$

如果集族$\{G_\alpha\}$是有限的，比方说$\{G_\alpha\}=\{G_1, \cdots, G_n\}$，那么我们也把这个直和写成$G=G_1 \oplus \cdots \oplus G_n$.

如果G中的每一个g都能写成有限和$g=\sum g_\alpha$，但不必唯一，则我们简称G是群$\{G_\alpha\}$的**和**，并且写成$G=\sum G_\alpha$，或者在有限的情形写成$G=G_1+\cdots+G_n$. 在这种情况下，我们也说群$\{G_\alpha\}$**生成**G.

如果$G=\sum G_\alpha$，那么这个和是直和当且仅当等式$0=\sum g_\alpha$蕴涵着对每个$\alpha, g_\alpha=0$. 反过来这种情况发生当且仅当对于每个固定指标α_0，都有

$$G_{\alpha_0} \cap \Big(\sum_{\alpha \neq \alpha_0} G_\alpha\Big)=\{0\}.$$

尤其是，如果$G=G_1+G_2$，那么这个和是直和当且仅当$G_1 \cap G_2=\{0\}$.

自由 Abel 群的相似性很强. 实际上，如果G是自由的并且有基$\{G_\alpha\}$，那么G是子群$\{G_\alpha\}$的直和，其中G_α是由g_α生成的无限循环群. 反之，若G是无限循环子群的直和，则G是一个 Abel 群.

如果G是子群$\{G_\alpha\}$的直和，而且对每个α都有从G_α到 Abel 群H内的同态f_α，那么同态$\{f_\alpha\}$能唯一地扩张成G到H内的一个同态.

有一个对证明G是直和有用的准则：

引理 4.1 令G是一个 Abel 群. 如果G是子群$\{G_\alpha\}$的直和，那么就有同态

$$j_\beta : G_\beta \to G \text{ 和 } \pi_\beta : G \to G_\beta$$

使得当$\alpha \neq \beta$时，$\pi_\beta \circ j_\alpha$是零同态，而当$\alpha=\beta$时是恒等同态.

反之,设$\{G_\alpha\}$是一族 Abel 群,并且有同态 j_β 和 π_β 如上,那么 j_β 是单同态. 而且如果群 $j_\alpha(G_\alpha)$生成 G,那么 G 是它们的直和.

证明 设 $G=\bigoplus G_\alpha$. 我们定义 j_β 是包含同态. 为了定义 π_β,我们把 g 写成$g=\sum g_\alpha$,其中对每个 α,$g_\alpha \in G_\alpha$;并且令 $\pi_\beta(g)=g_\beta \circ g$ 的表示式的唯一性说明π_β 是一个完全确定的同态.

现在考虑其逆. 因为 $\pi_\alpha \circ j_\alpha$ 是恒等映射,所以 j_α 是单射(并且 π_α 是满射). 如果群 $j_\alpha(G_\alpha)$生成 G,那么由假设 G 的每一个元素都能写成一个有限和$\sum j_\alpha(g_\alpha)$. 为了证明这种表示是唯一的,设

$$\sum j_\alpha(g_\alpha) = \sum j_\alpha(g'_\alpha)$$

用 π_β 作用于等式两边,则我们得到 $g_\beta=g'_\beta$. □

直积与外直和

令$\{G_\alpha\}_{\alpha\in J}$是一个 Abel 群的称号族. 它们的**直积**$\prod_{\alpha\in J}G_\alpha$ 是这样一个群,其基础集合是各集合 G_α 的笛卡儿积,而它的群运算是按分量的加法. 它们的**外直和** G 是直积的一个子群,它是由所有使得对除有限多个值以外的一切 α 值均有 $g_\alpha=0_\alpha$ 的多元组$(g_\alpha)_{\alpha\in J}$组成的. (这里 0_α 是 G_α 的零元.)群 G 有时也被称为群 G_α 的“弱直积”.

内直和与外直和的关系可以描述如下:设 G 是群$\{G_\alpha\}$的外直和. 那么对于每一个 β,我们定义 $\pi_\beta: G\to G_\beta$ 是到第β 个因子上的投影. 然后我们这样来定义 $j_\beta: G_\beta\to G$,令它把元素 $g\in G_\beta$ 映射到多元组$(g_\alpha)_{\alpha\in J}$,其中对所有不同于 β 的α,$g_\alpha=0_\alpha$,而 $g_\beta=g$. 那么对于 $\alpha\neq\beta$,$\pi_\beta\circ j_\alpha=0$,而 $\pi_\alpha\circ j_\alpha$ 为恒等映射. 这说明 G 就是群$G'_\alpha=j_\alpha(G_\alpha)$的内直和,其中 G'_α 同构于G_α.

因而内直和与外直和的概念是密切相关的. 差别主要是记号上的不同. 由于这个原因,我们习惯上用记号

$$G = G_1 \oplus \cdots \oplus G_n \quad 和 \quad G = \bigoplus G_\alpha$$

或者表示内直和,或者表示外直和,但是根据上下文便可弄清它究

竟指的是哪一种.(如果确实遇到这种情况,区分清楚是十分重要的.)例如,我们要表达 G 是秩为 3 的自由 Abel 群,只需写成 $G \cong \mathbf{Z} \oplus \mathbf{Z} \oplus \mathbf{Z}$ 即可.

设 G_1 是 G 的子群,如果存在一个子群 G_2 使得 $G = G_1 \oplus G_2$,那么我们就说 G_1 是 G 的一个**直和项**. 在这种情况下,如果 H_i 是 G_i 的子群($i=1,2$),那么和 $H_1 + H_2$ 也是直和,而且还有

$$\frac{G}{H_1 \oplus H_2} \cong \frac{G_1}{H_1} \oplus \frac{G_2}{H_2}$$

尤其是,若 $G = G_1 \oplus G_2$,那么 $G/G_1 \cong G_2$.

当然,在没有条件 $G = G_1 \oplus G_2$ 的情况下,即 G_1 可能是 G 的子群,但不是 G 的一个和项时,也可能有 $G/G_1 \cong G_2$ 成立. 例如,整数群的子群 $n\mathbf{Z}$ 就不是 $\mathbf{Z}$ 的直和项,那将意味着对 $\mathbf{Z}$ 的某个子群 G_2,

$$\mathbf{Z} \cong n\mathbf{Z} \oplus G_2$$

但是若那样的话,G_2 同构于 $\mathbf{Z}/n\mathbf{Z}$,这是一个有限阶的群,然而 $\mathbf{Z}$ 的任何子群都不是有限阶的.

我们偶尔也按照流行的习惯用法把整数模 n 的群 $\mathbf{Z}/n\mathbf{Z}$ 简记为 $\mathbf{Z}/n$.

有限生成 Abel 群的基本定理

实际上,有两个定理对我们是非常重要的. 第一个是关于自由 Abel 群的子群的一个定理. 在这里我们先来叙述它,而在 §11 给出它的一个证明.

定理 4.2 令 F 是一个自由 Abel 群. 如果 R 是 F 的一个子群,那么 R 也是一个自由 Abel 群. 如果 F 的秩是 n,那么 R 的秩 $r \leqslant n$;而且有 F 的一个基 $e_1, \cdots, e_n$ 和整数 $t_1, \cdots, t_n$ ($t_i > 1$) 使得

(1) $t_1 e_1, \cdots, t_k e_k, e_{k+1}, \cdots, e_r$ 是 R 的一个基;

(2) $t_1 | t_2 | \cdots | t_k$,即对所有 i, t_i 整除 t_{i+1}.

其中整数 $t_1, \cdots, t_k$ 是由 F 和 R 唯一确定的,尽管基 $e_1, \cdots, e_n$ 不

是唯一确定的.

这个定理的一个直接推论是下面的定理.

定理 4.3(有限生成 Abel 群的基本定理) 令 G 是一个有限生成的 Abel 群. 令 T 是它的挠子群.

(a) G 有一个秩数为 β 的自由 Abel 子群 H 使得 $G=H\oplus T$.

(b) 存在有限循环群 $T_1,\cdots,T_k$,其中 T_i 的阶 $t_i>1$,使得 $t_1\mid t_2\mid\cdots\mid t_k$,而且

$$T = T_1\oplus\cdots\oplus T_k$$

(c) 数 β 和 $t_1,\cdots,t_k$ 是由 G 唯一确定的.

我们把数 β 称为 G 的 **Betti 数**;把 $t_1,\cdots,t_k$ 称为 G 的**挠系数**. 请注意到 β 是自由 Abel 群 $G/T\cong H$ 的秩. 子群 H 的秩和子群 T_i 的阶是唯一确定的,但是这些子群本身不是唯一确定的.

证明 令 S 是 G 的生成元组成的有限集 $\{g_i\}$;令 F 是集合 S 上的自由 Abel 群. 把每一个 g_i 映射到其自身的映射能扩张成一个把 F 映射到 G 上的同态. 令 R 是这个同态的核. 那么 $F/R\cong G$. 像在定理 4.2 中那样选取 F 和 R 的基,那么

$$F = F_1\oplus\cdots\oplus F_n$$

其中 F_i 是无限循环的并以 e_i 为生成元;而且

$$R = t_1F_1\oplus\cdots\oplus t_kF_k\oplus F_{k+1}\oplus\cdots\oplus F_r$$

我们计算出商群如下:

$$F/R\cong(F_1/t_1F_1\oplus\cdots\oplus F_k/t_kF_k)\oplus(F_{r+1}\oplus\cdots\oplus F_n)$$

从而就有一个同构

$$f:G\to(\mathbf{Z}/t_1\oplus\cdots\oplus\mathbf{Z}/t_k)\oplus(\mathbf{Z}\oplus\cdots\oplus\mathbf{Z})$$

G 的挠子群 T 必然由 f 映射到子群 $\mathbf{Z}/t_1\oplus\cdots\oplus\mathbf{Z}/t_k$ 上,因为任何同构映射保持挠子群. 于是定理的(a)款和(b)款成立. (c)款留作习题. □

这个定理说明,任何有限生成的 Abel 群 G 都能写成循环群的有限直和,即

$$G \cong (\mathbf{Z} \oplus \cdots \oplus \mathbf{Z}) \oplus \mathbf{Z}/t_1 \oplus \cdots \oplus \mathbf{Z}/t_k,$$

其中 $t_i > 1$ 而且 $t_1 | t_2 | \cdots | t_k$. 从某种意义上说,这个表达式就是 G 的"标准型". 还有另一个这样的标准型,现导出如下:

首先回想这样一个事实:如果 m 和 n 是互素的正整数,那么

$$\mathbf{Z}/m \oplus \mathbf{Z}/n \cong \mathbf{Z}/mn$$

由此可知,任何有限循环群都能写成阶是素数幂的循环群的直和. 于是定理 4.3 蕴涵着对于任何有限生成群 G,

$$G \cong (\mathbf{Z} \oplus \cdots \oplus \mathbf{Z}) \oplus (\mathbf{Z}/a_1 \oplus \cdots \oplus \mathbf{Z}/a_s)$$

其中每个 a_i 都是素数的幂. 这是 G 的另一种标准型,因为正如我们将会看到的那样,数 a_i(在不计次序重排的意义下)是由 G 唯一决定的.

习　　题

1. 证明:如果 G 是有限生成的 Abel 群,那么 G 的每个子群都是有限生成的.(此结果对于非 Abel 群不成立.)

2. (a) 如果 G 是自由的,那么 G 是无挠的.

(b) 证明:如果 G 是有限生成的并且是无挠的,那么 G 是自由的.

(c) 证明:有理数加群 $\mathbf{Q}$ 是无挠的,但不是自由的. [提示:如果 $\{g_\alpha\}$ 是 $\mathbf{Q}$ 的一个基,令 β 固定而且用这个基表示 $g_\beta/2$.]

3. (a) 证明:如果 m 和 n 互素,那么 $\mathbf{Z}/m \oplus \mathbf{Z}/n$ 是 mn 阶循环群.

(b) 如果 $G \cong \mathbf{Z}/18 \oplus \mathbf{Z}/36$,试把 G 表示成阶数为素数幂的循环群的直和.

(c) 如果 $G \cong \mathbf{Z}/2 \oplus \mathbf{Z}/4 \oplus \mathbf{Z}/3 \oplus \mathbf{Z}/3 \oplus \mathbf{Z}/9$,试求出 G 的挠系数.

(d) 如果 $G \cong \mathbf{Z}/15 \oplus \mathbf{Z}/20 \oplus \mathbf{Z}/18$, 求 G 的不变因子和挠系数. ①

4. (a) 令 p 为素数;令 $b_1, \cdots, b_k$ 是非负整数. 证明如果

---

① 因为在新版中删去了不变因子的概念,故本题中也该相应删去求不变因子的要求. 对于下面第 4 题的(c)款也是一样. 或者参考代数中不变因子的概念来做. ——译者注

$$G \cong (\mathbf{Z}/p)^{b_1} \oplus (\mathbf{Z}/p^2)^{b_2} \oplus \cdots \oplus (\mathbf{Z}/p^k)^{b_k}$$

那么各整数 b_i 由 G 唯一确定. [提示:考虑乘以 p^i 的乘法同态 $f_i: G \to G$ 的核. 证明 f_1 和 f_2 决定 b_1. 类似地进行下去.]

(b) 令 $p_1, \cdots, p_N$ 是一系列互不相同的素数. 将(a)推广到形如 $(Z/(p_i)^k)^{b_{ik}}$ 的项的有限直和,其中 $b_{ik} \geqslant 0$.

(c) 验证定理 4.3 的(c)款. 即证明一个有限生成 Abel 群 G 的 Betti 数、不变因子和挠系数是由 G 唯一决定的.

(d) 证明在定理 4.2 的结论中出现的各数 t_i 是由 F 和 R 唯一决定的.

§5 同 调 群

现在我们准备定义同调群,首先我们必须讨论"定向"的概念.

定义 令 σ 是一个单形(或几何的或抽象的). 当其顶点的两种次序相差一个偶置换时,则定义它们是等价的. 如果 $\dim\sigma > 0$,那么 σ 的顶点的序分成两个等价类. 这两个等价类中的每一个称为 σ 的一种**定向**. (如果 σ 是 0 维单形,那么就只有一个等价类,因此 σ 只有一种定向.)一个**定向单形**是一个单形 σ 连同它的一种定向.

如果点 $v_0, \cdots, v_p$ 是独立的,那么我们将用符号

$$v_0, \cdots, v_p$$

表示它们所张成的单形,而且用符号

$$[v_0, \cdots, v_p]$$

表示由单形 $v_0, \cdots, v_p$ 和特定次序 $(v_0, \cdots, v_p)$ 的等价类所构成的定向单形.

偶尔,当上下文使意思清楚无误时,我们可能用像 σ 这样的单个字母来表示一个单形或者一个定向单形.

例 1 我们常常通过在一个 1 维单形上画一个箭头来表示它的定向. 定向单形 $[v_0, v_1]$ 画在图 5.1 中;我们画一个从 v_0 指向 v_1 的箭头. 一个 2 维单形的定向用一个弧形箭号表示. 定向单形

$[v_0, v_1, v_2]$在图中是通过画一个从 v_0 到 v_1 再到 v_2 方向的箭号来表示. 可以验证$[v_1, v_2, v_0]$和$[v_2, v_0, v_1]$也是用同一个顺时针箭号表示. 反时针方向的箭号就表示相反定向的单形.

类似地,定向单形$[v_0, v_1, v_2, v_3]$像图中那样是通过画一个螺旋箭号表示. 这个图中的箭号称为"右螺旋的",如果我们按照从 v_0 到 v_1 再到 v_2 的方向弯曲右手手指,则拇指指向 v_3. 可以验证,$[v_0, v_2, v_3, v_1]$以及与这两个次序等价的其它 10 种次序中每一种也都给出右螺旋的方向. "左螺旋"方向用来表示相反的定向.

这些例子说明,我们关于定向的定义与从向量运算导出的直观几何概念是一致的.

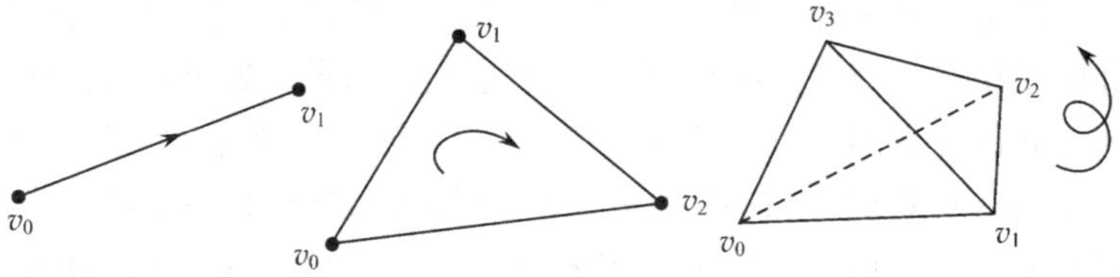

图 5.1

定义 令 K 是一个单纯复形. K 上的一个 ***p* 维链**是从 K 的 p 维定向单形的集合到整数的一个函数 c 使得:

(1) 当 σ 和 σ' 是同一个单形的相反定向时,$c(\sigma) = -c(\sigma')$.

(2) 对除有限多个 p 维定向单形以外的所有单形 σ,$c(\sigma) = 0$. 我们把 p 维链相加是通过把它们的值相加来进行的. 所得到的群记为 $C_p(K)$,并且称为 K 的 ***p* 维(定向)链群**. 如果 $p<0$ 或 $p>\dim K$,则我们令 $C_p(K)$表示平凡群.

如果 σ 是一个定向单形,那么相应于 σ 的**基本链** c 是如下定义的函数:

$$c(\sigma) = 1,$$

$$c(\sigma') = -1, \text{若 } \sigma' \text{ 是 } \sigma \text{ 的相反定向}$$

$$c(\tau) = 0, \text{对所有其它定向单形 } \tau$$

由于记号的混用,我们常常用符号 σ,不仅用来表示一个单形或者定向单形,而且也用来表示相应于这个定向的 p 维基本链 c. 由于这个约定,如果 σ 和 σ' 是同一单形的相反定向,那么我们可以写成 $\sigma' = -\sigma$,因为当把 σ 和 σ' 看成基本链时这个等式是成立的.

引理 5.1 $C_p(K)$ 是自由 Abel 群;$C_p(K)$ 的一个基可以通过把每个 p 维单形定向并用相应的基本链作为基而得到.

证明 证明是直接的. 一旦把 K 的所有 p 维单形(任意地)定向,那么每个 p 维链就能唯一地写成相应基链 σ_i 的一个线性组合

$$c = \sum n_i \sigma_i$$

链 c 对 p 维定向单形 σ_i 指派值 n_i,对 σ_i 的相反定向指派值 $-n_i$,而对所有不在和式中出现的 p 维定向单形指派 0 值. □

群 $C_0(K)$ 不同于其它维数的链群,因为它有一个自然基(由于 0 维单形只有一种定向). 当 $p>0$ 时,群 $C_p(K)$ 没有"自然"基;为了得到一个基,必须对 K 的 p 维单形以任意某种方式定向.

系 5.2 如果 $f(-\sigma) = -f(\sigma)$ 对所 p 维定向单形 σ 都成立,那么从 K 的 p 维定向单形到一个 Abel 群 G 的任何函数 f 都能唯一地扩张成一个同态 $C_p(K) \to G$. □

定义 现在我们定义一个称为**边缘算子**的同态

$$\partial_p : C_p(K) \to C_{p-1}(K)$$

如果 $\sigma = [v_0, \cdots, v_p]$ 是一个定向单形($p>0$),那么我们定义

$$(*) \quad \partial_p \sigma = \partial_p [v_0, \cdots, v_p] = \sum_{i=0}^{p} (-1)^i [v_0, \cdots, \hat{v}_i, \cdots, v_p],$$

其中符号 $\hat{v}_i$ 表示把顶点 v_i 从顶点序列中删去. 因为对于 $p<0$ 来说,$C_p(K)$ 是平凡群,所以对于 $p \leqslant 0$,算子 ∂_p 是平凡同态.

我们必须检验 ∂_p 是完全确定的而且 $\partial_p(-\sigma) = -\partial_p(\sigma)$. 为

此只要证明当我们在阵列$[v_0,\cdots,v_p]$中交换相邻的两个顶点时,(*)式右边改变符号就行了. 那么让我们比较

$$\partial_p[v_0,\cdots,v_j,v_{j+1},\cdots,v_p] \text{ 和 } \partial_p[v_0,\cdots,v_{j+1},v_j,\cdots,v_p]$$

的表达式. 对于 $i\neq j,j+1$ 来说,两个表达式中的第 i 项恰好相差一个符号;除了 v_j 和 v_{j+1} 互换之外,这些项是相同的. 对于 $i=j$ 和 $i=j+1$ 来说. 第 i 项将会怎样呢? 在第一个表达式中,我们有

$$(-1)^j[\cdots,v_{j-1},\hat{v}_j,v_{j+1},v_{j+2},\cdots]$$
$$+(-1)^{j+1}[\cdots,v_{j-1},v_j,\hat{v}_{j+1},v_{j+2},\cdots]$$

在第二个表达式中则有

$$(-1)^j[\cdots,v_{j-1},\hat{v}_{j+1},v_j,v_{j+2},\cdots]$$
$$+(-1)^{j+1}[\cdots,v_{j-1},v_{j+1},\hat{v}_j,v_{j+2},\cdots]$$

经比较我们看出这两个表达式相差一个符号.

例 2 对于 1 维单形,我们算出$\partial_1[v_0,v_1]=v_1-v_0$. 对于 2 维单形,则有

$$\partial_2[v_0,v_1,v_2]=[v_1,v_2]-[v_0,v_2]+[v_0,v_1]$$

对于 3 维单形我们则有公式

$$\partial_3[v_0,v_1,v_2,v_3]=[v_1,v_2,v_3]-[v_0,v_2,v_3]$$
$$+[v_0,v_1,v_3]-[v_0,v_1,v_2]$$

这些公式的几何意义在图 5.2 中表示出来. 如果你还记得在微积分中所学过的 Green 定理、Stokes 定理和 Gauss 定理的形式,那么这些图看上去就应当是很熟悉的.

例 3 考虑图 5.2 中所画出的 1 维链$\partial_2[v_0,v_1,v_2]$. 如果把算子∂_1 应用于这个 1 维链,就得到零,一切项全部消掉,因为每个顶点既作一条边的起点出现,又作为另一条边的终点出现. 当你计算$\partial_2\partial_3[v_0,v_1,v_2,v_3]$时,就可以验证类似相消的情况发生.

例 3 中叙述的计算说明了一个普遍事实:

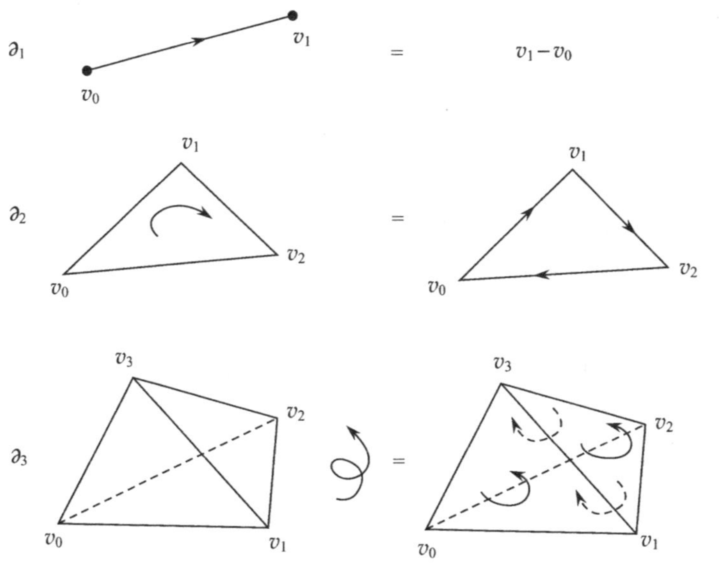

图 5.2

引理 5.3 $\partial_{p-1} \circ \partial_p = 0$.

证明 证明是直接的. 我们计算得

$$\begin{aligned}\partial_{p-1}\partial_p[v_0, \cdots, v_p] &= \sum_{i=0}^{p}(-1)^i \partial_{p-1}[v_0, \cdots, \hat{v}_i, \cdots, v_p] \\ &= \sum_{j<i}(-1)^i(-1)^j[\cdots, \hat{v}_j, \cdots, \hat{v}_i, \cdots] \\ &\quad + \sum_{j>i}(-1)^i(-1)^{j-1}[\cdots, \hat{v}_i, \cdots, \hat{v}_j, \cdots]\end{aligned}$$

这两个和式的项成对地相互抵消. □

定义 我们把$\partial_p : C_p(K) \to C_{p-1}(K)$的核称为 ***p* 维闭链群**, 并且记作 $Z_p(K)$(因德文单词"*Zyklus*"); 将$\partial_{p+1} : C_{p+1}(K) \to C_p(K)$的像称为 ***p* 维边缘链群**,并记作 $B_p(K)$. 由上面的引理, $p+1$维链的每个边缘链自动地成为一个 p 维闭链. 即 $B_p(K) \subset$

$Z_p(K)$. 我们定义

$$H_p(K) = Z_p(K)/B_p(K)$$

并且把它称为 K 的第 p 个**同调群**.

让我们来计算几个例子.

例 4 考虑图 5.3 的复形 K,它的底空间是一个以 e_1, e_2, e_3, e_4 为边的正方形的边缘. 群 $C_1(K)$是秩为 4 的自由 Abel 群. 一般的 1 维链 c 具有形式$\sum n_i e_i$. 通过计算$\partial_1 c$,我们就会看到它在顶点 v 上的值是$n_1 - n_2$. 类似的论证也适用于其它顶点,这说明 c 是一个闭链当且仅当$n_1 = n_2 = n_3 = n_4$. 因而我们推知,$Z_1(K)$是无限循环的并且是由链 $e_1 + e_2 + e_3 + e_4$ 生成的. 因为 K 中没有 2 维单形,所以 $B_1(K)$是平凡的. 因此,

$$H_1(K) = Z_1(K) \cong \mathbf{Z}$$

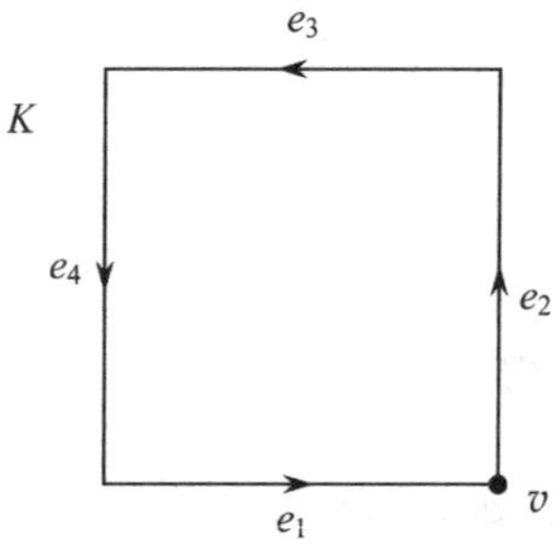

图 5.3

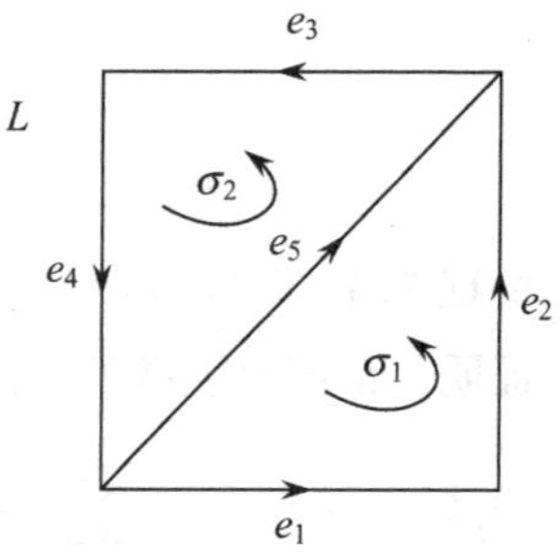

图 5.4

例 5 考虑图 5.4 的复形 L,它的底空间是一个正方形. 一般的 1 维链具有形式$\sum n_i e_i$. 我们跟以前一样推理即可得知,这个 1 维链是闭链当且仅当 $n_1 = n_2$,$n_3 = n_4$和 $n_5 = n_3 - n_2$. 我们可以对 n_2 和 n_3 任意赋值,于是其它链上的值则随之被确定. 因此,$Z_1(L)$是一个秩为 2 的自由 Abel 群. 一个基由以下两条链组成:一条是通过取 $n_2 = 1$、$n_3 = 0$ 而得到的链 $e_1 + e_2 - e_5$;另一条是通

过取 $n_2=0$、$n_3=1$所得到的链 $e_3+e_4+e_5$. 前者等于$\partial_2\sigma_1$,后者等于$\partial_2\sigma_2$. 因此,

$$H_1(L)=Z_1(L)/B_1(L)=0$$

同样地,$H_2(L)=0$;一般 2 维链 $m_1\sigma_1+m_2\sigma_2$ 是闭链当且仅当 $m_1=m_2=0$.

这些例子可能对于同调群在几何上表示什么意思给你一点初步的感性认识. 只有通过计算更多的例子才能"看出"什么是同调类. 我们的期望是当你获得对于同调群的几何意义的感性认识之后,你就会相信此时我们还远远没有弄清楚一个复形 K 的同调群实际上只依赖于底空间$|K|$.

现在让我们考虑另一个例子,它涉及到一个比上面那些例子中的复形具有更多单形的复形. 一般说来,当单形的数目增加时,计算闭链群 Z_p 和边缘链群 B_p 会变得更加冗长更加麻烦. 我们可以通过避免计算这些群而直接计算同调群 H_p,并以此达到简化计算的目的.

在这里仅对 $p>0$ 论述群 $H_p(K)$,而把对群 $H_0(K)$的讨论推迟到§7进行.

我们需要一些术语. 设 L 是K 的子复形,如果链 c 在每个不在L 中的单形上取值为 0,那么我们就说链 c 由子复形L **承载**. 当两个 p 维链c 和c',对某个 $p+1$维链 d 来说有关系式$c-c'=\partial_{p+1}d$ 成立时,则我们说 c 和c'是**同调的**. 特别是,当 $c=\partial_{p+1}d$ 时,我们说 c **同调于零**,或简单地说 c **形成边界**.

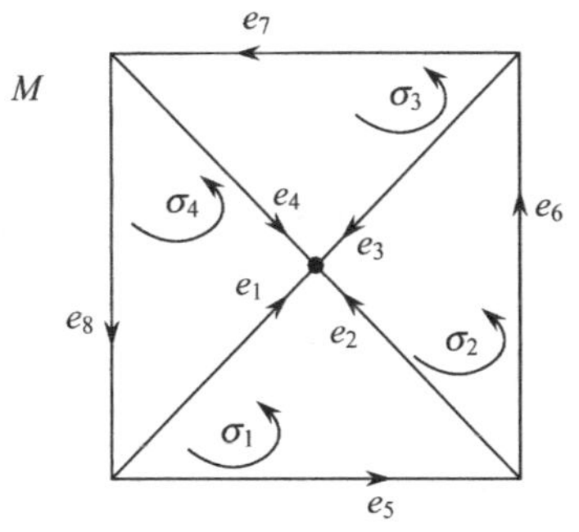

图 5.5

例 6 考虑图 5.5 所示的复形 M,它的底空间是一个正方形. 我们不具体地去计算 1 维闭链群,而是进行如下的推理:

给定一个1维闭链 c，令 a 是 c 在 e_1 上的值. 那么由直接计算，链

$$c_1 = c + \partial_2(a\sigma_1)$$

在定向单形 e_1 上取值为0. 直观地说，我们通过用一个边缘来修改 c，而"把它从 e_1 挤出去". 然后我们再以类似的方式"把 c_1 从 e_2 挤出去"如下：令 b 是 c_1 在 e_2 上的值，那么链

$$c_2 = c_1 + \partial_2(b\sigma_2)$$

在定向单形 e_2 上取值为0. 它在 e_1 仍然取0值，因为 e_1 在 $\partial_2\sigma_2$ 的表达式中不出现. 现在令 d 表示 c_2 在 e_3 上的值，那么我们可以看出

$$c_3 = c_2 + \partial_2(d\sigma_3)$$

在 e_3 及 e_2 和 e_1 上均取0值. 因而我们已把 c 从 e_1、e_2、e_3 上全都"挤出去"了. 换句话说，我们已经证明了下列结果：

给定一个1维链 c，它同调于由在图5.6中所画出的 M 的子复形所承载的链 c_3.

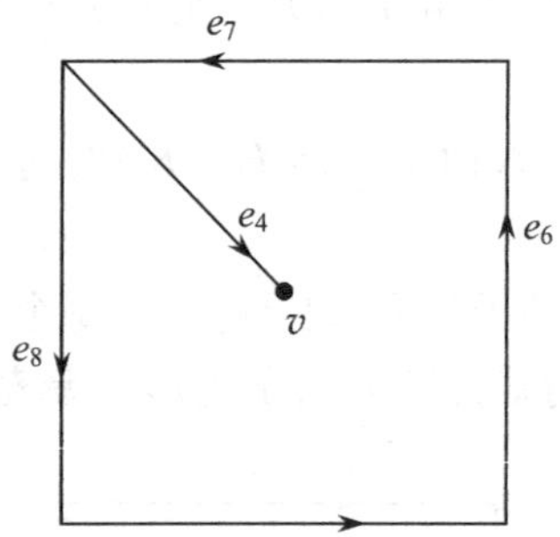

图5.6

现在如果 c 碰巧是一个闭链，那么 c_3 也是一个闭链，这说明 c_3 在单形 e_4 上的值必然为0. (否则，∂c_3 在中心点 v 上就会有非零的值.)因而 M 的每个1维闭链同调于被正方形的边缘所承载的一个1维闭链. 由跟以前用过的同样的论证，这样一个闭链必是链 $e_5 + e_6 + e_7 + e_8$ 的某个倍数. 而且这个闭链形成边界. 实际上，它显然等于 $\partial(\sigma_1 + \sigma_2 + \sigma_3 + \sigma_4)$. 从而就像我们所期望的那样，$H_1(M) = 0$.

$H_2(M) = 0$ 这个事实是容易得出的. (同以前一样)容易看出，$\sum m_i\sigma_i$ 是一个闭链，当且仅当对所有 i，$m_i = 0$.

请注意到 M 的同调群与例5中复形 L 的同调群是相同的.

这个事实为我们关于一个复形的同调群只依赖于它的底空间的论断(还有待证明)提供了某些根据.

习　　题

1. 令$\mathscr{S}$是由1维单形$\{v_0, v_1\}, \{v_1, v_2\}, \cdots, \{v_{n-1}, v_n\}$以及它们的顶点组成的抽象复形. 如果$K$是$\mathscr{S}$的一个几何实现,计算$H_1(K)$.

2. 考虑图5.7中所画出的复形M,它是由三个三角形和一条线段组成的. 计算同调群$H_1(M)$和$H_2(M)$.

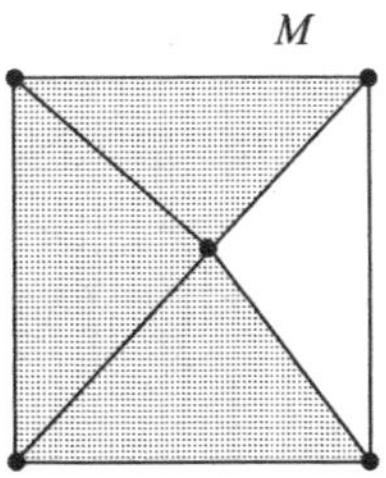

图 5.7

3. 一个1维复形,如果它的1维同调群为零,则我们把它称为一棵树. 图5.8中所画出的两个复形都是树吗?

4. 令K是由一个3维单形的真面组成的复形. 计算$H_1(K)$和$H_2(K)$.

5. 当i取何值时,

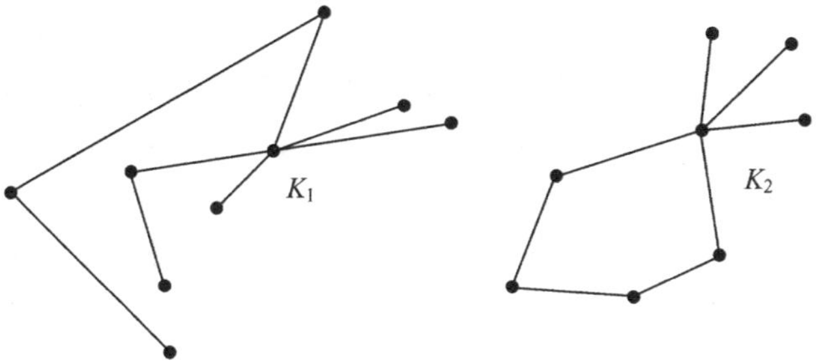

图 5.8

$$H_i(K^{(p)}) \cong H_i(K)$$

成立?

6. K上的一个"p维无穷链"是从K的p维定向单形到整数的一个函数使得当σ和σ'是同一个单形的相反定向时,$c(\sigma) = -c(\sigma')$. 我们不要求除有限多个以外的所有单形使$c(\sigma)=0$. 令$C_p^\infty(K)$表示p维无穷链构成的群，它是 Abel 群，但它一般不是自由的.

(a) 证明如果 K 是局部有限的，那么我们能够用以前用过的公式定义一个边缘算子

$$\partial_p: C_p^\infty(K) \to C_{p-1}^\infty(K)$$

而且引理 5.3 成立. 所得到的群

$$H_p^\infty(K) = \ker\partial_p^\infty / \operatorname{im}\partial_{p+1}^\infty$$

称为**基于无穷链上的同调群**.

(b) 令 K 是一个复形，它的空间是 $\mathbf{R}$，它的顶点是整数，证明

$$H_1(K) = 0,\ H_1^\infty(K) \simeq \mathbf{Z}$$

7. 令 $\mathscr{S}$ 是一个抽象复形，它的单形是当 m 取遍所有正整数时，由集合 $\{im, m\}$，$\{im, -m\}$ 和 $\{m, -m\}$ 以及它们的面组成. 如果 K 是 $\mathscr{S}$ 的一个几何实现，计算 $H_1(K)$ 和 $H_1^\infty(K)$.

§6 曲面的同调群

如果 K 是有限复形，那么链群 $C_p(K)$ 的秩是有限的，因而闭链群 $Z_p(K)$ 的秩是有限的. 于是 $H_p(K)$ 是有限生成的，因此 Abel 群的基本定理适用. $H_p(K)$ 的 Betti 数和挠系数按传统习惯称为 K 的 p 维 Betti 数和 K 的 p 维挠系数. 这些数都是 $|K|$ 的拓扑不变量这一事实将在第二章予以证明.

以前，不仅是在拓扑学中，而且在代数以及数学的其它分支中，人们都把大量的注意力倾注到数字不变量的研究上. 现在，数学家们大概已经意识到同调群是更重要的概念，而且与计算这些群的数字不变量相比更倾向于研究它们的性质. 然而，具体地计算同调群——即对于给定的空间求出 Betti 数和挠系数——在许多情况下依然是重要的.

单纯同调群的最大优点之一就是它实际上恰好能做到这一点. 在 §11 我们将证明一个定理，以达到对于一个有限复形 K 来说同调群能够有效计算的目的. 这意味着对于求 K 的 Betti 数和挠系数有一个明确的算法.

在本节中，我们将计算紧曲面的 Betti 数和挠系数. 我们将要使用的方法可能看起来似乎有点笨拙而且性质也特别. 但实际上，这些方法对于一大类空间是有效的. 在后面的一节中，当我们研究 CW 复形时，我们将重新返回到这些方法，并且说明它们是系统处理同调群计算问题的一个组成部分.

约定 为了记号上的方便，以后我们将省略边缘算子∂_p 上的维数下标 p，而依靠上下文来弄清所指的是这些算子中的哪一个.

我们将计算环面、Klein 瓶以及能够从一个矩形 L 通过适当粘合它们的边而构造出来的其它几种空间的同调群. 因而我们从证明关于 L 自身的某些事实开始.

引理 6.1 令 L 是图 6.1 中的复形，它的底空间是一个矩形. 令 BdL 表示其空间是这个矩形的边界的复形. 把 L 的每个 2 维单形用逆时针箭号予以定向；其 1 维单形任意定向. 那么

(1) L 的每个 1 维闭链均同调于由 BdL 所承载的某个 1 维闭链.

(2) 如果 d 是L 的一个 2 维闭链而且∂d 是由 BdL 承载的，那么 d 是链$\sum\sigma_i$ 的倍数.

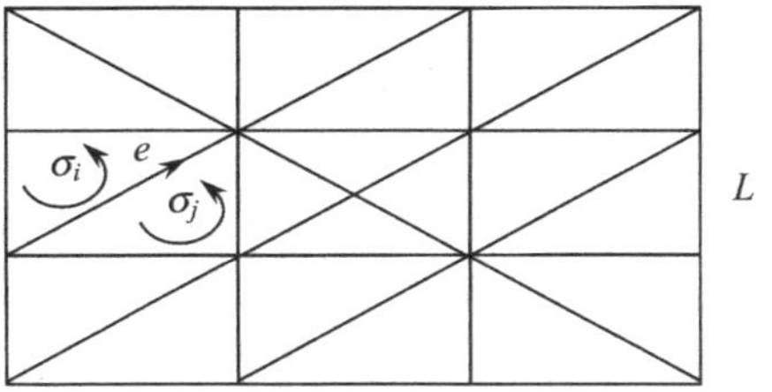

图 6.1

证明 (2)的证明是容易的. 如果 σ_i 和σ_j 有一条公共边e，那么∂d 在e 上必然取值为 0. 这说明 d 在σ_i 上与在σ_j 上必然是取相同的值. 继续这个过程，则我们即可看出 d 在所有 2 维定向单形 σ_i 上都取相同的值.

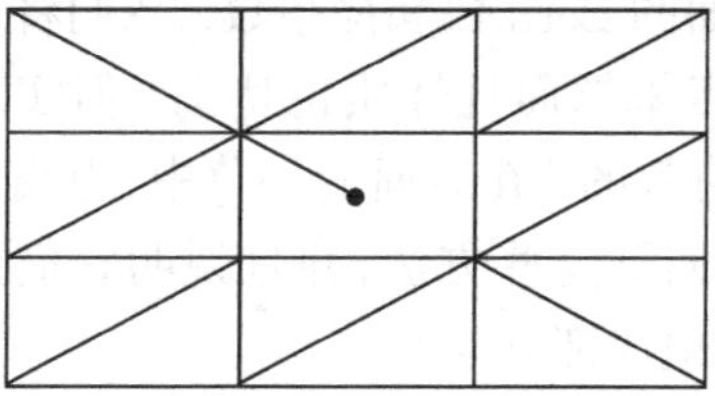

图 6.2

为了证明(1),我们像在上节的例 6 中那样进行. 给定 L 的一个 1 维链 c,我们可每次一个地"把它"从 1 维单形上"挤出去". 首先我们证明 c 同调于一个由图 6.2 中所画出的子复形承载的 1 维链 c_1. 然后再证明 c_1 又依次同调于图 6.3 的子复形所承载的一个 1 维链 c_2. 最后我们指出,在初始链 c 是闭链的情况下,那么链 c_2 也是一个闭链. 由此可知 c_2 必定被 BdL 承载,因为若不然 c_2 就会在顶点 $v_1,\cdots,v_5$ 中的一个或更多的顶点上有非零系数. □

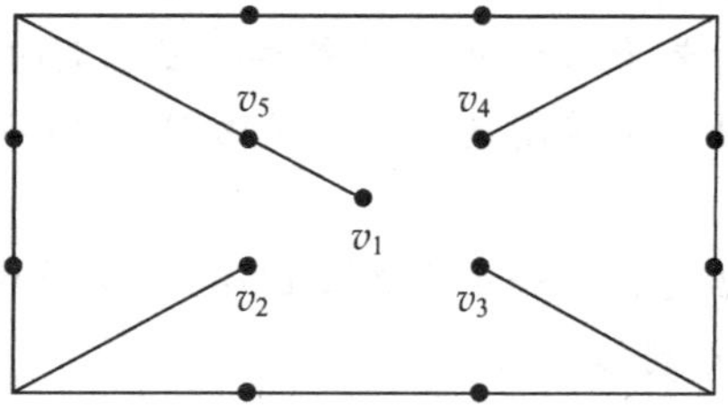

图 6.3

定理 6.2 令 T 表示由下页图 6.4 的标记矩形 L 所代表的复形;它的底空间是环面. 那么

$$H_1(T) \simeq \mathbf{Z} \oplus \mathbf{Z},\ H_2(T) \simeq \mathbf{Z}.$$

把 L 的每个 2 维单形按反时针方向定向;利用 T 的 2 维单形的诱导定向;令 γ 表示它们的和. 令

$$w_1 = [a,b]+[b,c]+[c,a],$$

$$z_1 = [a,d]+[d,e]+[e,a].$$

那么 γ 生成 $H_2(T)$,并且 w_1 和 z_1 表示 $H_1(T)$的一个基.

证明 令 $g:|L|\to|T|$是粘合映射;令 $A=g(|\mathrm{Bd}L|)$. 那么

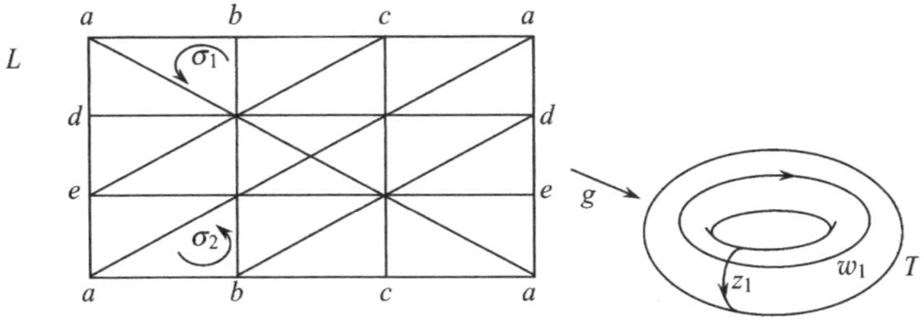

图 6.4

A 同胚于这样一个空间,它是具有一个公共点的两个圆周之并.(我们把这样一个空间称为**两个圆构成的楔形**.)把 T 的 1 维单形任意定向. 因为 g 只沿着 $\mathrm{Bd}L$ 的单形进行粘合,所以我们原先在证明引理 6.1 中所给出的论证可以完全照搬地用来证明下列结果:

(1) T 的每个 1 维闭链都同调于由 A 承载的一个 1 维闭链.

(2) 如果 d 是 T 的一个 2 维链而且 ∂d 由 A 承载,那么 d 是 γ 的倍数.

然而,在复形 T 中还有两个进一步的结果成立.

(3) 如果 c 是 T 的由 A 承载的 1 维链,那么 c 具有 nw_1+mz_1 的形式.

(4) $\partial\gamma=0$.

(3)的证明是容易的,它可由 A 恰是图 6.5 中所画出的 1 维复形这个事实而得出. (4)的证明同样也是直接的:显然,$\partial\gamma$ 在 T 的每一个不在 A 中的 1 维单形上取 0 值. 我们可直接验证它在 A 中的每个 1 维单形上也取 0 值. 例如,基本链$[a,b]$在$\partial\sigma_1$ 的表达式中出现是带有 -1 值,而在$\partial\sigma_2$ 的表达式中出现是带有 $+1$ 值,

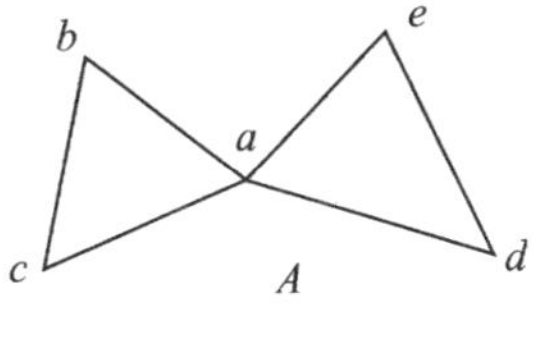

图 6.5

所以$\partial\gamma$在$[a,b]$上的值为0.（参看图6.4.）

利用结果(1)～(4)，我们就能计算出T的同调群. 由(1)和(3)，T的每个1维闭链同调于形如$c = nw_1 + mz_1$的闭链. 这样一个闭链形成边缘仅当它是平凡的：因为如果对某d有$c = \partial d$，那么(2)适合于证明$d = p\gamma$对某个p成立；因为由(4)，$\partial\gamma = 0$，所以我们有$c = \partial d = 0$. 于是我们推出

$$H_1(T) \simeq \mathbf{Z} \oplus \mathbf{Z};$$

而且1维闭链w_1和z_1(的陪集)组成1维同调群的一个基.

为了计算$H_2(T)$，请注意到由(2)，T的任何2维闭链d必然具有$p\gamma$的形式(对某个p). 由(4)，每个这样的2维链实际上是一个闭链，而且不存在它的3维链形成边缘. 所以我们推出

$$H_2(T) \simeq \mathbf{Z},$$

而且这个群以2维闭链γ作为生成元. □

定理6.3 令S表示由图6.6中的标记矩形所代表复形，它的底空间是Klein瓶，那么

$$H_1(S) \simeq \mathbf{Z} \oplus \mathbf{Z}/2,\ H_2(S) = 0.$$

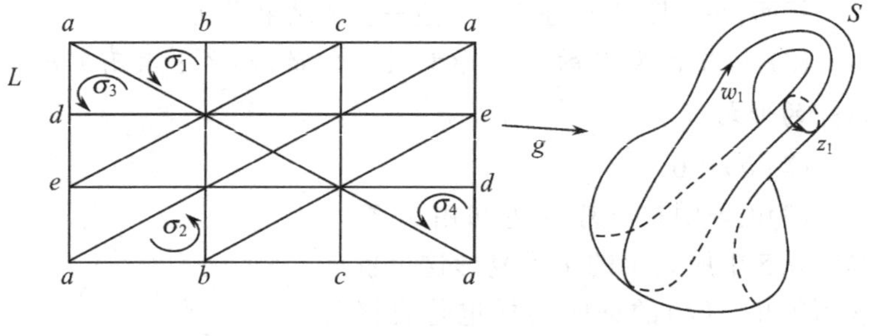

图6.6

$H_1(S)$的挠元由链z_1代表，群$H_1(S)$模挠子群的生成元由w_1代表，其中

$$w_1 = [a,b] + [b,c] + [c,a],$$

$$z_1 = [a, d] + [d, e] + [e, a].$$

证明 令 $g: |L| \to |S|$是粘合映射. 令 $A = g(|\mathrm{Bd}L|)$,像以前一样,它是由两个圆构成的楔形. 把 S 的 2 维单形同以前一样定向;令 γ 是它们的和. 把 S 的 1 维单形任意定向. 请注意到前面证明中的(1)和(2)成立;两者都没有涉及到边缘上的特定粘合. 因为 A 是两个圆构成的楔形,所以(3)也成立. 然而初始条件是不同的;我们有$\partial\gamma = 2z_1$.

这个等式可由直接计算得出. 例如,$[a, b]$在$\partial\sigma_1$ 中出现时带有系数 -1,在$\partial\sigma_2$ 中出现时带有系数 $+1$,而$[a, d]$在$\partial\sigma_3$ 和$\partial\sigma_4$ 中出现时都带有 $+1$ 的系数.

把这些事实结合起来,我们就能算出 S 的同调:由(1)和(3),S 的每个 1 维闭链都同调于形如 $c = nw_1 + mz_1$ 的闭链. 若对某个 d,$c = \partial d$,那么由(2),$d = p\gamma$,由此$\partial d = 2pz_1$. 因而 $nw_1 + mz_1$ 构成边缘当且仅当 m 是偶数并且 n 为零. 于是我们推出

$$H_1(S) \simeq \mathbf{Z} \oplus \mathbf{Z}/2.$$

闭链 z_1 代表挠元素,w_1 表示无限循环群 $H_1(S)/T_1(S)$的一个生成元.

为了计算 $H_2(S)$,请注意到由(2),S 的任何 2 维闭链 d 必定具有 $p\gamma$ 的形式;但因由(4),$p\gamma$ 不是闭链,所以我们有

$$H_2(S) = 0. \qquad \square$$

定理 6.4 令 P^2 是图 6.7 中的标记矩形所表示的复形,它的底空间称为**射影平面**. 那么

$$H_1(P^2) \simeq \mathbf{Z}/2,\ H_2(P^2) = 0.$$

证明 令 $g: |L| \to |P^2|$是粘合映射. 令 $A = g(|\mathrm{Bd}L|)$,它同胚于一个圆周. 令 γ 同前;令

$$z_1 = [a, b] + [b, c] + [c, d] + [d, e] + [e, f] + [f, a].$$

像以前一样,条件(1)和(2)成立. 此外还有下列容易验证的附加结果:

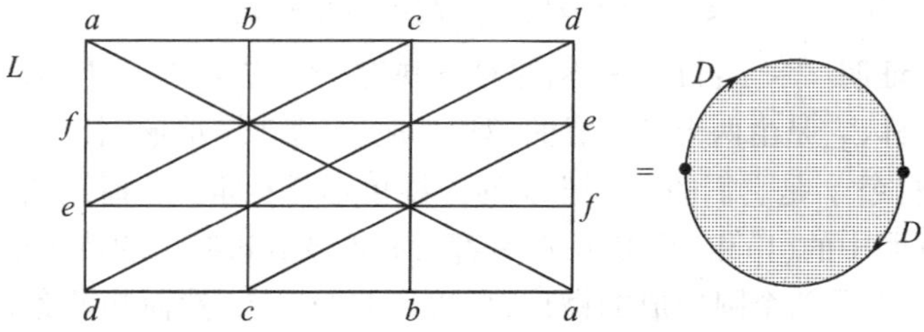

图 6.7

(3) 由 A 承载的每个 1 维闭链均为 z_1 的倍数.

(4) $\partial\gamma = -2z_1$.

从这些事实我们即可推出

$$H_1(P^2) \cong \mathbf{Z}/2,\ H_2(P^2) = 0.$$

H_1 的非零元由闭链 z_1 表示. □

定义 我们把 P^2 与其自身的**连通和**定义为从射影平面的两个拷贝通过从每一个拷贝上切去一个小的开圆盘,并且将剩下的两部分沿着它们的自由边界粘接起来而得到的空间;并且把这个空间记为 $P^2 \# P^2$.

空间 $P^2 \# P^2$ 能够表示成矩形的商空间,它是通过把矩形的边按图 6.8 所示的方法粘接在一起而得到的.(请注意到,如果你把矩形沿虚线 C 剪开,那么你就会得到这样两个射影平面,其中从每个射影平面上挖去了一个开圆盘,如图所示.

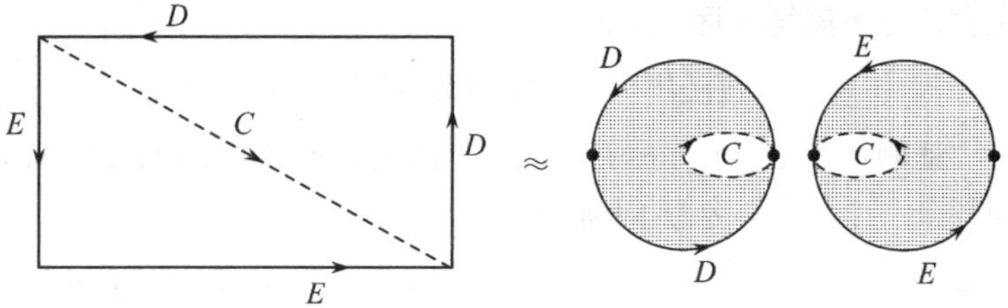

图 6.8

定理 6.5 令 $P^2 \# P^2$ 是两个射影平面的连通和. 那么

$$H_1(P^2 \# P^2) \simeq \mathbf{Z} \oplus \mathbf{Z}/2,\ H_2(P^2 \# P^2) = 0.$$

证明 我们用与以前相同的带有适当顶点标记的矩形 L 来表示 $P^2 \# P^2$. 在这种情况下,复形 $A = g(|\mathrm{Bd}L|)$ 又是两个圆构成的楔形. 令 w_1 是图 6.8 中按所示的方向"跑过上面的边"的 1 维闭链;而 z_1 是"跑过下面的边"的 1 维闭链. 于是,定理 6.2 的条件(1)和(2)成立. 条件(3)和(4)成为

(3) 由 A 承载的每个 1 维闭链具有 $nw_1 + mz_1$ 的形式.

(4) $\partial\gamma = 2w_1 + 2z_1$.

那么显然有 $H_2(P^2 \# P^2) = 0$. 可是我们如何来计算 H_1 呢? 这需要花费一些功夫. 我们要计算以 w_1 和 z_1 为基的群 G 关于由 2$(w_1 + z_1)$生成的子群的商群. 为此,我们需要像在关于自由 Abel 群的子群的基本定理(定理 4.2)中那样选取两个"相容"群的基. 在这种情况下,容易看出所需要的是:我们必需选取 $w_1 + z_1$ 是 G 的基元素之一. 我们能够做到这一点吗? 当然可以. $\{w_1, w_1 + z_1\}$恰好像$\{w_1, z_1\}$一样能作为 G 的一个基. (我们能够把一个集合用另一个集合表示:$w_1 = w_1$, $z_1 = -(w_1) + (w_1 + z_1)$.)如果我们使用 G 的这个基,那么计算是容易的:

$$H_1(P^2 \# P^2) \simeq \mathbf{Z} \oplus \mathbf{Z}/2,$$

挠元由 $w_1 + z_1$ 表示,而 w_1 表示 H_1/T_1 的生成元.

我们注意到 w_1 不是代表 H_1/T_1 的生成元的唯一闭链. 闭链 z_1 恰好也是一个,因而闭链 $2w_1 + 3z_1$ 以及许多其它闭链也是. 因为可以验证$\{z_1, w_1 + z_1\}$和$\{2w_1 + 3z_1, w_1 + z_1\}$是 G 的另外两个基. □

聪明的读者可能注意到这里的结果与 Klein 瓶的结果是相同的. 这绝不是偶然的,因为实际上两个空间是同胚的. 下页图 6.9 表示了这个证明.

现在我们已经做了充分多的例子,足以使读者能够计算一般

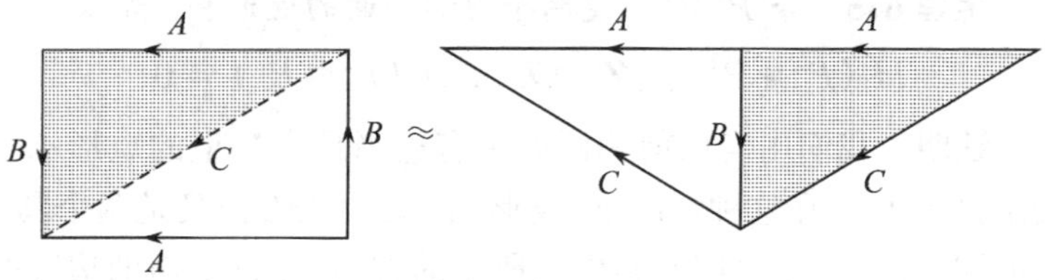

图 6.9

紧曲面的同调群. 我们把这些计算留作习题.

习　题

1. 令 w_1 和 z_1 是图 6.6 中画出的 Klein 瓶上的闭链. 证明 w_1+z_1 表示无限循环群$H_1(S)/T_1(S)$的一个生成元.

2. 两个环面的连通和 $T\#T$ 是在两个不相交的环面上各切去一个开圆盘,并且把剩下的两部分沿着边缘粘接在一起而得到的. 它能表示成一个由平面上的八边形区域通过在边缘上作如图 6.10 所示的等同而得到的商空间. (沿着虚线将八边形切开就得到两个切去了开圆盘的环面.)

(a) 通过适当标记在图 6.11 中画出的复形 L 的顶点以构造一个复形K使其底空间为 $T\#T$.

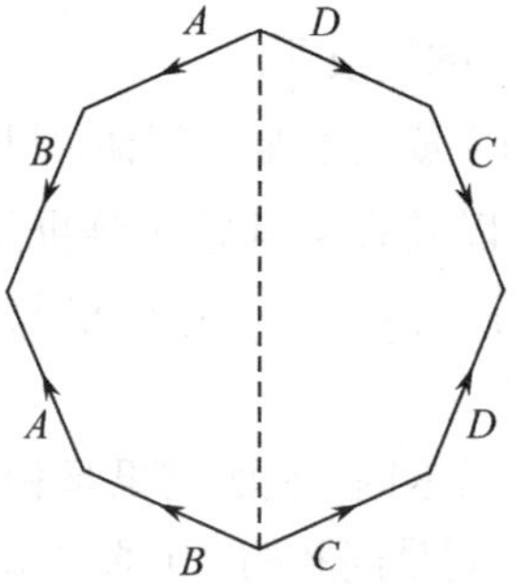

图 6.10

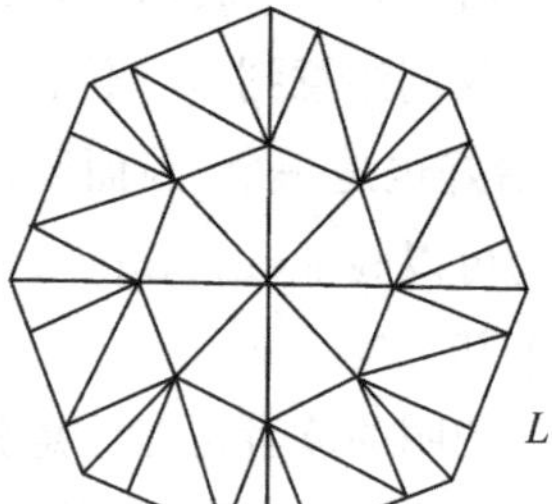

图 6.11

(b) 遵循定理 6.2 的模式计算 $T \# T$ 的 1 维和 2 维同调群. 尤其是,令 A 是 $\mathrm{Bd}L$ 在此商映射下的象,那么 A 是由四个圆构成的楔形. 把 L 的每个 2 维单形按反时针方向定向. 令 γ 是K 的相应定向的单形之和. 首先证明 K 的每个 1 维闭链均同调于一个由 A 承载的 1 维闭链. 然后证明 K 的每个其边缘由 A 承载的 2 维闭链必为 γ 的倍数. 通过分析由 A 承载的 1 维闭链,并且通过计算$\partial\gamma$ 来完成计算.

3. 通过适当标记图 6.11 中的复形 L 来表示四重连通和$P^2 \# P^2 \# P^2 \# P^2$,并计算它的 1 维和 2 维同调群.

4. (a) 定义环面的 n 重连通和$X_n = T \# \cdots \# T$,并且计算它的 1 维和 2 维同调.

(b) 定义射影平面的 n 重连通和 $Y_n = P^2 \# \cdots \# P^2$,并且计算它的 1 维和 2 维同调.

[有一个标准定理是:每一个紧曲面同胚于下面所列出的空间之一:

$$S^2; X_1, X_2, \cdots; Y_1, Y_2, \cdots.$$

(参看文献[Ma].)一旦我们证明了同调群是拓扑不变量,那么从这个习题就能说明这些曲面中的任何两个不同胚.]

5. 计算 $T \# P^2$ 的同调群. 请问它必定与习题 4 所列举的曲面中的哪一个同胚? 你能构造出这个同胚吗?

6. (a) 计算图 6.12 所示的商空间的 1 维和 2 维同调群. 我们把这个空间称为"5 褶笨伯帽".

(b) 类似地定义"k 褶笨伯帽"并计算它的同调.

7. 计算图 6.13 所示的空间的同调.

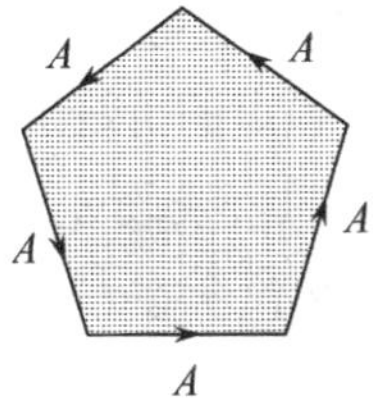

图 6.12

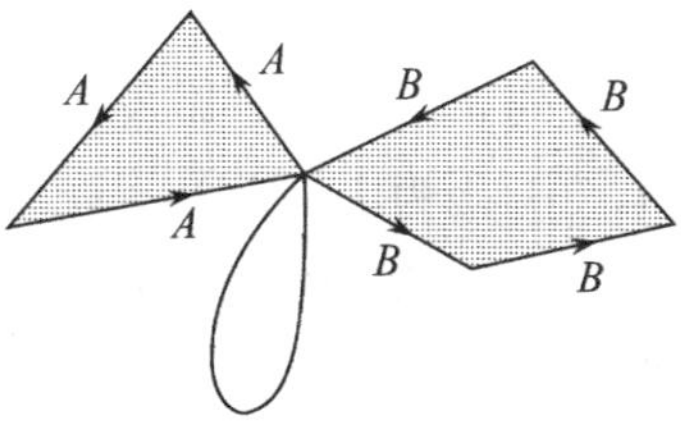

图 6.13

8. 给定有限生成的 Abel 群 G_1 和 G_2,而且 G_2 是自由的,证明存在一个 2 维有限复形 K 使得$|K|$是连通的,而且有 $H_1(K) \simeq G_1$, $H_2(K) \simeq G_2$.

§7 零维同调

到目前为止,我们尚未计算过任何零维同调群. 本节,我们将说明这种群有一个简单的几何解释,使得它的计算成为平凡的.

我们证明下列定理.

定理 7.1 令 K 是一个复形,那么群 $H_0(K)$ 是自由 Abel 群. 如果 $\{v_\alpha\}$ 是从 $|K|$ 的每一个分支取一个顶点组成的集族,那么链 v_α 的同调类就构成 $H_0(K)$ 的基.

证明 第一步 如果 v 和 w 是 K 的顶点,而且 K 有一个顶点序列

$$a_0, \cdots, a_n$$

使得 $v = a_0, w = a_n$,并且对每个 $i, a_i a_{i+1}$ 都是 K 的 1 维单形,那么我们定义 $v \sim w$. 这个关系显然是一个等价关系. 给定 v,定义

$$C_v = \bigcup \{\mathrm{St} w \mid w \sim v\}.$$

我们要证明集合 C_0 是 $|K|$ 的分支.

首先注意到 C_v 是开的,因为它是开集的并. 而且当 $v \sim v'$ 时,$C_v = C_{v'}$.

其次,我们证明 C_v 是连通的,实际上是道路连通的. 给定 v,令 $w \sim v$,并且令 x 是 $\mathrm{St} w$ 的一点. 同前面一样选取 K 的顶点的一个序列 $a_0, \cdots, a_n$. 那么以 $a_0, \cdots, a_n, x$ 为相继顶点的折线道路在 C_v 中:因为由定义 $a_i \sim v$,所以 $\mathrm{St} a_i \subset C_v$,特别是,线段 $a_i a_{i+1}$ 在 C_v 中. 类似地,线段 $a_n x$ 在 $\mathrm{St} a_n$ 中,而 $\mathrm{St} a_n$ 又包含在 C_v 中,因此 C_v 是道路连通的.

第三,我们证明互不相同的集合 C_v 和 $C_{v'}$ 是不相交的. 假设 x 是 $C_v \cap C_{v'}$ 的一点,那么对某个等价于 v 的 w 而言,$x \in \mathrm{St} w$;而且对于某个等价于 v' 的 w' 而言,又有 $x \in \mathrm{St} w'$. 由于 x 关于 w 和 w' 均具有正的重心坐标,所以 K 有某个单形以 w 和 w' 作为顶

点. 那么 ww' 必然是 K 的 1 维单形. 因而 $w \sim w'$. 由此可知, $v \sim v'$,因而两个 C_v 和 $C_{v'}$ 是同一个集合.

既然各 C_v 是连通的、开的和互不相交的,所以它们必然是 $|K|$ 的各个分支. 请注意到每一个分支是 K 的一个子复形的空间;K 的每个单形(当然是连通的)整个地在 $|K|$ 的一个分支中.

第二步　现在我们来证明定理. 令 $\{v_\alpha\}$ 是从 K 的每个分支 C_α 各取一个顶组成的顶点集. 给定 K 的一个顶点 w,则它属于 K 的一个分支,比如说是 C_α. 由假设,$w \sim v_\alpha$,因而像以一样,有 K 的一个顶点序列 $a_0, \cdots, a_n$,从 v_α 通向 w. 1 维链

$$[a_0, a_1] + [a_1, a_2] + \cdots + [a_{n-1}, a_n]$$

以 0 维链 $a_n - a_0 = w - v_\alpha$ 作为它的边缘. 因而 0 维链 w 同调于 0 维链 v_α. 于是我们可推出 K 中的每一个链同调于基本 0 维链 v_α 的一个线性组合.

现在我们证明形如 $c = \sum n_\alpha v_\alpha$ 的任何非平凡链均不能构成边缘. 设对某个 1 维链 d,有 $c = \partial d$. 由于 K 的每个 1 维单形在 $|K|$ 的唯一一个分支中,所以我们能够写成 $d = \sum d_\alpha$,其中 d_α 由 d 的那些被 C_α 承载的项组成. 因为 $\partial d = \sum \partial d_\alpha$ 而且 ∂d_α 由 C_α 承载,所以我们推出 $\partial d_\alpha = n_\alpha v_\alpha$. 由此可知对每个 α,都有 $n_\alpha = 0$. 因为令 $\varepsilon: C_0(K) \to \mathbf{Z}$ 是对 K 的每个顶点 v,置 $\varepsilon(v) = 1$ 而定义的同态. 那么对任何 1 维基本链 $[v, w]$ 有 $\varepsilon(\partial[v, w]) = \varepsilon(w - v) = 1 - 1 = 0$. 结果对每个 1 维链 d 有 $\varepsilon(\partial d) = 0$. 特别地就有 $0 = \varepsilon(\partial d_\alpha) = \varepsilon(n_\alpha v_\alpha) = n_\alpha$. □

对于某些目的来说,考虑 0 维同调的另一种形式是方便的. 现在我们就来考虑这种情况.

定义　令 $\varepsilon: C_0(K) \to \mathbf{Z}$ 是由对 K 的每个顶点 v 使 $\varepsilon(v) = 1$ 而定义的满同态. 那么若 c 是一个 0 维链,则 $\varepsilon(c)$ 等于 c 在 K 的顶点上的值之和. 我们把映射 ε 称为 $C_0(K)$ 的**增广映射**. 刚才我们已指出:当 d 是 1 维链时,$\varepsilon(\partial d) = 0$. 我们用等式

$$\widetilde{H}_0(K) = \ker\varepsilon/\operatorname{im}\partial_1$$

来定义 K 的 0 维**约化同调群**，并且记为 $\widetilde{H}_0(K)$.（如果 $p>0$，我们令 $\widetilde{H}_p(K)$表示通常的群 $H_p(K)$.）

约化同调与平常同调之间的关系如下：

定理 7.2 群 $\widetilde{H}_0(K)$是自由 Abel 群，而且

$$\widetilde{H}_0(K) \oplus \mathbf{Z} \cong H_0(K)$$

因而当$|K|$连通时，$\widetilde{H}_0(K)$为零群；如果$|K|$是不连通的，则令$\{v_\alpha\}$是从$|K|$的每一个分支取一个顶点组成的；令 α_0 是一个固定指标，那么由链 $v_\alpha - v_{\alpha_0}$（$\alpha \neq \alpha_0$）的同调类构成 $\widetilde{H}_0(K)$的基.

证明 给定一个 0 维链 c，则它同调于一个形如 $c' = \sum n_\alpha v_\alpha$ 的 0 维链；而当且仅当对所有 α，$n_\alpha = 0$ 时链 c'形成边缘. 于是，如果 $c \in \ker\varepsilon$，那么 $\varepsilon(c) = \varepsilon(c') = \varepsilon(\sum n_\alpha v_\alpha) = \sum n_\alpha = 0$. 如果$|K|$只有一个分支，那就意味着 $c' = 0$. 如果$|K|$有多个分支，那么它就蕴涵着 c'是 0 维链 $v_\alpha - v_{\alpha_0}$ 的线性组合. □

习　题

1. (a) 令 G 是一个 Abel 群，并且令 $\phi: G \to \mathbf{Z}$ 是一个满态射. 证明 G 有一个无限循环子群 H 使得

$$G = (\ker\phi) \oplus H$$

[提示：定义一个同态 $\psi: \mathbf{Z} \to G$ 使得 $\phi \circ \psi$ 是恒等映射，令 $H = \operatorname{im}\psi$.]

(b) 证明：如果 $\phi: C_0(K) \to \mathbf{Z}$ 是使得 $\phi \circ \partial_1 = 0$ 的任何满态射，那么

$$H_0(K) \cong (\ker\phi)/(\operatorname{im}\partial_1) \oplus \mathbf{Z}$$

§8　锥的同调

现在我们来计算 n 维单形的同调以及它的边缘的同调. 做这件事的一种简便方法是引入锥的概念.

定义 设 K 是 $\mathbf{E}^J$ 中的一个复形，w 是 $\mathbf{E}^J$ 中的一点，使得从 w 出发的每一条射线与 $|K|$ 至多交于一点. 我们定义 K 上**以 w 为顶点的锥**是所有形如 $wa_0\cdots a_p$ 的单形以及这种单形的所有面的集族，其中 $a_0\cdots a_p$ 是 K 的单形. 我们把这个集族记为 $w * K$.

我们要证明 $w * K$ 是完全确定的复形，而且它包含 K 作为一个子复形；我们常把 K 称为该锥的**底**.

我们首先证明集合 $\{w, a_0, \cdots, a_p\}$ 是几何独立的. 假如 w 在由 $a_0, \cdots, a_p$ 所决定的平面上，我们就能考虑连接 w 与 $\sigma = a_0\cdots a_p$ 的一个内点 x 的线段. 由于在 P 内是开的，Intσ 就应当包含这条线段上的点组成的一个区间. 但是由假设从 w 出发经过 x 的射线与 $|K|$ 只交于一点.

现在我们来证明 $w * K$ 是一个复形. $w * K$ 的单形有三种类型：K 的单形 $a_0, \cdots, a_p$，形如 $wa_0, \cdots, a_p$ 的单形以及 0 维单形 w. 对第一种类型的单形其内部不相交，因为 K 是一个复形. 开单形 Int$(wa_0, \cdots, a_p)$ 是连接 w 与 Int$(a_0, \cdots, a_p)$ 的点的所有开线段之并；任何两个这样的开单形不相交，因为任何从 w 出发的射线所包含的 $|K|$ 的点都不多于一个. 同理第一种类型的单形与第二种类型的单形内部不相交.

例 1 如果 K_σ 是由单形 $\sigma = v_0, \cdots, v_n$ 及其面组成的复形，那么 $K_\sigma = v_0 * K_s$，其中 s 是 σ 的与 v_0 相对的面. 因而每一个正维数的单形都是一个锥.

例 2 如果 K 是 R^2 中的一个复形，它由 x 轴上的线段 $[n, n+1]\times 0$ 以及它们的顶点组成，w 是 y 轴上异于原点的一点，那么 $w * K$ 是下页图 8.1 所表示的复形. 虽然 $|K|$ 是 R^2 的一个子空间，但 $|w * K|$ 却不是 R^2 的子空间. (参看 §2 的习题 9.)

锥结构的一个特别有用的结论是下面的引理.

引理 8.1 令 U 是 $\mathbf{R}^n$ 中的一个有界凸开集；令 $w \in U$. 如果 K 是一个有限复形使得 $|K| = \overline{U} - U$，那么 $w * K$ 是一个有限复形使得 $|w * K| = U$.

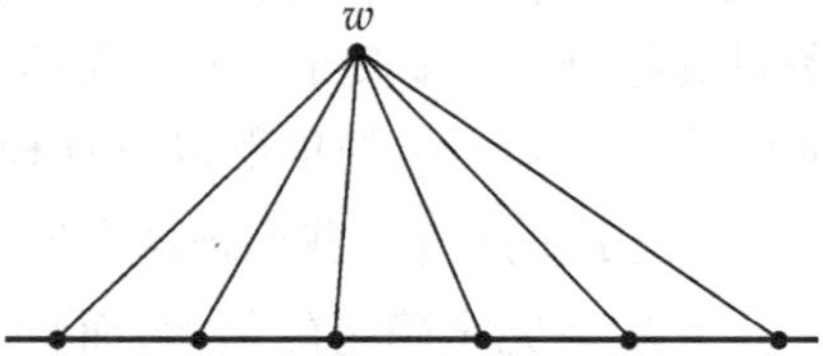

图 8.1

证明 从引理 1.1 立即得知从 w 出发的每一条射线恰好与 $|K|$ 相交于一点,而 $\bar{U}$ 是连接 w 与 $|K|$ 的点的所有线段之并. □

给定 K,我们注意到,K 上的任何两个锥 $w*K$ 和 $z*K$ 是同构的. 把 K 的每个顶点映射到其自身而且把 w 映射到 z 的顶点映射诱导 $w*K$ 与 $z*K$ 的一个同构.

另外还要注意到,对于 $\mathbf{R}^N$ 中的复形 K,在 $\mathbf{R}^N$ 中可能不存在能够构成锥复形 $w*K$ 的任何点 w. 然而我们总可把 K 看成 $\mathbf{R}^N\times 0\subset\mathbf{R}^{N+1}$ 中的复形. 那么点 $w=(0,\cdots,0,1)\in\mathbf{R}^{N+1}$ 就能构成锥复形 $w*K$. 类似的说法也适用 $\mathbf{E}^J$ 中的复形.

现在我们来计算锥的同调并证明在正维数时它是零群. 为此,我们引入一种括号运算,它以后也将是有用的.

定义 令 $w*K$ 是一个锥. 若 $\sigma=[a_0,\cdots,a_p]$ 是 K 的一个定向单形,则令 $[w,\sigma]$ 表示 $w*K$ 的定向单形 $[w,a_0,\cdots,a_p]$. 这个运算是完全确定的;在阵列 $[a_0,\cdots,a_p]$ 中交换两个顶点则导致在阵列 $[w,a_0,\cdots,a_p]$ 中交换两个顶点. 更一般地,如果

$$c_p=\sum n_i\sigma_i$$

是 K 的一个 p 维链,那么我们定义

$$[w,c_p]=\sum n_i[w,\sigma_i].$$

这个**括号运算**是把 $C_p(K)$ 映射到 $C_{p+1}(w*K)$ 中的一个同态.

我们从边缘公式容易算出:

$$\partial[w,\sigma]=\begin{cases}\sigma-w, & \text{若 } \dim\sigma=0\\ \sigma-[w,\partial\sigma], & \text{若 } \dim\sigma>0\end{cases}$$

这就导致下列更一般的公式：

$$(*)\quad \begin{aligned}&\partial[w,c_0]=C_0-\varepsilon(c_0)w\\ &\partial[w,c_p]=c_p-[w,\partial c_p],\text{若 } p>0\end{aligned}$$

定理 8.2 如果 $w*K$ 是一个锥，那么对所有 p，

$$\widetilde{H}_p(w*K)=0$$

一般，我们把其约化同调在所有维数都为零的复形称作是**零调的**.

证明 在零维时，$w*K$ 的约化同调为零，因为 $|w*K|$ 是连通的. 我们来考虑 $p>0$ 的情形. 令 z_p 是 $w*K$ 的一个 p 维链，我们要证明 z_p 形成边缘. 让我们写成

$$z_p=c_p+[w,d_{p-1}]$$

其中，c_p 是 z_p 的那些由 K 承载的项组成的，d_{p-1} 是 K 的一个链. 若我们能够证明

$$z_p-\partial[w,c_p]=0$$

则我们的结果得证. 由直接计算得

$$z_p-\partial[w,c_p]=c_p+[w,d_{p-1}]-c_p+[w,\partial c_p]=[w,e_{p-1}]$$

其中 $e_{p-1}=d_{p-1}+\partial c_p$ 是 K 的一个链. 现在因为 z_p 是闭链，所以

$$0=\begin{cases}e_{p-1}-\varepsilon(e_{p-1})w, & p=1\\ e_{p-1}-[w,\partial e_{p-1}], & p>1\end{cases}$$

现在这个链被 K 承载的部分是 e_{p-1}；因此 $e_{p-1}=0$. 于是正如所期望的那样，我们推得

$$z_p-\partial[w,c_p]=[w,e_{p-1}]=0$$ □

定理 8.3 令 σ 是一个 n 维单形. 由 σ 及其面组成的复形 K_σ 是零调的. 如果 $n>0$，令 $\sum^{n-1}$ 表示其可剖空间为 $\mathrm{Bd}\sigma$ 的复形. 那

么 $\widetilde{H}_{n-1}(\sum^{n-1})$是无限循环，并且是由链$\partial\sigma$ 生成的，而且对于 $i\neq n-1$，$\widetilde{H}_i(\sum^{n-1})=0$.

证明 因为 K_σ 是一个锥，所以它是零调的. 让我们比较 K_σ 和$\sum^{n-1}$的链群；除了 n 维情况外，它们是相等的：

$$\begin{array}{ccccccc}
C_n(K_\sigma) & \xrightarrow{\partial_n} & C_{n-1}(K_\sigma) & \xrightarrow{\partial_{n-1}} \cdots \longrightarrow & C_0(K_\sigma) & \xrightarrow{\varepsilon} & \mathbf{Z} \\
 & & \| & & \| & & \| \\
0 & \xrightarrow{\partial'_n} & C_{n-1}(\sum^{n-1}) & \xrightarrow{\partial'_{n-1}} \cdots \longrightarrow & C_0(\sum^{n-1}) & \longrightarrow & \mathbf{Z}
\end{array}$$

由此立即可知，对于 $i\neq n-1$ 时，$\widetilde{H}_i(\sum^{n-1})=\widetilde{H}_i(K\sigma)=0$. 让我们来计算 $n-1$ 维同调群. 首先对于 $n>1$ 的情况，我们有

$$\begin{aligned}
H_{n-1}(\Sigma^{n-1}) &= Z_{n-1}(\Sigma^{n-1})\text{（因为没有 } n-1 \text{ 维边缘）} \\
&= \ker\partial_{n-1} \\
&= \operatorname{im}\partial_n\text{（因为 } H_{n-1}(K_\sigma)=0\text{）}
\end{aligned}$$

于是 $C_n(K_\sigma)$是无限循环的而且是由 σ 生成的. 因此，$\operatorname{im}\partial_n$ 是循环的而且是由$\partial_n\sigma$ 生成的. 因为 $C_{n-1}(K_\sigma)$没有挠元，所以它是无穷的. 对于 $n=1$ 的情况，除了始终以 ε 代替∂_{n-1}之外，论证是类似的. □

习 题

1. 令 K 是一个复形；令 $w_0 * K$ 和 $w_1 * K$ 是 K 上的两个锥，它们的可剖空间只相交于$|K|$.

(a) 证明$(w_0 * K)\cup(w_1 * K)$是一个复形；我们把它称为 K 的**双角锥**，并记为 $S(K)$.

(b) 利用括号运算把 $\phi:C_p(K)\to C_{p+1}(S(K))$定义为

$$\phi(C_p)=[w_0,C_p]-[w_1,C_p]$$

证明 ϕ 诱导一个同态

$$\phi_*:\widetilde{H}_p(K)\to\widetilde{H}_{p+1}(S(K))$$

(c) 证明当 K 由一个 2 维单形的真面组成时，ϕ_* 是一个同构. 以后我

们将会看到,一般 ϕ_* 是一个同构(参看§25).

§9 相对同调

设 K_0 是 K 的一个子复形. 在拓扑学的许多应用中,考虑所谓 K 模 K_0 的相对同调群是方便的. 在这里我们简要地介绍它们并且计算一些例子,而把更完整的论述推迟到第三章.

如果 K_0 是复形 K 的一个子复形,那么链群 $C_p(K_0)$ 能够以一种自然的方式看作是 $C_p(K)$ 的一个子群. 正式地,如果 C_p 是 K_0 上的一个链(即,K_0 的定向单形上的函数),可以通过令它在 K 的但不在 K_0 中的每个 p 维定向单形上取值为 0 而扩张成 K 上的链. 当我们把 C_p 写成 K_0 的 p 维定向单形的线性组合时,为了把 C_p"看成"是 K 的链,只需把这些单形看作是属于 K 的.

定义 如果 K_0 是 K 的一个子复形,那么我们把商群 $C_p(K)/C_p(K_0)$ 称为 K **模** K_0 的**相对链群**,并且记为 $C_p(K,K_0)$.

请注意到 $C_p(K,K_0)$ 是自由 Abel 群. 实际上,如果我们把 K 的 p 维单形定向以便得到 $C_p(K)$ 的一个基,那么由 K_0 的 p 维定向单形组成的子族就是 $C_p(K_0)$ 的一个基. 于是商群 $C_p(K)/C_p(K_0)$ 是自由的,因为它以所有形如

$$\{\sigma_i\} = \sigma_i + C_p(K_0)$$

的陪集为基,其中 σ_i 是 K 的但不在 K_0 中的 p 维单形.

边缘算子 $\partial: C_p(K_0) \to C_{p-1}(K_0)$ 恰好是 $C_p(K)$ 上的边缘算子的限制. 所以在不致引起混淆时,我们用同一个符号表示这两个同态. 这个同态诱导相对链群的一个同态

$$C_p(K,K_0) \to C_{p-1}(K,K_0)$$

我们也把它记为 ∂. 像以前一样,它满足 $\partial\circ\partial=0$. 我们令

$$Z_p(K,K_0) = \ker\partial: C_p(K,K_0) \to C_{p-1}(K,K_0)$$

$$B_p(K,K_0) = \mathrm{im}\partial: C_{p+1}(K,K_0) \to C_p(K,K_0)$$

$$H_p(K,K_0) = Z_p(K,K_0)/B_p(K,K_0)$$

我们把这些群分别称为 K 模 K_0 的 **p 维相对闭链群**、**p 维相对边缘群**和 **p 维相对同调群**.

请注意到,一个 p 维相对链——它是一个陪集 $C_p + C_p(K_0)$——是相对闭链,当且仅当 ∂C_p 由 K_0 承载;而且它是一个相对边缘当且仅当 K 有一个 $p+1$ 维链 d_{p+1} 使得 $c_p - \partial d_{p+1}$ 由 K_0 承载.

例 1 令 K 是由一个 n 维单形和它的面组成的;令 K_0 是这个单形的真面的集合. 那么除当 $p=n$ 之外,群 $C_p(K,K_0)$ 为零群,而当 $p=n$ 时它是无限循环的. 由此可知,

$$H_i(K,K_0) = 0,\ i \neq n$$

$$H_n(K,K_0) \cong \mathbf{Z}$$

例 2 令 K 是一个复形,而 K_0 由 K 的单独一个顶点组成. 利用 §7 的结果容易看出 $H_0(K,v)$是自由 Abel 群. 我们从 $|K|$ 的除去包含 v 的分支以外的其它每个分支选取一个顶点,就得到 $H_0(K,v)$的一个基. 于是 $H_0(K,v) \cong \widetilde{H}_0(K)$.

不难证明对于 $p>0$, $H_p(K,v) \cong H_p(K)$;参看习题.

例 3 令 K 是图 9.1 所示的复形,它的底空间是一个正方形.

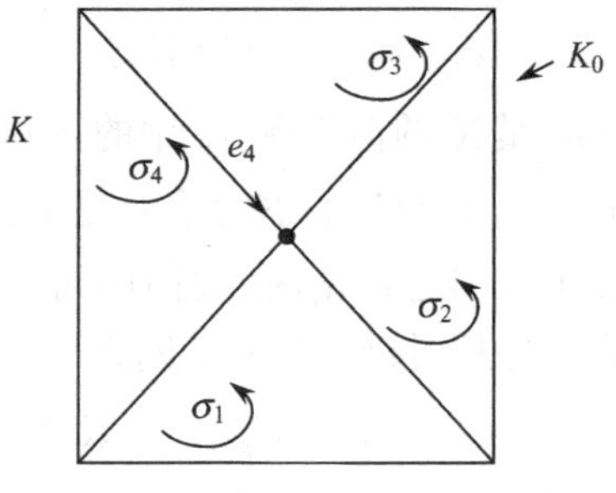

图 9.1

令 K_0 是一个子复形,它的空间是正方形的边界. 容易看出,2 维链$\sum m_i\sigma_i$ 表示K 模K_0 的一个相对闭链当且仅当 $m_1=m_2=m_3=m_4$. 由于不存在 2 维边缘,所以

$$H_2(K,K_0)\cong \mathbf{Z}$$

而且链 $\gamma=\sum\sigma_i$ 表示一个生成元.

我们在§5 的例 6 中证明了 K 的任何一个 1 维链 c 同调于由 $K_0\cup e_4$ 承载的一个 1 维链 c_3. 于是若 c 表示一个相对 1 维闭链(使得∂c 被K_0 承载),那么$\partial c_3=\partial c$ 也被K_0 承载. 这说明 c_3 在 e_4 上的值必然为零. 由此 c_3 实际上是由 K_0 承载的. 因而我们推出

$$H_1(K,K_0)=0$$

把这个计算与例 1 的计算相比较,就可为相对同调群是拓扑不变量这一论断(有待证明)提供某种合理的依据.

例 4 令 K 是图 9.2 所示的复形. 我们把它的底空间称为**圆环**. 令 K_0 表示一个 1 维复形,它的空间是 K 的内外边界之并. 我们来计算 K 模K_0 的同调.

首先,$H_0(K,K_0)=0$,因为在 0 维时相对链群本身为零. 为计算 H_1 和 H_2,我们需要先验证三个事实:

(i) 如果 c 是K 的 1 维链,那么 c 同调于K 的由图 9.3 所示的子复形 M 所承载的一个 1 维链.

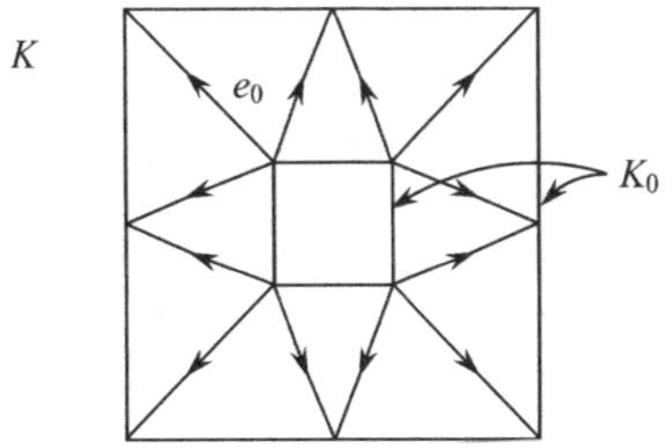

图 9.2

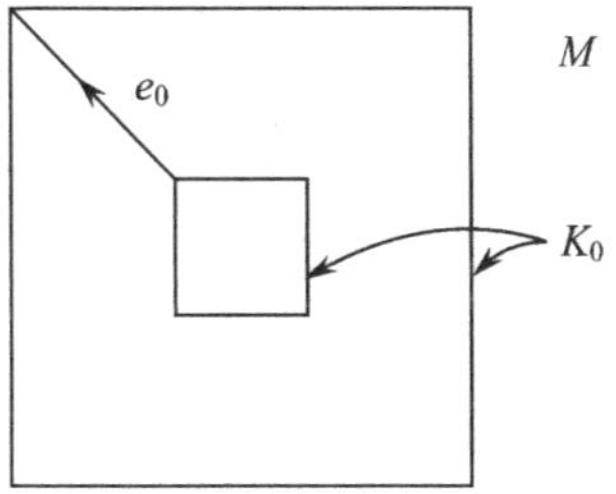

图 9.3

(ii) 以逆时针方向将 K 的每个 2 维单形定向. 如果 d 是K

的任何一个使∂d由M承载的2维链,那么$d=m\gamma$,其中γ是K的所有2维定向单形之和.

(iii) $\partial\gamma$是由K_0承载的.

我们进行计算如下:令e_0是图9.2中画出的1维定向单形,那么e_0表示K模K_0的一个1维相对闭链,因为∂e_0在K_0中.从(i)可知,任何1维相对闭链$\{c\}$相对同调于$\{e_0\}$的某个倍数.而且任何这样的相对闭链都不构成边缘.因为假设对于K的某个2维闭链d使得$ne_0-\partial d$被K_0承载,那么∂d被M承载.因此由(ii)对某个整数m有$d=m\gamma$.但是,由(iii),$\partial d=m\partial\gamma$被$K_0$承载,因而$n=0$.于是我们推出

$$H_1(K,K_0)\simeq \mathbf{Z}$$

而且相对闭链e_0表示一个生成元.

应用(ii)和(iii),类似的论证就能证明

$$H_2(K,K_0)\simeq \mathbf{Z},$$

而且相对闭链γ表示一个生成元.

学生们常常把相对同调群$H_p(K,K_0)$想像成表示商空间$X=|K|/|K_0|$的同调,而这个商空间是通过把$|K_0|$坍缩到一点p,再对该点取模而得到的.假定X同胚于一个多面体(因此它的单纯同调有定义),这实际上是正确的,但是证明起来却不那么容易.(参看引理70.1和§39的习题.)

粗略地讲,相对同调群$H_p(K,K_0)$只依赖于K的在K_0的外面或位于K_0的边缘上的部分,它与K的位于K_0内的部分有关.我们将在下列定理中表述这一事实.

定理9.1(切除定理) 令K是一个复形,K_0是它的一个子复形.令U是包含在$|K_0|$中的一个开集使得$|K|-U$是K的一个子复形L的可剖空间.令L_0是K的一个子复形,其可剖空间是$|K_0|-U$.那么包含映射诱导一个同构

$$H_p(L,L_0)\simeq H_p(K,K_0)$$

我们把$(|L|,|L_0|)$看作是从$|K|$和$|K_0|$"切除"集合 U 而形成的. 参看图 9.4.

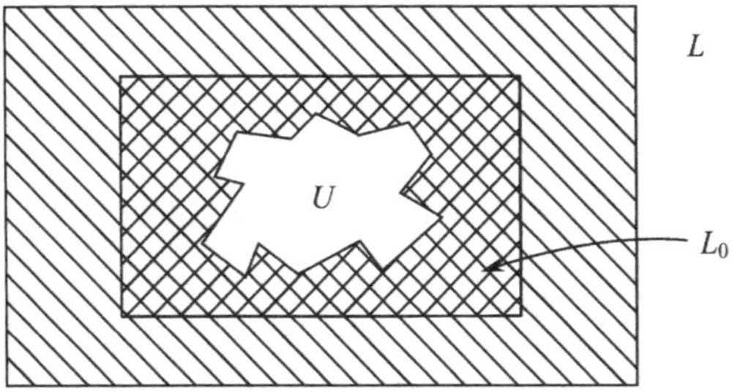

图 9.4

证明 考虑复合映射 ϕ

$$C_p(L)\to C_p(K)\to C_p(K)/C_p(K_0)$$

它是由射影得出的包含映射. 那么 ϕ 是满射,因为 $C_p(K)/C_p(K_0)$以所有不在 K_0 中的 σ_i 的陪集$\{\sigma_i\}$为基,而 L 包含所有这样的单形σ_i. ϕ 的核恰好是$C_p(K_0)$. 因而对所有 p,ϕ 均诱导同构

$$C_p(L)/C_p(L_0)\cong C_p(K)/C_p(K_0)$$

因为边缘算子在此同构下被保持,由此可知,$H_p(L,L_0)\cong H_p(K,K_0)$. □

这个基本事实有若干有用的推论,以后我们将予以考虑.

习　　题

1. 令 K 是图 9.2 中画出的复形,令 K_1 是它的"外边缘",计算 $H_i(K)$ 和 $H_i(K,K_1)$.

2. 令 K 是底空间为 Möbius 带的一个复形;令 K_0 是它的"边缘". 计算 $H_i(K)$和 $H_i(K,K_0)$. [提示:参看§3 的例 2. 在这里"边缘"由线段 ab,bc,cd,de,ef 和 fa 组成.]

3. 证明如果 K 是一个复形，v 是 K 的一个顶点，那么对所有 i，$H_i(K, v) \cong \widetilde{H}_i(K)$. [提示：当 $i=1$ 时，需要注意.]

4. 一般地描述 $H_0(K, K_0)$.

5. 令 $|K|$ 是按通常方式标记的矩形所代表的环面，令 K_0 是由矩形的上边缘表示的子复形. 计算 $H_i(K, K_0)$. (参看图 6.4，$|K_0|$ 是线段 ab，bc 和 ca 之并.)

6. 令 K 是一个 2 维复形；令 σ 是 K 的一个 2 维单形；令 K_0 是底空间为 $|K| - \text{Int}\sigma$ 的子复形. 计算 $H_i(K, K_0)$.

*§10 带任意系数的同调

在这里我们要提到同调的一种更进一步的形式，虽然直到第六章我们才详细地研究它. 当我们引入任意 Abel 群作为"系数群"时，这种形式就会出现.

令 G 是一个 Abel 群；令 K 是一个单纯复形. K 的一个带 G 中系数的 p 维链是从 K 的 p 维定向单形到 G 的一个函数 c_p，它在除有限多个以外的所有 p 维单形上为零，并且使得当 σ' 和 σ 是同一个单形的相反定向时就有

$$c_p(\sigma') = -c_p(\sigma).$$

两个链相加是通过相加它们的值来实现的. 把所得到的群记为 $C_p(K; G)$.

如果 σ 是一个定向单形，并且 $g \in G$，那么我们用 $g\sigma$ 表示这样一个基本链，它在 σ 上的值是 g，而在 σ 的相反定向上的值是 $-g$，在其它所有定向单形上的值为 0. 按这种记法，$g(-\sigma) = (-g)\sigma$，其中 $-\sigma$ 像往常一样表示具有相反定向的 σ. 如果把 K 的所有 p 维单形定向，那么每一个链 c_p 都能唯一地写成基本链的有限和

$$c_p = \sum g_i \sigma_i.$$

因而 $C_p(K; G)$ 是一些同构于 G 的子群的直和，而且这些子群恰

好与 K 的每个 p 维单形是一一对应的.

边缘算子$\partial: C_p(K;G) \to C_{p-1}(K;G)$容易由公式

$$\partial(g\sigma) = g(\partial\sigma)$$

加以定义,其中$\partial\sigma$ 是以往定义的通常的边缘. 跟以前一样,$\partial \circ \partial = 0$,我们定义$Z_p(K;G)$是同态

$$\partial: C_p(K;G) \to C_{p-1}(K;G)$$

的核,$B_{p-1}(K;G)$是它的象,而且有

$$H_p(K;G) = Z_p(K;G)/B_p(K;G).$$

我们把这些群分别称为 K 的**带 G 中系数的闭链群**、**边缘链群**和**同调群**.

当然,我们也可以研究带 G 中系数的相对同调. 细节是清楚的. 此时,所论的群记为 $H_p(K, K_0;G)$.

在适当时机到来之前,我们不打算过多涉及带一般系数的同调问题. 但是你应当尽早知道它的存在,因为它常常是有用的.

例 1 经常作为系数群使用的一个群是整数模 2 的群 $\mathbf{Z}/2$. 让我们计算环面和 Klein 瓶的利用这种系数的同调. §6 给出的论证可以基本不变地进行就能证明

$$H_1(T;\mathbf{Z}/2) \simeq \mathbf{Z}/2 \oplus \mathbf{Z}/2,$$
$$H_2(T;\mathbf{Z}/2) \simeq \mathbf{Z}/2.$$

对于 Klein 瓶 S,论证能够行得通,但需做某些修改. 对此我们有结果

$$H_1(S;\mathbf{Z}/2) \simeq \mathbf{Z}/2 \oplus \mathbf{Z}/2,$$
$$H_2(S;\mathbf{Z}/2) \simeq \mathbf{Z}/2.$$

因为带 $\mathbf{Z}/2$ 的系数,所以基本 2 维链 γ——它是 S 的 2 维单形之和——具有零边缘. (在群 $\mathbf{Z}/2$ 中,我们有 $2=1+1=0$.)

请注意到,带 $\mathbf{Z}/2$ 系数的同调不足以区分 T 和 S.

例 2 让我们来计算环面和 Klein 瓶的以有理数 $\mathbf{Q}$ 为系数的同调. 与以前同样的论证适用,但最终结果却不同. 对于环面,我

们有

$$H_1(T;\mathbf{Q}) \cong \mathbf{Q} \oplus \mathbf{Q},\ H_2(T;\mathbf{Q}) \cong \mathbf{Q}.$$

对于 Klein 瓶我们有

$$H_1(S;\mathbf{Q}) \cong \mathbf{Q},\ H_2(S;\mathbf{Q}) = 0.$$

因为带 $\mathbf{Q}$ 系数,所以闭链 z_1 构成链$\frac{1}{2}\gamma$ 的边缘.

习　　题

1. 计算 P^2 的带 $\mathbf{Z}/2$ 系数和 $\mathbf{Q}$ 系数的同调.

2. 证明带 $\mathbf{Q}$ 系数的同调足以把 S^2 与连通和 $P^2\#\cdots\#P^2$ 及 $T\#\cdots\#T$ 区分开来.

3. 令 S 是 Klein 瓶,计算 S 的带 $\mathbf{Z}/3$ 系数和 $\mathbf{Z}/4$ 系数的同调.

4. 计算 k 褶笨伯帽的带 $\mathbf{Z}/n$ 系数和 $\mathbf{Q}$ 系数的同调.(参看§6 的习题 6.)

5. 令(K,K_0)是 Möbius 带和它的边缘构成的空间偶. 计算 $H_i(K,K_0;\mathbf{Z}/2)$和 $H_i(K,K_0;\mathbf{Q})$.(参看§9 的习题 2.)

*§11　同调群的可计算性

我们已经计算过诸如球面、环面、Klein 瓶等这样一些熟悉空间的同调群. 现在我们提出这样一个问题,那就是,人们是否能实际计算一般的同调群? 对有限复形而言,答案是肯定的. 本节我们将提出一种完成计算的明确算法.

首先,我们证明一个基本定理,它将对有限生成自由 Abel 群的同态给出一种"范式". 这个证明本质上是构造性的. 它的一个系是关于自由 Abel 群的子群的定理,先前我们曾经把它作为定理 4.2 而叙述过;它的另一个系是关于自由链复形的标准基的定理;它的第三个系则给出我们所期望的计算有限复形的同调群的算法.

首先,我们需要两个引理,也许你已经熟悉它们.

引理 11.1 令 A 是一个秩为 n 的自由 Abel 群. 若 B 是 A 的一个子群,那么 B 是一个秩为 $r \leqslant n$ 的自由 Abel 群.

证明 不失一般性,我们可以假定 B 是 n 重直积 $\mathbf{Z}^n = \mathbf{Z} \times \cdots \times \mathbf{Z}$ 的一个子群. 我们来构造 B 的一个基如下:

令 $\pi_i : \mathbf{Z}^n \to \mathbf{Z}$ 是到第 n 个坐标上的投影. 对于每一个 $m \leqslant n$,令 B_m 是由等式

$$B_m = B \cap (\mathbf{Z}^m \times \mathbf{0})$$

定义的 B 的子群,即 B_m 是由使得对于 $i > m$, $\pi_i(\mathbf{X}) = 0$ 的所有 $\mathbf{X} \in B$ 组成的. 特别地,$B_n = B$. 于是,同态

$$\pi_m : B_m \to \mathbf{Z}$$

把 B_m 映射到 $\mathbf{Z}$ 的一个子群上. 如果这个子群是平凡的,则令 $\mathbf{X}_m = \mathbf{0}$,否则,选取 $\mathbf{X}_m \in B_m$ 使得它的像 $\pi_m(\mathbf{X}_m)$ 生成这个子群. 那么我们可以断言,集合 $\{\mathbf{X}_1, \cdots, \mathbf{X}_m\}$ 的非零元构成 B 的一个基.

首先,我们证明对于每个 m,元素 $\mathbf{X}_1, \cdots, \mathbf{X}_m$ 生成 B_m(那么特别地,元素 $\mathbf{X}_1, \cdots, \mathbf{X}_n$ 生成 B). $\mathbf{X}_1$ 生成 B_1 这是平凡的. 实际上,如果 d 是整数 $\pi_1(\mathbf{X}_1)$,那么

$$\mathbf{X}_1 = (d, 0, \cdots, 0)$$

而且 B_1 由这个元素的所有倍数组成.

假设 $\mathbf{X}_1, \cdots, \mathbf{X}_{m-1}$ 生成 B_{m-1};令 $\mathbf{X} \in B_m$. 那么对某个整数 k 就有 $\pi_m(\mathbf{X}) = k\pi_m(\mathbf{X}_m)$. 由此可知

$$\pi_m(\mathbf{X} - k\mathbf{X}_m) = 0,$$

因而 $\mathbf{X} - k\mathbf{X}_m$ 属于 B_{m-1}. 那么由归纳假设

$$\mathbf{X} - k\mathbf{X}_m = k_1\mathbf{X}_1 + \cdots + k_{m-1}\mathbf{X}_{m-1}.$$

因此 $\mathbf{X}_1, \cdots, \mathbf{X}_m$ 生成 B_m.

其次,我们证明对于每个 m,集合 $\{\mathbf{X}_1, \cdots, \mathbf{X}_m\}$ 中的非零元是独立的. 当 $m = 1$ 时,结果是平凡的. 设它对于 $m - 1$ 成立,那么

我们证明若

$$\lambda_1\mathbf{X}_1 + \cdots + \lambda_m\mathbf{X}_m = \mathbf{0},$$

则由此可知,对于每个 i,每当 $\mathbf{X}_i \neq 0$ 时,$\lambda_i = 0$. 从而独立性成立.

利用映射 π_m,我们可导出等式

$$\lambda_m\pi_m(\mathbf{X}_m) = 0.$$

由此等式可知,或者 $\lambda_m = 0$,或者 $\mathbf{X}_m = \mathbf{0}$. 因为若 $\lambda_m \neq 0$,则 $\pi_m(\mathbf{X}_m) = 0$,由此子群 $\pi_m(B_m)$是平凡的,那么由定义 $\mathbf{X}_m = \mathbf{0}$. 于是我们推出两点:

$$\lambda_m = 0 \quad \text{若} \quad \mathbf{X}_m \neq \mathbf{0},$$

$$\lambda_1\mathbf{X}_1 + \cdots + \lambda_{m-1}\mathbf{X}_{m-1} = \mathbf{0}.$$

于是归纳假设适用于证明对于 $i < m$,

$$\lambda_i = 0 \text{ 每当 } \mathbf{X}_i \neq \mathbf{0}. \qquad \square$$

为了以后应用,我们把这个结果推广到任意的自由 Abel 群.

引理 11.2 如果 A 是自由 Abel 群,那么 A 的任何子群 B 是自由的.

证明 如果我们假定 A 的基能用一个具有最大元的良序集 J 来标记,那么对有限情形给出的证明就能加以推广.(而且良序定理——它等价于选择公理——告诉我们这个假设是合理的.)

我们从假设 A 等于 $\mathbf{Z}$ 的拷贝的直和开始;也就是假设 A 等于笛卡儿积 $\mathbf{Z}^J$ 的这样一个子集,它是由所有使得对除了有限多个以外的所有 α 均有 $n_\alpha = 0$ 的多元组 $(n_\alpha)_{\alpha\in J}$ 组成的. 于是我们像以往一样进行.

令 B 是 A 的一个子群. 令 B_β 是由 B 的那些使得对 $\alpha > \beta$ 就有 $\pi_\alpha(\mathbf{X}) = 0$ 的元素 $\mathbf{X}$ 组成的. 考虑 $\mathbf{Z}$ 的子群 $\pi_\beta(B_\beta)$;若它是平凡的,则定义 $\mathbf{X}_\beta = \mathbf{0}$,否则,选取 $\mathbf{X}_\beta \in B_\beta$,那么 $\pi_\beta(\mathbf{X}_\beta)$ 生成这个子群.

我们首先证明集合 $\{\mathbf{X}_\alpha \mid \alpha \leqslant \beta\}$ 生成 B_β. 当 β 是 J 的最小元

时，这个事实是平凡的．一般我们用超穷归纳法来证明它．给定 $\mathbf{X}\in B_\beta$，则对某个整数 k，我们有

$$\pi_\beta(\mathbf{X}) = k\pi_\beta(\mathbf{X}_\beta).$$

因此，$\pi_\beta(\mathbf{X}-k\mathbf{X}_\beta)=0$．考虑那些使 $\pi_\alpha(\mathbf{X}-k\mathbf{X}_\beta)\neq 0$ 的指标 α 组成的集合．(如果没有这样的 α，那么 $\mathbf{X}=k\mathbf{X}_\beta$，并且我们已完成了证明．)所有这些指标都小于 β，因为 $\mathbf{X}$ 和 $\mathbf{X}_\beta$ 属于B_β．又因这个指标集是有限的，所以它有一个最大元 γ，而且它小于 β．但是这就意味着 $\mathbf{X}-k\mathbf{X}_\beta$ 属于B_γ，因此由归纳假设，$\mathbf{X}-k\mathbf{X}_\beta$ 能够写成元素 $\mathbf{X}_\alpha$ 的线性组合，其中每个 $\alpha\leqslant\gamma$．

其次，我们证明集合$\{\mathbf{X}_\alpha \mid \alpha\leqslant\beta\}$中的非零元是独立的．如果 β 是 J 中的最小元，那么这个事实又是平凡的．一般，设

$$\lambda_{\alpha_1}\mathbf{X}_{\alpha_1} + \cdots + \lambda_{\alpha_k}\mathbf{X}_{\alpha_k} + \lambda_\beta\mathbf{X}_\beta = \mathbf{0},$$

其中 $\alpha_i<\beta$．利用 π_β，我们看出

$$\lambda_\beta\pi_\beta(\mathbf{X}_\beta) = 0$$

像以前一样，由此可得，或者 $\lambda_\beta=0$ 或者 $\mathbf{X}_\beta=\mathbf{0}$．于是我们推出

$$\lambda_\beta = 0,\ \text{若}\ \mathbf{X}_\beta \neq \mathbf{0}$$

和

$$\lambda_{\alpha_1}\mathbf{X}_{\alpha_1} + \cdots + \lambda_{\alpha_k}\mathbf{X}_{\alpha_k} = \mathbf{0}$$

于是归纳假设蕴涵着每当 $\mathbf{X}_{\alpha_i}\neq\mathbf{0}$ 时就有 $\lambda_{\alpha_i}=0$． □

我们现在来证明基本定理，首先我们需要一个定义．

定义 令 G 和G'分别是以$a_1,\cdots,a_n$ 和$a'_1,\cdots,a'_n$ 为基的自由 Abel 群．如果 $f:G\to G'$是一个同态，那么

$$f(a_j) = \sum_{i=1}^{m}\lambda_{ij}a'_i$$

对唯一的一组整数 λ_{ij}成立．我们把矩阵(λ_{ij})称为 f 关于G 和G'的给定基的**矩阵**．

定理 11.3 令 G 和G'分别是秩为n 和m 的自由 Abel 群．

令 $f:G\to G'$ 是一个同态，那么存在 G 和 G' 的基使得 f 关于这些基的矩阵具有形式

$$B=\left[\begin{array}{ccc|c} b_1 & & 0 & \\ & \ddots & & 0 \\ 0 & & b_l & \\ \hline & 0 & & 0 \end{array}\right]$$

其中 $b_i\geqslant 1$ 而且 $b_1|b_2|\cdots|b_l$.

这个矩阵实际上是由 f 唯一决定的(虽然所涉及到的基并不唯一确定). 我们把它称为 f 的矩阵的**标准形**.

证明 我们从任意选取 G 和 G' 的基开始. 令 A 是 f 关于这些基的矩阵. 稍后我们将给出一个程序用以修改这些基，目的是把矩阵变成我们所描述的标准形. 我们把这个程序称为"化简算法". 定理证毕. □

我们来考虑在整数矩阵 A 上进行下列"基本行运算"：

(1) 交换第 i 行和第 k 行.

(2) 将第 i 行乘以 -1.

(3) 用(第 i 行) $+q$(第 k 行)代替第 i 行，其中 q 是一个整数且 $k\neq i$.

这些运算中的每一个都对应着 G' 的基的一种改变. 容易验证，第一个运算对应于 a'_i 与 a'_k 的交换；第二个运算对应着以 $-a'_i$ 代替 a'_i；第三个运算则对应着以 $a'_k-qa'_i$ 代替 a'_i.

同样在 A 上还有三个类似的"列运算"，它们对应于 G 的基的改变.

现在我们来说明怎样把这六种运算应用于一个任意矩阵以把它化成我们所要求的标准形. 我们假定 A 不是零矩阵. 因为在该情况下结果是平凡的.

在开始之前，我们特别指出下列事实：如果 c 是一个整数，它能整除矩阵 A 的每一个元，而且 B 是从 A 应用这些基本运算中的任何一个而得到的矩阵，那么 c 能整除 B 的每一个元素.

化简算法

给定不全为零的整数构成的矩阵 $A=(a_{ij})$，令 $\alpha(A)$表示由数$|a_{ij}|$组成的集合中的最小非零元．如果$|a_{ij}|=\alpha(A)$，则我们称 a_{ij}为A 的**极小元**．

化简程序由两个步骤组成．第一步是把矩阵变成一种使$\alpha(A)$尽可能小的形式．第二步是约简矩阵的维数．

第一步　我们试图通过基本运算来修改矩阵以减少函数 α 的值，对此我们证明下列论断：

如果数 $\alpha(A)$不能整除 A 的某个元素，那么就能通过对 A 使用基本运算来减少α 的值．而且反过来也成立．

逆的证明是容易的．如果数 $\alpha(A)$能整除 A 的每个元素，那么它也整除通过对 A 应用基本运算而得到的任何矩阵B 的每个元素．在这种情况下不可能通过应用基本运算而减少 α 的值．

为证明结果本身，我们假设 a_{ij}是A 的一个极小元且它不能整除 A 的某个元素．如果元 a_{ij}不能整除它所在的列中的某元素a_{kj}，那么我们进行一次除法运算，记

$$\frac{a_{kj}}{a_{ij}}=q+\frac{r}{a_{ij}},$$

其中$0<|r|<|a_{ij}|$．在这里符号是无关紧要的，q 和 r 可以是正的，也可以是负的．那么我们以(第 k 行)$-q$(第 i 行)代替(第 k 行)．结果是在 A 的第k 行和第j 列处以$a_{kj}-qa_{ij}=r$ 代替了元素a_{kj}．对这个新矩阵而言，α 的值至多是$|r|$，它是小于 $\alpha(A)$的．

如果 a_{ij}不能整除它所在的行中的某个元素，则类似的论证同样适用．

最后，我们假设 a_{ij}能整除它所在行和所在列中的所有元素，但不能整除 a_{st}，其中 $s\neq i$ 且$t\neq j$．考虑 A 的下列四个元素

$$\begin{matrix} a_{ij} & \cdots & a_{it} \\ \vdots & & \vdots \\ a_{sj} & \cdots & a_{st} \end{matrix}$$

因为 a_{ij} 整除 a_{sj}，所以我们能够通过基本运算把矩阵变成这样一种形式，其中这四个位置上的元素如下：

$$\begin{matrix} a_{ij} & \cdots & a_{it} \\ \vdots & & \vdots \\ 0 & \cdots & a_{st}+la_{it} \end{matrix}$$

如果我们接着再以(第 i 行)+(第 s 行)代替这个矩阵的(第 i 行)，那么就又回到了前面 a_{ij} 不能整除它所在行的某个元素的情况.

第二步　在这一步的开头，我们有一个矩阵 A，它的极小元整除 A 的每一个元素.

利用基本运算把 A 的极小元变到矩阵的左上角并使之为正. 因为它能整除它所在的行和列中的所有元素，所以我们能够利用基本运算使它所在的行和列中的其它所有元素都变为零. 请注意到在这个过程的最后，左上角的元素能整除矩阵的所有元素.

现在我们对略去矩阵的第一行和第一列而得到的较小的矩阵再次重复使用第一步.

第三步　当较小的矩阵为零矩阵或者当较小的矩阵不再出现时，算法终止. 此时我们的矩阵已经是标准形. 现在唯一的问题是对角线上的元素 $b_1,\cdots,b_l$ 是否能够依次整除其后面的一个元素. 但这是直接的. 我们刚才已指出，在第二步的首次应用结束时，左上角的元素 b_1 整除矩阵的所有元素. 这个事实在我们继续应用基本运算时保持成立. 特别是，当算法结束时，b_1 必定整除 $b_2,\cdots,b_l$ 中的每一个.

类似的讨论说明 b_2 整除 $b_3,\cdots,b_l$ 中的每一个，等等.

从§4 的习题 4 立即得知各数 $b_1,\cdots,b_l$ 是由同态 f 唯一决定的. 因为矩阵中非零元的个数 l 恰好是 Abel 群 $f(G)\subset G'$ 的秩数. 而且那些大于 1 的数 b_i 恰好是商群 $G'/f(G)$ 的挠系数 $t_1,\cdots,t_k$.

化简算法的应用

现在我们来证明关于自由 Abel 群的子群的基本定理,我们在§4 中曾叙述过它.

定理 4.2 的证明 给定一个秩为 n 的自由 Abel 群 F,我们从引理 11.1 知道,任何子群 R 是自由的且秩数 $r\leqslant n$. 考虑包含同态 $j:R\to F$,并选取 R 的基$a_1,\cdots,a_r$ 和 F 的基 $e_1,\cdots,e_n$,使得同态 j 关于这些基的矩阵符合上面定理中的标准形. 因为 j 是一个单态射,所以这个标准形没有零列. 因而对于 $i=1,\cdots,r,j(a_i)=b_ie_i$,其中 $b_i\geqslant 1$ 且 $b_1\mid b_2\mid\cdots\mid b_r$. 由于 $j(a_i)=a_i$,由此可知 $b_1e_1,\cdots,b_re_r$ 是R 的一个基. □

现在我们证明自由链复形的"标准基定理".

定义 一个**链复形**$\mathscr{C}$是用整数标记的 Abel 群 C_i 和同态∂_i 构成的一个序列

$$\cdots\longrightarrow C_{p+1}\xrightarrow{\partial_{p+1}}C_p\xrightarrow{\partial_p}C_{p-1}\longrightarrow\cdots$$

使得对所有 $p,\partial_p\circ\partial_{p+1}=0$. $\mathscr{C}$的第 p 个**同调群**定义为

$$H_p(\mathscr{C})=\ker\partial_p/\operatorname{im}\partial_{p+1}.$$

若 $H_p(\mathscr{C})$是有限生成的,则我们把它的 Betti 数和挠系数称为 $\mathscr{C}$ 在 p 维的 Betti 数和挠系数.

定理 11.4(自由链复形的标准基) 令$\{C_p,\partial_p\}$是一个链复形,假设每个群 C_p 都是有限秩的自由群. 那么对于每个 p 均有 C_p 的子群U_p,V_p,W_p 使得

$$C_p=U_p\oplus V_p\oplus W_p,$$

其中$\partial_p(U_p)\subset W_{p-1},\partial_p(V_p)=0,\partial_p(W_p)=0$. 而且存在 U_p 和 W_{p-1}的基使得$\partial_p:U_p\to W_{p-1}$关于这些基有如下形式的矩阵

$$B=\begin{pmatrix}b_1 & & 0\\ & \ddots & \\ 0 & & b_l\end{pmatrix},$$

其中 $b_i \geqslant 1$ 且 $b_1 | b_2 | \cdots | b_l$.

证明 第一步 令

$$Z_p = \ker \partial_p, \quad B_p = \operatorname{im} \partial_{p+1}.$$

令 W_p 是由 C_p 的所有使得 c_p 的某个非零倍数属于 B_p 的元素 c_p 组成的. 它是 C_p 的一个子群,我们把它称为**弱边缘群**. 显然

$$B_p \subset W_p \subset Z_p \subset C_p.$$

(其中第二个包含关系用到这样一个事实:C_p 是无挠的,因而等式 $mc_p = \partial_{p+1} d_{p+1}$ 蕴涵着 $\partial_p c_p = 0$.)我们来证明 W_p 是 Z_p 的一个直和项.

考虑自然射影

$$Z_p \to H_p(\mathscr{C}) \to H_p(\mathscr{C})/T_p(\mathscr{C}),$$

其中 $T_p(\mathscr{C})$是 $H_p(\mathscr{C})$的挠子群. 这个射影的核是 W_p,因此,$Z_p/W_p \cong H_p/T_p$. 后一个群是有限生成的和无挠的,因而是自由的. 如果 $c_1 + W_p, \cdots, c_k + W_p$ 是Z_p/W_p 的一个基而且 $d_1, \cdots, d_l$ 是 W_p 的一个基,那么可以直接验证 $c_1, \cdots, c_k$, $d_1, \cdots, d_l$ 是 Z_p 的一个基. 于是,$Z_p = V_p \oplus W_p$,其中 V_p 是以 $c_1, \cdots, c_k$ 为基的群.

第二步 假设我们选取 C_p 的基 $e_1, \cdots, e_n$ 和 C_{p-1} 的基 $e'_1, \cdots, e'_m$ 使得$\partial_p: C_p \to C_{p-1}$关于这些基的矩阵具有标准形

$$\begin{array}{c} \\ e'_1 \\ \vdots \\ e'_l \\ e'_{l+1} \\ \vdots \\ e'_m \end{array} \begin{array}{c} \begin{array}{cccc} e_1 \cdots & e_l & e_{l+1} \cdots & e_n \end{array} \\ \left[\begin{array}{ccc|c} b_1 & & 0 & \\ & \ddots & & 0 \\ 0 & & b_l & \\ \hline & 0 & & 0 \end{array}\right] \end{array}$$

其中 $b_i \geqslant 1$ 且 $b_1 | b_2 | \cdots | b_l$. 那么下列结论成立:

(1) $e_{l+1}, \cdots, e_n$ 是 Z_p 的一个基.

(2) $e'_1, \cdots, e'_l$ 是 W_{p-1}的一个基.

(3) $b_1 e'_1, \cdots, b_l e'_l$ 是B_{p-1}的一个基.

我们证明这些结论如下:令 c_p 是一般 p 维链. 我们来计算它的边缘,如果

$$c_p = \sum_{i=1}^{n} a_i e_i \text{那么 } \partial_p c_p = \sum_{i=1}^{l} a_i b_i e'_i .$$

为了证明(1),我们注意到由于 $b_i \neq 0$,所以 p 维链 c_p 是闭链当且仅当对于 $i=1,\cdots,l$,均有 $a_i=0$. 为了证明(3),我们注意到任何 $p-1$ 维边缘$\partial_p c_p$ 在由$b_1 e'_1, \cdots, b_l e'_l$ 生成的群中;由于 $b_i \neq 0$,所以这些元素是独立的. 最后,我们来证明(2). 首先注意到$e'_1, \cdots, e'_l$ 中的每一个属于W_{p-1}. 因为 $b_i e'_i = \partial e_i$. 反之,令

$$c_{p-1} = \sum_{i=1}^{m} d_i e'_i$$

是一个 $p-1$ 维链并且设 $c_{p-1} \in W_{p-1}$. 那么对于某个 $\lambda \neq 0$,c_{p-1} 满足下列形式的等式

$$\lambda c_{p-1} = \partial_p c_p = \sum_{i=1}^{l} a_i b_i e'_i .$$

令各系数相等,则我们看出,对于 $i > l$, $\lambda d_i = 0$,由此对 $i > l$, $d_i = 0$. 因而$e'_1, \cdots, e'_l$ 是W_{p-1}的一个基.

第三步 我们来证明定理. 像在第二步中那样选取 C_p 和 C_{p-1}的基. 定义 U_p 是由$e_1, \cdots, e_l$ 张成的群,那么

$$C_p = U_p \oplus Z_p .$$

运用第一步,选取 V_p 使得$Z_p = V_p \oplus W_p$. 那么我们就有 C_p 的一个分解使得$\partial_p(V_p)=0$和$\partial_p(W_p)=0$. 所要求的 U_p 和W_{p-1}的基的存在性从第二步得出. □

请注意到 W_p 和$Z_p = V_p \oplus W_p$ 是C_p 的唯一确定的子群. 然而,子群 U_p 和V_p 不是唯一确定的.

定理 11.5 一个有限复形 K 的同调群是能够有效计算的.

证明 由上面的定理,存在一个分解

$$C_p(K) = U_p \oplus V_p \oplus W_p,$$

其中 $Z_p = V_p \oplus W_p$ 是 p 维闭链群,W_p 是 p 维弱边缘链群. 于是

$$H_p(K) = Z_p/B_p \cong V_p \oplus (W_p/B_p) \cong (Z_p/W_p) \oplus (W_p/B_p).$$

群 Z_p/W_p 是自由的,群 W_p/B_p 是挠群,因而计算 $H_p(K)$就归结为计算这两个群.

让我们通过定向 K 的单形而取定链群 $C_p(K)$的固定不变的基. 然后考虑边缘同态$\partial_p: C_p(K) \to C_{p-1}(K)$关于这样选定的基的矩阵. 实际上,这个矩阵的元素将取集合$\{0,1,-1\}$中的值. 我们利用前面描述过的化简算法把这个矩阵化成标准形. 检查上面证明的第二步,我们从那里已证明的结果推出关于这个标准形的下列事实:

(1) Z_p 的秩等于零列的列数.

(2) W_{p-1}的秩等于非零行的行数.

(3) 存在一个同构

$$W_{p-1}/B_{p-1} \cong \mathbf{Z}/b_1 \oplus \mathbf{Z}/b_2 \oplus \cdots \oplus \mathbf{Z}/b_l.$$

因而$\partial_p: C_p \to C_{p-1}$的矩阵的标准形为我们给出 K 的 $p-1$ 维挠系数;它们就是矩阵中那些大于 1 的元素. 这个标准形还为我们给出了 Z_p 的秩. 另一方面,$\partial_{p+1}: C_{p+1} \to C_p$ 的标准形为我们给出 W_p 的秩. 这些数的差是 Z_p/W_p 的秩——即 K 的 p 维 Betti 数. □

习　　题

1. 证明:当我们只希望计算有限复形 K 的 Betti 数时,化简算法不是必要的;所需要的只是决定矩阵秩的一种算法. 特别地,证明若 A_p 是$\partial_p: C_p(K) \to C_{p-1}(K)$关于某种选定的基的矩阵,那么

$$\beta_p(K) = \operatorname{rank} C_p(k) - \operatorname{rank} A_p - \operatorname{rank} A_{p+1}.$$

2. 计算下页图 11.1 中所示的商空间的同调群. [提示:首先检查是否所有顶点被等同.]

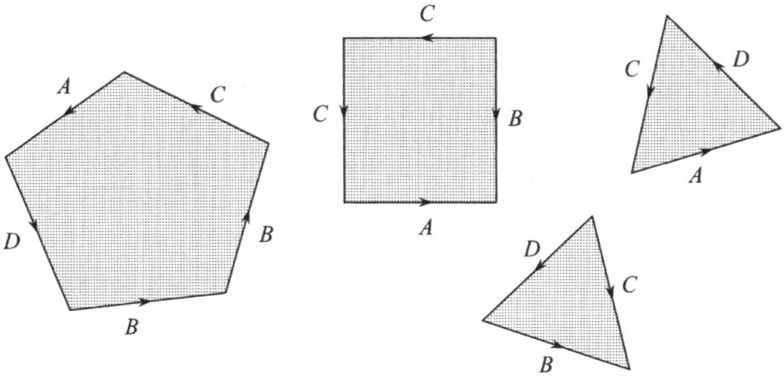

图 11.1

3. 把下列矩阵化成标准形

$$\begin{pmatrix} 2 & 6 & 4 \\ 4 & -7 & 4 \\ 4 & 8 & 4 \end{pmatrix}.$$

§12 单纯映射诱导的同态

如果 f 是从 $|K|$ 到 $|L|$ 内的单纯映射，那么 f 把 K 的每个 p 维单形 σ_i 映射到 L 的一个同维或低维的单形 τ_i 上．我们将要定义 p 维链的一个同态，它把 K 的 p 维定向单形的形式和 $\sum m_i\sigma_i$ 映射到它的象的形式和 $\sum m_i\tau_i$ 上．（我们从后一个和式中删去那些维数低于 p 的单形 τ_i.）这个映射又诱导同调群上的一个同态，就像我们将要看到的那样．

就像一个一般记号那样，我们将使用短语

"$f: K \to L$ 是一个单纯映射"

来表示 f 是 $|K|$ 到 $|L|$ 内的一个连续映射，它把 K 的每一个单形线性地映射到 L 的一个单形上．因而 f 把 K 的每一个顶点映射到 L 的一个顶点，而且正如 §2 中所定义的那样，它就等于由这个

顶点映射所诱导的单纯映射.

定义 令 $f:K\to L$ 是一个单纯映射. 如果 $v_0\cdots v_p$ 是K 的一个单形,那么点 $f(v_0),\cdots,f(v_p)$张成 L 的一个单形. 我们通过如下定义它在各定向单形上的值来定义一个同态 $f_{\#}:C_p(K)\to C_p(L)$:

$$f_{\#}([v_0,\cdots,v_p])=\begin{cases}[f(v_0,\cdots,f(v_p)],\\ \quad 若\ f(v_0),\cdots,f(v_p)\ 互不相同,\\ 0, \qquad 其它情况.\end{cases}$$

这个映射显然是完全确定的. 交换表达式$[v_0,\cdots,v_p]$中的两个顶点将会改变等式右边的符号. 我们把在每一维数下各有一个同态构成的同态族$\{f_{\#}\}$称为由**单纯映射 f 诱导的链映射**.

严格说来,我们应当使用维数下标来区别这些同态,将 p 维的映射记为$(f_{\#})_p:C_p(K)\to C_p(L)$. 然而,正如我们对待边缘算子$\partial$那样,平常我们将省略下标而是依靠上下文来弄清应该是指哪种情况.

按照类似思路,我们将用记号∂既表示 K 的边缘算子也表示 L 的边缘算子,以使记号不至于变得繁琐不便. 当必须把它们加以区别时,我们可能使用记号∂_K 和∂_L.

引理 12.1 同态 $f_{\#}$与∂交换,因此 $f_{\#}$诱导一个同态 $f_*:H_p(K)\to H_p(L)$.

证明 我们需要证明

$$(*)\qquad \partial f_{\#}([v_0,\cdots,v_p])=f_{\#}\partial([v_0,\cdots,v_p]).$$

令 τ 是L 的由$f(v_0),\cdots,f(v_p)$张成的单形. 我们要考虑各种不同的情况.

情形 1 $\dim\tau=p$. 在这种情况下,顶点 $f(v_0),\cdots,f(v_p)$是互不相同的,那么结论立即从 $f_{\#}$和∂的定义得出.

情形 2 $\dim\tau\leqslant p-2$. 在这种情况下,$(*)$式左边为 0,因为$f(v_0),\cdots,f(v_p)$不是互不相同的;而右边为 0 是因为对于每个

i,在点 $f(v_0),\cdots,f(v_{i-1}),f(v_{i+1}),\cdots,f(v_p)$中至少有两个是相同的.

情形 3　$\dim\tau = p-1$. 在这种情况下,我们可以假定顶点被适当排序使得$f(v_0)=f(v_1)$而 $f(v_1),\cdots,f(v_p)$是互不相同的. 那么(*)式左边为0,而右边只有两个非零项;那就是

$$[f(v_1),f(v_2),\cdots,f(v_p)]-[f(v_0),f(v_2),\cdots,f(v_p)].$$

由于 $f(v_0)=f(v_1)$,所以,正如所期望的那样,这两项相互抵消.

同态 $f_\#$ 把闭链映射到闭链,这是因为等式$\partial c_p=0$ 蕴涵着 $\partial f_\#(c_p)=f_\#(\partial c_p)=0$. $f_\#$ 把边缘链映射到边缘链是因为等式 $c_p=\partial d_{p+1}$蕴涵着 $f_\#(c_p)=f_\#(\partial d_{p+1})=\partial f_\#(d_{p+1})$. 因而 $f_\#$ 诱导同调群的同态 $f_*:H_p(K)\to H_p(L)$. □

定理 12.2　(a) 令 $i:K\to K$ 是恒等单纯映射,那么 $i_*:H_p(K)\to H_p(K)$是恒等同态.

(b) 令 $f:K\to L$ 和 $g:L\to M$ 是单纯映射,那么$(g\circ f)_*=g_*\circ f_*$,即下列图表交换:

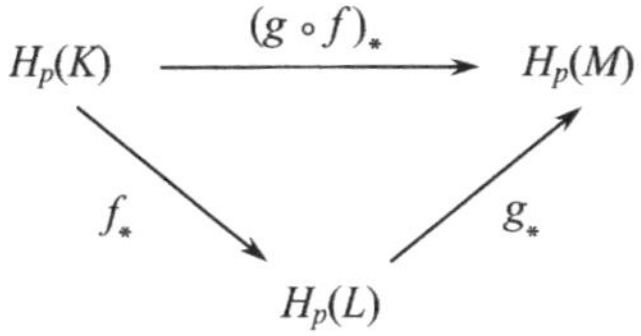

证明　从定义直接得知 $i_\#$ 是恒等同态,而且可以验证$(g\circ f)_\#=g_\#\circ f_\#$,从而定理成立. □

这个定理表明了何谓诱导同态的"函子性质". 以后在我们讨论范畴和函子时将要正式定义这个术语. 暂时,我们仅指出算子 H_p 对每一个单纯复形指派一个Abel群,而算子 * 则对从一个复形到另一个复形的单纯映射指派相应 Abel 群的一个同态. 因为(a)和(b)成立,所以我们说$(H_p,*)$是一个从单纯复形和单纯映射的"范畴"到 Abel 群和同态的"范畴"的"函子".

引理 12.3 链映射 $f_{\#}$ 保持增广映射 ε，因此它诱导约化同调群的同态 $f_{\#}$.

证明 令 $f:K\to L$ 是单纯映射，那么对于 K 的每个顶点 v 都有 $\varepsilon f_{*}(v)=1$ 和 $\varepsilon(v)=1$. 因而 $\varepsilon\circ f_{\#}=\varepsilon$. 这个等式蕴涵着 $f_{\#}$ 把 $\varepsilon_K:C_0(K)\to\mathbf{Z}$ 的核映射到 $\varepsilon_L:C_0(L)\to\mathbf{Z}$ 的核中，并因此诱导一个同态 $f_{*}:\widetilde{H}_0(K)\to\widetilde{H}_0(L)$. □

例 1 考虑图 12.1 所示的复形 K 和 T，它们的底空间分别是圆周和环面，于是 $H_1(K)\cong\mathbf{Z}$. 让我们用图中的闭链 z 作为一个生成元. 同样，$H_1(T)\cong\mathbf{Z}\oplus\mathbf{Z}$. 让我们用闭链 $w_1=[A,B]+[B,C]+[C,A]$ 和 $Z_1=[A,D]+[D,E]+[E,A]$ 作为基.

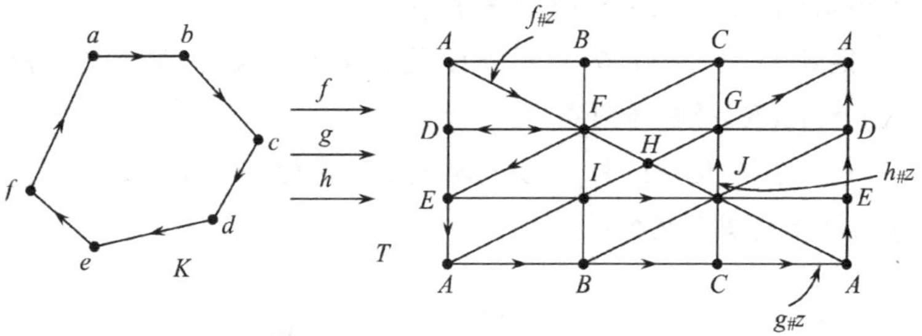

图 12.1

现在考虑单纯映射：

$f:a\to A$	$g:a\to A$	$h:a\to A$
$b\to F$	$b\to B$	$b\to I$
$c\to D$	$c\to C$	$c\to J$
$d\to D$	$d\to A$	$d\to G$
$e\to F$	$e\to E$	$e\to G$
$f\to E$	$f\to D$	$f\to A$.

可以验证，$f_{\#}(z)$ 同调于 z_1，$g_{\#}(z)$ 等于 w_1-z_1，$h_{\#}(z)$ 同调于 w_1-z_1. 因而 g_{*} 和 h_{*} 作为 1 维同调的同态是相等的. 它们在 0

维同调上也是相等的.

一般,一个给定的同态可能是由完全不同的单纯映射诱导出来的,正如上面的例子所表明的那样. 这个事实引导我们考虑这样一个一般的问题,即在什么条件下,两个单纯映射诱导同调群的同一个同态? 回答这个问题涉及到一种我们将多次使用的重要方法. 因而我们从解释潜在的动机开始.

给定单纯映射 $f, g: K \to L$,我们希望找出使得 $f_{\#}(z)$和$g_{\#}(z)$对于每个闭链 $z \in Z_p(K)$都能同调的条件. 换句话说,我们要找出在什么条件下存在一个函数(通常称为 D),它对 K 的每一个 p 维闭链 z 指派 L 的一个 $p+1$ 维闭链 Dz,使得

$$\partial Dz = g_{\#}(z) - f_{\#}(z).$$

让我们考虑一个使之成为可能的例子. 设 K 是一个三角形的边缘,L 由三棱柱的侧面组成,如图 12.2 所示. 设 f 和 g 分别是把K 映射到棱柱的两端的单纯映射. 如果 z 是生成$H_1(K)$的 1 维闭链,如图中所示,那么很容易找出一个 2 维闭链 Dz,使其边缘是 $g_{\#}(z) - f_{\#}(z)$. 我们令 Dz 是L 的适当定向的所有 2 维单形之和. 可以验证这个 2 维链就符合这一要求.

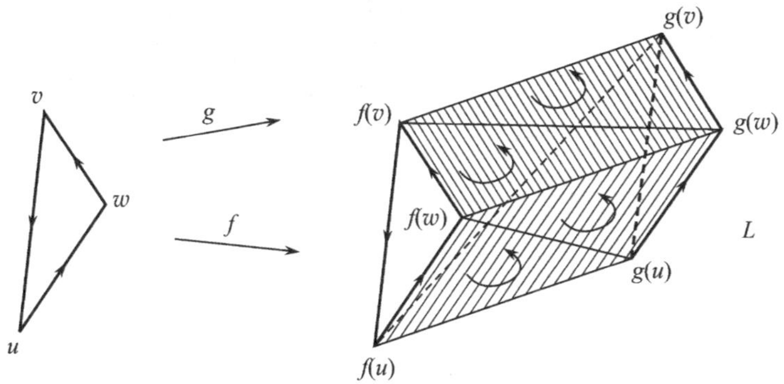

图 12.2

一般说来，直接对闭链来定义 D 是很难办的，因为那就要求我们计算出闭链群. 实践证明更合适的做法是把 D 定义为整个链群上的同态，因为那样我们就能一个单形一个单形地来定义 D. 那么在当前这个例子中该程序将如何运行呢？实际上该怎样进行是非常明显的. 给定 K 的一个顶点 v，我们定义 Dv 是从点 $f(v)$到点 $g(v)$的棱，如图 12.3 所示. 给定 K 的 1 维定向单形 σ，则我们定义 Dv 是图中用浓阴影标出的两个定向单形之和，这两个单形构成棱柱的一个侧面. 对于 K 的其它单形，我们可以类似地进行. 因为 z 是K 的有向边之和，所以像以前一样，链 Dz 就是 L 的 2 维定向单形之和，而且恰如所期望的那样，$\partial Dz = g_{\#}(z) - f_{\#}(z)$.

人们可能要问，当 c 为任意链时，对于∂Dc 将会有什么样的公式成立呢？由定义答案是明显的. 给出定向单形 σ，我们算出$\partial D\sigma = g_{\#}(\sigma) - Dv - f_{\#}(\sigma) + Dw$；为了证实，请参看图 12.3. 即

$$(*) \qquad \partial(D\sigma) = g_{\#}(\sigma) - f_{\#}(\sigma) - D(\partial\sigma).$$

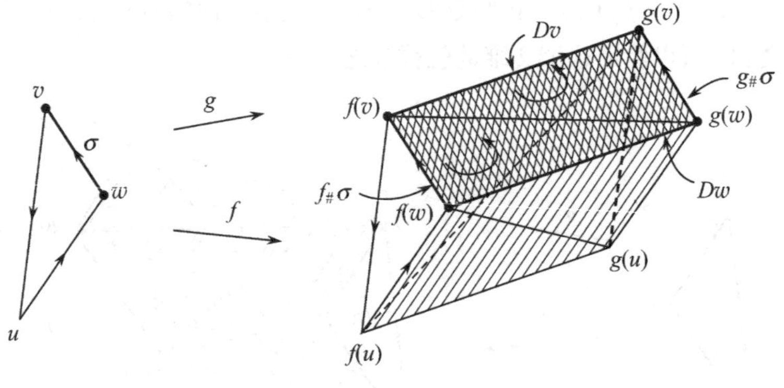

图 12.3

可以验证这同一个公式对于 K 的其它单形也成立.

这个公式表示了同态 D 的关键的代数性质. 这个公式就是我们追求的目标；我们使它成为下列定义的一部分.

定义 令 $f,g:K\to L$ 是单纯映射. 假设对每个 p,我们都有一个同态

$$D:C_p(K)\to C_{p+1}(K)$$

满足等式

$$\partial D+D\partial=g_{\#}-f_{\#}.$$

那么我们把 D 称为 $f_{\#}$ 和 $g_{\#}$ 之间的一个**链同伦**.

在这个公式中我们省略了维数下标. 下列图表可以使所涉及到的映射更清楚:

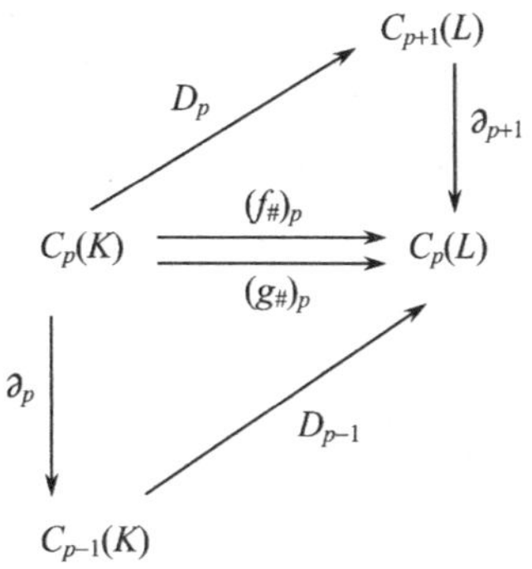

附以下标,这个公式就成为

$$\partial_{p+1}D_p+D_{p-1}\partial_p=(g_{\#})_p-(f_{\#})_p.$$

这个公式更为准确,但是显得比较乱. 我们将按习惯省略维数下标.

链同伦的重要性来自下列定理:

定理 12.4 如果在 $f_{\#}$ 和 $g_{\#}$ 之间存在一个链同伦,那么无论对于约化同调还是对于常义同调,诱导同态 f_* 和 g_* 都相等.

证明 令 z 是 K 的一个 p 维闭链. 那么

$$g_{\#}(z)-f_{\#}(z)=\partial Dz+D\partial z=\partial Dz+0,$$

因而 $g_{\#}(z)$ 和 $f_{\#}(z)$ 在同一个同调类之中. 从而正如我们所期望的那样,$g_*(\{z\})=f_*(\{z\})$. □

我们还要求出在什么条件下,才能使两个单纯映射 f 和 g 诱

导的同态 f_* 和 g_* 相等. 我们把这个问题归结为寻求在什么条件下我们能够在 $f_\#$ 和 $g_\#$ 之间构造一个链同伦的问题. 事实上,存在一组使之成为可能的条件:

定义 给定两个单纯映射 $f,g:K\to L$,如果对 K 的每个单形 $v_0\cdots v_p$ 来说,诸点

$$f(v_0),\cdots,f(v_p),g(v_0),\cdots,g(v_p)$$

张成 L 的一个单形 τ,那么我们称这两个映射 f 和 g 是**连接的**. (其中单形 τ 可能具有从 0 到 $2p+1$ 的任何一种维数,这要取决于上面这些点中究竟有多少个是互不相同的.)

粗略地说,这个条件说明 f 和 g 是"相当接近的";我们能够把单形 $f(\sigma)$ 越过某个可能是比较大的单形 τ 移动到单形 $g(\sigma)$,而且两个单形 $f(\sigma)$ 和 $g(\sigma)$ 都是单形 τ 的面.

定理 12.5 *如果 $f,g:K\to L$ 是连接的单纯映射,那么 $f_\#$ 和 $g_\#$ 之间就有一个链同伦.*

证明 我们在这里所给出的论证是一个标准的论证,请你务必要掌握它.

对于 K 的每个单形 $\sigma=v_0\cdots v_p$,令 $L(\sigma)$ 表示 L 的这样一个子复形,它是由顶点集为 $\{f(v_0),\cdots,f(v_p),g(v_0),\cdots,g(v_p)\}$ 的单形及其面组成的. 我们指出下列事实:

(1) $L(\sigma)$ 是非空的,而且对所有 i, $\widetilde{H}_i(L(\sigma))=0$.

(2) 如果 s 是 σ 的一个面,那么 $L(s)\subset L(\sigma)$.

(3) 对每一个定向单形 σ,链 $f_\#(\sigma)$ 和 $g_\#(\sigma)$ 都被 $L(\sigma)$ 承载.

利用这些事实,我们用关于 p 的归纳法构造所要求的链同伦 $D:C_p(K)\to C_{p+1}(L)$. 对于每个 σ,链 $D\sigma$ 将由 $L(\sigma)$ 承载.

令 $p=0$;令 v 是 K 的一个顶点. 因为 $f_\#$ 和 $g_\#$ 保持增广,所以,$\varepsilon(g_\#(v)-f_\#(v))=1-1=0$. 因而 $g_\#(v)-f_\#(v)$ 表示约化同调群 $\widetilde{H}_0(L(v))$ 的一个元. 因为这个群为零,所以我们可以选取 L 的一个由子复形 $L(v)$ 承载的 1 维链 Dv 使得

$$\partial(Dv) = g_{\#}(v) - f_{\#}(v).$$

那么就像所期望的那样有$\partial Dv + D\partial v = \partial Dv + 0 = g_{\#}(v) - f_{\#}(v)$. 对 K 的每个顶点都以这种方式定义D.

现在假设在低于 p 维的情况下D已被定义,使得对于每个维数低于 p 的定向单形s均有链Dv被$L(s)$承载,并且使得

$$\partial Ds + D\partial s = g_{\#}(s) - f_{\#}(s).$$

令 σ 是一个p维定向单形. 我们希望定义 $D\sigma$ 使得$\partial(D\sigma)$等于链

$$c = g_{\#}(\sigma) - f_{\#}(\sigma) - D\partial\sigma.$$

请注意到c是一个完全确定的链;因为$\partial\sigma$ 是$p-1$维的,所以 $D\partial\sigma$ 有定义. 而且c是一个闭链,因为把归纳假设应用于 $p-1$ 维链$\partial\sigma$,我们就可计算得出

$$\begin{aligned}\partial c &= \partial g_{\#}(\sigma) - \partial f_{\#}(\sigma) - \partial D(\partial\sigma)\\ &= \partial g_{\#}(\sigma) - \partial f_{\#}(\sigma) - [g_{\#}(\partial\sigma) - f_{\#}(\partial\sigma) - D\partial(\partial\sigma)].\end{aligned}$$

利用$\partial\circ\partial=0$这个事实,我们看到$\partial c=0$.

最后,我们指出c被$L(c)$承载:由(3),$g_{\#}(\sigma)$和 $f_{\#}(\sigma)$均被$L(\sigma)$承载. 为了说明 $D\partial\sigma$ 被$L(\sigma)$承载,请注意到链$\partial\sigma$ 是σ 的定向面之和. 对每个这样的面来说,Ds 由 $L(s)$承载,并且由(2),$L(s)\subset L(\sigma)$. 因而 $D\partial\sigma$ 被$L(\sigma)$承载.

因为c是一个由$L(\sigma)$承载的 p 维闭链,而且因为 $H_p(L(\sigma))=0$,所以我们能够选取一个由 $L(\sigma)$承载的 $p+1$ 维链 $D\sigma$ 使得

$$\partial D\sigma = c = g_{\#}(c) - f_{\#}(\sigma) - D\partial\sigma.$$

然后我们定义 $D(-\sigma)=-D(\sigma)$. 我们对 K 的每一个p维单形σ重复这个过程;那么我们就得到所要求的 p 维链同伦. 定理得证.

□

有些学生总是被构造链同伦 D 必定包含着任意选择这件事所困扰. 如果对于 D 有一个确定的公式,他们或许更高兴. 但令人遗憾的是没有这样一个简洁的公式,主要是因为在 $f_{\#}$ 和 $g_{\#}$ 之间有许多可能的链同伦,而且我们没有任何理由优先选择其中某

一个而不选其它的.

为了说明这个事实,让我们考虑前面在特殊情况下的证明. 在证明的第一步,当 v 是一个顶点时,链 Dv 实际上是唯一确定的. 由于 Dv 是由 $L(v)$ 承载的链,那么必然有

$$Dv = 0, \quad 当 f(v) = g(v) 时,$$
$$Dv = [f(v), g(v)], 当 f(v) \neq g(v) 时.$$

在第一种情况下,$L(\sigma)$是一个顶点;而在第二种情况下,它由一个1维单形和它的面组成.

但是就在证明的下一步,选择性可能发生. 令 $\sigma = vw$ 是一个1维单形,并且设点 $f(v), f(w), g(v), g(w)$都是互不相同的,因而它们构成一个3维单形 τ,如图12.4所示. 链 Dv 和链 Dw 如图中所示. 我们将如何来定义 $D\sigma$ 呢? 对于在图12.5中所画出的一个边缘是1维链 $g_{\#}(\sigma) - f_{\#}(\sigma) - D\partial\sigma$ 的2维单形 $D\sigma$ 来说,就有两种明显的选择. 其中的一种选择可由 τ 的前面两个面组成,定向如图所示. 另一种选择可由后面的两个面适当定向来构成. 我们没有任何理由选择一种而不选另一种,那么我们必然是简单地任意选取一种.

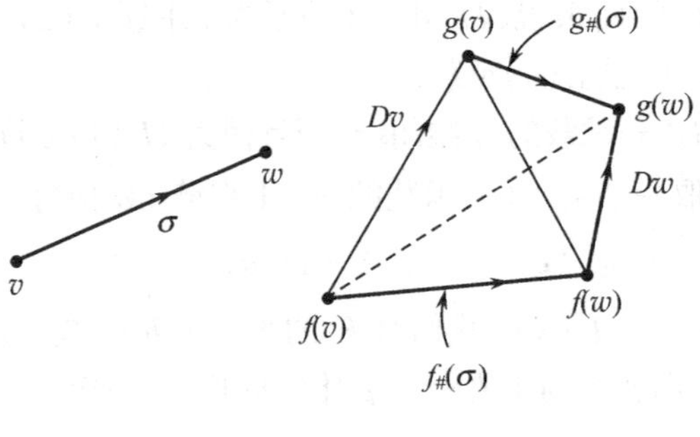

图 12.4

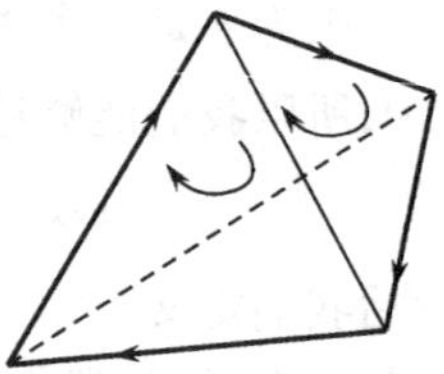

图 12.5

对相对同调的应用

令 K_0 是 K 的一个子复形,L_0 是 L 的一个子复形,令 $f: K$

$\to L$ 是一个单纯映射，它把 K_0 的每一个单形都映射到 L_0 的一个单形中. 我们常常用短语

"$f:(K,K_0)\to(L,L_0)$ 是一个单纯映射"

来表示这种情况. 在这种情况下，立即有 $f_\#$ 把 $C_p(K_0)$映射到 $C_p(L_0)$中，因而我们就有一个诱导映射(也记为 $f_\#$)

$$f_\#:C_p(K,K_0)\to C_p(L,L_0).$$

这个映射与∂交换，并因此又诱导一个同态

$$f_*:H_p(K,K_0)\to H_p(L,L_0).$$

在定理 12.2 中所述的函子性质能直接保留到相对同调中来.

定义 令 $f,g:(K,K_0)\to(L,L_0)$是两个单纯映射. 如果对 K 的每个单形$\sigma=v_0\cdots v_p$，点

$$f(v_0),\cdots,f(v_p),g(v_0),\cdots,g(v_p)$$

张成 L 的一个单形，而且当 $\sigma\in K_0$ 时，它们张成 L_0 的一个单形，那么我们就说 f 和 g **作为成对的映射是连接的**.

定理 12.6 令 $f,g:(K,K_0)\to(L,L_0)$作为成对的映射是连接的. 那么对所有 p 均有同态

$$D:C_p(K,K_0)\to C_{p+1}(L,L_0)$$

使得$\partial D+D\partial=g_\#-f_\#$. 这说明 f_*和 g_* 作为相对同调群的映射是相等的.

证明 在前面的证明中所构造的链同伦 D 自动地把$C_p(K_0)$映射到$C_{p+1}(L_0)$中. 因为如果 $\sigma\in K_0$，那么由定义，$L(\sigma)$是 L_0 的一个子复形. 给定 σ，则链 $D\sigma$ 被$L(\sigma)$承载，因此 D 把$C_p(K_0)$映射到 $C_{p+1}(L_0)$中. 于是 D 诱导所要求的相对链群的同态. □

习 题

1. 检验在例 1 中所做出的断言.

2. 考虑由图 12.6 中的顶点标记所表示的复形 K,它的底空间是环面. 虽然这个复形与先前考虑过的复形略有区别,但是计算环面的同调仍然是相同的. 令 γ 是 K 的按反时针定向的所有 2 维单形之和,于是 γ 生成 $H_2(K)$. 闭链

$$w_1 = [a,b]+[b,c]+[c,a] \text{ 和 } z_1 = [a,d]+[d,e]+[e,a]$$

生成 $H_1(K)$.

(a) 定义 K 到其自身的单纯映射 f,g,h,k 使得

$f: a\to a$	$g: a\to a$	$h: a\to d$	$k: a\to p$
$b\to d$	$b\to c$	$b\to p$	$b\to q$
$c\to e$	$c\to b$	$c\to q$	$c\to d$
$d\to c$	$d\to d$	$d\to d$	$d\to u$
$e\to b$	$e\to e$	$e\to d$	$e\to b$

(b) 计算 f_*, g_*, h_* 和 k_* 在同调类$\{w_1\}$、$\{z_1\}$和$\{\gamma\}$上的值.

3. 利用图 12.6 中的复形,但是需将右边上的字母 d 和 e 颠倒,以表示 Klein 瓶 S. 令 w_1 和 z_1 与前面相同.

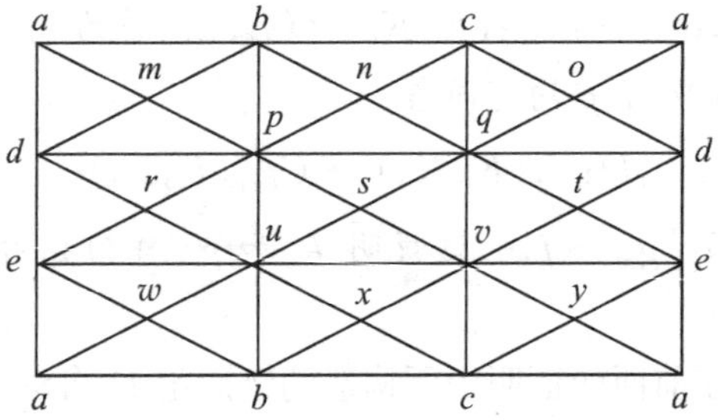

图 12.6

(a) 定义一个单纯映射 $f: S\to S$ 使得 $f_*(\{w_1\})=\{z_1\}$.

(b) 证明不存在单纯映射 $g: S\to S$ 使得 $g_*(\{z_1\})=\{w_1\}$.

4. 如同在习题 2 中那样,令 K 的环面;令 γ 是那里所表示的 2 维闭链. 令 L 是由以 A,B,C,D 为顶点的 3 维单形的真面所组成的复形;而且令 γ'

是L的2维闭链$\partial[A,B,C,D]$.

(a) 证明从K的顶点到L的顶点的任何映射都能诱导一个从K到L的单纯映射.

(b) 令f是这样一个映射,它把m和r映射到A,把p映射到B,把b和u映射到C,而把其它所有点映射到D. 计算诱导同态$f_*:H_2(K)\to H_2(L)$,并且将结果用γ和γ'表示出来.

(c) 令g是一个单纯映射,它在K的各顶点上除了$g(r)=C$之外与f是一致的. 计算g_*.

(d) 令h在K的顶点上除$h(u)=A$之外与g一致. 计算h_*.

5. 令$f,g:(K,K_0)\to(L,L_0)$是单纯映射. 证明如果f和g作为从K到L的映射是连接的,而且L_0是L的一个满子复形,那么f和g作为成对的映射是连接的.

§13 链复形与零调承载子

我们在单纯复形的叙述过程中所给出的许多定义和构造方法在更一般的情况下也会出现. 我们暂且离开主题来讨论这种更一般的情况. 以后我们将多次用到这些结果. 证明留作习题.

首先我们来定义与链群类似的代数对象(先前在§11我们曾经提到过它们.)

定义 一个**链复形**$\mathscr{C}$是由以整数标记的Abel群C_p和同态

$$\partial_p:C_p\to C_{p-1}$$

构成的标号族$\{C_p,\partial_p\}$,使得$\partial_p\circ\partial_{p+1}=0$对所有$p$成立.

如果对于$p<0$,均有$C_p=0$,那么我们把$\mathscr{C}$称为**非负**链复形. 若对每个p,C_p都是自由Abel群,那么就把$\mathscr{C}$称为**自由**链复形. 我们把群

$$H_p(\mathscr{C})=\ker\partial_p/\operatorname{im}\partial_{p+1}$$

称为链复形$\mathscr{C}$的第p个**同调群**.

如果$\mathscr{C}$是非负链复形,那么$\mathscr{C}$的**增广**是一个满态射$\varepsilon:C_0\to\mathbf{Z}$

使得 $\varepsilon\circ\partial_1=0$. **增广链复形** $\{\mathscr{C},\varepsilon\}$ 是从 $\mathscr{C}$ 通过在 -1 维时添加群 $\mathbf{Z}$,并且把 ε 作为 0 维边缘算子而得到的链复形. 我们把增广链复形的同调群称为原链复形 $\mathscr{C}$ 关于增广 ε 的**约化同调群**,并且把它们记作 $H_i(\{\mathscr{C},\varepsilon\})$ 或 $\widetilde{H}_i(\mathscr{C})$. 易见,对于 $p\neq 0$, $\widetilde{H}_p(\mathscr{C})=H_p(\mathscr{C})$,而且

$$H_0(\mathscr{C})\simeq\widetilde{H}_0(\mathscr{C})\oplus\mathbf{Z}.$$

(参看习题.)

对于任意一个链复形 $\mathscr{D}$ 来说,如果对所有 i 都有 $H_i(\mathscr{D})=0$,那么我们把它称作是**零调的**. 特别是,如果 $H_i(\{\mathscr{C},\varepsilon\})=\widetilde{H}_i(\mathscr{C})=0$ 对所有 i 成立,或者等价地,如果 $H_0(\mathscr{C})\simeq\mathbf{Z}$,而且对所有 i, $H_i(\mathscr{C})=0$,那么增广链复形 $\{\mathscr{C},\varepsilon\}$ 就是零调的.

定义 令 $\mathscr{C}=\{C_p,\partial_p\}$ 和 $\mathscr{C}'=\{C'_p,\partial'\}$ 是链复形. 一个链映射 $\phi:\mathscr{C}\to\mathscr{C}'$ 是一族同态

$$\phi_p:C_p\to C'_p$$

使得 $\partial'_p\circ\phi_p=\phi_{p-1}\circ\partial_p$ 对所有 p 成立.

一个链映射 $\phi:\mathscr{C}\to\mathscr{C}'$ 诱导一个同态

$$(\phi_*)_p:H_p(\mathscr{C})\to H_p(\mathscr{C}').$$

而且下列结论成立:

(1) $\mathscr{C}$ 上的恒等映射 i 是一个链映射,而且 $(i_*)_p$ 是 $H_p(\mathscr{C})$ 的恒等映射.

(2) 如果 $\phi:\mathscr{C}\to\mathscr{C}'$ 和 $\psi:\mathscr{C}'\to\mathscr{C}''$ 都是链映射. 那么 $\psi\circ\phi$ 也是链映射,而且 $(\psi\circ\varphi)_*=\psi_*\circ\phi_*$.

如果 $\{\mathscr{C},\varepsilon\}$ 和 $\{\mathscr{C}',\varepsilon'\}$ 是增广链复形,那么当 $\varepsilon'\circ\phi_0=\varepsilon$ 时,我们就把链映射 $\phi:\mathscr{C}\to\mathscr{C}'$ 称作是**保持增广的**. 如果我们通过令 ϕ 为 $\mathbf{Z}$ 上的恒等映射而把它扩张到 (-1) 维群上,那么 ϕ 就成为**增广链复形的链映射**. 由此可知一个保持增广的链映射 ϕ 能够诱导约化同调群的一个同态 $\phi_*:\widetilde{H}_p(\mathscr{C})\to\widetilde{H}_p(\mathscr{C}')$.

例 1 §9 中定义的链复形

$$\mathscr{C}(K,K_0) = \{C_p(K,K_0),\partial_p\}$$

称为**单纯偶**(K,K_0)的**定向链复形**. 它既是自由的又是非负的,但是,一般它没有增广. (例如§9的例4中,整个群$C_0(K,K_0)$为零,所以不可能存在满射$C_0(K,K_0)\to\mathbf{Z}$.)如果K_0是空集,那么正如我们已经看到过的那样,复形$\mathscr{C}(K,\phi)=\mathscr{C}(K)$有一个标准增广,它是由对$K$的每个顶点$v$,令$\varepsilon(v)=1$来定义的.

例2 如果$f:K\to L$是单纯复形K和L之间的一个单纯映射,那么$f_\#$就是从$\mathscr{C}(K)$到$\mathscr{C}(L)$内的一个保持增广的链映射. 然而,一般存在着不是由单纯映射诱导的保持增广的链映射$\phi:\mathscr{C}(K)\to\mathscr{C}(L)$.

定义 如果$\phi,\psi:\mathscr{C}\to\mathscr{C}'$是链映射,那么$\phi$到$\psi$的一个**链同伦**是一族同态

$$D_p:C_p\to C'_{p+1},$$

使得对所有p

$$\partial'_{p+1}D_p + D_{p-1}\partial_p = \psi_p - \phi_p.$$

今后,我们通常把边缘算子、链映射和链同伦的下标省略. 例如,那时上面的公式将呈现出人们更熟悉的形式$\partial' D + D\partial = \psi - \phi$.

定义 对于一个链映射$\phi:\mathscr{C}\to\mathscr{C}'$来说,如果存在一个链映射$\phi':\mathscr{C}'\to\mathscr{C}$使得$\phi'\circ\phi$和$\phi\circ\phi'$分别链同伦于$\mathscr{C}$和$\mathscr{C}'$上的恒等映射,那么我们称链映射$\phi$是一个**链等价**,并把$\phi'$称为$\phi$的**链同伦逆**.

我们来列举链同伦的几个性质,其证明留作习题.

(1) 链同伦是从$\mathscr{C}$到$\mathscr{C}'$的链映射的集合上的一种等价关系.

(2) 链映射的复合在链同伦类上诱导一个完全确定的复合运算.

(3) 如果ϕ和ψ是链同伦的,那么它们在同调中诱导同一个同态.

(4) 如果ϕ是一个链等价,且具有同伦逆ϕ',那么ϕ_*和$(\phi')_*$是互逆的同调同构.

(5) 如果 $\phi:\mathscr{C}\to\mathscr{C}'$ 和 $\psi:\mathscr{C}'\to\mathscr{C}''$ 是链等价,那么 $\psi\circ\phi$ 也是一个链等价.

现在我们来考察所有这些性质在增广链复形的具体情况下都意味着什么.

引理 13.1 令 $\mathscr{C}$ 和 $\mathscr{C}'$ 都是非负链复形. 令 $\phi,\psi:\mathscr{C}\to\mathscr{C}'$ 是链映射;令 D 是它们之间的链同伦. 设 $\mathscr{C}$ 和 $\mathscr{C}'$ 分别由 ε 和 ε' 增广,如果 ϕ 保持增广,那么 ψ 亦然. 如果我们把 ϕ 和 ψ 扩张成在 -1 维时是恒等映射,而且把 D 扩张成在 -1 维时是零映射,那么 D 是这两个扩张的链映射之间的链同伦.

证明 如果 $c_0\in C_0$,那么因为 $\partial c_0=0$,所以我们有

$$\partial Dc_0 = \phi(c_0) - \psi(c_0).$$

那么正如我们所期望的那样就有

$$0 = \varepsilon'(\partial Dc_0) = \varepsilon'\phi(c_0) - \varepsilon'\psi(c_0) = \varepsilon(c_0) - \varepsilon'\psi(c_0).$$

而且因为 $D\varepsilon(c_0)=0$,所以在 0 维我们有等式

$$D\varepsilon(c_0) + \partial D(c_0) = \phi(c_0) - \psi(c_0),$$

并且在 -1 维我们有等式

$$\varepsilon'(D(1)) = \phi(1) - \psi(1),$$

因为两边所有项都变为零. 因而 D 是两个扩张的链映射之间的一个链同伦. □

引理 13.2 令 $\mathscr{C}$ 和 $\mathscr{C}'$ 是非负链复形. 令 $\phi:\mathscr{C}\to\mathscr{C}'$ 是一个链等价,且具有链同伦逆 ϕ'. 设 $\mathscr{C}$ 和 $\mathscr{C}'$ 分别被 ε 和 ε' 增广. 如果 ϕ 保持增广,那么 ϕ' 也保持增广. 而且 ϕ 和 ϕ' 作为增广复形的映射互为链同伦逆. 因此它们在约化同调中诱导互逆的同构.

证明 如果 D' 是 $\phi\circ\phi'$ 与恒等映射之间的一个链同伦,那么在 0 维情况下,有

$$\partial' D' c_0' = \phi\phi'(c_0') - c_0'$$

因而

$$0 = \varepsilon'(\partial' D' c_0') = \varepsilon'\phi\phi'(c_0) - \varepsilon'(c_0') = \varepsilon\phi'(c_0') - \varepsilon'(c_0').$$

从而 ϕ' 保持增广. 引理的剩余部分可从引理 13.1 得出. □

这些定义建立起一个一般的代数框架,而使得单纯定向链群能作为特殊情形容纳其中. 现在我们试图把在上节中我们用来构造链同伦的方法置于这种一般背景之中,作为动机,我们首先考虑映射 ϕ 和 ψ 是一般链映射,但链群是熟悉的单纯定向链群的情况. 以后再考虑一般链复形和一般链映射的情况.

定义 令 K 和 L 是单纯复形. 从 K 到 L 的一个**零调承载子**是这样一个函数 Φ,它对 K 的每一个单形 σ 指派 L 的一个子复形 $\Phi(\sigma)$ 使得

(1) $\Phi(\sigma)$ 是非空的和零调的.

(2) 如果 s 是 σ 的一个面,那么 $\Phi(s)\subset\Phi(\sigma)$.

如果 $f:C_p(K)\to C_q(L)$ 是一个同态,那么当对 K 的每个 p 维定向单形 σ 链 $f(\sigma)$ 均被 L 的子复形 $\Phi(\sigma)$ 承载时,我们就说 f 被 Φ 承载.

定理 13.3(零调承载子定理,几何形式) 令 Φ 是从 K 到 L 的一个零调承载子.

(a) 如果 ϕ 和 ψ 是从 $\mathscr{C}(K)$ 到 $\mathscr{C}(L)$ 的两个保持增广的链映射,而且都是由 Φ 承载的,那么就存在一个从 ϕ 到 ψ 的链同伦 D,它也被 Φ 承载.

(b) 存在一个由 Φ 承载的、从 $\mathscr{C}(K)$ 到 $\mathscr{C}(L)$ 的保持增广的链映射.

证明 本定理(a)款的证明可以通过拷贝定理 12.5 的证明来完成,其中只需始终以子复形 $\Phi(\sigma)$ 代替子复形 $L(\sigma)$ 就行了. 为了证明(b)款,我们按下列方式进行:对 K 的每一个顶点 v,定义 $\phi(v)$ 是 $\Phi(v)$ 的一个 0 维链 c 使得 $\varepsilon(c)=1$. 我们之所以能这样做是因为 $\Phi(v)$ 是非空的,因而 $\varepsilon:\Phi(v)\to\mathbf{Z}$ 是满射. (实际上,我们可以简单地选取 $\phi(v)$ 是 $\Phi(v)$ 的一个顶点.)那么 ϕ 保持增广而且有

$$\partial\phi(v)=0=\phi(\partial v).$$

令 $\sigma=[v,w]$ 是 K 的 1 维定向单形. 链 $c=\phi(\partial\sigma)$ 被完全确

定是因为$\partial\sigma$是一个0维链而且ϕ在0维时已有定义. 另外,c被$\Phi(\sigma)$承载,因为$\phi(\partial\sigma)$既被$\Phi(v)$承载,又被$\Phi(w)$承载,但由(2)这两者都包含在$\Phi(\sigma)$中. 最后,因为ϕ保持增广,所以

$$\varepsilon(c) = \varepsilon\phi(\partial\sigma) = \varepsilon(\partial\sigma) = 0.$$

因此c表示$\widetilde{H}_0(\Phi(\sigma))$的一个元. 因为(由(1))$\Phi(\sigma)$是零调的. 所以我们能够选取一个由$\Phi(\sigma)$承载的1维链,使它的边缘是$c$. 我们以$\phi(\sigma)$表示这个1维链,那么

$$\partial\phi(\sigma) = c = \phi(\partial\sigma).$$

考虑到归纳法的步骤,令$p>1$. 假定若$\dim s<p$,则$\phi(s)$有定义且$\partial\phi(s)=\phi\partial(s)$. 令$\sigma$是一个$p$维定向单形,我们试图定义$\phi(\sigma)$. 链$c$是一个完全确定的$p-1$维链. 它被$\Phi(\sigma)$承载,这是因为$\Phi(\partial\sigma)$由复形$\Phi(s_i)$的并承载,其中$s_i$遍历$\sigma$的$p-1$维面,而且这些复形中的每一个都包含在$\Phi(\sigma)$中. 此外,$c$是一个闭链,因为

$$\partial c = \partial\phi(\partial\sigma) = \phi\partial(\partial\sigma) = 0,$$

这里我们对$p-1$维链$\partial\sigma$应用了归纳假设. 因为$\Phi(\sigma)$是零调的,所以我们能够选取$\phi(\sigma)$是一个由$\Phi(\sigma)$承载的p维链使得$\partial\phi(\sigma)=c$. 那么正如所期望的那样,$\partial\phi(\sigma)=\phi\partial(\sigma)$.

由数学归纳法定理得证. □

以这个证明作为动力,现在我们来系统阐述这个定理的一种更加一般的形式. 在这种形式中所有的几何意义都消失了,只有代数的形式保留了下来!

定义 令$\mathscr{C}=\{C_p,\partial_p\}$是一个链复形. $\mathscr{C}$的一个**子链复形**$\mathscr{D}$是这样一个链复形,它的第p个链群是C_p的一个子群,而且它的边缘算子在每一维数p都是∂_p的限制.

定义 令$\{\mathscr{C},\varepsilon\}=\{C_p,\partial_p,\varepsilon\}$是一个增广链复形. 设$\mathscr{C}$是自由的. 令$\{\sigma_p^\alpha\}$当$\alpha$遍历某个指标集$J_p$时是$C_p$的一个基. 令$\{\mathscr{C}',\varepsilon'\}=\{C'_p,\partial'_p,\varepsilon'\}$是任意一个增广链复形. 从$\mathscr{C}$到$\mathscr{C}'$的关于给

定基的一个**零调承载子**是一个函数Φ,它对每个基元素 σ_p^α 指派$\mathscr{C}'$的一个子复形 $\Phi(\sigma_p^\alpha)$,满足下列条件:

(1) 链复形 $\Phi(\sigma_p^\alpha)$被 ε'增广并且是零调的.

(2) 如果 σ_{p-1}^β在$\partial_p\sigma_p^\alpha$ 的表达式中以C_{p-1}的适当选取的基的形式出现,那么$\Phi(\sigma_{p-1}^\beta)$是 $\Phi(\sigma_p^\alpha)$的一个子链复形.

对于一个同态 $f:C_p\to C'_q$ 来说,如果对每个 α,$f(\sigma_p^\alpha)$都属于$\mathscr{C}$的子复形$\Phi(\sigma_p^\alpha)$的 q 维群,那么我们说 f 是由Φ **承载**的.

定理 13.4(零调承载子定理,代数形式) 令$\mathscr{C}$和$\mathscr{C}'$是增广链复形,并且$\mathscr{C}$是自由的. 令 Φ 是从$\mathscr{C}$到$\mathscr{C}'$的关于$\mathscr{C}$的适当选取的基的某个集合的零调承载子. 那么存在一个由 Φ 承载的保持增广的链映射$\phi:\mathscr{C}\to\mathscr{C}'$,并且任何两个这样的映射是链同伦的,而且这个链同伦也是由 Φ 承载的.

证明 这个定理的证明不过是上面定理证明的一种明快活泼的形式. 要求 ε'的限制给出$\Phi(\sigma_p^\alpha)$的一个增广这就意味着 ε'必须把这个链复形的 0 维群映射到 $\mathbf{Z}$ 上;这相当于前面的形式中要求对所有 σ,$\Phi(\sigma)$是非空的. □

应用:有序单纯同调

也许在你看来零调承载子定理的代数形式似乎是不必要的抽象. 但它确实是有用的. 现在就让我们给出一个应用,它是我们以后在研究奇异同调时要用到的一个定理. 这个定理涉及到一种利用有序单形而不是定向单形来定义单纯同调群的新方法.

令 K 是一个单纯复形. K 的一个 p **维有序单形**是K 的顶点构成的$p+1$ 元组$(v_0,\cdots,v_p)$,其中 v_i 是K 的一个单形的顶点,但不必是互不相同的.(例如,若 vw 是K 的一个 1 维单形,那么(v,w,w,v)是 K 的一个 3 维有序单形.)

令 $C'_p(K)$是由 K 的p 维有序单形生成的自由 Abel 群. 我们把它称为 K 的p **维有序链群**. 像往常一样,我们将把 p 维有序单形$(v_0,\cdots,v_p)$等同于在此有序单形上取值为 1,而在其它所有有序单形上取值为 0 的 p 维基本链. 那么 $C'_p(K)$的每一个元都能唯一地写成 p 维有序单形的带有整系数的有限线性组合. 我们定义$\partial'_p: C'_p(K) \to C'_{p-1}(K)$为

$$\partial'_p(v_0, \cdots, v_p) = \sum_{i=0}^{p} (-1)^i (v_0, \cdots, \hat{v}_i, \cdots, v_p).$$

那么∂'_p 是一个完全确定的同态;而且我们可以像以前一样证实$\partial'_p \circ \partial'_{p+1} = 0$.

链复形 $\mathscr{C}'(K) = \{C'_p(K), \partial'_p\}$称为 K 的**有序链复形**. 我们通过对 K 的每个顶点 v 定义 $\varepsilon'(v) = 1$ 而把它增广. 虽然对于计算而言这个链复形过于庞大而无法应用,但有时这个链复形对于理论研究来说却是相当方便的. 令人十分惊奇的是,它的同调竟以一种自然的方式同构于 K 的单纯同调. 我们概述这个事实的证明而将细节留给读者.

引理 13.5 如果 $w * K$ 是复形 K 上的一个锥,那么 $w * K$ 在有序同调中是零调的.

证明 对于 $p \geqslant 0$,我们由等式

$$D((v_0, \cdots, v_p)) = (w, v_0, \cdots, v_p)$$

来定义

$$D: C'_p(w * K) \to C'_{p+1}(w * K).$$

我们指出在这里任何一个 v_i 是否等于 w 是无关紧要的. 令 $c_p \in C'_p(w * K)$,我们计算得

$$\partial'_1 D c_0 = c_0 - \varepsilon'(c_0) w,$$

$$\partial'_{p+1} D c_p = c_p - D \partial'_p c_p, \text{当 } p > 0 \text{ 时}.$$

这个引理说明:如果 c_p 是一个闭链,且 $p > 0$,那么 $c_p = \partial'_{p+1} D c_p$. 如果 c_0 是 $\ker \varepsilon'$中的一个 0 维链,那么 $c_0 = \partial'_1 D c_0$. □

定理 13.6 选取 K 的顶点的一种偏序使得它在 K 的每个单形的顶点上诱导一个线序. 若在给定的序中 $v_0 < v_1 < \cdots < v_p$ 时,定义 $\phi: C_p(K) \to C'_p(K)$为

$$\phi([v_0,\cdots,v_p]) = (v_0,\cdots,v_p).$$

定义 $\psi: C'_p(K) \to C_p(K)$ 为

$$\psi((w_0,\cdots,w_p)) = \begin{cases} [w_0,\cdots,w_p], 若\ w_i\ 是互不相同的, \\ 0, \quad 其它情况. \end{cases}$$

那么 ϕ 和 ψ 是保持增广的链映射,而且它们互为链同伦逆.

如果 K_0 是 K 的一个子复形,那么 ϕ 和 ψ 诱导相对链复形的链映射,而且这两个诱导链映射互为链同伦逆.

这个定理的证明是零调承载子定理的一个应用,我们把它留作习题.

由这个定理可知,定向同调和有序同调以一种相当“自然”的方式相互同构. 为了说明我们使用“自然”一词表达什么意思,我们需要考虑单纯映射在有序同调中起什么作用.

定义 令 $f: K \to L$ 是一个单纯映射:定义 $f'_\#: \mathscr{C}'(K) \to \mathscr{C}'(L)$ 为

$$f'_\#((v_0,\cdots,v_p)) = (f(v_0),\cdots,f(v_p)).$$

容易证实 $f'_\#$ 是一个链映射,实际上比在定向的情况下更容易,因为我们不必担心顶点是否互不相同. 显然 $f'_\#$ 保持增广. 如果 f 把 K_0 映射到 L_0,那么 $f'_\#$ 诱导一个链映射

$$f'_\#: \mathscr{C}'(K,K_0) \to \mathscr{C}'(L,L_0),$$

并在同调中诱导相应的同态.

定理 13.7 令 $f:(K,K_0) \to (L,L_0)$ 是单纯映射. 令 ϕ 和 ψ 如上面定理中所述. 那么下列图表交换:

$$\begin{array}{ccc} H_i(K,K_0) & \xrightarrow{f_*} & H_i(L,L_0) \\ \uparrow{\scriptstyle \psi_*} & & \uparrow{\scriptstyle \psi_*} \\ H_i(\mathscr{C}'(K,K_0)) & \xrightarrow{f_*} & H_i(\mathscr{C}'(L,L_0)). \end{array}$$

类似地,$\phi_* \circ f_* = f'_* \circ \phi_*$.

证明 从定义我们便可直接证实 $f_\# \circ \psi = \psi \circ f'_\#$. 因而这个图表在链水平上已经是交换的,因而它在同调水平上也交换. 而 $\phi \circ f_\# = f'_\# \circ \phi$ 不成立是因为 ϕ 依赖于顶点的特定次序. 然而,因为 ϕ_* 是 ψ_* 的逆,所以 $\phi_* \circ f_* = f'_* \circ \phi_*$ 成立. □

习 题

1. 如果$\{\mathscr{C},\varepsilon\}$是一个增广链复形. 证明 $\widetilde{H}_{-1}(\mathscr{C})=0$ 且

$$\widetilde{H}_0(\mathscr{C}) \oplus \mathbf{Z} \simeq H_0(\mathscr{C}).$$

(参看§7 的习题.)推断$\{\mathscr{C},\varepsilon\}$是零调的当且仅当 $H_p(\mathscr{C})$对于 $p=0$ 是无限循环的,而对于 $p\neq 0$ 时为零.

2. 验证链同伦的性质(1)~(5). 只是(2)和(5)需要仔细.

3. 证明定理 13.3 的(a)款.

4. 考虑§12 的例 1. 证明虽然映射 g 和 h 不是连接的,但是 $g_\#$ 和 $h_\#$ 之间仍然有一个链同伦如下:

(a) 定义一个从 K 到 L 的零调承载子 Φ 使之既承载 $g_\#$ 和又承载 $h_\#$.

(b) 在 $g_\#$ 和 $h_\#$ 之间定义一个具体的由 Φ 承载的链同伦.

(c) 定义一个由 Φ 承载的链映射 $\phi:\mathscr{C}(K)\rightarrow\mathscr{C}(L)$,但它不是由单纯映射诱导的;定义 ϕ 与 $h_\#$ 之间的一个链同伦.

5. 检验定理 13.4 证明的细节.

6. 证明定理 13.6 如下:

(a) 证明 ϕ 和 ψ 是保持增广的链映射,而且证明 $\psi\circ\phi$ 等于 $\mathscr{C}(K)$上的恒等映射.

(b) 定义从 $\mathscr{C}'(K)$到 $\mathscr{C}'(K)$的一个零调承载子,使之承载 $\phi\circ\psi$ 和恒等映射.

第二章　同调群的拓扑不变性

在上一章我们定义一个函数来对每一个单纯复形 K 指派一系列 Abel 群,称为它的同调群. 现在我们来证明这些群只依赖于 K 的底空间.

处理这个问题的方法是研究从一个多面体到另一个多面体的连续映射以及这种的映射对同调群所起的作用. 我们要证明多面体之间的连续映射 $h:|K|\to|L|$,以一种相当自然的方式诱导相应单纯复形的同调群之间的同态 $h_*:H_p(K)\to H_p(L)$. 构造这个诱导同态将是一个相当艰巨的任务.

原来,当 h 是拓扑空间的同胚时,h_* 就是同调群的同构. 从而单纯同调群的拓扑不变性就成为必然的结果.

直观上不难看出为什么会有这样的诱导同态. 如果我们把同调类看作几何对象,那么它在 h 下的象就是一个完全确定的同调类,这看起来是相当合理的. 例如,环面上的一个闭圈被 $h:T\to X$ 映射成 X 中的一个闭圈. 但是要把这个想法在代数上精确化还需要做一番努力.

我们已经知道,一个单纯映射 $f:|K|\to|L|$ 诱导同调群的一个同态 f_*. 这一章将专门用来证明一个任意的连续映射 h 能够(在适当的意义下)用一个单纯映射 f 来逼近,而且所得到的诱导同态只依赖于映射 h,而不依赖于所选取的具体逼近.

§14　单纯逼近

本节我们来研究一个任意的连续映射被一个单纯映射"逼近"意味着什么.

定义　令 $h:|K|\to|L|$ 是一个连续映射. 如对于 K 的每一

个顶点 v,有 L 的一个顶点 w 使得

$$h(\mathrm{St}v) \subset \mathrm{St}w,$$

那么我们就说 h 关于 K 和 L 满足**星形条件**.

引理 14.1 令 $h:|K|\to|L|$ 关于 K 和 L 满足星形条件. 选取 $f:K^{(0)}\to L^{(0)}$ 使得对于 K 的每个顶点 v 都有

$$h(\mathrm{St}v) \subset \mathrm{St}(f(v)).$$

(a) 给定 $\sigma\in K$. 选取 $x\in\mathrm{Int}\sigma$,并且选取 τ 使得 $h(x)\in\mathrm{Int}\tau$. 那么 f 把 σ 的每个顶点映射到 τ 的一个顶点.

(b) f 能被扩张成 K 到 L 的一个单纯映射,我们仍将它记为 f.

(c) 如果 $g:K\to L$ 是另一个单纯映射,使得对于 K 的每个顶点 v,均有 $h(\mathrm{St}v)\subset\mathrm{St}g(v)$,那么 f 和 g 是连接的.

证明 (a) 令 $\sigma=v_0,\cdots,v_p$,那么对每个 i,$x\in\mathrm{St}v_i$,因而

$$h(x) \in h(\mathrm{St}v_i) \subset \mathrm{St}f(v_i).$$

这意味着 $h(x)$ 关于每个顶点 $f(v_i)(i=0,\cdots,p)$ 都有正的重心坐标. 因而这些顶点必然形成 τ 的顶点集的一个子集.

(b) 因为 f 把 σ 的顶点映射到 L 的一个单形的顶点,所以它能扩张成一个单纯映射 $f:K\to L$.

(c) 令 σ, x 和 τ 与前面相同. 因为对 $i=0,\cdots,p$ 均有

$$h(x) \in h(\mathrm{St}v_i) \subset \mathrm{St}g(v_i),$$

所以顶点 $g(v_i)$ 也必然是 τ 的顶点. 因此 $f(v_0),\cdots,f(v_p)$, $g(v_0),\cdots,g(v_p)$ 张成 τ 的一个面,所以 f 和 g 是连接的. □

定义 令 $h:|K|\to|L|$ 是一个连续映射. 如果 $f:K\to L$ 是一个单纯映射使得对于 K 的每个顶点 v.

$$h(\mathrm{St}v) \subset \mathrm{St}f(v),$$

那么我们把 f 称为 h 的一个**单纯逼近**.

我们把单纯逼近 f 看作是按某种意义"接近"于 h. 使这种说法精确化的一种方法是指出,给定 $x\in|K|$,则有 L 的一个单形,

它即包含 $h(x)$,又包含 $f(x)$:

系 14.2 令 $f:K\to L$ 是 $h:|K|\to|L|$ 的一个单纯逼近. 给定 $x\in|K|$,则有 L 的一个单形 τ 使得 $h(x)\in \mathrm{Int}\tau$ 且 $f(x)\in\tau$.

证明 从上面引理的(a)款直接得出. □

定理 14.3 令 $h:|K|\to|L|$ 和 $k:|L|\to|M|$ 分别有单纯逼近 $f:K\to L$ 和 $g:L\to M$. 那么 $g\circ f$ 是 $k\circ h$ 的一个单纯逼近.

证明 我们知道 $g\circ f$ 是一个单纯映射. 因为 f 是 h 的单纯逼近,所以,如果 v 是 K 的一个顶点,那么

$$h(\mathrm{St}v)\subset \mathrm{St}f(v).$$

由此可以得出

$$k(h(\mathrm{St}v))\subset k(\mathrm{St}f(v))\subset \mathrm{St}g(f(v)),$$

因为 g 是 k 的单纯逼近. □

例 1 令 K 和 L 是图 14.1 中所画出的复形,它们的底空间分别同胚于圆周和圆环. 令 K' 是由 K 经过插入一些附加顶点而得到的复形,如图所示. 令 h 是图中所示的连续映射,其中我们把 $h(a)$ 记为 A,并且对其它顶点也用类似的办法标记.

由于 h 关于 K 和 L 不满足星形条件,但它对 K' 和 L 满足星形条件,因此 h 有一个单纯逼近 $f:K'\to L$. 图中画出了这样一个单纯逼近 f,其中,我们以 A' 标记 $f(a)$,并且其它顶点也类似标记.

如果 $h:|K|\to|L|$(关于 K 和 L)满足星形条件,那么就有一个完全确定的同态

$$h_*:H_p(K)\to H_p(L),$$

它是通过置 $h_*=f_*$ 而得到的,其中 f 是 h 的任何单纯逼近. 容易看出"函子性质"被满足.

然而,一个任意的连续映射 $h:|K|\to|L|$ 关于 K 和 L 一般并不满足星形条件,因此我们不能以这种方式得到一个诱导同态 h_*. 那么我们该如何进行呢? 有两种思路可以考虑:

第一种是,证明给定 $h:|K|\to|L|$,有可能通过"重分"K 而

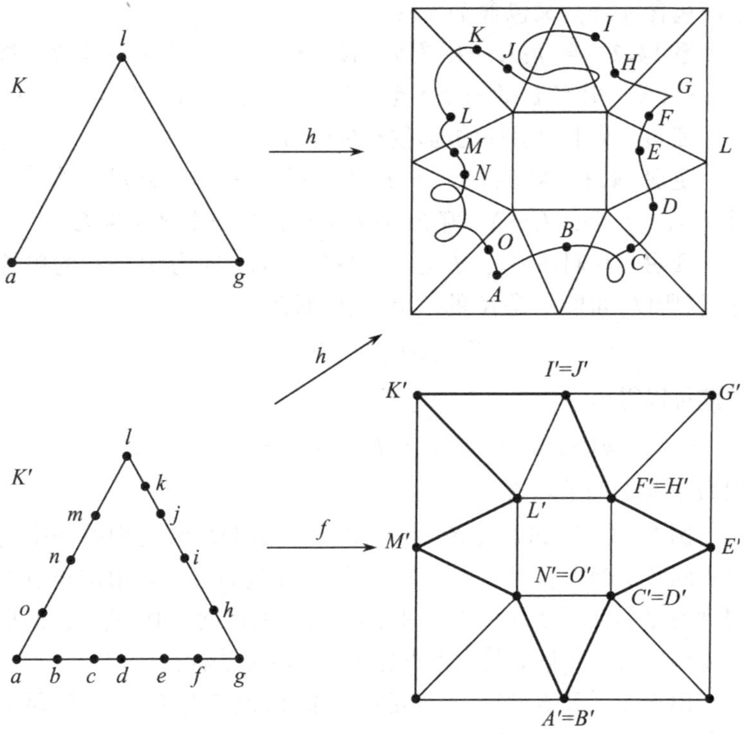

图 14.1

构造一个与 K 具有相同底空间的新复形 K',使得 h 关于 K' 和 L 满足星形条件.(这正是我们在上面的例 1 中所做的.)这种步骤自然是几何的,而且我们将在§15 和§16 来完成.

第二种是,证明恒等映射 $i:|K'|\to|K|$ 有一个单纯逼近 g:$K'\to K$,它诱导一个同调的同构 g_*. 这种步骤自然是代数的,而且我们将在§17 来完成.

另外由 h 诱导的同态 $h_*:H_p(K)\to H_p(L)$ 可由等式 $h_*=f_*\circ g_*^{-1}$ 定义. 结果,就像我们在§18 中将要看到的那样,对于这个诱导同态来说,"函子性质"仍然成立.

对相对同调的应用

上面关于单纯逼近的结果可以毫无困难地推广到相对同调中.

引理 14.4 令 $h:|K|\to|L|$ 关于 K 和 L 满足星形性质，并设 h 把 $|K_0|$ 映射到 $|L_0|$ 中.

(a) h 的任何单纯逼近 $f:K\to L$ 仍然把 $|K_0|$ 映射到 $|L_0|$ 中；而且 f 在 K_0 上的限制是 h 在 $|K_0|$ 上的限制的一个单纯逼近.

(b) h 的任何两个单纯逼近 f,g 作为成对的映射是连接的.

证明 令 f,g 是 h 的两个单纯逼近. 给定 $\sigma\in K_0$，选取 $x\in \operatorname{Int}\sigma$，令 τ 是 L 的单形且使得 $h(x)\in\operatorname{Int}\tau$. 因为 h 把 $|K_0|$ 映射到 $|L_0|$ 中，所以单形 τ 必属于 L_0. 由于 f 和 g 把 σ 映射成 τ 的面，所以它们把 K_0 映射到 L_0 中，而且作为成对的映射是连接的.

我们来证明 $f|_{K_0}$ 是 h 在 $|K_0|$ 上的限制的一个单纯逼近. 令 v 是 K_0 的一个顶点，那么 $\operatorname{St}(v,K_0)=\operatorname{St}(v,K)\cap|K_0|$. 于是我们可推出

$$\begin{aligned}h(\operatorname{St}(v,K_0))&\subset h(\operatorname{St}(v,K)\cap h(|K_0|))\\&\subset \operatorname{St}(f(v),L)\cap|L_0|\\&=\operatorname{St}(f(v),L_0).\end{aligned}$$

这正是我们所期望的. □

习 题

1. 考虑例 1 的映射 $h:|K|\to|L|$. 确定 h 有多少个不同的单纯逼近 $f:K'\to L_0$. 令 f 和 g 是两个这样的单纯逼近，选取生成 $H_1(K')$ 的一个闭链 z，并求 L 的一个链 d 使得 $\partial d=f_\#(z)-g_\#(z)$.

2. 两个映射 $f,h:X\to Y$ 之间的**同伦**是一个连续映射 $F:X\times I\to Y$，其中 $I=[0,1]$，使得 $F(x,0)=f(x)$ 和 $F(x,1)=h(x)$ 对所有 $x\in X$ 成立.

(a) 证明任何两个映射 $f,h:X\to\mathbf{R}^N$ 是同伦的. 公式

(*) $$F(x,t)=(1-t)f(x)+th(x)$$
称为它们之间的**直线同伦**.

(b) 令 K 和 L 是 $\mathbf{R}^N$ 中的有限复形,令 $f:K\to L$ 是 $h:|K|\to|L|$ 的一个单纯逼近. 证明(*)式定义 f 和 h 之间的一个同伦.

*(c) 在 K 和 L 不是有限的情况下,讨论(b).(以后我们还将回到这种情形上来.)

§15 重心重分

本节我们将证明,一个有限复形可以被“细分”成一些要多么小就有多么小的单形. 这个几何结果在本章我们研究单纯同调时要用到,而且在第四章我们处理奇异同调时还要再次用到.

定义 令 K 是 $\mathbf{E}^J$ 中的一个几何复形. 如果一个复形 K' 满足:

(1) K' 的每一个单形均包含在 K 的一个单形之中.

(2) K 的每个单形都是 K' 的有限个单形的并.

那么我们把 K' 称为 K 的一个**重分**.

这些条件蕴涵着 K' 的所有单形之并等于 K 的所有单形之并,即 $|K'|$ 与 $|K|$ 作为集合是相等的. 容易证实条件(2)的有限性部分保证了 $|K'|$ 与 $|K|$ 作为拓扑空间是相等的.

请注意到,如果 K'' 是 K' 的一个重分,而且 K' 又是 K 的一个重分,那么 K'' 是 K 的一个重分.

再注意到,如果 K' 是 K 的一个重分,并且 K_0 是 K 的一个子复形,那么 K' 的所有在 $|K_0|$ 中的单形组成的集族,自动地就是 K_0 的一个重分. 我们把它称为 K_0 的由 K' 诱导的重分.

为了以后应用,我们特别提到下列引理.

引理 15.1 令 K' 是 K 的一个重分. 那么对 K' 的每个顶点 w,都有 K 的一个顶点 v,使得

$$\mathrm{St}(w,K')\subset\mathrm{St}(v,K).$$

实际上,如果 σ 的一个单形使得 $w\in\mathrm{Int}\sigma$,那么当 v 是 σ 的一个顶

点时,上述包含关系严格地成立.

证明 如果这个包含关系成立,那么由于 w 属于 $\mathrm{St}(w, K')$,所以 w 必定在 K 的某个以 v 为顶点的开单形中.

反之,设 $w\in\mathrm{Int}\sigma$ 并且 v 是 σ 的一个顶点. 那么只要证明下式成立就行了,

$$|K|-\mathrm{St}(v,K)\subset|K|-\mathrm{St}(w,K').$$

这个包含关系左边的集合是 K 的所有不以 v 为顶点的单形之并. 因此它也是 K' 的单形 τ 之并. 因为 $w\in\mathrm{Int}\sigma\subset\mathrm{St}(v,K)$,所以任何这样的单形在 $|K|-\mathrm{St}(w,K')$ 中. □

例 1 令 K 由 1 维单形 $[0,1]$ 和它的顶点组成. 令 L 由各 1 维单形 $[1/(n+1),1/n]$ (其中 n 为整数)和它们的顶点以及顶点 0 组成. 那么作为集合 $|L|=|K|$,但是作为拓扑空间是不相等的. 除了条件(2)中的有限性之外,L 满足重分的其它所有条件.

例 2 令 Σ 是由一个 2 维单形 σ 及其面组成的复形. 图 15.1 中所示的 $\mathrm{Bd}\sigma$ 的重分 K 可以通过构成锥 $w*K$ 而扩张成 Σ 的一个重分 Σ',其中 w 是 σ 的一个内点,我们把重分 Σ' 称作是"从点 w 构造 K 上的星形"而得到的. 这种重分复形的方法将被证明是非常有用的.

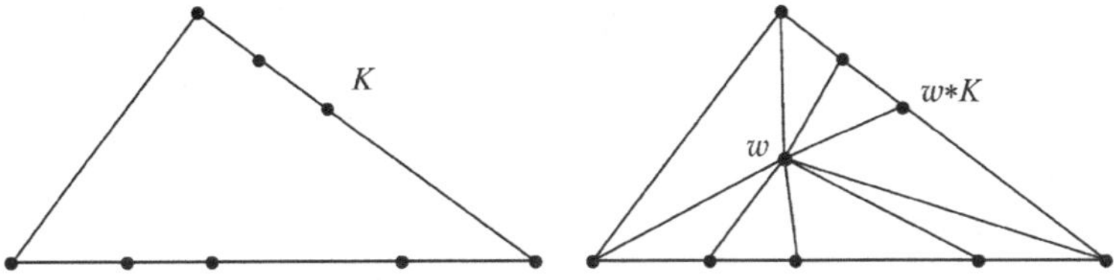

图 15.1

现在我们来描述一般重分复形的"星形化"方法. 我们将需要下面的引理,其证明是容易的.

引理 15.2 如果 K 是一个复形. 那么 K 的子复形的任何集族的交都是 K 的一个子复形. 反之,如果 $\{K_\alpha\}$ 就 $\mathbf{E}^J$ 中复形的一

个集族,而且每一对子复形的交$|K_\alpha|\cap|K_\beta|$是一个子复形的可剖空间,这个子复形既是 K_α 的子复形又是K_β 的子复形,那么并$\bigcup K_\alpha$ 也是一个子复形. □

我们构造重分的方法是一种分步进行的方法. 现在我们来描述这个过程中的一个步骤.

定义 令 K 是一个复形,设 L_p 是K 的 p 维骨架的一个重分. 令 σ 是K 的一个 $p+1$ 维单形. 集合 $\mathrm{Bd}\sigma$ 是K 的p 维骨架的一个子复形的可剖空间,并因此是 L_p 的一个子复形的可剖空间. 我们把后一个子复形记作 L_σ. 如果 w_σ 是σ 的一个内点,那么锥 $w_\sigma * L_\sigma$ 是一个底空间为σ 的复形. 我们定义 L_{p+1}是 L_p 与复形 $w_\sigma * L_\sigma$在σ 遍历K 的所有$p+1$ 维单形时的并. 我们将证明 L_{p+1}是一个复形,并且把它称作是**从点 w_σ 作 L_p 上的星形而得到的 $K^{(p+1)}$ 的重分**.

为了验证 L_{p+1}是一个复形,我们指出

$$|w_\sigma * L_\sigma|\cap|L_p| = \mathrm{Bd}\sigma,$$

它是 $w_\sigma * L_\sigma$ 和L_p 的公共子复形L_σ 的可剖空间. 类似地,如果 τ 是 K 的另一个 $p+1$ 维单形,那么空间$|w_\sigma * L_\sigma|$和$|w_\tau * L_\tau|$交于 K 的单形$\sigma\cap\tau$,它是 L_p 的一个子复形的可剖空间,且因此是 L_σ 和L_τ 的公共子复形的可剖空间. 从引理 15.2 可知,L_{p+1}是一个复形.

由于复形 L_{p+1}依赖于点 w_σ 的选取,那么选取 σ 的一个"典型"的内点用来构作星形常常是方便的. 通常这种点由下面的定义给出.

定义 如果 $\sigma = v_0\cdots v_p$,那么我们把 σ 的**重心**定义为点

$$\hat{\sigma} = \sum_{i=0}^{p} \frac{1}{p+1} v_i .$$

它是 $\mathrm{Int}\sigma$ 中关于σ 的所有顶点的重心坐标都相等的点.

如果 σ 是1 维单形,那么 $\hat{\sigma}$就是它的中点. 如果 σ 是0 维单

形,那么 $\hat{\sigma}=\sigma$. 一般,$\hat{\sigma}$等于 σ 的形心,但这个事实对我们并不重要.

现在我们来描述构造重分的一般方法.

定义 令 K 是一个复形. 我们定义 K 的骨架的一系列重分如下:令 $L_0=K^{(0)}$是 K 的 0 维骨架. 一般,若 L_p 是K 的 p 维骨架的一个重分,那么令 L_{p+1}是从 K 的$p+1$ 维单形的重心构作 L_p 上的星形而得到的 $p+1$ 维骨架的重分. 由引理 15.2,复形 L_p 的并是 K 的一个重分. 我们把它称为 K 的**首次重心重分**,并且记作 $\mathrm{sd}K$.

如果已经构成复形 sdK,那么我们又能构造它的重心重分 sd($\mathrm{sd}K$),记为 sd^2K. 我们把这个复形称为 K 的第二次重心重分. 类似地,一般我们可以定义 sd^nK.

在某些场合,对首次重心重分的单形有一个具体描述是方便的. 现在我们就给出这样一种描述. 让我们利用记号 $\sigma_1\succ\sigma_2$ 表示"σ_2 是 σ_1 的一个真面".

引理 15.3 复形 $\mathrm{sd}K$ 等于所有形如

$$\hat{\sigma}_1\hat{\sigma}_2\cdots\hat{\sigma}_n$$

的单形的集合,其中 $\sigma_1\succ\sigma_2\succ\cdots\succ\sigma_n$.

证明 我们利用数学归纳法证明这个事实. $\mathrm{sd}K$ 的在$K^{(0)}$的重分中的单形具有这种形式是直接的事实. (每一个这样的单形是 K 的一个顶点,而对于一个顶点来说,$\hat{v}=v$.)

现在设 $\mathrm{sd}K$ 的在$|K^{(p)}|$中的每一个单形都具有这样的形式. 令 τ 是 $\mathrm{sd}K$ 的在$|K^{(p+1)}|$中但不在$|K^{(p)}|$中的一个单形. 那么 τ 是复形 $\hat{\sigma}*L_\sigma$ 中的一个单形,其中 σ 是K 的一个 $p+1$ 维单形而 L_σ 是由σ 的真面组成的复形的首次重心重分. 由归纳假设,L_σ 的每一个单形具有 $\hat{\sigma}_1\hat{\sigma}_2\cdots\hat{\sigma}_n$ 的形式,这里 $\sigma_1\succ\sigma_2\succ\cdots\succ\sigma_n$,而且 σ_1 是 σ 的一个真面. 那么 τ 必然具有形式

$$\hat{\sigma}\ \hat{\sigma}_1\hat{\sigma}_2\cdots\hat{\sigma}_n.$$

从而它已具有我们所要求的形式. □

例 3 考虑图 15.2 所示的复形 K. 在图中画出了它的首次重心重分和第二次重心重分. 请注意到 sd$K$ 的每一个单形都具有引理 15.3 中所描述的形式. 另外再注意到 $\mathrm{sd}^n K$ 的单形的大小是如何随着 n 的增加而迅速地减小. 这是一个普遍的事实,我们马上就要证明它.

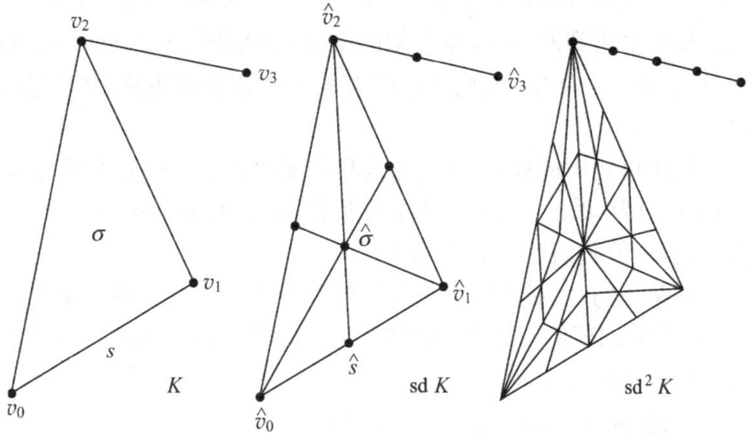

图 15.2

定理 15.4 给定一个有限复形 K,给出 K 的一种度量,并给定 $\varepsilon>0$,则存在一个 N 使得 $\mathrm{sd}^N K$ 的每个单形的直径都小于 ε.

证明 因为 K 是有限的,所以 $|K|$ 是它所在的 Euclid 空间 $\mathbf{E}^J$ 的子空间. 因为 $|K|$ 是紧的,所以这与我们对 $|K|$ 使用哪种度量是无关的. (因为如果 d_1 和 d_2 是 $|K|$ 的两种度量,那么 $(|K|, d_1)$ 到 $(|K|, d_2)$ 的恒等映射是一致连续的. 因而给定 $\varepsilon>0$,就存在 $\delta>0$ 使得直径按 d_1 小于 δ 的任何集合按 d_2 的直径小于 ε.)因此我们不妨就用 $\mathbf{E}^J$ 的度量,即

$$|x-y|=\max|x_\alpha-y_\alpha|.$$

第一步 我们证明如果 $\sigma=v_0\cdots v_p$ 是一个单形,那么 σ 的直

径 $l=\max|v_i-v_j|$，它是 σ 的顶点之间的最大距离．因为 $v_i, v_j \in \sigma$，所以，$\operatorname{diam}\sigma \geqslant l$．我们还需要证明反向不等式．

我们首先证明 $|x-v_j|\leqslant l$ 对每一个 $x\in\sigma$ 成立．在 $\mathbf{E}^J$ 中考虑由等式

$$C(v_i, l) = \{x \mid |x - v_i| \leqslant l\}$$

定义的 v_i 点的半径为 l 的闭邻域．可以验证这个集合是凸的．因此，由于它包含 σ 的所有顶点，所以它必包含整个 σ．于是 $|x-v_i|\leqslant l$ 对所有 $x\in\sigma$ 成立．

然后我们来证明 $|x-z|\leqslant l$ 对所有 $x, z\in\sigma$ 成立，从而如所要求的那样有 $\operatorname{diam}\sigma\leqslant l$．给定 x，考虑闭邻域 $C(x;l)$．由上一段的结果，这个集合包含 σ 的所有顶点．由于 $C(x;l)$ 是凸的，所以它包含整个 σ．因而 $|x-z|\leqslant l$ 对所有 $x, z\in\sigma$ 成立．

第二步　我们证明如果 σ 的维数是 p，那么对一切 $z\in\sigma$，

$$|\hat{\sigma} - z| \leqslant \frac{p}{p+1}\operatorname{diam}\sigma.$$

为此，我们做计算

$$|v_0 - \hat{\sigma}| = \left| v_0 - \sum_{i=0}^{p} \frac{1}{p+1} v_i \right| \leqslant \sum_{i=1}^{p} \left| \frac{1}{p+1}(v_0 - v_i) \right|$$
$$\leqslant \frac{p}{p+1} \max |v_0 - v_i| \leqslant \frac{p}{p+1}\operatorname{diam}\sigma.$$

对 $|v_j-\hat{\sigma}|$ 可做类似的计算．因此 $\hat{\sigma}$ 的半径为 $\frac{p}{p+1}\operatorname{diam}\sigma$ 的闭邻域包含 σ 的所有顶点．由于该邻域是凸的，所以它包含 σ．

第三步　我们要证明，如果 σ 是一个 p 维单形并且 τ 是 σ 的首次重心重分中的一个单形，那么

$$\operatorname{diam}\tau \leqslant \frac{p}{p+1}\operatorname{diam}\sigma.$$

我们用数学归纳法进行证明．对于 $p=0$，结果是平凡的．假设结论在维数小于 p 时成立．令 σ 是一个 p 维单形．考虑到定理 15.3 和上面的第一步，只要证明如果 s 和 s' 是 σ 的面使得 $s > s'$，

那么

$$|\hat{s}-\hat{s}'|\leqslant\frac{p}{p+1}\mathrm{diam}\sigma.$$

如果 s 是 σ 自身，那么这个不等式可从第二步得出．如果 s 是 σ 的维数是 q 的真面，那么

$$|\hat{s}-\hat{s}'|\leqslant\frac{q}{q+1}\mathrm{diam}s\leqslant\frac{p}{p+1}\mathrm{diam}\sigma.$$

第一个不等式由归纳假设得出，而第二个不等式可从以下事实得出：对于 $x>0$ 来说，函数 $f(x)=\frac{x}{x+1}$ 是递增的．

第四步　令 K 的维数是 n；令 d 是 K 之单形的最大直径．K 的第 N 次重心重分的单形的最大直径是 $\left(\frac{n}{n+1}\right)^N d$．当 N 充分大时，该数必小于 ε．□

习　　题

1. 令 K 是一个复形，$x_0\in|K|$．

(a) 证明存在 K 的一个重分使其顶点集包含 x_0．

*(b) 证明存在 K 的一个重分使其顶点集由 x_0 和 K 的顶点组成．

2. 如果 $\mathscr{A}$ 和 $\mathscr{B}$ 是两个集族；若对每一个 $B\in\mathscr{B}$ 都有一个 $A\in\mathscr{A}$ 使得 $B\subset A$，那么我就说 $\mathscr{B}$ **加细** $\mathscr{A}$．

对于一个空间 X 来说，如果有一个整数 m 满足下列条件：对 X 的每一个开覆盖 $\mathscr{A}$，都有 X 的一个加细 $\mathscr{A}$ 的开覆盖 $\mathscr{B}$ 使得 X 的任何点都不会在 $\mathscr{B}$ 的多于 $m+1$ 个元中，那么我们就说空间 X 具有**有限的覆盖维数**．

这样一个空间的**覆盖维数**是使这个条件成立的最小整数 m．

(a) 证明离散集合的覆盖维数是 0．

(b) 证明 $[0,1]$ 的覆盖维数是 1．

(c) 证明如果 X 的覆盖维数是 m，那么 X 的任何子空间 A 的覆盖维数至多是 m．

(d) 证明如果 K 是一个 m 维的有限复形，那么 $|K|$ 的覆盖维数存在且

至多是 m.(以后我们将会看到它恰好是 m.)

§16 单纯逼近定理

现在我们来证明,如果 $h:|K|\to|L|$ 是一个连续映射,那么就有 K 的一个重分 K' 使得 h 有一个单纯逼近 $f:K'\to L$. 当 K 为有限复形时,证明容易从上一节的结果得出;只需作重心重分就行了. 对于一般情形则需要一种称为广义重心重分的稍微复杂一点的重分方法,稍后我们就将描述它.

定理 16.1(有限单纯逼近定理) *令 K 和 L 是复形,并且 K 是有限的. 给定一个连续映射 $h:|K|\to|L|$,那么存在一个 N 使得 h 有一个单纯逼近 $f:\mathrm{sd}^N K\to L$.*

证明 当 w 遍历 L 的顶点时,用开集 $h^{-1}(\mathrm{St}w)$ 就能覆盖 $|K|$. 于是给定紧度量空间 K 的这个开覆盖 $\mathscr{A}$,就有一个数 λ,使得直径小于 λ 的任何集合都在 $\mathscr{A}$ 的一个元素之中,我们把这个数称为 $\mathscr{A}$ 的 **Lebesgue 数**. 如果没有这样的 λ,则我们能够选取一个集合序列 C_n,其中 C_n 直径小于 $\dfrac{1}{n}$,但不能在 $\mathscr{A}$ 的任何一个元素之中. 选取 $x_n\in C_n$;由紧性,必有某个子序列 x_{n_i} 收敛,比如说收敛于 x. 于是对某个 $A\in\mathscr{A}$,有 $x\in A$. 因为 A 是开的,所以对于充分大的 i,它就包含 C_{n_i}. 这与序列 C_n 的构造法矛盾.

选取 N 使得 $\mathrm{sd}^N K$ 中的每个单形直径小于 $\lambda/2$. 那么在 $\mathrm{sd}^N K$ 中,一个顶点的每个星形直径都小于 λ,因而它在这些集合 $h^{-1}(\mathrm{St}w)$ 之一中. 那么 $h:|K|\to|L|$ 关于 $\mathrm{sd}^N K$ 和 L 满足星形条件,于是所要求的单纯逼近存在. □

作为迈向重心重分的广义形式的预备步骤,我们来说明怎样以一种使得一个给定的子复形 K_0 保持不变的方式重分复形 K.

定义 令 K 是一个复形;令 K_0 是一个子复形. 我们定义 K 的骨架的一系列重分如下:令 $J_0=K^{(0)}$. 一般地,设 J_p 是 K 的 p

维骨架的一个重分,而且 K_0 的每一个不超过 p 维的单形属于J_p. 定义 J_{p+1}是复形 J_p 和所有属于K_0 的 $p+1$ 维单形 σ 以及当σ 遍历K 的不在K_0 中的所有 $p+1$ 维单形时的锥 $\hat{\sigma} * J_\sigma$ 的并. (这里 J_σ 是J_p 的子复形,其可剖空间是 $\mathrm{Bd}\sigma$.)各复形 J_p 的并是K 的一个子复形,记为$\mathrm{sd}(K/K_0)$,并且称为**保持 K_0 不动的 K 的首次重心重分**.

如同重心重分的情形一样,现在这个过程可以重复进行. 复形$\mathrm{sd}(\mathrm{sd}(K/K_0)/K_0)$称为**保持 K_0 不动的 K 的第二次重心重分**,并且记为 $\mathrm{sd}^2(K/K_0)$,等等.

例 1 图 16.1 说明了复形 K 的首次重心重分 $\mathrm{sd}K$ 和保持复形 K_0 不动的首次重心重分 $\mathrm{sd}(K/K_0)$.

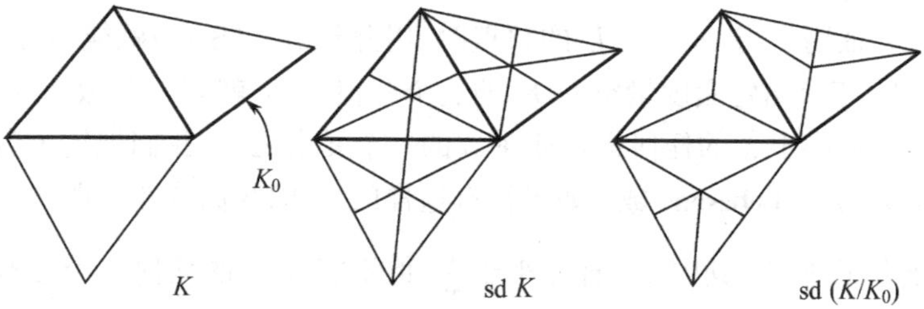

图 16.1

为了证明一般的单纯逼近定理,只是重复进行重心重分是不够的. 因为在定理 16.1 的证明中所使用的关于 Lebesgue 数的论证要求空间$|K|$是紧的. 对于一般复形 K 而言,作为衡量一个单形必须被细分的程度的数 λ 可能随着单形的不同而变化. 因而我们必须推广重心重分的概念以考虑到这种可能性.

定义 令 K 是一个复形. 令 N 是这样一个函数,它对 K 的每一个正维数的单形σ 指派一个非负整数$N(\sigma)$. 我们构造 K 的一个重分如下:令 $L_0 = K^{(0)}$. 一般设 L_p 是K 的p 维骨架的一个重分. 对于 K 的每个 $p+1$ 维单形 σ,令 L_σ 是L_p 的一个子复形,

其可剖空间是 $\mathrm{Bd}\sigma$. 构造锥 $\hat{\sigma} * L_\sigma$ 然后 $N(\sigma)$ 次重心重分这个锥,而保持 L_σ 不动. 定义 L_{p+1} 是 L_p 和复形

$$\mathrm{sd}^{N(\sigma)}(\hat{\sigma} * L_\sigma / L_\sigma)$$

在 σ 遍历 K 的所有 $p+1$ 维单形时的并. 那么 L_{p+1} 是 K 的 $p+1$ 维骨架的一个重分. 复形 L_p 的并是 K 的一个重分,我们把它称为 K 的相应于函数 $N(\sigma)$ 的广义重心重分.

本节的剩余部分将专门用来说明这种广义重心重分对于证明一般单纯逼近定理是适宜的. 证明中所涉及的方法以后在本书中将不再用到. 因而读者可以略过其细节,而且如果你愿意也可以仅凭信念接受这个定理.

一般当我们把复形 $\mathrm{sd}(K/K_0)$ 与复形 $\mathrm{sd}K$ 进行比较时,要记住图 16.1.

引理 16.2 令 K_0 是 K 的一个子复形.

(a) 如果 τ 是 $\mathrm{sd}(K/K_0)$ 的一个单形,那么 τ 具有形式

$$\tau = \hat{\sigma}_1 \cdots \hat{\sigma}_q v_0 \cdots v_{p'},$$

其中 $s = v_0 \cdots v_p$ 是 K_0 的一个单形,而 $\sigma_1 \cdots \sigma_q$ 是 K 的不在 K_0 中的单形,而且 $\sigma_1 \succ \cdots \succ \sigma_q \succ s$.

(b) 无论 $v_0 \cdots v_p$ 还是 $\hat{\sigma}_1 \cdots \hat{\sigma}_q$ 都有可能在表达式中不出现. 当且仅当 $v_0 \cdots v_p$ 不出现时,单形 τ 与 $|K_0|$ 不相交. 在这种情况下,τ 是 $\mathrm{sd}K$ 的一个单形.

证明 (a) 若 τ 在 J_0 中,则结果成立. 一般地,令 τ 是 J_{p+1} 的一个不在 J_p 中的单形. 那么,或者 τ 属于 K_0,在这种情况下,τ 具有 $v_0 \cdots v_r$ 的形式,或者 τ 属于一个锥 $\hat{\sigma} * J_\sigma$. 于是由归纳假设,J_σ 的每一个单形都具有 $\hat{\sigma}_1 \cdots \hat{\sigma}_q v_0 \cdots v_r$ 的形式,其中 $\sigma \succ \sigma_1$. 那么正如所期望的那样,τ 具有形式 $\hat{\sigma}\,\hat{\sigma}_1 \cdots \hat{\sigma}_q v_0 \cdots v_r$.

(b) 令 $\tau = \hat{\sigma}_1 \cdots \hat{\sigma}_q v_0 \cdots v_p$. 如果 $v_0 \cdots v_p$ 不从表达式中消失,那么 τ 至少在 $v_0 \cdots v_p$ 与 $|K_0|$ 相交. 反之,如果集合 $\tau \cap |K_0|$ 非空,那么它包含 τ 的一个面,从而包含 τ 的一个顶点. 因为点 $\hat{\sigma}_1$,

$\cdots,\hat{\sigma}_q$ 中的任何一个都不在 $|K_0|$ 中，所以 $v_0\cdots v_p$ 不可能消失．

□

为证明一般单纯逼近定理，我们就需要证明给定一个任意连续映射 $h:|K|\to|L|$，都存在 K 的一个重分 K' 使得 h 关于 K' 和 L 满足星形条件．这等价于说，如果 $\mathscr{A}$ 是由

$$\mathscr{A}=\{h^{-1}(\mathrm{St}w,L)\mid w\text{ 为 }L\text{ 的顶点}\}$$

定义的 K 的开覆盖，那么存在 K 的一个重分 K' 使的开星形族

$$\mathscr{B}=\{\mathrm{St}(v,K')\mid v\text{ 是 }K'\text{ 的顶点}\}$$

加细 $\mathscr{A}$．(回想到，集族 $\mathscr{B}$ 加细集族 $\mathscr{A}$ 是指对 $\mathscr{B}$ 的每一个元素 B，都有 $\mathscr{A}$ 的一个元素 A 包含 B．)

为了完成证明，实际上我们需要证明一个比这更强一点的结果．我们将构造 K 的一个足够细的重分 K' 使得 K' 中的闭星形族 $\{\overline{\mathrm{St}}(v,K')\}$ 加细集族 $\mathscr{A}$．

下面的引理给出了论证的关键，它使我们能够把证明的归纳步骤进行到底．

引理 16.3 令 $K=p*B$ 是有复限形 B 上的一个锥．令 $\mathscr{A}$ 是 $|K|$ 的一个开覆盖．设有一个函数对复形 B 的每一个顶点 v 指派 $\mathscr{A}$ 的一个元素 A_v 使得

$$\overline{\mathrm{St}}(v,B)\subset A_v.$$

那么就有一个 N 使得重分 $\mathrm{sd}^N(K/B)$ 的闭星形族加细 $\mathscr{A}$，而且使得对于 B 的每个顶点 v，

$$\overline{\mathrm{St}}(v,\mathrm{sd}^N(K/B))\subset A_v.$$

证明 我们假定对于某个 m，$|B|$ 在 $\mathbf{R}^m\times 0$ 中，而且 $p=(0,\cdots,0,1)$ 在 $\mathbf{R}^m\times\mathbf{R}$ 中．令 $n=\dim K$．

第一步 一般当 N 增大时，$\mathrm{sd}^N(K/B)$ 的单形的最大直径未必趋于零．因为当 σ 有一个正维数的面在 B 中时，这个面从不被重分．然而当 N 增大时，与平面 $\mathbf{R}^m\times 0$ 相交的单形越来越靠近这个平面却也是事实．更一般地，我们证明如果 K' 是 K 的任何一个保持 B 不动的重分，而且 K' 的与 $\mathbf{R}^m\times 0$ 相交的单形位于带形域

$\mathbf{R}^m\times[0,\varepsilon]$内，那么 $\mathrm{sd}(K'/B)$的与 $\mathbf{R}^m\times 0$ 相交的任何单形 τ 在带域 $\mathbf{R}^m\times[0,\frac{n\varepsilon}{n+1}]$中.

像在引理 16.2 中那样，单形 τ 具有形式 $\hat{\sigma}_1\cdots\hat{\sigma}_q v_0\cdots v_p$；假定 τ 与 $\mathbf{R}^m\times 0$ 相交，但不在其内，那么无论 $\hat{\sigma}_1\cdots\hat{\sigma}_q$ 还是 $v_0\cdots v_p$ 都不会从这个表达式中消失. 每个顶点 v_i 都位于 $\mathbf{R}^m\times 0$ 内.

考虑 τ 的顶点 $\hat{\sigma}_j$. K 的单形 σ_j 与 $\mathbf{R}^m\times 0$ 相交，因为 σ_j 以 $v_0\cdots v_p$ 为面，因此 $\sigma_j\subset\mathbf{R}^m\times[0,\varepsilon]$. 令 $w_0,\cdots,w_k$ 是 σ_j 的顶点，并且令 $\pi:\mathbf{R}^m\times\mathbf{R}\to\mathbf{R}$ 是到最后一个坐标上的射影. 那么对 $i=0,\cdots,k$，$\pi(w_i)\leqslant\varepsilon$；并且 $\pi(w_i)=0$ 至少对一个 i 成立. 我们计算得

$$\pi(\hat{\sigma}_j)=\sum_{i=0}^{k}\left(\frac{1}{k+1}\right)\pi(w_i)\leqslant\left(\frac{k}{k+1}\right)\varepsilon.$$

因而 τ 的每个顶点在集合 $\mathbf{R}^m\times[0,\frac{n}{n+1}\varepsilon]$中. 因为这个集合是凸的，所以 τ 全在其中.

第二步　为了方便，令 K_N 表示复形 $\mathrm{sd}^N(K/B)$. 我们证明有一个整数 N_0 使得当 $N\geqslant N_0$ 时就有对 B 的每个顶点 v，

$$(*)\qquad\qquad \overline{\mathrm{St}}(v,K_N)\subset A_v.$$

这是我们要证明的一部分.

给定$\overline{\mathrm{St}}(v,B)\subset A_v$. 我们断言能够选取 $\delta>0$ 使得对于每个 $v\in B$，

$$\overline{\mathrm{St}}(v,K)\cap(\mathbf{R}^m\times[0,\delta])\subset A_v.$$

参看图 16.2. 为证明这个论断，考虑由 $\rho(x,t)=(1-t)x+tp$ 定义的连续映射$\rho:|B|\times I\to|K|$. 因为 K 是B 上的一个锥，所以 ρ 把 $\overline{\mathrm{St}}(v,B)\times I$ 映射到 $\overline{\mathrm{St}}(v,K)$上. 而且，$\rho$ 保持最后一个坐标不变，因为

$$\begin{aligned}\pi\rho(x,t)&=(1-t)\pi(x)+t\pi(p)\\&=(1-t)\cdot 0+t\cdot 1=\pi(x,t).\end{aligned}$$

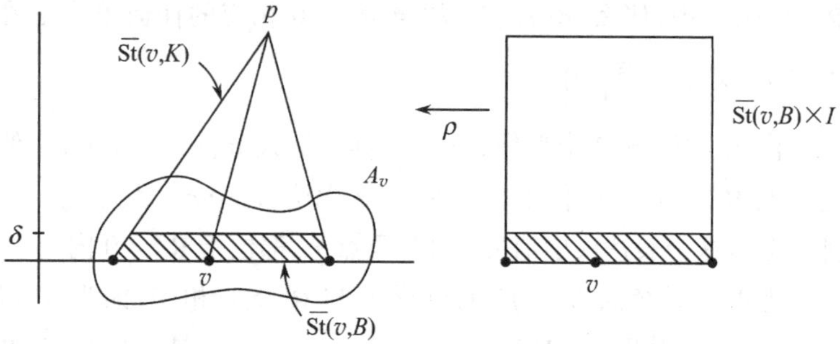

图 16.2

由于$\overline{\text{St}}(v,B)$是一个紧集,从而一般拓扑学中的“管状引理”使我们能够选取 δ 使得

$$\overline{\text{St}}(v,B)\times[0,\delta]\subset\rho^{-1}(A_v).$$

(更直接地,我们可以用有限多个形如 $U_i\times[0,\delta_i]$的,而且每个都在 $\rho^{-1}(A_v)$中的集合来覆盖$\overline{\text{St}}(v,B)\times 0$;那么可选取 $\delta=\min\delta_i$.)由此可知,正如我们所期望的那样,集合

$$\rho(\overline{\text{St}}(v,B)\times[0,\delta])=\overline{\text{St}}(v,K)\cap(\mathbf{R}^m\times[0,\delta])$$

在 A_v 中.

现在我们就可以来选取 N_0. 应用第一步,我们可选取 N_0 使得对于 $N\geqslant N_0$, K_N 的每个与 $\mathbf{R}^m\times 0$ 相交的单形在 $\mathbf{R}^m\times[0,\delta]$ 中. 于是,若 v 是B 的一个顶点,则集合$\overline{\text{St}}(v,K_N)$在 $\mathbf{R}^m\times[0,\delta]$ 中. 由于这个集合也在$\overline{\text{St}}(v,K)$中,所以它在 A_v 中,这正是我们所期望的.

第三步 现在我们把整数 N_0 固定. 考虑复形 K_{N_0+1}. 令 P 是K_{N_0+1}的所有与 B 相交的单形之并. 令 Q 是K_{N_0+1}的不与 B 相交的所有单形之并. 参看图 16.3. 我们要证明下述结论:如果 $N\geqslant N_0+1$,那么对于 K_N 的在P 中但不在$|B|$中的每一个顶点 w,有 $\mathscr{A}$的一个元素 A 使得

$$(**)\qquad \mathrm{St}(w, K_N) \subset A.$$

我们首先在 $N = N_0 + 1$ 的情况下证明(∗∗)式. 由定义,现在 P 是K_{N_0+1}的一个子复形的可剖空间. 如果 w 是K_{N_0+1}的一个在 P 中但不在B 中的顶点,那么由引理 16.2,对 K_{N_0} 的某个与 B 相交但不在B 中的单形σ,有 $w = \hat{\sigma}$. 参看图 16.4. 令 v 是σ 的在 B 中的一个顶点. 因为 w 在 $\mathrm{Int}\sigma$ 中,所以由引理 15.1,我们有

$$\mathrm{St}(w, K_{N_0+1}) \subset \mathrm{St}(v, K_{N_0}).$$

那么由第二步的(∗)式,

$$\overline{\mathrm{St}}(w, K_{N_0+1}) \subset \overline{\mathrm{St}}(v, K_{N_0}) \subset A_v.$$

现在我们在 $N > N_0 + 1$ 的情况下证明(∗∗)式. 如果 w'是 K_N 的一个位于P 中的顶点,那么对于 K_{N_0+1}的某个在 P 中的顶点w,就有 $w' \in \mathrm{St}(w, K_{N_0+1})$. 另外,由引理 15.1,$\mathrm{St}(w', K_N) \subset \mathrm{St}(w, K_{N_0+1})$. 于是,(∗∗)式从上一段的结果即可得出.

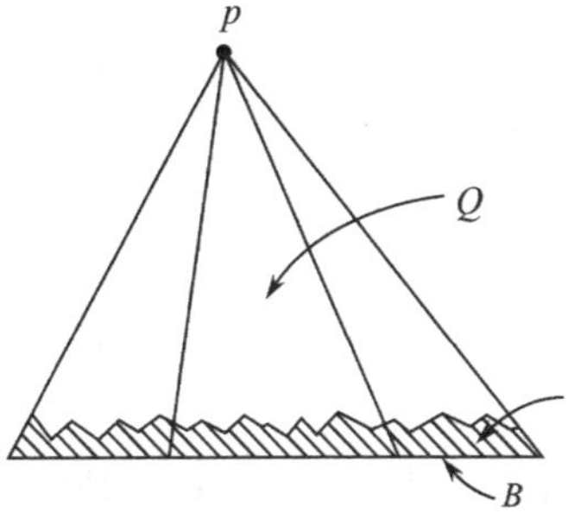

图 16.3

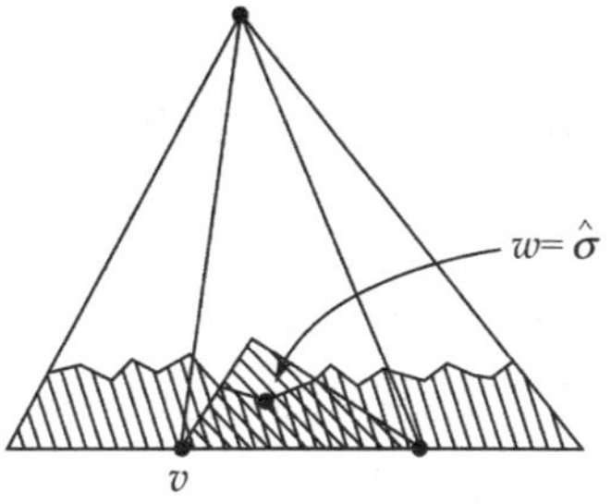

图 16.4

第四步　现在我们来完成证明. 令 λ 是$|K|$的开覆盖$\mathscr{A}$的一个 Lebesgue 数 K_{N_0+1+M}. 考虑空间 Q. 它是 K_{N_0+1}的子复形 J 的可剖空间. 由上面的引理,在构成重分 K_{N_0+2}的过程中,J 的每个单形都被施以重心重分. 因而 K_{N_0+2}以 $\mathrm{sd}J$ 作为一个子复形. 重

复这个论证过程，我们看到，一般 K_{N_0+1+M} 以 $\mathrm{sd}^M J$ 作为一个子复形.

选取 M 充分大以使得 $\mathrm{sd}^M J$ 的每个单形的直径小于 $\lambda/2$. 那么当 $N \geqslant N_0+1+M$ 且 w 是 K_N 的一个不在 P 中的顶点时，我们证明存在 $\mathscr{A}$ 的一个元素 A 使得

$$(***) \qquad \overline{\mathrm{St}}(w, K_N) \subset A.$$

考虑到由于 w 不在 P 中，所以 K_N 的每一个以 w 为顶点的单形必然在 Q 中，从而必在 $\mathrm{sd}^M J$ 的一个单形中. 因此，$\overline{\mathrm{St}}(w, K_N)$ 的直径小于 λ，所以它在 $\mathscr{A}$ 的一个元素中.

将(*)、(**)、(***)三式联合就证明了定理. □

定理 16.4 *令 K 是一个复形；令 $\mathscr{A}$ 是 $|K|$ 的一个开覆盖. 那么存在 K 的一个广义重心重分 K' 使得对于 K' 的一个顶点 w，闭星形的集族 $\{\overline{\mathrm{St}}(w, K')\}$ 加细 $\mathscr{A}$.*

证明 我们分步进行证明. 开始，我们令 $L_0 = K^{(0)}$，并且对 $K^{(0)}$ 的每个顶点 v，令 A_v 表示 $\mathscr{A}$ 的包含 v 的一个元.

一般，我们假定 $K^{(p)}$ 的一个重分 L_p 已经给出，而且给定了一个函数 f_p，它对 L_p 的每个顶点 v 指定 $\mathscr{A}$ 的一个元 A_v 使得

$$\overline{\mathrm{St}}(v, L_p) \subset A_v.$$

我们把 L_p 扩张成 K 的 $p+1$ 维骨架的一个重分 L_{p+1}，并且按我们马上就要描述的方式扩张成一个函数 f_{p+1}.

我们进行如下：对于 K 的每个 $p+1$ 维单形 σ，空间 $\mathrm{Bd}\sigma$ 是 L_p 的一个子复形 L_σ 的可剖空间. 我们来考虑锥 $\hat{\sigma} * L_\sigma$. 由上面的引理，存在一个整数 $N(\sigma)$ 使得，如果我们置

$$C(\sigma) = \mathrm{sd}^{N(\sigma)}(\hat{\sigma} * L_\sigma / L_\sigma),$$

那么下列条件成立：对于 $C(\sigma)$ 的每个属于 L_σ 的顶点 v，

$$\overline{\mathrm{St}}(v, C(\sigma)) \subset A_v,$$

而对于 $C(\sigma)$ 的每个不在 L_σ 中的顶点 w，存在 $\mathscr{A}$ 的一个元 A 使

得

$$\overline{\mathrm{St}}(w, C(\sigma)) \subset A.$$

我们把 L_{p+1}定义为 L_p 和复形$C(\sigma)$当 σ 遍历K 的 $p+1$ 维单形时的并.

如果 v 是L_p 的一个顶点,那么$\overline{\mathrm{St}}(v, L_{p+1})$是集合$\overline{\mathrm{St}}(v, L_p)$和$\overline{\mathrm{St}}(v, C(\sigma))$当 σ 遍历K 的包含v 的$p+1$ 维单形时的并. 由构造方法可知,这些集合中的每一个都在 A_v 中.

另一方面,如果 w 是L_{p+1}的一个不在 L_p 中的顶点,那么,w 位于K 的某个$p+1$维单形 σ 的内部,从而使得

$$\overline{\mathrm{St}}(w, L_{p+1}) = \overline{\mathrm{St}}(w, C(\sigma)).$$

后一集合包含在 $\mathscr{A}$ 的某个元 A 中,我们就把 $f_{p+1}(w)$定义为 $\mathscr{A}$ 的这样一个元 A_w. 于是归纳步骤完成.

定理随即成立. 把复形 K'定义为复形L_p 的并,而且把从 K' 的顶点到 $\mathscr{A}$ 的函数 $f(v)=A_v$ 定义为函数f_p 的并. 那么函数 f 满足定理的要求,因为令 v 是K'的一个顶点,则对某个 p,v 是L_p 的顶点,而且对所有 $k \geqslant 0$,

$$\overline{\mathrm{St}}(v, L_{p+k}) \subset f_{p+k}(v) = f(v) = A_v,$$

由此得出$\overline{\mathrm{St}}(v, K') \subset A_v$. □

定理 16.5(一般单纯逼近定理) 令 K 和 L 是复形;令 $h: |K| \to |L|$ 是一个连续映射. 那么存在 K 的一个重分K'使得h 有一个单纯逼近 $f: K' \to L$.

证明 令 $\mathscr{A}$是在 w 遍历L 的顶点时,由各开集 $h^{-1}(\mathrm{St}(w, L))$组成的$|K|$的覆盖. 选取 K 的一个重分K',使其闭星形加细 $\mathscr{A}$. 那么 h 关于K'和L 满足星形条件. □

习　题

1. (a) 利用定理 16.1 证明,如果 K 和L 是有限复形且 $\dim K = m$,那么

任何连续映射$h:|K|\to|L|$同伦于一个把 K 映入$L^{(m)}$的映射,其中 $L^{(m)}$是 L 的 m 维骨架. [提示:参看§14 的习题 2.]

以后我们将考虑非有限的情况.

(b) 证明如果 $h:S^m\to S^n$ 且 $m<n$,那么 h 同伦于一个常映射. [提示:任何映射 $f:X\to S^n-p$同伦于一个常映射.]

2. 令 $h:|K|\to|L|$是一个连续映射. 给定 $\varepsilon>0$,证明分别有 K 和 L 重分K'和L'与一个单纯映射$f:K'\to L'$使得对于$|K|$中的所有 x, $|f(x)-h(x)|<\varepsilon$.

3. 证明:如果 K 是m 维复形,那么$|K|$的覆盖维数至少是 m. (参看§15 的习题.)

§17 重分的代数

现在我们来探讨重分的某些代数结论,以确定重分对于同调群所起的作用. 我们要证明如果 K 是任何复形而K'是K 的一个重分,那么就有唯一确定的链映射 $\lambda:C_p(K)\to C_p(K')$,称为重分算子,它诱导同调群的同构. 而且,如果 $g:K'\to K$ 是$|K|$上的恒等映射的任何单纯逼近,那么 λ 和 $g_\#$ 互为链同伦逆,因而 g_* 也是一个同构.

引理 17.1 令 K'是K 的一个重分. 那么恒等映射 $i:|K|\to|K|$有一个单纯逼近

$$g:K'\to K.$$

令 τ 是K'的一个单形,令 σ 是K 的一个单形;如果 $\tau\subset\sigma$,那么 $g(\tau)\subset\sigma$.

证明 由引理 15.1,映射 i 有一个单纯逼近g,给定 $\tau\subset\sigma$,令 w 是τ 的一个顶点. 那么 w 在σ 的内部或者在σ 的一个面的内部. 那么由引理 14.1,g 把w 映射到σ 的一个顶点. □

定义 令 K'是K 的一个重分. 如果 σ 是K 的一个单形,那么令 $K(\sigma)$表示由 σ 及其面组成的K 的子复形,而令 $K'(\sigma)$表示可剖空间是 σ 的K'的子复形.

定理 17.2(代数重分定理) 令 K'是 K 的一个重分. 存在唯一的一个保持增广的链映射

$$\lambda:\mathscr{C}(K)\to\mathscr{C}(K')$$

使得对于每个 σ,$\lambda(\sigma)$均由 $K'(\sigma)$承载. 如果 $g:K'\to K$ 是恒等映射的一个单纯逼近,那么 λ 和 $g_{\#}$是同伦逆,因而 λ_*和 g_*都是同构.

我们把 λ 称为**重分算子**.

证明 第一步 我们首先证明当 K'满足对于每个 $\sigma\in K$,σ 的诱导重分$K'(\sigma)$是零调的这一条件时定理成立. 我们将要用到定理 13.3,即零调承载子定理的几何形式. 我们把零调承载子定义如下:

$$\Psi\subset K\underset{\Theta}{\overset{\Lambda}{\rightleftarrows}}K'\supset\Phi$$

承载子 Ψ 和 Λ 是容易定义的;对于每个 $\sigma\in K$,我们置

$$\Psi(\sigma)=K(\sigma),$$
$$\Lambda(\sigma)=K'(\sigma).$$

因为复形 $K(\sigma)$由一个单形及其面组成,所以它是零调的;而且由假设复形 $K'(\sigma)$是零调的. 对于零调承载子的包含条件是直接的;如果 $s<\sigma$,那么 $K(s)\subset K(\sigma)$,$K'(s)\subset K'(\sigma)$.

为了定义 Θ 和 Φ,我们进行如下:对于每个单形 $\tau\in K'$,令 σ_τ 是 K 的使得$\tau\subset\sigma_\tau$ 的具有最小维数的单形. 于是,若 t 是τ 的一个面,则我们有 $\sigma_t\subset\sigma_\tau$. 考虑到既然 σ_t 和σ_τ 都包含t,所以它们的交也包含 t;又因为 σ_t 具有最小维数,所以它必然等于这个交. 我们定义

$$\Theta(\tau)=K(\sigma_\tau),$$
$$\Phi(\tau)=K'(\sigma_\tau);$$

这两个复形都是零调的. 因为若 $t<\tau$,则 $\sigma_t\subset\sigma_\tau$,所以包含条件可以从这个事实得出. 参看图 17.1,它在 $K'=\mathrm{sd}K$ 的情况下,举

例说明了这些承载子.

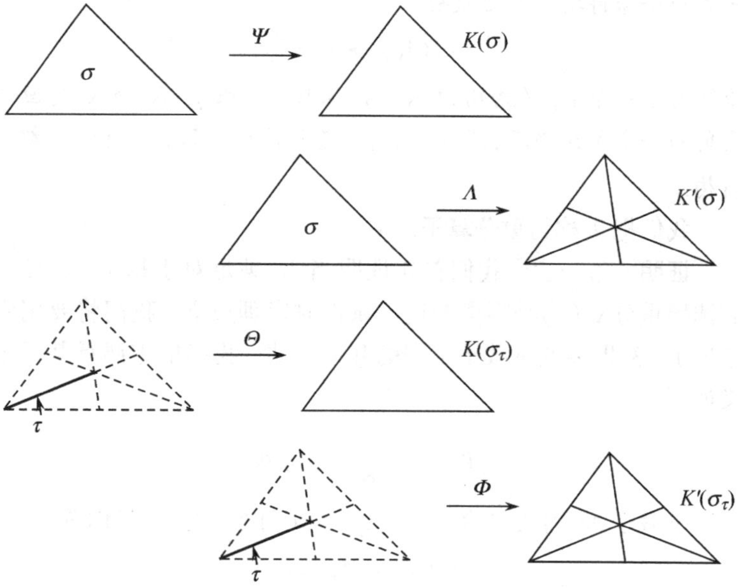

图 17.1

由定理 13.3,存在着链映射 λ 和 θ

$$C_p(K)\underset{\theta}{\overset{\lambda}{\rightleftharpoons}}C_p(K')$$

它们是保持增广的并且分别是由 Λ 和 Θ 承载的.

由于恒等映射 $C_p(K)\to C_p(K)$(平凡地)是由 Ψ 承载的. 我们证明 $\theta\circ\lambda$ 也是由 Ψ 承载的;由此可知 $\theta\circ\lambda$ 链同伦于恒等映射. 如果 σ 是 K 的一个单形,那么 $\lambda(\sigma)$ 是 $K'(\sigma)$ 的一个链. 由于在 σ 的重分 $K'(\sigma)$ 中的每一个单形 τ 包含在 σ 中,由此 σ_τ 等于 σ 或者 σ 的一个面. 不论哪种情况,只要 τ 在链 $\lambda(\sigma)$ 中出现,那么 $\theta(\tau)$ 就由 $K(\sigma_\tau)\subset K(\sigma)$ 承载. 因而 $\theta(\lambda(\sigma))$ 是 $K(\sigma)$ 的一个链,从而 $\theta\circ\lambda$ 由 Ψ 承载.

恒等映射 $C_p(K')\to C_p(K')$ 是由 Φ 承载的;因为由定义 τ 包含在 σ_τ 中,所以 τ 是 $K'(\sigma)$ 的一个单形. 我们证明 $\lambda\circ\theta$ 也是由 Φ 承载的,由此 $\lambda\circ\theta$ 链同伦于恒等映射. 如果 $\tau\in K'$,那么 $\theta(\tau)$ 被 σ_τ 及其面组成的复形 $K(\sigma)$ 承载,因而它等于 σ_τ 的定向面之和. 因为若 s 是 σ_τ 的任何一个面,那么 $\lambda(s)$ 被 $K'(s)\subset K'(\sigma)$ 承载. 由此可知,正如我们所期望的那样,$\lambda\theta(\tau)$ 是由 $K'(\sigma_\tau)=\Phi(\tau)$ 承载的.

上面的讨论不依赖于链映射 θ 和 λ 的具体选择. 对 θ 的一种选择是链映射 $g_\#$;由上面的引理可知,$g_\#$ 由 Θ 承载. 因此,$g_\#$ 和 λ 是链同伦逆.

我们来证明 λ 是唯一的. 设 λ' 是由 Λ 承载的另一个保持增广的链映射. 那么由定理 13.3,在 λ 和 λ' 之间有一个链同伦 D 也被 Λ 承载. 请注意到,如果 σ 是一个 p 维单形,那么 $\Lambda(\sigma)=K'(\sigma)$ 是一个具有维数 p 的复形. 由于 $D(\sigma)$ 是 $K'(\sigma)$ 承载的一个 $p+1$ 维链,所以它必定为零. 因而 D 恒为零. 于是等式 $\partial D+D\partial=\lambda-\lambda'$ 蕴涵着 $\lambda=\lambda'$.

第二步 证明当 $K'=\mathrm{sd}K$ 时定理成立. 因为在这种情况下,给定 $\sigma\in K$,则复形 $K'(\sigma)$ 是一个锥. 实际上,$K'(\sigma)$ 等于 $\hat{\sigma}*J$,其中 J 是 $\mathrm{Bd}\sigma$ 的首次重心重分. 而且,我们从定理 8.2 知道,锥是零调的.

这正是重心重分对于这个证明之精髓所在.

第三步 证明当 $K'=\mathrm{sd}^N K$ 时定理成立. 鉴于第一步,只要证明对 K 的任何单形 σ,复形 $\mathrm{sd}^N K(\sigma)$ 是零调的就行了. 这可从第二步得出,因为它蕴涵着对任何复形 L,

$$\widetilde{H}_i(L)\simeq\widetilde{H}_i(\mathrm{sd}L)\simeq\widetilde{H}_i(\mathrm{sd}^2 L)\simeq\cdots.$$

尤其是,若 L 是零调的,则 $\mathrm{sd}^N L$ 也是零调的.

第四步 证明定理普遍成立. 鉴于第一步只需证明若 $\sigma\in K$ 且 K' 是 K 的任何重分,则 $K'(\sigma)$ 是零调的.

令 $L=K(\sigma)$,$L'=K'(\sigma)$. 那么 L 是零调的,而且我们希望

证明 L'是零调的. 我们进行如下:令 $g: L' \to L$ 是恒等映射的一个单纯逼近. 选取 N 使得$|L|$到其自身的恒等映射有一个单纯逼近 $f: \mathrm{sd}^N L \to L'$. 为此我们需要(有限)单纯逼近定理. 类似地,选取 M 使得恒等映射有一个单纯逼近$k: \mathrm{sd}^M(L') \to \mathrm{sd}^N(L)$.

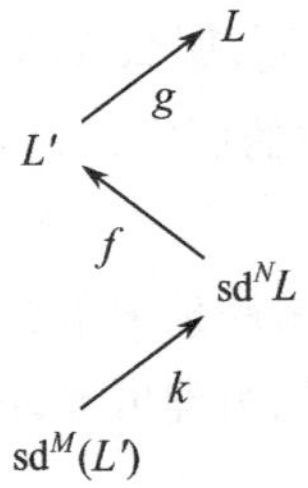

由于我们注意到 $g \circ f$ 是恒等映射的一个单纯逼近,因而由第三步,$(g \circ f)_* = g_* \circ f_*$是一个同构. 同理,$(f \circ k)_* = f_* \circ k_*$是一个同构. 第一个事实蕴涵着 f_* 是单射,而第二个事实蕴涵着 f_* 是满射,因而 f_* 是一个同构. 最后,因为 $g_* \circ f_*$ 和 f_* 都是同构,所以 g_* 也是同构. 因而 L'是零调的. □

定义 在 K'是K 的首次重心重分的特殊情况下,我们把重分算子 λ 记为

$$\mathrm{sd}: C_p(K) \to C_p(\mathrm{sd}K),$$

并且称之为**重心重分算子**. (这里我们混用记号,令 sd 既表示"代数的"重分算子,又表示"几何的"重分算子.)

对于算子 sd 有如下的归纳公式:

$$\mathrm{sd}(v) = v,$$

$$\mathrm{sd}(\sigma) = [\hat{\sigma}, \mathrm{sd}(\partial\sigma)],$$

其中的括号具有我们在§8 中所赋予它的意义. 我们把这个公式留给读者去验证.

对相对同调的应用

我们可以把上面的定理毫无困难地推广到相对同调中去.

定理 17.3 令 K_0 是 K 的一个子复形. 给定 K 的一个重分 K',令 K'_0 表示 K_0 的诱导重分. 重分算子 λ 诱导一个链映射

$$\lambda: C_p(K, K_0) \to C_p(K', K'_0).$$

如果 $g:(K', K'_0) \to (K, K_0)$ 是恒等映射的任何单纯逼近,那么 λ 和 $g_\#$ 互为链同伦逆.

证明 我们来验证上面证明的第一步中所定义的每个零调承载子保持所论及的子复形不变. 当然,若 $\sigma \in K_0$,那么 $\Psi(\sigma) = K(\sigma)$ 和 $\Lambda(\sigma) = K'(\sigma)$ 分别是 K_0 和 K'_0 的子复形. 另一方面,如果 $\tau \in K'_0$,那么 τ 被包含在 K_0 的某个单形 σ 中. 这说明 K 的包含 τ 的具有最小维数的单形 σ_τ 必定属于 K_0. 因而如果 $\tau \in K'_0$,那么 $\Theta(\tau) = K(\sigma_\tau)$ 和 $\Phi(\tau) = K'(\sigma_\tau)$ 分别是 K_0 和 K'_0 的子复形.

这说明分别由 Λ 和 Θ 承载的链映射 λ 和 θ 诱导相对水平的链映射;而且 $\theta \circ \lambda$ 和 $\lambda \circ \theta$ 对于各自恒等映射的链同伦也诱导相对水平上的链同伦. 由于对 θ 的一种选取是映射 $g_\#$,由此可知,$g_\#$ 和 λ 在相对水平上是链同伦逆. □

习　题

1. 令 K' 是 K 的一个重分;令 $\lambda: C_p(K) \to C_p(K')$ 是重分算子. 令 $g: K' \to K$ 是恒等映射的单纯逼近. 证明 $g_\# \circ \lambda$ 等于 $C_p(K)$ 上的恒等映射.

2. 令 K 和 K' 是图 17.2 中画出的复形,它们共同的底空间是正方形.

(a) 求出重分算子 $\lambda: C_p(K) \to C_p(K')$ 的公式.

(b) 求出恒等映射的两个不同的单纯逼近 $g, g': K' \to K$. 推断在定理 17.2 的证明中所构造的链等价 θ 不是唯一的.

(c) 验证在 K' 的链上 $\lambda \circ g_\#$ 不等于恒等映射.

3. (a) 证明重心重分算子 sd 的归纳公式定义一个保持增广的并且是由 Λ 承载的链映射.

(b) 对于具有一个 1 维单形和一个 2 维单形的情况计算 sdσ.

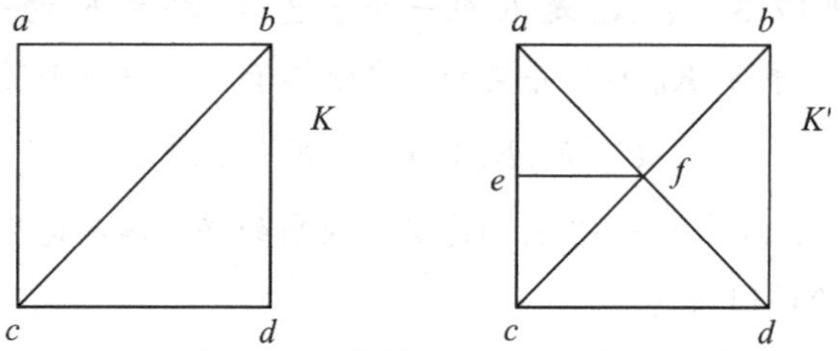

图 17.2

§18　同调群的拓扑不变性

在这一节我们将达到本章的基本目标——证明单纯同调群的拓扑不变性.

定义　令 K 和 L 是单纯复形；令 $h:|K|\to|L|$ 是一个连续映射. 选取 K 的一个重分 K' 使得 h 有一个单纯逼近 $f:K'\to L$. 令 $\lambda:\mathscr{C}(K)\to\mathscr{C}(K')$ 是重分算子. 我们把由 h 诱导的同态

$$h_*:H_p(K)\to H_p(L)$$

定义为 $h_*=f_*\circ\lambda_*$.

请注意到，一旦 K' 被选定，则同态 h_* 不依赖于对 h 的单纯逼近 $f:K'\to L$ 的具体选择. 因为任何两个这样的单纯逼近是连接的.

再注意到，如果 $g:K'\to K$ 是 $|K|$ 到其自身的恒等映射 $i_{|K|}$ 的一个单纯逼近，那么 λ_* 和 g_* 互逆. 因此，我们不妨也可定义为

$$h_* = f_*\circ(g_*)^{-1}.$$

我们利用这个事实来证明 h_* 不依赖于重分 K' 的选择. 设 K'' 是 K 的另一个重分使得 h 有一个单纯逼近把 K'' 映射到 L 中. 我们证明当 h_* 利用重分 K'' 定义时，就像利用 K' 定义时一样，结果是相同的.

在$|K|$的恒等映射有一个单纯逼近 $k:K''\to K'$的情况下,证明特别容易,如下列图表所示:

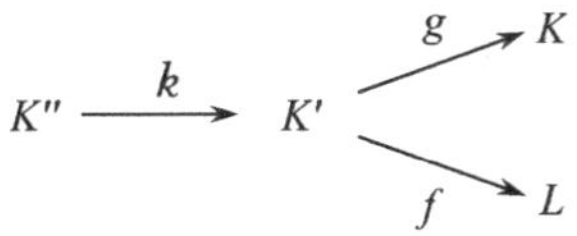

那么由于 $g\circ k$ 和$f\circ k$ 分别是对于恒等映射和对于h 的单纯逼近,所以用重分 K''定义的同态h_*等于如下的复合映射

$$(f\circ k)_*\circ(g\circ k)_*^{-1}=(f_*\circ k_*)\circ(g_*\circ k_*)^{-1}=f_*\circ g_*^{-1}.$$

因而这个结果与 h_*用重分 K'定义时相同.

一般情形是通过选取 K 的一个重分K'''使得恒等映射有单纯逼近

$$k_1:K'''\to K' \text{ 和 } k_2:K'''\to K''$$

来证明的. 那么利用 K'''定义h_*与利用 K'或K''给出同样的结果.

严格说来,我们应当说明同态 h_*不仅依赖于空间 $X=|K|$ 和 $Y=|L|$以及连续映射 $h:X\to Y$,而且还依赖于可剖空间分别是 X 和Y 的特定复形K 和L. 如果 M 和N 是可剖空间分别为X 和 Y 的另外两个复形,那么 h 也诱导一个同态

$$h_*:H_p(M)\to H_p(N).$$

实际上应当利用诸如$(h_{K,L})_*$和$(h_{M,N})_*$等这样的记号以区别这些同态. 然而,我们将混用术语,并使用简单的记号 h_*,而是依靠上下文来弄清其涵义. 以后当我们定义可剖分空间的同调时(§27),再转向这个问题的进一步讨论.

定理 18.1(函子性质) 恒等映射 $i:|K|\to|K|$诱导恒等同态 $i_*:H_p(K)\to H_p(K)$. 如果 $h:|K|\to|L|$和 $k:|L|\to|M|$是连续映射,那么$(k\circ h)_*=k_*\circ h_*$.同样的结果对于约化同调也成立.

证明 i_*是恒等同态可直接从定义得出. 为了验证第二个结论,分别选取 $f_0:L'\to M$ 和$g_0:L'\to L$ 作为对k 和 $i_{|L|}$的单纯逼

近. 然后分别选取 $f_1: K' \to L'$ 和 $g_1: K' \to K$ 作为对 h 和 $i_{|K|}$ 的单纯逼近. 于是我们有下列关于连续映射和单纯映射的图表:

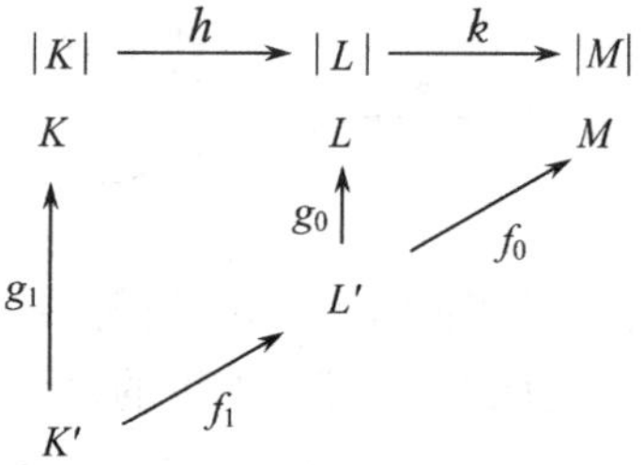

由于 $f_0 \circ f_1$ 是 $k \circ h$ 的单纯逼近,因此,由定义

$$(k \circ h)_* = (f_0 \circ f_1)_* \circ (g_1)_*^{-1}.$$

由于 $g_0 \circ f_1$ 是 h 的单纯逼近,所以由定义我们又有

$$h_* = (g_0 \circ f_1)_* \circ (g_1)_*^{-1} \text{和 } k_* = (f_0)_* \circ (g_0)_*^{-1}.$$

联合这些等式并应用定理 12.2,我们就得到所要求的结果,

$$(k \circ h)_* = k_* \circ h_*. \qquad \square$$

系 18.2(同调群的拓扑不变性) 如果 $h: |K| \to |L|$ 是一个同胚,那么 $h_*: H_p(K) \to H_p(L)$ 就是一个同构. 同样的结果对约化同调也成立.

证明 令 $k: |L| \to |K|$ 是 h 的逆. 那么 $h_* \circ k_*$ 等于 $(i_{|L|})_*$,且 $k_* \circ h_*$ 等于 $(i_{|K|})_*$. 因而 $h_* \circ k_*$ 和 $k_* \circ h_*$ 都是同构,所以 h_* 是一个同构. $\square$

相对同调的应用

我们已经证明了(绝对)同调群的拓扑不变性. 对于相对同调群我们能够证明同样的结论吗? 是的,我们在本节所做的一切事情都可以毫无困难地对相对同调群来进行;只需简单地将一个复形的每一次出现代之以由一个复形和一个子复形组成的适当的复形偶,并且自由地使用定理 12.6,14.4 和 17.3. 我们在此情况下,重述上面的定理.

定理 18.3 $(|K|,|K_0|)$到其自身的恒等映射 i 在相对同调中诱导恒等同态. 如果

$$(|K|,|K_0|)\xrightarrow{h}(|L|,|L_0|)\xrightarrow{k}(|M|,|M_0|)$$

是连续映射,那么在相对同调中,$(k\circ h)_*=k_*\circ h_*$. 如果 h 是 $|K|$到$|L|$的一个同胚,而且把$|K_0|$映射到$|L_0|$上,那么 h_* 是相对同调中的一个同构. □

习 题

1. 如果 $A\subset X$,一个**收缩** $r:X\to A$ 是一个连续映射并使得对于每个 $a\in A$,$r(a)=a$.

(a) 如果 $r:X\to A$ 是一个收缩映射,并且 X 是 Hausdorff 空间,证明 A 在 X 中是闭的.

(b) 令 $r:|K|\to|K_0|$是一个收缩,其中 K_0 是 K 的一个子复形,证明 $r_*:H_p(K)\to H_p(K_0)$是满射,而由包含映射 $j:|K_0|\to|K|$诱导的同态 j_* 是单射.

(c) 证明不存在任何收缩映射 $r:B^n\to S^{n-1}$.

2. (a) 证明存在从 Klein 瓶 S 到图 18.1 中画出的嵌入圆周 A 上的收缩,但不存在从 S 到圆周 C 上的收缩.

(b) 证明不存在从射影平面到图 18.2 中画出的嵌入圆周 C 上的收缩.

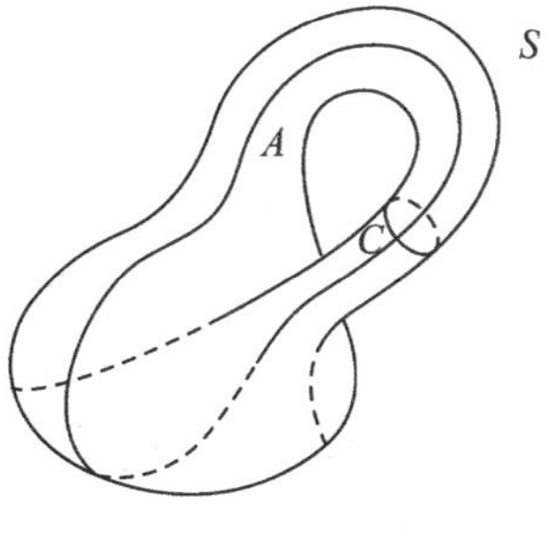

图 18.1

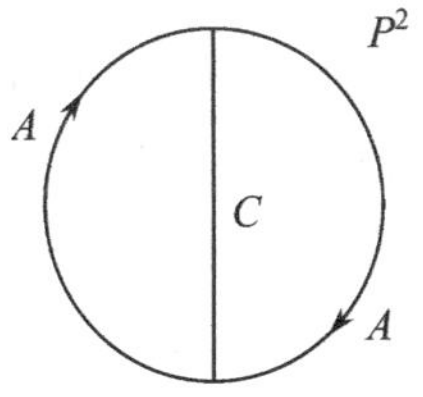

图 18.2

3. 确定是否存在从环面到图 18.3 中所画出的管子 A 上的收缩，是否存在到圆盘 B 上的以及到圆周 C 上的收缩.

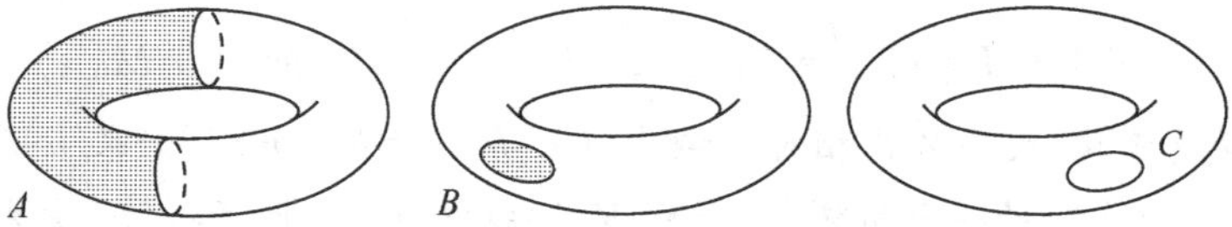

图 18.3

§19 由同伦映射诱导的同态

现在我们引入同伦这一重要概念，先前曾在习题中提到过它. 我们始终令 I 表示单位闭区间$[0,1]$.

定义 如果 X 和 Y 是拓扑空间，对于两个连续映射 $h,k:X\to Y$ 来说，假如有一个连续映射

$$F:X\times I\to Y$$

使得 $F(x,0)=h(x)$和 $F(x,1)=k(x)$对所有 $x\in X$ 成立，那么我们把 h 和k 称作是**同伦的**，并且记为 $h\simeq k$，而且我们把映射 F 称作h 到k 的一个**同伦**. 我们把 F 看作是当t 从 0 变到 1 时，h 连续地“变形”到 k 的一种方法.

我们将要证明，如果 $h,k:|K|\to|L|$同伦，那么它们诱导的同态 h_*,k_*是相同的. 这就导致一个十分重要的结果——同调群是拓扑空间的“伦型”不变量.

例 1 令 $X=S^1$. 那么 $H_1(X)$是无限循环的. 选取生成 $H_1(X)$的闭链 z，在图 19.1 中以箭号表示. 令 T 表示环面；令 $h,k:X\to T$ 是图 19.1 中所示的映射. 这两个映射显然是同伦的，因为可以“沿着环推动 h”直到它与 k 重合. 闭链$h_\#(z)$和 $k_\#(z)$同调，这在几何上同样也是显然的. 实际上，通过把环面的右半部划分成三角形并将它们适当定向而得到的 2 维链 d 满足等式$\partial d=$

$h_{\#}(z)-k_{\#}(z)$. 由于 z 代表$H_1(X)$的一个生成元,这说明至少在这种情况下,$h_*=k_*$.

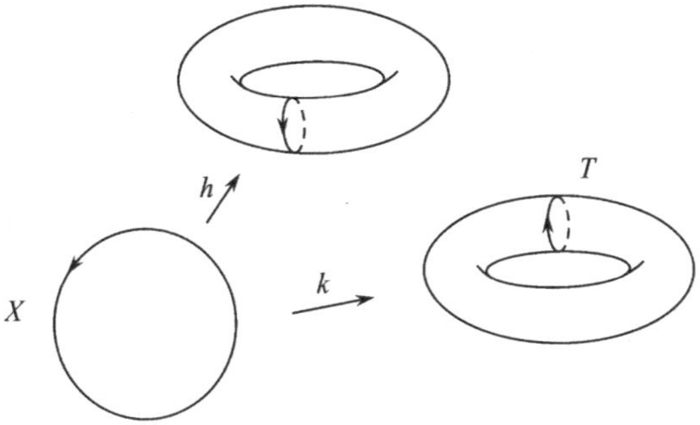

图 19.1

现在我们一般地证明,如果 $h\simeq k$,那么 $h_*=k_*$. 我们需要两个预备结果. 第一个是关于$|K|\times I$ 的拓扑的一个基本事实,我们将在下一节证明它:

积空间$|K|\times I$ 的拓扑关于子空间$\sigma\times I(\sigma\in K)$是凝聚的.

第二个涉及$|K|\times I$ 是一个多面体这一事实:

引理 19.1 若 K 是一个复形,那么$|K|\times I$ 是一个复形 M 的可剖空间使得对 K 的每个单形 σ 来说,每个集合 $\sigma\times I$ 都是 M 的子复形的可剖空间,而且集合$\sigma\times 0$和 $\sigma\times 1$ 都是 M 的单形.

证明 因对于某个 J,我们有$|K|\subset\mathbf{E}^J$. 于是,$|K|\times I\subset\mathbf{E}^J\times\mathbf{R}$. 我们将利用定义重心重分时使用的构作星形的程序的一种变形把$|K|\times I$ 重分成一些单形.

对于 $p\geqslant 0$,让我们定义

$$X_p=(|K|\times 0)\cup(|K|\times 1)\cup(|K^{(p)}|\times I).$$

我们归纳地把 X_p 重分成一些单形. 考虑 $p=0$ 的情况. 空间$(|K|\times 0)\cup(|K|\times 1)$是由所有形如 $\sigma\times 0$ 和 $\sigma\times I(\sigma\in K)$的单形所构成的复形的可剖空间. 空间$|K^{(0)}|\times I$ 是对于 $v\in K^{(0)}$,由

形如 $v\times I$ 的所有 1 维单形及其顶点组成的复形的可剖空间. 它们的并是一个复形 M_0,其可剖空间是 X_0.

一般地,设 M_{p-1}是一个复形,其可剖空间是 X_{p-1},使得对于 K 的一个维数低于 p 的单形 s 来说,每个集合 $s\times I$ 是 M_{p-1}的一个子复形的可剖空间. 令 $\dim\sigma=p$,并且考虑集合 $\sigma\times I$. 现在令

$$\begin{aligned}\mathrm{Bd}(\sigma\times I)&=(J\times I)-(\mathrm{Int}\sigma\times\mathrm{Int}I)\\&=((\mathrm{Bd}\sigma)\times I)\cup(\sigma\times 0)\cup(\sigma\times 1).\end{aligned}$$

由于 $\mathrm{Bd}\sigma$ 是K 的$p-1$维单形 s 之并,所以 $\mathrm{Bd}(\sigma\times I)$是 M_{p-1}的一个子复形 M_σ 的可剖空间. 因为 $\mathrm{Bd}(\sigma\times I)$是紧的,从而它是有限的. 令 w_σ 表示点$(\hat{\sigma},1/2)\in\sigma\times I$.那么锥 $w_\sigma * M_\sigma$ 是一个复形,其可剖空间是 $\sigma\times I$. $|w_\sigma * M_\sigma|$和$|M_{p-1}|$的交是它们的公共子复形的可剖空间.

定义 M_p 是M_{p-1}与 σ 遍历K 的所有 p 维单形时各锥 $w_\sigma * M_\sigma$ 之并. 最后,定义 M 是复形M_p 对于所有 p 的并.

现在 M 是一个复形,其底空间恰好由空间$|K|\times I$ 的点组成. 然而空间$|M|$和$|K|\times I$ 作为拓扑空间相等却绝不是显然的. 为证明这个结果,需要我们刚才所引述的关于$|K|\times I$ 的拓扑的事实.

我们知道$|K|\times I$ 的拓扑关于子空间$\sigma\times I(\sigma\in K)$是凝聚的. 另一方面,$|M|$的拓扑关于子空间 $s(s\in M)$是凝聚的. 于是,若 C 在$|K|\times I$ 中是闭的,则 $C\cap(\sigma\times I)$在 $\sigma\times I$ 中是闭的. 如果 s 是M 的位于$\sigma\times I$ 中的一个单形,那么 s 是$\sigma\times I$ 的子空间(两者都是 $\mathbf{E}^J\times\mathbf{R}$ 的子空间,而且是紧的). 因此 $C\cap s$ 在s 中是闭的. 由此可知 C 在$|M|$中是闭的.

反之,若 C 在$|M|$中是闭的,那么对于每个 $s\in M$ 来说,$C\cap s$ 在s 中是闭的. 因为 $\sigma\times I$ 是M 的单形s 的有限并,所以集合 $C\cap(\sigma\times I)$在 $\sigma\times I$ 中是闭的. 因而 σ 在$|K|\times I$ 中是闭的. □

例 2 如果 K 是由一个 1 维单形和它的面组成的复形,那么用前面引理的程序可把$|K|\times I$ 重分成图 19.2 所示的复形. 如果

它是由一个 2 维单形及其面组成的复形,那么$|K|\times I$被重分成图 19.3 中所画出的复形.

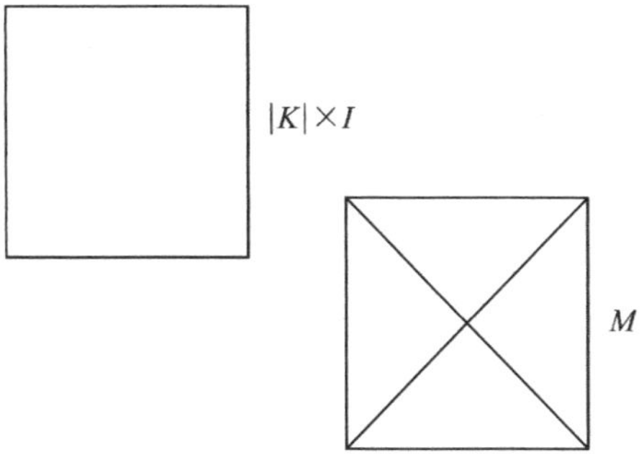

图 19.2

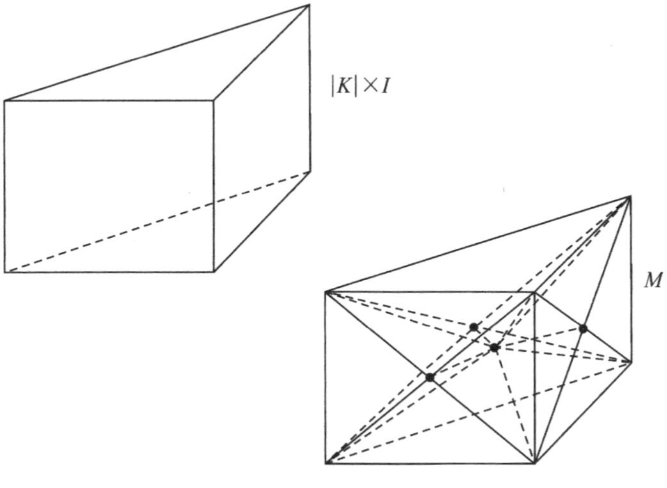

图 19.3

定理 19.2 如果$h,k:|K|\to|L|$是同伦的,那么$h_*,k_*:H_p(K)\to H_p(L)$相等. 同样的结论对约化同调也成立.

证明 令 K 是一个复形. 令 M 是底空间为$|K|\times I$的复形

并使得对每个$\sigma\in K$而言，$\sigma\times 0$ 和 $\sigma\times 1$ 都是 M 的单形，而且 $\sigma\times I$ 是M 的一个子复形的可剖空间.

令 $F:|K|\times I\to|L|$是 h 到k 的同伦. 令 $i,j:|K|\to|K|\times I$ 分别是映射$i(x)=(x,0)$和 $j(x)=(x,1)$，如图 19.4 所示. 那么 i 和j 是K 到复形M 内的单纯映射；而且

$$F\circ i=h,\quad F\circ j=k.$$

我们断言，由 i 和j 诱导的链映射$i_\#$和 $j_\#$是链同伦的. 考虑这样一个函数 Φ，它对 K 的每一个单形σ 指派M 的一个复形，使其可剖空间为 $\sigma\times I$. 于是空间 $\sigma\times I$ 是零调的，因为它同胚于一个球. 而且若 $s\prec\sigma$，那么 $s\times I\subset\sigma\times I$，因而 $\Phi(s)$是 $\Phi(\sigma)$的一个子复形. 所以 Φ 是从K 到M 的一个零调承载子. 而且，它既承载 $i_\#$又承载 $j_\#$，因为 $i(\sigma)=\sigma\times 0$ 和 $j(\sigma)=\sigma\times 1$ 都属于 $\Phi(\sigma)$. 从定理 13.3 可知，$i_\#$和 $j_\#$是链同伦的. 于是我们推出 $i_*=j_*$. 从而，就像我们所期望的那样有

$$h_*=F_*\circ i_*=F_*\circ j_*=k_*. \qquad \square$$

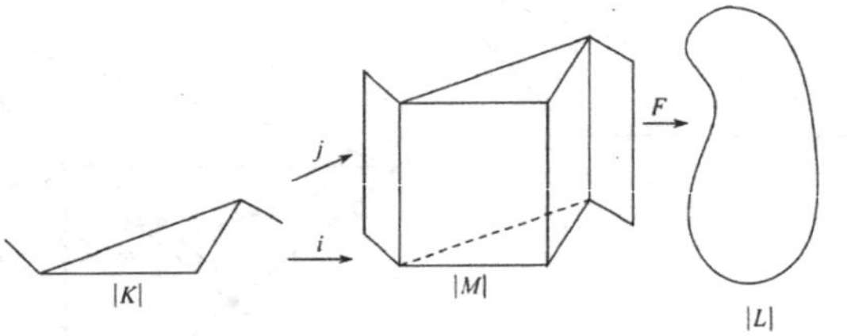

图 19.4

这个结果容易保持到相对同调群上. 给定映射 $h,k:(|K|,|K_0|)\to(|L|,|L_0|)$，如果有 h 到k 的同伦$H:|K|\times I\to L$ 使得 H 把$|K_0|\times I$ 映入$|L_0|$内，则我们说它们(作为空间偶的映射)是

同伦的. 而且我们有下列定理:

定理 19.3 如果 h 和 k 作为空间偶的映射是同伦的,那么 h_* 和 k_* 作为相对同调群的映射就有 $h_* = k_*$.

证明 定理 19.2 的证明可以毫无困难地在这里进行. i 和 j 都把 $|K_0|$ 映入 $|K_0| \times I$ 中. 连接 $i_\#$ 和 $j_\#$ 的链同伦也是这样. 于是作为相对同调的映射 $i_* = j_*$,而且证明跟以前一样进行. □

另外还有一个结果,它源自我们对 $|K| \times I$ 的拓扑的认识,并且以后我们要用到它.

定理 19.4 如果 $f: K \to L$ 是对于连续映射 $h: |K| \to |L|$ 的单纯逼近,那么 f 同伦于 h.

证明 对于 $|K|$ 中的每个 x,我们从引理 14.2 知道,$f(x)$ 和 $h(x)$ 位于 L 的同一个单形中. 因此,由

$$F(x,t) = (1-t)f(x) + th(x)$$

给出的"直线同伦"把 $|K| \times I$ 映入 $|L|$ 中. 如果 L 是有限的,那么 F 自动是连续的,因为作为一个到以 L 为其子空间的 Euclid 空间内的映射它是连续的. 为了一般地证明 F 是连续的,我们来证明对于每个 $\sigma \in K$ 来说,它在 $\sigma \times I$ 上的限制都是连续的. 因为 $|K| \times I$ 的拓扑关于各子空间 $\sigma \times I$ 是凝聚的,所以这将是充分的.

对每个 $x \in \sigma$,令 τ_x 表示 L 的其内部包含 $h(x)$ 的单形. 因为 $h(\sigma)$ 是紧的,所以单形 $\tau_x (x \in \sigma)$ 的集族是有限的. 令 L_σ 是由这些单形以及它们的面组成的 L 的子复形. 由引理 14.2,点 $f(x)$ 在 τ_x 内. 因此,F 把集合 $x \times I$ 映入 τ_x 中. 因而 F 把 $\sigma \times I$ 映入 $|L_\sigma|$ 中;由于 L_σ 是有限复形,所以它的空间是 Euclid 空间的一个子空间. 因此,$F: \sigma \times I \to |L_\sigma|$ 是连续的. 因为包含映射 $|L_\sigma| \to |L|$ 是连续的,所以正如我们所期望的那样,映射 $F: \sigma \times I \to |L|$ 也是连续的. □

我们知道,如果两个空间同胚,那么它们有同构的同调群. 有一个比同胚弱的关系,但它蕴涵着同样的结果. 它就是我们马上要引进的同伦等价关系.

定义 对于两个空间 X 和 Y 来说，如果有映射

$$f: X \to Y \text{ 和 } g: Y \to X$$

使得 $g \circ f \simeq i_X$ 和 $f \circ g \simeq i_Y$，那么我们就说空间 X 和 Y **同伦等价**，或者说它们具有相同的**伦型**，而且常常把映射 f 和 g 称为**同伦等价**，并且把 g 称为 f 的**同伦逆**.

这个关系的对称性和自反性是平凡的，而把传递性留作习题.

如果 X 具有单独一点的伦型，那么就把 X 称为可缩的. 这与恒等映射 $i_X: X \to X$ 同伦于常映射的说法是等价的. 例如，单位球是可缩的，因为映射 $F(x,t)=(1-t)x$ 是恒等映射和常映射之间的一个同伦.

定理 19.5 *如果 $f: |K| \to |L|$ 是一个同伦等价，那么 f_* 就是一个同构. 尤其是，若 $|K|$ 是可缩的，那么 K 是零调的.*

证明 证明是直接的. 如果 g 是 f 的同伦逆，那么 g_* 是 f_* 的逆. □

同伦等价一般是很难直观想像的. 有一类特殊的同伦等价，从几何上是比较容易理解的.

定义 令 $A \subset X$. X 到 A 上的**收缩**是一个连续映射 $r: X \to A$ 使得对于每一个 $a \in A$，$r(a)=a$. 若存在 X 到 A 上的一个收缩，则我们说 A 是 X 的**收缩核**. X 到 A 上的**变形收缩**是一个连续映射 $F: X \times I \to X$ 使得

$$F(x,0) = x,\ x \in X,$$
$$F(x,1) \in A,\ x \in X,$$
$$F(a,t) = a,\ a \in A.$$

如果有这样一个 F 存在，那么就把 A 称为 X 的**变形收缩核**.

如果 F 是 X 到 A 上的变形收缩，那么映射 $r(x)=F(x,1)$ 是 X 到 A 上的收缩. 后一事实等价于说，复合映射

$$A \xrightarrow{j} X \xrightarrow{r} A$$

(其中 j 是包含映射)等于恒等映射 i_A. 另一方面，映射 F 是恒等

映射 i_X 与复合映射

$$X \xrightarrow{r} A \xrightarrow{j} X$$

之间的一个同伦(而且实际上,在同伦过程中 A 的每个点保持不动). 这说明 r 和 j 互为同伦逆.

我们可以把变形收缩想像成空间 X 逐渐坍缩到子空间 A 上的过程,并且使得在收缩过程中 A 的每个点保持不动. 因而这种类型的同伦等价能够从几何上直观表示. 如果 A 是 X 的变形收缩核,而 B 又是 A 的变形收缩核,那么 B 是 X 的变形收缩核,这在直观上是很明显的,(而且也是容易证明的.)

现在我们来考虑一些特殊情况.

定理 19.6 单位球面 S^{n-1} 是有洞的 Euclid 空间 $\mathbf{R}^n - \mathbf{0}$ 的变形收缩核.

证明 令 $X = \mathbf{R}^n - \mathbf{0}$. 我们把 $F: X \times I \to X$ 定义为

$$F(x,t) = (1-t)x + tx/\|x\|.$$

映射 F 把从原点出发的每条开射线逐渐收缩到它与单位球面的交点上. 它是 $\mathbf{R}^n - 0$ 到 S^{n-1} 上的变形收缩. □

系 19.7 当 $n \neq m$ 时. Euclid 空间 $\mathbf{R}^n$ 和 $\mathbf{R}^m$ 不同胚.

证明 假设 h 是 $\mathbf{R}^n$ 到 $\mathbf{R}^m$ 的一个同胚. 那么对于某个 $p \in \mathbf{R}^m$, h 是 $\mathbf{R}^n - \mathbf{0}$ 到 $\mathbf{R}^m - p$ 的一个同胚. 而后一空间与 $\mathbf{R}^m - \mathbf{0}$ 同胚,从上面的定理可知, S^{n-1} 与 S^{m-1} 同伦等价. 但是这在 $n \neq m$ 时不可能成立,因为在这种情况下, $\widetilde{H}_{n-1}(S^{n-1}) \simeq \mathbf{Z}$, 而 $\widetilde{H}_{n-1}(S^{m-1}) = 0$. □

例 3 两个圆构成的楔形具有与字母 θ 同样的伦型. 令 X 是平面上的双孔椭圆形区域,如图 19.5 所示. 图中左边的一系列箭号表明了怎样把 X 坍缩成两个圆构成的楔形;而右边的箭头则表明了如何把 X 坍缩成字母 θ. 因为这两个空间均同伦等价于 X, 所以它们也是相互同伦等价的.

例 3 中所出现的情况比我们所能料想到的更普遍. 一个有趣的事实是,每一个同伦等价都能像在这个例子中那样,用变形收缩

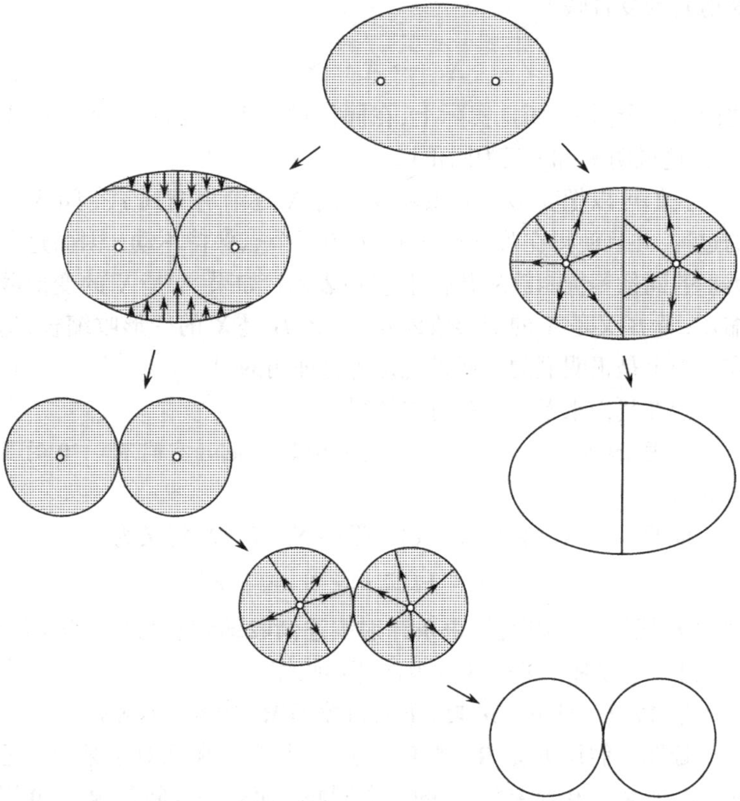

图 19.5

的术语来表达. 尤其是,对于这个结果有一个定理,其大意是说,两个空间 X 和 Y 有相同的伦型当且仅当存在一个空间 Z 和两个嵌入映射 $h: X \to Z$ 和 $k: Y \to Z$ 使得 $h(X)$ 和 $k(Y)$ 都是 Z 的变形收缩核. (参看文献[Wh],[F].)这个事实有助于我们从几何上想像同伦等价概念的真实涵意.

对于计算同调群来说,同伦等价是一种有用的工具. 给定一个复形 K,证明它的空间同伦等价于一个同调为已知空间常常要比直接计算 K 的同调容易得多. 下面的习题将用实例说明这一点.

习　　题

1. 证明若 $\mathscr{A}$ 是一族空间，那么同伦等价是 $\mathscr{A}$ 上的一个等价关系.

2. 证明若 A 是 X 的变形收缩核，而且 B 是 A 的变形收缩核，那么 B 是 X 的变形收缩核.

3. 将下列空间划分成同伦等价类. 假设它们都是复形的可剖空间，计算它们的同调群.

(a) Möbius 带

(b) 环面

(c) 实心环 $B^2 \times S^1$

(d) 环面去掉一点

(e) 环面去掉两点

(f) Klein 瓶去掉一点

(g) $\mathbf{R}^3$ 去掉 z 轴

(h) $\mathbf{R}^3$ 去掉圆周 $\{x^2+y^2=1, z=0\}$

(i) (g)和(h)的空间的交

(j) S^3 去掉两个连接的圆

(k) S^3 去掉两个不连接的圆

4. **定理**　*如果 K 是一个 n 维的复形，那么 $|K|$ 的覆盖维数至少是 n.*

证明　令 $\mathscr{A}$ 是 n 维单形 $\sigma = v_0 \cdots v_n$ 的一个有限开覆盖，而且它加细开覆盖 $\{\mathrm{St}\, v_0, \cdots, \mathrm{St}\, v_n\}$. 令 $\{\phi_A\}$ 是从属于 $\mathscr{A}$ 的一个单位分解. 对于每个 A，令 v_A 是 σ 的一个顶点使得 $A \subset \mathrm{St}\, v_A$. 定义 $h: \sigma \to \sigma$ 为

$$h(x) = \sum \phi_A(x) v_A.$$

如果任何 $x \in X$ 都不属于 $\mathscr{A}$ 的 n 个以上的元素，那么 h 把 σ 映入 $\mathrm{Bd}\sigma$ 中. 而且 h 把 σ 的每个面映入其自身内. 推出 $h: \mathrm{Bd}\sigma \to \mathrm{Bd}\sigma$ 同伦于恒等映射，从而导出矛盾.

5. 不利用 $|K| \times I$ 是一个复形的空间这个事实，证明定理 19.2 如下：

(a) 令 K 和 L 是有限复形，令 $h: |K| \to |L|$. 证明存在一个 $\varepsilon > 0$，使得当 $k: |K| \to |L|$ 且对所有 x，$|h(x) - k(x)| < \varepsilon$ 时就有 $h_* = k_*$. [提示：选取 K' 使得对于某个 w 有 $h(\overline{\mathrm{St}}(v, K')) \subset \mathrm{St}(w, L)$. 当 ε 很小时，同样的包含关系对于以 k 代替 h 也成立.]

(b) 当 K 和 L 为有限时证明定理.

(c) 一般地证明定理. [提示：K 的每一个闭链能被 K 的一个子复形承载.]

§20 商空间回顾

在这里我们来回顾所需要的关于商空间的一些一般定义和定理.

如果一个满射 $p:X\to Y$ 使得 Y 中的子集 U 是开的当且仅当集合 $p^{-1}(U)$在 X 中是开的,则我们把 p 称为一个**商映射**. 所述的条件又等价于要求 A 在 Y 中是闭的当且仅当 $p^{-1}(A)$在 X 中是闭的.

如果 X 的一个子集 C 等于 Y 的某个子集 A 的完整逆象 $p^{-1}(A)$,那么就称子集 C(关于 p)是**饱和的**. 于是说 p 是一个商映射等价于说 p 是连续的而且 p 把 X 的饱和开集映射成 Y 的开集(或者说把 X 的饱和闭集映射成 Y 的闭集).

令 $p:X\to Y$ 是一个连续的满射. 那么无论 p 是**闭映射**,还是**开映射**(即如果 p 将 X 的闭集映射成 Y 的闭集,或将 X 的开集映射成 Y 的开集),p 都将是一个商映射. 尤其是,若 X 是紧的而且 Y 是 Hausdorff 的,那么 p 就是一个闭映射,从而也是一个商映射.

首先,我们列举关于商映射的若干基本事实,其证明是简单的,并且把它们留给读者.

一个 1-1 的商映射是同胚.

商映射的复合是商映射;若 $p:X\to Y$ 和 $q:Y\to Z$ 都是商映射,那么 $q\circ p:X\to Z$ 也是商映射.

商映射的限制有时是商映射:如果 $p:X\to Y$ 是商映射,而且 A 是 X 的一个饱和子空间,那么无论它在 X 中是开的还是闭的,映射 $p|_A:A\to p(A)$都是商映射.

连续映射与商映射之间的关系如下:如果 $p:X\to Y$ 是商映射,而 $f:X\to Z$ 是连续映射并且在每个集合 $p^{-1}(y)$上为常值. 那么有唯一的一个连续映射 $g:Y\to Z$ 使得 $g\circ p=f$. 参看下列图表. 我们说 g 是**由 f 诱导的**.

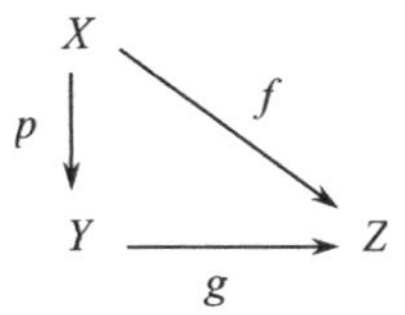

我们定义商空间的概念如下：令 X^* 是空间 X 的这样一个划分，它将 X 分成一些不相交的子集，而这些子集的并是 X. 令 $\pi: X\to X^*$ 把每一个点映射到包含它的集合. 如果我们称 X^* 的子集 U 在 X^* 中是开的当且仅当 $\pi^{-1}(U)$ 在 X 中是开的，并以此将 X^* 拓扑化，那么 π 是一个商映射. 我们把空间 X^* 称为 X 的**商空间**，而且常说它是通过"把每一个划分块等同于一个点"而得到的.

如果 $p: X\to Y$ 是一个商映射，那么我们总能通过下述方法把 Y 看作是 X 的商空间：给定 p，令 X^* 表示将 X 分成不相交集合 $p^{-1}(y)(y\in Y)$ 的划分. 那么 X^* 同胚于 Y. 我们只要两次利用上面的论述就可得到两个映射 $g: X^*\to Y$ 和 $h: Y\to X^*$ 如下列图表所示：

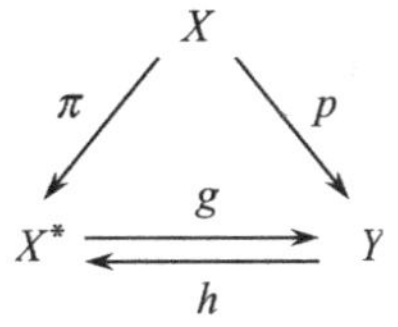

容易看出这两个映射是互逆的.

例 1 令 X 是通过把 $x-z$ 平面上中心在 $(2,0,0)$ 点的单位圆绕 z 轴旋转而得到的 $\mathbf{R}^3$ 的子空间. 利用 $\mathbf{R}^3$ 中的柱坐标 (r,θ,z)，我们就能把 X 表示成满足方程 $(r-2)^2+z^2=1$ 的点的集合. 令 $I^2=I\times I$，对于 $(s,t)\in I^2$，我们定义 $p: I^2\to X$ 为

$$r-2=\cos 2\pi t,\ z=\sin 2\pi t,\ \theta=2\pi s.$$

可以验证 p 把 I^2 映射到 X 上，而且是一个闭的商映射.

利用这个映射，我们可以把 X 看作是从 I^2 经过对 $s,t\in I$ 把

$(s,0)$与$(s,1)$等同，把$(0,t)$与$(1,t)$等同而得到的商空间. 参看图 20.1. 这是我们在§3 中通过把一个矩形的边黏合起来构造环面的方法的拓扑形式.

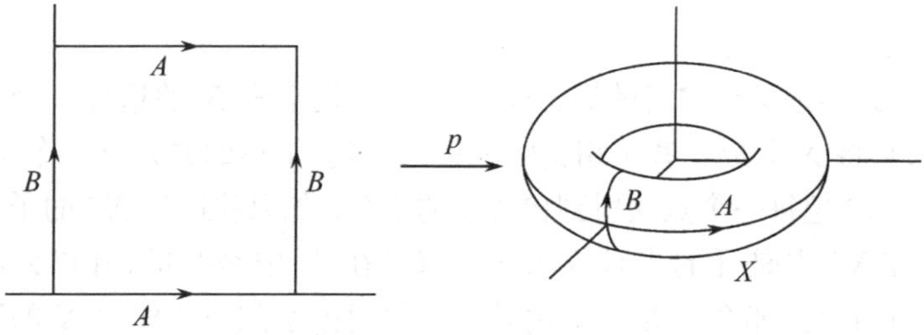

图 20.1

分离公理对于商空间来说不很凑效. 例如，Hausdorff 空间的商空间未必是 Hausdorff 的. 一般我们能够说出的全部结果也只有下列结论：如果 $p:X\to Y$ 是商映射，而且每个集合 $p^{-1}(y)$在 X 中是闭的，那么 Y 是 T_1 空间，即单点集在 Y 中是闭的. 这意味着，若 X^* 是把 X 分成一些闭集的划分，则商空间 X^* 是 T_1 空间.

在后面的一节(§37)中，我们还将重新返回到分离公理和商空间的问题上来.

现在我们考虑一个关键性的问题：在什么条件下，两个商空间的笛卡儿乘积是商空间？在这方面我们将证明两个结果：

定理 20.1 令 $p:X\to Y$ 是一个商映射. 如果 C 是一个局部紧的 Hausdorff 空间，那么

$$p\times i_C:X\times C\to Y\times C$$

是一个商映射.

证明 令 $\pi=p\times i_C$. 令 A 是 $Y\times C$ 的一个子集使得$\pi^{-1}(A)$在 $X\times C$ 中是开的. 我们来证明 A 在 $Y\times C$ 中是开的. 也就是，在 A 中给定(y_0,c_0)，我们要求出一个围绕(y_0,c_0)点的、位于 A 中的开集.

选取 x_0 使得 $p(x_0)=y_0$;那么 $\pi(x_0,c_0)=(y_0,c_0)$. 由于 $\pi^{-1}(A)$是开的,因而我们能够选取 x_0 的邻域 U_1 和 c_0 的邻域 W,使得 $U_1\times W\subset\pi^{-1}(A)$. 因为 C 是局部紧的 Hausdorff 空间,所以我们能够选取 c_0 的一个邻域 V 使得 $\overline{V}$ 是紧的而且 $\overline{V}\subset W$. 那么 $U_1\times V$ 是(x_0,c_0)的一个邻域使得 $\overline{V}$ 是紧的而且

$$U_1\times\overline{V}\subset\pi^{-1}(A).$$

一般,设 U_i 是 x_0 的一个邻域使得 $U_i\times\overline{V}\subset\pi^{-1}(A)$. 由于 $p^{-1}p(U_i)$在 X 中未必是开的,但它包含 U_i. 我们按照下述的办法构造 X 的一个开集 U_{i+1}使得

$$p^{-1}p(U_i)\times\overline{V}\subset U_{i+1}\times\overline{V}\subset\pi^{-1}(A).$$

对于 $p^{-1}p(U_i)$的每个点 x,空间$\{x\}\times V$ 在 $\pi^{-1}(A)$内. 利用 $\overline{V}$ 的紧性,我们可选取 x 的一个邻域 W_x 使得 $W_x\times\overline{V}\subset\pi^{-1}(A)$. 令 U_{i+1}是开集 W_x 之并,那么 U_{i+1}就是所要求的 X 的开集. 参看图 20.2.

最后,令 U 是开集 $U_1\subset U_2\subset\cdots$的并. 那么 $U\times V$ 是(x_0,c_0)的一个邻域而且 $U\times\overline{V}\subset\pi^{-1}(A)$. 此外,$U$ 关于 p 是饱和的,

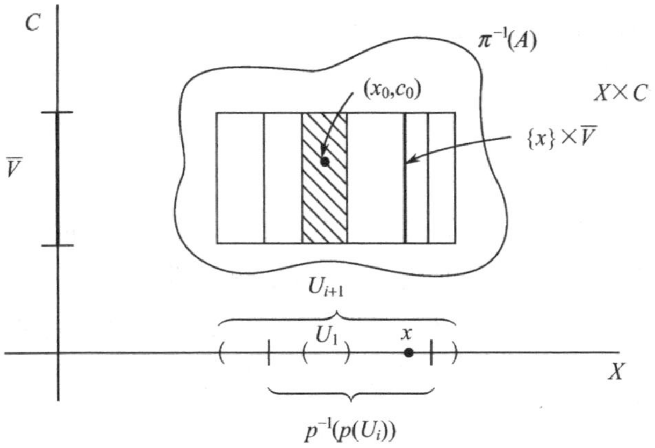

图 20.2

因为

$$U \subset p^{-1}p(U) = \bigcup_1^\infty p^{-1}p(U_i) \subset \bigcup_1^\infty U_{i+1} = U.$$

因此 $p(U)$在 Y 中是开的. 那么正如我们所要求的那样,

$$p(U) \times V = \pi(U \times V) \subset A$$

是(y_0, c_0)的一个位于 A 中的邻域. □

系 20.2 如果 $p: A \to B$ 和 $q: C \to D$ 是商映射,而且 p 的定义域和 q 的值域是局部紧的 Hausdorff 空间,那么

$$p \times q: A \times C \to B \times D$$

是商映射.

证明 我们可把 $p \times q$ 写成复合映射

$$A \times C \xrightarrow{i_A \times q} A \times D \xrightarrow{p \times i_D} B \times D.$$

由于其中每个映射都是商映射,所以 $p \times q$ 也是商映射. □

在凝聚拓扑和商映射之间有着紧密的联系,可以描述如下:

定义 设 E 是一个空间,它是不相交的子空间 E_α 之并,其中每个 E_α 在E 中是开的(闭的). 那么我们说 E 是各空间E_α 的**拓扑和**,而且我们把它写成 $E = \sum E_\alpha$. 一个集合 U 在E 中是开的当且仅当对于每个α, $U \cap E_\alpha$ 在E_α 中是开的.

更一般地,令$\{X_\alpha\}_{\alpha \in J}$是一族拓扑空间,它们可以相交也可以不相交. 令 E 是这样一个集合,它是不相交的拓扑空间

$$E_\alpha = X_\alpha \times \{\alpha\}, \ \alpha \in J$$

的并. 如果我们称 U 在E 中是开的,当且仅当对于每个 α, $U \cap E_\alpha$ 在E_α 中是开的,并且由此将 E 拓扑化,那么 E 是不相交的空间E_α 的拓扑和. 我们有一个自然映射 $p: E \to \bigcup X_\alpha$,它对于每个$\alpha$,都把 $X_\alpha \times \{\alpha\}$投影到 X_α 上. (有时我们将术语混用,并且在这种情况下把 E 称作空间X_α 的拓扑和.)

在此情况下,我们有下列结果,其证明是直接的.

引理 20.3 令 X 是一个空间,而且是它的某些子空间 X_α 的

并. 令 E 是空间 X_α 的拓扑和；令 $p:E\to X$ 是自然射影. 那么 X 的拓扑关于子空间 X_α 是凝聚的当且仅当 p 是一个商映射. □

在这种情况下，我们常说 X 是空间 X_α 的凝聚并.

定理 20.4 如果 X 的拓扑关于子空间 X_α 是凝聚的，而且 Y 是局部紧的 Hausdorff 空间，那么 $X\times Y$ 的拓扑关于子空间 $X_\alpha\times Y$ 是凝聚的.

证明 令 $E=\sum(X_\alpha\times\{\alpha\})$；令 $p:E\to X$ 是射影映射. 因为 Y 是局部紧的 Hausdorff 空间，所以映射

$$p\times i_Y:E\times Y\to X\times Y$$

也是商映射. 既然 E 是子空间 $E_\alpha-X_\alpha\times\{\alpha\}$ 的拓扑和，那么 $E\times Y$ 是其子空间 $E_\alpha\times Y$ 的不交并，且其中每个子空间在 $E\times Y$ 中是开的. 因此 $E\times Y$ 是空间 $E_\alpha\times Y=X_\alpha\times\{\alpha\}\times Y$ 的拓扑和. 由于 $p\times i_Y$ 是商映射，所以 $X\times Y$ 的拓扑关于子空间 $X_\alpha\times Y$ 是凝聚的. □

系 20.5 $|K|\times I$ 的拓扑关于子空间 $\sigma\times I(\sigma\in K)$ 是凝聚的.

证明 由定义 $|K|$ 的拓扑关于子空间 $\sigma(\sigma\in K)$ 是凝聚的. 由于 I 是局部紧的 Hausdorff 空间(事实上是紧 Hausdorff 空间)，所以上面的定理是适用的. □

系 20.6 令 $w*K$ 是复形 K 上的一个锥. 那么由

$$\pi(x,t)=(1-t)x+tw$$

定义的映射 $\pi:|K|\times I\to|w*K|$ 是一个商映射；它把 $|K|\times 1$ 坍缩到一点 w，而在其情况下，它是 1-1 的.

证明 如果 $\sigma=v_0\cdots v_n$ 是 K 的一个单形，令 $w*\sigma$ 表示 $w*K$ 的单形 $wv_0\cdots v_n$. 集合 B 在 $|w*K|$ 中是闭的当且仅当它与每个单形 $w*\sigma$ 的交在该单形中是闭的. 集合 A 在 $|K|\times I$ 中是闭的当且仅当它与每个集合 $\sigma\times I$ 的交在 $\sigma\times I$ 中是闭的. 因此为使 π 是商映射，只需证明通过限制 π 得到的映射

$$\pi':\sigma\times I\rightarrow w*\sigma$$

是商映射. 但该事实是直接的,因为π'是连续的而且是满射,所涉及的空间都是紧 Hausdorff 空间. □

上面的系 20.5 提出了定义任意拓扑空间上的锥的一种方法.

定义 令 X 是一个空间. 我们定义 X 上的**锥**是从 $X\times I$ 通过把子集 $X\times 1$ 等同于一点而得到的商空间. 这个点称为锥的**顶点**. 这个锥本身记为 $C(X)$. 形式上,我们通过下述方法来构成 $C(X)$:把 $X\times I$ 划分成单点集$\{(x,t)\}(t<1)$和集合 $X\times 1$,然后转化成所得的商空间.

习　题

1. 验证本节中关于商空间的那些述而未证的结果.

2. 令 X 是从 $\mathbf{R}^2$ 的两个拷贝,比如说 $\mathbf{R}^2\times\{a\}$和 $\mathbf{R}^2\times\{b\}$,通过每当 $x\neq\mathbf{0}$ 时就将(x,a)和(x,b)等同而得到的空间. 那么我们把 X 称为**带有两个原点的平面**.

(a) 证明 X 的每个点都有一个邻域同胚于 $\mathbf{R}^2$ 中的一个开集.

(b) 证明 X 不是 Hausdorff 空间.

3. (a) 证明若 $p:X\rightarrow Y$ 是一个开商映射且 A 在 X 中是开的,那么 $p|_A:A\rightarrow p(A)$是一个开商映射.

(b) 以“闭的”代替“开的”重证的结论.

4. 证明如果 $p:A\rightarrow B$ 和 $q:C\rightarrow D$ 都是开商映射,那么 $p\times q$ 也是开商映射.

5. 令 X 是子空间$\{X_\alpha\}$的凝聚并. 证明如果 Y 是 X 的子空间,它在 X 中是开的或闭的,那么 Y 是其子空间$\{Y\cap X_\alpha\}$的凝聚并.

6. K 和 L 是复形. 证明:如果 K 是局部有限的,那么$|K|\times|L|$的拓扑关于子空间 $\sigma\times q(\sigma\in K,q\in L)$是凝聚的.

* §21　应用:球面映射

本节我们给出同调伦对于几何学和拓扑学中几个经典问题的

应用. 在这里我们所证明的几个定理,在下一节当我们证明了 Lefschetz 不动点定理时,将对它们作进一步推广.

定义 令 $n\geqslant 1$. 令 $f:S^n\to S^n$ 是连续映射. 如果 α 是无限循环群 $H_n(S^n)$的两个生成元之一,那么 $f_*(\alpha)=d\alpha$ 对某个 d 成立. 整数 d 不依赖于生成元的选取,这是因为 $f_*(-\alpha)=d(-\alpha)$. 我们把整数 d 称为映射 f 的**度**.

映射度具有下列性质:

(1) 如果 $f\simeq g$,那么 $\deg f=\deg g$.

(2) 如果 f 能扩张成一个连续映射 $h:B^{n+1}\to S^n$,那么 $\deg f=0$.

(3) 恒等映射的映射度是 1.

(4) $\deg(f\circ g)=(\deg f)\cdot(\deg g)$.

性质(1)可从定理 19.2 得出. 而性质(2)可从下列事实得出:$f_*:H_n(S^n)\to H_n(S^n)$等于复合映射

$$H_n(S^n)\xrightarrow{j_*}H_n(B^{n+1})\xrightarrow{h_*}H_n(S^n)$$

其中 j 是包含映射. 由于 B^{n+1}是零调的,因而这个复合映射是零同态. 性质(3)和(4)是定理 18.1 的直接推论.

定理 21.1 *不存在收缩映射 $r:B^{n+1}\to S^n$.*

证明 这样一个映射 r 应是恒等映射 $i:S^n\to S^n$ 的扩张. 因为 i 的映射度是 $1\neq 0$,所以不存在这样的扩张. □

定理 21.2(Brouwer 不动点定理) *每个连续映射 $\phi:B^n\to B^n$ 都至少有一个不动点.*

证明 如果 $\phi:B^n\to B^n$ 没有不动点,那么我们就能用等式

$$h(x)=\frac{x-\phi(x)}{\|x-\phi(x)\|}$$

来定义一个映射 $h:B^n\to B^n$,因为 $x-\phi(x)\neq\mathbf{0}$. 令 $f:S^{n-1}\to S^{n-1}$表示 h 在 S^{n-1}上的限制. 那么 f 的映射度为 0.

另一方面,我们要证明 f 的映射度是 1,从而引出矛盾. 定义一个同伦$H:S^{n-1}\times I\to S^{n-1}$为

$$H(u,t)=\frac{u-t\phi(u)}{\| u-t\phi(u)\|}.$$

对于 $t=1$,分母不为零,因为 $u\neq\phi(u)$;而对于 $0\leqslant t<1$,分母不为零是因为 $\| u\|=1$且 $\| t\phi(u)\|=t\| \phi(u)\|\leqslant t<1$. 映射 H 是 S^{n-1}上的恒等映射与映射 f 之间的同伦. 因此,$\deg f=1$. □

定义　对径映射 $a:S^n\to S^n$ 是对所有 x 由等式 $a(x)=-x$ 定义的映射.

为了进一步的应用,我们必须计算对径映射的映射度. 在这里我们是通过直接证明来做的. 第二种证明在下一节给出;第三个证明将在§31 给出.

定理 21.3　令 $n\geqslant 1$. 对径映射 $a:S^n\to S^n$ 的映射度是 $(-1)^{n+1}$.

证明　事实上,我们证明反射映射

$$\rho(x_1,\cdots,x_{n+1})=(x_1,\cdots,x_n,-x_{n+1})$$

的映射度为 -1. 那么由此可得出任何反射映射

$$\rho_i(x_1,\cdots,x_i,\cdots,x_{n+1})=(x_1,\cdots,-x_i,\cdots,x_{n+1})$$

的映射度是 -1. 因为 $\rho_i=h^{-1}\circ\rho\circ h$,其中 h 是 R^{n+1}的同胚,它只交换 x_i 和 x_{n+1},因而

$$\deg\rho_i=(\deg h^{-1})(\deg\rho)(\deg h)=\deg(h^{-1}\circ h)\deg\rho=\deg\rho.$$

因为 a 等于复合映射 $\rho_1\rho_2\cdots\rho_{n+1}$,所以我们有 $\deg a=(-1)^{n+1}$.

第一步　空间 X 的一个**三角剖分**是一个复形 L 和一个同胚 $h:|L|\to X$. 我们将用一个 n 维复形构造 S^n 的一个三角剖分使得反射映射 ρ 诱导这个复形到其自身的一个单纯映射.

一般,如果 K 是 $\mathbf{R}^N\times 0\subset\mathbf{R}^{N+1}$中的一个有限复形,在 $\mathbf{R}^{N+1}$中令 $w_0=(0,\cdots,0,1)$和 $w_1=(0,\cdots,0,-1)$,再令

$$S(K)=(w_0*K)\cup(w_1*K).$$

我们把 $S(K)$称为 K 的一个*双角锥*. (参看§8 的习题.)令 r: $S(K)\to S(K)$是这样一个单纯映射,它把 w_0 和 w_1 对换并将 K

的每个顶点映射到其自身. 我们证明存在一个 $n-1$ 维复形 K 和一个三角剖分

$$k: |S(K)| \to S^n,$$

使得下列图表交换

$$\begin{array}{ccc} S(K) & \xrightarrow{k} & S^n \\ r\downarrow & & \downarrow p \\ S(K) & \xrightarrow{k} & S^n \end{array}$$

那么第一步即可得证.

令 $h: |K| \to S^{n-1}$ 是由一个 $n-1$ 维复形构成的 S^{n-1} 的任何三角剖分. 令 $y \in |S(K)|$. 如果 $y=(1-t)x+tw_0$ 对某个 $x \in |K|$ 成立,那么就定义

$$k(y) = (\sqrt{1-t^2}\,h(x), t).$$

若 $y=(1-t)x+tw_1$,则定义

$$k(y) = (\sqrt{1-t^2}\,h(x), -t).$$

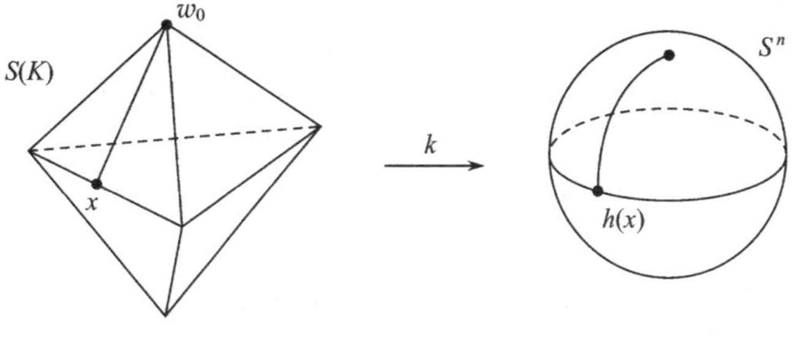

图 21.1

参看图 21.1. 容易证实 k 把 $|S(K)|$ 同胚地映射到 S^n 上. 参看习题 3. $\rho \circ k = k \circ r$ 这个事实是直接的,因为

$$r((1-t)x+tw_0) = (1-t)x+tw_1.$$

第二步 鉴于第一步,为了证明我们的定理,只要证明 $\deg r = -1$ 即可.

令 z 是 $S(K)$ 的一个 n 维闭链;那么 z 是一个形如

$$z = [w_0, c_m] + [w_1, d_m]$$

的链,其中 c_m 和 d_m 是 K 的链,且 $m = n-1$.(在这里我们使用了§8的括号记法.)假设 $n>1$. 由于 z 是一个闭链,所以

$$0 = \partial z = c_m - [w_0, \partial c_m] + d_m - [w_1, \partial d_m].$$

把这个链限制在 K 上,我们得到等式 $c_m + d_m = 0$,由此可得

$$z = [w_0, c_m] - [w_1, c_m].$$

因为 r 只交换 w_0 和 w_1,所以我们有

$$r_\#(z) = [w_1, c_m] - [w_0, c_m] = -z,$$

这正是我们所期望的. 当 $n=1$ 时,类似的计算结果成立. □

定理 21.4 如果 $h: S^n \to S^n$ 的映射度不等于 $(-1)^{n+1}$,那么 h 至少有一个不动点.

证明 我们将假设 $h: S^n \to S^n$ 没有不动点并且证明 $h \simeq a$,从而定理成立. 直观上我们能够简单地通过沿着连接两点 $h(x)$ 和 $-x$ 的较短的大圆弧把点 $h(x)$ 移动到点 $-x$ 来构造同伦. 因为 $h(x)$ 和 $-x$ 不是对径点,所以有唯一的一条这样的弧,因而同伦是完全确定的. 最后,我们定义同伦 $H: S^n \times I \to S^n$ 为

$$H(x,t) = \frac{(1-t)h(x) + t(-x)}{\|(1-t)h(x) + t(-x)\|}.$$

一旦我们证明了分母不为零,那么证明也就完成了. 如果对某 x 和 t,有 $(1-t)h(x) = tx$,那么两边取范数,我们就推出 $1-t = t = 1/2$. 由此得 $h(x) = x$,这与假设矛盾. □

定理 21.5 如果 $h: S^n \to S^n$ 的映射度不等于 1,那么 h 把某个点 x 映射到它的对径点 $-x$.

证明 如果 a 是对径映射,那么 $a \circ h$ 的映射度不等于 $(-1)^{n+1}$,因而它有一个不动点 x. 于是 $a(h(x)) = x$. 那么正如

我们所期望的那样,有 $h(x)=x$. □

系 21.6 当且仅当 n 为奇数时,S^n 有非零的切向量场.

证明 设 n 是奇数,令 $n=2k-1$. 那么对于 $x\in S^n$,我们定义

$$\boldsymbol{v}(x)=(-x_2,x_1,-x_4,x_3,\cdots,-x_{2k},x_{2k-1}).$$

请注意到 $\boldsymbol{v}(x)$垂直于 x,因而 $\boldsymbol{v}(x)$在 x 处切于S^n.

反之,设 $\boldsymbol{v}(x)$是对 $x\in S^n$ 定义的非零向量场,使得 $\boldsymbol{v}(x)$在 x 点切于S^n. 那么 $h(x)=\boldsymbol{v}(x)/\|\boldsymbol{v}(x)\|$是 S^n 到S^n 内的映射. 因为对所有 x,$\boldsymbol{v}(x)$垂直于 x,所以不可能有 $h(x)=x$ 或者 $h(x)=-x$. 因而 h 没有不动点,并且 h 不把任何点映射到它的对径点. 于是我们推出 $\deg h=(-1)^{n+1}$和 $\deg h=1$,从而 n 必然为奇数. □

习　题

1. (a) 令 K 是图 21.2 中所画出的复形,其空间是正方形的边界;令 sd$K$ 是它的首次重心重分,如图所示. 令 f:sd$K\to K$ 是由$f(a_i)=a_{2i}$所指定的单纯映射,其中下标 $2i$ 在必要时是模 8 约化的. 证明映射 f 的映射度是 2.

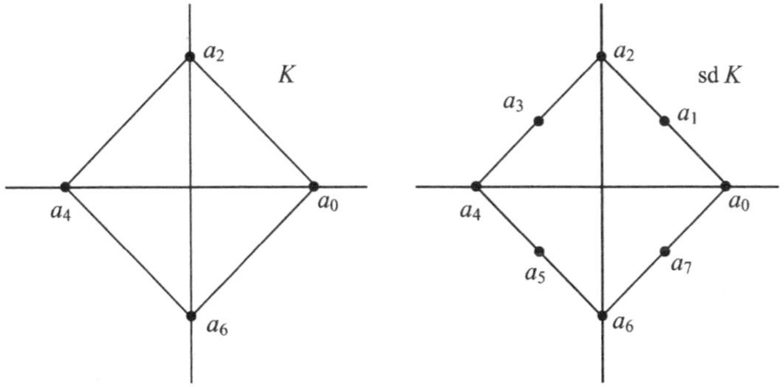

图 21.2

(b) 将 S^1 看作是具有单位模的复数集. 证明由 $h(z)=z^2$ 给出的映射 $h:S^1\to S^1$ 的映射度为 2. [提示:由径向射影,h 诱导一个从$|K|$到其自身的映射,它同伦于(a)款的单纯映射 f.]

(c) 若 n 是任何整数,证明由 $k(z)=z^n$ 给出的映射 $k:S^1\to S^1$,其映射度为 n.

2. 利用习题 1 的结果证明:

代数基本定理 带实系数或复系数的多项式

$$z^n + a_{n-1}z^{n-1} + \cdots + a_1 z^1 + a_0$$

在复平面内有一个零点.

证明 令 S_c 是半径为 c 的圆周 $|z|=c$. 设给定的多项式在圆 $|z|\leqslant c$ 内没有零点. 令

$$h:S_c\to \mathbf{R}^2-\mathbf{0}$$

是由 $h(z)=z^n+a_{n-1}z^{n-1}+\cdots+a_0$ 定义的.

(a) 证明 h_* 是平凡的.

(b) 证明:如果 c 充分大,那么 h 同伦于由 $k(z)=z^n$ 给出的映射 $k:S_c\to\mathbf{R}^2-\mathbf{0}$. [提示:置 $F(z,t)=z^n+t(a_{n-1}z^{n-1}+\cdots+a_0)$]

(c) 导出矛盾.

3. 定理 21.3 的第一步中定义的映射 k 是一个同胚,可证明如下:

(a) 证明由等式

$$p(x,t)=\begin{cases}(1-t)x+tw_0,\ t\geqslant 0,\\(1+t)x-tw_1,\ t\leqslant 0,\end{cases}$$

$$q(x,t)=(\sqrt{1-t^2}\,h(x),t).$$

给出的映射

$$p:\ |K|\times[-1,1]\to|S(K)|,$$
$$q:\ |K|\times[-1,1]\to S^n.$$

是商映射.

(b) 证明商映射 p 和 q 诱导同胚 k.

* §22 应用:Lefschetz 不动点定理

在上一节我们所证明的不动点定理都是与球和球面到它们自

身的映射相关的．这些定理有一个深远的推广．它是属于 Lefschetz 的．我们现在就来证明它．

首先，我们需要几个来自代数的事实．

如果 $A=(a_{ij})$ 是一个 $n\times n$ 方阵，那么 A 的**迹**，记为 $\mathrm{tr}A$，定义为

$$\mathrm{tr}A = \sum_{i=1}^{n} a_{ii}.$$

如果 A 和 B 都是 $n\times n$ 矩阵，那么

$$\mathrm{tr}AB = \sum_{i,j} a_{ij}b_{ji} = \mathrm{tr}BA.$$

如果 G 是以 $e_1,\cdots,e_n$ 为基的自由 Abel 群，$\phi:G\to G$ 是一个同态，那么我们定义 ϕ 的**迹**是 $\mathrm{tr}A$，其中 A 是 ϕ 关于给定的基的矩阵．这个值不依赖于基的选取，因为 ϕ 关于另一个基的矩阵等于 $B^{-1}AB$，其中 B 为某个方阵，而且 $\mathrm{tr}(B^{-1}(AB))=\mathrm{tr}((AB)B^{-1})=\mathrm{tr}A$．同样的论证说明若 $i:G\to G'$ 是一个同构，那么 $\mathrm{tr}(i\circ\phi\circ i^{-1})=\mathrm{tr}\phi$．

如果 K 是有限复形，而且 $\phi:C_p(K)\to C_p(K)$ 是链映射，那么由于 $C_p(K)$ 是有限秩的自由 Abel 群，因而 ϕ 的迹有定义，我们把它记为 $\mathrm{tr}(\phi,C_p(K))$．群 $H_p(K)$ 未必是自由 Abel 群，但是如果 $T_p(K)$ 是它的挠子群，那么群 $H_p(K)/T_p(k)$ 一定是自由 Abel 群．而且 ϕ_* 诱导这个群到其自身的一个同态．我们用记号 $\mathrm{tr}(\phi_*,H_p(K)/T_p(K))$ 表示这个诱导同态的迹．在这两个数之间没有明显的联系，因此下面的公式是相当惊人的．

定理 22.1(Hopf 迹数定理)　令 K 是一个有限复形；令 $\phi:C_p(K)\to C_p(K)$ 是一个链映射．那么

$$\sum_p(-1)^p\mathrm{tr}(\phi,C_p(K)) = \sum_p(-1)^p\mathrm{tr}(\phi_*,H_p(K)/T_p(K)).$$

证明　第一步　令 G 是有限秩的自由 Abel 群，令 H 是一个子群(必然是自由 Abel 群)，而且设 G/H 是自由 Abel 群．令 $\phi:G\to G$ 是一个将 H 映入其自身内的同态．我们来证明

$$\operatorname{tr}(\phi, G) = \operatorname{tr}(\phi', G/H) + \operatorname{tr}(\phi'', H),$$

其中，ϕ'和ϕ''表示由ϕ诱导的同态.

令$\{\alpha_1 + H, \cdots, \alpha_n + H\}$是$G/H$的一个基，令$\beta_1, \cdots, \beta_p$是$H$的一个基. 如果$A$和$B$是$\phi'$和$\phi''$关于各自的基的相应矩阵，那么

$$\phi'(\alpha_j + H) = \sum_i a_{ij}(\alpha_i + H),$$

$$\phi''(\beta_j) = \sum_i b_{ij}\beta_i .$$

由于容易验证$\alpha_1, \cdots, \alpha_n, \beta_1, \cdots, \beta_p$是$G$的一个基，而且从上面的等式可以得到

$$\phi(\alpha_j) = \sum_i a_{ij}\alpha_i + (H \text{ 中的项})$$

$$\phi(\beta_j) = \sum_i b_{ij}\beta_i .$$

因此，ϕ关于G的这个基的矩阵具有形式

$$C = \begin{pmatrix} A & 0 \\ * & B \end{pmatrix}$$

显然，$\operatorname{tr}C = \operatorname{tr}A + \operatorname{tr}B$，这就得出本步要证的结果.

第二步　像通常一样，令C_p表示链群$C_p(K)$，令Z_p表示p维闭链，令B_p表示p维边缘链，令W_p表示p维弱边缘链群，它是由那些其某个倍数构成边缘的p维链组成的. 那么

$$B_p \subset W_p \subset Z_p \subset C_p .$$

因为ϕ是链映射，所以它将这些群中的每一个都映射到其自身内. 我们将证明商群C_p/Z_p和Z_p/W_p是自由的，那么从第一步就能得出

(i) $\operatorname{tr}(\phi, C_p) = \operatorname{tr}(\phi, C_p/Z_p) + \operatorname{tr}(\phi, Z_p/W_p) + \operatorname{tr}(\phi, W_p)$.

(在这里我们不再使用撇号来区别各个诱导同态.)下面我们分别来计算式中的各项.

第三步　考虑群C_p/Z_p. 通过限制∂的值域而得到的同态∂_0: $C_p \to B_{p-1}$是满同态，而且它的核等于Z_p. 因此它诱导C_p/Z_p到

B_{p-1}的一个同构,因而 C_p/Z_p 是自由的. 此外,因为 ϕ 与∂交换,故它与这个同构也交换. 因此(如以前所说)有

(ii) $$\operatorname{tr}(\phi, C_p/Z_p) = \operatorname{tr}(\phi, B_{p-1}).$$

第四步 考虑群 Z_p/W_p,考虑射影映射

$$Z_p \to Z_p/B_p = H_p \to H_p/T_p.$$

它们的复合是满射而且以 W_p 为核. 因此它诱导一个同构

$$Z_p/W_p \to H_p/T_p.$$

因而 Z_p/W_p 是自由的. 因为射影与 ϕ 交换,所以这个同构也与 ϕ 交换. 因此

(iii) $$\operatorname{tr}(\phi, Z_p/W_p) = \operatorname{tr}(\phi_*, H_p/T_p).$$

第五步 考虑群 W_p. 我们要证明

(iv) $$\operatorname{tr}(\phi, W_p) = \operatorname{tr}(\phi, B_p).$$

回想到 B_p 是 W_p 的一个子群. 应用自由 Abel 群的基本定理,我们可以选取 W_p 的一个基 $\alpha_1, \cdots, \alpha_n$ 使得对于某些整数 $m_1, \cdots, m_k \geqslant 1$,诸元 $m_1\alpha_1, \cdots, m_k\alpha_k$ 构成 B_p 的一个基. 由于 W_p/B_p 是挠群,因此 $k = n$. 我们来计算 ϕ 关于 W_p 和 B_p 的基. 令

$$\phi(\alpha_j) = \sum_i a_{ij}\alpha_i,$$

$$\phi(m_j\alpha_j) = \sum_i b_{ij}(m_i\alpha_i).$$

其中求和是从 1 到 n 的. 那么由定义,$\operatorname{tr}(\phi, W_p) = \sum a_{ii}$,$\operatorname{tr}(\phi, B_p) = \sum b_{ii}$. 将上面的第一个等式乘以 m_j,我们推出对所有 i 和 j,$m_j a_{ij} = b_{ij} m_i$. 尤其是对所有 i,$a_{ii} = b_{ii}$. 因此 $\operatorname{tr}(\phi, W_p) = \operatorname{tr}(\phi, B_p)$.

第六步 为完成证明,我们将公式(ii),(iii),(iv)代入(i)得等式

$$\operatorname{tr}(\phi, C_p) = \operatorname{tr}(\phi, B_{p-1}) + \operatorname{tr}(\phi_*, H_p/T_p) + \operatorname{tr}(\phi, B_p).$$

当我们把此式乘以$(-1)^p$ 并对所有 p 求和时,各式的首项和尾项

成对地相消，于是我们所期望的公式就得以证明. □

定义 一个有限复形 K 的 **Euler 数**，按经典方式是由等式

$$\chi(K) = \sum(-1)^p \operatorname{rank}(C_p(K))$$

确定的. 换句话说，$\chi(K)$是 K 在每一维数的单形数目的交错和.

我们证明 K 的 Euler 数是$|K|$的拓扑不变量如下.

定理 22.2 令 K 是一个有限复形. 令 $\beta_p = \operatorname{rank} H_p(K)/T_p(K)$，它是 K 的 p 维 Betti 数. 那么

$$\chi(K) = \sum_p (-1)^p \beta_p.$$

证明 如果 $\phi: C_p(K) \to C_p(K)$是恒等链映射，那么 ϕ 关于任何基的矩阵是单位矩阵. 从而我们推出 $\operatorname{tr}(\phi, C_p) = \operatorname{rank} C_p$. 类似地，因为 ϕ_* 是恒等映射，所以 $\operatorname{tr}(\phi_*, H_p/T_p) = \operatorname{rank} H_p/T_p = \beta_p$. 于是我们要证的公式即可从 Hopf 迹数定理得出. □

这个定理有若干推论. 例如，当$|K|$是 R^3 中凸区域的边界时，$\chi(K)=2$(因为此时$|K|$同胚于 S^2)这一事实能够用来证明只有五种这样的复形是正多面体. 它们给出五种经典的柏拉图立体，参看习题.

定义 令 K 是一个有限复形；令 $h: |K| \to |K|$是一个连续映射. 那么我们将数

$$\Lambda(h) = \sum(-1)^p \operatorname{tr}(h_*, H_p(K)/T_p(K))$$

称为 h 的 **Lefsehetz 数**.

请注意到，由定理 19.2，$\Lambda(h)$仅依赖于 h 的同伦类. 而且，它只依赖于拓扑空间$|K|$，而不依赖于特定复形 K：如果 L 是适合$|L| = |K|$的另一个复形，那么由恒等映射诱导的同态

$$j_*: H_p(L) \to H_p(K)$$

是一个同构. $(h_L)_* = j_*^{-1} \circ (h_K)_* \circ j_*$ 这个事实蕴涵着$(h_L)_*$和$(h_K)_*$有相同的迹数.

定理 22.3(Lefschetz 不动点定理) 令 K 是一个有限复形；

令 $h:|K|\to|K|$ 是一个连续映射. 如果 $\Lambda(h)\neq 0$, 那么 h 必有不动点.

证明 假定 h 没有不动点,那么我们将证明 $\Lambda(h)=0$.

第一步 在以下的各步中,我们将假定 K 满足条件:对所有 v,

$$h(\overline{\mathrm{St}}(v,K))\cap\overline{\mathrm{St}}(v,K)=\varnothing.$$

因此我们必须证明这个假定是合理的.

首先,令 $\varepsilon=\min|x-h(x)|$. 利用 h 的一致连续性,选取 δ 使得每当 $|x-y|<\delta$ 时就有 $|h(x)-h(y)|<\varepsilon/3$. 令 $\lambda=\min\{\delta,\varepsilon/2\}$. 那么对于直径小于 λ 的任何集合 A,均有 A 和 $h(A)$ 的直径都小于 $\varepsilon/2$. 因而它们一定不相交. 用 K 的一个其闭星形的直径都小于 λ 的重分代替 K. 正如我们早就指出的那样,这并不影响 $\Lambda(h)$ 的计算. 于是我们所假定的条件成立.

第二步 假定 K 满足第一步的条件. 现在让我们选取 K 的一个重分 K' 使得 h 有一个单纯逼近 $f:K'\to K$. 我们证明如果 s 和 σ 分别是 K' 和 K 的单形使得 $s\subset\sigma$,那么 $f(s)\neq\sigma$.

假设 $f(s)=\sigma$. 令 w 是 s 的一个顶点,令 $f(w)=v$ 是 σ 的一个顶点. $s\subset\sigma$ 这个事实蕴涵着 $w\in\overline{\mathrm{St}}(v,K)$,因而

$$(*)\qquad h(w)\in h(\overline{\mathrm{St}}(v,K)).$$

另一方面,由单纯逼近的定义,我们有

$$h(\mathrm{St}(w,K'))\subset\mathrm{St}(f(w),K),$$

尤其是,它蕴涵着

$$(**)\qquad h(w)\in\overline{\mathrm{St}}(v,K).$$

将(*)式和(**)式联合,就与第一步的假设矛盾.

第三步 现在我们应用 Hopf 迹数定理来计算 $\Lambda(h)$.

令 $f:K'\to K$ 是 h 的一个单纯逼近;令 $\lambda:\mathscr{C}(K)\to\mathscr{C}(K')$ 是重分算子. 那么由定义,h_* 是由链映射 $\phi=f_\#\circ\lambda$ 诱导的.

我们来计算 ϕ 的迹. 令 A 是 ϕ 关于由 K 的 p 维定向单形组成的 $C_p(K)$ 的通常基的矩阵. 令 σ 是一个典型的基元素. 链 $\lambda(\sigma)$

是 K' 的使得 $s\subset\sigma$ 的定向单形 s 的一个线性组合. 对于任何这样的单形 s,从第二步可知 $f(s)\neq\sigma$. 我们推出链 $\phi(\sigma)=f_{\#}(\lambda(\sigma))$ 是 K 的不同于 σ 的 p 维单形的线性组合. 因而在矩阵 A 中对应于 σ 的行和列的元素为 0. 由此可见,A 的所有对角线元为 0,因而 $\mathrm{tr}A=\mathrm{tr}\phi=0$.

Hopf 迹数定理告诉我们

$$\Lambda(h)=\sum(-1)^p\mathrm{tr}(\phi,C_p(K)).$$

因为在这个和式中的每一项为零,所以 $\Lambda(h)=0$. □

为了应用这个定理,我们需要下面的引理.

引理 22.4 令 K 是一个有限复形;令 $h:|K|\to|K|$ 是一个连续映射. 如果 $|K|$ 是连通的,那么 $h_*:H_0(K)\to H_0(K)$ 是恒等映射.

证明 令 $f:K'\to K$ 是 h 的一个单纯逼近. 若 v 是 K 的一个顶点,那么重分算子 λ 把 v 映射到由 v 的重分——它恰好是 v 自身——所承载的一个 0 维单形. 因而 $\lambda(v)$ 是 v 的一个倍式. 因为 λ 保持增广,所以 $\lambda(v)=v$.

于是 $f_{\#}\lambda(v)=f_{\#}(v)$,它是 K 的一个顶点. 因为 $|K|$ 是连通的,所以 $f_{\#}(v)$ 同调于 v. 因此 $h_*=f_*\circ\lambda_*$ 等于 $H_0(K)$ 上的恒等映射. □

定理 22.5 令 K 是一个有限复形;令 $h:|K|\to|K|$ 是一个连续映射. 如果 $|K|$ 是零调的,那么 h 必有一个不动点.

证明 群 $H_0(K)$ 是无限循环的,h_* 是 $H_0(K)$ 上的恒等映射. 因而 $\mathrm{tr}(h_*,H_0(K))=1$. 因为所有更高维的同调为零,所以 $\Lambda(h)=1$. 因此,h 有不动点. □

定理 22.6 S^n 的对径映射的映射度是 $(-1)^{n+1}$.

证明 令 $h:S^n\to S^n$ 是一个映射度为 d 的映射. 我们来计算 $\Lambda(h)$. 由于 h_* 是 0 维同调上的恒等映射. 在 n 维同调上,它的矩阵是只有单独一个元素 $d=\deg f$ 的 1×1 矩阵. 因此

$$\Lambda(h)=1+(-1)^n d.$$

由于对径映射 a 没有不动点，因而 $\Lambda(a)=0$. 由此可见，a 的映射度是 $(-1)^{n+1}$. □

习　　题

1. 证明每个映射 $f:P^2\to P^2$ 都有不动点.

2. 令 K 是一个有限复形. 证明若 $h:|K|\to|K|$ 同伦于一个常映射，那么 h 必有一个不动点.

3. (a) 证明存在从 Klein 瓶 S 到其自身的一个映射 f 把图 22.1 所示的曲线 C 同胚地映射到曲线 D 上，而且存在一个映射 g 把 C 映射到阴影区域 E 中.

(b) 令 f 和 g 如(a)中所述. 证明若 $f'\simeq f$ 和 $g'\simeq g$，那么 f' 和 g' 均有不动点.

(c) 试求出一个没有不动点的映射 $h:S\to S$.

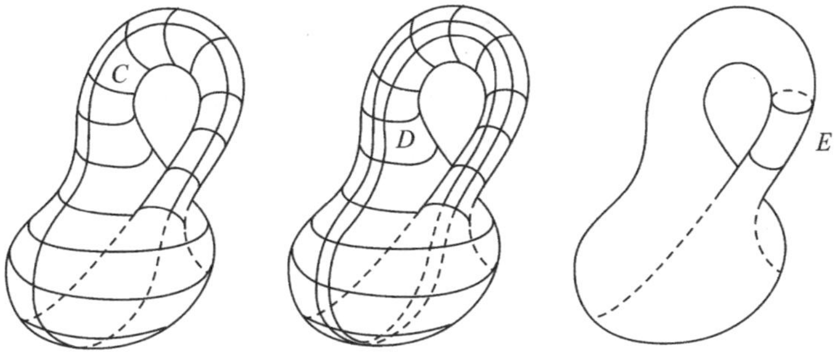

图 22.1

4. 如果 M 是 $\mathbf{R}^n$ 中的一个紧光滑曲面，$\boldsymbol{v}(x)$ 是 M 的切向量场，那么微分几何的一个标准定理可叙述为：对于某个 $\varepsilon>0$，有一个连续映射

$$F:M\times(-\varepsilon,\varepsilon)\to M$$

具有下列性质：对每个 x_0，曲线

$$t\to F(x_0,t)$$

当 $t=0$ 时经过点 x_0 且具有速度向量 $\boldsymbol{v}(x_0)$. 而且，如果对所有 x，$\boldsymbol{v}(x)\neq$

$\mathbf{0}$,那么存在一个 δ 使得对于 $0<|t|<\delta$,就有

$$F(x_0,t)\neq x_0.$$

(a) 利用这些事实证明,若 M 有非零切向量场,那么 $\chi(M)=0$.

(b) 确定哪些紧曲面具有非零切向量场.

5. 设 B 是 $\mathbf{R}^3$ 中的多边形的有限族,其中每两个多边形至多相交于一条公共边或一个公共点. 我们把族中的每一个多边形称为 B 的一个面,且把它顶点称为 B 的顶点.

(a) 令 $|B|$ 是 B 的元素之并. 证明

$$\chi(|B|)=(\#\ 面)-(\#\ 边)+(\#\ 顶点).$$

其中,#面、#边、#顶点分别表示面数、边数和顶点数. [提示:通过从每个面的一个内点作星形把 B 重分成一个单纯复形.]

(b) 如果 B 的所有面都具有同样多的边数(比如说是 k),B 的每条边恰好属于 B 的两个面,而且 B 的每个顶点都属于同样多的面数(比方说是 l),那么我们说 B 是"组合正则的". 构成一个四面体的边缘的三角形组成这样一个集族;构成一个立方体的边缘的正方形组成另一个这样的集族.

证明只有五种组合正则的集族 B 使得 $|B|$ 同胚于 S^2. [提示:出于几何上的考虑这里隐含着 $l\geqslant 3,k\geqslant 3$.]

(c) 有许多组合正则的集族 B 使得 $|B|$ 同胚于环面. 但是对于 k 和 l 只有有限多种可能性. 请问这些可能性都有哪些?

第三章 相对同调群和 Eilenberg-Steenrod 公理

直到现在为止，我们主要是集中研究了“绝对”单纯同调群，尽管我们也曾定义过相对同调群并且证明了它们的拓扑不变性．现在我们更详细地来研究相对同调群．它们的用途是多方面的．一方面，它们很自然地出现在拓扑学的许多应用之中；另一方面，正如我们将要看到的那样，在表达称为 Eilenberg-Steenrod 公理的那些同调的基本性质时，将会以一种必不可少的方式涉及到它们．

§23 正合同调序列

使得相对同调群有用的若干途径之一是它能给出关于绝对同调群的信息．在相对同调群 $H_p(K,K_0)$ 与绝对同调群 $H_p(K)$ 和 $H_p(K_0)$ 之间存在着某些联系．例如，$H_p(K,K_0)$ 和 $H_{p+1}(K,K_0)$ 为零则蕴涵着 $H_p(K)$ 和 $H_p(K_0)$ 同构，但这绝不是一看即明的事实．用精确而普遍的方式阐明这种关系是件相当细致的事．

在代数拓扑学的早期，按照这种思路证明的定理常常是笨拙和冗长的．阐述它的正确语言当时还没有找到．属于 Eilenberg 的一种卓越的代数思想立刻就把问题澄清了．这确实是一种全新的和方便的记法，我们把它称为（群、环或其它研究对象的）“正合序列”．不仅在拓扑学中而且在代数学中，这个概念的用处无论怎么评价都不过分．晦涩的代数论证一旦用正合序列的术语来阐述常常会绝妙地明朗化．另有一些甚至对专业的代数学家都是困难的论证也会变得如此容易，以至于可以放心地将它留给读者．

绝对同调群和相对同调群之间的关系是由一个正合序列来表示的，我们把这个序列称为“复形偶的正合同调序列”．本节我们将研究群(通常是 Abel 群)的正合序列,并且将定义偶的正合同调序列.

定义 考虑群和同态的一个(有限或无限的)序列

$$\cdots \to A_1 \xrightarrow{\phi_1} A_2 \xrightarrow{\phi_2} A_3 \to \cdots$$

当

$$\operatorname{im}\phi_1 = \ker\phi_2$$

时,我们称这个序列**在 A_2 处是正合的**.如果它处处是正合的,那么就把它简称为**正合序列**.当然,正合性在序列的第一个群或最后一个群(假如它们存在的话)处是不能定义的.

在这里我们列举关于正合序列的几个基本事实,你应当把它们常备在手上.其证明留作习题.因为我们所考虑的群是 Abel 群,所以我们将用 0 表示平凡群(单元素群).

(1) $A_1 \xrightarrow{\phi} A_2 \to 0$ 是正合的当且仅当 ϕ 是一个满态射.

(2) $0 \to A_1 \xrightarrow{\phi} A_2$ 是正合的当且仅当 ϕ 是一个单态射.

(3) 设序列

$$0 \to A_1 \xrightarrow{\phi} A_2 \xrightarrow{\psi} A_3 \to 0$$

是正合的,我们把这样的序列称为**短正合序列**.那么 $A_2/\phi(A_1)$ 同构于 A_3,这个同构是由 ψ 诱导的.反之,若 $\psi: A \to B$ 是满态射,其核为 K,那么序列

$$0 \to K \xrightarrow{i} A \xrightarrow{\psi} B \to 0$$

是正合的,其中 i 是包含映射.

(4) 设序列

$$A_1 \xrightarrow{\alpha} A_2 \xrightarrow{\phi} A_3 \xrightarrow{\beta} A_4$$

是正合的.那么下列说法是等价的:

(i) α 是满态射.

(ii) β 是单态射.

(iii) ϕ 是零同态.

(5) 设序列

$$A_1 \xrightarrow{\alpha} A_2 \to A_3 \to A_4 \xrightarrow{\beta} A_5$$

是正合的,那么诱导序列

$$0 \to \operatorname{cok}\alpha \to A_3 \to \ker\beta \to 0$$

也是正合的.

定义 考虑具有同一指标集的群和同态的两个序列

$$\cdots \to A_1 \to A_2 \to \cdots,$$

$$\cdots \to B_1 \to B_2 \to \cdots.$$

第一个序列到第二个序列的**同态**是一族同态 $\alpha_i: A_i \to B_i$,使得由映射组成的每个方形图表

$$\begin{array}{ccc} A_i & \longrightarrow & A_{i+1} \\ \alpha_i \downarrow & & \downarrow \alpha_{i+1} \\ B_i & \longrightarrow & B_{i+1} \end{array}$$

是交换的.当每个 α_i 都是同构时,序列的同态成为序列的**同构**.

例如,若把一个链复形 $\mathscr{C}$ 看成群 C_i 和同态 ∂_i 的一个序列,那么一个这样的序列 $\mathscr{C}$ 到另一个序列 $\mathscr{D}$ 的同态恰好是我们所说的从 $\mathscr{C}$ 到 $\mathscr{D}$ 的一个链映射.

定义 考虑短正合序列

$$0 \to A_1 \xrightarrow{\phi} A_2 \xrightarrow{\psi} A_3 \to 0.$$

如果群 $\phi(A_1)$是 A_2 的一个直和项,则我们称这个序列是**分裂的**.

这意味着 A_2 是 $\phi(A_1)$与另外某个子群 B 的内直和,当然群 B 不是唯一确定的.在这种情况下,序列成为

$$0 \to A_1 \xrightarrow{\phi} \phi(A_1) \oplus B \xrightarrow{\psi} A_3 \to 0,$$

其中 ϕ 定义A_1 与 $\phi(A_1)$的一个同构,而 ψ 定义B 与A_3 的一个同

构.一种等价的表述是说,有一个同构 θ 使得下列图表交换:

$$\begin{array}{ccccccccc} 0 & \longrightarrow & A_1 & \longrightarrow & A_2 & \longrightarrow & A_3 & \longrightarrow & 0 \\ & & \downarrow{=} & & \downarrow{\theta} & & \downarrow{=} & & \\ 0 & \longrightarrow & A_1 & \xrightarrow[i]{} & A_1 \oplus A_3 & \xrightarrow[\pi]{} & A_3 & \longrightarrow & 0 \end{array}$$

在此情况下,$\oplus$表示外直和,i 是包含映射,π 是射影映射.映射 θ 是通过写成 $A_2 = \phi(A_1) \oplus B$ 而且令 θ 在第一个直和项上等于 ϕ^{-1} 而在第二个直和项上等于 ψ 来定义的.

定理 23.1 令 $0 \to A_1 \xrightarrow{\phi} A_2 \xrightarrow{\psi} A_3 \to 0$ 是正合的.那么下列几种说法是等价的:

(1) 这个序列是分裂的.

(2) 存在一个映射 $p: A_2 \to A_1$ 使得 $p \circ \phi = i_{A_1}$.

(3) 存在一个映射 $j: A_3 \to A_2$ 使得 $\psi \circ j = i_{A_3}$.

$$0 \longrightarrow A_1 \underset{p}{\overset{\phi}{\rightleftarrows}} A_2 \underset{j}{\overset{\psi}{\rightleftarrows}} A_3 \longrightarrow 0 \text{。}$$

证明 我们要证明(1)蕴涵着(2)和(3).只要证明(2)和(3)对于序列

$$0 \to A_1 \xrightarrow{i} A_1 \oplus A_3 \xrightarrow{\pi} A_3 \to 0$$

成立就行了.而这是容易的;我们定义 $p: A_1 \oplus A_3 \to A_1$ 为射影映射,而将 $j: A_3 \to A_1 \oplus A_3$ 定义包含映射.

(2)⇒(1).我们证明 $A_2 = \phi(A_1) \oplus (\ker p)$.首先,对于 $x \in A_2$ 我们能够写成 $x = \phi p(x) + (x - \phi p(x))$.第一项在 $\phi(A_1)$中而第二项在 $\ker p$ 中,因为 $p(x) - p(\phi p(x)) = p(x) - (p\phi)p(x) = 0$.其次,如果 $x \in \phi(A_1) \cap \ker p$,那么对于某个 y,有 $x = \phi(y)$,由此 $p(x) = p\phi(y) = y$.由于 $x \in \ker p$,所以元素 y 为零,因而$x = \phi(y)$也为零.

(3)⇒(1).我们证明 $A_2 = (\ker\psi) \oplus j(A_3)$.由于 $\ker\psi = \operatorname{im}\phi$,

所以这将是充分的.首先,对于 $x\in A_2$,我们可以写成 $x=(x-j\psi(x))+j(x)$.第一项在 $\ker\psi$ 中,这是由于 $\psi(x)-(\psi j)\psi(x)=\psi(x)-\psi(x)=0$,第二项在 $j(A_3)$ 中.其次,若 $x\in(\ker\psi)\cap j(A_3)$,那么 $x=j(z)$ 对某个 z 成立,由此 $\psi(x)=\psi j(z)=z$.由于 $x\in\ker\psi$,所以元素 z 为零,从而 $x=j(z)$ 也为零. □

系 23.2 令 $0\to A_1\xrightarrow{\phi}A_2\xrightarrow{\psi}A_3\to 0$ 是正合的.如果 A_3 是自由 Abel 群,那么这个序列分裂.

证明 我们选取 A_3 的一个基,而且定义 $j:A_3\to A_2$ 在基元素 e 上的值是非空集 $\psi^{-1}(e)$ 的任何元素. □

利用关于正合序列的这些可供我们使用的基本事实,现在我们就能够描述复形偶的正合同调序列.

首先,我们需要定义一种同态

$$\partial_*:H_p(K,K_0)\to H_{p-1}(K_0)$$

它是由边缘算子诱导的,我们把它称为**同调边缘同态**.它是如下构造的:给定 $C_p(K,K_0)$ 中的一个闭链 z,它是 K 的一个其边缘由 K_0 承载的链 d 关于模 $C_p(K_0)$ 的陪集.链 ∂d 自动成为 K_0 的一个闭链.我们定义 $\partial_*\{z\}=\{\partial d\}$,其中花括号 $\{\quad\}$ 表示"同调类"的意思.后面我们要证明 ∂_* 是一个完全确定的同态.

由代数的观点,∂_* 的构造可以描述如下:考虑下列图表,其中 $i:K_0\to K$ 和 $\pi:(K,\varnothing)\to(K,K_0)$ 是包含映射:

$$\begin{array}{ccc} & & C_p(K) & \xrightarrow{\pi_\#} & C_p(K,K_0) \\ & & \uparrow{\scriptstyle\partial} & & \\ C_{p-1}(K_0) & \xrightarrow{i_\#} & C_{p-1}(K) & & \end{array}$$

于是 $i_\#$ 是包含映射,而 $\pi_\#$ 是从 $C_p(K)$ 到 $C_p(K)/C_p(K_0)$ 上的射影.给定 $C_p(K,K_0)$ 的一个闭链 z,$C_p(K)$ 中代表它的链 d 是一个使得 $\pi_\#(d)=z$ 的链.我们取 ∂d,并且注意到由于它被 K_0 承载,所以对于 K_0 的某个 $p-1$ 维链 c,它等于 $i_\#(c)$.由于 c 实际

上是一个闭链,所以它的同调类被定义为$\partial_*(\{z\})$.因而∂_*可以通过一个"之字形"过程来定义:经由 $\pi_\#$ 拉回;使用∂;经由 $i_\#$ 拉回.∂_*的这种描述在下节将是有用的.

现在我们可以来叙述关于 K,K_0 和(K,K_0)的同调的基本定理了.

定义 一个**长正合序列**是指标集为整数集的正合序列.即它是一个双向无限的序列.然而它可以由平凡群的无穷序列开始或结束.

定理 23.3(复形偶的正合同调序列) *令 K 是一个复形,K_0 是一个子复形.那么存在一个长正合序列.*

$$\cdots \to H_p(K_0) \xrightarrow{i_*} H_p(K) \xrightarrow{\pi_*} H_p(K,K_0)$$

$$\xrightarrow{\partial_*} H_{p-1}(K_0) \to \cdots,$$

其中 $i:K_0 \to K$ 和$\pi:(K,\varnothing)\to(K,K_0)$是包含映射,而$\partial_*$是由边缘算子$\partial$诱导的.在约化同调中也有一个类似的正合序列

$$\cdots \to \widetilde{H}_p(K_0) \to \widetilde{H}_p(K) \to H_p(K,K_0) \to \widetilde{H}_{p-1}(K_0) \to \cdots.$$

这个定理的证明按性质基本上是代数的.在下一节中,我们将以纯代数的方式表述并证明它.我们暂且把这个序列应用于一些具体例子.

例 1 令 K 是图 23.1 中所画出的复形,其可剖空间是一个正方形.令 K_0 是一个子复形,其可剖空间是这个正方形的边界.从§9 的例 3 我们知道 $H_2(K,K_0)$是无限循环的并且是由 2 维链 γ 生成的,其中 γ 是反时针定向的 2 维单形之和.此外,$H_1(K_0)$也是无限循环的,并且是由 1 维链 $s_1+s_2+s_3+s_4$ 生成的,而且这个和恰巧等于$\partial\gamma$.因而在这种特殊情况下,边缘同态

$$\partial_*:H_2(K,K_0)\to H_1(K_0)$$

是一个同构.

这个事实也能通过考虑复形偶(K,K_0)的正合同调序列来证

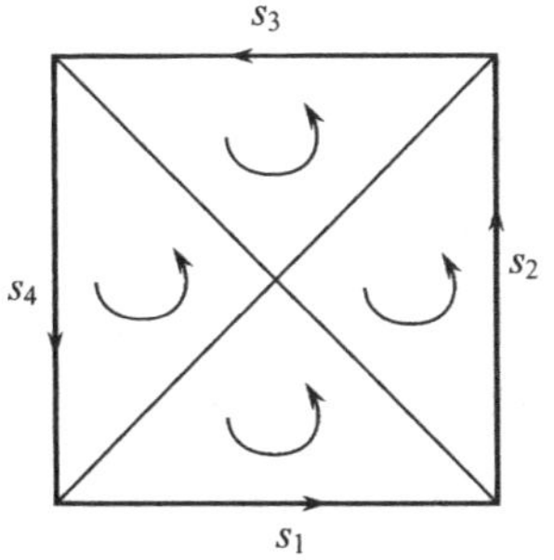

图 23.1

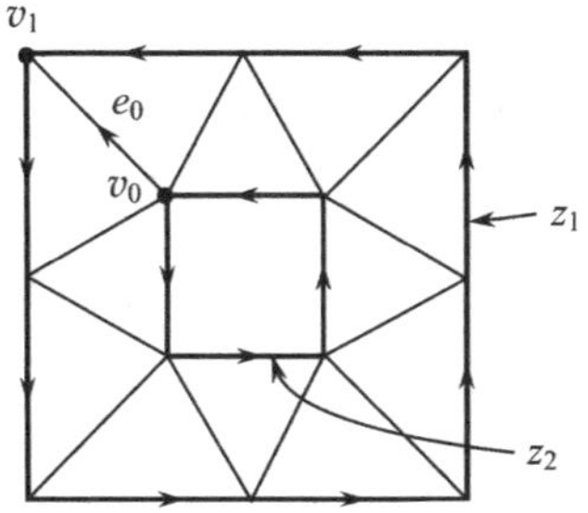

图 23.2

明. 该序列的一部分是

$$H_2(K) \to H_2(K,K_0) \xrightarrow{\partial_*} H_1(K_0) \to H_1(K).$$

因为$|K|$是可缩的,所以两端的群为零. 因此∂_*是一个同构.

例 2 令 K 是图 23.2 中所画出的复形,它的底空间是一个平环. 令 K_0 是 K 的子复形,其底空间等于内部正方形的边和外部正方形的边之并. 在 §9 的例 4 中我们曾计算过(K,K_0)的同调. 在这里我们利用关于 K 和 K_0 的同调的知识重新计算它. 考虑约化同调中正合序列的如下部分:

$$\begin{array}{ccccccccccc} 0 \to & H_2(K,K_0) & \xrightarrow{\partial_*} & H_1(K_0) & \xrightarrow{i_*} & H_1(K) & \xrightarrow{\pi_*} & H_1(K,K_0) & \xrightarrow{\partial_*} & \widetilde{H}_0(K_0) & \to 0 \\ 0 \to & (?) & \to & \mathbf{Z}\oplus\mathbf{Z} & \to & \mathbf{Z} & \to & (?) & \to & \mathbf{Z} & \to 0 \end{array}$$

末端的零源自下列事实：$|K|$具有圆的伦型，所以 $H_2(K)=\widetilde{H}_0(K)=0$. 而且$H_1(K)$是无限循环的. 它是由沿着如图 23.2 所示的 K 的外部边缘的闭链 z_1 生成的，或者是由沿着内边缘的闭链 z_2 生成的，这两个闭链是同调的. 因为$|K_0|$在拓扑上是两个圆的不交并，所以 $H_1(K_0)\simeq\mathbf{Z}\oplus\mathbf{Z}$，并且以 z_1 和 z_2 的陪集为基，而 $\widetilde{H}_0(K_0)\simeq\mathbf{Z}$ 并且由$\{v_1-v_0\}$生成.

如果 $i:K_0\to K$ 是包含映射，那么 i_* 把$\{z_1\}$和$\{z_2\}$都映射到$H_1(K)$的同一个生成元上. 这说明(1) i_* 是一个满同态，(2)它的核是无限循环的并且是由$\{z_1\}-\{z_2\}$生成的.

从第一个事实可知 π_* 是零同态，由此

$$\partial_*:H_1(K,K_0)\to\widetilde{H}_0(K)$$

是一个同构. 因而 $H_1(K,K_0)$是无限循环的，并且是由边缘为v_1-v_0的 1 维链 e_0 生成的.

从第二个事实可知，因为

$$\partial_*:H_2(K,K_0)\to\ker i_*$$

是同构，所以群 $H_2(K,K_0)$是无限循环的并且是由链 γ 生成的，这里 γ 是 K 的反时针定向的 2 维单形之和. 因为$\{\partial\gamma\}=\{z_1-z_2\}$，于是 z_1-z_2 生成 $\ker i_*$.

例 3 我们将下面的两个例子一起考虑. 令(K,K_0)或者表示柱面以及它的上部边缘，或者表示 Möbius 带及其边缘. 在这两种情况下，$|K_0|$都是一个圆，而且$|K|$具有圆的伦型. 图 23.3 中所示的中间的圆 C 是$|K|$的变形收缩核，从而我们能知道 K 和 K_0 的同调. 我们可以从正合同调序列来计算(K,K_0)的同调，该序列的一部分如下：

$$
\begin{array}{cccccc}
H_2(K)\to & H_2(K,K_0)\to & H_1(K_0)\xrightarrow{i_*} & H_1(K)\to & H_1(K,K_0)\to & \widetilde{H}_0(K_0), \\
0\to & (?) & \to\mathbf{Z} & \to\mathbf{Z} & \to(?) & \to 0.
\end{array}
$$

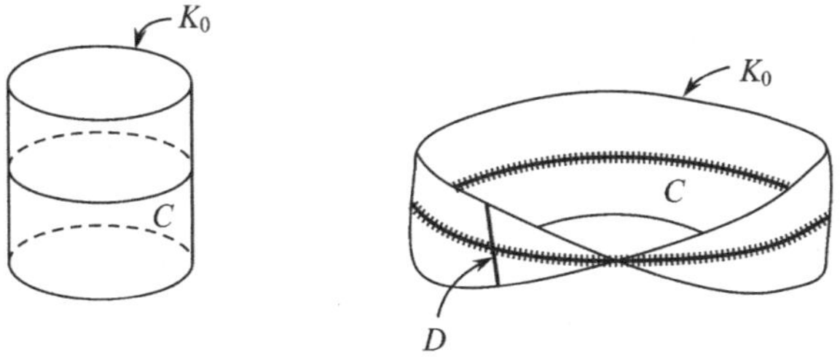

图 23.3

一切都依赖于计算同态 i_*. 由于收缩 $r:|K|\to C$ 是一个同伦等价,所以只要计算将边 $|K_0|$ 坍缩到中间圆 C 的复合映射 $r\circ i$: $|K_0|\to C$诱导的同态就行了. 在柱面的情况下,这个映射的映射度为 1. 而在 Möbius 带的情况下,显然诱导同态等于乘以 2 的乘法.

因而在柱面的情况下有 $H_2(K,K_0)=H_1(K,K_0)=0$,在 Möbius 带的情况下有

$$H_2(K,K_0)=0,\ H_1(K,K_0)\simeq\mathbf{Z}/2.$$

在此情况下,中间圆 C 表示$H_1(K,K_0)$的非零元. 同样可以证明链 D 也表示$H_1(K,K_0)$的非零元.

习　　题

1. 验证本节关于正合序列所陈述的结论(1)～(5).

2. (a) 设

$$A_1\xrightarrow{\alpha_1}B_1\xrightarrow{\beta_1}C_1\quad 和\quad A_2\xrightarrow{\alpha_2}B_2\xrightarrow{\beta_2}C_2$$

也是正合的,证明

$$A_1 \times A_2 \xrightarrow{\alpha_1 \times \alpha_2} B_1 \times B_2 \xrightarrow{\beta_1 \times \beta_2} C_1 \times C_2$$

是正合的.

(b) 推广到任意直积.

(c) 推广到任意直和.

3. 证明若 K_0 是零调的,则 $H_i(K,K_0) \cong \widetilde{H}_i(K)$.

4. 设包含映射 $|K_0| \to |K|$ 是同伦等价.证明对所有 p 都有 $H_p(K,K_0) = 0$.

5. 如同在例 3 中那样,令 (K,K_0) 表示 Möbius 带和它的边缘.证明 $H_1(K,K_0)$ 的非零元由图 23.3 中所示的链 D 表示.

6. 令 S 表示 Klein 瓶.令 A 和 C 是 S 内的通常的简单闭曲线.(参看 §18 的习题 2.)计算复形偶 (S,A) 和 (S,C) 的正合序列.

§24 之字形引理

现在我们来证明复形偶的同调序列的正合性.我们将把这个结果重新表述成关于链复形的一个定理并在这种形式下证明它.首先我们需要一个定义.

定义 令 $\mathscr{C},\mathscr{D},\mathscr{E}$ 都是链复形.用 0 表示平凡链复形,它的群在每一维数下都是零群.令 $\phi:\mathscr{C}\to\mathscr{D}$ 和 $\psi:\mathscr{D}\to\mathscr{E}$ 是链映射.如果在每一个维数 p,序列

$$0 \to C_p \xrightarrow{\phi} D_p \xrightarrow{\psi} E_p \to 0$$

都是群的正合序列,那么我们说序列

$$0 \to \mathscr{C} \xrightarrow{\phi} \mathscr{D} \xrightarrow{\psi} \mathscr{E} \to 0$$

是正合的,或者说它是**链复形的短正合序列**.

例如,若 K 是一个复形且 K_0 是 K 的一个子复形,那么序列

$$0 \to \mathscr{C}(K_0) \to \mathscr{C}(K) \to \mathscr{C}(K,K_0) \to 0$$

是正合的,因为由定义, $C_p(K,K_0) = C_p(K)/C_p(K_0)$.

引理 24.1(之字形引理) 假设已给定链复形 $\mathscr{C}=\{C_p,\partial_C\}$、

$\mathscr{D}=\{D_p, \partial_D\}$, $\mathscr{E}=\{E_p, \partial_E\}$和链映射 ϕ, ψ 使得序列

$$0 \to \mathscr{C} \xrightarrow{\phi} \mathscr{D} \xrightarrow{\psi} \mathscr{E} \to 0$$

是正合的. 则存在一个长正合同调序列.

$$\cdots \to H_p(\mathscr{C}) \xrightarrow{\phi_*} H_p(\mathscr{D}) \xrightarrow{\psi_*} H_p(\mathscr{E}) \xrightarrow{\partial_*} H_{p-1}(\mathscr{C})$$

$$\xrightarrow{\phi_*} H_{p-1}(\mathscr{D}) \to \cdots,$$

其中, ∂_* 是由 $\mathscr{D}$ 中的边缘算子诱导的.

证明 这个证明现在被普遍认为是"图上追踪"的一个样板. 请你务必要掌握这个证明. 今后所有这种类型的证明都将留作习题.

我们将利用下列交换图表:

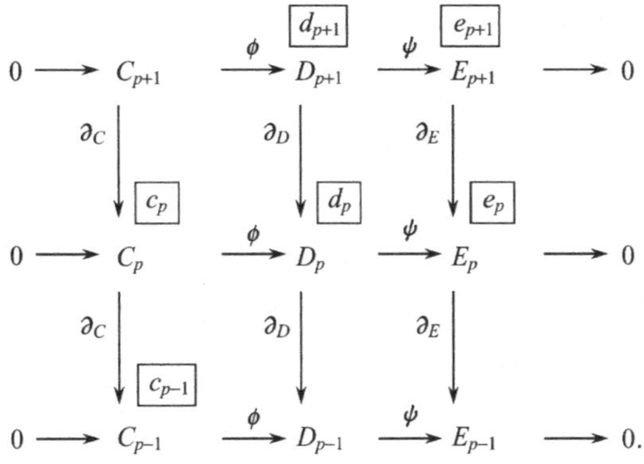

第一步 首先, 我们来定义 ∂_*. 给定 E_p 中的一个闭链 e_p (即 $\ker\partial_E$ 的一个元素), 选取 $d_p \in D_p$ 使得 $\psi(d_p)=e_p$. (回想到 ψ 是满射.) D_{p-1}的元素$\partial_D d_p$ 在 $\ker\psi$, 这是因为 $\psi(\partial_D d_p)=\partial_E\psi(d_p)=\partial_E e_p=0$. 因此, 在 C_{p-1} 中存在一个元素 c_{p-1} 使得$\phi(c_{p-1})=\partial_D d_p$, 因为 $\ker\psi=\mathrm{im}\phi$. 因为 ϕ 是单射, 所以这个元素是唯一的. 而且, c_{p-1}是一个闭链. 因为

$$\phi(\partial_C c_{p-1}) = \partial_D\phi(c_{p-1}) = \partial_D\partial_D d_p = 0,$$

那么又因为 ϕ 是单射, 所以$\partial_c c_{p-1}=0$. 定义

$$\partial_*\{e_p\} = \{c_{p-1}\},$$

其中{ }表示"同调类".

第二步 我们证明∂_*是一个完全确定的同态. 引入记号:令e_p和e'_p是$\partial_E:E_p\to E_{p-1}$的核中的两个元素. 选取$d_p$和$d'_p$使得$\psi(d_p)=e_p$且$\psi(d'_p)=e'_p$. 然后再选取$c_{p-1}$和$c'_{p-1}$使得$\phi(c_{p-1})=\partial_D d_p$, $\phi(c'_{p-1})=\partial_D d'_p$.

为证明∂_*是完全确定的,我们假设e_p和e'_p是同调的,并证明c_{p-1}和c'_{p-1}是同调的. 因而可以假定$e_p-e'_p=\partial_E e_{p+1}$. 选取$d_{p+1}$使得$\psi(d_{p+1})=e_{p+1}$. 然后再注意到

$$\begin{aligned}\psi(d_p - d'_p - \partial_D d_{p+1}) &= e_p - e'_p - \partial_E\psi(d_{p+1}) \\ &= e_p - e'_p - \partial_E e_{p+1} = 0.\end{aligned}$$

因此,我们能够选取c_p使得$\phi(c_p)=d_p-d'_p-\partial_D d_{p+1}$. 于是

$$\phi(\partial_C c_p) = \partial_D\phi(c_p) = \partial_D(d_p - d'_p) - 0 = \phi(c_{p-1} - c'_{p-1}).$$

因为ϕ是单射,所以正如所期望的那样$\partial_C c_p = c_{p-1}-c'_{p-1}$.

为证明∂_*是同态,请注意到$\psi(d_p+d'_p)=e_p+e'_p$,而且$\phi(c_{p-1}+c'_{p-1})=\partial_D(d_p+d'_p)$. 因而由定义,$\partial_*\{e_p+e'_p\}=\{c_{p-1}+c'_{p-1}\}$. 当然,后者等于$\partial_*\{e_p\}+\partial_*\{e'_p\}$.

第三步 我们证明$H_p(\mathscr{D})$处的正合性. 令$\gamma\in H_p(\mathscr{D})$. 因为$\psi\circ\phi=0$,所以我们就有$\psi_*\circ\phi_*=0$. 从而若$\gamma\in \mathrm{im}\phi_*$,那么就有$\psi_*(\gamma)=0$.

反之,令$\gamma=\{d_p\}$并且假设$\psi_*(\gamma)=0$. 那么对于某个e_{p+1}有$\psi(d_p)=\partial_E e_{p+1}$. 选取$d_{p+1}$使得$\psi(d_{p+1})=e_{p+1}$. 那么

$$\psi(d_p - \partial_D d_{p+1}) = \psi(d_p) - \partial_E\psi(d_{p+1}) = \psi(d_p) - \partial_E e_{p+1} = 0,$$

因而对于某个c_p有$d_p-\partial_D d_{p+1}=\phi(c_p)$. 于是$c_p$是个闭链,因为

$$\phi(\partial_C c_p) = \partial_D\phi(c_p) = \partial_D d_p - 0 = 0,$$

而且ϕ是单射. 此外,

$$\phi_*\{c_p\} = \{\phi(c_p)\} = \{d_p - \partial_D d_{p+1}\} = \{d_p\},$$

所以$\{d_p\}\in \operatorname{im}\phi_*$，而这正是我们所要求的.

第四步 我们证明$H_p(\mathscr{E})$处的正合性. 引入记号：令$\alpha=\{e_p\}$是$H_p(\mathscr{E})$的元素. 选取d_p使得$\psi(d_p)=e_p$，再选取c_{p-1}使$\phi(c_{p-1})=\partial_D d_p$. 那么由定义$\partial_*\alpha=\{c_{p-1}\}$.

如果$\alpha\in \operatorname{im}\psi_*$，那么$\alpha=\{\psi(d_p)\}$，其中$d_p$是$\mathscr{D}$的一个闭链. 于是$\phi(c_{p-1})=0$，由此$c_{p-1}=0$，因而$\partial_*\alpha=0$.

反之，设$\partial_*\alpha=0$. 那么对于某个c_p有$c_{p-1}=\partial_C c_p$. 我们断言$d_p-\phi(c_p)$是一个闭链，而且$\alpha=\psi_*\{d_p-\phi(c_p)\}$，因而$\alpha\in \operatorname{im}\psi_*$. 由直接计算，

$$\partial_D(d_p-\phi(c_p))=\partial_D d_p-\phi(\partial_C c_p)=\partial_D d_p-\phi(c_{p-1})=0,$$

$$\psi_*\{d_p-\phi(c_p)\}=\{\psi(d_p)-0\}=\{e_p\}=\alpha.$$

第五步 我们证明$H_{p-1}(\mathscr{C})$处的正合性. 令$\beta\in H_{p-1}(\mathscr{C})$. 如果$\beta\in \operatorname{im}\partial_*$，那么由定义，$\beta=\{c_{p-1}\}$，其中$\phi(c_{p-1})=\partial_D d_p$对某个$d_p$成立. 于是

$$\phi_*(\beta)=\{\phi(c_{p-1})\}=\{\partial_D d_p\}=0.$$

反之，设$\phi_*(\beta)=0$，令$\beta=\{c_{p-1}\}$，那么$\{\phi(c_{p-1})\}=0$. 因而对于某个d_p有$\phi(c_{p-1})=\partial_D d_p$. 定义$e_p=\psi(d_p)$，那么因为$\partial_E e_p=\psi(\partial_D d_p)=\psi\phi(c_{p-1})=0$，所以$e_p$是一个闭链. 而且由定义$\beta=\partial_*\{e_p\}$，因而$\beta\in \operatorname{im}\partial_*$. □

请注意到，我们在这个引理的证明中，任何地方都没有假定过所论及的链复形是自由的或者是非负的. 因此这个定理的应用范围要比只对单纯复形的链群更加广泛得多. 然而，当应用于单纯链群$\mathscr{C}(K_0)$，$\mathscr{C}(K)$和$\mathscr{C}(K,K_0)$时，我们可得到对于非约化同调的定理 23.3 作为一个直接推论.

为了得到约化同调下的定理，像以前一样，我们令$\mathscr{E}=\mathscr{C}(K,K_0)$，但是我们要用增广链复形$\{\mathscr{C},\varepsilon\}$和$\{\mathscr{D},\varepsilon\}$分别代替$\mathscr{C}$和$\mathscr{D}$. 注意到正合性和交换性在$-1$维时成立，因为包含映射$C_0(K_0)\to C_0(K)$保持增广：

$$\begin{array}{ccccccccc}
0 & \longrightarrow & C_0(K_0) & \longrightarrow & C_0(K) & \longrightarrow & C_0(K,K_0) & \longrightarrow & 0 \\
 & & \downarrow \varepsilon & & \downarrow \varepsilon & & \downarrow & & \\
0 & \longrightarrow & \boldsymbol{Z} & \xrightarrow[i_z]{} & \boldsymbol{Z} & \longrightarrow & 0 & \longrightarrow & 0.
\end{array}$$

于是应用之字形引理就能为我们给出约化同调下的定理 23.3.

在考虑进一步的应用之前,让我们从之字形引理的证明中提取某些附加信息.我们已构造出一个函数,对链复形的每个短正合序列指定它的同调群的一个长正合序列.现在我们指出这种指派在下述的意义上是“自然的”:链复形的短正合序列的同态就会导致相应的长正合同调序列的同态.

定理 24.2 假定给出交换图表

$$\begin{array}{ccccccccc}
0 & \longrightarrow & \mathscr{C} & \xrightarrow{\phi} & \mathscr{D} & \xrightarrow{\psi} & \mathscr{E} & \longrightarrow & 0 \\
 & & \downarrow \alpha & & \downarrow \beta & & \downarrow \gamma & & \\
0 & \longrightarrow & \mathscr{C}' & \xrightarrow[\phi']{} & \mathscr{D}' & \xrightarrow[\psi']{} & \mathscr{E}' & \longrightarrow & 0
\end{array}$$

其中水平序列是链复形的正合序列,而 α,β,γ 是链映射.那么下列的图表也是交换的:

$$\begin{array}{ccccccccc}
\longrightarrow & H_p(\mathscr{C}) & \xrightarrow{\phi_*} & H_p(\mathscr{D}) & \xrightarrow{\psi_*} & H_p(\mathscr{E}) & \xrightarrow{\partial_*} & H_{p-1}(\mathscr{E}) & \longrightarrow \\
 & \downarrow \alpha_* & & \downarrow \beta_* & & \downarrow \gamma_* & & \downarrow \alpha_* & \\
\longrightarrow & H_p(\mathscr{C}') & \xrightarrow{\phi'_*} & H_p(\mathscr{D}') & \xrightarrow{\psi'_*} & H_p(\mathscr{E}') & \xrightarrow{\partial'_*} & H_{p-1}(\mathscr{E}') & \longrightarrow
\end{array}$$

证明 前两个方形块的交换性是直接的.因为在链水平上交换性已经成立.最后一个方块的交换性要涉及到检查∂_*和∂'_*的定义.

给定$\{e_p\}\in H_p(\mathscr{E})$,选取 d_p 使得$\psi(d_p)=e_p$,并且选取 c_{p-1} 使得 $\phi(c_{p-1})=\partial_D d_p$.那么由定义,$\partial_*\{e_p\}=\{c_{p-1}\}$.令 $e'_p=$

$\gamma(e_p)$. 我们欲证$\partial'_*(e'_p)=\alpha_*\{c_{p-1}\}$. 粗略地说，它之所以能成立是因为$\partial_*$的定义中每一步都交换：链 $\beta(d_p)$是 e'_p 的一个适当的"拉回"，因为 $\psi'\beta(d_p)=\gamma\psi(d_p)=\gamma(e_p)=e'_p$. 而且链$\alpha(c_{p-1})$是$\partial'_D\beta(d_p)$的拉回，因为 $\phi'\alpha(c_{p-1})=\beta\phi(c_{p-1})=\beta(\partial_D d_p)=\partial'_D\beta(d_p)$. 因而由定义，$\partial'_*\{e'_p\}=\{\alpha(c_{p-1})\}$. □

长正合同调序列的自然性是极为有用的. 现在我们就给出它的一个应用. 它将利用下列引理，此引理的证明是简单的"图上追踪". 正如前面所许诺过的那样，我们将把证明留给读者. 这个引理自身也是非常有用的.

引理 24.3(Steenrod 五项引理) 设已给出由 Abel 群和同态构成的交换图表：

$$\begin{array}{ccccccccc}
A_1 & \longrightarrow & A_2 & \longrightarrow & A_3 & \longrightarrow & A_4 & \longrightarrow & A_5 \\
\downarrow f_1 & & \downarrow f_2 & & \downarrow f_3 & & \downarrow f_4 & & \downarrow f_5 \\
B_1 & \longrightarrow & B_2 & \longrightarrow & B_3 & \longrightarrow & B_4 & \longrightarrow & B_5
\end{array}$$

其中水平序列是正合的. 如果 f_1,f_2,f_4,f_5 是同构，那么 f_3 也必然是同构. □

引理 24.4 令 $h:(K,K_0)\to(L,L_0)$是一个单纯映射.

(a) 诱导的同调的同态 h_* 给出(K,K_0)的正合同调序列到(L,L_0)的正合同调序列的一个同态.

(b) 如果对于 $i=p$ 和$i=p-1$，$h_*:H_i(K)\to H_i(L)$和 $h_*:H_i(K_0)\to H_i(L_0)$都是同构，那么

$$h_*:H_p(K,K_0)\to H_p(L,L_0)$$

也是同构.

(c) 如果绝对同调始终都由约化同调所代替，那么这两个结果仍然成立.

证明 我们知道 $h_\#$是一个链映射，而且下列图表交换：

$$
\begin{array}{ccccccccc}
0 & \longrightarrow & C_p(K_0) & \xrightarrow{i_\#} & C_p(K) & \xrightarrow{\pi_\#} & C_p(K)/C_p(K_0) & \longrightarrow & 0 \\
 & & \downarrow h_\# & & \downarrow h_\# & & \downarrow h_\# & & \\
0 & \longrightarrow & C_p(L_0) & \xrightarrow{i_\#} & C_p(L) & \xrightarrow{\pi_\#} & C_p(L)/C_p(L_0) & \longrightarrow & 0
\end{array}
$$

于是(a)成立.为了处理约化同调的情形,我们回想到 $h_\#$ 是保持增广的,因而假如我们把 $h_\#:\mathbf{Z}\to\mathbf{Z}$ 定义为 -1 维链群上的恒等映射,那么 $h_\#$ 就给出所要求的增广链复形的链映射.因而(a)对于约化同调成立.

结果(b)直接从五项引理即可得出. □

下面的定理是这个引理与第二章的结果的一个直接推论.

定理 24.5 上面的引理对于任意连续映射 $h:(|K|,|K_0|)\to(|L|,|L_0|)$成立. □

习　　题

1. 令 X 是一个复形;A 是 X 的一个子复形;而 B 又是 A 的一个子复形.证明下列的序列的存在性和自然性;我们把它称为三元组(X,A,B)的正合同调序列:

$$\cdots\to H_i(A,B)\to H_i(X,B)\to H_i(X,A)\to H_{i-1}(A,B)\to\cdots,$$

2. 证明下列引理:

引理(蛇形引理) 给定 Abel 群的短正合序列的同态

$$
\begin{array}{ccccccccc}
0 & \longrightarrow & A & \longrightarrow & B & \longrightarrow & C & \longrightarrow & 0 \\
 & & \downarrow\alpha & & \downarrow\beta & & \downarrow\gamma & & \\
0 & \longrightarrow & D & \longrightarrow & E & \longrightarrow & F & \longrightarrow & 0
\end{array}
$$

则存在正合序列

$$0\to\ker\alpha\to\ker\beta\to\ker\gamma\to\operatorname{cok}\alpha\to\operatorname{cok}\beta\to\operatorname{cok}\gamma\to 0.$$

3. (a) 证明五项引理.

(b) 假设给定了一个如同五项引理中那样的Abel群的交换图表.考虑下列八种假设

f_i 是单态射,$i=1,2,4,5$.

f_i 是满态射,$i=1,2,4,5$.

对于证明 f_3 是单态射而言,这些假设中哪个是充分的?对于证明 f_3 是满态射,哪个是充分的?

4. 举例说明对于所有 i,在没有 $H_i(K,K_0)\cong H_i(L,L_0)$成立的情况下,也可能有 $H_i(K_0)\cong H_i(L_0)$和 $H_i(K)\cong H_i(L)$.

5. 令 $w*K$ 是K 上的锥.证明

$$H_i(w*K,K)\cong \widetilde{H}_{i-1}(K).$$

6. 令 K_0 是 K 的子复形.

(a) 若有一个收缩映射 $r:|K|\to|K_0|$,那么证明

$$H_p(K)\cong H_p(K,K_0)\oplus H_p(K_0).$$

(b) 如果恒等映射 $i:|K|\to|K|$同伦于一个把$|K|$映入$|K_0|$中的映射,证明

$$H_p(K_0)\cong H_p(K)\oplus H_{p+1}(K,K_0).$$

(c) 若包含映射 $j:|K_0|\to|K|$同伦于一个常映射,证明

$$H_p(K,K_0)\cong \widetilde{H}_p(K)\oplus \widetilde{H}_{p-1}(K_0).$$

[提示:证明映射 j 能扩张成一个映射 $f:|w*K|\to|K|$.(参看系20.6.)然后应用习题5.]

*(d) 举例说明如果我们仅仅假定 j_* 在约化同调中是零同态,那么(c)的结论将不成立.

7. 给定一个复形 K 和 Abel 群的一个短正合序列

$$0\to G\to G'\to G''\to 0.$$

那么我们就有链复形的一个短正合序列

$$0\to C_p(K;G)\to C_p(K;G')\to C_p(K;G'')\to 0,$$

并因此在同调中有一个长正合序列.一般我们把这个序列中的之字形同态记为

$$\beta_*:H_p(K;G'')\to H_{p-1}(K;G)$$

并且称之为与给定系数序列相伴的 **Bockstein 同态**.

(a) 当$|K|$等于 P^2 时,对于系数序列

$$0 \to \mathbf{Z} \to \mathbf{Z} \to \mathbf{Z}/2 \to 0,$$
$$0 \to \mathbf{Z}/2 \to \mathbf{Z}/4 \to \mathbf{Z}/2 \to 0,$$

计算 β_*.

(b) 当 $|K|$ 是 Klein 瓶时,重复(a).

§25 Mayer-Vietoris 序列

同调正合序列是计算同调群的一种有效的方法.另一种有效方法就是我们现在要来构造的 Mayer-Vietoris 序列.它是之字形引理的另一个推论.

定理 25.1 令 K 是一个复形;令 K_0 和 K_1 是它的子复形使得 $K = K_0 \cup K_1$.令 $A = K_0 \cap K_1$.那么就有一个正合序列

$$\cdots \to H_p(A) \to H_p(K_0) \oplus H_p(K_1)$$
$$\to H_p(K) \to H_{p-1}(A) \to \cdots,$$

称为(K_0, K_1)的 **Mayer-Vietoris 序列**.如果 A 是非空的,那么在约化同调中存在一个类似的正合序列.

证明 证明由构造链复形的一个短正合序列

$$0 \to \mathscr{C}(A) \xrightarrow{\phi} \mathscr{C}(K_0) \oplus \mathscr{C}(K_1) \xrightarrow{\psi} \mathscr{C}(K) \to 0,$$

和应用之字形引理两部分构成.

首先,我们需要定义位于中间的这个链复形.它的 p 维链群是

$$C_p(K_0) \oplus C_p(K_1),$$

而且它的边缘算子∂'定义为

$$\partial'(d, e) = (\partial_0 d, \partial_1 e),$$

其中∂_0 和∂_1 分别是 $\mathscr{C}(K_0)$和 $\mathscr{C}(K_1)$中的边缘算子.

其次,我们要定义链映射 ϕ 和 ψ,作法如下:考虑下列交换图表中的包含映射.

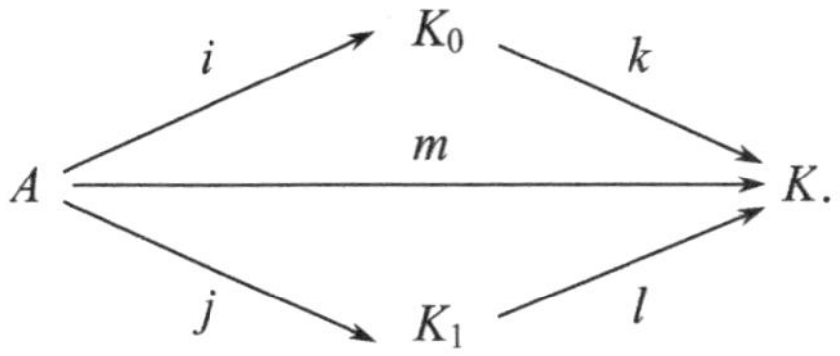

分别定义 ϕ 和 ψ 为

$$\phi(c) = (i_{\#}(c), -j_{\#}(c)),$$

$$\psi(d,e) = k_{\#}(d) + l_{\#}(e).$$

由此立即可知 ϕ 和 ψ 是链映射.

下面来验证正合性.首先注意到 ϕ 是单射,因为 $i_{\#}$ 恰好是链的包含映射.其次我们验证 ψ 是满射.给出 $d \in C_p(K)$,把 d 写成定向单形之和,并且令 d_0 由 d 的那些被 K_0 承载的项组成.那么 $d - d_0$ 被 K_1 承载;而且 $\psi(d_0, d - d_0) = d$.

为了证实在中间项处的正合性,首先注意到 $\psi\phi(c) = m_{\#}(c) - m_{\#}(c) = 0$.反之,若 $\psi(d,e) = 0$,那么当看作 K 的链时,$d = -e$.因为 d 被 K_0 承载,而 e 被 K_1 承载,所以它们必定都被 $K_0 \cap K_1 = A$ 承载.于是正如我们所期望的那样,$(d,e) = (d, -d) = \phi(d)$.

中间链复形的 p 维同调等于

$$\frac{\ker\partial'}{\operatorname{im}\partial'} = \frac{\ker\partial_0 \oplus \ker\partial_1}{\operatorname{im}\partial_0 \oplus \operatorname{im}\partial_1} \cong H_p(K_0) \oplus H_p(K_1).$$

于是 Mayer-Vietoris 序列可从之字形引理得出.

为了得出约化同调中的 Mayer-Vietoris 序列,我们将原先的链复形代之以相应的增广链复形.令 $\varepsilon_A, \varepsilon_0, \varepsilon_1, \varepsilon$ 分别表示$\mathscr{C}(A)$,$\mathscr{C}(K_0)$,$\mathscr{C}(K_1)$和 $\mathscr{C}(K)$的增广映射.考虑图表

$$
\begin{array}{ccccccccc}
0 & \longrightarrow & C_0(A) & \longrightarrow & C_0(K_0)\oplus C_0(K_1) & \longrightarrow & C_0(K) & \longrightarrow & 0 \\
 & & \downarrow{\scriptstyle \varepsilon_A} & & \downarrow{\scriptstyle \varepsilon_0\oplus\varepsilon_1} & & \downarrow{\scriptstyle \varepsilon} & & \\
0 & \longrightarrow & \mathbf{Z} & \xrightarrow[\phi]{} & \mathbf{Z}\oplus\mathbf{Z} & \xrightarrow[\psi]{} & \mathbf{Z} & \longrightarrow & 0.
\end{array}
$$

如果我们定义 $\phi(n)=(n,-n)$和 $\psi(m,n)=m+n$,那么在底部的水平序列中交换性和正合性成立. 每个映射 ε_A, $\varepsilon_0\oplus\varepsilon_1$ 和 ε 均为满射(因为 A 是非空的). 因而相应于各链复形的这些同调在 -1维为零,而且在 0 维时分别等于群$\widetilde{H}_0(A)$,$\widetilde{H}_0(K_0)\oplus\widetilde{H}_0(K_1)$ 和 $\widetilde{H}_0(K)$. 于是我们就可以应用之字形引理. □

引理 25.2 令 $h:(K,K_0,K_1)\to(L,L_0,L_1)$是单纯映射,其中 $K=K_0\cup K_1$, $L=L_0\cup L_1$. 那么 h 诱导 Mayer-Vietoris 序列的同态.

证明 我们可以直接验证由 h 诱导的链映射 $h_\#$ 与上面证明中定义的链映射 ϕ 和 ψ 交换. 自然性可从定理 24.2 得出. □

下面的定理是这个引理和第二章的结果的一个直接推论.

定理 25.3 上面的引理对于任意连续映射 $h:(|K|,|K_0|,|K_1|)\to(|L|,|L_0|,|L_1|)$成立. □

为了说明在实践中怎样应用 Mayer-Vietoris 序列,我们将计算一个复形的双角锥的同调. 我们来回忆 §8 的习题中的定义.

定义 令 K 是一个复形;令 $w_0 * K$ 和 $w_1 * K$ 是K 上的两个锥,它们的可剖空间只相交于$|K|$. 那么

$$S(K)=(w_0 * K)\cup(w_1 * K)$$

是一个复形;我们把它称为 K 的**双角锥**. 给定 K,则复形 $S(K)$直到单纯同构的意义下是唯一确定的.

定理 25.4 如果 K 是一个复形,那么对所有 p,均有一个同构

$$\widetilde{H}_p(S(K))\to\widetilde{H}_{p-1}(K).$$

证明 令 $K_0 = w_0 * K, K_1 = w_1 * K$. 那么 $K_0 \cup K_1 = S(K)$ 而且 $K_0 \cap K_1 = K$. 因为 K_0 和 K_1 都是锥,所以在约化的 Mayer-Vietoris 序列

$$\widetilde{H}_p(K_0) \oplus \widetilde{H}_p(K_1) \to \widetilde{H}_p(S(K)) \to \widetilde{H}_{p-1}(K)$$
$$\to \widetilde{H}_{p-1}(K_0) \oplus \widetilde{H}_{p-1}(K_1)$$

中,两端的项为零. 因此中间的映射是一个同构. □

习　题

1. 令 K 是子复形 K_0 和 K_1 之并,其中 $|K_0|$ 和 $|K_1|$ 是连通的. 在下列每种情况下,关于 K 的同调你能说出些什么结果?

(a) $K_0 \cap K_1$ 是非空的和零调的.

(b) $|K_0| \cap |K_1|$ 由两点组成.

(c) $K_0 \cap K_1$ 具有 S^n 的同调,其中 $n>0$.

(d) K_0 和 K_1 是零调的.

2. 令 K_0 和 K_1 是 K 的子复形;令 L_0 和 L_1 分别是 K_0 和 K_1 的子复形. 试构造一个正合序列

$$\cdots \to H_i(K_0 \cap K_1, L_0 \cap L_1) \to H_i(K_0, L_0) \oplus H_i(K_1, L_1) \to$$
$$H_i(K_0 \cup K_1, L_0 \cup L_1) \to \cdots$$

我们把这个序列称为**相对 Mayer-Vietoris 序列**.

3. 证明若 d 是一个整数,且 $n \geqslant 1$. 则存在一个映射度为 d 的映射 $h: S^n \to S^n$. [提示:用归纳法进行证明,利用 Mayer-Vietoris 序列的自然性. $n=1$ 的情形在§21 的习题 1 中曾考虑过.]

4. 令 $\phi: C_p(K) \to C_{p+1}(S(K))$ 是在§8 的习题 1 中定义的同态. 证明定理 25.4 的同构是 ϕ_* 的逆.

5. 给定有限生成 Abel 群的一个序列 $G_0, \cdots, G_n$,其中 G_0 和 G_n 是自由的,并且 G_0 是非平凡的. 证明:存在一个 n 维有限复形 K 使得 $H_i(K) \simeq G_i$ 对 $i=0, \cdots, n$ 成立. [提示:参看§6 的习题 8.]

6. 在第七章中我们将要研究 $X \times Y$ 的同调. 暂且假定涉及到的所有空间都是多面体,证明下列结论:

(a) 证明若 $p \in S^n$,那么

$$H_q(X \times S^n,\ X \times p) \cong H_{q-n}(X).$$

[提示:将 S^n 写成它的上、下半球之并,并用关于 n 的归纳法进行证明.]

(b) 证明若 $p \in Y$,那么$(X \times Y, X \times p)$的正合同调序列能够分解成分裂的短正合序列.

(c) 证明

$$H_q(X \times S^n) \cong H_{q-n}(X) \oplus H_q(X).$$

(d) 计算 $S^n \times S^m$ 的同调.

§26 Eilenberg-Steenrod 公理

我们已经对一类特殊空间——多面体定义了同调群.在历史上这是最先被定义的同调群.后来能适用于更一般空间的各种广义的同调群定义被提出来.这些不同的同调理论有许多共同的特征,而且它们在由多面体组成的空间类上均给出与单纯同调论相同的结果.

同调论的这种过剩现象致使 Eilenberg 和 Steenrod 将同调论的概念公理化.他们系统地阐述了这些理论所共有的关键性质,并且证明了在多面体组成的空间类上这些性质完全表示了同调群的特征.

在这里我们既不打算重复公理化的处理过程,也不打算证明这些公理表征了多面体的同调,对此读者可以查阅 Eilenberg 和 Steenrod 的著作[E-S].在这里我们只是列举七条公理以及在处理非紧空间时所需要的一条附加公理.下一节我们将验证单纯同调论满足这些公理.

定义 令 $\mathscr{A}$ 是一类拓扑空间偶(X,A)使得:

(1) 如果(X,A)属于 $\mathscr{A}$,那么(X,X),$(X,\varnothing)$,(A,A)和(A,ϕ)也属于 $\mathscr{A}$.

(2) 如果(X,A)属于 $\mathscr{A}$,那么$(X\times I, A\times I)$也属于 $\mathscr{A}$.

(3) 有一个单点空间 P 使得$(P,\varnothing)$在 $\mathscr{A}$ 中.

则我们把 $\mathscr{A}$ 称为同调论的一个**容许空间类**.

定义 如果 $\mathscr{A}$ 是容许的,那么 $\mathscr{A}$ 上的一种**同调论**由三个函数构成:

(1) 对每个整数 p 和 $\mathscr{A}$ 中的每一个偶 (X,A) 而定义的一个函数 H_p,它的值是一个 Abel 群.

(2) 对于每个整数 p 定义的一个函数,它对每个连续映射 $h:(X,A)\to(Y,B)$ 指派一个同态

$$(h_*)_p:H_p(X,A)\to H_p(Y,B).$$

(3) 对于每个整数 p 定义的一个函数,它对 $\mathscr{A}$ 中的每一个偶 (X,A) 指派一个同态

$$(\partial_*)_p:H_p(X,A)\to H_{p-1}(A).$$

其中最后一个 A 表示偶 $(A,\varnothing)$.

这些函数满足下列公理,其中所有空间偶都在 $\mathscr{A}$ 中. 照例,我们将简化记号,把 h_* 和 ∂_* 的维数下标省略.

公理 1 如果 i 是恒等映射,那么 i_* 也是恒等映射.

公理 2 $(k\circ h)_*=k_*\circ h_*$.

公理 3 如果 $f:(X,A)\to(Y,B)$,那么下列图表交换:

$$\begin{array}{ccc} H_p(X,A) & \xrightarrow{\quad f_* \quad} & H_p(Y,B) \\ \big\downarrow \partial_* & & \big\downarrow \partial_* \\ H_{p-1}(A) & \xrightarrow{\quad (f|A)_* \quad} & H_{p-1}(B). \end{array}$$

公理 4(正合性公理) 序列

$$\cdots\to H_p(A)\xrightarrow{i_*}H_p(X)\xrightarrow{\pi_*}H_p(X,A)\xrightarrow{\partial_*}H_{p-1}(A)\to\cdots$$

是正合的,其中 $i:A\to X$ 和 $\pi:X\to(X,A)$ 是包含映射.

回想到对于两个映射 $h,k:(X,A)\to(Y,B)$,如果有一个映射

$$F:(X \times I, A \times I) \to (Y, B)$$

使得 $F(x,0)=h(x)$ 和 $F(x,1)=k(x)$ 对所有 $x \in X$ 成立,则我们称 h 和 k 是同伦的(记为 $h \simeq k$).

公理 5(同伦公理) 如果 h 和 k 是同伦的,那么 $h_* = k_*$.

公理 6(切除公理) 给定 (X,A),令 U 是 X 的一个开子集使得 $\overline{U} \subset \mathrm{Int}A$. 如果 $(X-U, A-U)$ 是容许的,那么包含映射诱导一个同构

$$H_p(X-U, A-U) \cong H_p(X,A).$$

公理 7(维数公理) 如果 P 是一个单点空间,那么对于 $p \neq 0$, $H_p(P)=0$,而 $H_0(P) \cong \mathbf{Z}$.

公理 8(紧支集公理) 如果 $\alpha \in H_p(X,A)$,那么有一个容许空间偶 (X_0, A_0),其中 X_0 和 A_0 是紧的,使得 α 在由包含映射诱导的同态 $H_p(X_0, A_0) \to H_p(X,A)$ 的像中.

我们把 X_0 和 A_0 均为紧的空间偶 (X_0, A_0) 称为**紧偶**.

请注意到,有时我们可能以 $H_0(P) \cong G$ 来修改公理 7,其中 G 是一个固定的 Abel 群. 于是就有所谓"带 G 中系数的同调". 暂时我们仍然保留整数系数.

在所有 Eilenberg-Steenrod 公理之中,维数公理似乎是最无关紧要和最不令人感兴趣的. 但是在某种意义上,却恰恰相反. 自从 Eilenberg 和 Steenrod 的公理发表以来,已经有几种类似于同调论的新的数学理论被发现(发明?). 微分拓扑学中的配边理论和向量丛理论中的 K 理论就是这方面的例子. 虽然发明这些理论的目的与发明同调论的目的是完全不同的,但是它们与同调论却共有许多形式上的性质. 特别是,它们都满足除维数公理以外的所有的 Eilenberg-Steenrod 公理.

这种理论现在被称为*超同调论*,或*广义同调论*. 它与常义同调论的区别在于单点空间可以在许多维数下具有非零的同调.

这种情况说明了在数学中反复出现的一种现象. 那就是,为了某种目的而建立起来的理论结果却有远远超出其发明者所能想像

到的结果.

习　题

1. 考虑由 Abel 群和同态构成的下列称为**辫**的交换图表:

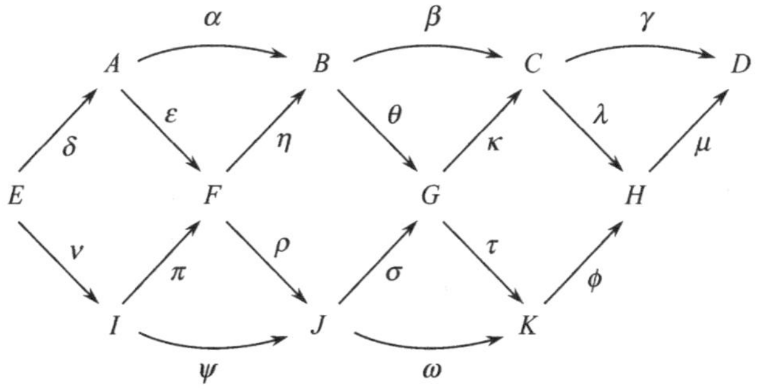

这个图表包含下列以交迭的正弦曲线形式排列的四个序列:

$$E \to A \to B \to G \to K$$
$$E \to I \to J \to G \to C \to D$$
$$A \to F \to J \to K \to H \to D$$
$$I \to F \to B \to C \to H.$$

如果所有这四个序列都是正合的,那么这个图表称为**正合辫**.

证明下列关于辫的两个事实:

(a) 如果这个辫是正合的,那么就有一个同构

$$\Lambda: \frac{\ker\omega}{\mathrm{im}\psi} \to \frac{\ker\beta}{\mathrm{im}\alpha}$$

定义如下:如果 $\omega(j)=0$,则选取 f 使得 $\rho(f)=j$;那么定义 $\Lambda(j)=\{\eta(f)\}$.

(b) **引理(辫引理)** 为了使辫是正合的,只要当上面的序列中前三个是正合的并且复合映射 $I \to F \to B$ 为零就够了.

2. 只用同调论的公理证明三元组的同调序列的正合性:

$$\cdots \to H_p(A,B) \xrightarrow{\pi} H_p(X,B) \xrightarrow{\eta} H_p(X,A) \xrightarrow{\beta} H_{p-1}(A,B) \to \cdots$$

其中 π 和 η 是由含映射诱导的. 映射 β 是复合映射

$$H_p(X,A) \xrightarrow{\partial_*} H_{p-1}(A) \xrightarrow{i_*} H_{p-1}(A,B),$$

其中∂_*是由公理给出的，i 是包含映射. 假定所涉及到的偶都是容许的.［提示：证明$H_p(A,A)=0$. 说明 $\eta\circ\pi=0$. 然后应用习题 1.］

3. 只用同调论的公理导出 Mayer-Vietoris 序列如下：

令 $X=X_1\cup X_2$；令 $A=X_1\cap X_2$. 如果(X_1,A)和(X,X_2)是容许的，而且包含映射$(X_1,A)\to(X,X_2)$诱导同调的同构，那么我们说(X_1,X_2)是所述同调论的一个**切除对**.

(a) 考虑下列由包含映射和长正合同调序列的相应同态组成的图表

$$\begin{array}{ccccc}
A & \xrightarrow{\ i\ } & X_1 & \xrightarrow{\ \alpha\ } & (X_1,A) \\
\downarrow{\scriptstyle j} & & \downarrow{\scriptstyle k} & & \downarrow{\scriptstyle \gamma} \\
X_2 & \xrightarrow{\ l\ } & X & \xrightarrow{\ \beta\ } & (X,X_2)
\end{array}$$

给定(X_1,X_2)是切除对，通过令

$$\phi(a)=(i_*(a),\,-j_*(a)),$$
$$\psi(x_1,\,x_2)=k_*(x_1)+l_*(x_2),$$
$$\theta(x)=\partial_*(\gamma_*)^{-1}\beta_*(x)$$

定义一个序列

$$\cdots\to H_p(A)\xrightarrow{\phi}H_p(X_1)\oplus H_p(X_2)\xrightarrow{\psi}H_p(X)\xrightarrow{\theta}H_{p-1}(A)\to\cdots.$$

上面式子中的∂_*是(X_1,A)的正合同调序列中的边缘同态. 证明此序列是正合的，并且关于由连续映射诱导的同态是自然的.［提示：证明过程是一个图上追踪. 我们以一个长正合序列到另一个长正合序列的同态开始，其中每逢第三个同态都是同构.］

(b) 证明如果 X 是一个复形K 的可剖空间，并且 X_1 和 X_2 是 K 的子复形的可剖空间，那么(X_1,X_2)对于单纯理论是切除对，而且这个序列与定理 25.1 中的 Mayer-Vietoris 序列是相同的.

(c) 设(X_1,A)和(X,X_2)是容许的. 证明如果 $\mathrm{Int}X_1$ 和 $\mathrm{Int}X_2$ 覆盖 X，而且 X_1 在 X 中是闭的，那么(X_1,X_2)对于任何满足公理的同调论是切除对.

§27　单纯同调论的公理

在证明单纯同调论满足Eilenberg-Steenrod公理之前，我们必

须比以往更加细致地探讨几个理论问题.公理涉及到定义在容许空间类上的同调群.严格地说来,除了仅仅对单纯复形定义过同调群之外,我们还没有定义过空间的同调群.给定一个多面体 X,有许多不同的单纯复形,它们的可剖空间等于 X.它们的同调群以一种自然的方式相互同构,但它们仍然是不同的群.类似地,如果 $h:X\to Y$ 是一个连续映射,其中 $X=|K|$,$Y=|L|$,我们定义了一个诱导同态 $h_*:H_p(K)\to H_p(L)$.当然,如果 $X=|M|$,$Y=|N|$,那么我们同样有一个诱导同态 $H_p(M)\to H_p(N)$,我们仍然把它记为 h_*.我们早就指出过,这个记号的意义不够明确.

消除这一困难的方法是:给定一个多面体 X,我们可以考虑可剖空间等于 X 的所有单纯复形组成的类,并且能用一种自然的方式将它们的同调群等同,那么所得到的群就可以称为多面体 X 的群.

更一般地,我们可以对同胚于一个多面体的任何空间施行同样的作法.现在我们给出其细节.

定义 令 A 是空间 X 的一个子空间.空间偶(X,A)的一个**三角剖分**是由一个复形 K 和 K 的一个子复形 K_0 以及一个同胚

$$h:(|K|,|K_0|)\to(X,A)$$

所组成的.如果这样的三角剖分存在,则我们说(X,A)是一个**可三角剖分偶**.如果 A 是空集,则我们简称 X 是一个**可三角剖分空间**.

现在令(X,A)是一个可三角剖分偶.我们定义这个偶的单纯同调群如下:考虑(X,A)的所有三角剖分组成的集族.它们具有如下的形式

$$h_\alpha:(|K_\alpha|,|C_\alpha|)\to(X,A),$$

其中 C_α 是 K_α 的子复形.

于是对于"一个偶的所有三角剖分的集合"这个概念而言,就有一个集合论上的困难,正如对于"所有集合的集合"的情形一样.我们通过假定每个 K_α 都在某个固定空间 $\mathbf{E}^J$ 中来避开这样的问

题.只要你注意到,若 J 充分大,那么每个 K_α 在 $\mathbf{E}^J$ 中就有一个同构的拷贝,从而这样的假定是合理的.例如,我们可以让 J 具有 X 本身的基数!

对于固定的 p 来考虑群 $H_p(K_\alpha,C_\alpha)$.通过构成 $H_p(K_\alpha,C_\alpha)\times\{\alpha\}$,我们能够肯定它们作为集合是不相交的.那么在这个不交并

$$\bigcup_\alpha H_p(K_\alpha,C_\alpha)\times\{\alpha\}$$

中,我们就能引入一个等价关系.当 $(h_\beta^{-1}h_\alpha)_*(x)=y$ 时,我们定义

$$(x,\alpha)\in H_p(K_\alpha,C_\alpha)\times\{\alpha\}$$

$$(y,\beta)\in H_p(K_\beta,C_\beta)\times\{\beta\}$$

是等价的.并且我们令 $H_p(X,A)$ 表示等价类的集合.

于是每个等价类恰好包含从每个群 $H_p(K_\alpha,C_\alpha)\times\{\alpha\}$ 取出的一个元素.也就是说,把每个元素映射到其等价类的映射

$$H_p(K_\alpha,C_\alpha)\times\{\alpha\}\to H_p(X,A)$$

是双射.我们通过要求这个映射是同构而使 $H_p(X,A)$ 成为一个群.那么这个群的构造是明确的,因为对于每一对指标 α,β 而言,$(h_\beta^{-1}h_\alpha)_*$ 都是同构.

一个连续映射 $h:(X,A)\to(Y,B)$ 在同调中诱导一个同态如下:取任何一对三角剖分

$$h_\alpha:(|K_\alpha|,|C_\alpha|)\to(X,A),$$

$$h_\beta:(|L_\beta|,|D_\beta|)\to(Y,B).$$

映射 h 诱导一个映射 $h':(|K_\alpha|,|C_\alpha|)\to(|L_\beta|,|D_\beta|)$,而这个映射又引出单纯同调群的一个同态

$$h'_*:H_p(K_\alpha,C_\alpha)\to H_p(L_\beta,D_\beta).$$

通过转换到等价类上,这个同态又诱导一个完全确定的同态

$$h_*:H_p(X,A)\to H_p(Y,B).$$

以类似的方式,边缘同态$\partial_*:H_p(K_\alpha,C_\alpha)\to H_{p-1}(C_\alpha)$诱导一个边缘同态

$$\partial_*:H_p(X,A)\to H_{p-1}(A).$$

现在我们已经具备了构成一种同调理论的所有要素.

首先,我们指出可三角剖分偶组成的类构成同调论的一个容许空间类.如果(X,A)是可三角剖分的,那么(X,X),$(X,\varnothing)$,(A,A),$(A,\varnothing)$也都是可三角剖分的.任何单点空间是可三角剖分的.最后,如果(X,A)是可三角剖分的,那么由引理 19.1,$(X\times I,A\times I)$也是可三角剖分的.

定理 27.1 可三角剖分偶的类上的单纯同调论满足 Eilenberg-Steenrod 公理.

证明 公理 1～5 和公理 7 表示了单纯复形的同调的熟悉性质,它能立即保留到可三角剖分偶的同调中.只有公理 6 和公理 8,即切除公理和紧支集公理,需要说明.

为了验证紧支集公理,只要证明它对单纯复形成立就行了.令α是$H_p(K,K_0)$的一个元,令c是K中表示α的一个链,它的边缘由K_0承载.由于c被K的一个有限子复形L承载,因而它可以看作(L,L_0)中的一个闭链,其中$L_0=K_0\cap L$.如果β是c在$H_p(L,L_0)$中的同调类,那么$j_*(\beta)=\alpha$,其中j是(L,L_0)到(K,K_0)中的包含映射.因而这条公理被验证了.

验证切除公理涉及到一种技巧,它可能不是一看即明的.问题是,即使(X,A)和$(X-U,A-U)$可能都是可三角剖分的,但是两个剖分可能是完全互不相关的!如果不是这种情况,那么就像我们马上要证明的那样,切除公理容易从定理 9.1 得出.

令$U\subset A\subset X$.设存在偶(X,A)的一个三角剖分

$$h:(|K|,|K_0|)\to(X,A),$$

它诱导子空间$X-U$的一个剖分.这就意味着对K的某个子空间L有$X-U=h(|L|)$.令$L_0=L\cap K_0$,那么$A-U=h(|L_0|)$.(由此可知,U是开的而A是闭的.)定理 9.1 说明包含

映射诱导一个同构

$$H_p(L, L_0) \cong H_p(K, K_0).$$

因而结果得证.

现在我们在一般情况下来证明切除公理.令 $U \subset \operatorname{Int} A$;令

$$h:(K, K_0) \to (X, A),$$

$$k:(M, M_0) \to (X-U, A-U)$$

是各自空间偶的三角剖分.令 X_1 表示 $X-A$ 的闭包,并且令 $A_1 = X_1 \cap A$.我们断言,偶(X_1, A_1)既能被 h 剖分,也能被 k 剖分.(参看图 27.1,其中映射 j_0 和 j_1 表示包含映射.)

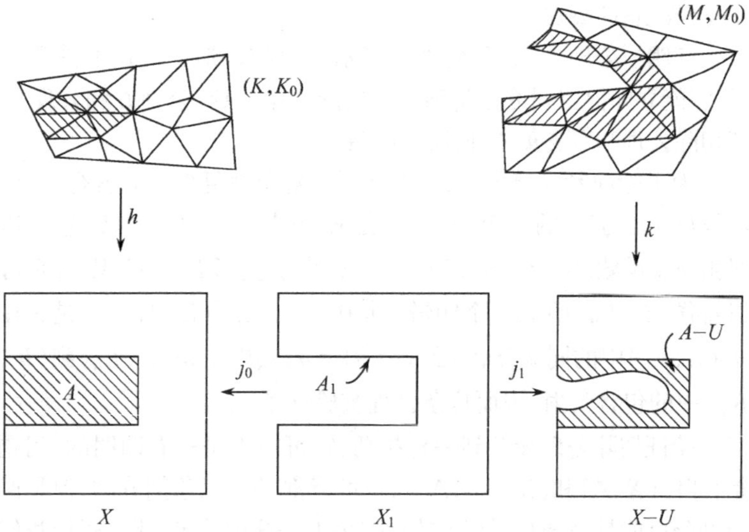

图 27.1

为了验证这个断言,我们注意到空间$|K|-|K_0|$是使得 $\sigma \in K$ 且$\sigma \notin K_0$ 的所有开单形 $\operatorname{Int}\sigma$ 之并.那么它的闭包 C 是由K 的所有不在K_0 中的单形 σ 和它们的面组成的K 的子复形的可剖空间.集合 C 在同胚h 下的象等于$X-A$ 的闭包,它就是 X_1.因此

X_1 被 h 剖分. 由于 X_1 和 A 都被 h 剖分，从而 $A_1 = X_1 \cap A$ 也被 h 剖分. 类似地，$|M| - |M_0|$ 的闭包是 M 的一个子复形的可剖空间，而且它在 k 下的象等于 $(X-U)-(A-U)=X-A$ 的闭包. 因而 X_1 被 k 三角剖分，于是 $A_1 = X_1 \cap A$ 也被 k 剖分.（这正是我们需要 $U \subset \mathrm{Int}A$ 这个事实的地方.）

从已经证明的特殊情形可知，在包含映射的图表

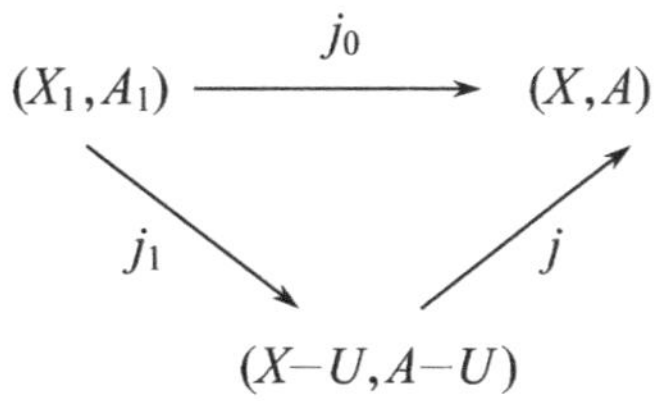

中 j_0 和 j_1 都诱导同构. 因为这个图表交换，所以 j_* 也是一个同构 □

我们注意到在上面的证明中，我们并不需要切除公理的假设的全部. 我们并没有用到 $\bar{U} \subset \mathrm{Int}A$，也没有用到 U 是开的. 因而对于可三角剖分偶的类上的单纯理论，有下列切除公理的更强的形式成立：

定理 27.2（单纯理论中的切除） 令 A 是 X 的一个子空间. 令 U 是 X 的一个子集使得 $U \subset \mathrm{Int}A$. 如果空间偶 (X, A) 和 $(X-U, A-U)$ 都是可剖分的，那么包含映射诱导同构

$$H_p(X-U, A-U) \simeq H_p(X, A).$$ □

粗略地说，紧支集公理说明每一个同调类都是紧支撑的. 而且这种类之间的每一个同调关系也是紧支撑的. 更精确地说，我们有下列有用的结果. 我们将对于单纯理论来直接验证它. 它也可以从公理导出，参看习题.

定理 27.3 令 $i:(X_0, A_0) \to (X, A)$ 是可剖分偶的包含映射，其中 (X_0, A_0) 是一个紧偶. 如果 $\alpha \in H_p(X_0, A_0)$ 且 $i_*(\alpha) = 0$，那么有一个紧偶 (X_1, A_1) 和包含映射

$$(X_0, A_0) \xrightarrow{j} (X_1, A_1) \xrightarrow{k} (X, A)$$

使得 $j_*(\alpha)=0$.

证明 我们可以假定(X,A)是一个单纯复形偶(K,C)的可剖空间.因为 X_0 是紧的,所以它包含在 K 的一个有限子复形K_0的可剖空间中,那么 A_0 包含在 $C \cap K_0 = C_0$ 的可剖空间中.因而定理就归结为这样的情况,其中

$$i:(K_0, C_0) \to (K, C)$$

是子复形的包含映射,而且 K_0 是有限的.

令 $\alpha \in H_p(K_0, C_0)$并设 $i_*(\alpha)=0$.令 c_p 是K_0 的代表 α 的一个链.因为$i_*(\alpha)=\{i_\#(c)\}=0$,所以有 K 的一个链d_{p+1}使得$c_p - \partial d_{p+1}$被 C 承载.选取 C 的承载$c_p - \partial d_{p+1}$的一个有限子复形;令 C_1 是这个子复形与 C_0 之并.然后选取 K 的承载d_{p+1}的一个有限子复形;令 K_1 是这个子复形与 K_0 及 C_1 的并.那么由包含映射

$$(K_0, C_0) \to (K_1, C_1)$$

诱导的同态将 α 映射到零. □

习 题

1. **定理** 给定有限生成Abel群的一个序列 $G_0, G_1, \cdots$,且其中 G_0 是自由的和非平凡的,那么就有一个复形 K 使得对于每个i,都有 $H_i(K) \simeq G_i$.

[提示:参看§25的习题5.]

2. 令 $\mathscr{A}$或者是可三角剖分偶的类,或者是所有拓扑偶的类.在"可三角剖分的"一词始终由"可容许的"一词所代替的情况下,直接从公理证明定理27.3.

[提示:证明在可三角剖分的情况下,我们能够假定(X,A)的剖分也能将 X_0 剖分.检查图表

$$
\begin{array}{ccccccc}
 & & & H_q(X_0,A_0) & & & \\
 & & & \downarrow l_* & \searrow & & \\
\longrightarrow & H_q(A,A_0) & \longrightarrow & H_q(X,A_0) & \longrightarrow & H_q(X,A) & \longrightarrow
\end{array}
$$

求出一个紧空间 A_1 使得 $l_*(\alpha)$在映射 $H_q(A_1,A_0)\to H_q(X,A_0)$的象中.那么包含映射$(X_0,A_0)\to(X,A)$诱导一个把 α 映射到零的同态.检查图表

$$
\begin{array}{ccccc}
 & & H_q(X_0,A_0) & & \\
 & & \downarrow m_* & \searrow & \\
H_{q+1}(X,X_0\cup A_1) & \longrightarrow & H_q(X_0\cup A_1,A_1) & \longrightarrow & H_q(X,A_1)
\end{array}
$$

求一个紧空间 X_1 使得 $m_*(\alpha)$在映射

$$\partial_*:H_{q+1}(X_1,X_0\cup A_1)\to H_q(X_0\cup A_1,A_1)$$

的象中.这样就完成了证明.]

* §28 范畴与函子†

到目前为止,你已经看到有许多地方都提到“诱导同态”和它们的“函子性质”,并且提到把一种数学对象指派给另一种数学对象的“自然性”,以至于你可能猜测到在所有这些提法的背后会有某种共同的思想.确实如此,在本节中我们就来研究它.它主要是由一些新的术语构成的.这里的证明都是基本的,于是我们把它留给读者.

定义 一个**范畴** **C** 是由三样东西构成的:

(1) **对象** X 的一个类.

(2) 相应于对象的每一个序偶(X,Y)有**态射** f 的一个集合 $\hom(X,Y)$.

† 当我们在第五章研究上同调时,本节将是需要的.

(3) 一个函数,称为**态射的复合**

$$\hom(X,Y)\times\hom(Y,Z)\rightarrow\hom(X,Z),$$

它对于对象的每个三元组(X,Y,Z)有定义.偶(f,g)在这个复合运算下的象记为$g\circ f$.下列的两个性质必须被满足:

公理1(结合律) 如果$f\in\hom(W,X)$,$g\in\hom(X,Y)$和$h\in\hom(Y,Z)$,那么$h\circ(g\circ f)=(h\circ g)\circ f$.

公理2(恒等态射的存在性) 如果X是一个对象,那么存在一个元素$1_X\in\hom(X,X)$使得

$$1_X\circ f=f,\quad g\circ 1_X=g$$

对于每一个$f\in\hom(W,X)$和每一个$g\in\hom(X,Y)$成立,其中W和Y是任意的.

范畴的一个标准例子是由拓扑空间和连续映射组成的,并且带有通常的函数复合运算.这个例子说明了为什么我们宁可说范畴的对象组成类而不说组成一个集合,因为我们若说"所有拓扑空间的集合"或"所有集合的集合"就不能不陷入到逻辑的悖论之中.(所有集合的集合是其自身的一个成员吗?)类是比集合更大的东西,对于它们我们不使用通常集合论的运算(象如取所有子集的集合).

让我们指出下列事实:恒等态射1_X是唯一的.因为若设

$$1_X\circ f=f\quad 和\quad g=g\circ 1'_X$$

对于每一个$f\in\hom(W,X)$和$g\in\hom(X,Y)$成立.那么置$f=1'_X$和$g=1_X$,我们就有

$$1_X\circ 1'_X=1'_X\ 和\ 1_X=1_X\circ 1'_X$$

由此$1'_X=1_X$.

定义 令$f\in\hom(X,Y)$和$g,g'\in\hom(Y,X)$.如果$g\circ f=1_X$,那么我们称g为f的**左逆**;如果$f\circ g'=1_Y$,那么我们称g'为f的**右逆**.

我们指出下列事实:如果f有一个左逆g和一个右逆g',那

么它们必定相等.因为我们可计算如下:

$$(g \circ f) \circ g' = 1_X \circ g' = g',$$

$$g \circ (f \circ g') = g \circ 1_Y = g,$$

由此 $g = g'$.所以我们就把映射 $g = g'$ 称为 f 的**逆**;它是唯一的.

如果 f 有逆,那么就把 f 称为所论范畴中的一个**等价**.

一般我们写成 $f: X \to Y$ 来表示 $f \in \hom(X, Y)$;而且我们将 X 称为 f 的**定义域对象**,而把 Y 称为 f 的**值域对象**.

定义 从范畴 **C** 到范畴 **D** 的一个(共变)函子 G 是一个函数,它对 **C** 中的每个对象 X 指派 **D** 中的一个对象 $G(X)$,而且对 **C** 的每个态射 $f: X \to Y$ 指派 **D** 的一个态射 $G(f): G(X) \to G(Y)$.下列两个条件必须被满足.

$$G(1_X) = 1_{G(X)} \quad \text{对所有 } X,$$

$$G(g \circ f) = G(g) \circ G(f).$$

也就是说,函子必须保持复合运算和恒等.由此立即可知,若 f 是 **C** 中的一个等价,那么 $G(f)$ 必须是 **D** 中的等价.

例 1 现在我们来列举范畴的若干例子.在所有这些例子中,复合是通常函数的复合或者是由它诱导的复合.在其中的某些范畴中,等价被赋予特殊的名称;在这种情况下,名称列在括号内.

(a) 集合和映射(双射对应).

(b) 拓扑空间和连续映射(同胚).

(c) 拓扑空间和映射的同伦类(同伦等价).

(d) 单纯复形和单纯映射(单纯同胚).

(e) 单纯复形和它们的可剖空间的连续映射.

(f) 单纯复形和连续映射的同伦类。

(g) 群和同态(同构).

(h) 链复形和链映射.

(i) 链复形和链同伦类(链等价).

(j) Abel 群的短正合序列和这种序列的同态.

(k) 链复形的短正合序列和这种序列的同态.

(l) Abel 群的长正合序列和这种序列的同态.

(m) 拓扑空间偶(X,Y)和连续映射偶(f,g).

例 2 现在我们来列举几个函子的例子.

(a) 对空间偶(X,Y)指派一个空间 $X\times Y$,并且对连续映射偶(f,g)指派映射 $f\times g$ 的对应是从空间偶到空间的函子.

(b) 对空间 X 指派其底集合并对连续映射指派其底集合上的映射的对应是从空间到集合的函子.我们把它称为**遗忘函子**;它“忘记了”所包含的拓扑构造.

(c) 对应 $K\to\mathscr{C}(K)$和 $f\to f_{\#}$ 是从单纯复形和单纯映射的范畴到链复形和链映射的范畴的函子.

(d) 给出一种同调论,那么 $X\to H_p(X)$和$[h]\to h_*$ 的对应是从容许空间和映射的同伦类的范畴到 Abel 群和同态的范畴的函子.(这里$[h]$表示 h 的同伦类.)这恰好是前两个 Eilenberg-Steenrod 公理和同伦公理的实质.

(e) 之字形引理对链复形的每个短正合序列指派它们的同调群的长正合序列.定理 24.2 中所表述的“自然性”恰好说明这个指派是一个函子.

定义 令 G 和 H 是从范畴 $\mathbf{C}$ 到范畴 $\mathbf{D}$ 的两个函子.从 G 到 H 的一个**自然变换** T 是这样一个规则,它对 $\mathbf{C}$ 中的每个对象 X 指派 $\mathbf{D}$ 的一个态射

$$T_X:G(X)\to H(X)$$

使得对于范畴 $\mathbf{C}$ 的所有态射 $f:X\to Y$ 来说下列图表都是交换的:

$$\begin{array}{ccc} G(X) & \xrightarrow{T_X} & H(X) \\ \downarrow{\scriptstyle G(f)} & & \downarrow{\scriptstyle H(f)} \\ G(Y) & \xrightarrow{T_Y} & H(Y) \end{array}$$

如果对每个 X,态射 T_X 是范畴 $\mathbf{D}$ 中的一个等价,则我们把 T 称

为函子的一个**自然等价**.

例 3 给定一种同调论,令 p 固定,并且考虑在容许偶上定义的下列两个函子:

$$G(X,A)=H_p(X,A);\ G(f)=f_*.$$

$$H(X,A)=H_{p-1}(A);\ H(f)=(f|_A)_*.$$

图表

$$\begin{array}{ccc} H_p(X,A) & \xrightarrow{\partial_*} & H_{p-1}(A) \\ \downarrow{\scriptstyle f_*} & & \downarrow{\scriptstyle (f|_A)_*} \\ H_p(Y,B) & \xrightarrow{\partial_*} & H_{p-1}(B) \end{array}$$

的交换性告诉我们∂_*是函子 G 到函子 H 的自然变换.这恰好是 Eilenberg-Steenrod 公理中的第三条公理.

例 4 考虑空间偶和映射偶的范畴.令 G 和 H 是函子

$$G(X,Y)=X\times Y;\ G(f,g)=f\times g.$$

$$H(X,Y)=Y\times X;H(f,g)=g\times f.$$

给定(X,Y),令 $T_{(X,Y)}$是 $X\times Y$ 到 $Y\times X$ 的转换坐标的同胚.那么 T 是G 与H 的一个自然等价.

直到现在我们一直都是在论述所谓共变函子.除此之外,还有反变函子的概念,粗略地说,其差别仅仅是因为它的"所有箭头都是反向的"! 我们把它正式定义如下:

定义 从范畴 **C** 到范畴 **D** 的一个反变函子 G 是这样 一个规则,它对 **C** 的每一个对象 X 指派 **D** 的一个对象 $G(X)$,并且对 **C** 的每一个态射 $f:X\to Y$ 指派 **D** 的一个态射

$$G(f):G(Y)\to G(X),$$

使得 $G(1_X)=1_{G(X)}$,并且

$$G(g\circ f)=G(f)\circ G(g).$$

反变函子之间的一个自然变换能以明显的方式来定义.

在本书中我们还没有研究过任何反变函子,但是以后我们将会研究它.有一个来自线性代数的这种例子.

例 5 如果 V 是 $\mathbf{R}$ 上的向量空间,考虑 V 上的线性泛函(即 V 到 $\mathbf{R}$ 中的线性变换)构成的空间 $\mathscr{L}(V,\mathbf{R})$.我们常常把它称作 V 的对偶空间.空间 $\mathscr{L}(V,\mathbf{R})$ 以显然的方式具有向量空间的结构.于是若 $f:V\to W$ 是一个线性变换,那么就有一个线性变换

$$f^{\mathrm{tr}}:\mathscr{L}(W,\mathbf{R})\to\mathscr{L}(V,\mathbf{R}),$$

我们常把它称为 f 的**转置**(或**伴随**),其定义如下:如果 $\alpha:W\to\mathbf{R}$ 是 W 上的一个线性泛函,那么 $f^{\mathrm{tr}}(\alpha):V\to\mathbf{R}$ 是 V 上的线性泛函,它是复合映射 $V\xrightarrow{f}W\xrightarrow{\alpha}\mathbf{R}$.

指派

$$V\to\mathscr{L}(V,\mathbf{R})\text{ 和 }f\to f^{\mathrm{tr}}$$

是从向量空间和线性变换的范畴到其自身的一个反变函子.

习　　题

1. 验证在例 1 中所列举的每一类对象和态射构成的每一个类确实是一个范畴,并验证等价确实像所陈述的那样.(只是(c)和(i)需要仔细些.)

2. 函子已经出现在你的数学研究中,尽管可能没有使用这个术语.这里列举若干例子;现在就来回顾它们的定义:

(a) 考虑复形和单纯映射的等价类所组成的范畴,等价关系由邻近关系推广.对链复形和链映射的链同伦类定义一个函子.

(b) 给出从抽象复形到几何复形的一个函子,称为“几何实现函子”.所涉及的映射是什么?

(c) 给出从用固定指标集 J 标号的 Abel 群族到称为“直积”和“直和”的 Abel 群的函子.

(d) 在代数中有一个函子 $G\to G/[G,G]$ 称为“Abel 化函子”.或者回忆它,或者查找它.

(e) 在拓扑学中有一个从完全正则空间到紧 Hausdorff 空间的函子,称为

“Stone-Čech 紧化”.回忆或查找它.不要忘记除了要处理空间之外,还要处理映射.

3. 令 G 和 H 是对一个复形 K 分别指派它的定向链复形和有序链复形的函子.对每一个单纯映射,它们指派诱导的链映射.

(a) 或者从 G 到 H,或者从 H 到 G 有一个自然变换.应该是哪一种?

(b) 证明如果你把 G 和 H 看作是在由链复形与链映射的链同伦类组成的范畴中取值的,那么两个自然变换都存在并且都是自然等价.

4. 考虑由使得 $X\times Y$ 是可三角剖分的那些可剖空间偶(X,Y)与连续映射偶组成的范畴.定义

$$G(X,Y)=H_p(X\times Y),\ G(f,g)=(f\times g)_*;$$

$$H(X,Y)=H_p(X)\times H_p(Y),\ H(f,g)=f_*\times g_*.$$

定义 G 到 H 的一个自然变换,证明它不是自然等价.

5. 我们还未曾研究过这样一种范畴,其中态射不同于通常意义下的映射或映射的等价类.对于熟悉拓扑空间的基本群的读者,有一个这种例子.

令 X 是一个固定空间.令 $\mathbf{C}$ 是一个范畴,它的对象是 X 的点;而且令 $\hom(x_1,x_0)$是由从 x_0 到 x_1 的道路 α 的道路同伦类$[\alpha]$组成的.复合运算

$$\hom(x_2,x_1)\times\hom(x_1,x_0)\to\hom(x_2,x_0)$$

是由通常的道路复合$(\beta,\alpha)\to\alpha*\beta$所诱导的.

(a) 验证 $\mathbf{C}$ 是这样一个范畴,在其中每个态射是一个等价.(我们把这样一个范畴称为一个**广群**.)

(b) 验证指派 $x_0\to\pi_1(X,x_0)$和$[\alpha]\to\hat{\alpha}$是一个从 $\mathbf{C}$ 到群与同态的范畴的反变函子.(这里 $\hat{\alpha}([f])=[\bar{\alpha}*f*\alpha]$,其中 $\bar{\alpha}$ 是α 的逆道路.)

注:我们必须让$[\alpha]$表示 $\hom(x_1,x_0)$的一个元素而不是 $\hom(x_0,x_1)$的一个元素的原因是由下面这样一个难处理的事实引起的;这就是,当我们将道路进行复合时,是把第一条道路放在左边,然而当我们将映射进行复合时,却是把第一个函数放在右边!

第四章　奇异同调论

从某种意义上说现在将要一切重新开始.我们要构造一种新的同调理论.与单纯同调论相比,它更加“自然”.一方面,同调群能够对任意拓扑空间来定义,而不仅仅是对可三角剖分空间有定义.另一方面,由连续映射诱导的同态可直接定义,而且它的函子性质很容易证明,根本不需要任何像单纯逼近定理那样困难的结果.奇异同调群的拓扑不变性可以立即得出.

然而,奇异同调群是不能直接计算的.甚至我们必须建立大量的奇异理论才能计算像球面 S^n 这样简单的空间的同调.终于当我们建立起 CW 复形的理论时,我们就会看到奇异同调是如何能够简单进行计算的.或者是,因为我们将要证明对于可三角剖分的空间来说,单纯同调和奇异同调是同构的,所以当我们要做某些计算时,我们总可以回到单纯理论上来进行.

本章我们将要构造奇异同调群,并证明它在所有拓扑空间类上满足 Eilenberg-Steenrod 公理.(结果表明,验证同伦公理和切除公理需要付出一番努力.)然后我们将构造奇异理论和单纯理论之间的一种对以后有用的具体同构.

最后,我们将给出若干应用,其中包括 Jordan 曲线定理、关于流形的定理以及计算实射影空间和复射影空间的同调.

§29　奇异同调群

在这一节,我们来定义奇异同调群并导出它们的基本性质.首先,我们引进一些记号.

令 $\mathbf{R}^\infty$ 表示向量空间 $\mathbf{E}^J$,其中 J 是正整数的集合.$\mathbf{R}^\infty$ 的元素是只有有限多个非零分量的实数的无穷序列.令 Δ_p 表示 $\mathbf{R}^\infty$ 中以

$$\varepsilon_0 = (0,0,\cdots,0,\cdots),$$
$$\varepsilon_1 = (1,0,\cdots,0,\cdots),$$
$$\vdots$$
$$\varepsilon_p = (0,0,\cdots,1,\cdots)$$
为顶点的 p 维单形.我们把 Δ_p 称为 **p 维标准单形**.请注意到在这个定义下,Δ_{p-1}是 Δ_p 的一个面.

如果 X 是一个拓扑空间,那么定义 X 的一个 **p 维奇异单形**是一个连续映射

$$T:\Delta_p \to X.$$

(“奇异”一词用来强调 T 不必是一个嵌入.例如,T 可以是一个常映射.)

由 X 的 p 维奇异单形生成的自由 Abel 群记为 $S_p(X)$,并且称为 X 的 p 维**奇异链群**.按照我们对自由 Abel 群的通常约定(参看§4),我们将用 p 维奇异单形的带整数系数的形式线性组合来表示 $S_p(X)$的元素.考虑一种特殊类型的奇异单形是方便的.在某个 Euclid 空间 $\mathbf{E}^J$ 中,给定点 $a_0,\cdots,a_p$,它们不必是独立的,则存在从 Δ_p 到 $\mathbf{E}^J$ 中的唯一个仿射映射 l 将 ε_i 映射到 a_i, $i=0,\cdots,p$.它是由等式

$$l(x_1,\cdots,x_p,\ 0,\cdots) = a_0 + \sum_{i=1}^{p} x_i(a_i - a_0)$$

定义的.我们把这个映射称为由 $a_0,\cdots,a_p$ 决定的**线性奇异单形**;并且记为$l(a_0,\cdots,a_p)$.

例如,映射 $l(\varepsilon_0,\cdots,\varepsilon_p)$恰好是 Δ_p 到 $\mathbf{R}^\infty$ 中的包含映射.

类似地,若像平常那样,用记号 $\hat{v}_i$ 表示将符号 v_i 删去,那么映射

$$l(\varepsilon_0,\cdots,\hat{\varepsilon}_i,\cdots,\varepsilon_p)$$

是 Δ_{p-1}到 $\mathbf{R}^\infty$ 中的映射,它是由到 Δ_p 的面$\varepsilon_0,\cdots,\varepsilon_{i-1},\varepsilon_{i+1},\cdots,\varepsilon_p$ 上的线性同胚来映射 Δ_{p-1}的.我们常常宁可把它看成 Δ_{p-1}到 Δ_p

中而不是到 $\mathbf{R}^{\infty}$ 中的一个映射. 那么若 $T:\Delta_p\to X$,则我们就能构成复合映射

$$T\circ l(\varepsilon_0,\cdots,\hat{\varepsilon}_i,\cdots,\varepsilon_p).$$

这是 X 的一个 $p-1$维奇异单形,我们把它看作 p 维奇异单形 T 的"第 i 个面".

现在我们来定义一个同态$\partial:S_p(X)\to S_{p-1}(X)$. 若 $T:\Delta_p\to X$ 是X 的一个 p 维奇异单形,则令

$$\partial T=\sum_{i=0}^{p}(-1)^i T\circ l(\varepsilon_0,\cdots,\hat{\varepsilon}_i,\cdots,\varepsilon_p).$$

那么∂T 等于$p-1$ 维奇异单形的形式和,而这些 $p-1$ 维奇异单形是 T 的面. 稍后我们将验证$\partial^2=0$.

如果 $f:X\to Y$ 是一个连续映射,那么我们就能通过在 p 维奇异单形上定义 $f_\#(T)=f\circ T$ 来定义一个同态 $f_\#:S_p(X)\to S_p(Y)$. 即 $f_\#(T)$是复合映射

$$\Delta_p\xrightarrow{T}X\xrightarrow{f}Y.$$

定理 29.1 同态 $f_\#$与∂变换,而且$\partial^2=0$.

证明 第一个论断可由直接计算得出.

$$\partial f_\#(T)=\sum_{i=0}^{p}(-1)^i(f\circ T)\circ l(\varepsilon_0,\cdots,\hat{\varepsilon}_i,\cdots,\varepsilon_p),$$

$$f_\#\partial(T)=\sum_{i=0}^{p}(-1)^i f\circ(T\circ l(\varepsilon_0,\cdots,\hat{\varepsilon}_i,\cdots,\varepsilon_p)).$$

为证明第二个论断,首先对线性奇异单形来计算∂,我们计算得

$$\begin{aligned}\partial l(a_0,\cdots,a_p)&=\sum_{i=0}^{p}(-1)^i l(a_0,\cdots,a_p)\circ l(\varepsilon_0,\cdots,\hat{\varepsilon}_i,\cdots,\varepsilon_p)\\&=\sum_{i=0}^{p}(-1)^i l(a_0,\cdots,\hat{a}_i,\cdots,a_p).\end{aligned}$$

(第二个等式源于这样一个事实:线性映射的复合是线性的. 参看§2.)现在$\partial\partial(l(a_0,\cdots,a_p))=0$这个事实是直接的. 只要把单纯

理论中对$\partial^2=0$的证明(引理5.3)在适当的地方插入字母 l 即可!于是一般结果就能从

$$\partial\partial(T)=\partial\partial(T_{\#}(l(\varepsilon_0,\cdots,\varepsilon_p)))$$

和∂与 $T_{\#}$ 交换的事实得出. □

定义 我们把群 $S_p(X)$和同态$\partial:S_p(X)\to S_{p-1}(X)$的族称为 X 的**奇异链复形**,并且记为 $\mathscr{S}(X)$;把这个链复形的同调群称为 X 的**奇异同调群**,并记为$H_p(X)$.

(如果 X 是可三角剖分的,那么这种记法与§27对可三角剖分空间的单纯同调而引进的记法重迭.后面我们将证明单纯同调论与奇异同调论是自然同构的,因而实际上并不包含真正的意义混淆.)

链复形 $\mathscr{S}(X)$由同态 $\varepsilon:S_0(X)\to\mathbf{Z}$ 增广,这个同态是通过对每个0维奇异单形 $T:\Delta_0\to X$ 置$\varepsilon(T)=1$而定义的.于是立即有:若 T 是一个1维奇异单形,那么 $\varepsilon(\partial T)=0$.我们把$\{\mathscr{S}(X),\varepsilon\}$的同调群称为 X 的**约化奇异同调群**,并且记为$\widetilde{H}_p(X)$.如果 $f:X\to Y$ 是连续映射,那么 $f_{\#}:S_p(X)\to S_p(Y)$就是保持增广的链映射,因为若 T 是0维奇异单形,那么 $f_{\#}(T)$也是.因而,$f_{\#}$在常义同调和奇异同调中都诱导一个同态 f_*.

如果 X 的约化同调在所有维数都为零,那么我们就说 X(在异同调中)是**零调的**.

定理 29.2 如果 $i:X\to X$ 是恒等映射,那么 $i_*:H_p(X)\to H_p(X)$也是恒等映射.如果 $f:X\to Y$,$g:Y\to Z$,那么$(g\circ f)_*=g_*\circ f_*$.在约化同调中,同样的结论也成立.

证明 实际上两个等式在链水平上成立.因为 $i_{\#}(T)=i\circ T$.而且$(g\circ f)_{\#}(T)=(g\circ f)\circ T=g\circ(f\circ T)=g_{\#}(f_{\#}(T))$. □

系 29.3 如果 $h:X\to Y$ 是一个同胚,那么 h_* 就是一个同构. □

读者将会注意到我们是如何迅速地证明奇异同调群是拓扑不

变量的.这与单纯理论形成明显的对照,在那里为作这同一件事却花费了我们第二章的大部分篇幅.

下面我们遵循单纯理论的模式来计算零维同调群.

定理 29.4 令 X 是一个拓扑空间,那么 $H_0(X)$是自由 Abel 群.若$\{X_\alpha\}$是 X 的道路连通分支的集合,而且对每一个 α,T_α 是一个 0 维奇异单形使得其象在 X_α 中,那么链 T_α 的同调类构成 $H_0(X)$的一个基.

群 $\widetilde{H}_0(X)$是自由 Abel 群;当 X 是道路连通时它为零.否则,令 α_0 是一个固定指标,那么对 $\alpha \neq \alpha_0$,链 $T_\alpha - T_{\alpha_0}$ 的同调类形成 $\widetilde{H}_0(X)$的一个基.

证明 令 x_α 是点 $T_\alpha(\Delta_0)$.如果 $T:\Delta_0 \to X$ 是 X 的任何 0 维奇异单形,那么从点 $T(\Delta_0)$到某点 x_α 有一条道路 $f:[0,1]\to X$.于是 f 是一个 1 维奇异单形,而且$\partial f = T_\alpha - T$.我们断定 X 上的任意 1 维奇异链同调于一个形如 $\sum n_\alpha T_\alpha$ 的链.

我们要证明任何这样的 1 维链都不能构成边缘.假设对于某个 d,$\sum n_\alpha T_\alpha = \partial d$.由于在 d 的表达式中的每个 1 维奇异单形均有道路连通的象,因而 d 的象在某个道路连通分支 X_α 中.从而我们能够写成 $d = \sum d_\alpha$,其中 d_α 是由 d 的那些被 X_α 承载的项组成的.于是∂d_α 也在 X_α 中.由此可知对每个 α,$n_\alpha T_\alpha = \partial d_\alpha$.将 ε 应用于这个等式的两边,则我们推出 $n_\alpha = 0$.

$\widetilde{H}_0(X)$的计算像在定理 7.2 的证明中那样进行. □

我们仍可按照单纯理论的方式来计算类锥空间的同调.但实际上更方便的则是在这里引进一个类似的概念,即所谓“星凸”集的概念.

定义 设 X 是 $\mathbf{E}^J$ 中的一个集合,w 是 X 的一点,如果对于 X 中异于 w 的每一个点 x,从 x 到 w 的线段都在 X 中,那么我们就说集合 X 关于 w 点是**星凸的**.

定义 设 $X \subset \mathbf{E}^J$ 是关于 w 星凸的.我们在 X 的奇异链上定

义一**种括号运算**. 令 $T:\Delta_p \to X$ 是 X 的一个 p 维奇异单形. 我们用下列方式定义一个 $p+1$ 维单形 $[T,w]:\Delta_{p+1}\to X$: 对于 Δ_p 中的 x, 令它把从 x 到 ε_{p+1} 的线段线性地映射到从 $T(x)$ 到 w 的线段. 参看图 29.1. 我们把这个定义扩张到任意 p 维链上如下: 如果 $c=\sum n_i T_i$ 是 X 上的一个奇异链, 则令

$$[c,w]=\sum n_i[T_i,w].$$

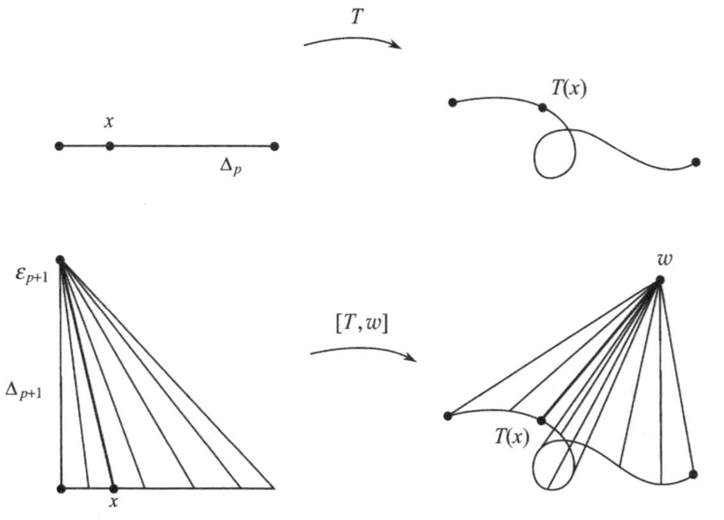

图 29.1

这个运算类似于我们在 §8 对于锥所引进的运算, 只是在这里我们把顶点 w 放在了末尾而不是开头.

请注意到, 当限制在 Δ_{p+1} 的面 Δ_p 上时, 映射 $[T,w]$ 等于映射 T. 再注意到如果 T 是线性奇异单形 $l(a_0,\cdots,a_p)$, 那么 $[T,w]$ 就等于线性奇异单形 $l(a_0,\cdots,a_p,w)$.

我们必须证明映射 $[T,w]$ 是连续的. 首先我们指出, 由等式 $\pi(x,t)=(1-t)x+t\varepsilon_{p+1}$ 定义的映射

$$\pi:\Delta_p \times I \to \Delta_{p+1}$$

是一个商映射，它把 $\Delta_p \times 1$ 坍缩到顶点 ε_{p+1}，并且除此之外，它是 1-1 的. 由 $f(x,t)=(1-t)T(x)+tw$ 定义的连续映射

$$f:\Delta_p \times I \to X$$

在 $\Delta_p \times 1$ 上是常映射；因为 π 是一个商映射，所以它诱导从 Δ_{p+1} 到 X 内的一个连续映射. 由于 π 把线段 $x \times I$ 线性地映射到从 x 到 ε_{p+1} 的线段上，而且 f 把 $x \times I$ 线性地映射到从 $T(x)$ 到 w 的线段上，所以这个诱导映射等于前面定义的 $p+1$ 维奇异单形 $[T,w]$. 从而映射 $[T,w]$ 是连续的.

现在我们来计算括号运算和边缘算子是怎样相互作用的.

引理 29.5 令 X 关于 w 是星凸的；令 c 是 X 的一个 p 维奇异链. 那么

$$\partial[c,w]=\begin{cases}[\partial c,w]+(-1)^{p+1}c, & 若\ p>0,\\ \varepsilon(c)T_w-c, & 若\ p=0.\end{cases}$$

其中 T_w 是把 Δ_0 映射到 w 的 0 维单形.

证明 如果 T 是一个 0 维奇异单形，那么 $[T,w]$ 把单形 Δ_1 线性地映射到从 $T(\Delta_0)$ 至 w 的线段上. 于是 $\partial[T,w]=T_w-T$. 第二个公式成立.

令 $p>0$. 只要在 c 是一个 p 维奇异单形 T 时验证公式成立就行了. 当 $p=1$ 时公式的合理性在图 29.2 中予以说明.

利用 ∂ 的定义，计算得

$$(*)\qquad \partial[T,w]=\sum_{i=0}^{p+1}(-1)^i[T,w]\circ l_i,$$

其中为了方便我们用 l_i 表示把 Δ_p 映入 Δ_{p+1} 中的线性奇异单形

$$l_i=l(\varepsilon_0,\cdots,\hat{\varepsilon}_i,\cdots,\varepsilon_{p+1}).$$

于是 l_{p+1} 等于 Δ_p 到 Δ_{p+1} 中的包含映射. 因为 $[T,w]$ 在 Δ_p 上的限制等于映射 T，所以 $(*)$ 式中的最后一项等于 $(-1)^{p+1}T$.

为了完成证明，我们考虑 $i<p+1$ 的奇异单形 $[T,w]\circ l_i$. 由

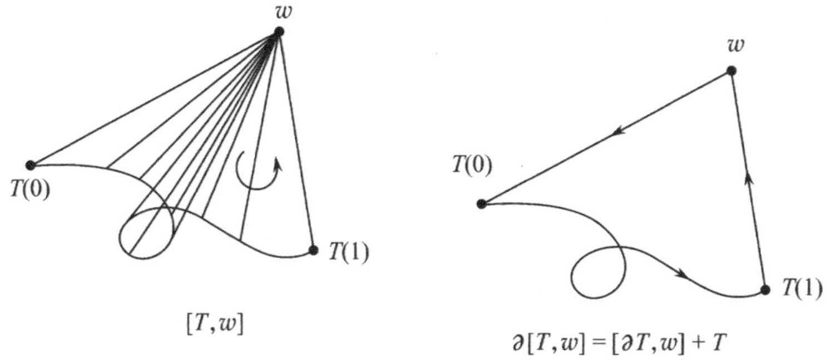

图 29.2

于映射 l_i 将 Δ_p 同胚地映射到 Δ_{p+1} 的第 i 个面上，所以它把 $\varepsilon_0,\cdots,\varepsilon_p$ 分别映射到 $\varepsilon_0,\cdots,\varepsilon_{i-1},\varepsilon_{i+1},\cdots,\varepsilon_{p+1}$. 因此，$l_i$ 在 $\Delta_{p-1}=\varepsilon_0\cdots\varepsilon_{p-1}$ 上的限制通过一个线性映射把这个单形映射到由 $\varepsilon_0,\cdots,\varepsilon_{i-1},\varepsilon_{i+1},\cdots,\varepsilon_p$ 张成的单形上.（回想到 $i<p+1$.）因而

$$(**) \qquad l_i\big|_{\Delta_{p-1}}=l(\varepsilon_0,\cdots,\hat{\varepsilon}_i,\cdots,\varepsilon_p).$$

现在我们就可以来计算 $[T,w]\circ l_i:\Delta_p\to X$. 令 x 是 Δ_{p-1} 的一般点. 由于 $l_i:\Delta_p\to\Delta_{p+1}$ 是一个线性映射，所以它把从 x 到 ε_p 的线段线性地映射到从 $l_i(x)$ 至 ε_{p+1} 的线段上. 由于 $l_i(x)\in\Delta_p$，所以由定义，映射 $[T,w]:\Delta_{p+1}\to X$ 将此线段线性地映射到从 $T(l_i(x))$ 至 w 的线段上. 因此，由定义，

$$[T,w]\circ l_i=[T_0(l_i\big|_{\Delta_{p-1}}),w].$$

把此式代入（$*$）式并应用（$**$）式，那么我们就得到等式

$$\begin{aligned}\partial[T,w]&=\sum_{i=0}^{p}(-1)^i[T\circ l(\varepsilon_0,\cdots,\hat{\varepsilon}_i,\cdots,\varepsilon_p),w]+(-1)^{p+1}T\\&=[\partial T,w]+(-1)^{p+1}T.\end{aligned}$$

□

定理 29.6 令 X 是 $\mathbf{E}^J$ 的一个关于 w 星凸的子空间. 那么 X

在奇异同调中是零调的.

证明 为证明 $\widetilde{H}_0(X)=0$,令 c 是 X 上的一个 0 维奇异链,使得 $\varepsilon(c)=0$.那么由上面的引理,

$$\partial[c,w] = \varepsilon(c)T_w - c = -c,$$

因而 c 是一个 1 维链的边缘.

为了证明对于 $p>0$,$H_p(X)=0$,令 z 是 X 上的一个 p 维奇异闭链.由上面的引理,

$$\partial[z,w] = [\partial z,w] + (-1)^{p+1}z = (-1)^{p+1}z.$$

因而 z 是一个 $p+1$ 维链的边缘. □

系 29.7 在奇异同调中任何单形都是零调的. □

习 题

1. (a) 令 $\{X_\alpha\}$ 是 X 的道路连通分支的集合.证明 $H_p(X)\simeq\bigoplus_\alpha H_p(X_\alpha)$.

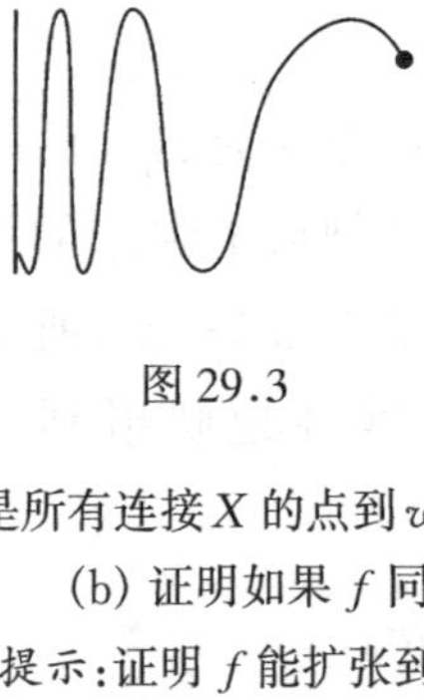

图 29.3

(b) 拓扑学家的正弦曲线是 $\mathbf{R}^2$ 的一个子空间,它是由适合于 $0<x\leqslant 1$ 的所有点 $(x,\sin\frac{1}{x})$ 和适合于 $-1\leqslant y\leqslant 1$ 的所有点 $(0,y)$ 组成的.参看图 29.3.计算这个空间的奇异同调.

2. 令 X 是 $\mathbf{R}^N$ 的一个紧子空间;令 $f:X\to Y$.

(a) 令 w 是 $\mathbf{R}^N\times\mathbf{R}$ 中的点 $(0,\cdots,0,1)$;令 C 是所有连接 X 的点到 w 的线段的并.证明 C 是 $X\times I$ 的一个商空间.

(b) 证明如果 f 同伦于一个常映射,那么 f_* 在约化同调中是零态射.[提示:证明 f 能扩张到 C 上.]

(c) 证明若 X 是可缩的,那么 X 是零调的.

§30 奇异同调论的公理

现在我们来引进相对奇异同调群.然后在这一节和下一节证

明它们在所有拓扑空间偶组成的类上满足 Eilenberg-Steenrod 公理.

如果 X 是一个空间且 A 是 X 的一个子空间,那么存在一个自然的包含映射 $S_p(A)\to S_p(X)$. 我们把**相对奇异链**的群定义为

$$S_p(X,A)=S_p(X)/S_p(A).$$

边缘算子 $\partial:S_p(X)\to S_{p-1}(X)$ 能够限制为 $S_p(A)$ 上的边缘算子. 因此它在相对链上诱导一个边缘算子

$$\partial:S_p(X,A)\to S_{p-1}(X,A).$$

我们把群 $S_p(X,A)$ 和同态 ∂ 组成的族称为空间偶 (X,A) 的**奇异链复形**,并且记为 $\mathscr{S}(X,A)$;把这个链复形的同调群称为偶 (X,A) 的**奇异同调群**,并记为 $H_p(X,A)$.

我们指出,链复形 $\mathscr{S}(X,A)$ 是自由的;群 $S_p(X,A)$ 以形如 $T+S_p(A)$ 的所有陪集为基,其中 T 是一个其象集不在 A 中的 p 维奇异单形.

如果 $f:(X,A)\to(Y,B)$ 是一个连续映射,那么同态 $f_{\#}:S_p(X)\to S_p(Y)$ 把 A 的链映射到 B 的链中,因而它诱导一个同态(也记为 $f_{\#}$)

$$f_{\#}:S_p(X,A)\to S_p(Y,B).$$

这个映射与 ∂ 交换,因而它又诱导一个同态

$$f_*:H_p(X,A)\to H_p(Y,B).$$

下列定理是直接的.

定理 30.1 如果 $i:(X,A)\to(X,A)$ 是恒等映射,那么 i_* 也是恒等映射. 如果 $h:(X,A)\to(Y,B)$ 和 $k:(Y,B)\to(Z,C)$ 都是连续的,那么,$(k\circ h)_*=k_*\circ h_*$. □

定理 30.2 存在一个对于 $A\subset X$ 和所有 p 定义的同态 $\partial_*:H_p(X,A)\to H_{p-1}(A)$ 使得序列

$$\cdots\to H_p(A)\xrightarrow{i_*}H_p(X)\xrightarrow{\pi_*}H_p(X,A)\xrightarrow{\partial_*}H_{p-1}(A)\to\cdots$$

是正合的，其中 i 和 π 是包含映射. 假如 $A \neq \varnothing$，那么当用 X 和 A 的约化同调时，则有同样的结论成立.

一个连续映射 $f:(X,A) \to (Y,B)$ 在奇异同调中能够诱导相应正合序列的同态，无论是常义的，还是约化的.

证明 为证 ∂_* 和正合序列的存在性，我们可将§24 的"之字形引理"应用于链复形的短正合序列

$$0 \to S_p(A) \xrightarrow{i_\#} S_p(X) \xrightarrow{\pi_\#} S_p(X,A) \to 0$$

其中 $i: A \to X$ 和 $\pi:(X,\varnothing) \to (X,A)$ 是包含映射. 一旦我们注意到 $f_\#$ 分别与 $i_\#$ 和 $\pi_\#$ 交换，那么 ∂_* 的自然性就能从定理 24.2 得出. 对于约化同调的相应结果可由对单纯理论所使用的同样的方法(参看§24)得出. □

定理 30.3 如果 P 是一个单点空间，那么对于 $p \neq 0$，$H_p(p)=0$，而且 $H_0(P) \simeq \mathbf{Z}$.

证明 一旦我们注意到 $\mathbf{R}^N$ 中的单点空间是星凸的，那么结论就能从定理 29.6 得出！为了得到一个更直接的证明，我们计算链复形 $\mathscr{S}(p)$. 在每一个非负维数恰好有一个奇异单形 $T_p: \Delta_p \to p$；因而对于 $p \geqslant 0$，$S_p(p)$ 是无限循环的. T_p 的每一个"面"，即

$$T_p \circ l(\varepsilon_0, \cdots, \hat{\varepsilon}_i, \cdots, \varepsilon_p),$$

等于奇异单形 T_{p-1}. 因此，当 p 为奇数时，$\partial T_p = 0$(诸项成对相消)，而当 p 为偶数时，$\partial T_p = T_{p-1}$(因为只剩下这一项). 因而链复形 $\mathscr{S}(p)$ 具有下列形式

$$\begin{array}{ccccccccc} S_{2k}(p) & \to & S_{2k-1}(p) & \to \cdots \to & S_1(p) & \to & S_0(p) & \to & 0 \\ \mathbf{Z} & \xrightarrow{\cong} & \mathbf{Z} & \xrightarrow{0} \cdots \to & \mathbf{Z} & \xrightarrow{0} & \mathbf{Z} & \to & 0 \end{array}$$

在 $2k-1$ 维，每个链都是一个边缘链；而在 $2k(k>0)$ 维，任何链都不是闭链. 在 0 维，每一个链都是闭链并且任何链都不是边缘，因而同调是无限循环的. □

定理 30.4 给定 $\alpha \in H_p(X,A)$，则存在一个紧偶 $(X_0, A_0) \subset (X,A)$ 使得 α 在由包含映射

$$i_*: H_p(X_0, A_0) \to H_p(X, A)$$

诱导的同态的象中.

证明 如果 $T: \Delta_p \to X$ 是一个奇异单形,那么我们把它的极小承载子定义为象集 $T(\Delta_p)$. p 维奇异链 $\sum n_i T_i$(其中每个 $n_i \neq 0$)的极小承载子是各 T_i 的极小承载子之并.由于和是有限的,所以这个并集是紧的.令 c_p 是 $S_p(X)$ 中的一个链,它的模 $S_p(A)$ 的陪集代表 α,那么 ∂c_p 就可由 A 承载.令 X_0 是 c_p 的极小承载子,并且令 A_0 是 ∂c_p 的极小承载子.那么 c_p 就能用来表示 $H_p(X_0, A_0)$ 中的一个同调类 β,而且 $i_*(\beta) = \alpha$. □

上面的定理说明奇异理论满足紧支集公理.该定理有一个补充定理,在这里我们就来证明它.(它也可以直接从公理导出;参看§27的习题.)

定理 30.5 令 $i: (X_0, A_0) \to (X, A)$ 是包含映射,其中 (X_0, A_0) 是一个紧偶.如果 $\alpha \in H_p(X_0, A_0)$ 且 $i_*(\alpha) = 0$,那么就有一个紧偶 (X_1, A_1) 和包含映射

$$(X_0, A_0) \xrightarrow{j} (X_1, A_1) \xrightarrow{k} (X, A)$$

使得 $j_*(\alpha) = 0$.

证明 令 c_p 是 X_0 的一个代表 α 的 p 维奇异链,那么 ∂c_p 能由 A_0 承载.由假设,X 有一个链 d_{p+1} 使得 $c_p - \partial d_{p+1}$ 可由 A 承载.令 X_1 是 X_0 和 d_{p+1} 的极小承载子之并;令 A_1 是 A_0 与 $c_p - \partial d_{p+1}$ 的极小承载子之并. □

可以说,迄今为止,一切都是相对容易的.我们已经证明了除同伦公理和切除公理以外的所有公理.这两个公理需要做更多的工作.现在我们就来验证同伦公理.

这个证明大体上与单纯理论中同伦公理的证明(定理 19.2)类似.我们考虑由

$$i(x) = (x, 0) \text{ 和 } j(x) = (x, 1)$$

定义的包含映射 $i,j:X\to X\times I$,并且构造 $i_\#$ 和 $j_\#$ 之间的一个链同伦 D.如果 F 是 f 与 g 之间同伦,那么 $F_\#\circ D$ 是 $f_\#$ 与 $g_\#$ 之间的链同伦.于是定理即可得证.为在单纯理论中构造 D,我们使用了零调承载子.在这里我们需要某些更一般的东西,它是我们以后称之为"零调模方法"的特殊情况.

在 $i_\#$ 与 $j_\#$ 之间似乎应该存在一个链同伦 D.例如,如果 T 是图 30.1 中所画出的 1 维奇异单形,并且当 $\partial T=T_1-T_0$ 时,我们能将 DT_1 和 DT_0 取成图中画出的"竖直"1 维奇异单形.那么我们就能把 DT 取为以 $j_\#(T)-DT_1-i_\#(T)+DT_0$ 为边缘的 2 维链,它就是图中以阴影覆盖的区域.

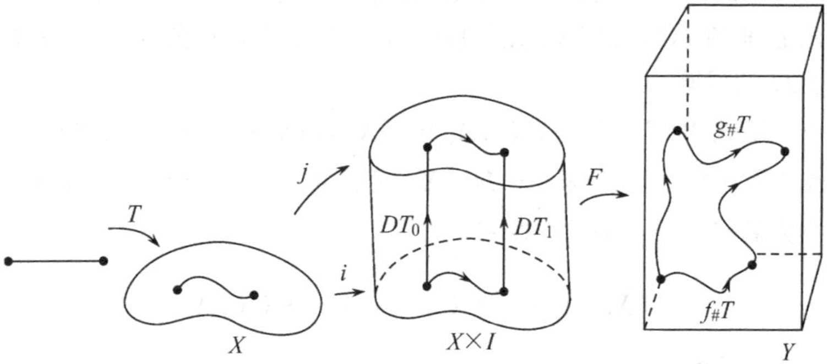

图 30.1

我们把 D 的存在性单独叙述成一个引理:

引理 30.6 对每个空间 X 和每个非负整数 p,存在一个同态

$$D_X:S_p(X)\to S_{p+1}(X\times I)$$

具有下列性质:

(a) 如果 $T:\Delta_p\to X$ 是一个奇异单形,那么

$$\partial D_XT+D_X\partial T=j_\#(T)-i_\#(T).$$

其中映射 $i:X\to X\times I$ 把 x 映射到 $(x,0)$,而映射 $j:X\to X\times I$ 把

x 映射到$(x,1)$.

(b) D_X 是自然的;也就是说,如果 $f:X\to Y$ 是连续映射,那么下列图表交换:

$$\begin{array}{ccc} S_p(X) & \xrightarrow{D_X} & S_{p+1}(X\times I) \\ \downarrow f_\# & & \downarrow (f\times i_I)_\# \\ S_p(Y) & \xrightarrow{D_Y} & S_{p+1}(Y\times I) \end{array}$$

证明 我们用关于 p 的归纳法进行. $p=0$ 的情形是简单的. 给定 $T:\Delta_0\to X$,令 X_0 表示点 $T(\Delta_0)$. 定义 $D_XT:\Delta_1\to X\times I$ 为

$$D_XT(t,0,\cdots)=(x_0,t),\ 0\leqslant t\leqslant 1.$$

(回想到 $\Delta_1=\varepsilon_0\varepsilon_1$ 由 $\mathbf{R}^\infty$ 的适合 $0\leqslant t\leqslant 1$ 的所有点$(t,0,\cdots)$组成.)性质(a)和(b)立即得出.

现在假设在维数低于 p 时 D_X 对所有 X 已被定义并且满足(a)和(b). 我们在 p 维情况下来定义 D_XT,这是通过首先在 $X=\Delta_p$ 而且 T 等于 Δ_p 到其自身的恒等映射 i_p 的情况下来定义的. 这是方法的关键. 我们首先来处理一种称为"模型空间"的非常特殊的空间和这种空间上的一种非常特殊的奇异单形.

令 $\hat{i},\hat{j}:\Delta_p\to\Delta_p\times I$ 分别将 x 映射到$(x,0)$和$(x,1)$. 令 c_p 是由等式

$$c_p=\hat{j}_\#(i_p)-\hat{i}_\#(i_p)-D_{\Delta_p}(\partial i_p)$$

定义的 $\Delta_p\times I$ 上的奇异链. (请注意到,由归纳假设,最后一项是已经明确定义的;i_p 是 Δ_p 上的一个奇异单形. 因而 i_p 属于 $S_p(\Delta_p)$且∂i_p 属于 $S_{p-1}(\Delta_p)$.)于是 c_p 是一个闭链,因为应用归纳假设,我们有

$$\partial c_p=\partial\hat{j}_\#(i_p)-\partial\hat{i}_\#(i_p)-[\hat{j}_\#(\partial i_p)-\hat{i}_\#(\partial i_p)-D_{\Delta_p}\partial\partial i_p],$$

而且这个链为零. 因为 $\Delta_p\times I$ 是凸的,所以(由定理 29.6)它是零

调的.因此,我们能够选取 $S_{p+1}(\Delta_p \times I)$的一个元素使其边缘等于 c_p.我们把这个元素记为$D_{\Delta p}(i_p)$,那么公式(a)成立,因为

$$\partial D_{\Delta p}(i_p) = c_p.$$

现在,给定一个任意空间 X 和一个任意 p 维奇异单形 $T:\Delta_p \to X$,我们定义

$$D_X T = (T \times i_I)_\#(D_{\Delta p} i_p).$$

参看图 30.2.直观上,$D_{\Delta p} i_p$ 是充满整个柱体 $\Delta_p \times I$ 的 $p+1$ 维奇异链.粗略地说,它的边缘就是柱体的边缘.映射$(T \times i_I)_\#$ 把这个链整个地映射成 $X \times I$ 上的一个奇异链.

现在来验证(a)和(b)就很容易了.为验证(a),我们计算

$$(*) \qquad \begin{aligned} \partial D_X T &= (T \times i_I)_\# \partial D_{\Delta p} i_p \\ &= (T \times i_I)_\#(\hat{j}_\#(i_p) - \hat{i}_\#(i_p) - D_{\Delta p} \partial i_p) \\ &= j_\#(T) - i_\#(T) - (T \times i_I)_\# D_{\Delta p}(\partial i_p). \end{aligned}$$

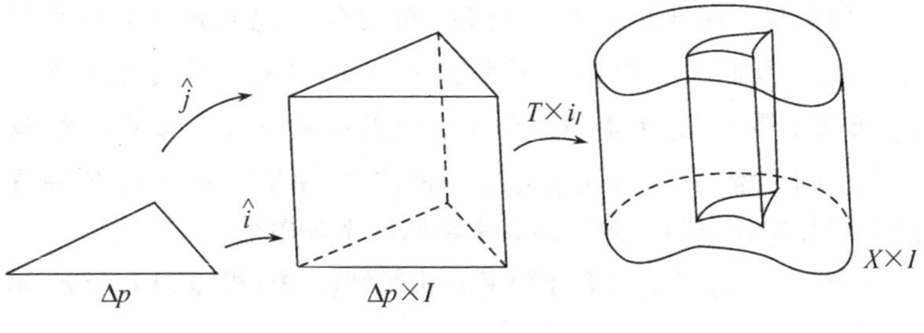

图 30.2

于是我们能够利用自然性.由归纳假设,我们就有下列图表的交换性:

$$\begin{array}{ccc}
S_{p-1}(\Delta_p) & \xrightarrow{D_{\Delta_p}} & S_p(\Delta_p \times I) \\
\Big\downarrow T_{\#} & & \Big\downarrow (T \times i_I)_{\#} \\
S_{p-1}(X) & \xrightarrow{D_X} & S_p(X \times I)
\end{array}$$

因此,正如我们所期望的那样,(*)式中最后一项等于

$$-D_X T_{\#}(\partial i_p) = -D_X \partial T_{\#}(i_p) = -D_X \partial T.$$

验证(b)就更容易了.如果 $f: X \to Y$,请注意到$(f \circ T) \times i_I = (f \times i_I) \circ (T \times i_I)$.于是由定义,

$$D_Y(f_{\#}(T)) = D_Y(f \circ T) = ((f \circ T) \times i_I)_{\#} D_{\Delta p}(i_p).$$

这又等于

$$(f \times i_I)_{\#}(T \times i_I)_{\#} D_{\Delta p}(i_p) = (f \times i_I)_{\#} D_X T. \qquad \square$$

请注意,在刚才给出的证明中,在 $p=0$ 的情况我们给出了 D_X 的一种直接构造方法.我们只是在归纳步骤中用过"模型空间"Δ_p.对于 $p=0$ 的情况,有一种看起来更像归纳过程的证明,这是以后我们将要加以推广的证明.

令 $p=0$.我们首先在 $X=\Delta_0$.而且 T 等于 Δ_0到其自身的恒等映射 i_0 的情况下定义 $D_X T$.我们要求公式

$$\partial D_{\Delta_0}(i_0) = \hat{j}_{\#}(i_0) - \hat{i}_{\#}(i_0)$$

能成立.注意到这个公式的右边是一个由 $\Delta_0 \times I$ 承载的 0 维链,而且它的增广映射 ε 是零.因为空间 $\Delta_0 \times I$ 是凸的,所以它是零调的.因此我们能够选取 $D_{\Delta_0} i_0$ 是 $S_1(\Delta_0 \times I)$的一个元素,其边缘是 $\hat{j}_{\#}(i_0) - \hat{i}_{\#}(i_0)$.然后对一般的 X 和 T,我们定义

$$D_X T = (T \times i_I)_{\#} D_{\Delta_0} i_0.$$

则性质(a)和(b)恰如在归纳过程中那样被证明.

定理 30.7 如果 $f,g:(X,A)\to(Y,B)$ 是同伦的，那么 $f_*=g_*$. 如果 $A=B=\varnothing$，那么同样的结论在约化同调中也成立.

证明 令 $F:(X\times I,A\times I)\to(Y,B)$ 是 $f,g:(X,A)\to(Y,B)$ 之间的同伦. 令 $i,j:(X,A)\to(X\times I,A\times I)$ 由 $i(x)=(x,0)$ 和 $j(x)=(x,1)$ 给出. 令 $D_X:S_p(X)\to S_{p+1}(X\times I)$ 是上面引理中的链同伦. D_X 关于包含映射 $A\to X$ 的自然性说明 D_X 在 $S_p(A)$ 上的限制等于 D_A. 因而 D_X 把 $S_p(A)$ 映射到 $S_{p+1}(A\times I)$ 中，并且在相对水平上诱导一个链同伦

$$D_{X,A}:S_p(X,A)\to S_{p+1}(X\times I,A\times I).$$

引理 30.6 的公式(a)成立是因为 $D_{X,A}$ 是由 D_X 诱导的把 D 定义为 $D_{X,A}$ 和同态

$$F_\#:S_{p+1}(X\times I,A\times I)\to S_{p+1}(Y,B)$$

的复合. 那么我们计算可得

$$\begin{aligned}\partial D&=\partial F_\# D_{X,A}=F_\#\partial D_{X,A}=F_\#(j_\#-i_\#-D_{X,A}\partial)\\&=(F\circ j)_\#-(F\circ i)_\#-F_\# D_{X,A}\partial=f_\#-g_\#-D\partial.\end{aligned}$$ □

定义 令 $f:(X,A)\to(Y,B)$. 若有一个映射 $g:(Y,B)\to(X,A)$ 使得 $f\circ g$ 和 $g\circ f$ 作为复形偶的映射同伦于适当的恒等映射. 那么我们把 f 称为一个**同伦等价**，而且把 g 称为 f 的**同伦逆**.

定理 30.8 令 $f:(X,A)\to(Y,B)$.

(a) 如果 f 是一个同伦等价，那么在相对同调中 f_* 是一个同构.

(b) 更一般地，如果 $f:X\to Y$ 和 $f|_A:A\to B$ 是同伦等价，那么 f_* 在相对同调中是一个同构.

证明 若 f 是同伦等价，则立即有 f_* 是同构. 为证明(b)，我们考察 (X,A) 与 (Y,B) 的长正合同调序列和把一个正合序列映射到另一个正合序列的同态 f_*. 定理的假设告诉我们

$$f_*:H_p(X)\to H_p(Y)\text{ 和}(f|_A)_*:H_p(A)\to H_p(B)$$

都是同构. 于是本定理就可从五项引理得出. □

如果 $f:(X,A)\to(Y,B)$ 是同伦等价,那么 $f:X\to Y$ 和 $f|_A: A\to B$ 也是. 然而,正如下例所指出的那样,其逆并不成立.

例 1 考虑包含映射 $j:(B^n,S^{n-1})\to(\mathbf{R}^n,\mathbf{R}^n-\mathbf{0})$. 由于 B^n 是 $\mathbf{R}^n$ 的变形收缩核, S^{n-1} 是 $\mathbf{R}^n-\mathbf{0}$ 的变形收缩核. 所以映射 j_* 是相对同调中的同构. 设存在一个映射 $g:(\mathbf{R}^n,\mathbf{R}^n-\mathbf{0})\to(B^n,S^{n-1})$,它是 j 的同伦逆. 那么,因为 $\mathbf{0}$ 是 $\mathbf{R}^n-\mathbf{0}$ 的极限点,所以映射 g 必然把 $\mathbf{0}$ 映入 S^{n-1} 中. 因此,

$$g\circ j:(B^n,S^{n-1})\to(B^n,S^{n-1})$$

把 B^n 全部映入 S^{n-1} 中. 因而它在同调中诱导平凡同态. 另一方面,由假设这个映射同伦于恒等映射,因而它诱导 $H_n(B^n,S^{n-1})$ 上的恒等同态. 因为(就像稍后我们将证明的那样)这个群是非平凡的,从而得出矛盾.

习 题

1. 在奇异同调中考虑三元组的正合序列.(参看 §26 的习题 2.)

2. 证明如果 $f:X\to Y$ 同伦于一个常映射,那么在约化同调中 f_* 是零同态. 推断如果 X 是可缩的,那么 X 在奇异同调中是零调的.

3. 设包含映射 $j:A\to X$ 是一个同伦等价. 证明 $H_p(X,A)=0$.

4. 给出这样一个例子,使得其中虽然 X 具有 Y 的伦型且 A 具有 B 的伦型,但是 $H_p(X,A)\not\cong H_p(Y,B)$. 与定理 30.8 相比较.

5. 在引理 30.6 的证明中,我们在选取链 $D_{\Delta p}i_p$ 时有一定的自由度. 证明公式

$$D_{\Delta p}i_p=\sum_{i=0}^{p}(-1)^i l((\varepsilon_0,0),\cdots,(\varepsilon_i,0),(\varepsilon_i,1),\cdots,(\varepsilon_p,1))$$

给出 $\Delta_p\times I$ 上的一个满足引理要求的 $p+1$ 维链. 当 $p=1$ 和 $p=2$ 时画出图形.

6. 证明若 $f:(X,A)\to(Y,B)$ 是一个同伦等价,那么 $f:X\to Y$ 和 $f|_A: A\to B$ 也是同伦等价.

7. 考虑其对象是链复形的范畴 **C**;**C** 的一个(映射度为 d 的)将 $\mathscr{C}$ 映射到 $\mathscr{C}'$ 的态射是一族同态 $\phi_p:C_p\to C_{p+d}$. 考虑从拓扑范畴到 C 的下列函子:

$$G(X)=\mathscr{S}(X);\ G(f)=f_{\#},$$

$$H(X)=\mathscr{S}(X\times I);\ H(f)=(f\times i_I)_{\#}.$$

证明引理 30.6 中的链同伦 D_X 是 G 到 H 的一个自然变换.

§31 奇异同调中的切除

本节我们来验证奇异同调的切除公理. 证明中所包含的技巧,今后在其它场合也将是有用的.

我们对于单纯复形所证明的事实之一就是我们能够把有限复形重心重分成一些要多么小有多么小的单形. 对于奇异链我们需要一个类似的结果. 为使叙述精确起见,我们假设已给定了一个空间 X 和由 X 的子集组成的集族 $\mathscr{A}$,这些子集的内部覆盖 X. 对于 X 的一个奇异单形,如果它的象在 $\mathscr{A}$ 的一个元素中,则我们把它称作是 $\mathscr{A}$ **小的**. 给定 X 上的一个奇异链,我们将要说明怎样"把它细分"以使它的所有单形都是 $\mathscr{A}$ 小的. 毫不奇怪为了达到这一目的,我们所要做的就是要引进一种类似于重心重分的作法. 现在我们给出它的细节.

定义 令 X 是一个拓扑空间. 我们用归纳法定义一个同态 $\mathrm{sd}_X:S_p(X)\to S_p(X)$. 若 $T:\Delta_0\to X$ 是一个 0 维奇异单形,则我们定义 $\mathrm{sd}_X T=T$. 现在假设在维数小于 p 时 sd_X 已被定义. 若 $i_p:\Delta_p\to\Delta_p$ 是恒等映射,则令 $\hat{\Delta}_p$ 表示 Δ_p 的重心,并且(利用 §29 的括号运算)定义

$$\mathrm{sd}_{\Delta_p} i_p=(-1)^p[\mathrm{sd}_{\Delta_p}(\partial i_p),\hat{\Delta}_p].$$

由于 Δ_p 关于 $\hat{\Delta}_p$ 是星凸的,所以定义有意义. 于是若 $T:\Delta_p\to X$ 是 X 上的任何 p 维奇异单形,则我们定义

$$\mathrm{sd}_X T=T_{\#}(\mathrm{sd}_{\Delta_p} i_p).$$

参看图 31.1. 我们把它称为奇异理论中的**重心重分算子**.

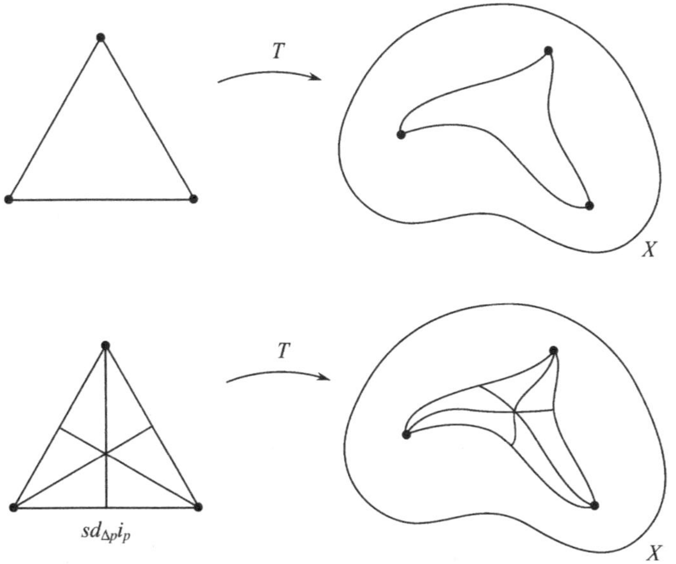

图 31.1

引理 31.1 同态 sd_X 是一个保持增广的链映射，而且它按下述的意义是自然的：对于任何连续映射 $f: X \to Y$，都有

$$f_{\#} \circ \mathrm{sd}_X = \mathrm{sd}_Y \circ f_{\#}.$$

证明 因为映射 sd_X 在 0 维时是恒等映射，所以它是保持增广的. 同理在 0 维时自然性成立. 由直接计算可知，在正维数时自然性成立.

$$\begin{aligned} f_{\#}(\mathrm{sd}_X T) &= f_{\#} T_{\#}(\mathrm{sd}_{\Delta_p} i_p) = (f \circ T)_{\#}(\mathrm{sd}_{\Delta_p} i_p) \\ &= \mathrm{sd}_Y(f \circ T) = \mathrm{sd}_Y(f_{\#}(T)). \end{aligned}$$

今后，我们通常省略算子 sd_X 的下标，而依靠上下文来弄清其含义.

为了验证 sd 是链映射，我们对 p 用归纳法进行. 在 0 维时 $\mathrm{sd} \circ \partial = \partial \circ \mathrm{sd}$ 是平凡的. 假设在维数低于 p 时结论成立，我们利用引理

29.5 计算出

$$\partial \mathrm{sd} i_p = (-1)^p \partial[\mathrm{sd}\partial i_p, \hat{\Delta}_p]$$

$$= \begin{cases} (-1)^p[\partial \mathrm{sd}\partial i_p, \hat{\Delta}_p] + \mathrm{sd}\partial i_p, & p > 1, \\ -\varepsilon(\mathrm{sd}\partial i_1)T_0 + \mathrm{sd}\partial i_1, & p = 1. \end{cases}$$

其中 T_0 是 0 维单形,其像点是 $\hat{\Delta}_1$. 于是若 $p>1$,则由归纳假设就有$\partial \mathrm{sd}\partial i_p = \mathrm{sd}\partial\partial i_p = 0$. 若 $p=1$,则因 sd 保持增广,从而有 $\varepsilon(\mathrm{sd}\partial i_1) = \varepsilon(\partial i_1) = 0$. 因此在两种情况下,均有$\partial \mathrm{sd} i_p = \mathrm{sd}\partial i_p$. 一般,我们计算得

$$\begin{aligned} \partial \mathrm{sd} T &= \partial T_{\#}(\mathrm{sd} i_p) && \text{由定义}, \\ &= T_{\#}(\partial \mathrm{sd} i_p) && \text{因为 } T_{\#} \text{ 是链映射}, \\ &= T_{\#}(\mathrm{sd}\partial i_p) && \text{由刚证明的公式}, \\ &= \mathrm{sd} T_{\#}(i_p) && \text{因为 sd 是自然的}, \\ &= \mathrm{sd}\partial(T_{\#}(i_p)) && \text{因为 } T_{\#} \text{ 是链映射}, \\ &= \mathrm{sd}\partial T. \end{aligned}$$

□

引理 31.2 令 $T:\Delta_p \to \sigma$ 是 Δ_p 到 p 维单形 σ 的线性同胚. 那么 $\mathrm{sd}T$ 的每一项是 Δ_p 到 σ 的首次重心重分中的一个单形的线性同胚.

证明 对于 $p=0$ 引理是平凡的. 设当维数低于 p 时引理成立. 首先考虑恒等线性同胚 $i_p:\Delta_p \to \Delta_p$. 由于

$$\mathrm{sd} i_p = [\mathrm{sd}\partial i_p, \hat{\Delta}_p].$$

所以∂i_p 中的每一项是 Δ_{p-1} 与 $\mathrm{Bd}\Delta_p$ 中的一个单形之间的线性同胚. 由归纳假设,$\mathrm{sd}(\partial i_p) = \Sigma \pm T_i$,其中 T_i 是 Δ_{p-1} 与 $\mathrm{Bd}\Delta_p$ 的首次重心重分中的一个单形 $\hat{s}_1 \cdots \hat{s}_p$ 之间的线性同胚. 那么由定义, $[T_i, \hat{\Delta}_p]$是 Δ_p 与属于 Δ_p 的首次重心重分的单形 $\hat{\Delta}_p \hat{s}_1 \cdots \hat{s}_p$ 之间的线性同胚.

现在来考虑一般线性同胚 $T:\Delta_p \to \sigma$. 请注意到 T 定义 Δ_p 的

首次重心重分与σ的首次重心重分之间的一个线性同构，因为它把Δ_p的重心映射到σ的重心．于是$\mathrm{sd}T=T_{\#}(\mathrm{sd}i_p)$．由于线性同胚的复合是线性同胚，所以$\mathrm{sd}T$的每一项是$\Delta_p$与$\sigma$的首次重心重分中的一个单形之间的线性同胚． □

定理 31.3 令$\mathscr{A}$是X的一个子集族，其子集的内部覆盖X．给定$T:\Delta_p\to X$，则存在一个m使得sd^mT的每一项都是$\mathscr{A}$小的．

证明 从上面的引理可知，如果L是Δ_p与p维单形σ之间的线性同胚，那么sd^mL的每一项是Δ_p与σ的第m次重心重分中的一个单形之间的线性同胚．

让我们用开集$T^{-1}(\mathrm{Int}A)$覆盖Δ_p，其中$A\in\mathscr{A}$．令λ是这个开覆盖的 Lebesgue 数．选取m使得Δ_p的第m次重心重分中的每一个单形的直径小于λ．由上面的叙述，sd^mi_p的每一项是Δ_p上的一个线性奇异单形．其象集的直径小于λ．那么$\mathrm{sd}^mT=T_{\#}(\mathrm{sd}^mi_p)$的每一项都是$X$上的一个奇异单形，其象集在$\mathscr{A}$的一个元素中．

□

我们已经说明了如何细分奇异链使之成为$\mathscr{A}$小的，现在我们来说明这些$\mathscr{A}$小的奇异链就足以生成X的同调．首先我们需要一个引理．

引理 31.4 令m是给定的．对于每个空间X都存在一个同态$D_X:S_p(X)\to S_{p+1}(X)$使得对X的每个p维奇异单形T，

(＊) $$\partial D_XT+D_X\partial T=\mathrm{sd}^mT-T.$$

而且，D_X是自然的．即，如果$f:X\to Y$，那么$f_{\#}\circ D_X=D_Y\circ f_{\#}$．

证明 若$T:\Delta_0\to X$是一个 0 维奇异单形，则定义$D_XT=0$．公式(＊)和自然性平凡地成立．现在令$p>0$．设维数低于p时，D_X已经定义并且满足(＊)式和自然性．我们用一种类似于在引理 30.6 的证明中使用过的方法来进行，这种方法将在下一节作为“零调模方法”而被详细地加以阐述．

我们首先在$X=\Delta_p$和$T=i_p$是Δ_p到其自身的恒等映射的特殊情况下定义D_XT．考虑p维奇异链

$$c_p = \mathrm{sd}^m i_p - i_p - D_{\Delta_p}(\partial i_p).$$

由定义,它是 Δ_p 上的一个 p 维奇异链.(利用在低于 p 维时($*$)式成立的假设)经通常的计算可知它是一个闭链.由于在奇异同调中 Δ_p 是零调的,所以我们能够选取 $D_{\Delta_p} i_p$ 是 $S_{p+1}(\Delta_p)$中的一个其边缘等于 c_p 的元素.于是对于 $X=\Delta_p$ 和 $T=i_p$,($*$)式成立.

给定一个一般的 p 维奇异单形 $T:\Delta_p \to X$,我们定义

$$D_X T = T_\#(D_{\Delta_p}(i_p)).$$

由下列通常的直接计算可知($*$)式对于 D_X 成立:

$$\begin{aligned}\partial D_X T &= T_\#(\partial D_{\Delta_p}(i_p)) = T_\#(\mathrm{sd}^m i_p - i_p - D_{\Delta_p}(i_p)) \\ &= \mathrm{sd}^m T_\#(i_p) - T_\#(i_p) - D_X T_\#(\partial i_p) \\ &= \mathrm{sd}^m T - T - D_X \partial T,\end{aligned}$$

其中倒数第二个等式利用了 D_X 对于 $p-1$ 维链 ∂i_p 的自然性. D_X 在 p 维的自然性可直接从定义得出. □

请注意到 sd^m 和 D_X 的自然性说明,若 A 是 X 的子空间,那么 sd^m 和 D_X 分别将 $S_p(A)$映入 $S_p(A)$和 $S_{p+1}(A)$中.因而它们在相对链复形 $\mathscr{S}(X,A)$上分别诱导一个链映射和一个链同伦.

定义 令 X 是一个空间;令 $\mathscr{A}$ 是 X 的一个覆盖.令 $S_p^{\mathscr{A}}(X)$ 表示由 $\mathscr{A}$ 小的奇异单形生成的 $S_p(X)$的子群.令 $\mathscr{S}^{\mathscr{A}}(X)$表示链群为 $S_p^{\mathscr{A}}(X)$的链复形.它是 $\mathscr{S}(X)$的子复形,因为若 T 的象集在 $\mathscr{A}$ 的元素 A 中,则 ∂T 的每一项的象集也在 A 中.

请注意到每个 0 维奇异链自动是 $\mathscr{A}$ 小的,因此 $S_0^{\mathscr{A}}(X) = S_0(X)$,而且 ε 定义 $\mathscr{S}^{\mathscr{A}}(X)$的增广.从上面的叙述可知,$\mathrm{sd}^m$ 和 D_X 都将 $\mathscr{S}^{\mathscr{A}}(X)$映入其自身内,因为若 T 的象集在 A 中,那么 $\mathrm{sd}^m T$ 和 $D_X T$ 的每一项的象集也在 A 中.

定理 31.5 令 X 是一个空间;令 $\mathscr{A}$ 是 X 的一个子集族,其子集的内部覆盖 X,那么包含映射 $\mathscr{S}^{\mathscr{A}}(X) \to \mathscr{S}(X)$ 在常义同调和约

化同调中均诱导一个同构.

证明 要进行证明的明显方法是试图定义一个链映射 λ: $\mathscr{S}(X)\to\mathscr{S}^{\mathscr{A}}(X)$,使它成为包含映射的链同伦逆.但是这并不像看起来那么容易.因为尽管对于任何特定的奇异链都有一个 m 使得映射 sd^m 有效,但是奇异链变化时,我们可能不得不把 m 取得越来越大.我们通过使用另外一种技巧(或方法,假如你愿意的话)来避免这个困难.

考虑链复形的短正合序列

$$0\to S_p^{\mathscr{A}}(X)\to S_p(X)\to S_p(X)/S_p^{\mathscr{A}}(X)\to 0.$$

它在同调中(无论是常义的还是约化的)引导出一个长正合序列.为证明定理,只要证明链复形$\{S_p(X)/S_p^{\mathscr{A}}(X),\partial\}$的同调在一切维数下为零就行了.而这一点是我们能够做到的.我们只需证明下述论断:

设 c_p 是$S_p(X)$的一个元,其边缘属于 $S_{p-1}^{\mathscr{A}}(X)$.那么就有$S_{p+1}(X)$的一个元 d_{p+1}使得 $c_p+\partial d_{p+1}$属于 $S_p^{\mathscr{A}}(X)$.

注意到 c_p 是p 维奇异单形的一个有限形式的线性组合.鉴于定理 31.3,我们能够选取 m 使得在 $\mathrm{sd}^m c_p$ 的表达式中出现的每一个单形都是 $\mathscr{A}$小的.一旦 m 被选定,令 D_X 是引理 31.4 中的链同伦.我们证明 $c_p+\partial D_X c_p$ 属于$S_p^{\mathscr{A}}(X)$.那么我们就完成了证明.

我们知道

$$\partial D_X c_p + D_X\partial c_p = \mathrm{sd}^m c_p - c_p,$$

或者

$$c_p + \partial D_X c_p = \mathrm{sd}^m c_p - D_X\partial c_p.$$

由 m 的选择可知,链 $\mathrm{sd}^m c_p$ 在$S_p^{\mathscr{A}}(X)$中.又因为∂c_p 属于$S_{p-1}^{\mathscr{A}}(X)$,所以,正如我们早已指出的那样,链 $D_X\partial c_p$ 属于$S_p^{\mathscr{A}}(X)$. □

确实存在这样一个链映射

$$\lambda:\mathscr{S}(X)\to\mathscr{S}^{\mathscr{A}}(X)$$

它是包含映射的链同伦逆. 在文献[V]的第 207 页给出了 λ 的一个具体公式,其中就包含着链映射 sd^m. 不久我们将从一个更一般的结果导出 λ 的存在性.(参看§46 的习题.)

系 31.6 令 X 和 $\mathscr{A}$ 如上面的定理中所述. 如果 $B \subset X$,则令 $S_p^{\mathscr{A}}(B)$ 是由那些其象集在 $\mathscr{A}$ 的元素中的单形 $T:\Delta_p \to B$ 生成的. 令 $S_p^{\mathscr{A}}(X,B)$ 表示 $S_p^{\mathscr{A}}(X)/S_p^{\mathscr{A}}(B)$. 那么包含映射 $S_p^{\mathscr{A}}(X,B) \to S_p(X,B)$ 诱导同调的同构.

证明 包含映射 $\mathscr{S}^{\mathscr{A}}(B) \to \mathscr{S}(B)$ 和 $\mathscr{S}^{\mathscr{A}}(X) \to \mathscr{S}(X)$ 导致从

$$0 \to \mathscr{S}(B) \to \mathscr{S}(X) \to \mathscr{S}(X,B) \to 0$$

导出的长正合序列和从

$$0 \to \mathscr{S}^{\mathscr{A}}(B) \to \mathscr{S}^{\mathscr{A}}(X) \to \mathscr{S}^{\mathscr{A}}(X,B) \to 0$$

导出的长正合序列之间的一个同态. 因为包含映射诱导各自序列的绝对同调群的同构,所以五项引理蕴涵着它也诱导相对同调群的同构. □

定理 31.7(奇异同调论的切除定理) 令 $A \subset X$. 若 U 是 X 的一个子集使得 $\bar{U} \subset \mathrm{Int} A$,那么包含映射

$$j:(X-U, A-U) \to (X,A)$$

在奇异同调中诱导一个同构.

证明 令 $\mathscr{A}$ 表示集族 $\{X-U, A\}$. 于是 $X-U$ 包含开集 $X-\bar{U}$. 由于 $\bar{U} \subset \mathrm{Int} A$,因而集合 $X-U$ 和 A 的内部复盖 X. 考虑由包含映射诱导的同态

$$\frac{S_p(X-U)}{S_p(A-U)} \to \frac{S_p^{\mathscr{A}}(X)}{S_p^{\mathscr{A}}(A)} \to \frac{S_p(X)}{S_p(A)}.$$

由上面的系,这些同态中的第二个诱导同调的同构. 我们若能证明第一个同态在链水平上已经是同构,那么证明就完成了.

我们首先指出,由包含诱导的映射

$$\phi: S_p(X-U) \to S_p^{\mathscr{A}}(X)/S_p^{\mathscr{A}}(A)$$

是满射. 因为若 c_p 是 $S_p^{\mathscr{A}}(X)$ 的一个链,那么 c_p 的每一项的像集或

在 $X-U$ 中,或在 A 中.当构成陪集 $c_p+S_p^{\mathscr{A}}(A)$时,我们可以舍弃位于 A 中的那些项.因而 ϕ 是满射.ϕ 的核是

$$S_p(X-U)\cap S_p^{\mathscr{A}}(A)=S_p((X-U)\cap A)=S_p(A-U).$$

这正是我们所期望的. □

请注意到,这个定理比严格意义上的切除公理略强一些(参看§26);在奇异理论中我们并不需要假定 U 是X 的开子集.

作为应用,我们来计算球和球面的奇异同调.

定理 31.8 令 $n\geqslant 0$.群 $H_i(B^n,S^{n-1})$对于 $i=n$ 是无限循环的,而在其它情形为零.群 $\widetilde{H}_i(S^n)$对于 $i=n$ 是无限循环的,而在其它情形的零.由反射映射

$$\rho_1(x_1,x_2,\cdots,x_{n+1})=(-x_1,x_2,\cdots,x_{n+1})$$

诱导的 $\widetilde{H}_n(S^n)$到其自身的同态等于乘以 -1 的乘法.

证明 我们验证定理对于 $n=0$ 成立.$H_p(B^0,\varnothing)$对 $p=0$ 是无限循环的并且在其它情形为零这是平凡的,因为 B^0 是单独一个点.

类似地容易看出,对于 $p\neq 0$,$H_p(S^0)=0$,因为 S^0 由 a、b 两点组成.在0维情况下,S^0 的奇异链群由常值单形 T_a 和T_b 生成.边缘算子$\partial:S_1(\{a,b\})\to S_0(\{a,b\})$是平凡的,因为$\{a,b\}$上的任何1维奇异单形是常值映射.由此可知,$\widetilde{H}_0(S^0)$是无限循环的,并且是由 T_a-T_b 生成的.结果,交换 a,b 的反射诱导$\widetilde{H}_0(S^0)$的一个等于乘以 -1 的同态.

假设在 $n-1$ 维时定理已成立,这里 $n\geqslant 1$.因为 B^n 是可缩的,所以从(B^n,S^{n-1})的长正合同调序列可得

$$H_i(B^n,S^{n-1})\simeq\widetilde{H}_{i-1}(S^{n-1}).$$

因而 $H_i(B^n,S^{n-1})$对 $i=n$ 是无限循环的,而且在其它情形为零.

为了计算 $\widetilde{H}_i(S^n)$,考虑下列同态

$$\begin{array}{ccc}
 & & H_i(E_+^n, S^{n-1}) \xrightarrow{\partial_*} \widetilde{H}_{i-1}(S^{n-1}) \\
 & & \downarrow k_* \\
 & & H_i(S^n - q, E_-^n - q) \\
 & & \downarrow j_* \\
\widetilde{H}_i(S^n) & \xrightarrow{i_*} & H_i(S^n, E_-^n)
\end{array}$$

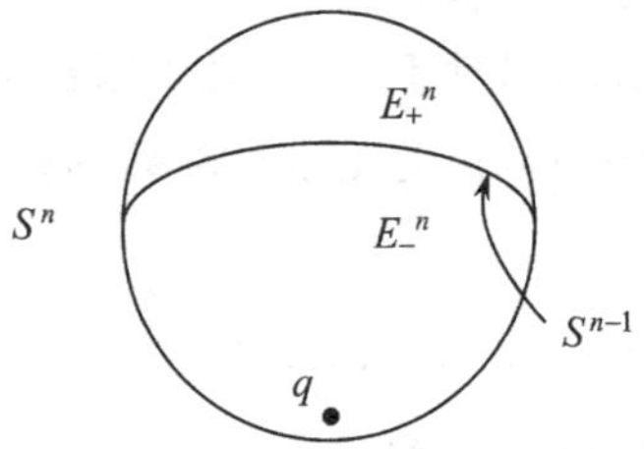

图 31.2

其中 i, j, k 是包含映射，$q = (0,\cdots,0,-1)$是 S^n 的“南极”. 回想到 E_+^n 和 E_-^n 分别是 S^n 的上、下半球面，$S^{n-1} = E_+^n \cap E_-^n$ 是 S^n 的“赤道”. 参看图 31.2. 由于 E_+^n 和 E_-^n 都是 n 维球，所以实际上，$\mathbf{R}^{n+1}$ 到 $\mathbf{R}^n \times 0$ 上的射影将 E_+^n 和 E_-^n 同胚地映射到 B^n 上.（它也把 $E_-^n - q$ 映射到 $B^n - \mathbf{0}$ 上.）尤其是，因为 E_-^n 是可缩的，所以(S^n, E_-^n)的长正合同调序列说明 i_* 是一个同构. 由于 $q \in \mathrm{Int} E_-^n$，因而切除性质说明 j_* 是一个同构. 映射 k_* 是一个同构是因为 S^{n-1} 是 $E_-^n - q$ 的变形收缩核，E^n 是 $S^n - q$ 的变形收缩核.（由于偶($E_-^n - q$，S^{n-1})同胚于偶($B^n - \mathbf{0}, S^{n-1}$)，因而存在一个 $E_-^n - q$ 到 S^{n-1} 上的变形收缩 F_t. 通过对每个 t，令 F_t 等于 E_+^n 上的恒等映射，就能把它扩张成 $S^n - q$ 到 E_+^n 上的变形收缩.）∂_* 是同构这一事实可从 E_+^n 的可收缩性得出.

从归纳假设可知，$H_i(S^n)$对于 $i = n$ 是无限循环的，而在其它情形为零.

于是反射映射 ρ_1 诱导上面的图表到其自身的一个同态，因为它把 q, E_-^n, E_+^n, S^n 中的每一个都映入其自身. 从归纳假设，由 ρ_1 诱导的同态在 $\widetilde{H}_{n-1}(S^{n-1})$ 上等于乘以 -1 的乘法. 因此它在 $\widetilde{H}_n(S^n)$上等于同一运算. □

系 31.9 如果 $a:S^n \to S^n$ 是对径映射 $a(x) = -x$，那么 a_* 等于乘以 $(-1)^{n+1}$ 的乘法. □

习 题

1. 通过叙述 sd 和 D_X 是某些函子的自然变换来表达引理 31.1 和引理 31.4 中关于自然性的条款.

* §32 零 调 模†

前两节我们构造了某些自然链同伦 D_X. 其方法是首先对一个特殊空间 Δ_p 上的特殊奇异单形 i_p 来定义 D_X. 为此，我们需要另一个空间的零调性，或者是 $\Delta_p \times I$ 的零调性(在 §30 中)，或者是 Δ_p 自身的零调性(在 §31 中). 这个构造部分包含着一种任意选择，此后一切都受到自然性的制约. 这与以前所涉及的零调承载子的构造方法有着很强的相似性，不过其中还是有一些差别.

为了以后的应用，现在我们来详细阐述这种方法. 在这里我们叙述一个对于我们的目的来说是足够强的定理，我们将称之为零调模定理. 它的表述十分抽象以至于使某些读者感到困惑. 如果你在着手解决这个定理及其证明之前，重读一下引理 30.6 和 31.4 的证明，那也许会有助于你即使置身于抽象的云雾之中，也能保持脚踏实地.

贯穿本节，始终令 **C** 表示一个具有对象 $X, Y, \cdots$ 和态射 $f, g, \cdots$ 的任意范畴；令 **A** 表示增广链复形和相应的链映射的范畴. 我们将论述从 **C** 到 **A** 的函子.

对于我们所考虑的大多数应用来说，**C** 或者是拓扑的范畴(它的对象是拓扑空间，它的态射是连续映射)，或者是空间偶和连续

† 在本节中，我们假定读者已通过 §28 熟悉了范畴和函子. 本节的结果当我们在 §59 证明 *Eilenberg-Zilber* 定理时将要用到.

映射偶的范畴.所以假如你愿意的话,你可以只考虑这些范畴就行了.

定义 令G是从**C**到**A**的函子.给定C的一个对象X,令$G_p(X)$表示增广链复形$G(X)$的p维群.令$\mathscr{M}$是**C**的对象的一个集族(称为**模**,或**模对象**).如果对每一个$X\in\mathscr{M}$来说$G(X)$是零调的,则我们说G关于集族$\mathscr{M}$是零调的.我们说G关于集族$\mathscr{M}$是自由的,假如对每个整数p,有

(1) 一个指标集J_p.

(2) $\mathscr{M}$的对象的一个标号族$\{M_\alpha\}_{\alpha\in J_p}$.

(3) 一个标号族$\{i_\alpha\}_{\alpha\in J_p}$,其中对于每个$\alpha$, $i_\alpha\in G_p(M_\alpha)$.而且对于函$G$来说有下列条件成立:给定$X$,当$f$遍历$\hom(M_\alpha,X)$, α遍历J_p时,各元素

$$G(f)(i_p)\in G_p(X)$$

互不相同而且形成$G_p(X)$的一个基.

例 1 考虑从拓扑范畴到**A**的奇异链复形函子.令$\mathscr{M}$为集族$\{\Delta_p\mid p=0,1,\cdots\}$.这个函子关于$\mathscr{M}$是零调的.我们来证明它关于$\mathscr{M}$是自由的:对于每个$p$,令指标集$J_p$只有一个元素;令相应的族仅由$\Delta_p$组成;再令$S_p(\Delta_p)$的相应元素是恒等奇异单形$i_p$.那么立即就有当$T$遍历所有连续映射$\Delta_p\to X$时,各元素$T_\#(i_p)=T$形成$S_p(X)$的一个基.

例 2 考虑在拓扑偶的范畴上定义的下列函子G:

$$(X,Y)\to\mathscr{S}(X,Y),\ (f,g)\to(f\times g)_\#.$$

令$\mathscr{M}=\{(\Delta_p,\Delta_q)\mid p,q=0,1,\cdots\}$.那么由于$\Delta_p\times\Delta_q$是可缩的,所以$G$关于$\mathscr{M}$是零调的.我们证明$G$关于$\mathscr{M}$是自由的:对每一个指标$p$,令$J_p$由单个元素组成,令相应的族仅由$(\Delta_p,\Delta_q)$组成;再令$S_p(\Delta_p\times\Delta_q)$的相应元素是对角映射$d_p(x)=(x,x)$.当$f$和$g$分别遍历从$\Delta_p$到$X$和从$\Delta_p$到$Y$的所有映射时,$(f\times g)_\#(d_p)$遍历所有映射$\Delta_p\to X\times Y$,即遍历$S_p(X\times Y)$的基.

例 3 令 G 是函子

$$X \to \mathscr{S}(X \times I),\ f \to (f \times i_I)_{\#}.$$

令 $\mathscr{M} = \{\Delta_p \mid p = 0, 1, \cdots\}$. 那么 G 关于 $\mathscr{M}$ 是零调的. G 对于 $\mathscr{M}$ 也是自由的,但证明不是显然的. 令 J_p 是所有连续函数 $\alpha: \Delta_p \to I$ 的集合. 令族 $\{M_\alpha\}_{\alpha \in J_p}$ 是由对每个 α,置 $M_\alpha = \Delta_p$ 而定义的. 对每个 α,令 $i_\alpha \in S_p(M_\alpha \times I)$ 是由

$$i_\alpha(x) = (x,\ \alpha(x))$$

定义的奇异单形

$$i_\alpha: \Delta_p \to \Delta_p \times I.$$

当 f 遍历 Δ_p 到 X 的所有映射,而且 α 遍历集合 J_p 时,元素 $(f \times i_I)_{\#}(i_\alpha)$ 遍历 $S_p(X \times I)$ 的基.

请注意到,如果 G 关于集族 $\mathscr{M}$ 是自由的,那么它对于任何更大的集族自动成为自由的;如果它关于 $\mathscr{M}$ 是零调的,那么它对于任何更小的集族自动为零调的. 因此,如果我们希望 G 对于 $\mathscr{M}$ 既是自由的又是零调的,那么我们就必须选取 $\mathscr{M}$ 恰好具有适当的规模,既不能太大也不能太小.

定理 32.1(零调模定理) 令 G 和 G' 都是从范畴 $\mathbf{C}$ 到增广链复形和链映射的范畴 $\mathbf{A}$ 的函子. 令 $\mathscr{M}$ 是由 $\mathbf{C}$ 的对象组成的一个集族.

如果 G 对于 $\mathscr{M}$ 是自由的, G' 对于 $\mathscr{M}$ 是零调的,那么就有下列结论成立:

(a) 存在 G 到 G' 的自然变换 T_X.

(b) 给定 G 到 G' 的两个自然变换 T_X 和 T'_X,则它们之间存在一个自然的链同伦 D_X.

"自然性"的意义如下:对于 $\mathbf{C}$ 的每个对象 X,

$$T_X: G_p(X) \to G'_p(X),\ D_X: G_p(X) \to G'_{p+1}(X).$$

T_X 和 D_X 的自然性意味着对于每个 $f \in \hom(X, Y)$,都有

$$G'(f) \circ T_X = T_Y \circ G(f),$$

$$G'(f)\circ D_X = D_Y\circ G(f).$$

我们把定理 32.1 的证明留给读者!

实际上,并不像看起来那么严重.事实上,我们不可能仅仅靠阅读来理解如此抽象的证明.理解它的唯一办法是自己写出细节.如果你把零调承载子定理钻研透了,并且彻底弄清了上节中关于 D_X 的构造方法,那么你就能够写出(b)的证明.在此基础上,(a)的证明就应当不是太困难.

本定理的一个直接推论便是下面的定理.

定理 32.2 令 $\mathbf{C}$ 是一个范畴;令 G 和 G' 是从 $\mathbf{C}$ 到 $\mathbf{A}$ 的函子.如果 G 和 G' 关于 $\mathbf{C}$ 的对象的集族 $\mathscr{M}$ 是自由的和零调的,那么就存在自然变换 $T_X:G(X)\to G'(X)$,而且任何这样的变换都是链等价.

证明 我们要四次使用上面的定理.因为 G 是自由的且 G' 是零调的,所以 T_X 存在.因为 G' 是自由的和 G 是零调的,所以存在 G' 到 G 的自然变换 S_X.于是 $S_X\circ T_X$ 和恒等变换是 G 到 G 的两个自然变换;因为 G 是自由的和零调的,所以存在 $S_X\circ T_X$ 到恒等映射的自然链同伦.类似地,因为 G' 是自由的和零调的,所以又有从 $T_X\circ S_X$ 到恒等映射的自然链同伦. □

习　　题

1. 证明零调模定理.

2. 考虑下列函子:

$$G:X\to\mathscr{S}(X),\ f\to f_\#,$$
$$G':X\to\mathscr{S}(X\times I),\ f\to(f\times i_I)_\#.$$

(a) 证明由 $T_X(T)=i_\#(T)$ 和 $T'_X(T)=j_\#(T)$ 定义的映射 T_X、T'_X:$S_p(X)\to S_p(X\times I)$ 都是自然变换.作为零调模定理的一个推论来导出引理 30.6.

(b) 通过证明 sd^m 和 $(i_X)_\#$ 是函子 G 到其自身的自然变换,从零调模定理导出引理 31.4.

3. 令 K 和 L 的单纯复形,设 Φ 是从 K 到 L 的一个零调承载子.

考虑范畴 **C**,它的对象是 K 的子复形,而它的态射是 K 的子复形的包含映射 j. 如果 K_0 是 K 的一个子复形,令 $\Phi(K_0)$ 是 L 的子复形 $\Phi(\sigma)$ 当 σ 遍历 K_0 的所有单形时的并.

(a) 如果 K_0 和 K_1 是 K 的子复形,而且 $j:K_0\to K_1$ 是包含映射,考虑下面给出的从 **C** 到 **A** 的两个函子:

$$G:K_0\to\mathscr{C}(K_0),\ j\to j_\#,$$
$$G':K_0\to\mathscr{C}(\Phi(K_0)),\ j\to l_\#,$$

其中 $l:\Phi(K_0)\to\Phi(K_1)$ 是包含映射. 证明 G 和 G' 确实是函子.

(b) 从零调模定理导出零调承载子定理(几何形式). [提示:令 $\mathscr{M}$ 由 K 的那些其可剖空间为 K 的单形的子复形组成.]

§33 Mayer-Vietoris 序列

如果 X 是两个子空间 X_1 和 X_2 之并,那么在适当的假设条件下,就有一个关于 X 的同调与 X_1 和 X_2 的同调相联系的正合序列. 我们把它称为空间偶 X_1 和 X_2 的 Mayer-Vietoris 序列. 在单纯理论中,我们曾在假定 X_1 和 X_2 是一个复形的两个子复形的可剖空间的条件下构造过这种序列. 在奇异理论中,我们需要类似的条件.

定义 令 $X=X_1\cup X_2$;令 $\mathscr{S}(X_1)+\mathscr{S}(X_2)$ 表示链复形 $\mathscr{S}^{\mathscr{A}}(X)$,其中 $\mathscr{A}=\{X_1,X_2\}$. 它的第 p 个链群是和 $S_p(X_1)+S_p(X_2)$,它不是直和,除非 X_1 和 X_2 是不相交的. 如果包含映射

$$\mathscr{S}(X_1)+\mathscr{S}(X_2)\to\mathscr{S}(X)$$

在同调中诱导一个同构,则我们说 $\{X_1,X_2\}$ 是一个**切除对**.

对于奇异同调来说,这个定义与 §26 的习题中给出的定义等价. 证明留给读者(参看习题 2).

依据定理 31.5,当集合 $\mathrm{Int}X_1$ 和 $\mathrm{Int}X_2$ 复盖 X 时,$\{X_1,X_2\}$ 是切除对的情形即可发生.

定理 33.1 令$X=X_1\cup X_2$,设$\{X_1,X_2\}$是一个切除对.令$A=X_1\cap X_2$,那么就有一个正合序列

$$\cdots\to H_p(A)\xrightarrow{\phi_*}H_p(X_1)\oplus H_p(X_2)\xrightarrow{\psi_*}$$
$$H_p(X)\to H_{p-1}(A)\to\cdots$$

称为$\{X_1,X_2\}$的 **Mayer-Vietoris 序列**.序列中的同态是由

$$\phi_*(a)=(i_*(a),-j_*(a)),$$
$$\psi_*(x_1,x_2)=k_*(x_1)+l_*(x_2),$$

定义的.其中所涉及到的各映射

$$\begin{array}{ccc} A & \xrightarrow{\quad i\quad} & X_1 \\ {\scriptstyle j}\downarrow & & \downarrow{\scriptstyle k} \\ X_2 & \xrightarrow{\quad l\quad} & X \end{array}$$

均为包含映射.若A是非空的,那么在约化同调中也存在一个类似的序列.关于由连续映射诱导的同态,两个序列都是自然的.

证明 我们由等式

$$\phi(c)=(i_{\#}(c),-j_{\#}(c)),$$
$$\psi(c_1,c_2)=k_{\#}(c_1)+l_{\#}(c).$$

定义链复形的短正合序列

$$(*)\ 0\to S_p(A)\xrightarrow{\phi}S_p(X_1)\oplus S_p(X_2)\xrightarrow{\psi}S_p(X_1)+S_p(X_2)\to 0.$$

映射ϕ是单射,而ψ是满射而且它的核由所有形如$(c,-c)$的链组成,其中$c\in S_p(X_1)$,$-c\in S_p(X_2)$.由此正合性成立.我们从之字形引理得出同调中的长正合序列.因为定理的假设保证了.

$$(**)\qquad H_p(\mathscr{S}(X_1)+\mathscr{S}(X_2))\cong H_p(X),$$

所以证明完成.当$A\neq\varnothing$时,约化同调中 Mayer-Vietoris 序列的正合性,可由类似的论证得出.

现在设$f:(X,X_1,X_2)\to(Y,Y_1,Y_2)$是一个连续映射,其中

$X=X_1\cup X_2$, $Y=Y_1\cup Y_2$,而且$\{X_1,X_2\}$和$\{Y_1,Y_2\}$都是切除对.由于 $f_\#$ 与包含映射交换,所以它与链映射 ϕ 和 ψ 交换.因而 $f_\#$ 给出链复形的短正合序列的同态,因而 f_* 就是相应的同调序列的同态.最后,我们指出,同构(* *)与 f_* 交换,因为它是由包含映射诱导的.Mayer-Vietoris 序列的自然性由此即可得出. □

Mayer-Vietoris 序列有许多应用.在这里我们给出一个作为例证.然而,在本书中以后我们再也没有机会用到这一结果.

回想到,如果 K 是一个复形,且 $w_0 * K$ 和 $w_1 * K$ 是 K 上的锥,使得它们的可剖空间仅在 $|K|$ 中相交,那么它们的并就是一个复形,记为 $S(K)$,并且称之为 K 的*双角锥*.(参看§25.)容易证明由

$$\pi(x,t)=\begin{cases}(1-t)x+tw_0, & t\geqslant 0,\\(1+t)x-tw_1, & t\leqslant 0,\end{cases}$$

定义的映射

$$\pi:|K|\times[-1,1]\to|S(K)|$$

是一个商映射,它将 $|K|\times 1$ 坍缩到一点 w_0,将 $|K|\times(-1)$ 坍缩到点 w_1,并且在其它情形是 1-1 的.其证明类似于锥的相应结果(参看系 20.6).这个事实促使人们定义任意一个拓扑空间的双角锥.

定义 令 X 是一个空间.我们定义 X 的**双角锥**是 $X\times[-1,1]$的商空间,记为 $S(X)$,它是通过把子集 $X\times 1$ 和 $X\times(-1)$各等同于一个点而得到的.

恰如单纯理论的情形那样,我们能够利用 Mayer-Vietoris 序列来计算双角锥的同调,对此我们有如下定理.

定理 33.2 令 X 是一个空间.则对所有 p 都有同构

$$\widetilde{H}_p(S(X))\to\widetilde{H}_{p-1}(X).$$

证明 令 $\pi:X\times[-1,1]\to S(X)$是商映射.令 $v=\pi(X\times 1)$, $w=\pi(X\times(-1))$.这两个点称为“双角锥的顶点”.令 $X_1=$

$S(X)-w, X_2=S(X)-v$. 因为在 $S(X)$ 中, X_1 和 X_2 都是开的,所以偶 $\{X_1, X_2\}$ 是一个切除对. 我们若能证明 X_1 和 X_2 是零调的,那么 Mayer-Vietoris 序列就蕴涵着存在一个同构

$$\widetilde{H}_p(S(X)) \to \widetilde{H}_{p-1}(X_1 \cap X_2).$$

我们同样也能证明存在 $X_1 \cap X_2$ 与 X 的一个同伦等价;因而存在一个同构

$$\widetilde{H}_{p-1}(X_1 \cap X_2) \to \widetilde{H}_{p-1}(X).$$

那么定理即可得证.

由于 $X\times(-1,1]$ 在 $X\times[-1,1]$ 中是开的,而且关于 π 是饱和的,因此,限制映射

$$\pi': X \times (-1,1] \to X_1$$

是商映射. 由于 $X\times 1$ 是 $X\times(-1,1]$ 的变形收缩核,所以由

$$F(x,s,t) = (x,(1-t)s+t)$$

定义的映射

$$F: X \times (-1,1] \times I \to X \times (-1,1]$$

就是所要求的变形收缩. 因为在下列图表中

$$\begin{array}{ccc}
X\times(-1,1]\times I & \xrightarrow{F} & X\times(-1,1] \\
\downarrow{\scriptstyle \pi'\times i_I} & & \downarrow{\scriptstyle \pi'} \\
X_1\times I & \xrightarrow{G} & X_1
\end{array}$$

$\pi'\circ F$ 在 $X\times 1\times I$ 上是常映射,因而它诱导一个连续映射 G,而该诱导映射是 X_1 到点 v 的变形收缩.(在这里我们利用了 $\pi'\times i_I$ 是从定理 20.1 得出的商映射这个事实.)因而 X_1 是零调的.

类似地可以证明 X_2 是零调的. 最后我们指出限制映射

$$\pi'': X \times (-1,1) \to X_1 \cap X_2$$

是 1-1 的商映射,因此它是一个同胚. 因为 $X\times 0$ 是 $X\times(-1,1)$

的变形收缩核,所以存在 X 与 $X_1 \cap X_2$ 的一个同伦等价. □

习　题

1. 考虑图 33.1 中所画出的拓扑学家的封闭正弦曲线 X. 它是(在§29 的习题中所定义的)拓扑学家的正弦曲线 Y 和一条仅与 Y 相交于 $(0,-1)$ 和 $(1,\sin 1)$ 两点的弧之并. 用适当的 Mayer-Vietoris 序列计算 X 的奇异同调.

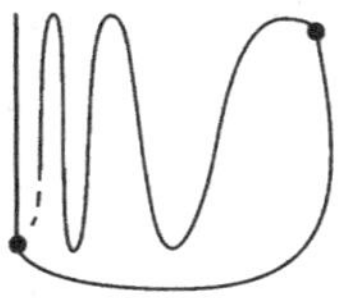

图 33.1

2. 证明: $\{X_1, X_2\}$ 在奇异理论中是一个切除对当且仅当包含映射 $(X, X_1 \cap X_2) \to (X, X_2)$ 在奇异同调中诱导一个同构. [提示: 构造一个正合序列

$$0 \to \mathscr{S}(X_2) \to \mathscr{S}(X_1) + \mathscr{S}(X_2) \to \mathscr{S}(X_1)/\mathscr{S}(X_1 \cap X_2) \to 0.$$

把它的导出同调序列与 $\mathscr{S}(X, X_2)$ 的同调序列进行比较.]

3. 证明对于 $n \geqslant 1$, $S^n \approx S(S^{n-1})$. 利用这个事实计算 S^n 的奇异同调.

4. 叙述并证明奇异同调中的 Mayer-Vietoris 序列的相对形式, 其中中间的群是 $H_p(X_1, B_1) \oplus H_p(X_2, B_2)$, 假定 $\{X_1, X_2\}$ 和 $\{B_1, B_2\}$ 都是切除对. [提示: 把序列

$$0 \to \mathscr{S}(B_1 \cap B_2) \to \mathscr{S}(B_1) \oplus \mathscr{S}(B_2) \to \mathscr{S}(B_1) + \mathscr{S}(B_2) \to 0$$

包括到定理 33.1 的证明中的序列(*)之中, 并利用蛇形引理.]

5. 令 $X = X_1 \cup X_2$, $A = X_1 \cap X_2$. 设 X_1 和 X_2 在 X 中是闭的, 而且 A 是 X_2 的一个开集 U 的变形收缩核. 证明 X_1 是 $U \cup X_1$ 的变形收缩核. 推断 $\{X_1, X_2\}$ 是一个切除对.

§34　单纯同调与奇异同调之间的同构

本节我们来证明如果 K 是单纯复形, 那么 K 的单纯同调群与 $|K|$ 的奇异同调群同构. 实际上, 我们能够证明这个同构与诱导同态交换并且与边缘同态 ∂_* 交换, 因此它是两种同调理论之间的同构.

证明要涉及到我们在§13 引进的一个概念, 即单纯复形 K

的有序链复形$\{C'_p(K),\partial'\}$的概念. 在那里我们证明了这个链复形的同调群——称为 K 的有序同调群——同构于 K 的通常(定向)同调群. 本节我们再来证明 K 的有序同调群与$|K|$的奇异同调群同构,从而就证明了对于多面体来说单纯同调群和奇异同调群是一致的.

回想起 K 的一个 p 维有序单形是K 的顶点的 $p+1$ 元组$(v_0,\cdots,v_p)$(不必互不相同),它张成 K 的一个单形,而且群$C'_p(K)$是由 p 维有序单形生成的自由 Abel 群. 再回想到

$$\partial'(v_0,\cdots,v_p)=\sum(-1)^i(v_0,\cdots,\hat{v}_i,\cdots,v_p)$$

并且对于每个顶点 v,$\varepsilon'(v)=1$. 现在我们来构造一个把 $C'_p(K)$映射到 $S_p(|K|)$的链映射,而且证明它在同调中诱导一个同构.

定义 我们定义 $\theta:C'_p(K)\to S_p(|K|)$为

$$\theta((v_0,\cdots,v_p))=l(v_0,\cdots,v_p).$$

那么 θ 对K 的有序单形$(v_0,\cdots,v_p)$指派一个把 Δ_p 映入$|K|$中并且对于 $i=0,\cdots,p$,把 ε_i 映射到 v_i 的线性奇异单形.

从这个定义立即知道,θ 是一个链映射而且保持增广的. 如果K_0 是 K 的一个子复形,那么 θ 与包含映射交换,因而它把 $C'_p(K_0)$映入 $S_p(|K_0|)$中,并因此诱导一个链映射

$$\theta:C_p(K,K_0)\to S_p(|K|,|K_0|).$$

为证明 θ_* 是同构,下列引理将是有用的.

引理 34.1 令 $\psi:\mathscr{C}\to\mathscr{C}'$是增广链复形的链映射. 那么它在约化同调中是同构当且仅当它在常义同调中是同构.

证明 我们回忆 $H_0(\mathscr{C})\simeq\widetilde{H}_0(\mathscr{C})\oplus\mathbf{Z}$ 的证明.(参看§7 的习题.)我们从下面的正合序列开始

$$\begin{array}{ccccccccc}
0 & \longrightarrow & \ker\varepsilon & \longrightarrow & C_0 & \longrightarrow & \mathbf{Z} & \longrightarrow & 0\\
 & & \downarrow{\scriptstyle\psi} & & \downarrow{\scriptstyle\psi} & & \downarrow{\scriptstyle=} & & \\
0 & \longrightarrow & \ker\varepsilon' & \longrightarrow & C_0' & \xrightarrow{\varepsilon'} & \mathbf{Z} & \longrightarrow & 0.
\end{array}$$

选取 $j:Z\to C_0$ 使得 $j\circ\varepsilon$ 是恒等映射. 通过置 $j'=\psi\circ j$ 来定义 $j':Z\to C'_0$. 那么 j 和j'分裂这两个序列,因而

$$C_0=\ker\varepsilon\oplus\operatorname{im}j,\ C'_0=\ker\varepsilon'\oplus\operatorname{im}j'.$$

注意到 ψ 定义 $\operatorname{im}j$ 和 $\operatorname{im}j'$的一个同构. 于是

$$H_0(\mathscr{C})\cong\frac{\ker\varepsilon}{\partial C_1}\oplus\operatorname{im}j,\ H_0(\mathscr{C}')\cong\frac{\ker\varepsilon'}{\partial' C'_1}\oplus\operatorname{im}j'.$$

由此可知,$\psi_*:H_0(\mathscr{C})\to H_0(\mathscr{C}')$是一个同构当且仅当 ψ 诱导 $\ker\varepsilon/\partial C_1$ 与 $\ker\varepsilon'/\partial' C'_1$ 的一个同构. □

引理 34.2 令 K_0 是 K 的一个子复形. 对于所有 p,链映射 θ 诱导下列同构

(1) $\theta_*:\widetilde{H}_p(\mathscr{C}'(K))\to\widetilde{H}_p(|K|)$,

(2) $\theta_*:\widetilde{H}_p(\mathscr{C}'(K))\to H_p(|K|)$,

(3) $\theta_*:H_p(\mathscr{C}'(K,K_0))\to H_p(|K|,|K_0|)$.

证明 我们假定 $K_0\neq K$,因为若不然,(3)就是平凡的.

第一步 首先我们在 K 是有限复形时,对 K 中单形的个数用数学归纳法来证明这个引理. 若 $n=1$,那么 K 由单个顶点 v 组成. 在每一个维数 p,恰有 K 的一个 p 维有序单形$(v,\cdots,v)$,且恰有$|K|$的一个 p 维奇异单形 $T:\Delta_p\to v$. 而且 $\theta(v,\cdots,v)=l(v,\cdots,v)=T$. 那么 $\theta:\mathscr{C}'(K)\to\mathscr{S}(|K|)$在链水平上已经是一个同构. 因此(1),(2),(3)均成立.

现在假设对于单形个数少于 n 的任何复形引理成立. 令 K 具有 n 个单形. 我们指出,只要对 K 证明(1)就够了. 因为到那时(2)就可以从引理 34.1 得出. 而且因为由归纳假设,$\theta_*:H_p(\mathscr{C}'(K_0))\to H_p(|K_0|)$是一个同构,所以(3)就能从长正合同调序列和五项引理得出.

为了证明(1),令 σ 是K 的一个具有最大维数的单形. 那么 σ 不是其它任何单形的面,因而 K 的异于σ 的所有单形构成的集族是K 的具有 $n-1$ 个单形的子复形 K_1. 令 Σ 表示由σ 及其面组成的复形;令 $\operatorname{Bd}\Sigma$ 为σ 的真面组成的集族. 考虑下列交换图表,其中

i,j 是包含映射：

$$\begin{array}{ccc}
\widetilde{H}_p(\mathscr{C}'(K)) & \xrightarrow{\theta_*} & \widetilde{H}_p(|K|) \\
\downarrow i_* & & \downarrow i_* \\
H_p(\mathscr{C}'(K,\Sigma)) & \xrightarrow{\theta_*} & H_p(|K|,\sigma) \\
\uparrow j_* & & \uparrow j_* \\
H_p(\mathscr{C}'(K_1,\mathrm{Bd}\,\Sigma)) & \xrightarrow{\theta_*} & H_p(|K_1|,\mathrm{Bd}\sigma).
\end{array}$$

（如果 $\dim\sigma=0$，那么 $\mathrm{Bd}\Sigma$ 和 $\mathrm{Bd}\sigma$ 是空集．）由归纳假设可知，在图表底线上的映射 θ_* 是一个同构．我们将证明竖向的各个映射都是同构；那么由此可知顶线上的 θ_* 也是同构，从而就完成了证明．

我们首先考虑同态 i_*．因为 σ 在奇异同调中是零调的，所以 $(|K|,\sigma)$ 的长正合同调序列说明右边的 i_* 是同构．同样的论证也适用于有序单纯同调中的映射 i_*，因为由引理 13.5，Σ 在有序同调中是零调的．

因为 $j_\#$ 在链水平上已经是一个同构，所以映射 j_* 在有序单纯同调中是一个同构．包含映射

$$\mathscr{C}'(K_1)\to\mathscr{C}'(K)\to\mathscr{C}'(K)/\mathscr{C}'(\Sigma)$$

是满射而且恰好把由 $K_1\cap\Sigma=\mathrm{Bd}\Sigma$ 所承载的那些链映射到零．（实际上，j 恰好是一个切除映射．）

令人感兴趣的是断言 j 也是奇异同调的切除映射，从而 j_* 就是一个同构．但这是不成立的．j 的定义域是通过从 $|K|$ 和 σ"切除"集合 $U=\mathrm{Int}\sigma$ 而构成的．因为 $\bar{U}=\sigma$，所以由定理 31.7 不适用．我们所切除掉的集合太大了．然而，我们可以使切除的部分更小一些，即只切除 σ 的重心 $\hat{\sigma}$．这正是我们马上要做的．

考虑图表

$$\begin{array}{ccc} H_p(|K|,\sigma) & \xleftarrow{\;l_*\;} & H_p(|K|-\hat{\sigma},\sigma-\hat{\sigma}) \\ \uparrow{\scriptstyle j_*} & \nearrow{\scriptstyle k_*} & \\ H_p(|K_1|,\mathrm{Bd}\,\sigma) & & \end{array}$$

其中 k 和 l 是包含映射. 由于 $\hat{\sigma}$ 是闭的而且包含在 $\mathrm{Int}\sigma$ 内,所以映射 l 是一个容许的切除映射.(注意到 $\mathrm{Int}\sigma$ 在 $|K|$ 中是开的,因为 $|K_1|$ 是闭的. 因此在点集拓扑学的意义上,在 $|K|$ 中 σ 的内部等于“开单形”$\mathrm{Int}\sigma$.)因此,l_* 是一个同构. 那么为什么 k_* 是一个同构呢? 如果 $\dim\sigma=0$,那么 $\sigma-\hat{\sigma}$ 和 $\mathrm{Bd}\sigma$ 是空的,而且 $|K|-\sigma=|K_1|$,在这种情况下,映射 k 是恒等映射. 如果 $\dim\sigma>0$,那么我们可以利用 $\mathrm{Bd}\sigma$ 是 $\sigma-\hat{\sigma}$ 的变形收缩核这个事实. 通过在 $|K_1|$ 上置 F_t 等于恒等映射,这个变形收缩能够扩张成 $|K|-\hat{\sigma}$ 到 $|K_1|$ 上的变形收缩 F_t. 参看图 34.1. 从定理 30.8 我们可推出 k_* 是一个同构. 那么正如所期望的那样,j_* 在奇异同调中是一个同构.

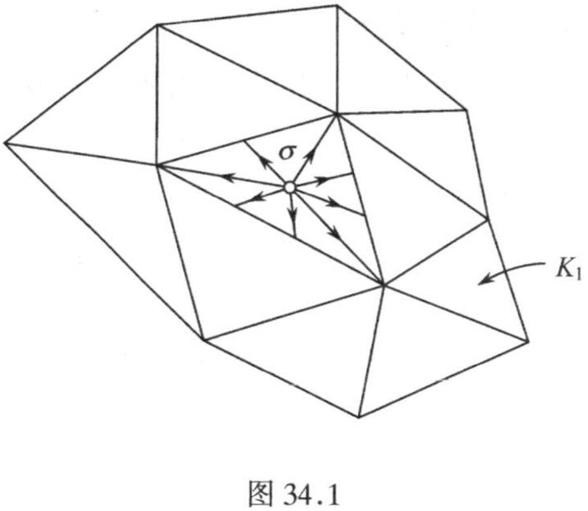

图 34.1

第二步 当 K 是有限复形时,定理已经证明了. 现在我们要在一般情况下来证明它. 像以前一样,只要证明(1)对所有 K 成立就行了.因为到那时(2)就能从上面的引理得出;而(3)可从(2)和五项引理而得出.

首先,我们证明 θ_* 是满射.给定 $\{z\}\in\widetilde{H}_p(|K|)$,则有 $|K|$ 的一个紧子集 A 使得链 z 由 A 承载.令 L 是 K 的一个有限子复形使得 A 包含在 $|L|$ 中.考虑交换图表

$$\begin{array}{ccc} \widetilde{H}_p(\mathscr{C}'(L)) & \xrightarrow[\cong]{\theta_*} & \widetilde{H}_p(|L|) \\ {\scriptstyle i_*}\downarrow & & \downarrow{\scriptstyle j_*} \\ \widetilde{H}_p(\mathscr{C}'(K)) & \xrightarrow{\theta_*} & \widetilde{H}_p(|K|) \end{array}$$

其中竖向映射是由包含映射诱导的.于是 $\{z\}$ 位于 j_* 的象中.由第一步,顶线上的映射 θ_* 是一个同态.因此 $\{z\}$ 在底线上的映射 θ_* 的象中.

我们再证明 θ_* 具有平凡的核.设 $\{z\}\in\widetilde{H}_p(\mathscr{C}'(K))$ 且 $\theta_*(\{z\})=0$,那么对 $|K|$ 的某个 $p+1$ 维奇异链 d, $\theta(z)=\partial d$.链 d 由 $|K|$ 的一个紧子集承载,选取 K 的一个有限子复形 L 使得 z 由 L 承载且 d 由 $|L|$ 承载.考虑与前面同样的交换图表.令 α 表示 z 在 $\widetilde{H}_p(\mathscr{C}'(L))$ 中的同调模.因为 $\theta(z)=\partial d$,其中 d 由 L 承载,所以 $\theta_*:H_p(\mathscr{C}'(L))\to H_p(|L|)$ 把 α 映射到零.因为这个映射是同构,所以 $\alpha=0$.从而又有 $\{z\}=i_*(\alpha)=0$. □

上面第二步中所给出的论证属于以"方向极论证"而著称的一般类型.它是把对有限复形的同调成立的结果推广到一般复形标准方法.

现在我们把§13关于有序同调的结果与刚才证明的引理结合起来.

定义 令 K 是一个复形.我们定义

$$\eta:\mathscr{C}(K)\to\mathscr{S}(|K|)$$

如下:选取 K 的顶点的一个偏序使之能在 K 的每个单形的顶点上诱导一个线性序.利用这个序把 K 的单形定向,而且定义

$$\eta([v_0,\cdots,v_p]) = l(v_0,\cdots,v_p),$$

其中按给定的序，$v_0 < \cdots < v_p$. 那么立即可知，η 是一个链映射，它保持增广而且与包含映射交换. 因而它在相对水平上也诱导一个链映射.

事实上，η 恰好是复合映射.

$$\mathscr{C}(K) \xrightarrow{\phi} \mathscr{C}'(K) \xrightarrow{\theta} \mathscr{S}(|K|).$$

其中 θ 是上面引理中的链映射，ϕ 是定理 13.6 中的链等价. 由于 ϕ 和 θ 都诱导同调的同构，故 η 亦然. 这个结果对于相对同调和约化同调也成立. 虽然 η 依赖于所选取的 K 的顶点序，但是同态 η_* 却不依赖于此. 因为 $\eta_* = \theta_* \circ \phi_*$，其中 θ 显然不依赖于顶点次序，而且由定理 13.6，ϕ_* 也不依赖于顶点次序.

最后我们指出，因为链映射 η 与包含映射交换，所以，之字形引理的自然性就蕴涵着 η_* 与 ∂_* 交换.

我们将这些事实概括如下.

定理 34.3 映射 η_* 是单纯同调与奇异同调之间的一种完全确定的同构，而且它与边缘同态 ∂_* 交换. □

此外，我们有下列关于自然性的结果.

定理 34.4 同构 η_* 与单纯映射诱导的同态交换.

证明 令 $f:(K,K_0)\to(L,L_0)$ 是一个单纯映射. 我们已经证明了 f_* 与 ϕ_* 交换(参看定理 13.7). 我们再来证明 f_* 与 θ_* 交换. 实际上，在链水平上 $f_\#$ 与 θ 是交换的.

回想到在有序同调中，我们把由 f 诱导的链映射定义为

$$f'_\#((w_0,\cdots,w_p)) = (f(w_0),\cdots,f(w_p)),$$

其中 $(w_0,\cdots,w_p)$ 是 K 的一个 p 维有序单形. 我们直接计算得

$$f_\#\theta((w_0,\cdots,w_p)) = f\circ l(w_0,\cdots,w_p).$$

这个映射等于 Δ_p 到 $|K|$ 中的这样一个线性映射，对于每个 i，它将 ε_i 映射到 w_i，而且它是由映射 f 而导出的，其中映射 f 把由

$w_0,\cdots,w_p$ 所张成的单形映射到 L 的一个单形上.由于线性映射的复合是线性的,所以这个映射等于

$$l(f(w_0),\cdots,f(w_p)) = \theta((f(w_0),\cdots,f(w_p)))$$
$$= \theta f'_{\#}((w_0,\cdots,w_p)). \qquad \square$$

定义一个由连续映射 h 诱导的,如同复合映射 $\eta_*^{-1}\circ h_*\circ \eta_*$ 的单纯同调的同态是可能的,其中 h_* 表示奇异同调中的诱导同态.这就能为我们给出一个与我们在第二章用单纯逼近定义的同样的单纯同调的同态.我们来证明这个结果如下.

定理 34.5 同构 η_* 与由连续映射诱导的同态交换.

证明 令

$$h:(|K|,|K_0|)\to(|L|,|L_0|)$$

是一个连续映射.令

$$f:(K',K'_0)\to(L,L_0) \text{和} g:(K',K'_0)\to(K,K_0)$$

分别是对于 h 的和对于恒等映射的单纯逼近.在单纯同调中,由定义我们有

$$h_* = f_*\circ(g_*)^{-1}.$$

现在在奇异同调中,映射 g_* 等于恒等同构,因为 g 同伦于恒等映射(定理 19.4).类似地,因为 f 同伦于h,所以在奇异同调中 $f_* = h_*$. 因而在奇异同调中我们同样有等式 $h_* = f_*\circ(g_*)^{-1}$.

于是我们的定理可以通过把上面的定理应用于映射 f 和g 而得出. $\square$

虽然我们已经证明了链映射 η 在同调中诱导一个同构,但是我们还没有求出 η 的链同伦逆λ.这样的 λ 存在是以后我们将要证明的结果的一个推论.(参看§46 的习题.)λ 的一个具体公式能够用"正则邻域"理论而导出.(参看文献[E-S].)

习 题

1. 证明如果 K_1 和 K_2 是复形 K 的子复形,那么$\{|K_1|,|K_2|\}$是奇异

同调中的一个切除对.

* §35 应用:局部同调群与流形†

本节我们要在空间 X 的一点 x 处来定义 X 的局部同调群,并利用这些群证明几个关于流形的非平凡的事实.在本节我们始终令 X 表示一个 Hausdorff 空间.

定义 如果 X 是一个空间并且 $x\in X$,那么 X 在 x 点处的局部同调群是奇异同调群

$$H_p(X,X-x).$$

使用“局部”这一术语的理由源于下列引理.

引理 35.1 令 $A\subset X$.如果 A 包含 x 点的一个邻域,那么

$$H_p(X,X-x)\simeq H_p(A,A-x).$$

因此,如果 $x\in X$ 和 $y\in Y$ 分别有邻域 U 和 V,使得 $(U,x)\approx(V,y)$,那么 X 在 x 点的局部同调群和 Y 在 y 点的局部同调群是同构的.

证明 令 U 表示集合 $X-A$.因为 A 包含 x 的一个邻域,所以

$$\bar{U}\subset X-x=\mathrm{Int}(X-x).$$

由切除性质可得

$$H_p(X,X-x)\simeq H_p(X-U,X-x-U)=H_p(A,A-x).$$

□

让我们来计算某些局部同调群.

例 1 如果 $x\in\mathbf{R}^m$,那么我们证明 $H_i(\mathbf{R}^m,\mathbf{R}^m-x)$ 对于 $i=m$ 是无限循环的,而对于其它情形为零.

令 B 表示一个中心在 x 点的球.由上面的引理,

---

† 在第八章中本节将被假定为已知的.在处理 §38 的一个例题时也要用到它.

$$H_i(\mathbf{R}^m,\mathbf{R}^m - x) \cong H_i(B,B - x) \cong H_i(B^m, B^m - \mathbf{0}).$$

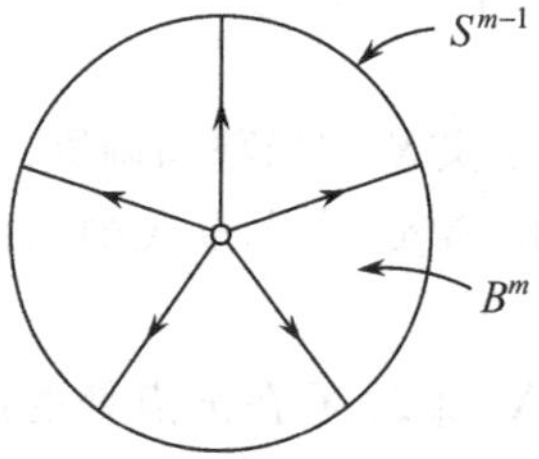

图 35.1

由于 S^{m-1} 是 $B^m - 0$ 的变形收缩核,参看图 35.1,变形的公式在定理 19.6 的证明中曾经给出过. 因此,

$$H_i(B^m,B^m - \mathbf{0}) \cong H_i(B^m,S^{m-1}).$$

这个群对于 $i = m$ 是无限循环的,而在其它情况下为零.

例 2 令 $\mathbf{H}^m$ 表示 Euclid 半空间

$$\mathbf{H}^m = \{(x_1,\cdots,x_m) \mid x_m \geqslant 0\}$$

令 $\mathrm{Bd}\mathbf{H}^m$ 表示 $\mathbf{R}^{m-1} \times 0$. 如果 $x \in \mathrm{Bd}\mathbf{H}^m$, 那么对所有 i, 群 $H_i(\mathbf{H}^m,\mathbf{H}^m - x)$为零. 如果 $x \in \mathbf{H}^m$ 且 $x \notin \mathrm{Bd}\mathbf{H}^m$,那么这个群对于 $i = m$是无限循环的,而在其它情况下为零. 我们证明这些事实如下.

若 $x \notin \mathrm{Bd}\mathbf{H}^m$,只要我们注意到 x 有一个邻域是 $\mathbf{R}^m$ 的开集,那么这个结果即可从上面的例子得出. 因此我们设 $x \in \mathrm{Bd}\mathbf{H}^m$,不失一般性我们可以假定 $x = \mathbf{0}$. 令 B^m 是 $\mathbf{R}^m$ 中的中心在 $\mathbf{0}$ 点的单位球. 集合 $B^m \cap \mathbf{H}^m$ 包含 $\mathbf{0}$ 点在 $\mathbf{H}^m$ 中的一个邻域. 令 D^m 表示半球 $B^m \cap \mathbf{H}^m$,则我们有

$$H_i(\mathbf{H}^m,\mathbf{H}^m - \mathbf{0}) \cong H_i(D^m,D^m - \mathbf{0}).$$

参看图 35.2. 由于有 $B^m - \mathbf{0}$ 到 S^{m-1}上的一个变形收缩. 它能限制成穿孔的半球 $D^m - \mathbf{0}$ 到集合

$$S^{m-1} \cap \mathbf{H}^m = E_+^{m-1}$$

上的一个变形收缩. 因此

$$H_i(D^m,D^m - \mathbf{0}) \cong H_i(D^m,E_+^{m-1}).$$

现在因为是 $\mathbf{R}^m$ 中的凸集,所以 D^m 是零调的;而且由于同胚于 B^{m-1},从而 E_+^{m-1}也是零调的. 长正合同调序列说明它们的相对同调为零.

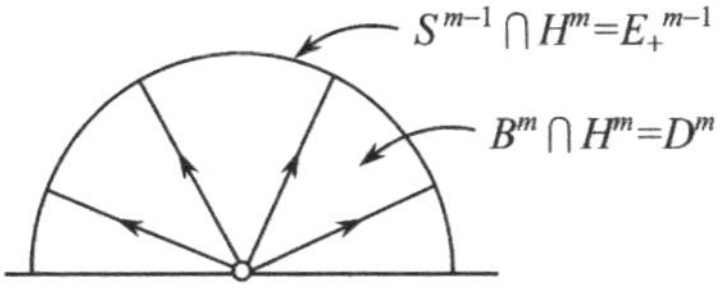

图 35.2

定义 如果一个非空 Hausdorff 空间 X 的每一个点 x 都有一个邻域与 Euclid 空间 $\mathbf{R}^m$ 的一个开集同胚,则我们把 X 称为一个 ***m* 维流形**.如果它的每一个点都有一个邻域与 Euclid 半空间 $\mathbf{H}^m$ 的开集同胚,则把它称为一个 ***m* 维带边流形**.

请注意到一个 m 维流形自动地是一个 m 维带边流形.因为若 x 有一个邻域与 $\mathbf{R}^m$ 中的一个开集同胚,那么它就有一个邻域 U 与 $\mathbf{R}^m$ 中的一个开球同胚.于是 U 与 $\mathbf{R}^m$ 中中心在$(0,\cdots,0,1)$的开单位球同胚,而这个开单位球是 $\mathbf{H}^m$ 的开集.

人们常常把要 X 具有可数基,或至少要求 X 是可度量化的包括在流形的定义中,我们将不假定这两种情况中的任何一种.

流形和带边流形都是人们最熟悉和最重要的几何对象,它们是微分几何和微分拓扑研究的主要对象.

如果 X 是带边流形,$h:U\to V$ 是 X 中的开集 U 到 $\mathbf{H}^m$ 中的开集 V 上的一个同胚,那么我们把 h 称为 X 上的一个坐标卡.X 的一点 x 可能被 h 映射到 $\mathbf{H}^m$ 的开上半空间 $\mathbf{R}^{m-1}\times\mathbf{R}_+$ 内,也可能被映射到"边"$\mathbf{R}^{m-1}\times 0$ 上.局部同调群可将这两种情况区分开,因为从例 2 知道,若 x 被映射到 $\mathbf{H}^m$ 的开上半空间内,则 $H_m(X,X-x)$是无限循环的;可是如果 x 被映射到 $\mathrm{Bd}\mathbf{H}^m$ 中,那么 $H_m(X,X-x)$是零群.这个事实就引出了下列定义.

定义 令 X 是一个 m 维带边流形.如果 X 的一个点 x 在 x 的一个坐标卡下被映射到 $\mathrm{Bd}\mathbf{H}^m$ 的一点,那么它在每一个这样的

坐标卡下都被映到 $\mathrm{Bd}\mathbf{H}^m$ 的一个点.我们把这样的点称为 X 的**边界点**.把所有这种点 x 的集合称为X 的**边界**,并且记为 $\mathrm{Bd}X$;把空间 $X-\mathrm{Bd}X$ 称为X 的**内部**,并记为 $\mathrm{Int}X$.

请注意到,定义中并未要求 X 一定有边界点.如果它没有边界点,那么 $\mathrm{Bd}X$ 就是空集,X 就是一个 m 维流形.虽然 $\mathrm{Bd}X$ 可能是空的,但集合 $\mathrm{Int}X$ 不可能是空集.因为如果 $h:U\to V$ 是关于X 的点 x 的坐标卡,那么 V 在 $\mathbf{H}^m$ 中是开的,因此它至少包含开上半空间的一点.由定义,X 中的对应点y 在 $\mathrm{Int}X$ 中.

我们看到空间 $\mathbf{H}^m$ 本身是一个 m 维带边流形,而且其边界恰好是集合 $\mathbf{R}^{m-1}\times 0$,我们已把它记为 $\mathrm{Bd}\mathbf{H}^m$.类似地,$\mathbf{R}^m$ 本身是一个 m 维流形.

定义 令 X 是一个m 维带边流形.从例 2 得知,m 是由X 唯一确定的,因为它是唯一的一个整数能够使得对于 X 中至少一个 x,群 $H_m(X,X-x)$是非平凡的.(显然)我们把整数 m 称为带边流形X 的**维数**.

例 3 R^n 中的单位球B^n 是一个n 维带边流形,而且 $\mathrm{Bd}B^n=S^{n-1}$,我们证明这个事实如下.

如果 $p\in B^n-S^{n-1}$,那么适合 $\|x\|<1$ 的所有 x 的集合是 $\mathbf{R}^n$ 中的一个开集.因而关于 p 就有一个坐标卡.于是令 $p\in S^{n-1}$,我们来求出关于 p 的一个坐标卡.p 必有一个坐标是非零的,为了方便不妨设 $p_n<0$.令 U 是B^n 中适合$x_n<0$的所有点 x 组成的开集.定义 $h:U\to H^n$ 为

$$h(x)=(x_1,\cdots,x_{n-1},x_n+f(x)),$$

其中 $f(x)=[1-x_1^2-\cdots-x_{n-1}^2]^{1/2}$.那么可以验证,$h$ 是从 U 到 $\mathbf{H}^n$ 的由适合 $\|y\|<1$ 且 $y_n\geqslant 0$的所有点 y 组成的开集V 上的同态,并且将 p 映射到 $\mathrm{Bd}\mathbf{H}^n$ 的一点.参看图 35.3

例 4 令 σ 是一个n 维单形,那么 σ 是一个n 维带边流形,因为存在 σ 到B^n 的一个同胚,这个同胚把 σ 的真面的并 Y 映射到 S^{n-1}上.因而集合 Y,我们已把它记为 $\mathrm{Bd}\sigma$,恰好是把 σ 看作n 维

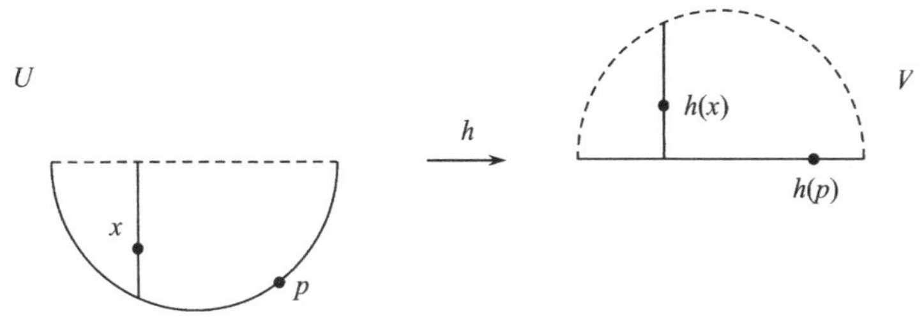

图 35.3

带边流形时的边界！而且集合 $\sigma - Y$，已记为 $\mathrm{Int}\sigma$，恰好是 σ 作为一个带边流形的内部.

在这里存在一定程度的术语重迭问题，我们应当予以澄清. 在一般拓扑学中，如果 A 是空间 X 的集合，那么 A 的内部，记为 $\mathrm{Int}A$，是 X 的包含在 A 中的所有开集的并；A 的边界，记为 $\mathrm{Bd}A$，是集合 $\bar{A} \cap \overline{X-A}$. 在 A 是 X 的一个开集的特殊情况下，结果是 $\mathrm{Bd}A = \bar{A} - A$. 在本书中，我们早就使用这个来自一般拓扑学的术语. 例如，记号 $\mathrm{Bd}U$ 在引理 1.1 中就曾出现过；记号 $\mathrm{Int}A$ 在阐述切除公理时也曾使用过.

对于带边流形而言，边界和内部的概念则是完全不同的. 不幸的是同一个术语常以两种不同的方式被使用. 一些作者用 ∂X 表示带边流形的边界. 但是当人们想要把空间 σ 的边界与单纯链 $\partial\sigma$ 相区别时，那就可能会导致困难！我们的确容忍这种模棱两可的说法，而是依靠上下文弄清其确切含意.

碰巧对于拓扑空间 $\mathbf{R}^n$ 的子集 B^n 来说，它在一般拓扑意义下的边界与它在带边流形意义下的边界是相同的. 同样的说法也适用于 $\mathbf{R}^n$ 的子空间 $\mathbf{H}^n$. 但是这些情况只是例外的巧合而不是一般规律.

现在我们来证明一个关于流形的三角剖分的结果.

引理 35.2 令 s 是复形 K 的一个单形. 如果 x 和 y 是 $\mathrm{Int}s$ 的两点，那么 $|K|$ 在 x 处和在 y 处的局部同调群是同构的.

证明 只需在 x 等于 s 的重心 $\hat{s}$ 时证明定理成立就行了. 令 $\mathrm{sd}K$ 是 K 的首次重心重分. 令 K' 是 K 的一个像 $\mathrm{sd}K$ 那样恰当定义的重分,所不同的只是当从 s 的一个内点构作 $\mathrm{Bd}s$ 的重分上的星形时用 y 而不是用 $\hat{s}$. 在 $\mathrm{sd}K$ 和 K' 之间有一个线性同构,它把 $\hat{s}$ 映射到 y,并且把 $\mathrm{sd}K$ 的其余每个顶点映射到其自身. 那么偶 $(|K|,|K|-\hat{s})$ 与 $(|K|,|K|-y)$ 是同胚的. □

回想到我们把一个同胚 $h:|K|\to M$ 称为 M 的三角剖分. 但是我们不知道是否任意一个带边流形都有三角剖分.

定理 35.3 *令 M 是一个 m 维带边流形;设 K 是一个复形而且 $h:|K|\to M$ 是一个同胚. 那么 $h^{-1}(\mathrm{Bd}M)$ 是 K 的一个子复形的可剖空间.*

证明 如果 K 的一个开单形 $\mathrm{Int}s$ 与集合 $h^{-1}(\mathrm{Bd}M)$ 相交,那么由上面的引理,它必然在这个集合中. 因为这个集合是闭的,所以它必然包含 s. □

现在我们给出局部同调群的最后一个应用. 我们要证明一个有限维单纯复形 K 的维数是 $|K|$ 的拓扑不变量. (一种利用"覆盖维数"概念的不同证明已概括在§16 和§19 的习题中.)

回想起如果 v 是 K 的一个顶点,那么 $\mathrm{St}v$ 是以 v 为顶点的所有单形的内部之并,而且 $\mathrm{Lk}v=\overline{\mathrm{St}}v-\mathrm{St}v$.

引理 35.4 *令 v 是单纯复形 K 的一个顶点,那么*

$$H_i(|K|,|K|-v)\simeq H_i(\overline{\mathrm{St}}v,\mathrm{Lk}v).$$

证明 集合 $\overline{\mathrm{St}}v$ 包含 v 的一个邻域,因此,从引理 35.1 可得

$$H_i(|K|,|K|-v)\simeq H_i(\overline{\mathrm{St}}v,\overline{\mathrm{St}}v-v).$$

令 L 表示 K 的一个其可剖空间是 $\mathrm{Lk}v$ 的子复形. 那么由定义,$\overline{\mathrm{St}}v$ 是锥 $v*L$ 的可剖空间. 参看图 35.4. 下面的引理蕴涵着 $\mathrm{Lk}v$ 是 $\overline{\mathrm{St}}v-v$ 的变形收缩核. 于是我们的证明完成. □

引理 35.5 *令 $v*L$ 是 L 上的一个锥, 那么 $|L|$ 是 $|v*L|-v$ 的变形收缩核.*

证明 考虑由 $\pi(x,t)=(1-t)x+tv$ 定义的商映射

$$\pi: |L| \times I \to |v * L|.$$

(参看系 20.6.)因此 $|L| \times [0,1)$ 在 $|L| \times I$ 中是开的而且关于 π 是饱和的,所以 π 的限制

$$\pi': |L| \times [0,1) \to |v * L| - v$$

是商映射;而且由于是 1-1 的,所以它是一个同胚.由于 $|L| \times 0$ 是 $|L| \times [0,1)$ 的变形收缩核,所以空间 $|L|$ 是 $|v * L| - v$ 的变形收缩核. □

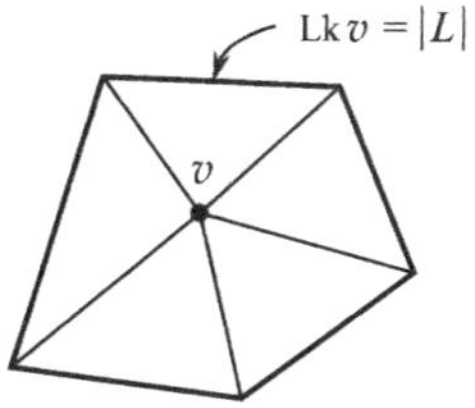

图 35.4

定理 35.6 *令 K 是一个 n 维复形;令 $X = |K|$. 对于 $p > n$,局部同调群 $H_p(X, X - x)$ 为零,而对于 $p = n$,群 $H_n(X, X - x)$ 中至少有一个是非平凡的.*

证明 令 σ 是 K 的一个 n 维单形,那么 σ 不是 K 的其它任何单形的面,因而集合 Intσ 实际上是 $|K|$ 的一个开集.(它的余集是 K 的所有异于 σ 的单形之并.)如果 x 是 σ 的重心 $\hat{\sigma}$,那么从引理 35.1 可知

$$H_n(X, X - x) \simeq H_n(\sigma, \sigma - \hat{\sigma}) \simeq H_n(B^n, B^n - \mathbf{0}).$$

由例 1,这个群是无限循环的.

现在令 x 是 X 的一个任意点.我们要证明对于 $p > n$, $H_p(X, X - x) = 0$. 鉴于引理 35.2,只需考虑 x 是 K 的一个单形的重心的情况就行了.此时 x 就是复形 $L = \mathrm{sd}K$ 的一个顶点,于是引理 35.4 适用.我们有

$$H_p(X, X - x) \simeq H_p(\overline{\mathrm{St}}(x, L), \mathrm{Lk}(x, X)).$$

由于 L 是 n 维复形,所以 $\overline{\mathrm{St}}(x, L)$ 是一个维数至多是 n 的复形的可剖空间.因此,在单纯同调中对于 $p > n$,这个群为零群,因而它在奇异同调中也是零群. □

习 题

1. 检验例 3 的细节.

2. 证明如果 M 和 N 分别是 m 维和 n 维的带边流形，那么 $M\times N$ 是 $m+n$维的带边流形，而且有

$$\mathrm{Bd}(M\times N)=(M\times(\mathrm{Bd}N))\cup((\mathrm{Bd}M)\times N).$$

3. 若给定空间 X 的点 x 和 y，有 X 到其自身的同胚把 x 映射到 y，则称空间 X 是**齐性的**. 证明连通流形是齐性的. [提示：如果有这样的同胚，则定义 $x\sim y$；证明各等价类都是开的.]

4. 令 M 是一个 m 维带边流形；设 $h:|K|\to M$ 是 M 的一个三角剖分.

(a) 证明如果 v 是 K 的一个顶点，那么按照 $h(x)\in\mathrm{Int}M$，还是 $h(x)\in\mathrm{Bd}M$ 而 Lkv 相应地是一个 $m-1$ 维同调球面，或者是一个 $m-1$ 维同调球.

(b) 证明 K 的每一个单形或者是 m 维的，或者是 m 维单形的一个面.

(c) 证明当 $s\subset h^{-1}(\mathrm{Bd}M)$时，$K$ 的一个 $m-1$ 维单形 s 恰好是 K 的一个 m 维单形的面，否则它恰好是 K 的两个 m 维单形的公共面.

5. 一个**实心环**是同胚 $S^1\times B^2$ 的空间. 它是一个 3 维带边流形，它的边缘同胚于环面. 利用 S^3 同胚于 $\mathrm{Bd}(B^2\times B^2)$的事实，把 S^3 写成在它们的公共边界相交的两个实心环 T_1,T_2 之并. 计算 T_1,T_2 的 Mayer-Vietoris 序列.

*§36　应用：Jordan 曲线定理

现在我们利用奇异同调的基本性质来证明拓扑学的几个经典定理，其中包括广义 Jardan 曲线定理和关于区域不变性的 Brouwer 定理.

定义　如果 A 是 X 的一个子空间，如果空间 $X-A$ 是不连通的，那么我们就说 A **分离** X.

我们将关注 X 是 $\mathbf{R}^n$ 或 S^n 且 A 在 X 中是闭的情况. 那么由于 $X-A$ 是局部道路连通的，所以它的分支和道路连通分支是完全相同的. 尤其是，当且仅当 $X-A$ 连通时，群 $\widetilde{H}_0(X-A)$为零，而且一般它的秩比 $X-A$ 的分支数小 1. 今后我们将随意使用这个事实.

定义　我们把同胚于 k 维单位球 B^k 的空间称为 **k 维胞腔**.

定理 36.1　*令 B 是 S^n 中的 k 维胞腔. 那么 S^n-B 是零调的. 尤其是，B 不能分离 S^n.*

证明　令 n 固定，我们对 k 用数学归纳法. 首先考虑 $k=0$ 的情况，此时 B 是单独一个点. 当 $n=0$ 时，空间 S^n-B 是单独一点；而当 $n>0$ 时，它同胚于 $\mathbf{R}^n$. 在这两种情况下，S^n-B 都是零调的.

现在我们假设定理对于 S^n 中的 $k-1$ 维胞腔已经成立. 令 B 是 S^n 中的一个 k 维胞腔；令 $h:I^k\to B$ 是一个同胚.

第一步　令 B_1 和 B_2 是 S^n 中的两个 k 维胞腔

$$B_1=h\left(I^{k-1}\times\left[0,\frac{1}{2}\right]\right),\ B_2=h\left(I^{k-1}\times\left[\frac{1}{2},1\right]\right).$$

令 C 是 S^n 中的 $k-1$ 维胞腔 $h\left(I^{k-1}\times\frac{1}{2}\right)$. 参看图 36.1. 我们来证明如果 α 是 $\widetilde{H}_i(S^n-B)$ 的一个非零元，那么对于包含映射

$$i:(S^n-B)\to(S^n-B_1)\text{ 和 }j:(S^n-B)\to(S^n-B_2)$$

诱导的两个同态来说，至少有一个使得 α 在它之下的象是非零的.

为了证明这个事实，令 $X=S^n-C$. 由归纳假设 X 是零调的. 我们把 X 写成两个子空间

$$X_1=S^n-B_1\text{ 和 }X_2=S^n-B_2$$

的并. 因为 X_1 和 X_2 在 S^n 中是开的，所以它们在 X 中也是开的，因而我们有一个 Mayer-Vietoris 正合序列

$$\widetilde{H}_{i+1}(X)\to\widetilde{H}_i(A)\to\widetilde{H}_i(X_1)\oplus\widetilde{H}_i(X_2)\to\widetilde{H}_i(X),$$

其中 $A=X_1\cap X_2=S^n-B$. 因为 X 是零调的，所以中间的映射是一个同构. 由定理 33.1，它把 $\alpha\in\widetilde{H}_i(A)$ 映射到 $(i_*(\alpha),\ -j_*(\alpha))$. 因此，元素 $i_*(\alpha)$ 和 $j_*(\alpha)$ 中至少有一个是非平凡的.

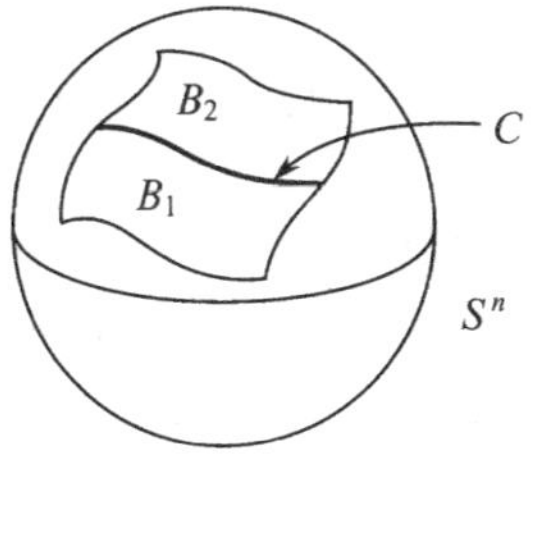

图 36.1

第二步　我们假设在 $\widetilde{H}_i(S^n-B)$ 中存在一个非零元 α，从而导出矛盾. 令 B_1 和 B_2 如第一步所述. 那么 α 在

$\widetilde{H}_i(S^n - B_1)$或$\widetilde{H}_i(S^n - B_2)$中的象是非零的.不防设为前者.那么可把 B_1 写成 k 维胞腔

$$B_{11} = h\left(I^{k-1} \times \left[0, \frac{1}{4}\right]\right) \text{和} B_{12} = h\left(I^{k-1} \times \left[\frac{1}{4}, \frac{1}{2}\right]\right)$$

之并.再利用第一步,我们推出 α 在$\widetilde{H}_i(S^n - B_{11})$或$\widetilde{H}_i(S^n - B_{12})$中的象是非零的.

类似地计算下去,我们将得到一个闭区间序列$[a_1, b_1] \supset [a_2, b_2] \supset \cdots$,其中每一个的长度是前一个长度的一半.而且为了方便,令 D_m 表示k 维胞腔

$$D_m = h(I^{k-1} \times [a_m, b_m]).$$

那么 α 在$\widetilde{H}_i(S^n - D_m)$中的象对所有 m 都是非零的.令 e 是各区间$[a_m, b_m]$的交中唯一的一点,那么集合 $E = h(I^{k-1} \times \{e\})$是 S^n 中的一个$k-1$ 维胞腔,它等于 k 维胞腔套序列$D_1 \supset D_2 \supset \cdots$的交.由归纳假设,群 $\widetilde{H}(S^n - E)$为零.特别是,α 在这个群中的象为零.由定理 30.5,存在 $S^n - E$ 的一个紧子集A 使得α 在$\widetilde{H}_i(A)$中的象为零.因为 $S^n - E$ 是各开集

$$S^n - D_1 \subset S^n - D_2 \subset \cdots$$

的并,所以 A 必在它们中的某一个之中,比如说在 $S^n - D_m$ 中.但是这意味着 α 在$\widetilde{H}_i(S^n - D_m)$中的象为零,从而与构造法矛盾.□

定理 36.2 令 $n > k \geqslant 0$;令 $h: S^k \to S^n$ 是一个嵌入映射.那么

$$\widetilde{H}_i(S^n - h(S^k)) \cong \begin{cases} \mathbf{Z}, & i = n-k-1, \\ 0, & \text{其它情形}. \end{cases}$$

证明 令 n 固定.我们用关于 k 的归纳法来证明.首先考虑 $k=0$ 的情况.那么 $h(S^0)$由两个点 p 和 q 组成.由于 $S^n - p - q \approx \mathbf{R}^n - \mathbf{0}$,而且 $\mathbf{R}^n - \mathbf{0}$ 具有 S^{n-1} 的伦型,因而我们可以看出$\widetilde{H}_i(S^n - p - q)$对于 $i = n-1$ 是无限循环的,而在其它情况下为零.

现在我们假设定理在 $k-1$ 时成立. 令 $h: S^k \to S^n$ 是一个嵌入. 我们来构造一个 Mayer-Vietoris 序列. 令 X_1 和 X_2 是 S^n 的下列开集:

$$X_1 = S^n - h(E_+^k) \quad 和 \quad X_2 = S^n - h(E_-^k).$$

参看图 36.2. 再令

$$X = X_1 \cup X_2 = S^n - h(S^{k-1}),$$

$$A = X_1 \cap X_2 = S^n - h(S^k).$$

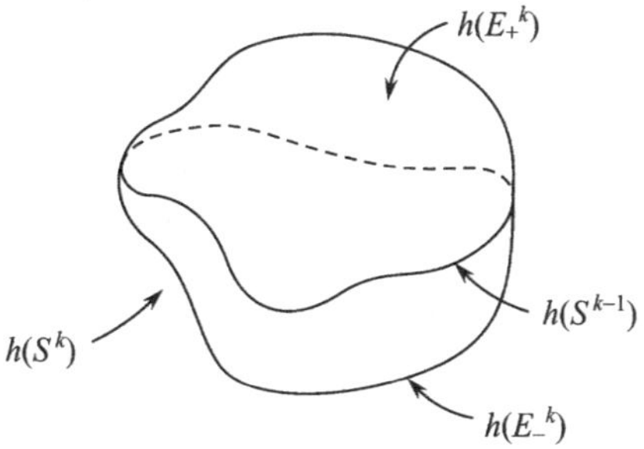

图 36.2

因为 X_1 和 X_2 在 X 中是开的, 所以我们就有一个 Mayer-Vietoris 序列

$$\widetilde{H}_{i+1}(X_1) \oplus \widetilde{H}_{i+1}(X_2) \to \widetilde{H}_{i+1}(X) \to \widetilde{H}_i(A)$$
$$\to \widetilde{H}_i(X_1) \oplus \widetilde{H}_i(X_2).$$

由上面的定理 X_1 和 X_2 都是零调的, 因此中间这个映射是同构. 即对所有 i 都有

$$\widetilde{H}_{i+1}(S^n - h(S^{k-1})) \cong \widetilde{H}_i(S^n - h(S^k)).$$

由归纳假设左边的群对于 $i+1 = n-(k-1)-1$ 是无限循环的, 在其它情况下为零. 因此对于右边的群当 $i = n-k-1$ 时是无限循环的, 并且在其它情况下为零. □

定理 36.3(广义 Jordan 曲线定理) 令 $n>0$;令 C 是 S^n 的一个同胚于 $n-1$ 维球面的子集.那么 S^n-C 恰有两个连通分支,C 是它们的公共(拓扑)边界.

证明 把上面的定理应用于 $k=n-1$ 的情形,则我们可以看出 $\widetilde{H}_0(S^n-C)\cong Z$.因而 S^n-C 恰有两个道路连通分支.(正如我们早已指出的那样,它们与 S^n-C 的连通分支是相同的.)令 W_1 和 W_2 是这两个道路连通分支.因为 S^n 是局部道路连通的,所以它们在 S^n 中是开的.那么 W_i 的(拓扑)边界就是集合 $\overline{W}_i-W_i$.我们必须证明

$$\overline{W}_1-W_1=C=\overline{W}_2-W_2.$$

其实,我们只要证明其中的第一个等式就行了.因为 W_2 是开的,所以它的任何点都不是 W_1 的极限点.因此 $\overline{W}_1-W_1\subset C$.我们若能证明 $C\subset\overline{W}_1-W_1$,则由此等式成立.

给定 $x\in C$,并且给定 x 的一个邻域 U,我们来证明 U 与闭集 $\overline{W}_1-W_1$ 相交,这就足够了.因为 C 同胚于 S^{n-1},所以我们能够把 C 写成两个 $n-1$ 维胞腔 C_1 和 C_2 之并,而且使得 C_1 足够小以至于它完全落在 U 内.图 36.3 说明了 $n=2$ 的情形.

由于 C_2 不能分离 S^n,因此我们可以在 S^n-C_2 中选取一条道路 α,连接 W_1 的一点 p 和 W_2 的一点 q.于是 α 必然包含 $\overline{W}_1-W_1$的一个点.因为若不然,则 α 就应在不相交的开集 W_1 和 $S^n-\overline{W}_1$的并集内,而且包含每个集合的一点.但这与 α 的象集是连通的事实相矛盾.令 y 是 $\overline{W}_1-W_1$ 的位于道路 α 上的一点,那么 y 在 C 中.因为它不可能在 C_2 中,故必在 C_1 中,并因此在 U 中.那么正如我们所期望的那样,U 交 $\overline{W}_1-W_1$ 于 y 点. □

我们注意到,在此定理假设条件下,似乎很可能有:若 W_1 和 W_2 是 S^n-C 的分支,其中 C 是 $n-1$ 维球面,那么集合 $\overline{W}_2$ 和 $\overline{W}_2$ 应当是 n 维胞腔.但实际上这是不成立的.甚至当 W_1 和 W_2 是开球时,结论一般也不成立.有一个 S^2 到 S^3 内的著名嵌入,称

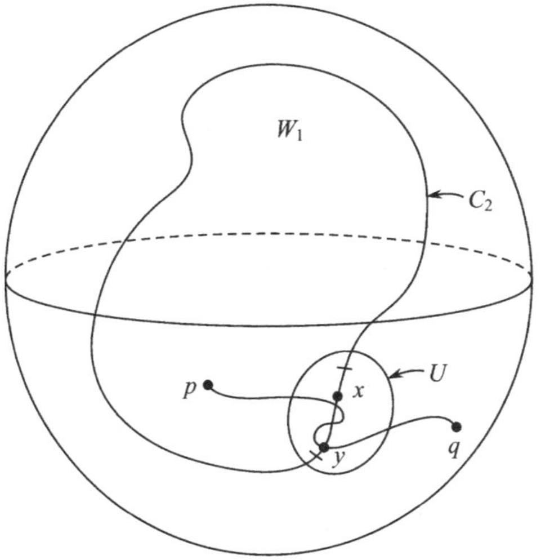

图 36.3

为 Alexander 忠实球面,对于该嵌入而言,集合 W_i 中的一个甚至不是单连通的!(参看文献[H－Y],第 176 页.)

那么关于 W_i 人们能证明些什么结论呢?对于 $n=2$ 的情况答案在很久以前就已经知道了.如果 C 是 S^2 中的简单闭曲线,那么 C 把 S^2 分离成两个分支 W_1 和 W_2,而且 $\overline{W}_1$ 和 $\overline{W}_2$ 都是 2 维胞腔.这个结果称为 Schoenflies 定理.它的一个证明可在文献[N]中找到.

最近(1960),更高维情况下的结果在对嵌入映射作了附加假设的条件下也被证明了.我们假设映射 $h: S^{n-1} \to S^n$ 能够被"加领",这意味着有一个嵌入 $H: S^{n-1} \times I \to S^n$ 使得 $H\left(x, \frac{1}{2}\right) = h(x)$ 对于每一个 x 成立.(例如当 h 就极大秩的 Jacobi 矩阵而言是可微时,这个假设就能满足.)在这种情况下,$\overline{W}_1$ 和 $\overline{W}_2$ 都是 n 维胞腔.这个结果以 Brown-Mazur 定理(见文献[B])而著称.

按照传统习惯,Jordan 曲线定理通常是对嵌入 $\mathbf{R}^n$ 中的球面而不是对嵌入S^n中球面来叙述的.现在我们来证明定理的这种形式.

系 36.4 令$n>1$;令C是R^n的一个同胚于S^{n-1}的子集.那么R^n-C恰有两个分支,C是它们的公共边界.

证明 第一步 我们首先证明如果U是S^n中的开集,其中$n>1$,那么U的任何点都不能分离U.

令$p\in U$并且设$U-p$是不连通的,我们来推出矛盾.选取一个中心在p点、半径为ε并且在U内的开球B_ε.那么$B_\varepsilon-p$是连通的而且同胚于$\mathbf{R}^n-\mathbf{0}$,因而$B_\varepsilon-p$整个地在$U-p$的一个分支C中.令D是$U-p$的其余分支的并.那么因为B_ε是p的一个不D相交的邻域,所以p不是D的极限点.因此两个集合$C\cup\{p\}$和D就构成U的一种分离状态,这与假设矛盾.

第二步 我们来证明定理.不失一般性,我们在定理的叙述中可将R^n代之以S^n-p,其中p是S^n的北极.既然S^n-C有两个分支W_1和W_2,不妨设$p\in W_1$.由第一步的结果,W_1-p是连通的.那么W_1-p和W_2都是S^n-p-C的分支,而且C就等于W_2和W_1-p的公共边界. □

定理 36.5(区域不变性) 令U是$\mathbf{R}^n$中的开集;令$f:U\to\mathbf{R}^n$是连续的而且是单射.那么$f(U)$在$\mathbf{R}^n$中是开的,而且f是一个嵌入.

证明 不失一般性,我们可用S^n代替$\mathbf{R}^n$.

第一步 给定$f(U)$的一点y,我们要证明$f(U)$包含y的一个邻域,从而就证明了$f(U)$在S^n中是开的.

令x是U中使得$f(x)=y$的点.选取一个半径是ε,中心在x点的开球B_ε,使它的闭包在U内.令$S_\varepsilon=\bar{B}_\varepsilon-B_\varepsilon$.参看图36.4.由于集合$f(S_\varepsilon)$同胚于$S^{n-1}$,因此$f(S_\varepsilon)$将$S^n$分成两个分支$W_1$和$W_2$,每个分支在$S^n$中都是开的.集合$f(B_\varepsilon)$是连通的而且不与$f(S_\varepsilon)$相交.因此,它或者在$W_1$中,或者在$W_2$中,不妨设它在$W_1$中.于是它必然等于整个$W_1$,因为若不然,集合

$$S^n - f(B_\varepsilon) - f(S_\varepsilon) = S^n - f(\bar{B}_\varepsilon)$$

就要由整个 W_2 连同 W_1 的点一起构成，但是这与胞腔 $f(\bar{B}_\varepsilon)$不能分离 S^n 的事实相矛盾．因此，$f(B_\varepsilon) = W_1$．这样我们就推出 $f(U)$包含 y 的一个邻域W_1，这正是我们所期望的．

第二步　根据第一步，f 把 U 中的任何开集映射成这样一个集合，它在 S^n 中是开的，因而在 $f(U)$中是开的．从而 f 是 U 到 $f(U)$的一个同胚． □

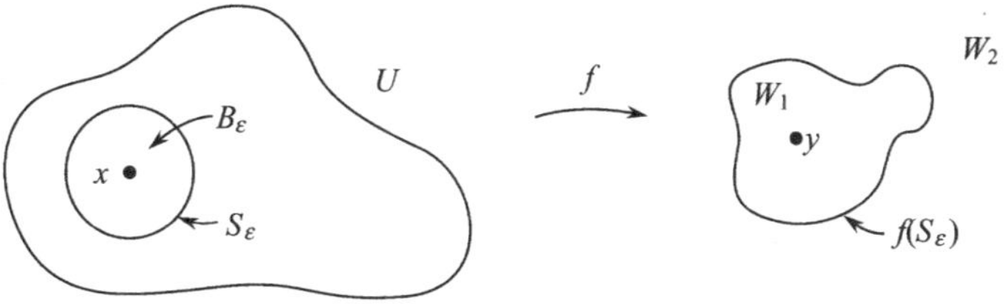

图 36.4

如果我们假定 f 是连续可微的并且具有非奇异的 Jacobi 矩阵，那么关于区域不变性定理的证明就容易的多．在这种情况下，定理可从分析中的反函数定理得出．域的不变性的真正奥妙是它只依赖于映射 f 的连续性和内射性，而与可微性或 Jacobi 矩阵无关．

类似地，在嵌入 $f: S^{n-1} \to \mathbf{R}^n$ 是(其空间同胚于 S^{n-1}的某个复形的)单纯映射，或者是一个带有极大秩的 Jacobi 矩阵的可微映射情况下，Jordan 曲线定理是更容易证明的．真正的困难仅仅是在除了连续性和内射性之外未做任何其它假设的情况下才会出现．

习　题

1．令 M 是如同在上节中定义的一个 m 维带边流形．利用域的不变性证明以下的结论．

(a) 证明如果在关于 x 的某一个坐标卡下，M 的一点 x 映射到 $\mathbf{R}^{m-1} \times 0$

的一点，那么在每一个这样的坐标卡下都是如此.

(b) 令 U 是 $\mathbf{R}^m$ 中的开集；令 V 是 $\mathbf{R}^n$ 中的开集. 证明如果 U 与 V 同胚，那么 $m=n$.

(c) 证明数 m 是由 M 唯一决定的.

2. (a) 令 Y 是拓扑学家的正弦曲线(参看§29 的习题). 证明如果 h: $Y\to S^n$ 是一个嵌入，那么 $S^n-h(Y)$ 是零调的.

(b) 令 X 是拓扑学家的封闭正弦曲线(参看§33 的习题). 证明如果 h: $X\to S^n$ 是一个嵌入，那么 $\widetilde{H}_i(S^n-h(X))$ 在 $i=n-2$ 时是无限循环的，而在其它情况下是零.

(c) 证明如果 $h:X\to S^2$ 是一个嵌入，那么 $S^2-h(X)$ 恰有两个分支，$h(X)$ 是它们的公共边界.

3. (a) 把 S^3 看作是由 $\mathbf{R}^3$ 与在无穷远处添加的一点一起构成的. 令 A, B_1,B_2,B_3 是在图 36.5 中画出的 $\mathbf{R}^3$ 中的简单闭曲线. 由包含映射诱导的映射

$$H_1(B_i)\to H_1(S^3-A)$$

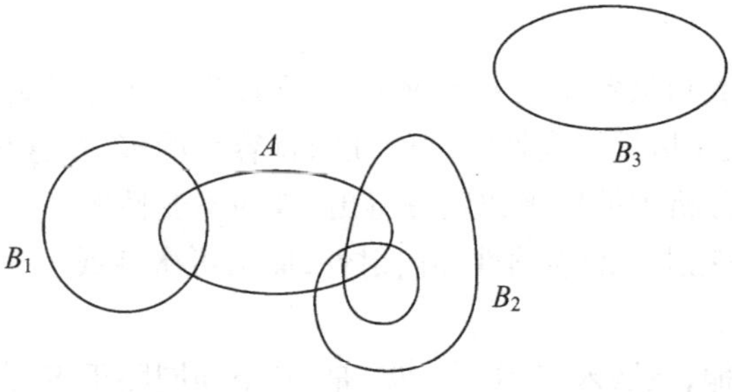

图 36.5

是无限循环群的同态，因而它等于乘以 d_i 的乘法，这里 d_i 直至符号都是完全确定的. 整数 d_i 能度量 B_i 连接 A 的次数. 在每种情况下它具体等于多少? 类似地，确定对应于由包含映射诱导的同态

$$H_1(A)\to H_1(S^3-B_i)$$

的相应整数. 你能提出一个猜想吗?

(b) 令 A 由 S^2 的两点组成，令 B_1,B_2 是 S^2 中的两条简单闭曲线，如图 36.6 所示. 由包含映射诱导的同态

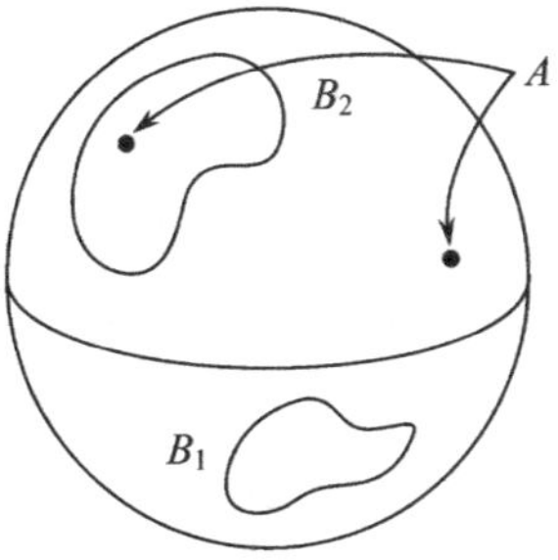

图 36.6

$$\widetilde{H}_0(A) \to \widetilde{H}_0(S^2 - B_i) \text{ 和}$$
$$H_1(B_i) \to H_1(S^2 - A)$$

是什么？试提出一个猜想.

(c) 试提出一个关于从 S^p 和 S^q 在 S^{p+q+1} 中的不相交的嵌入的猜想.以后当我们证明了 Alexander 对偶定理之后，我们还将返回到这个猜想.(参看§72 的习题.)

§37 关于商空间的补充

在§20 中，我们回顾了商空间理论的若干方面. 现在我们要更加深入地讨论这一主题. 尤其是，我们要考虑商空间的分离公理.

我们已经指出过，分离公理对于商空间不能充分发挥作用. 一般难以保证商空间满足比 T_1 公理更强的分离公理. 甚至连 Hausdorff 公理都常常难以证实. 在这里我们给出三种情况，在这些情况下，我们能够肯定商空间是 Hausdorff 空间（实际上是正规空间）.

定理 37.1 令 $p: X \to Y$ 是商映射. 如果 p 是闭映射并且 X 是正规的，那么 Y 是正规的.

证明 若 x 是 X 的一个点，那么 x 在 X 中是闭的，从而单点

集 $p(x)$在 Y 中是闭的(因为 p 是闭映射).从而 Y 是 T_1 空间.

令 A 和B 是Y 中不相交的闭集,那么 $p^{-1}(A)$和 $p^{-1}(B)$是 X 中不相交的闭集.在 X 中选取不相交的开集U 和V 分别包围 $p^{-1}(A)$和 $p^{-1}(B)$.那么集合$p(U)$和 $p(V)$在 Y 中未必是不相交的,也未必是开的.参看图 37.1.然而集合$C=X-U$和$D=X-V$在X 中是闭的,从而 $p(C)$和 $p(D)$在 Y 中是闭的.于是集合 $Y-p(C)$和 $Y-p(D)$分别是围绕 A 和B 的不相交开集.

为证明这两个集合是不相交的,首先我们指出 $U\cap V=\varnothing$.取余集,我们就有

$$C\cup D=(X-U)\cup(X-V)=X.$$

那么 $p(C)\cup p(D)=Y$.再取余集,就得到我们所期望的结果

$$(Y-p(C))\cap(Y-p(D))=\varnothing.$$

为证明这两个集合分别包含 A 和B,首先注意到,因为 C 与 $p^{-1}(A)$是不相交的,所以集合 $p(C)$不与 A 相交.因而 $p(C)\subset Y-A$.取余我们就有 $Y-p(C)\supset A$.类似地,$Y-p(D)$包含 B.

□

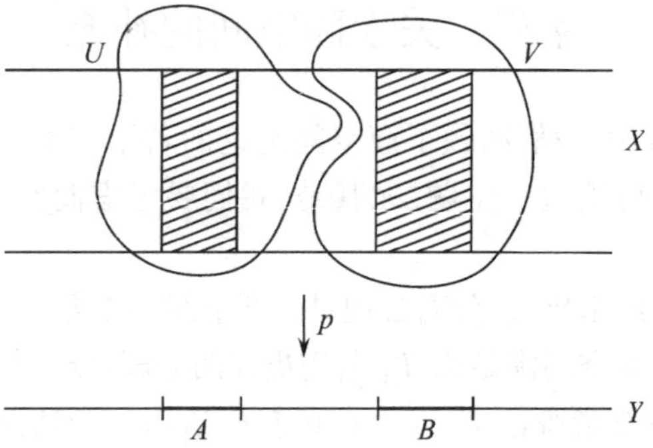

图 37.1

如果 X^* 是一个将 X 分成一些闭子集的划分,并且商映射 p: $X\to X^*$ 是闭的,那么按照传统习惯我们把 X^* 称为 X 的一个**上半**

连续的分解. 尤其是,这就意味着对于 X 的每个闭集 A,集合 $p^{-1}p(A)$——我们把它称为 A 的饱和——在 X 中也是闭的. 在此情况下,X 的正规性就蕴涵着 X^* 的正规性.

定义 令 X 和 Y 是不相交的拓扑空间;令 A 是 X 的闭子集;令 $f: A \to Y$ 是连续映射. 我们定义一个商空间如下:作为一个拓扑和而把 $X \cup Y$ 拓扑化. 通过把每个集合

$$\{y\} \cup f^{-1}(y), \ y \in Y$$

等同于一点而构成一个商空间. 也就是把 $X \cup Y$ 划分成这些集合以及 $x \in X - A$ 的单点集 $\{x\}$. 我们用 $X \cup_f Y$ 表示这个商空间并称之为**由 f 决定的粘着空间**. 参看图 37.2.

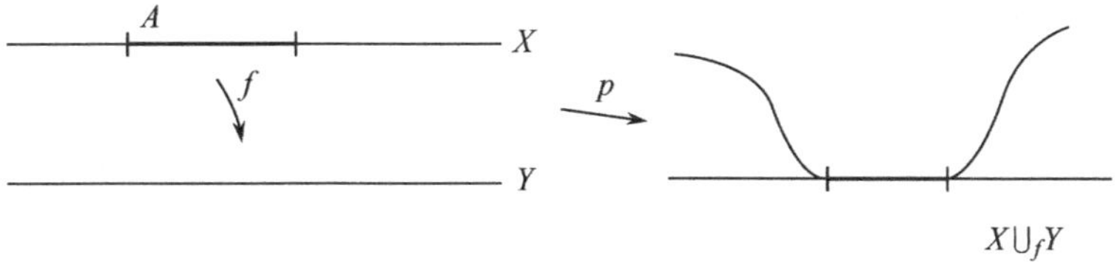

图 37.2

令 $p: X \cup Y \to X \cup_f Y$ 是这个商映射. 我们首先证明 p 确定 Y 与 $X \cup_f Y$ 的一个闭子空间的同胚. 显然,$p|_Y$ 是连续的并且是单射. 此外,如果 C 在 Y 中是闭的,那么 $f^{-1}(C)$ 在 X 中是闭的,因为 $f: A \to Y$ 是连续的而且 A 在 X 中是闭的. 由此可知

$$p^{-1}p(C) = C \cup f^{-1}(C)$$

在 $X \cup Y$ 中是闭的. 那么由商拓扑的定义,$p(C)$ 在 $X \cup_f Y$ 中是闭的. 因而 $p|_Y$ 把 Y 同胚地映射到 $X \cup_f Y$ 的闭子空间 $p(Y)$ 上. 平常我们把记号混用并将 Y 等同于 $p(Y)$.

于是如果 X 和 Y 是 T_1 空间,那么 $X \cup_f Y$ 也是 T_1 空间,因为每个等价类在 $X \cup Y$ 中是闭的. 上面的定理不适用于为我们提供进一步的分离性质,因为 p 一般不是闭映射. 可是,我们仍能证明下列定理.

定理 37.2 如果 X 和 Y 是正规的,那么粘着空间 $X\cup_f Y$ 也是正规的.

证明 同往常一样,A 在 X 中是闭的,$f:A\to Y$ 是连续的.令 B 和 C 是 $X\cup_f Y$ 中不相交的闭集.令

$$B_X = p^{-1}(B)\cap X;\ C_X = p^{-1}(C)\cap X,$$

$$B_Y = p^{-1}(B)\cap Y;\ C_Y = p^{-1}(C)\cap Y.$$

参看图 37.3.由 Urysohn 引理,我们能够选取一个连续函数 $g:Y\to[0,1]$ 把 B_Y 映射到 0 并把 C_Y 映射到 1.那么函数 $g\circ f:A\to[0,1]$ 在 $A\cap B_X$ 上等于 0,在 $A\cap C_X$ 上等于 1.我们这样来定义一个函数

$$h:A\cup B_X\cup C_X\to[0,1],$$

令它在 A 上等于 $g\circ f$,在 B_X 上等于 0,在 C_X 上等于 1.因为 A,B_X,C_X 在 X 中都是闭的,所以映射 h 是连续的.于是由 Tietze 扩张定理,我们能够把 h 扩张成一个在整个 X 上定义的连续函数 k.

在 X 上等于 k 而在 Y 上等于 g 的函数 $X\cup Y\to[0,1]$ 是连续的.它在每一个等价类上是常数,因为当 $y\in f(A)$ 时,$k(f^{-1}(y)=g(y))$.因此它诱导 $X\cup_f Y$ 到 $[0,1]$ 内的一个连续映射并且使它在 B 上等于 0,在 C 上等于 1. □

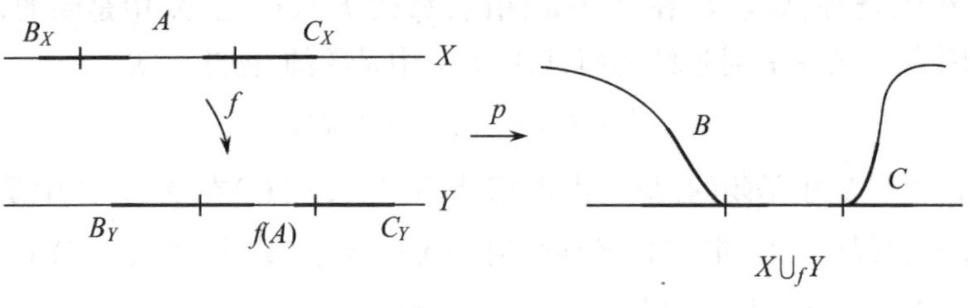

图 37.3

我们已经定义了一个给定的空间 X 的拓扑关于 X 的一族子

空间是凝聚的意义.我们将要在下文中论述分离公理.

首先,我们要把凝聚拓扑的概念稍作扩充.假设我们有一族拓扑空间$\{X_\alpha\}$,它们的并集 X 并无任何拓扑.我们试图找出这样的条件,使得在该条件下,X 存在一个拓扑,使得 X_α 都是拓扑空间 X 的子空间,而且这个拓扑关天这些子空间 X_α 是凝聚的.

引理 37.3 令 X 是一个集合,它是各拓扑空间 X_α 的并.

(a) 如果有一个拓扑空间 X_T 以 X 为底集合,并且每一个 X_α 都是 X_T 的一个子空间,那么 X 有这样一个拓扑,使得 X_α 是它的子空间,而且它关于 X_α 是凝聚的.这个拓扑一般要细于 X_T 的拓扑.

(b) 如果对于每一对指标 α,β,集合 $X_\alpha\cap X_\beta$ 无论是在 X_α 中还是在 X_β 中都是闭的,并且从它们中的每一个所继承的子空间拓扑都是相同的,那么 X 有一个关于子空间 X_α 凝聚的拓扑.每一个 X_α 在该拓扑中都是闭集.

证明 (a) 让我们用下述的方式定义一个底集合为 X 的拓扑空间 X_C:断言一个集合 A 在 X_C 中是闭的当且仅当它与每个 X_α 的交是 X_α 的闭集.这种集合构成的集族包含其成员的任意交和有限并,所以它确实在集合 X 上定义一个拓扑.

如果 A 在 X_T 中是闭的,那么因为 X_α 是 X_T 的子空间,所以对于每个 α,集合 $A\cap X_\alpha$ 在 X_α 中是闭的.由此可知,A 在 X_C 中是闭的.因而 X_C 的拓扑细于 X_T 的拓扑.

我们要证明每个 X_α 都是 X_C 的子空间,从而由其定义可知,X_C 关于子空间 X_α 是凝聚的.为此我们证明 X_α 的闭集组成的集族等于具有形式 $A\cap X_\alpha$ 的集合组成的集族,其中 A 在 X_C 中是闭的.首先注意到,如果 A 在 X_C 中是闭的,那么由 X_C 的定义,$A\cap X_\alpha$ 在 X_α 中是闭的.反之,设 B 在 X_α 中是闭的.因为 X_α 是 X_T 的子空间,所以对于在 X_T 中为闭的某个集合 A,我们有 $B=A\cap X_\alpha$.因为 X_C 的拓扑细于 X_T 的拓扑,所以集合 A 在 X_C 中也是闭的.因而正如所期望的那样,对于在 X_C 中闭的某个集合 A,有 $B=A\cap X_\alpha$.

(b) 像前面一样,我们断言 A 在 X_C 中是闭的当且仅当对于每个 α,$A\cap X_\alpha$ 在 X_α 中是闭的,并且以此在集合 X 上定义一个拓扑 X_C.

我们证明每个 X_α 都是 X_C 的子空间,那么由此立即可知,X_C 关于各子空间 X_α 是凝聚的.同前面一样,我们来证明 X_α 的闭集组成的集族等于形如 $A\cap X_\alpha$ 的集合组成的集族,其中 A 在 X_C 中是闭的.首先,如果 A 在 X_C 中是闭的,那么由 X_C 的定义,$A\cap X_\alpha$ 在 X_α 中是闭的.反之,设 B 是 X_α 的闭集.令 β 是任何指标.因为 $X_\alpha\cap X_\beta$ 在 X_α 中是闭的,所以集合

$$B\cap X_\beta=B\cap(X_\alpha\cap X_\beta)$$

是 X_α 的闭集.因为 $X_\alpha\cap X_\beta$ 是 X_α 的子空间,所以它也是 $X_\alpha\cap X_\beta$ 中的闭集.因为 $X_\alpha\cap X_\beta$ 是 X_β 的闭子空间,所以它是 X_β 中的闭集.因为 β 是任意的,所以由定义,B 是 X_C 的闭集.因而正如所期望的那样,$B=B\cap X_\alpha$,其中 B 在 X_C 中是闭的.

附带地,我们已证明了 X_α 的每个闭集在 X_C 中也是闭的.特别是,X_α 自身在 X_C 中是闭的. □

例1 令 K 是 $\mathbf{E}^J$ 中的一个复形.由于 $\mathbf{E}^J$ 是一个空间,因而 $|K|$就有一个从 $\mathbf{E}^J$ 继承的拓扑.在这个拓扑中,K 的每个单形都是一个子空间.由上面定理的(a)款,$|K|$有一个关于各子空间 σ 是凝聚的拓扑,而且这个拓扑一般细于$|K|$从 $\mathbf{E}^J$ 继承的拓扑.这是我们在§2 中直接证明的事实.

设 X 是一个空间,它的拓扑关于它的子空间 X_α 是凝聚的.一般即使每个子空间 X_α 具有很好的分离性质,X 也未必具有这些性质.然而在闭子空间的可数并的特殊情况下,我们能够证明下面的定理.

定理 37.4 令 X 是一个空间,它是某些子空间 X_n 的可数

并.设 X 的拓扑关于空间 X_n 是凝聚的.那么若每个 X_i 是正规的，则 X 也是正规的.

证明 如果 p 是 X 的一点,那么对于每个 i,$\{p\}\cap X_i$ 在 X_i 中是闭的,因而 $\{p\}$ 在 X 中是闭的.所以 X 是 T_1 空间.

令 A 和 B 是 X 中不相交的闭集.定义 $Y_0=A\cup B$,而且对于 $n>0$,定义

$$Y_n = X_1 \cup \cdots \cup X_n \cup A \cup B.$$

我们通过令 f_0 在 A 上等于 0,在 B 上等于 1 来定义一个连续函数 $f_0:Y_0\to I$.一般假设我们已经给出一个连续函数 $f_n:Y_n\to I$.空间 X_{n+1} 是正规的而且 $Y_n\cap X_{n+1}$ 在 X_{n+1} 中是闭的.我们利用 Tietze 定理把函数 $f_n|(Y_n\cap X_{n+1})$ 扩张成一个连续函数 $g:X_{n+1}\to I$.因为 Y_n 和 X_{n+1} 是 Y_{n+1} 的闭子集,所以函数 f 和 g 联合定义一个连续函数 $f_{n+1}:Y_{n+1}\to I$,它是 f_n 的扩张.各函数 f_n 又联合定义一个函数 $f:X\to I$,它在 A 上等于 0,在 B 上等于 1.因为 X 具有关于各子空间 X_n 的凝聚拓扑,所以映射 f 是连续的. □

习 题

1. 令 X 是一个集合,它是一族拓扑空间 $\{X_\alpha\}$ 的并.设每个集合 $X_\alpha\cap X_\beta$ 分别从 X_α 和 X_β 继承的拓扑是相同的.

(a) 证明如果对于每一对 α,β,$X_\alpha\cap X_\beta$ 在 X_α 和 X_β 中都是开的,那么 X 有一个拓扑使得各 X_α 都是它的子空间.

(b) X 一般没有这样的拓扑使得每个 X_α 都是一个子空间.[提示:令 A,B,C 是 $\mathbf{R}$ 的三个不相交子集,其中每一个都是在 $\mathbf{R}$ 中稠密的.令 A,B,$X_1=\mathbf{R}-A$,$X_2=\mathbf{R}-B$ 都被拓扑化为 $\mathbf{R}$ 的子空间;令 $X_3=A\cup B$ 被拓扑化成为 A 和 B 的拓扑和.令 $X=X_1\cup X_2\cup X_3$,计算 $\bar{A}$.]

2. 回想到,若 $J=\mathbf{Z}_+$,则我们以 $\mathbf{R}^\infty$ 表示空间 $\mathbf{E}^J$.每个空间 $\mathbf{R}^n\times\mathbf{0}$ 是 $\mathbf{R}^\infty$ 的一个子空间.证明由

$$f(x) = \sum_{i=1}^{\infty} i x_i$$

给出的函数 $f:\mathbf{R}^\infty \to \mathbf{R}$ 按照 $\mathbf{R}^\infty$ 的通常(度量)拓扑是不连续的,但是按照关于各子空间 $\mathbf{R}^n \times \mathbf{0}$ 凝聚的拓扑是连续的.

3. 令 X 是一个空间.令 X_C 表示集合 X 装备了关于 X 的紧子空间族为凝聚的拓扑.

(a) 证明 X 的一个子集 B 在它从 X 断承的拓扑中是紧的,当且仅当它在从 X_C 继承的拓扑中是紧的.[提示:也可以证明这两个不同的子空间拓扑在集合 B 上实际上是相同的拓扑.]

(b) 如果一个空间的拓扑关于它的紧子空间族是凝聚的,那么我们把这个空间称作是紧生成的.证明 X_C 是紧生成的.推证 $(X_C)_C = X_C$.

(c) 证明包含映射 $X_C \to X$ 在奇异同调中诱导一个同构.

(d) 一般令 $X \times CY$ 表示从 $X \times Y$ 导出的紧生成拓扑 $(X \times Y)_C$.证明如果 K 和 L 是复形,那么 $|K| \times C|L|$ 的拓扑关于各子空间 $\sigma \times \tau$ 是凝聚的,其中,$\sigma \in K$,$\tau \in L$.与§20 的习题 6 进行比较.[提示:如果 $D \subset X \times Y$ 是紧的,那么 $D \subset A \times B \subset X \times Y$,其中 A 和 B 是紧的.]

4. 证明对于不可数集族来说定理 37.4 不成立.[提示:令 X 是一个不可数的良序集并且具有最小元 0 和最大元 Ω,使得对于每一个 $\alpha < \Omega$ 来说$[0, \alpha]$都是可数的.那么$[0, \Omega) \times [0, \Omega]$不是正规的.参看文献[Mu],第 201 页,或者文献[K],第 131 页.]

§38 *CW* 复形

我们已经说过,单纯同调的优点之一是它的有效可计算性.但实际上,这种说法可能会在某种程度上使人产生误解.实际上除了最简单的情况之外,在所有情况下直接计算所包含的工作量都大得无法付诸实践.甚至当我们在§6 计算象环面和 Klein 这样简单的空间的同调时,我们都不能直接进行,而是使用了(一种相当特殊类型的)几何论证把它归结为更简单情况的计算.

现在我们把这些特殊技巧提炼成计算同调群的系统方法.这种方法将不仅适用于单纯同调,而且也适用于奇异同调.本节我们要引入一种比单纯复形更一般的复形的概念.它是由 J·H·C Whitehead 发明的,称为“*CW* 复形”.下一节我们将说明如何对每

个 CW 复形指派一个确定的链复形，称为它的"胞腔链复形"，它能够用来计算其底空间的同调．这种链复形处理起来将比奇异链复形或单纯链复形要简单和容易得多．在最后一节，除了其它情况之外，我们还将应用这些方法来计算实射影空间和复射影空间的同调．

定义 回想到当一个空间与 B^m 同胚时，我们就把它称为一个 m 维**胞腔**．若它同胚于 $\text{Int}B^m$，则称之为 m 维**开胞腔**．在每种情况下，整数 m 都是由所论及的空间唯一确定的．

定义 一个 **CW 复形**是一个空间 X 和一族不相交的开胞腔 e_α，它们的并是 X，而且使得：

(1) X 是 Hausdorff 空间．

(2) 对于族中的每一个 m 维开胞腔 e_α，存在一个连续映射 $f_\alpha: B^m \to X$ 把 $\text{Int}B^m$ 同胚地映射到 e_α 上并且把 $\text{Bd}B^m$ 映射到一些维数低于 m 的开胞腔的一个有限并之中．

(3) 如果对于每个 α，$A \cap \bar{e}_\alpha$ 在 $\bar{e}_\alpha$ 中是闭的，那么集合 A 在 X 中是闭的．

J.H.C Whitehead 把条件(2)的有限性部分称为"闭包有限性"；条件(3)则表达了这样一个事实：X 具有他所说的关于集族 $\{\bar{e}_\alpha\}$ 的"弱拓扑"．这些术语正是"CW 复形"这个短语中字母 C 和 W 的由来．("closure-finiteness" + "weak tcpology"→$C.W.$)

我们通常用 $\dot{e}_\alpha$ 来表示 $\bar{e}_\alpha - e_\alpha$．我们注意到条件(1)和(2)蕴涵着 f_α 把 B^m 映射到 $\bar{e}_\alpha$ 上并且把 $\text{Bd}B^m$ 映射到 $\dot{e}_\alpha$ 上：因为 f_α 是连续的，所以它把 B^m——$\text{Int}B^m$ 的闭包——映入 $f_\alpha(\text{Int}B^m)$ 的闭包 $\bar{e}_\alpha$ 中，因为 $f_\alpha(B^m)$ 是紧的，所以它是闭的(由于 X 是 Hausdorff 空间)；因为它包含 e_α，所以它必包含 $\bar{e}_\alpha$．从而 $f_\alpha(B^m) = \bar{e}_\alpha$．最后，因为 $f_\alpha(\text{Bd}B^m)$ 与 e_α 不相交，所以它必然等于 $\dot{e}_\alpha$．

我们还注意到(3)的逆平凡地成立；如果 A 在 X 中是闭的，那么对于每个 α，$A \cap \bar{e}_\alpha$ 在 $\bar{e}_\alpha$ 中是闭的．

我们把 f_α 称为开胞腔 e_α 的"特征映射"．请注意到在 CW 复形的定义中，映射 f_α 并不是唯一指定的. 只有空间 X 和集族 $\{e_\alpha\}$ 被指定. 我们习惯上将记号混用并且把符号 X 既用来指 CW 复形也用来指底空间.

一个**有限 CW 复形** X 是指其开胞腔族为有限的 CW 复形. 如果 X 仅有有限多个开胞腔，那么条件(2)的有限性部分自动成立，而且条件(3)被其它条件蕴涵：若集合 $A\cap\bar{e}_\alpha$ 在 $\bar{e}_\alpha$ 中是闭的，则它在 X 中是闭的；那么由于 A 是这种集合的有限并，所以 A 在 X 中也是闭的.

一个有限 CW 复形当然是紧的. 反过来，一个 CW 复形 X 的任何紧子集 A 只能与 X 的有限多个开胞腔相交. 我们把证明留作习题，在证明中需要用到条件(2)的有限性部分.

下列引理是我们关于凝聚拓扑的一般结果(参看§20)的一个直接推论.

引理 38.1 令 X 是一个带有开胞腔 e_α 的 CW 复形. 函数 $f: X\to Y$ 是连续的当且仅当对每个 α，$f|\bar{e}_\alpha$ 是连续的. 函数 $F: X\times I\to Y$ 是连续的当且仅当对每个 α，$F|(\bar{e}_\alpha\times I)$ 是连续的. □

例 1 像往常一样，把环面看作是一个矩形的商空间. 参看图 38.1. 我们可以把 T 表示成一个 CW 复形. 它具有单个 2 维开胞腔(矩形的内部在 π 下的象)、两个 1 维开胞腔(开边的象)和一个 0 维开胞腔(顶点的象). 那么条件(1)～(3)立即成立.

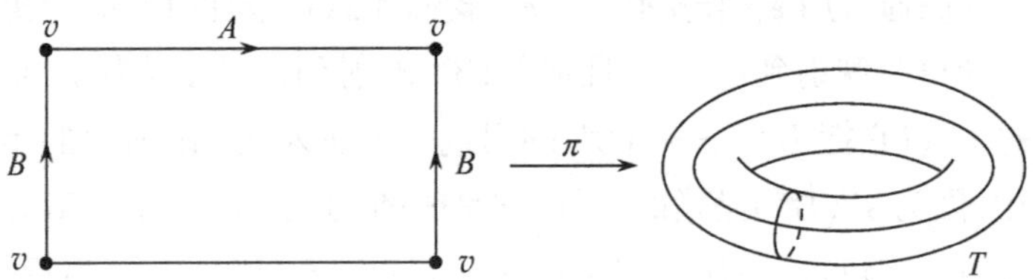

图 38.1

类似地，我们也可以把 Klein 瓶表示成一个 CW 复形，它与环面在每一维数下都有相同数目的胞腔.射影平面可以表示成在 0, 1,2 每一个维数下各有一个胞腔的 CW 复形.

更一般地,在§6 习题中的讨论说明了怎样能把 n 重连通和 $T\#\cdots\# T$(或 $P^2\#\cdots\# P^2$)表示成一个 CW 复形,它在 2 维有一个开胞腔、在 0 维有一个开胞腔、而在 1 维有 $2n$ 个(或相应地有 n 个)开胞腔.

类似地,k 褶笨伯帽可以表示成在 0,1,2 每个维数下各有一个开胞腔的 CW 复形.

例 2 从 B^n 经过将 $\mathrm{Bd}B^n$ 坍缩到一点而形成的商空间同胚于 S^n.(我们把证明留给读者.)因此,S^n 可以表示成一个 CW 复形,它有一个 n 维开胞腔和一个 0 维开胞腔,而且根本没有任何其它维数的胞腔.参看图 38.2.

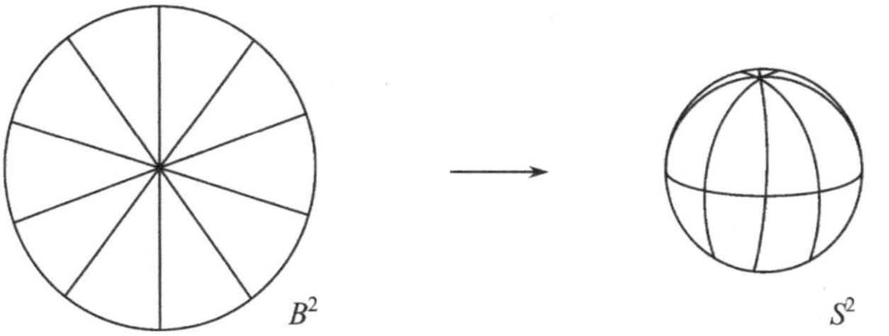

图 38.2

例 3 条件(2)不要求 $f_\alpha(\mathrm{Bd}B^m)=\dot{e}_\alpha$ 等于一族低维开胞腔之并.例如,图 38.3 中所画出的空间 X 是一个在 0,1,2 每一个维数下各有一个开胞腔的 CW 复形.如果 e_2 是 2 维开胞腔,那么 $\dot{e}_2$ 在低维开胞腔的并中,但却不等于它.

例 4 令 K 和 L 是单纯复形,并设 K 是局部有限的.我们可以对 $\sigma\in K$ 和$\tau\in L$ 取集合$(\mathrm{Int}\sigma)\times(\mathrm{Int}\tau)$作为空间 $X=|K|\times|L|$规的胞腔而把它表示成一个 CW 复形.在这种情况下,可把特征映射

$$f_\alpha: B^m\to\sigma\times\tau$$

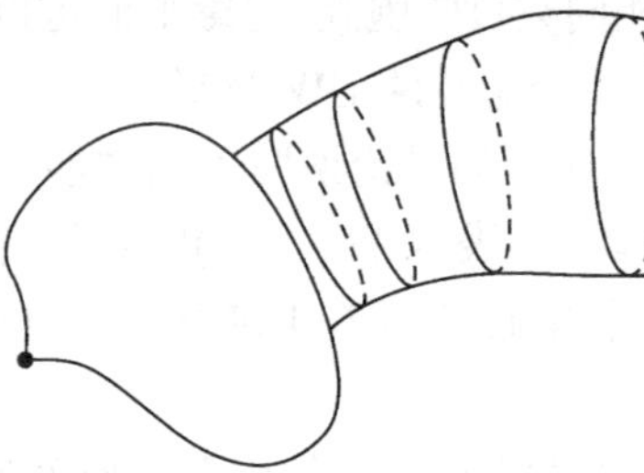

图 38.3

取成同胚.而且在这种情况下,$\mathrm{Bd}(\sigma\times\tau)$等于低维开胞腔的并.条件(3)是§20 习题 6 的一个推论,它依赖于 K 的局部有限性.因而$|K|\times|L|$是一种特殊类型的 CW 复形.现在我们给出正式定义.

一个 CW 复形X,如果对它来说,映射 f_α 能够取成同胚,而且每个集合 $\dot{e}_\alpha$ 等于X 的有限多个开胞腔的并,那么我们把它称为一个**正则胞腔复形**.一个正则胞腔复形 X 总能被三角剖分,因而 X 的一个闭胞腔是一个子复形的可剖空间.其证明类似于我们对$|K|\times I$所给出的证明.

例 5 在拓扑学中许多用来从旧空间构成新空间的构造方法,当把它们应用于 CW 复形时,就会产生出新的 CW 复形.例如,若 Y 是局部紧的,那么两个 CW 复形之积$X\times Y$ 也是一个 CW 复形.类似地,粘着空间经常可以作成 CW 复形.如果 A 是X 的一个子复形,那么胞腔映射 $f:A\rightarrow Y$ 是这样一个映射,它把 A 的每一个 p 维胞腔映射到Y 的一些至多p 维的开胞腔的并中.在这种情况下,我们可以证明粘着空间 $X\cup_f Y$ 是一个CW 复形.

定义 令 X 是一个CW 复形;令 Y 是X 的一个子空间,它等于 X 的开胞腔之并.假设对于 X 的每一个包含在 Y 中的开胞腔 e_α,它的闭包也包含在 Y 中.那么我们将证明 Y 在X 中是一个闭集,而且 Y 凭其自身的条件也是一个 CW 复形,我们把它称为 X

的**子复形**.尤其是 X 的子空间 X^p——它是 X 的至多是 p 维的开胞腔之并——满足这些条件.因而它是 X 的一个子复形,我们把它称为 X 的 $\boldsymbol{p}$ **维骨架**.

显然,Y 是 Hausdorff 空间.如果 e_α 是 X 的一个包含在 Y 中的 m 维开胞腔,那么它的特征映射 $f_\alpha: B^m \to X$ 把 B^m 映射到 $\bar{e}_\alpha$ 上,由假设 $\bar{e}_\alpha$ 包含在 Y 中.X 的与 $f_\alpha(\mathrm{Bd}B^m)=\dot{e}_\alpha$ 相交的开胞腔必定在 Y 中,因而 f_α 把 $\mathrm{Bd}B^m$ 映入 Y 的有限多个开胞腔的并内.只剩下要证明 Y 具备由条件(3)指定的拓扑.

令 $B\subset Y$,设对于每一个包含在 Y 中的 e_α,$B\cap\bar{e}_\alpha$ 在 $\bar{e}_\alpha$ 中是闭的.如果 e_β 是一个不包含在 Y 中的胞腔,那么 e_β 不与 Y 相交.因此 $Y\cap\bar{e}_\beta\subset\dot{e}_\beta$,所以 $Y\cap\bar{e}_\beta$ 在 Y 的有限多个开胞腔(比方说是 $e_1,\cdots,e_k$)的并之中.那么

$$B \cap \bar{e}_\beta = [(B \cap \bar{e}_1) \cup \cdots \cup (B \cap \bar{e}_K)] \cap \bar{e}_\beta.$$

由假设,$B\cap\bar{e}_i$ 在 $\bar{e}_i$ 中是闭的,从而在 X 中也是闭的.所以,$B\cap\bar{e}_\beta$ 在 X 中是闭的,特别是在 $\bar{e}_\beta$ 中是闭的.因为 β 是任意的,所以由此可知 B 在 X 中是闭的,尤其是就像我们所期望的那样,在 Y 中是闭的.

这就说明 Y 具有条件(3)所指定的拓扑.同时也说明,如果 B 在 Y 中是闭的,那么 B 在 X 中就是闭的,尤其是 Y 自身在 X 中是闭的.

正如下面的例子说明的那样,条件(2)的有限性部分对于我们刚才证明的结果是至关重要的.

例 6 令 X 按其通常拓扑是平面上的一个 2 维单形 σ.把 X 分解为单个 2 维开胞腔 $\mathrm{Int}\sigma$、无限多个 1 维开胞腔和无限多个 0 维细胞腔,如图 38.4 所示.那么除条件(2)的有限性以外,X 满足 CW 复形的所有条件.(条件(3)是平凡的,因为 $\mathrm{Int}\sigma$ 的闭包等于 X.)令 Y 是 X 的 1 维胞腔和 0 维胞腔的并,如果对于每个 1 维胞腔和 0 维胞腔 e_α 来说,$C\cap\bar{e}_\alpha$ 在 $\bar{e}_\alpha$ 中是闭的,则称 C 在 Y 中是闭的,并以此将 Y 拓扑化.那么 Y 是一个 CW 复形,但它不是 X 的

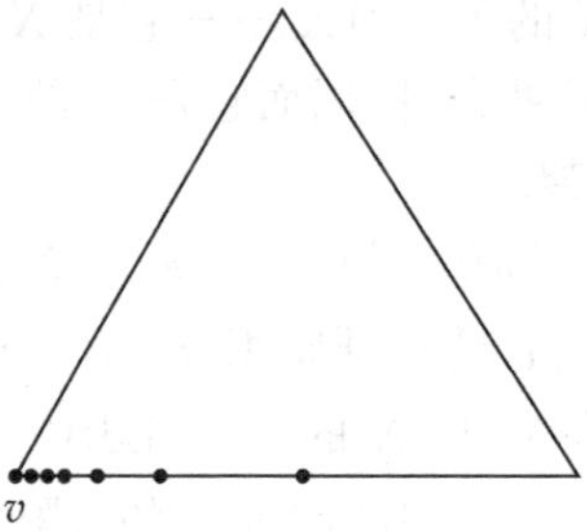

图 38.4

子复形. 因为 X 的子空间 $\mathrm{Bd}\sigma$ 是紧的, 而 Y 却不是.

定义 如果一个 CW 复形 X 能以如下的方式被一个复形 K 三角剖分: X 的每一个骨架 X^p 被 K 的一个至多 p 维的子复形三角剖分, 那么我们说 X 是一个可三角剖分的 CW 复形.†

在前面的例子中所提到的每个 CW 复形都是可三角剖分的 CW 复形. 现在我们给出一个不可三角剖分的 CW 复形的例子. 其证明要用到 § 35 中关于局部同调群的结果.

例 7 令 A 是 $\mathbf{R}^3$ 的一个子空间, 它是一个正方形和一个三角形的并使得三角形的一边与正方形的对角线 D 恰好重合. 参看图 38.5. 那么 A 是由具有一条公共边的三个三角形所组成的复形的空间. 现在在正方形内画一条摆动的 1 维胞腔 C, 与对角线交于无穷多个点, 这是一个全不连通集. (曲线 $x\sin(\dfrac{1}{x})$ 就是这样.) 取 3 维球 B^3 而且通过映射 $f: \mathrm{Bd}B^3 \to C$ 把它附贴到 A 上, 并且此映射 f 把 S^2 中从南极到北极的一条大圆弧同胚地映射到 1 维胞腔 C 上. 容易看出, 所得到的粘合空间 X 是一个 CW 复形. 把 A 的开单形看成 0, 1, 2 维的开胞腔, 并且把 $\mathrm{Int}B^3$ 看作 3 维开胞腔 e_3. 我们要证明空间 X 不能被三角剖分, 因此特别地作为一个

---

† 维数条件实际上是多余的. 参看习题 2

CW 复形,它是不可三角剖分的.

设 $h:|K|\to X$ 是一个三角剖分.首先我们把 X 写成不交并

$$X=(A-C)\cup C\cup e_3.$$

于是若 $x\in e_3$,那么 $H_3(X,X-x)$是无限循环的,因为 x 有一个邻域同胚于 3 维开球.另一方面,如果 $x\in A-C$,那么 $H_3(X,X-x)$为零,因为 x 有一个邻域完全在 2 维复形 A 中.(参看引理 35.6.)从引理 35.2 可知,如果 σ 是K 的单形,那么 $h(\mathrm{Int}\sigma)$不可能与 $A-C$ 和e_3 都相交.这说明 $h(\sigma)$或者在 A 中,或者在 $\bar{e}_3$ 中.因而 A 和$\bar{e}_3$ 被 h 三角剖分,从而 $A\cap\bar{e}_3=C$ 也被h 三角剖分.

另一方面,类似的推理证明 D 被h 三角剖分.考虑 A 的局部同调群$H_i(A,A-x)$.在 D 内部的每一个点x,$H_2(A,A-x)\cong\mathbf{Z}\oplus\mathbf{Z}$.(因为 A 能表示成一个以 x 为顶点且底同胚于"θ 曲线"的锥,故由长正合同调序列,$H_2(A,A-x)\cong H_1(\theta)\cong\mathbf{Z}\oplus\mathbf{Z}$.)在 A 的每一个不在D 中的点x 处,或者 $H_2(A,A-x)\cong\mathbf{Z}$(若 x 在一个三角形的内部),或者 $H_2(A,A-x)=0$.我们断定,如果 $h(\mathrm{Int}\sigma)$与 D 的内部相交,则它在 D 内.那么 D 被h 三角剖分.

这说明 $C\cap D$ 被h 三角剖分.但这是不可能的,因为 $C\cap D$ 有无限多个分支,而 K 是一个有限复形.

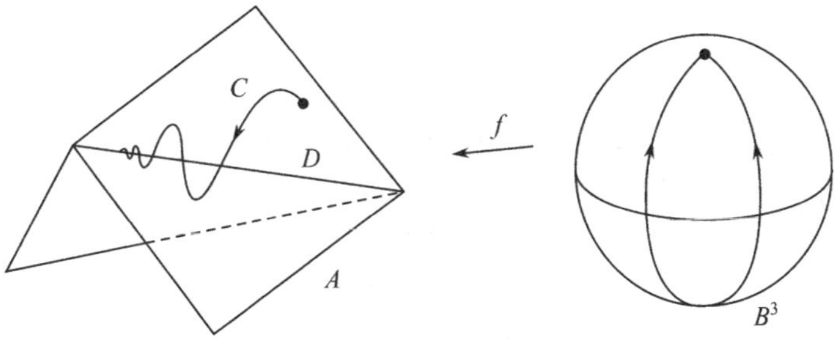

图 38.5

把一个 CW 复形看作是从一族闭球通过构成适当的商空间而建立起来的一个空间，或者用这种方法构造的一个 CW 复形，就像我们在上面的例子中所做的那样，这常常是有益的.下面的两个定理说明如何来做.

一个 CW 复形 X 的**维数**是 X 的胞腔的最大维数，假如这样的维数存在；否则就称它是无穷维的.

定理 38.2 (a) 设 X 是一个 p 维的 CW 复形.那么 X 同胚于一个粘着空间，该空间是从 X^{p-1} 与 p 维闭球的拓扑和 ΣB_α 用连续映射 $g: \Sigma \mathrm{Bd} B_\alpha \to X^{p-1}$ 构成的.从而 X 是正规的.

(b) 反之，令 Y 是一个至多 $p-1$ 维的 CW 复形，令 ΣB_α 是 p 维闭球的拓扑和，再令 $g: \Sigma \mathrm{Bd} B_\alpha \to Y$ 是一个连续映射.那么从 Y 和 ΣB_α 用 g 构成的粘着空间 X 是一个 CW 复形，而且 Y 是它的 $p-1$ 维骨架.

证明 (a) 对于 X 的每一个 p 维胞腔 e_α，给出特征映射 $f_\alpha: B^p \to \bar{e}_\alpha$.令 $B_\alpha = B^p \times \{\alpha\}$，令 ΣB_α 是这些不相交的 p 维球的拓扑和.构成拓扑和

$$E = X^{p-1} \cup (\Sigma B_\alpha),$$

而且定义 $\pi: E \to X$ 如下：令 π 在 X^{p-1} 上等于包含映射，而在 B_α 上等于复合映射

$$B_\alpha = B^p \times \{\alpha\} \to B^p \xrightarrow{f_\alpha} X.$$

为证明(a)，只需证明 π 是商映射就行了.

显然 π 是连续的而且是满射.设 C 是 X 的子集且 $\pi^{-1}(C)$ 在 E 中是闭的.那么，

(1) $\pi^{-1}(C) \cap X^{p-1} = C \cap X^{p-1}$ 在 X^{p-1} 中是闭的.

(2) 对于每个 α，$\pi^{-1}(C) \cap B_\alpha$ 在 B_α 中是闭的.

第一个条件蕴涵着每当 $\dim e_\beta < p$ 时，$C \cap \bar{e}_\beta$ 在 $\bar{e}_\beta$ 中是闭的.因为 B_α 是紧的且 π 是连续的，所以第二个条件蕴涵着 $\pi(\pi^{-1}(C) \cap B_\alpha) = C \cap \bar{e}_\alpha$ 是紧的.由于是 Hausdorff 空间，故每当 $\dim e_\alpha = p$

时，$C\cap\bar{e}_\alpha$ 在 X 中是闭的并因此在 $\bar{e}_\alpha$ 中是闭的. 从而 C 在 X 中是闭的，因而正如我们所期望的那样，π 是一个商映射.

X 的正规性可从定理 37.2 得出，我们可用关于 p 的归纳法来进行.

(b) 令 $f: Y\cup(\Sigma B_\alpha)\to X$ 是所假设的商映射. 于是由(a)款，Y 是正规的，而且 ΣB_α 是正规的. 从定理 37.2 可知，X 是正规的(尤其还是 Hausdorff 的). 我们照常把 Y 看作粘着空间 X 的一个子空间，那么 f 在 Y 上等于包含映射，而在 $\Sigma \mathrm{Bd}B_\alpha$ 上等于 g. 我们定义 X 的开胞腔是 Y 的胞腔 $\{e_\beta\}$(维数低于 p 时)和胞腔 $e_\alpha=f(\mathrm{Int}B_\alpha)$(当维数等于 p 时). 因为 $\mathrm{Int}B_\alpha$ 在拓扑和 $Y\cup(\Sigma B_\alpha)$ 中是开的，而且关于 f 是饱和的，所以 f 在 $\mathrm{Int}B_\alpha$ 上的限制是一个商映射. 又因为是 1-1 的，所以它是一个同胚. 因而 f 把 $\mathrm{Int}B_\alpha$ 同胚地映射到 e_α 上，因此如所期望的那样，e_α 是一个 p 维开胞腔.

我们来检验条件(2)对于 CW 复形成立. 我们已经指出，映射 $f_\alpha=f|B_\alpha$ 把 $\mathrm{Int}B_\alpha$ 同胚地映射到集合 e_α 上. 由构造方法知道，f_α 把 $\mathrm{Bd}B_\alpha$ 映射到 Y 中，而且 Y 是维数低于 p 的胞腔之并. 因为 $\mathrm{Bd}B_\alpha$ 是紧的，所以集合 $f(\mathrm{Bd}B_\alpha)$是 Y 的紧子集. 因为 Y 是一个 CW 复形，所以它只与 Y 的有限多个开胞腔相交. 从而条件(2)满足.

条件(3)容易得出. 设 C 是 X 的子集且对每个开胞腔 e_α，$C\cap\bar{e}_\alpha$ 在 $\bar{e}_\alpha$ 中是闭的. 我们要证明 $f^{-1}(C)$在 $Y\cup(\Sigma B_\alpha)$中是闭的. 由此得出 C 在 X 中是闭的.

首先注意到 $f^{-1}(C)\cap Y=C\cap T$. 因对每个维数低于 p 的胞腔，$C\cap\bar{e}_\beta$ 在 $\bar{e}_\beta$ 中是闭的，所以 $C\cap Y$ 在 Y 中是闭的. 类似地有

$$f^{-1}(C)\cap B_\alpha=f^{-1}(C\cap\bar{e}_\alpha)\cap B_\alpha.$$

在这里我们利用了 $f(B_\alpha)=\bar{e}_\alpha$ 这一事实. 现在由假设，$C\cap\bar{e}_\alpha$ 在 $\bar{e}_\alpha$ 中是闭的，并因此在 X 中是闭的. 我们应用 f 的连续性可以看出 $f^{-1}(C\cap\bar{e}_\alpha)\cap B_\alpha$ 在 B_α 中是闭的. 因而正如所期望的那样，

$f^{-1}(C)$是闭的. □

定理 38.3 (a)令 X 是一个 CW 复形. 那么对于每一个 p, X^p 都是 X^{p+1} 的闭子空间,而且 X 是空间 $X^0 \subset X^1 \subset \cdots$ 的凝聚并. 因此 X 是正规的.

(b) 反之,设对于每个 p, X_p 是一个子复形,而且 X_p 等于 X_{p+1} 的 p 维骨架. 如果 X 是诸空间 X_p 的凝聚并,那么 X 是一个 CW 复形并以 X_p 为其 p 维骨架.

证明 (a) 假设对每个 p, $C \cap X^p$ 在 X^p 中是闭的. 那么对于每一个至多 p 维的胞腔 e_α, $C \cap \bar{e}_\alpha$ 在 $\bar{e}_\alpha$ 中是闭的. 由于 p 是任意的,所以我们断定 C 在 X 中是闭的. 因而 X 具有关于子空间 X^p 是凝聚的拓扑. 正规性从定理 37.4 得出.

(b) 如果 $p < q$,那么 $X_p \cap X_q = X_p$ 既是 X_p 的闭子空间又是 X_q 的闭子空间. 因此,由定理 37.3 的(b),在 X 上有一个关于子空间 X_p 凝聚的拓扑,而且每个 X_p 在 X 中是闭的. 由上面的定理,每个空间 X_p 都是正规的,因此由定理 37.4, X 是正规的(特别还是 Hausdorff 的). 对于 CW 复形而言,条件(2)是平凡的. 我们来检验条件(3),设对于每个胞腔 e_α, $C \cap \bar{e}_\alpha$ 在 $\bar{e}_\alpha$ 中是闭的,那么 $C \cap X_p$ 在 X_p 中是闭的,因为 X_p 是一个 CW 复形. 于是 C 在 X 中是闭的,因为 X 的拓扑关于诸空间 X_p 是凝聚的. □

有时候人们由一个空间开始并试图赋予它 CW 复形的结构. 我们在例 1~例 3 就是这样做的. 另一方面,人们有时试图通过把球黏接在一起的办法构造出本身是 CW 复形的新空间. 我们在例 7 中正是这样做的. 一般的构造方法在我们刚才证明的两个引理中描述过. 这种构造方法极大地扩充了代数拓扑所感兴趣的空间类.

习 题

1. 令 X 是一个 CW 复形;令 A 是 X 的一个紧子集.

(a) 证明 A 只与 X 的有限多个开胞腔相交.在这个证明中,你在什么地方要用到"闭包有限性"?

(b) 证明 A 在 X 的一个有限子复形中.

2. 令 X 是一个 CW 复形.设 $h:|K|\to X$ 是 X 的一个三角剖分,它能诱导每个骨架 X^p 的一个三角剖分.

(a) 证明 h 诱导每个集合 $\bar{e}_\alpha$ 的一个三角剖分.

(b) 证明如果 K_p 是 K 的能够三角剖分 X^p 的一个子复形,那么 K_p 的维数至多为 p.[提示:利用局部同调群.]

3. 令 X 是一个 CW 复形.证明 X 的拓扑是紧生成的.(参看§37 的习题 3.)

4. 令 X 和 Y 都是 CW 复形.那么 $X\times Y$ 是开胞腔 $e_\alpha\times e_\beta$ 的并,其中 e_α 是 X 的胞腔,e_β 是 Y 的胞腔.

(a) 证明如果 Y 是局部紧的,那么 $X\times Y$ 是 CW 复形.

(b) 证明 $X\times_C Y$ 一般是 CW 复形.(参看§37 的习题 3).

5. 证明一个正则胞腔复形能被三角剖分并使得每个闭胞腔是一个子复形的可剖空间.

§39 CW 复形的同调

现在我们来说明如何计算 CW 复形的奇异同调.

贯穿本节,我们将始终用 X 表示一个带有开胞腔 e_α 和特征映射 f_α 的 CW 复形.符号 H_p 一般表示奇异同调,但是若 X 碰巧是可三角剖分的 CW 复形,那么 H_p 也能用来表示单纯同调,因为在奇异理论和单纯理论之间有一种自然同构.

定义 如果 X 是一个 CW 复形,令

$$D_p(X)=H_p(X^p,X^{p-1}).$$

令$\partial:D_p(X)\to D_{p-1}(X)$定义为复合映射

$$H_p(X^p,X^{p-1})\xrightarrow{\partial_*}H_{p-1}(X^{p-1})\xrightarrow{j_*}H_{p-1}(X^{p-1},X^{p-2})$$

其中 j 是包含映射.$\partial^2=0$ 可以

$$H_{p-1}(X^{p-1}) \xrightarrow{j_*} H_{p-1}(X^{p-1},X^{p-2}) \xrightarrow{\partial_*} H_{p-2}(X^{p-2})$$

是正合的这一事实得出.我们把链复形 $\mathscr{D}(X)=\{D_p(X),\partial\}$称为 X 的**胞腔链复形**.

例 1 考虑 X 是单纯复形 K 的空间而且 X 的开胞腔是 K 的开单形的情况.令 H_p 表示通常的单纯同调.我们来计算 $H_p(X^p, X^{p-1})$.单纯链群 $C_i(K^{(p)},K^{(p-1)})$当 $i\neq p$ 时为零;而当 $i=p$ 时它等于链群 $C_p(K^{(p)})=C_p(K)$.因此,

$$H_p(X^p,X^{p-1}) = H_p(K^{(p)},K^{(p-1)}) = C_p(K).$$

另外,这个胞腔链复形中的边缘算子恰好是 K 的通常的单纯边缘算子.这说明,至少在这种情况下胞腔链复形能够用于计算 X 的同调.

一般来说,我们的目的是要证明,如果 X 是一个 CW 复形,那么胞腔链复形$\mathscr{D}(X)$的行为很像单纯链复形 $\mathscr{C}(K)$.尤其是,我们要证明群 $D_p(X)$是自由 Abel 群并且带有一个大致说来是由 p 维定向胞腔组成的基.而且我们还要说明链复形$\mathscr{D}(X)$能够用来计算 X 的奇异同调.

我们将从一系列引理开始.

引理 39.1 给定 X 的一个 p 维开胞腔 e_α,那么 e_α 的任何特征映射

$$f_\alpha:(B^p,S^{p-1})\to(\bar{e}_\alpha,\dot{e}_\alpha)$$

在相对同调中诱导一个同构.

证明 若 $p=0$,那么结果是平凡的.令 $p>0$.点 $\mathbf{0}$ 是 B^p 的中心;令 $\hat{e}_\alpha$ 表示$f(\mathbf{0})$.请注意到因为 f_α 是商映射,所以它在饱和开集 $B^p-\mathbf{0}$ 上的限制

$$f'_\alpha:(B^p-\mathbf{0})\to(\bar{e}_\alpha-\hat{e}_\alpha)$$

也是商映射.由于 S^{n-1}是 $B^p-\mathbf{0}$ 的变形收缩核;所以这个变形收缩通过商映射

$$f'_\alpha\times i_I:(B^p-\mathbf{0})\times I\to(\bar{e}_\alpha-\hat{e}_\alpha)\times I$$

诱导 $\bar{e}_\alpha - \hat{e}_\alpha$ 到 $\dot{e}_\alpha$ 上的一个变形收缩.参看图 39.1

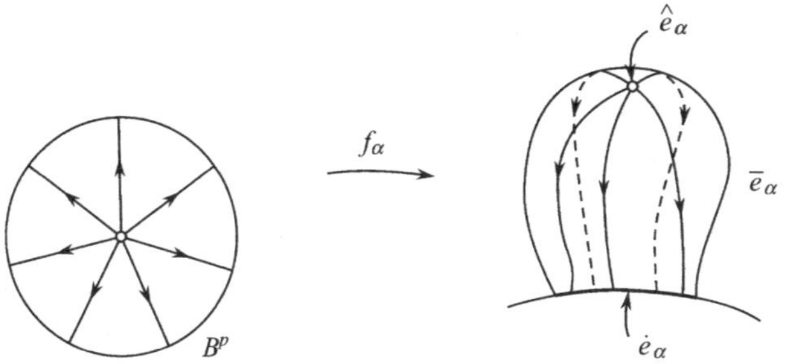

图 39.1

由定理 30.8 可知,下列图表中左边水平方向的包含映射诱导同调中的同构,

$$\begin{array}{ccccc} (B^p, S^{p-1}) & \to & (B^p, B^p - \mathbf{0}) & \leftarrow & (\mathrm{Int}B^p, \mathrm{Int}B^p - \mathbf{0}) \\ \downarrow f_\alpha & & \downarrow f_\alpha & & \downarrow f_\alpha \\ (\bar{e}_\alpha, \dot{e}_\alpha) & \to & (\bar{e}_\alpha, \bar{e}_\alpha - \hat{e}_\alpha) & \leftarrow & (e_\alpha, e_\alpha - \hat{e}_\alpha). \end{array}$$

因为图表中右边的横向包含映射是切除映射,所以它们也诱导同调的同构.(在上面的水平线上,切除 S^{p-1};在下面的水平线上,切除 $\dot{e}_\alpha$.)由于映射 $f_\alpha: \mathrm{Int}B^p \to e_\alpha$ 是一个将 $\mathbf{0}$ 映射到 $\hat{e}_\alpha$ 的同胚.因此在图表中右边的竖向映射 f_α 诱导一个同调的同构.从而得出我们的结果. □

引理 39.2 令映射

$$f: X^{p-1} \cup \Sigma B_\alpha \to X^p$$

把 X 表示成一个从 X^{p-1} 与 p 维球的拓扑和 ΣB_α 通过映射 $g: \Sigma S_\alpha \to X^{p-1}$ 而得到的黏着空间,其中 $S_\alpha = \mathrm{Bd}B_\alpha$.那么 f 诱导同调的同构

$$H_i(\Sigma B_\alpha, \Sigma S_\alpha) \cong H_i(X^p, X^{p-1}).$$

证明 这个证明类似于上面引理的证明. f 在空间

$$X^{p-1}\cup\Sigma(B_\alpha-\mathbf{0}_\alpha)$$

上的限制 f' 是一个商映射,其中 $\mathbf{0}_\alpha$ 是 B_α 的中心. 而且存在从这个空间到 $X^{p-1}\cup\Sigma S_\alpha$ 上的一个变形收缩. 这个变形通过商映射 $f'\times i_I$ 诱导一个从 $X^p-\cup\hat{e}_\alpha$ 到 X^{p-1} 上的变形收缩,其中 $\hat{e}_\alpha=f(\mathbf{0}_\alpha)$. 我们得到下列图表:

$$\begin{array}{ccccc}
(\Sigma B_\alpha,\Sigma S_\alpha) & \longrightarrow & (\Sigma B_\alpha,\Sigma(B_\alpha-\mathbf{0}_\alpha)) & \longleftarrow & (\Sigma\mathrm{Int}B_\alpha,\Sigma((\mathrm{Int}B_\alpha)-\mathbf{0}_\alpha)) \\
\downarrow f & & \downarrow f & & \downarrow f \\
(X^p,X^{p-1}) & \longrightarrow & (X^p,X^p-\cup\hat{e}_\alpha) & \longleftarrow & (\cup e_\alpha,\cup(e_\alpha-\hat{e}_\alpha))
\end{array}$$

右边的 f 是一个同胚,因为它是 1-1 的商映射. 水平方向的映射都是包含映射,而且因为与以前同样的道理,它们诱导同调的同构. □

定理 39.3 群 $H_i(X^p,X^{p-1})$ 对于 $i\neq p$ 为零,而对于 $i=p$ 是自由 Abel 群. 如果 γ 生成 $H_p(B^p,S^{p-1})$,那么当 f_α 遍历 X 的 p 维胞腔的特征映射的一个集合时,元素 $(f_\alpha)_*(\gamma)$ 组成 $H_p(X^p,X^{p-1})$ 的一个基.

证明 上面的引理告诉我们

$$H_i(X^p,X^{p-1})\simeq H_i(\Sigma B_\alpha,\Sigma S_\alpha),$$

其中 ΣB_α 是 p 维球的拓扑和并且 $S_\alpha=\mathrm{Bd}B_\alpha$. 因为各集合 B_α 在 ΣB_α 中是互不相交的开集,所以这个群同构于直和 $\oplus H_i(B_\alpha,S_\alpha)$. 从而定理成立. □

定义 给定空间的三元组,那么就有链复形的短正合序列

$$0\to\frac{S_p(A)}{S_p(B)}\to\frac{S_p(X)}{S_p(B)}\to\frac{S_p(X)}{S_p(A)}\to 0.$$

而且它产生出下列所谓**三元组的正合同调序列**:

$$\cdots \to H_p(A,B) \to H_p(X,B) \to H_p(X,A)$$
$$\to H_{p-1}(A,B) \to \cdots.$$

这个序列以前曾在习题中提到过.像往常一样,一个连续映射 $f:(X,A,B)(Y,C,D)$诱导相应正合同调序列的一个同态.

在$(X,A,B)=(X^p,X^{p-1},X^{p-2})$的情况下,上面序列中的边缘算子$\partial_*$等于胞腔链复形 $\mathscr{D}(X)$的边缘算子∂.这可从∂_*与由包含映射诱导的同态 j_* 交换这个事实得出:

$$\begin{array}{ccccccc}
\longrightarrow & H_p(X^p,X^{p-1}) & \xrightarrow{\partial_*} & H_{p-1}(X^{p-1},\varnothing) & \longrightarrow \\
 & \downarrow = & & \downarrow j_* & \\
\longrightarrow & H_p(X^p,X^{p-1}) & \xrightarrow{\partial_*} & H_{p-1}(X^{p-1},X^{p-2}) & \longrightarrow
\end{array}$$

现在我们利用这个事实证明 X 的胞腔链复形能够用来计算 X 的同调.为了以后的目的,我们打算用一种更一般的形式证明这个定理.假设我们有一个空间 X,它可以写成一系列子空间

$$X_0 \subset X_1 \subset X_2 \subset \cdots$$

的并.那么我们能构成一个链复形,使它的 p 维链群是$H_p(X_p,X_{p-1})$并且它的边缘算子是三元组(X_p,X_{p-1},X_{p-2})的正合序列中的边缘同态.我们将证明,在适当的假设下(在 CW 复形的情况下这种假设就能满足)这个链复形给出 X 的同调.

定义 如果 X 是一个空间,那么 X 的**滤子**是X 的一个子空间的序列$X_0\subset X_1\subset\cdots$,其并是 X.我们把一个空间 X 连同X 的滤子一起称为一个**滤子化空间**.如果 X 和 Y 是滤子化空间,那么我们把一个能够使得 $f(X_p)\subset Y_p$ 对所有 p 成立的连续映射 $f:X\to Y$称作是**保持过滤的**.

定理 39.4 令 X 是由子空间 $X_0\subset X_1\subset\cdots$滤子化的.对于 $i<0$,令 $X_i=\varnothing$.假定对于 $i\neq p$,$H_i(X_p,X_{p-1})=0$.并且还假设

在 X 中给定任何紧集 C,都有一个 n 使得 $C \subset X_n$. 令 $\mathscr{D}(X)$ 是如下定义的链复形:置 $D_p(X) = H_p(X_p, X_{p-1})$ 并且令边缘算子是一个三元组的正合序列中的边缘同态 ∂_*. 那么存在一个同构

$$\lambda: H_p(\mathscr{D}(X)) \to H_p(X),$$

它关于由保持过滤的连续映射诱导的同态是自然的.

证明 鉴于这个证明的动机,让我们考虑例 1 的情况,在那里 X_p 是一个单纯复形的 p 维骨架 $K^{(p)}$, H_p 表示单纯同调. 那么在此情况下, $\mathscr{D}(X) = \mathscr{C}(K)$, 于是定理成立. 在此情况下还成立

$$H_p(K) = H_p(K^{(p+1)}, K^{(p-2)}),$$

因为在定义 $H_p(K)$ 时,只用到 $p+1$ 维、p 维和 $p-1$ 维链. 我们将在第一步和第二步证明在目前的情况下,一个类似的结果成立.

第一步 我们证明由包含映射诱导的同态

$$i_*: H_p(X_{p+1}) \to H_p(X)$$

是同构. 为此,我们首先指出由包含映射诱导的各同态

$$H_p(X_{p+1}) \to H_p(X_{p+2}) \to H_p(X_{p+3}) \to \cdots$$

是同构. 这可以通过下列办法得出:考查正合序列

$$H_{p+1}(X_{p+i+1}, X_{p+i}) \to H_p(X_{p+i}) \to H_p(X_{p+i+1}) \\ \to H_p(X_{p+i+1}, X_{p+i})$$

并且注意到由假设当 $i \geqslant 1$ 时,两端的群为零.

于是要证的结果可从同调的紧支集性质得出. 为证明 i_* 是满射,令 β 是 $H_p(X)$ 的一个元. 在 X 中选取一个紧集 C 使得 β 位于在包含映射诱导的同态下 $H_p(C) \to H_p(X)$ 的象中. 由于 C 是紧的,所以对于某个 k,有 $C \subset X_{p+k}$. 那么 β 是图表

$$H_p(X_{p+1}) \to H_p(X_{p+k}) \to H_p(X)$$

中 $H_p(X_{p+k})$ 的一个元素的象. 因为这些同态中的第一个是同构,所以如所期望的那样, β 是 $H_p(X_{p+1})$ 的一个元素的象.

为证明 i_* 的核为 0,设 $\beta \in H_p(X_{p+1})$ 映射到 $H_p(X)$ 中的零.

有一个紧集 C 使得 β 映射到 $H_p(C)$ 中的零. 另外对于某个 k, C 在 X_{p+k} 中. 那么

$$H_p(X_{p+1}) \to H_p(X_{p+k})$$

把 β 映射到零. 因为这个映射是同构,所以 $\beta=0$.

第二步　我们证明由包含映射诱导的同态

$$j_*: H_p(X_{p+1}) \to H_p(X_{p+1}, X_{p-2})$$

是同构.

一旦我们证明了由包含映射诱导的各同态

$$H_p(X_{p+1}, \varnothing) \to H_p(X_{p+1}, X_0) \to \cdots \to H_p(X_{p+1}, X_{p-2})$$

都是同构,那么结果即可得出. 为证明这个事实,考虑三元组 (X_{p+1}, X_i, X_{i-1}) 的正合序列

$$\begin{aligned} &H_p(X_i, X_{i-1}) \to H_p(X_{p+1}, X_{i-1}) \\ &\to H_p(X_{p+1}, X_i) \to H_{p-1}(X_i, X_{i-1}). \end{aligned}$$

由假设,对于 $i \leqslant p-2$,两端的群为零,因此中间的同态是一个同构.

第三步　我们现在来证明定理. 给定一个空间四元组 $X \supset A \supset B \supset C$,那么我们就有四个与之相伴的"三元组的正合序列". 我们能够十分方便地把它们排成四条交迭正弦曲线的形式. 我们将考虑特殊情况

$$(X, A, B, C) = (X_{p+1}, X_p, X_{p-1}, X_{p-2}).$$

在这种情况下,由假设在图表中的左上角和右上角的群 $H_p(B, C)$ 和 $H_p(X, A)$ 为零.

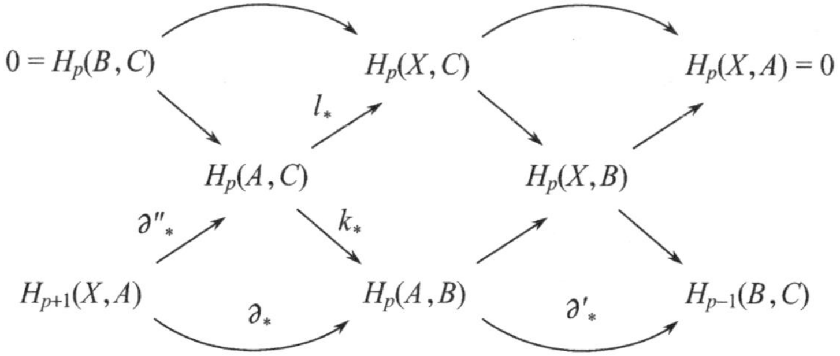

由于 k_* 把 $H_p(A,C)$同构地映射到 $\ker\partial'_*$ 上. 而且,映射 $l_*\circ k_*^{-1}$把 $\ker\partial'_*$ 映射到 $H_p(X,C)$上(因为 l_* 是满射);它的核恰好是 $\mathrm{im}\partial_*$(因为 l_* 的核等于$\mathrm{im}\partial''_*$). 因而 $l_*\circ k_*^{-1}$诱导一个同构

$$\frac{\ker\partial'_*}{\mathrm{im}\partial_*}\cong H_p(X,C)=H_p(X_{p+1},X_{p-2}).$$

(关于这个图表的一个更一般的结果曾在§26 的习题 1 中给出.)

将此结果与第一步和第二步的结果相结合,就得到我们所期望的同构

$$H_p(X)\cong H_p(X_{p+1})\cong H_p(X_{p+1},X_{p-2})\cong\frac{\ker\partial'_*}{\mathrm{im}\partial_*}.$$

最后面的群等于 $H_p(\mathscr{D}(X))$.

这个同构的自然性容易证实. 如果 $f:X\to Y$ 保持过滤,那么上面同构中的前两个显然与 f_* 交换,而且 f_* 能把第三步中对于 X 的图表映射到 Y 的相应图表中. 由此可知,第三个同构也与 f_* 交换. □

现在我们来证明在 X 为可三角剖分的情况下对此定理的一个补充结果.

定理 39.5 令 X 是由子空间 $X_0\subset X_1\subset\cdots$滤子化的,设 X 是单纯复形 K 的空间,而且每个子空间 X_p 是K 的一个维数至多是 p 的子复形的空间. 令 H_i 表示单纯同调. 设对于 $i\neq p$, $H_i(X_p,X_{p-1})=0$. 那么 $H_p(X_p,X_{p-1})$等于 $C_p(K)$的一个子群,并且上面定理中的同构 λ 是由包含映射诱导的.

实际上,$H_p(X_p,X_{p-1})$是 $C_p(K)$的一个子群,它是由 K 的所有被 X_p 承载且其边缘被 X_{p-1}承载的 p 维链组成的.

证明 X 中的任何紧子集位于K 的一个有限子复形中,因而必在某 X_i 中. 因此上面定理的假设被满足. 由于 X_p 不包含任何 $p+1$ 维单形,所以同调群 $H_p(X_p,X_{p-1})$等于 p 维相对闭链组成的群,而且它是下列同态的核

$$\frac{C_p(X_p)}{C_p(X_{p-1})} \xrightarrow{\partial} \frac{C_{p-1}(X_p)}{C_{p-1}(X_{p-1})}.$$

因为 X_{p-1}不包含任何 p 维单形,所以左边的分母为零群. 因而 $H_p(X_p, X_{p-1})$等于 K 的由 X_p 承载且其边缘由 X_{p-1}承载的 p 维单纯链组成的群.

我们必须证实上面定理中的同构 λ 是由包含映射诱导的. 检查上面的证明我们可以看出 λ 是通过取 $\ker\partial'_*$ 的一个元素并按照下列图表把它映射到 $H_p(X)$中而得到的:

$$\begin{array}{ccccccc} H_p(X_p, X_{p-2}) & \xrightarrow{l_*} & H_p(X_{p+1}, X_{p-2}) & \xleftarrow[\cong]{j_*} & H_p(X_{p+1}) & \xrightarrow[\cong]{i_*} & H_p(X) \\ \cong \big\downarrow k_* & & & & & & \\ \ker \partial'_*. & & & & & & \end{array}$$

由于每个映射都是由包含映射诱导的,所以定理成立. □

现在我们来看单纯复形的同调与 CW 复形的同调之间是何等地相似! 让我们引入某个甚至使相似性更强的术语.

对于 CW 复形 X 的每一个 p 维开胞腔 e_α 而言,群 $H_p(\bar{e}_\alpha, \dot{e}_\alpha)$ 是无限循环的. 我们把这个群的两个生成元称为 e_α 的两种**定向**. X 的一个 ***p* 维定向胞腔**是一个 p 维开胞腔 e_α 连同 e_α 的一种定向.

胞腔链群 $D_p(X) = H_p(X^p, X^{p-1})$是一个自由 Abel 群. 我们通过把 X 的每一个 p 维开胞腔 e_α 定向,并且转换到 $H_p(X^p, X^{p-1})$的相应元素而得到它的一个基. [即,通过取定向在包含映射诱导的同态

$$H_p(\bar{e}_\alpha, \dot{e}_\alpha) \to H_p(X^p, X^{p-1})$$

之下的象.]由定理,链复形 $\mathscr{D}(X)$的同调与 X 的奇异同调是同构的.

在 X 是一个可由复形 K 三角剖分的 CW 复形的具体情况下,并且令 H_p 表示单纯同调,我们解释这些说法如下: X^p 和 X^{p-1}是

K 的子复形这个事实就蕴涵着每一个 p 维开胞腔 e_α 是 K 的开单形之并,因而 $\bar{e}_\alpha$ 是 K 的一个子复形的可剖空间. 群 $H_p(\bar{e}_\alpha, \dot{e}_\alpha)$ 等于由 $\bar{e}_\alpha$ 承载并且其边缘由 $\dot{e}_\alpha$ 承载的 p 维链组成的群. 这个群是无限循环的. 该群的两个生成元中任何一个都称为 $(\bar{e}_\alpha, \dot{e}_\alpha)$ 的一个**基本闭链**.

胞腔链群 $D_p(X)$ 等于 X 的由 X^p 承载并且其边缘由 X^{p-1} 承载的所有 p 维单纯链组成的群. 任何这样的 p 维链都能唯一地写成适合 $\dim e_\alpha = p$ 的那些偶 $(\bar{e}_\alpha, \dot{e}_\alpha)$ 的基本闭链的有限线性组合.

让我们在若干熟悉的情况下来解释这些结果.

例 2 令 X 表示环面或 Klein 瓶,它以通常的方式表示成矩形 L 的商空间. 参看图 39.2.

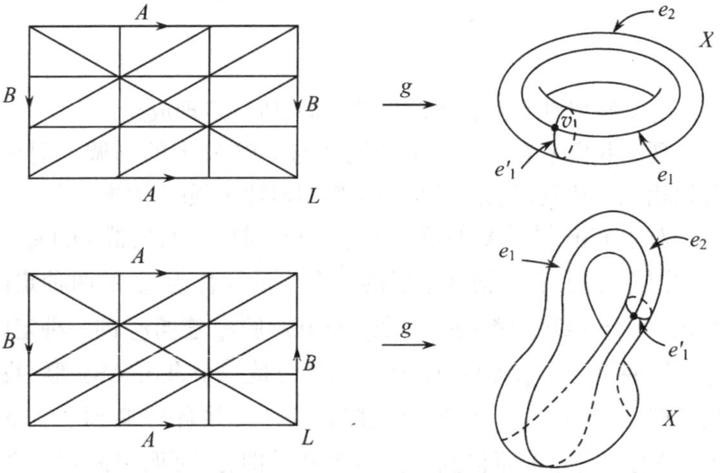

图 39.2

那么 X 是可三角剖分的 CW 复形,它具有一个 2 维开胞腔 e_2,两个 1 维开胞腔 e_1 和 e'_1(它们分别是 A 和 B 的象)和一个 0 维胞腔 e_0. 于是

$$D_2(X) \cong \mathbf{Z},\ D_1(X) \cong \mathbf{Z} \oplus \mathbf{Z}, D_0(X) \cong \mathbf{Z}.$$

让我们求出这些链群的具体生成元. L 的 2 维链 d,它是 L 的反时针定向的所有 2 维单形之和;经检验可知它是$(L,\mathrm{Bd}L)$的闭链. 因为 d 不是任何其它闭链的倍数,所以它是$(L,\mathrm{Bd}L)$的一个基本闭链. 由引理 39.1,$\gamma = g_\#(d)$是$(\bar{e}_\alpha, \dot{e}_\alpha)$的一个基本闭链.

令 c_1 是沿 L 的顶边的 1 维单形之和. 令 c_2,c_3 和 c_4 是沿 L 其它边的链,如图 39.3 所示. 于是 $w_1 = g_\#(c_1)$是$(\bar{e}_1, \dot{e}_1)$的一个基本闭链. 当然,$g_\#(c_3)$也是. 类似地,$z_1 = g_\#(c_2)$是$(\bar{e}'_1, \dot{e}'_1)$的一个基本闭链,$g_\#(c_4)$同样也是.

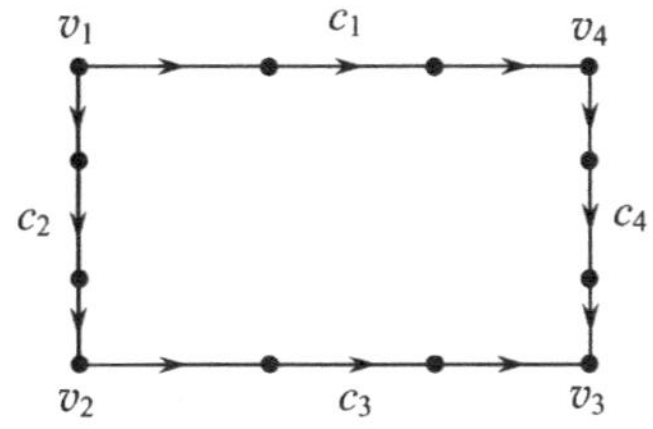

图 39.3

用这些基本元素容易计算胞腔链复形 $\mathscr{D}(X)$中的边缘算子. 首先我们在复形 L 中计算∂如下:

$$\partial c_1 = v_4 - v_1,\ \partial c_2 = v_2 - v_1,$$

$$\partial d = -c_1 + c_2 + c_3 - c_4.$$

应用 $g_\#$,我们可以看出环面和 Klein 瓶都有$\partial w_1 = g_\#(\partial c_1) = 0$ 和$\partial z_1 = g_\#(\partial c_2) = 0$. 在环面的情况下,$\partial\gamma = g_\#(\partial d) = 0$,因为 $g_\#(c_1) = g_\#(c_3)$和 $g_\#(c_2) = g_\#(c_4)$. 在 Klein 瓶的情形,

$$\partial\gamma = g_\#(\partial d) = 2g_\#(c_3) = 2z_1,$$

因为 $g_\#(c_1) = g_\#(c_3)$和 $g_\#(c_2) = -g_\#(c_4)$.

这样以来,当 X 是环面时,胞腔链复形 $\mathscr{D}(X)$的同调是

$$H_2(X)\cong \mathbf{Z},\ H_1(X)\cong \mathbf{Z}\oplus\mathbf{Z}, H_0(X)\cong\mathbf{Z},$$

而当 X 是 Klein 瓶时,它是

$$H_2(X)=0,\ H_1(X)\cong\mathbf{Z}\oplus\mathbf{Z}/2,\ H_0(X)\cong\mathbf{Z}.$$

当然,以前我们做过同样的这些计算.但现在它们的正确性是从我们关于 CW 复形的一般定理得出的,而不是从我们在§6后半部分所使用的特殊论证而得出的.正是从这种意义上说,我们关于 CW 复形的结果使得我们在那里研究的特殊的计算方法系统化了.

例3 令 S^n 是一个 n 维球面.为了方便起见,假定 $n>1$.我们能够把 S^n 变为具有一个 n 维开胞腔和一个 0 维胞腔的 CW 复形.由此可知 S^n 的胞腔链复形在 n 维和 0 维是无限循环的,而在其它维数为零.因此,$H_n(S'^n)\cong\mathbf{Z}, H_0(S^n)\cong\mathbf{Z}$,而对于 $i\neq 0,n$,$H_i(S^n)=0$.当 $n=1$ 时类似的计算也适用.

习　　题

1. 把 n 重连通和

$$T\#\cdots\# T\ 和\ P^2\#\cdots\# P^2$$

表示成可三角剖分的 CW 复形并求出相应的胞腔链复形;通过这种办法来重新计算它们的同调.

2. 令 A 是 X 的一个闭子集;设 A 是 X 中一个开集的变形收缩核.如果 X/A 是通过把 A 坍缩到一点而得到的空间,证明

$$H_p(X,A)\cong\widetilde{H}_p(X/A).$$

[提示:仔细检查引理 39.1 的证明.]

3. 令 X 是一个 CW 复形;令 A 是一个子复形.证明包含映射诱导一个同态 $D_p(A)\to D_p(X)$.把商 $D_p(X)/D_p(A)$ 记为 $D_p(X,A)$.

(a) 证明如果 X 是可剖分的 CW 复形,那么 $\mathcal{D}(X,A)$ 可用来计算 (X,A) 的单纯同调.[提示:用长正合序列证明包含映射 $D_p(X,A)\to C_p(X,A)$ 诱导同调的同构.]

(b) 证明 $\mathcal{D}(X,A)$ 一般可用来计算 (X,A) 的奇异同调.[提示:证明

$\mathscr{D}(X,A)$同构于这样一个链复形，它的第 p 个链群是 $H_p(X^p \cup A, X^{p-1} \cup A)$，而且它的边缘算子来自一个三元组的正合序列. 对所有整数 p，令 $X_p = X^p \cup A$. 以 $H_i(X_p, A)$代替 $H_i(X_p)$并以 $H_i(X,A)$代替$H_i(X)$，重新证明定理 39.4.]

*4. **定理** 令 $\mathscr{C}=\{c_p, \partial\}$是一个非负的自由链复形使得 $H_0(\mathscr{C})$是自由的和非平凡的. 那么有一个 CW 复形X，它的胞腔链复形同构于$\mathscr{C}$.

证明 (a) 证明如果 $n \geqslant 1$，给出一个 n 维单形σ和一个同态.

$$\phi: H_n(\sigma, \mathrm{Bd}\sigma) \rightarrow H_n(S^n, x_0)$$

那么 ϕ 是由某个连续函数诱导的同态.(参看 §25 的习题 3.)

(b) 证明如果 X 是由一族具有一个公共点的n 维球面组成的CW 复形($n>0$)，又若 $\alpha \in H_n(X,p)$，那么就有一个映射 $f:(S^n, x_0) \rightarrow (X,p)$，它的诱导同态把 $H_n(S^n, x_0)$的一个生成元映射到 α.

(c) 证明对于 $p>0$，我们能够写成 $C_p = U_p \oplus Z_p$，其中 Z_p 是 p 维闭链群，而对于 $p=0$，则可以写成 $C_0 = \partial U_1 \oplus A$，其中 A 是非平凡的.

(d) 完成证明.

5. 令 $G_0, G_1, \cdots$是一系列 Abel 群，而且其中 G_0 是自由的和非平凡的. 在假定习题 4 中的定理成立的情况下，证明有一个 CW 复形X 使得对所有 i，$H_i(X) \cong G_i$.

* §40 应用：射影空间和透镜空间†

现在我们要利用 CW 复形的理论来计算一些在拓扑学和几何学中特别重要的空间——射影空间的同调. 我们还要研究那些称为透镜空间的经典 3 维流形.

定义 我们在 n 维球面 S^n 上通过对每一个 $x \in S^n$ 定义 $x \sim (-x)$来引入一种等价关系. 所得到的商空间称为 n 维(实)射影空间，并且把它记为 P^n.

商映射 $p: S^n \rightarrow P^n$ 是一个闭映射. 因为如果 A 在S^n 中是闭的，那么 A 的饱和$p^{-1}(p(A))$等于集合 $A \cup a(A)$，其中 $a: S^n \rightarrow$

† 当我们在 §68 和 §69 计算这些空间的上同调环时，本节的结果将要用到.

S^n 是对径映射. 因为 a 是一个同胚, 所以 $A\cup a(A)$ 在 S^n 中是闭的, 因而(由商空间的定义)集合 $p(A)$ 在 P^n 中是闭的.

因此, P^n 是 Hausdorff 空间(实际上是正规的).

如果我们把 $\mathbf{R}^n$ 看作是对于 $i>n$, $x_i=0$ 的所有实数序列 $(x_1,x_2,\cdots)$ 的集合, 那么 $\mathbf{R}^n\subset\mathbf{R}^{n+1}$. 结果, $S^{n-1}\subset S^n$; 实际上, S^{n-1} 是 S^n 与平面 $x_{n+1}=0$ 的交. 于是等价关于 $x\sim(-x)$ 在 S^{n-1} 中与在 S^n 中是相同的, 因此 $P^{n-1}\subset P^n$. 实际上, P^{n-1} 是 P^n 的一个闭子空间. 因为若 C 是 P^{n-1} 的一个子集, 那么 $p^{-1}(C)$ 在 S^{n-1} 中是闭的当且仅当它在 S^n 中是闭的. 因此 C 在 P^{n-1} 中是闭的当且仅当它在 P^n 中是闭的.

定理 40.1 空间 P^n 是一个在适合 $0\leqslant j\leqslant n$ 的每一维数均有一个胞腔的 CW 复形, 它的 j 维骨架是 P^j.

证明 空间 P^0 是从两点空间 S^0 通过等同这两点而得到的. 因而 P^0 由单独一个点组成.

我们用归纳法进行证明. 假设我们把映射 $p: S^n\to P^n$ 限制在 S^n 的闭上半球面 E_+^n 上. 因为 S^n 是紧的并且 P^n 是 Hausdorff 的, 所以映射 $p'=p\,|\,E_+^n$ 是一个商映射; 而且它把 E_+^n 映射到 P^n 上, 因为每个等价类 $\{x,-x\}$ 至少包含 E_+^n 的一点. 它在开的上半球面 $\text{Int}E_+^n$ 上的限制也是一个商映射. 由于是 1-1 的, 所以它是 $\text{Int}E_+^n$ 到 P^n-P^{n-1} 的一个同胚. 因而 P^n-P^{n-1} 是一个 n 维开胞腔, 称之为 e_n.

由于映射 p' 把 $\text{Bd}E_+^n=S^{n-1}$ 映射到 P^{n-1} 上, 由归纳假设, 它是维数低于 n 的有限多个开胞腔之并. 因而当我们把 E_+^n 与 B^n 等同时, 映射 p' 就成为 e_n 的特征映射. 由此可见, P^n 是一个在每一维数下均有一个开胞腔的 CW 复形. □

请注意到 P^1——有一个 1 维开胞腔和一个 0 维胞腔——同胚于 S^1.

定义 考虑射影空间的递增序列 $P^0\subset P^1\subset\cdots$. 它们的凝聚并记为 P^∞, 并且称为**无穷维**(实)**射形空间**. 从定理 38.3(b)可知,

P^∞是一个 CW 复形，在每一维数 $j \geqslant 0$ 都有一个开胞腔，而且它的 n 维骨架是P^n.

现在我们提供一种以复数代替实数的类似结构. 令 $\mathbf{C}^n$ 是由使得对于$i > n$，$z_i = 0$的所有复数序列 $z = \{z_1, z_2, \cdots\}$组成的空间. 那么对所有 n，$\mathbf{C}^n \subset \mathbf{C}^{n+1}$. 有一个我们称之为"实化算子"的明显的同胚 $\rho: \mathbf{C}^{n+1} \to \mathbf{R}^{2n+2}$定义为

$$\rho(z_1, z_2, \cdots) = (\mathrm{Re} z_1, \mathrm{Im} z_1, \mathrm{Re} z_2, \mathrm{Im} z_2, \cdots),$$

其中 $\mathrm{Re} z_i$ 和 $\mathrm{Im} z_i$ 分别是z_i 的实部和虚部. 让我们定义

$$|z| = \|\rho(z)\| = [\sum((\mathrm{Re} z_i)^2 + (\mathrm{Im} z_i)^2)]^{1/2}$$
$$= [\sum z_i \bar{z}_i]^{1/2},$$

其中 $\bar{z}_i$ 是z_i 的共轭复数. 我们把适合$|z| = 1$ 的所有点 z 组成的$\mathbf{C}^{n+1}$的子空间称作 n 维复球面. 在算子 ρ 下，它对应于球面S^{2n+1}，因此无论是我们把它看作是在 $\mathbf{C}^{n+1}$中还是在 $\mathbf{R}^{2n+2}$中，我们都可以用符号 S^{2n+1}来表示它.

定义 让我们通过对每一个适合$|\lambda| = 1$ 的复数 λ 定义

$$(z_1, \cdots, z_{n+1}, 0, \cdots) \sim (\lambda z_1, \cdots, \lambda z_{n+1}, 0, \cdots)$$

而在 n 维复球面 $S^{2n+1} \subset \mathbf{C}^{n+1}$上引入一个等价关系，且把所得的商空间称为 ***n* 维复射影空间**，并且记为 $\mathbf{C}P^n$.

商映射 $p: S^{2n+1} \to \mathbf{C}P^n$ 是一个闭映射. 因为若 A 是 S^{2n+1}中的闭集，那么$p^{-1}(p(A))$是 $S^1 \times A$ 在数乘映射$(\lambda, z) \to \lambda z$ 之下的象. 因为这个映射是连续的，而且 $S^1 \times A$ 是紧的，所以它的象是紧的，并因此在 S^{2n+1}中是闭的. 那么由定义 $p(A)$在 $\mathbf{C}P^n$ 中是闭的.

由此可知 $\mathbf{C}P^n$ 是 Hausdorff 空间(实际上是正规的).

如同实射影空间的情形一样，对所有 n，$\mathbf{C}^n \subset \mathbf{C}^{n+1}$，因而$S^{2n-1} \subset S^{2n+1}$. 于是转换到商空间，就有 $\mathbf{C}P^{n-1} \subset \mathbf{C}P^n$. 实际上，通过与以前同样的论证可知，$\mathbf{C}P^{n-1}$是 $\mathbf{C}P^n$ 的一个闭子空间.

换言之，$\mathbf{C}P^n$ 的元素是对于$i > n+1$，使得 $z_i = 0$ 的复数序列

$(z_1, z_2, \cdots)$的等价类.若在一个等价类中有一个序列满足等式 $z_{n+1}=0$,那么该等价类中的每一个序列都满足,而且由定义,所述的类就属于 $\mathbf{C}P^{n-1}$.

定理 40.2 空间 $\mathbf{C}P^n$ 是 $2n$ 维的 CW 复形.它在每个适合 $0 \leqslant 2j \leqslant 2n$ 的偶数 $2j$ 维均有一个开胞腔,并且 $\mathbf{C}P^j$ 是它的 $2j$ 维骨架.

证明 空间 $\mathbf{C}P^0$ 是单独一个点.一般我们证明 $\mathbf{C}P^n - \mathbf{C}P^{n-1}$ 是一个 $2n$ 维开胞腔,把它记为 e_{2n}.考虑适合 z_{n+1} 为实数的所有点 $z=(z_1, \cdots, z_{n+1}, 0, \cdots)$组成的 S^{2n+1} 的子集.在算子 ρ 下,这对应于 $\mathbf{R}^{2n+2}$ 中具有形式

$$(x_1, y_1, \cdots, x_n, y_n, x_{n+1}, 0, 0, \cdots)$$

且其 Euclid 范数为 1 的所有点的集合.这恰好是 $\mathbf{R}^{2n+1}$ 中的单位球面 S^{2n},它是 S^{2n+1} 的赤道.如果我们通过要求 z_{n+1} 为实数而且是非负的来进一步限制这个集合,那么 $x_{n+1}>0$ 并且得到这个赤道球面的上半球面 E_+^{2n}. p 在 E_+^{2n} 上的限制 p' 当然是一个商映射,因为其定义域是紧的,而且值域是 Hausdorff 的. E_+^{2n} 的边缘是通过置 $z_{n+1}=0$ 而得到的球面;映射 p' 将 S^{2n-1} 映射到 $\mathbf{C}P^{n-1}$ 上.我们将证明 p' 把 $\mathrm{Int}E_+^{2n}$ 1-1 地映射到 $e_{2n}=\mathbf{C}P^n - \mathbf{C}P^{n-1}$ 上;那么由于它是 1-1 的商映射,所以它是一个同胚.由此可知,e_{2n} 是一个 $2n$ 维开胞腔而且 p' 是 e_{2n} 的特征映射.

映射 $p': \mathrm{Int}E_+^{2n} \to e_{2n}$ 是满射.给定 $e_{2n}=\mathbf{C}P^n - \mathbf{C}P^{n-1}$ 的一点,那么它等于 $p(z)$ 对于 $S^{2n+1} - S^{2n-1}$ 的某个点 $z=(z_1, \cdots, z_{n+1}, 0, \cdots)$成立.于是 $|z|=1$ 而且 $z_{n+1} \neq 0$.把 z_{n+1} 写成 $z_{n+1}=r\mathrm{e}^{i\theta}$,其中 $r>0$.令 $\lambda=\mathrm{e}^{-i\theta}$,那么

$$\lambda z = (\lambda z_1, \cdots, \lambda z_n,\ r, 0, \cdots) \in \mathrm{Int}E_+^{2n}.$$

由于 $|\lambda|=1$,所以 $p(\lambda z)=p(z)$.从而 $p(z) \in p(\mathrm{Int}E_+^{2n})$.

映射 $p': \mathrm{Int}E_+^{2n} \to \mathrm{e}_{2n}$ 是单射.设 $p(z)=p(w)$,其中 z 和 w 在 $\mathrm{Int}E_+^{2n}$ 中.那么 $w=\lambda z$,因而特别有 $w_{n+1}=\lambda z_{n+1}$.由于 w_{n+1} 和

z_{n+1}是实数而且是正的，所以 λ 也是正实数. 因为 $|\lambda|=1$，所以我们推出 $\lambda=1$. 因而就像我们所期望的那样，$w=z$. □

我们已经指出过，$\mathbf{C}P^0$ 是单独一个点. 空间 $\mathbf{C}P^1$ 是通过把一个 2 维胞腔附贴到 $\mathbf{C}P^0$ 上而得到的，因此 $\mathbf{C}P^1$ 同胚于 S^2.

定义 考虑空间的递增序列 $\mathbf{C}P^0 \subset \mathbf{C}P^1 \subset \cdots$. 将它们的凝聚并记为 $\mathbf{C}P^\infty$，并把它称为**无穷维复射影空间**. 由定理 38.3，它是一个在每一个非负偶数维均有一个胞腔的 CW 复形，而且 $\mathbf{C}P^n$ 是它的 $2n$ 维骨架.

复射影空间的同调是非常容易计算的.

定理 40.3 *如果 i 是偶数而且 $0 \leqslant i \leqslant 2n$，那么群 $H_i(\mathbf{C}P^n)$ 是无限循环的，而在其它情况下，它是零群. 当 i 是非负偶数时，群 $H_i(\mathbf{C}P^\infty)$ 是无限循环的，而在其它情况下为零群.*

证明 当 i 是偶数且 $0 \leqslant i \leqslant 2n$ 时，胞腔链群 $D_i(\mathbf{C}P^n)$ 是无限循环的；否则它为零. 因此这个链复形的每一个链都是闭链，而且任何链都不是边缘. 类似地计算适用于 $\mathbf{C}P^\infty$. □

计算 P^n 的同调需要做更多的工作. 对于 $0 \leqslant k \leqslant n$，胞腔链群 $D_k(P^n)$ 是无限循环的；我们将计算胞腔链复形中的边缘算子. 由于 P^n 的 k 维开胞腔 e_k 等于 $P^k - P^{k-1}$ 且 $\dot{e}_k = P^{k-1}$，所以我们有 $D_k(P^n) = H_k(P^k, P^{k-1})$. 因而我们必须计算边缘算子

$$\partial_*: H_{k+1}(P^{k+1}, P^k) \to H_k(P^k, P^{k-1}).$$

首先，我证明一个引理.

引理 40.4 *令 $p: S^n \to P^n$ 是商映射 $(n \geqslant 1)$. 令 $j: P^n \to (P^n, P^{n-1})$ 是包含映射. 那么当 n 是偶数时，复合同态*

$$H_n(S^n) \xrightarrow{p_*} H_n(P^n) \xrightarrow{j_*} H_n(P^n, P^{n-1})$$

是零同态，而当 n 为奇数时，它是乘以 2 的乘法.

链水平上的证明 我们假设 S^n 是可三角剖分的，因而对径映射 $a: S^n \to S^n$ 是单纯的. 再假设 P^n 是可三角剖分的，所以映射 $p: S^n \to P^n$ 是单纯的.（参看后面的引理 40.7.）我们使用单纯同

调.令 c_n 是(E^n_+, S^{n-1})的一个基本闭链.那么由定理 39.1，$p_\#(c_n)$就是(P^n, P^{n-1})的一个基本闭链.

考虑 S^n 的下列链

$$\gamma_n = c_n + (-1)^{n-1} a_\#(c_n).$$

它是一个闭链,因为它的边缘是

$$\partial\gamma_n = \partial c_n + (-1)^{n-1} a(\partial c_n) = \partial c_n + (-1)^{2n-1}\partial c_n = 0.$$

这个等式是从下列事实得出的：$a: S^{n-1} \to S^{n-1}$ 的映射度为$(-1)^n$,因而将 S^{n-1}的 $n-1$ 维闭链群映射到其自身的 $a_\#$ 等于乘以$(-1)^n$ 的乘法.而且,γ_n 不是 S^n 的任何其它闭链的倍数,因为它在 E^n_+ 上的限制是 c_n,而 c_n 是(E^n_+, S^{n-1})的一个基本闭链.因而 γ_n 是 S^n 的一个基本闭链.

最后,我们计算得

$$p_\#(\gamma_n) = p_\#(c_n + (-1)^{n-1} a_\#(c_n)).$$

因为 $p \circ a = p$,所以我们推出

$$p_\#(\gamma_n) = [1 + (-1)^{n-1}] p_\#(c_n).$$

由于 γ_n 是 S^n 的一个基本闭链而且 $p_\#(c_n)$是(P^n, P^{n-1})的一个基本闭链,所以定理成立.

同调水平的证明　这个证明类似于上面的证明,只是计算是在同调水平上进行而不是在链水平上进行的.它可能看起来更复杂,但想法基本上是相同的.

第一步　考虑图表

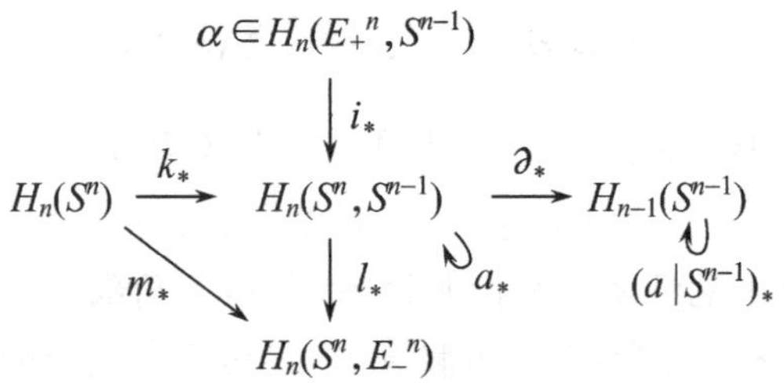

其中 i,k,l,m 是包含映射，而 a 是对径映射. 令 α 是 $H_n(E_+^n, S^{n-1})$ 的一个生成元. 考虑 $H_n(S^n, S^{n-1})$ 的元素

$$\gamma = i_*(\alpha) + (-1)^{n-1} a_* i_*(\alpha).$$

我们要证明有 $H_n(S^n)$ 的一个生成元 β 使得 $k_*(\beta)=\gamma$.

首先，我们证明 $\gamma = k_*(\beta)$ 对某个 β 成立. 请注意到因为 ∂_* 是自然的，所以我们有

$$\partial_*\gamma = \partial_* i_*(\alpha) + (-1)^{n-1}(a\,|_{S^{n-1}})_*(\partial_* i_*(\alpha)).$$

因为 $(a|S^{n-1})_*$ 等于乘以 $(-1)^n$ 的乘法，所以这个同调类为零. 由水平序列的正合性，存在某个 $\beta\in H_n(S^n)$ 使得 $k_*(\beta)=\gamma$.

其次，我们证明 β 生成 $H_n(S^n)$. 现在由长正合约化同调序列，m_* 是一个同构.（回想 $n\geqslant 1$.）因此只要证明 $m_*(\beta)$ 生成 $H_n(S^n, E_-^n)$ 就行了. 因为 $m_*(\beta)=l_*(\gamma)$，所以我们将会算出

$$l_*(\gamma) = l_* i_*(\alpha) + (-1)^{n-1} l_* a_* i_*(\alpha).$$

为此，我们首先指出 $l_* i_*(\alpha)$ 生成 $H_n(S^n, E_-^n)$，因为包含映射 $l\circ i$ 诱导一个同调的同构.（参看定理 31.8 的证明.）然后我们注意到 $l_* a_* i_*(\alpha)$ 是平凡的. 这个事实是下列交换图表的一个推论，其中未标记的映射均为包含映射.

$$\begin{array}{ccc}
(E_+^n, S^{n-1}) & \xrightarrow{\quad i \quad} & (S^n, S^{n-1}) \\
\downarrow{\scriptstyle a|E_+^n} & & \downarrow{\scriptstyle a} \\
(E_-^n, S^{n-1}) & \xrightarrow{\qquad} & (S^n, S^{n-1}) \\
\downarrow & & \downarrow{\scriptstyle l} \\
(E_-^n, E_-^n) & \xrightarrow{\qquad} & (S^n, E_-^n)
\end{array}$$

这说明正如我们所期望的那样，$l_*(\gamma)$ 生成 $H_n(S^n, E_-^n)$.

第二步　我们来证明引理. 考虑下列交换图表：

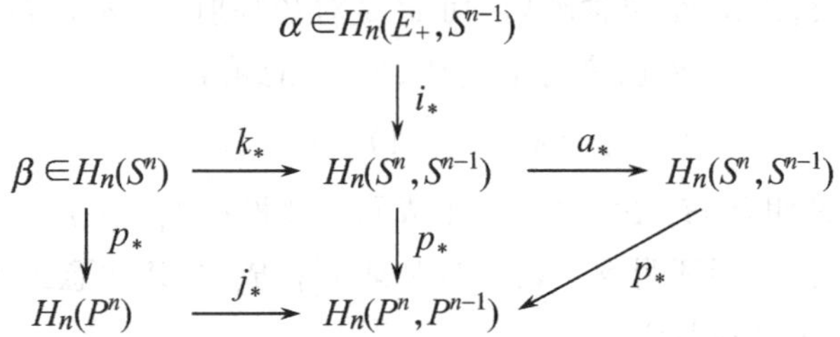

像在第一步中那样,选取生成元 α 和 β. 我们要计算 $j_*p_*(\beta)$. 映射

$$p\circ i:(E_+^n,S^{n-1})\to(P^n,P^{n-1})$$

是 CW 复形 P^n 的 n 维胞腔的特征映射,因而它在同调中诱导一个同构. 从而 $p_*i_*(\alpha)$ 是 $H_n(P^n,P^{n-1})$ 的一个生成元. 我们计算得

$$\begin{aligned} j_*p_*(\beta) &= p_*k_*(\beta) = p_*(i_*(\alpha)+(-1)^{n-1}a_*i_*(\alpha)) \\ &= [1+(-1)^{n-1}]p_*i_*(\alpha). \end{aligned}$$

其中我们利用了 $p\circ a=p$ 这个事实. 引理得证. □

定理 40.5 如果 n 是偶数,那么同态

$$\partial_*:H_{n+1}(P^{n+1},P^n)\to H_n(P^n,P^{n-1})$$

为零同态;若 n 是奇数,则它把生成元映射成生成元的两倍.

证明 映射 $p':(E_+^{n+1},S^n)\to(P^{n+1},P^n)$ 是 P^{n+1} 的 $n+1$ 维开胞腔的特征映射. 因此它诱导同调群的同构. 考虑交换图表

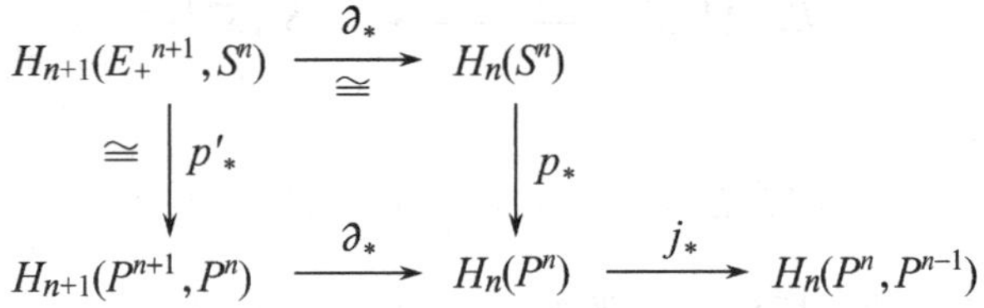

由 (E_+^{n+1},S^n) 的长正合约化同调序列可知,在图表顶部的映射 ∂_* 是一个同构. 由上面的引理,当 n 为偶数时,$(j\circ p)_*$ 是零同态. 而

当 n 为奇数时,它是乘以 2 的乘法.定理得证. □

定理 40.6 关于射影空间的同调结果如下:

$$\widetilde{H}_i(P^{2n+1})=\begin{cases}\mathbf{Z}/2, & i\text{ 是奇数且 }0<i<2n+1,\\ \mathbf{Z}, & i=2n+1,\\ 0, & \text{其它情形}.\end{cases}$$

$$\widetilde{H}_i(P^{2n})=\begin{cases}\mathbf{Z}/2, & i\text{ 是奇数且 }0<i<2n,\\ 0, & \text{其它情况}.\end{cases}$$

$$\widetilde{H}_i(P^{\infty})=\begin{cases}\mathbf{Z}/2, & i\text{ 是奇数且 }i>0,\\ 0, & \text{其它情况}.\end{cases}$$

证明 对于 $i\geqslant 0$,胞腔链群 $D_i(P^\infty)$是无限循环的,而且增广链复形具有形式

$$\cdots\to D_{2i}(P^\infty)\xrightarrow{2}D_{2i-1}(P^\infty)\xrightarrow{0}\cdots\xrightarrow{0}D_0(P^\infty)\xrightarrow{1}\mathbf{Z}.$$

在偶数维没有任何闭链;而在奇数维每个元素都是闭链而且生成元的偶数倍是边缘链.因而当 i 是正奇数时,$\widetilde{H}(P^\infty)$是 2 阶的,而在其它情形为零.对 P^{2n}和P^{2n+1}的计算是类似的. □

现在我们来证明在前面链水平的证明中曾用过的引理.

引理 40.7 空间 S^n 和 P^n 能被三角剖分使得对径映射 $a:S^n\to S^n$和投影映射 $p:S^n\to P^n$ 都是单纯映射.

证明 第一步 我们首先来证明在 $\mathbf{R}^{n+1}$中有一个复形 L 使得每一个镜面反射

$$\rho_i(x_1,\cdots,x_i,\cdots,x_{n+1})=(x_1,\cdots,-x_i,\cdots,x_{n+1})$$

诱导 L 到其自身的一个线性同构;而且我们要证明有一个三角剖分 $k:|L|\to S^n$ 与每一个映射 ρ_i 交换.

对于 $n=0$,结果是平凡的.假定 K 是 $\mathbf{R}^n$ 中的一个复形而且 $h:|K|\to S^{n-1}$是满足假设的一个三角剖分.在 $\mathbf{R}^{n+1}$中令 $w_0=(0,0,\cdots,1)$和 $w_1=(0,\cdots,0,-1)$.令$L=(w_0*K)\cup(w_1*K)$.那么对于 $i=1,\cdots,n+1$,ρ_i 诱导L 与其自身的一个线性同构.当 $y=(1-t)x+tw_0$时,由

$$k(y) = (\sqrt{1-t^2}\,h(x), t)$$

定义的三角剖分和当 $y=(1-t)x+tw_1$ 时,由

$$k(y) = (\sqrt{1-t^2}\,h(x), -t)$$

定义的三角剖分与每个 ρ_i 交换.(这与我们在定理 21.3 的证明中所使用过的是同一个三角剖分.)

第二步　令 $k:|L|\to S^n$ 是第一步中的三角剖分.对径映射与 k 交换,并且诱导 L 到其自身的一个线性同构.对于任何固定的 N,它同样也诱导 $\mathrm{sd}^N L$ 到其自身的一个线性同构.

让我们选取 N 充分大以使得对于 $\mathrm{sd}^N L$ 的任何顶点 v 来说,v 和 $a(v)$ 的任何闭星形是不相交的.那么我们就能利用§3 的"顶点标记"法构造一个复形使其底空间同胚于 P^n:让我们来标记 $\mathrm{sd}^N L$ 的顶点,对于每一个顶点 v,赋予 v 和 $a(v)$ 相同的记号.令 $g:|\mathrm{sd}^N L|\to|M|$ 是由这种标记方法而得到的商映射.那么这个映射 g 对于每个 $x\in|L|$ 都将把 x 与 $a(x)$ 等同起来,并且不会把 x 与 $|L|$ 的任何其它点等同.因为同胚 k 与 a 交换,所以它诱导一个 $|M|$ 到 P^n 的同胚,它就是我们所要求的 P^n 的三角剖分. □

作为这些方法的进一步应用,我们现在来定义一类称为透镜空间的 3 维流形并计算它们的同调.非常有趣的是它们竟然构成了直至同胚和同伦型都能够彻底进行分类的极少数的几类空间之一.以后我们将讨论这种分类.

定义　令 n 和 k 是互素的正整数.我们构造透镜空间 $L(n,k)$ 作为球 B^3 的商空间如下:把 B^3 的一般点写成 (z,t) 的形式,其中 z 是复数,t 是实数,并且 $|z|^2+t^2\leqslant 1$.令 $\lambda=\exp(2\pi i/n)$.定义 $f:S^2\to S^2$ 为

$$f(x) = (\lambda^k z, -t).$$

让我们把 $S^2=\mathrm{Bd}B^3$ 的下半球面 E^2_- 的每一个点 $x=(z,t)$ 与上半球面 E^2_+ 的点 $f(x)$ 等同起来.我们把这样得到的商空间称为**透镜空间** $L(n,k)$.

请注意到 $\mathbf{C}$ 到其自身的映射 $z\to\lambda z$ 恰好是经过角度 $2\pi/n$ 的

旋转.因而 f 等于 S^2 先绕 z 轴旋转角度 $\alpha=2\pi k/n$,然后再作关于 xoy 平面的镜面反射.参看图 40.1.

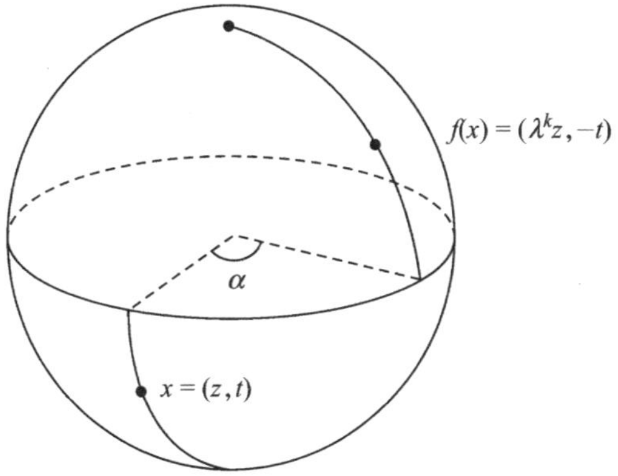

图 40.1

令 $p:B^3\to L(n,k)$是商映射,使 $\mathrm{Int}B^3$ 的每一点在 p 下只与其自身等同,使 $\mathrm{Int}E_-^2$ 的每一点与 $\mathrm{Int}E_+^2$ 的一点等同.然而,S^2 中赤道上的点$(z,0)$既属于 E_-^2 又属于 E_+^2,它的等价类包含 n 个点,即点

$$(\lambda^k z,0),\ (\lambda^{2k}z,\ 0),\cdots,(\lambda^{nk}z,\ 0)=(z,0).$$

因为 k 和 n 是互素的,所以这些点互不相同并且构成点

$$(\lambda z,0),\ (\lambda^2 z,0),\cdots,(\lambda^n z,0)=(z,0)$$

的一个置换,这些点均匀等间隔地排列在赤道 S^1 上.

定理 40.8 空间 $L(n,k)$是一个在 0,1,2,3 每一个维数下各有一个胞腔的 CW 复形.

证明 我们首先证明商映射 p 是闭的,因而 $L(n,k)$是 Hausdorff 空间(实际上是正规空间).令 A 在 B^3 中是闭的. A 的饱和集 $p^{-1}p(A)$是下列各集合之并:这些集合中除了包括集合 A 和 S^2 的子集 $f^{-1}(E_-^2\cap A)$和 $f^{-1}(E_+^2\cap A)$之外,还包括 S^1 的下列各子集

$$f(A\cap S^1),\ f^2(A\cap S^1),\cdots,f^{(n-1)}(A\cap S^1).$$

所有这些集合都是紧的,因而它们在 B^3 中都是闭的,于是它们的并在 B^3 中也是闭的.因为 $p^{-1}p(A)$是闭的,所以 $p(A)$也是闭的.从而 p 是一个闭映射.

我们对 $L(n,k)$赋予 CW 复形的结构如下:首先在赤道上选取一个特定的点 a,比方说 $a=(1,0)$;令 $p(a)$是 $L(n,k)$的 0 维胞腔 e_0.

令 A 表示 S^1 上从 a 到 $b=(\lambda,0)$的较小的弧.于是 $p|A$ 是一个商映射,因为 A 是紧的而且 $L(n,k)$是 Hausdorff 的.它将 a 和 b 等同,但它在 $\mathrm{Int}A$ 上是 1-1 的.因而 $p(\mathrm{Int}A)$是个 1 维开胞腔;我们把它看作是 $L(n,k)$的 1 维开胞腔 e_1.映射 $p|A$ 是 e_1 的特征映射.注意到 $p^{-1}p(A)$的各点把圆周 S^1 分成 n 段开弧,其中每一段都被 p 同胚地映射到 e_1 上.参看图 40.2.

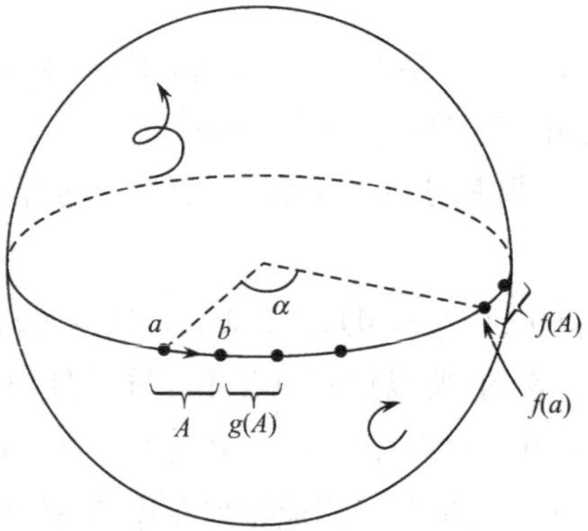

图 40.2

同理,映射 $p|E^2_-$ 是一个商映射,集合 $p(\mathrm{Int}E^2_-)$是一个 2 维开胞腔,我们把它视为 $L(n,k)$的 2 维开胞腔 e_2,并且 $p|E^2_-$ 是 e_2 的特征映射.最后,集合 $p(\mathrm{Int}B^3)$是 3 维开胞腔 e_3,且 p 是它的特征映射.

请注意到 $p(S^1)$等于 $L(n,k)$的 1 维骨架，$p(S^2)$等于它的 2 维骨架. □

现在我们来计算这个透镜空间的同调.

定理 40.9 如果 $X=L(n,k)$，那么 X 的胞腔链复形具有下列形式

$$D_3(X) \xrightarrow{0} D_2(X) \xrightarrow{n} D_1(X) \xrightarrow{0} D_0(X),$$

其中每个群 $D_i(X)$都是无限循环的. 因此

$$H_3(X) \cong \mathbf{Z}, H_2(X) = 0,\ H_1(X) \cong \mathbf{Z}/n,\ H_0(X) \cong \mathbf{Z}.$$

因而透镜空间 $L(n,k)$和 $L(m,l)$不可能同胚，甚至不能有相同的伦型，除非 $n=m$.

证明 由于 B^3 和 $L(n,k)$都能被三角剖分，因而旋转-反射映射 f 和商映射 p 都是单纯的. 其证明留作习题.

同前面一样，令 A 是 S^1 的以 $a=(1,0)$和 $b=(\lambda,0)$为端点的弧. 令 c_1 是生成 $H_1(A,\mathrm{Bd}A)$的一个闭链，令 c_2 是生成 $H_2(E_-^2,S^1)$的闭链，令 c_3 是生成 $H_3(B^3,S^2)$的闭链，它们的符号稍后将被确定. 链 $p_\#(c_1)$、$p_\#(c_2)$、$p_\#(c_3)$分别生成链群 $D_1(X)$、$D_2(X)$和 $D_3(X)$.

选取 c_1 的符号使得$\partial c_1=b-a$. 那么我们将证明链

(∗) $$z_1=c_1+f_\#(c_1)+f_\#^2(c_1)+\cdots+f_\#^{n-1}(c_1)$$

生成 $H_1(S^1)$. 一旦这个事实被证明，我们就会注意到，由于∂c_2 同样也生成$H_1(S^1)$，因而我们就能选取 c_2 的符号使得$\partial c_2=z_1$. 然后我们证明链

(∗∗) $$z_2=c_2-f_\#(c_2)$$

生成 $H_2(S^2)$. 一旦给出这个事实，我们就能选取 c_2 的符号使得$\partial c_3=z_2$.

首先，我们来考虑 z_1. 令 $g:S^1\to S^1$ 是映射 $g(z,0)=(\lambda z,0)$，它等于经过 $2\pi/n$ 角的旋转. 将 z_1 的表达式中的项进行重排，我们得

$$z_1 = c_1 + g_{\#}(c_1) + \cdots + g_{\#}^{n-1}(c_1).$$

由于$\partial c_1 = g_{\#}(a) - a$.因此

$$\partial z_1 = [g_{\#}(a) - a] + [g_{\#}^2(a) - g_{\#}(a)] + \cdots + [g_{\#}^n(a) - g_{\#}^{n-1}(a)] = 0.$$

因而 z_1 是一个闭链,因为它在 A 上的限制等于 c_1,而 c_1 是 $H_1(A, \mathrm{Bd}A)$的一个基本闭链,所以 z_1 是 S^1 的基本闭链.从而 z_1 生成 $H_1(S^1)$.

现在让我们来考虑 z_2.为证明 z_2 是一个闭链,我们计算出

$$\partial z_2 = \partial c_2 - f_{\#}(\partial c_2) = z_1 - f_{\#}(z_1) = 0,$$

因为通过用公式($*$)直接计算可得 $f_{\#}(z_1) = z_1$.因为 z_2 在 E_-^2 上的限制是(E_-^2, S^1)的一个基本闭链,所以链 z_2 是 S^2 的基本闭链,从而它生成 $H_2(S^2)$.

现在我们能够很容易地计算出 X 的胞腔链复形中的边缘算子.首先,

$$\partial p_{\#}(c_1) = p_{\#}(b) - p_{\#}(a) = 0,$$

因而边缘算子 $D_1(X) - D_0(X)$是平凡的.其次,

$$\begin{aligned}\partial p_{\#}(c_2) &= p_{\#}(z_1) = p_{\#}(c_1 + f_{\#}(c_1) + \cdots + f_{\#}^{n-1}(c_1)) \\ &= np_{\#}(c_1),\end{aligned}$$

因为对 S^1 中的所有 x 和对于所有 j, $p(f^j(x)) = p(x)$.因而映射 $D_2(x) \to D_1(x)$是乘以 n 的乘法.第三,

$$\partial p_{\#}(c_3) = p_{\#}(z_2) = p_{\#}(c_2 - f_{\#}(c_2)) = 0,$$

因为对于 E_-^2 中的 x, $p(f(x)) = p(x)$.因而 $D_3(X) \to D_2(X)$是平凡的. □

习　题

1. 证明 P^n 同胚于通过对每一个 $x \in S^{n-1}$ 把 x 与 $-x$ 等同而得到 B^n 的

商空间.

2. (a) 证明 P^n 是 n 维流形而 $\mathbf{C}P^n$ 是 $2n$ 维流形.

(b) 证明更一般地若一个有限维 CW 复形是齐性的,则它是一个流形.

3. 令 A 是平面上的一个正 n 边形区域;令 B 是 A 的双角锥. 把 $L(n,k)$描述成 B 的商空间;推断 B^3 和 $L(n,k)$都能被三角剖分,因而商映射是单纯的.

4. **定理** 如果

$$k\equiv\pm l(\mathrm{mod}n) \text{ 或 } kl\equiv\pm 1(\mathrm{mod}n)$$

那么 $L(n,k)$同胚于 $L(m,l)$.

证明 (a) 通过考虑 B^3 中的反射映射$(z,t)\to(z,-t)$证明 $k\equiv-l(\mathrm{mod}n)$的情形.

(b) 为了方便起见,令 $1\leqslant k<n$. 考虑用 z/n 的元素标记的 n 个互不相交的 3 维单形

$$a_1b_1c_1d_1, a_2b_2c_2d_2, \cdots, a_nb_nc_nd_n.$$

参看图 40.3. 证明 $L(n,k)$可以从这些单形按照下述的作法得出:先对 z/n 中的每个 i,用一个保持顶点次序的线性同胚把 $a_ib_id_i$ 粘接到 $a_{i+1}b_{i+1}c_{i+1}$ 上,然后再用一个保持顶点次序的线性同胚把 $a_id_ib_i$ 粘接到 $c_{i+k}d_{i+k}a_{i+k}$ 上.

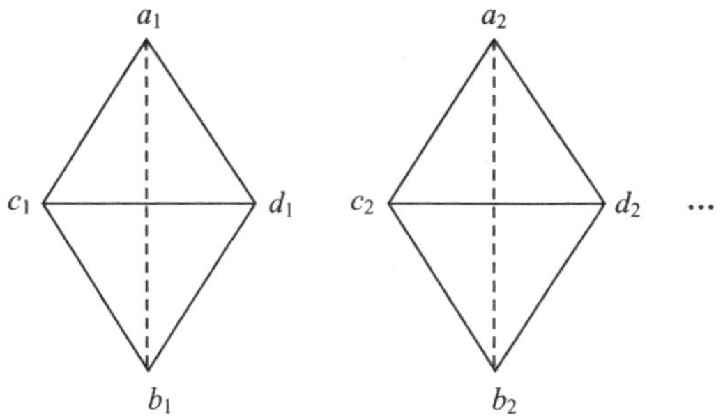

图 40.3

(c) 按下列次序重新写出(b)中的单形

$$a_kb_kc_kd_k, a_{2k}b_{2k}c_{2k}d_{2k}, \cdots, a_{nk}b_{nk}c_{nk}d_{nk}.$$

参看图 40.4. 先执行(b)的第二种粘接运算,再执行(b)的第一种粘接运算. 证明这就给出$L(n,l)$的一种描述,其中 1 是 l 与 n 之间的整数使得 $kl\equiv$

$1(\mathrm{mod}\,n)$.

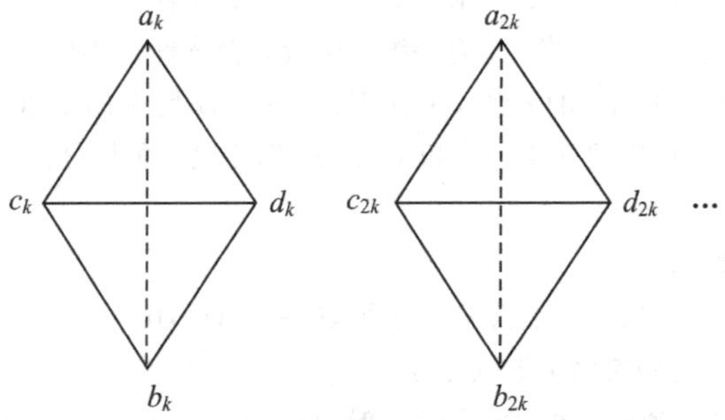

图 40.4

(d) 证明定理.

5. 证明 $L(n,k)$是一个 3 维紧流形.

我们特别指出,习题 4 中所述定理的逆成立,但证明非常困难.

在 20 世纪 30 年代,R·Reidemeister 定义了一个与单纯复形相伴的数,称为它的挠系数.这个数是一个组合不变量,它意味着两个具有同构的重分的复形必有相同的挠系数.通过计算透镜空间的挠系数,Reidemeister 证明了,如果单纯复形 $L(n,k)$和$L(n,l)$有同构的重分,那么,或者 $k\equiv\pm l(\mathrm{mod}\,n)$,或者 $kl\equiv\pm 1(\mathrm{mod}\,n)$.

为了完成这个逆定理的证明,(在 20 世纪 50 年代)对于 E.E.Moise 来说,剩下的是要证明两个同胚的可三角剖分的 3 维流形必有同构的重分.

这样一来透镜空间的同胚分类就成为已知的.我们将在后面的一章中讨论它们的伦型分类.

第五章 上 同 调

对于每一个拓扑空间 X,我们已经使它与一系列 Abel 群相联系,我们把这些群称为它的同调群. 现在我们要使 X 与另外一系列 Abel 群相联系,并把这些群称为 X 的上同调群. 上同调群是在同调群给出很久以后才被定义的. 其原因是不难理解的,因为它们与同调群相比,在几何上更是远非自然的. 它们起源于代数而不是起源于几何. 从某种(有待明确的)代数意义上说,它们"对偶"于同调群. 在过去,拓扑学家曾使用过象"伪闭链"这样的术语来表示这些群的元素,这就包含着对于把它们作为研究对象的合法性抱有一定程度的怀疑. 然而,这些群在理论上是重要的,而且在实践中是有用的,这一点终于变得明朗化了.

流形的对偶定理、拓扑学与微分几何的联系(de Rham 定理)、拓扑学与分析学之间的联系(带层系数的上同调)——所有这些结果都要用上同调来系统阐述. 甚至像直至同胚的空间分类或直至同伦的映射分类这样的纯拓扑问题,对于上同调而言都是值得称道的. 以后我们将要返回到其中的某些问题上来.

我们将始终假定读者熟悉范畴和函子的语言(§28).

§41 Hom 函子

与任何一对 Abel 群 A,G 相联系的是第三个 Abel 群,它是从 A 到 G 中的所有同态构成的群 $\mathrm{Hom}(A,G)$. 这个群将以一种基本的方法包括在上同调群的定义之中. 本节我们就来研究它的若干性质.

定义 如果 A 和 G 都是 Abel 群,假如 A 到 G 的两个同态相加是通过把它们在 G 中的值相加来这现的,那么 A 到 G 中的所有同态的集合 Hom(A,G)就成为一个 Abel 群.

这就是说,对于 $a\in A$,我们定义$(\phi+\psi)(a)=\phi(a)+\psi(a)$. 映射 $\phi+\psi$ 是一个同态,因为$(\phi+\psi)(0)=0$,而且

$$\begin{aligned}(\phi+\psi)(a+b) &= \phi(a+b)+\psi(a+b)\\ &= \phi(a)+\psi(a)+\phi(b)+\psi(b)\\ &= (\phi+\psi)(a)+(\phi+\psi)(b).\end{aligned}$$

Hom(A,G)的单位元是把 A 映射到 G 的单位元的函数. 同态 ϕ 的逆是对于每个$a\in A$,把 a 映射成 $-\phi(a)$的同态.

例 1 Hom$(\mathbf{Z},G)$与群 G 本身同构. 这个同构对同态 $\phi:\mathbf{Z}\to G$ 指派元素$\phi(1)$.

更一般地,如果 A 是以 $e_1,\cdots,e_n$ 为基的一个有限秩的自由 Abel 群,那么Hom(A,G)与 G 的 n 个拷贝的直和$G\oplus\cdots\oplus G$ 同构. 这个同构对于同态 $\phi:A\to G$ 指派 n 元组$(\phi(e_1),\cdots,\phi(e_n))$. 请注意这个同构不是“自然的”,而是依赖于 A 的基的选取. 还要注意到它依赖于 A 的秩的有限性. 如果 A 是具有非有限的基$\{e_\alpha\}_{\alpha\in J}$的自由 Abel 群,那么对应 $\phi\to(\phi(e_\alpha))_{\alpha\in J}$不是把$\phi$ 映射到 G 的拷贝的直和$\bigoplus_{\alpha\in J}G_\alpha$ 的元素,而是映射到直积 $\Pi_{\alpha\in J}G_\alpha$ 的元素. (相关定义参看§4.)

以后我们将把这些事实正式叙述为一个定理.

定义 同态 $f:A\to B$ 引出一个反向的**对偶同态**

$$\mathrm{Hom}(A,G)\xrightarrow{\tilde{f}}\mathrm{Hom}(B,G).$$

映射 $\tilde{f}$ 对同态$\phi:B\to G$ 指派复合同态

$$A\xrightarrow{f}B\xrightarrow{\phi}G.$$

即 $\tilde{f}(\phi)=\phi\circ f$.

映射 $\tilde{f}$ 是一个同态,这是因为 $\tilde{f}(0)=0$ 而且

$$\begin{aligned}[\tilde{f}(\phi+\psi)](a) = (\phi+\psi)(f(a)) &= \phi(f(a))+\psi(f(a))\\ &= [\tilde{f}(\phi)](a)+[\tilde{f}(\psi)](a).\end{aligned}$$

请注意到对于固定的 G,指派

$$A \to \mathrm{Hom}(A,G) \quad 和 \quad f \to \tilde{f}$$

定义从 Abel 群和同态的范畴到其自身的一个反变函子. 因为若 $i_A: A \to A$ 是恒等同态,那么 $\tilde{i}_A(\phi)=\phi\circ i=\phi$,所以 $\tilde{i}_A$ 是 $\mathrm{Hom}(A, G)$的恒等映射. 而且如果下面左边的图表交换,那么右边的图表也交换:

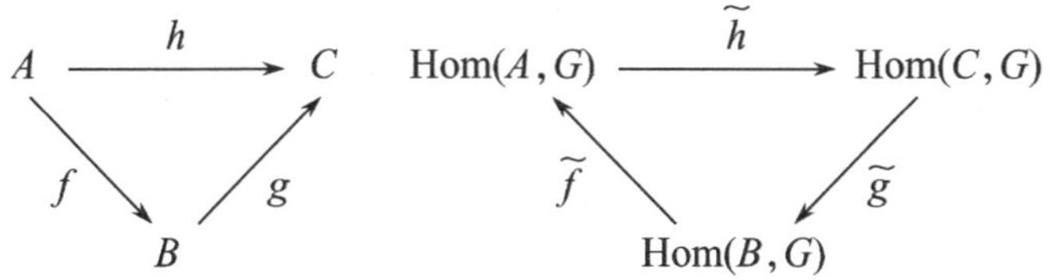

因为 $\tilde{h}(\phi)=\phi\circ h=\phi\circ(g\circ f)$,而由定义 $\tilde{f}(\tilde{g}(\phi))=\tilde{f}(\phi\circ g)=(\phi\circ g)\circ f$.

我们列举这个事实的若干推论.

定理 41.1 令 f 是一个同态;令 $\tilde{f}$ 是它的对偶同态.

(a) 如果 f 是一个同构,那么 $\tilde{f}$ 也是一个同构.

(b) 如果 f 是零同态,那么 $\tilde{f}$ 也是零同态.

(c) 如果 f 是满同态,那么 $\tilde{f}$ 也是满同态. 即

$$B \xrightarrow{f} C \longrightarrow 0$$

的正合性蕴涵着

$$\mathrm{Hom}(B,G) \xleftarrow{\tilde{f}} \mathrm{Hom}(C,G) \longleftarrow 0$$

的正合性.

证明 (a)和(b)是直接的. 为证明(c),设 f 是满的. 令 $\psi\in\mathrm{Hom}(C, G)$ 并设 $\tilde{f}(\psi)=0=\psi\circ f$. 那么对每一个 $b\in B$, $\psi(f(b))=0$. 当 b 遍历 B 时,元素 $f(b)$遍历 C 的所有元素. 因而对每一个 $c\in C$, $\psi(c)=0$. □

更一般地,关于正合序列的对偶我们有下列结果.

定理 41.2 如果序列

$$A \xrightarrow{f} B \xrightarrow{g} C \longrightarrow 0$$

是正合的，那么对偶序列

$$\operatorname{Hom}(A,G) \xleftarrow{\tilde{f}} \operatorname{Hom}(B,G) \xleftarrow{\tilde{g}} \operatorname{Hom}(C,G) \longleftarrow 0$$

也是正合的. 此外，如果 f 是单射并且第一个序列分裂，那么 $\tilde{f}$ 是满射并且第二个序列分裂.

证明 $\tilde{g}$ 的内射性从上面的定理得出. 我们来检验 $\operatorname{Hom}(B,G)$处的正合性. 因为 $h=g\circ f$ 是零同态，因而 $\tilde{h}=\tilde{f}\circ\tilde{g}$ 也是零同态. 另一方面，设 $\tilde{f}(\psi)=0$，我们证明 $\psi=\tilde{g}(\phi)$对于某个 $\phi\in\operatorname{Hom}(C,G)$成立. 因为 $\tilde{f}(\psi)=\psi\circ f$ 是零同态，所以 ψ 在群 $f(A)$ 上为零. 因而 ψ 诱导一个同态 $\psi':B/f(A)\to G$. 原序列的正合性蕴涵着 g 诱导一个同构 $g':B/f(A)\to C$，如下列图表所示

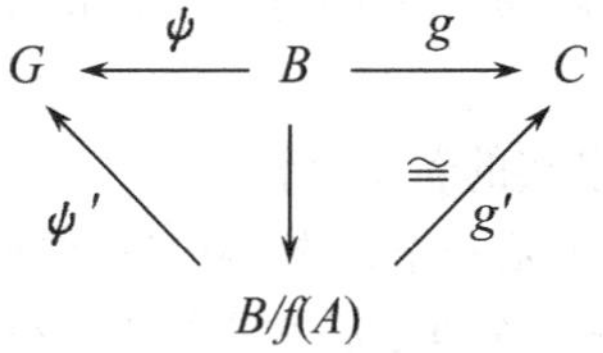

映射 $\phi=\psi'\circ(g')^{-1}$是 C 到 G 中一个同态，而且如所期望的那样，

$$\tilde{g}(\phi) = \phi\circ g = \psi'\circ(g')^{-1}\circ g = \psi.$$

现在设 f 把A 1-1 地映射到 B 中的一个直和项上. 令 $\pi:B\to A$ 是一个态射使得$\pi\circ f=i_A$. 那么 $\tilde{f}\circ\tilde{\pi}$ 是 $\operatorname{Hom}(A,G)$的单位元，因而 $\tilde{f}$ 是满射而且$\tilde{\pi}:\operatorname{Hom}(A,G)\to\operatorname{Hom}(B,G)$分裂对偶序列.

□

我们要特别注意，一般来说一个短正合序列的正合性并不蕴涵其对偶序列的正合性. 例如，若 $f:\mathbf{Z}\to\mathbf{Z}$ 等于乘以 2 的乘法，那么序列

$$0\to\mathbf{Z}\xrightarrow{f}\mathbf{Z}\to\mathbf{Z}/2\to 0$$

是正合的. 但 $\tilde{f}$ 不是满射. 实际上，若 $\phi\in\operatorname{Hom}(\mathbf{Z},\mathbf{Z})$，那么 $\tilde{f}(\phi)=\phi\circ f$ 是把 $\mathbf{Z}$ 映入偶数集的一个同态. 因而 $\tilde{f}$ 的象不是 $\operatorname{Hom}(\mathbf{Z},$

$\mathbf{Z}$)的全部.

我们曾把 Hom 单独看成第一个变量的函子.但是它也可以看作是两个变量的函子.在这种情况下,它有一种混合变化,它按第一个变量是反变的,按第二个变量是共变的.我们把这种说法正式叙述如下:

定义 给定同态 $\alpha:A\to A'$和$\beta:G'\to G$,我们按下述办法定义一个映射

$$\mathrm{Hom}(\alpha,\beta):\mathrm{Hom}(A',G')\to\mathrm{Hom}(A,G),$$

令它把同态 $\phi':A'\to G'$映射到同态$\beta\circ\phi'\circ\alpha:A\to G$.

可以验证 $\mathrm{Hom}(\alpha,\beta)$确实是一个同态.而且函子性质成立:映射 $\mathrm{Hom}(i_A,i_G)$是恒等映射,并且若 $\alpha':A'\to A''$,$\beta':G''\to G'$,那么由定义

$$\mathrm{Hom}(\alpha'\circ\alpha,\beta\circ\beta')=\mathrm{Hom}(\alpha,\beta)\circ\mathrm{Hom}(\alpha',\beta').$$

(两边都把 $\phi'':A''\to G''$映射到$\beta\circ\beta'\circ\phi''\circ\alpha'\circ\alpha$.)

按这种记号,当我们把 Hom 看作单独第一个变量的函子时,所得到的"对偶同态"$\tilde{\alpha}$ 恰好是映射 $\mathrm{Hom}(\alpha,i_G)$.

我们也可以把 Hom 看作单独第二个变量的函子;对于这种情况,我们把它留到习题中.

现在我们来证明 Hom 函子的若干性质.

定理 41.3 (a) 我们有下列同构:

$$\mathrm{Hom}(\bigoplus_{\alpha\in J}A_\alpha,G)\cong\Pi_{\alpha\in J}\mathrm{Hom}(A_\alpha,G),$$

$$\mathrm{Hom}(A,\Pi_{\alpha\in J}G_\alpha)\cong\Pi_{\alpha\in J}\mathrm{Hom}(A,G_\alpha).$$

(b) $\mathrm{Hom}(\mathbf{Z},G)$与 G 有一个自然同构.如果 $f:\mathbf{Z}\to\mathbf{Z}$ 等于乘以 m 的乘法,那么 $\tilde{f}$ 也是.

(c) $\mathrm{Hom}(\mathbf{Z}/m,G)\cong\ker(G\xrightarrow{m}G)$.

证明 性质(a)从代数中关于积的同态的一般事实立即得出.(b)的证明也是直接的,同态 $\lambda:\mathrm{Hom}(\mathbf{Z},G)\to G$ 对同态 $\phi:\mathbf{Z}\to G$ 指派ϕ 在 1 处的值.即 $\lambda(\phi)=\phi(1)$.因为 ϕ 完全由它在 1 处的值

决定,又因为这个值可以任意选取,所以 λ 是 $\mathrm{Hom}(\mathbf{Z},G)$ 与 G 的一个同构.

令 $f:\mathbf{Z}\to\mathbf{Z}$ 是乘以 m 的乘法.那么

$$\tilde{f}(\phi)(x)=\phi(f(x))=\phi(mx)=m\phi(x),$$

所以 $\tilde{f}(\phi)=m\phi$.因而 $\tilde{f}$ 在 $\mathrm{Hom}(\mathbf{Z},G)$ 中等于乘以 m 的乘法.在 $\mathrm{Hom}(\mathbf{Z},G)$ 与 G 的同构 λ 下,映射 $\tilde{f}$ 又对应于 G 中的乘以 m 的乘法.

现在我们来证明(c).由正合序列

$$0\to\mathbf{Z}\xrightarrow{m}\mathbf{Z}\to\mathbf{Z}/m\to 0$$

开始.那么序列

$$\mathrm{Hom}(\mathbf{Z},G)\xleftarrow{m}\mathrm{Hom}(\mathbf{Z},G)\leftarrow\mathrm{Hom}(\mathbf{Z}/m,G)\leftarrow 0$$

是正合的,于是(c)成立. □

我们注意到在这个定理的(a)中所给出的同构是"自然的",特别是,若给定了同态 $\phi_\alpha:A_\alpha\to B_\alpha$ 和 $\psi:H\to G$,那么从同构的定义立即得出下列图表交换:

$$\begin{array}{ccc}
\mathrm{Hom}(\oplus A_\alpha,G) & \cong & \prod\mathrm{Hom}(A_\alpha,G)\\
\Big\uparrow{\scriptstyle \mathrm{Hom}(\oplus\phi_\alpha,\psi)} & & \Big\uparrow{\scriptstyle \prod\mathrm{Hom}(\phi_\alpha,\psi)}\\
\mathrm{Hom}(\oplus B_\alpha,H) & \cong & \prod\mathrm{Hom}(B_\alpha,H).
\end{array}$$

类似的评注适用于(a)中的另一个同构.

上面的定理使我们能够计算 $\mathrm{Hom}(A,G)$,只要 A 是有限生成的,因为 $\mathrm{Hom}(A,G)$ 等于具有形式 $\mathrm{Hom}(\mathbf{Z},G)$ 和 $\mathrm{Hom}(\mathbf{Z}/m,G)$ 的项的直和,我们可以利用规则

$$\mathrm{Hom}(\mathbf{Z},G)\simeq G,\quad \mathrm{Hom}(\mathbf{Z}/m,G)=\ker(G\xrightarrow{m}G)$$

来计算这些项.当 G 也是有限生成时,这些群可以写成循环群的直和.我们需要下列引理,其证明留作习题.

引理 41.4 存在一个正合序列

$$0 \to \mathbf{Z}/d \to \mathbf{Z}/n \xrightarrow{m} \mathbf{Z}/n \to \mathbf{Z}/d \to 0,$$

其中 $d = gcd(m, n)$. □

习 题

1. 证明若 T 是 G 的挠子群,那么 $\mathrm{Hom}(G,\mathbf{Z}) \cong \mathrm{Hom}(G/T,\mathbf{Z})$.

2. 令 G 固定,考虑下列从 Abel 群的范畴到其自身的函子:

$$A \to \mathrm{Hom}(G, A) \quad \text{和} \quad f \to \mathrm{Hom}(i_G, f).$$

(a) 证明这个函子保持序列

$$0 \to A \to B \to C$$

的正合性.

(b) 证明这个函子保持分裂短正合序列.

3. (a) 证明 $\mathbf{Z}/n \xrightarrow{m} \mathbf{Z}/n$ 的核是由 $\{n/d\}$ 生成的,其中 $d = \gcd(m, n)$.

(b) 证明循环群的商是循环的.

(c) 证明引理 41.4.

4. 对于一个 Abel 群来说,如果对每个 $x \in G$ 和每个整数 n,都存在 $y \in G$ 使得 $ny = x$,则我们称 Abel 群 G 是**可除的**. 例如,有理数在加法运算下形成一个可除群.

定理 令 G 是可除的. 那么若

$$0 \to A \to B \to C \to 0$$

是正合的,则

$$0 \leftarrow \mathrm{Hom}(A, G) \leftarrow \mathrm{Hom}(B, G) \leftarrow \mathrm{Hom}(C, G) \leftarrow 0$$

也是正合的.

证明 只要证明若 $A \subset B$ 且 $\phi: A \to G$ 是一个同态,那么 ϕ 能扩张成一个同态 $\psi: B \to C$ 就行了.

(a) 当 B 是由 A 的元素和单独一个附加元素 b 生成时证明这个事实.

(b) 令 $\mathscr{B}$ 是 B 的由包含关系全序化的一族子群. 令 $\{\psi_H \mid H \in \mathscr{B}\}$ 是一族同态,其中对于每个 H, ψ_H 把 H 映射到 G 中,使得任何两个同态在它们的定义域的公共部分都是一致的. 证明 $\mathscr{B}$ 的元素之并是 B 的子群,而且这些同态能够扩张成这个并到 G 中的同态.

(c) 用 Zorn 引理论证完成证明.

5. 令 R 是带有单位元 1 的交换环. 令 A 和 B 是 R 模. (假如忘了定义，可以参看 §(48))

(a) 令 $\mathrm{Hom}_R(A,B)$ 表示 A 到 B 中的所有 R 模同态的集合. 证明它以一种自然方式具有 R 模的结构. 证明若 f,g 是 R 模同态，则 $\mathrm{Hom}(f,g)$ 也是.

(b) 对于 R 模叙述并证明定理 41.2 和定理 41.3 的类似结果.

(c) 考虑 R 是一个域的特殊情况. 那么 A 和 B 是 F 上的向量空间，而且 $\mathrm{Hom}_F(A,B)$ 也是 F 上的向量空间. 证明在这种情况下，每个正合序列分裂，因而函子 Hom 保持正合序列.

§42 单纯上同调群

本节我们来定义单纯复形的上同调群，并且计算若干基本例子.

定义 令 K 是一个单纯复形；令 G 是一个 Abel 群. K 的带 G 中系数的 **p 维上链群**是

$$C^p(K;G) = \mathrm{Hom}(C_p(K),G).$$

我们把**上边缘算子** δ 定义为边缘算子 $\partial: C_{p+1}(K) \to C_p(K)$ 的对偶. 因而

$$C^{p+1}(K;G) \xleftarrow{\delta} C^p(K;G),$$

因此，δ 将维数提升 1 维. 我们定义 $Z^p(K;G)$ 是这个同态的核，定义 $B^{p+1}(K;G)$ 是它的象，而且定义

$$H^p(K;G) = Z^p(K;G)/B^p(K;G),$$

(注意到 $\delta^2=0$，因为 $\partial^2=0$). 这些群分别称为 K 的带 G 中系数的**上闭链群、上边缘链群**和**上同调群**. 当 G 等于整数群时，则我们把 G 从记号中省略.

如果 c^p 是 p 维上链，c_p 是 p 维链，那么我们用记号 $\langle c^p, c_p\rangle$ 表示 c^p 在 c_p 上的值，而不用比较熟悉的函数记号 $c^p(c_p)$. 按照这种记号，上边缘算子的定义就变为

$$\langle \delta c^p, d_{p+1} \rangle = \langle c^p, \partial d_{p+1} \rangle.$$

上同调的这种定义,正如记号本身所预示的那样,实际上是高度代数化的.那么能否把所涉及的群从几何上表示出来呢?我们马上就会看到,答案在一定程度上是"肯定的".

回想到 p 维链群 $C_p(K)$ 是自由 Abel 群,它有一个从 K 的 p 维单形任意定向而得到的标准基,而且可以用相应的基本链作为一个基.令 $\{\sigma_\alpha\}_{\alpha\in J}$ 是这族定向单形.那么 $C_p(K)$ 的元素能够表示成基本链 σ_α 的有限线性组合 $\Sigma n_\alpha \sigma_\alpha$.于是 $\mathrm{Hom}(C_p(K), G)$ 的一个元素 c^p 由它在每个元 σ_α 上的值 g_α 决定,而且这些值是可以任意指派的,并没有要求 c^p 在除有限多个以外的所有 σ_α 上为零.

假设我们令 σ_α^* 表示带 $\mathbf{Z}$ 系数的基本上链,而且它在元素 σ_α 上的值是 1,而在所有其它基元上的值是 0.那么若 $g \in G$,则我们令 $g\sigma_\alpha^*$ 表示这样一个上链,它的在 σ_α 是 g,而在所有其它基元上为 0.利用这个记号,我们常常可以把 c^p 表示成(可能是无限的)形式和

$$c^p = \Sigma g_\alpha \sigma_\alpha^*.$$

c^p 的这种表示为什么是合理的呢?我们证明其合理性如下.

假设我们令 C_α 表示 $C_p(K)$ 的由 σ_α 生成的无限循环子群.那么 $C_p(K) = \oplus_\alpha C_\alpha$,而且就像我们早就指出的那样,

$$(*) \qquad c^p(K;G) = \mathrm{Hom}(\oplus_\alpha C_\alpha, G) \simeq \Pi_\alpha \mathrm{Hom}(C_\alpha, G),$$

末了这个群是 G 的拷贝的直积.在同构($*$)之下,上链 c^p 对应于直积的元素 $(g_\alpha \sigma_\alpha^*)_{\alpha\in J}$.我们将用形式和的记号而不是用"多元组"的记号来表示直积的这个元素.

当我们用它来计算上边缘算子时,这个记号特别方便.我们能够断言,若 $c^p = \Sigma g_\alpha \sigma_\alpha^*$,那么

$$(**) \qquad \delta c^p = \Sigma g_\alpha (\delta \sigma_\alpha^*),$$

就像我们有一个真正和而不是形式和.为验证这个公式,让我们将每个 $p+1$ 维单形 τ 定向并证明当我们在 τ 上赋值时右边有意义

而且两边一致.设

$$\partial\tau = \sum_{i=0}^{p+1} \varepsilon_i \sigma_{\alpha_i},$$

其中对每个 i，$\varepsilon_i = \pm 1$.那么

$$\langle \delta c^p, \tau\rangle = \langle c^p, \partial\tau\rangle = \sum_{i=0}^{p+1} \varepsilon_i \langle c^p, \sigma_{\alpha_i}\rangle = \sum_{i=0}^{p+1} \varepsilon_i g_{\alpha_i}.$$

而且

$$\langle g_\alpha(\delta\sigma_\alpha^*), \tau\rangle = g_\alpha\langle \delta\sigma_\alpha^*, \tau\rangle = g_\alpha\langle \sigma_\alpha^*, \partial\tau\rangle$$

$$= \begin{cases} \varepsilon_i g_{\alpha_i}, & \alpha = \alpha_i \text{ 对于 } i = 0,\cdots,p+1 \text{ 成立}, \\ 0 & \text{其它情况}. \end{cases}$$

因而 δc^p 和 $\Sigma g_\alpha(\delta\sigma_\alpha^*)$在 τ 上有相同的值,所以(* *)式成立.

由(* *)式,为了计算 δc^p,只要对每个 p 维定向单形 σ 计算 $\delta\sigma^*$ 就行了.我们可以利用公式

$$\delta\sigma^* = \Sigma\varepsilon_j\tau_j^*$$

来进行计算,其中求和是对所有以 σ 为面的 $p+1$ 维单形 τ_j 进行的,而且 $\varepsilon_j = \pm 1$ 是 σ 出现在$\partial\tau_j$ 的表达式中时所带的符号.我们可以简单地通过对公式两边在一般 $p+1$ 维单形 τ 上赋值来验证这个公式.

现在让我们把这些事实应用于某些例子.在这里仅做少量几个计算,而把计算上同调群的一般问题留到后面的一节解决.

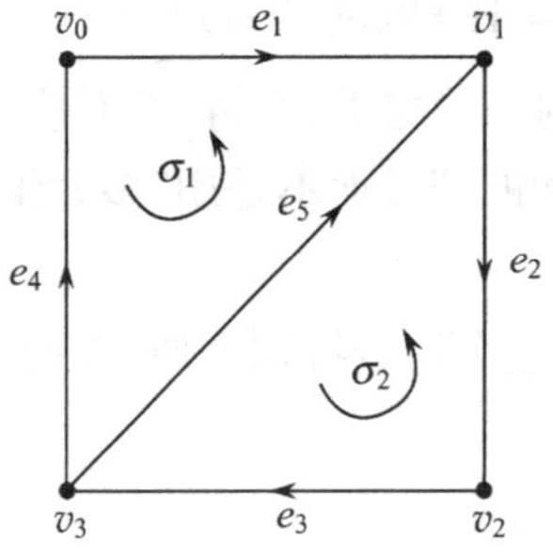

图 42.1

例 1 考虑在图 42.1 中所画出的复形 K.让我们来计算几个上链的上边缘.令$\{v_i\}$表示顶点的集合;令$\{e_i\}$表示边集,其中各边的定向如图所示;令$\{\sigma_i\}$表示定向如图所示的 2 维单形的集合.我们计算 δe_5^*,它在 σ_1 上的值为 1,在 σ_2 上的值为 -1,

因为 e_5 在$\partial\sigma_1$ 和$\partial\sigma_2$ 中出现时分别带有符号 +1 和 −1. 因而

$$\delta e_5^* = \sigma_1^* - \sigma_2^*.$$

类似地推理可以证明

$$\delta v_1^* = e_1^* + e_5^* - e_2^*.$$

在这个复形中存在任何上闭链吗? 是的, σ_1^* 和 σ_2^* 都是上闭链, 这是因为 K 没有任何 3 维单形这一平凡的原因. 它们之中的每一个都是上边缘链, 因为

$$\delta e_1^* = -\sigma_1^*, \quad \delta e_2^* = -\sigma_2^*.$$

可以验证, 1 维上链

$$c^1 = e_1^* + e_5^* - e_3^*$$

也是一个上闭链, 而且碰巧它还是一个上边缘链, 因为它等于 $\delta(v_1^* + v_2^*)$. 类似地可以验证 0 维上链

$$c^0 = v_0^* + v_1^* + v_2^* + v_3^*$$

是一个上闭链, 但它不可能是上边缘链, 因为不存在任何 −1 维上链.

例 2 用一种比以前所考虑的三角剖分稍为简化的形式来考虑环面. 参看图 42.2. 考虑图中所画出的 1 维上链 $z^1 = e_1^* + \cdots + e_6^*$. 可以验证它是一个上闭链, 上链 $d^1 = e_7^* + \cdots + e_{12}^*$ 也是上闭链. 而且它们碰巧还是上同调的, 因为 $\delta(c^* + h^* + j^*) = z^1 -$

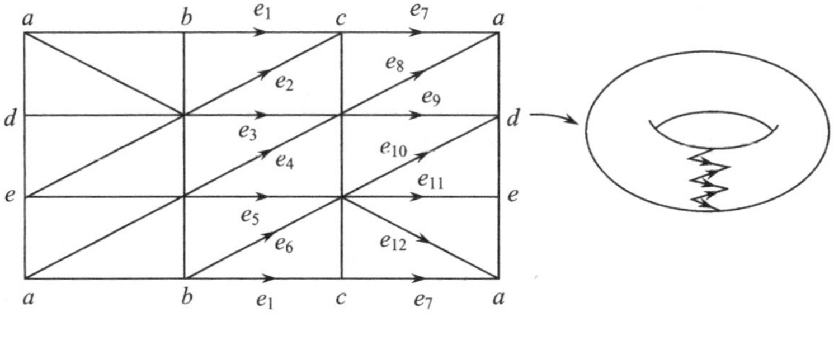

图 42.2

d^1.(其中 h 和 j 位于经过 c 的竖线上.)

这个例子说明了这样一个事实:当我们可以把 1 维闭链看作一条闭曲线时,看待 1 维上闭链的最佳方式是把它想像成一个尖桩篱笆!

以后我们将计算环面 T 的上同调并证明上闭链 z^1 表示 $H^1(T)$的生成元之一.(参看 § 4.7.)

例 3 考虑在图 42.3 中所画出的复形 K.我们来计算它的上同调群.一般 0 维链是一个形如 $c^0 = \Sigma n_i v_i^*$ 的和.由于$\langle \delta c^0, e_i \rangle = \langle c^0, \partial e_i \rangle$,所以我们看出,$\delta c^0$ 在 e_1 上取值为 $n_2 - n_1$,在 e_2 上值为 $n_3 - n_2$,等等.如果 c^0 是一个上闭链,那么必有 $n_1 = n_2 = n_3 = n_4$,因此 c^0 具有 $n\Sigma v_i^*$ 的形式.于是我们推出 $H^0(K) \cong \mathbf{Z}$,而且是由 Σv_i^* 生成的.

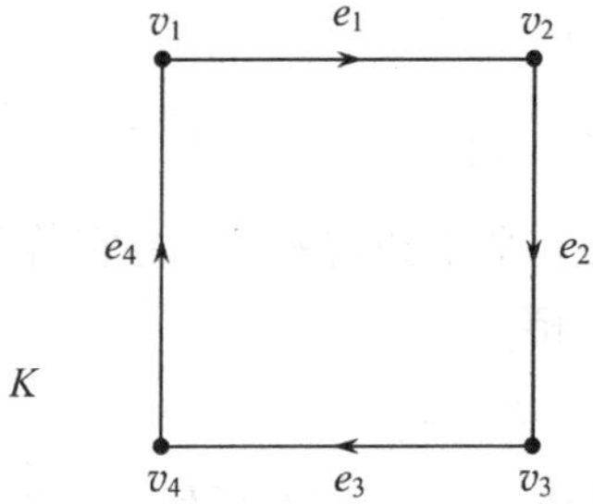

图 42.3

现在令 c^1 是一个 1 维上链,它平凡地是一个上闭链.我们证明 c^1 上同调于 e_1^* 的某个倍数.只要证明对于每个 i,e_i^* 上同调于 e_1^* 即可,而这是能够直接做到的.例如,e_3^* 上同调于 e_1^* 是因为 $\delta(v_4^* + v_1^*) = e_3^* - e_1^*$.类似的说法也适用于其它 e_i.

此外,e_1^* 的任何倍数都不是上边缘.因为若令 z 是闭链 $e_1 + e_2 + e_3 + e_4$,那么对于任何 0 维上闭链 c^0,都有$\langle \delta c^0, z \rangle = \langle c^0, \partial z \rangle = 0$.但是$\langle ne_1^*, z \rangle = n$,因而 ne_1^* 不是上边缘,除非 $n = 0$.

我们推得,$H^1(K) \cong \mathbf{Z}$ 而且是由 e_1^* 生成的.它同样也是由 e_2^*、e_3^* 和 e_4^* 生成的.

请注意到如果 K 不是四边形而是一般的 n 边形,那么同样的论证也适用.

例 4 在上例中,K 的同调群和上同调群是相等的.唯恐你会误认为这种情况总能发生,请考虑下面的例子.

令 S 表示由图 42.4 中的标记矩形所代表的 Klein 瓶. 我们要证明 $H^2(S)$是非平凡的,而我们已经知道 $H_2(S)=0$. 将 L 的 2 维单形按反时针方向定向. 用 S 的 2 维单形的诱导定向,并令 γ 表示它们的和. 于是 γ 不是闭链,因为$\partial\gamma=2z_1$,其中 $z_1=[a,d]+[d,e]+[e,a]$.

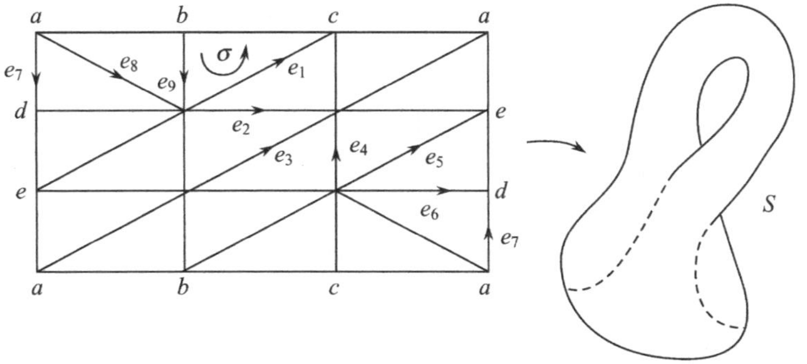

图 42.4

令 σ 表示S 的单个 2 维单形,如图所示. 那么 σ^* 是 S 的一个上闭链,因为 S 没有 3 维的单形. 此外,σ^* 不是上边缘. 因为若 c^1 是任意一个 1 维上链,那么$\langle\delta c^1,\gamma\rangle=\langle c^1,\partial\gamma\rangle=2\langle c^1,z_1\rangle$,它是一个偶数,而$\langle\sigma^*,\gamma\rangle=1$. 因此 σ^* 表示 $H^2(S)$的一个非平凡元.

现在实际上 σ^* 表示 $H^2(S)$中的一个 2 阶元. 可以验证,图中所画出的 1 维上链($e_1^*+\cdots+e_9^*$)的上边缘等于 $2\sigma^*$.

现在我们来考虑零维上同调群,并计算它们.

定理 42.1 令 K 是一个复形. 那么 $H^0(K;G)$等于所有使得每当 v 和 w 属于K 的同一个分支时就有$\langle c^0,v\rangle=\langle c^0,w\rangle$的 0 维上链 c^0 构成的群.

特别是,若$|K|$是连通的,那么 $H^0(K)\cong\mathbf{Z}$,而且它是由在 K 的每个顶点上取值为 1 的上链生成的.

证明 我们注意到 $H^0(K;G)$等于 0 维上闭链构成的群,因

为没有 0 维的上边缘. 如果 v 和 w 属于 $|K|$ 的同一个分支, 那么就有 K 的一个 1 维链 c_1 使得 $\partial c_1 = v - w$. 于是对任何上闭链 c^0, 必然有

$$0 = \langle \delta c^0, c_1 \rangle = \langle c^0, \partial c_1 \rangle = \langle c^0, v \rangle - \langle c^0, w \rangle.$$

反之, 令 c^0 是一个上链使得每当 v 和 w 在 $|K|$ 的同一分支时就有 $\langle c^0, v \rangle - \langle c^0, w \rangle = 0$. 那么对于 K 的每个 1 维定向单形 σ,

$$\langle \delta c^0, \sigma \rangle = \langle c^0, \partial \sigma \rangle = 0.$$

从而我们推出 $\delta c^0 = 0$. 于是定理得证. □

上述定理说明, 一般 $H^0(K)$ 同构于一些无限循环群的直积, 这些群是由对应于 $|K|$ 的每一个分支有一个群而构成的. 另一方面, 群 $H_0(K)$ 同构于这些群的直和. 这是同调群和上同调群的另一个不同之处.

定义 给定一个复形 K, 我们将标准增广

$$C_1(K) \xrightarrow{\partial_1} C_0(K) \xrightarrow{\varepsilon} \mathbf{Z}$$

对偶化就得到一个同态 $(\tilde{\varepsilon})$,

$$C^1(K;G) \xleftarrow{\delta_1} C^0(K;G) \xleftarrow{\tilde{\varepsilon}} G,$$

我们称之为**上增广**. 它是单射, 而且 $\delta_1 \circ \tilde{\varepsilon} = 0$. 我们定义 K 的**约化上同调**为: 当 $q > 0$ 时, 令 $\widetilde{H}^q(K;G) = H^q(K;G)$, 而令

$$\widetilde{H}^0(K;G) = \ker \delta_1 / \operatorname{im} \tilde{\varepsilon}.$$

定理 42.2 如果 $|K|$ 是连通的, 那么 $\widetilde{H}^0(K;G) = 0$. 更一般地, 对于任何复形 K,

$$H^0(K;G) \simeq \widetilde{H}^0(K;G) \oplus G.$$

证明 如果 $|K|$ 是连通的, 那么 $\widetilde{H}_0(K)$ 为零群, 因而 $C_1(K) \to C_0(K) \to \mathbf{Z} \to 0$ 是正合的. 由此可知,

$$C^1(K;G) \leftarrow C^0(K;G) \leftarrow G \leftarrow 0$$

是正合的, 因而 $\widetilde{H}^0(K;G)$ 为零. 定理的其余部分留作习题. □

习　　题

1. 考虑例 1 的复形 K. 求出在每一个维数下的上闭链群的基. 证明在正维数下 K 的上同调为零.

2. 检验例 2、例 3 和例 4 的计算.

3. (a) 设已给出同态

$$C_1 \xrightarrow{\phi} C_0 \xrightarrow{\varepsilon} \mathbf{Z}$$

其中 $\varepsilon\circ\phi=0$ 并且 ε 是满态射. 考虑对偶序列

$$\mathrm{Hom}(C_1,G) \xleftarrow{\tilde{\phi}} \mathrm{Hom}(C_0,G) \xleftarrow{\tilde{\varepsilon}} \mathrm{Hom}(\mathbf{Z},G).$$

证明 $\mathrm{im}\tilde{\varepsilon}$ 是 $\mathrm{Hom}(C_0,G)$中的一个直和项,并因此也是 $\ker\tilde{\phi}$ 中的直加项. [提示:参看 §7 的习题.]

(b) 试推导出

$$\ker\tilde{\phi} \simeq \frac{\ker\tilde{\phi}}{\mathrm{im}\tilde{\varepsilon}} \oplus G,$$

因而特别地,

$$H^0(K;G) \simeq \widetilde{H}_0(K;G) \oplus G.$$

4. 令 K 是一个复形,其空间为实直线而其顶点是整数. 令 $\sigma_n=[n,n+1]$. 通过求一个特殊上链使其上边缘为

$$\sum_{i=-\infty}^{\infty} a_i\sigma_i^*,$$

而由此证明 $H^1(K)=0$.

*5. 令 K 是一个有限复形.

(a) 利用关于链复形的标准基的定理(§11),用 K 的 Betti 数和挠系数来表示 $H^p(K)$.

(b) 以 K 的 Betti 数和挠系数表示 $H^p(K;G)$. 答案中将包括群 $G, G/mG$ 和 $\ker(G\xrightarrow{m}G)$.

(c) 当 X 分别为环面、Klein 瓶或者射影平面时,计算 $H^p(X;G)$.

§43　相对上同调

为了继续关于单纯上同调的讨论,我们来定义相对上同调群.

我们还要考虑由单纯映射诱导的同态和上同调中的长正合序列. 在某些方面,相对上同调类似于相对同调,而在另一些方面,我们将会看到,它又是相当不同的.

定义 令 K 是一个复形,K_0 是 K 的一个子复形;令 G 是一个 Abel 群. 我们定义 p 维**相对上链群**为

$$C^p(K,K_0;G) = \mathrm{Hom}(C_p(K,K_0),G).$$

我们把相对上边缘算子 δ 定义为相对边缘算子的对偶;把 $Z^p(K,K_0;G)$定义为同态

$$\delta: C^p(K,K_0;G) \to C^{p+1}(K,K_0;G)$$

的核;并把 $B^{p+1}(K,K_0;G)$定义为它的象;而且定义

$$H^p(K,K_0;G) = Z(K,K_0;G)/B^p(K,K_0;G).$$

我们把这些群分别称为**相对上闭链群**,**相对上边缘链群**和**相对上同调群**.

我们已经有办法画出上链和上闭链. 那么我们如何来画出相对上链和相对上闭链呢? 这里的情形跟同调中的情形是很不相同的. 我们解释这种差异如下:

对于链来说,我们有正合序列

$$0 \to C_p(K_0) \xrightarrow{i} C_p(K) \xrightarrow{j} C_p(K,K_0) \to 0,$$

其中 $C_p(K_0)$是 $C_p(K)$的子群,$C_p(K,K_0)$是它们的商. 因为相对链群是自由的,所以这个序列分裂. 因此序列

$$0 \leftarrow C^p(K_0;G) \xleftarrow{\tilde{i}} C^p(K,G) \xleftarrow{\tilde{j}} C^p(K,K_0;G) \leftarrow 0$$

是正合的并且是分裂的. 这就是导致下列惊人的事实:

把 $C^p(K,K_0;G)$看成 $C^p(K;G)$的*子群*,并把 $C^p(K_0;G)$看作 $C^p(K;G)$的*商群*,这是很自然的.

让我们更加仔细地来考察这种情况. 一个相对上链是一个把 $C_p(K,K_0)$映射到 G 中的同态映射. 这种同态组成的群恰好对应于 $C_p(K)$到 G 中的所有使得在子群 $C_p(K_0)$上为零的同态组成

的群.这恰好是 $C_p(K)$到 G 中的所有同态组成的群的一个子群.因而 $C^p(K,K_0;G)$自然可以看作是由那些在 K_0 的每个定向单形上为零的上链组成的 $C^p(K;G)$的子群.从某种意义上说,$C^p(K,K_0;G)$是 K 的那些"由 $K-K_0$ 承载"的上链组成的群.上边缘算子把 $C^p(K;G)$的这个子群映射到其自身中:设 C^p 在 K_0 的每一个单形上为零.如果 τ 是 K_0 的一个 $p+1$ 维单形,那么$\partial\tau$ 被 K_0 承载,因此

$$\langle \delta c^p, \tau \rangle = \langle c^p, \partial\tau \rangle = 0.$$

因而映射 $\tilde{j}$ 可以看作一个包含映射.为了解释 $\tilde{i}$,我们注意到它把 K 的上链 C^p 映射到上链 $C^p \circ i$,这个上链恰好是 C^p 在 $C_p(K_0)$上的限制.我们把这些结果总结如下:

如果我们以序列

$$0 \to C_p(K_0) \xrightarrow{i} C_p(K) \xrightarrow{j} C_p(K,K_0) \to 0$$

开始,那么射影映射 j 的对偶是包含映射 $\tilde{j}$,而包含映射 i 的对偶是限制映射 $\tilde{i}$.

现在让我们来考虑由单纯映射诱导的上同调的同态.

回想到若 $f:(K,K_0)\to(L,L_0)$是单纯映射,那么就有一个相应的链映射

$$f_{\#}: C_p(K,K_0) \to C_p(L,L_0).$$

$f_{\#}$ 的对偶把上链映射到上链,我们通常把这个对偶链映射记为 $f^{\#}$.因为 $f_{\#}$ 与∂交换,从而映射 $f^{\#}$ 与 δ 交换,这是因为等式 $f_{\#}\circ\partial=\partial\circ f_{\#}$ 的对偶是等式 $\delta\circ f^{\#}=f^{\#}\circ\delta$.因此 $f^{\#}$ 把上闭链映射到上闭链并且把上边缘映射到上边缘.我们们把它称为**上链映射**,它诱导上同调群的同态

$$H^p(K,K_0;G) \xleftarrow{f^*} H^p(L,L_0;G).$$

甚至在上链水平上,函子性质也成立.因为如果 i 是恒等映射,那么 $i_{\#}$ 就是恒等映射,那么 $i^{\#}$ 也是.类似地,把等式$(g\circ f)_{\#}=g_{\#}\circ$

$f_{\#}$对偶化就给出等式$(g\circ f)^{\#}=g^{\#}\circ g^{\#}$.

恰似在同调的情形,在涉及相对群的上同调中,我们也有长正合序列.但是存在一些差别.

定理 43.1 令 K 是一个复形;令 K_0 是一个子复形.那么存在长正合序列

$$\cdots\leftarrow H^p(K_0,G)\leftarrow H^p(K,G)$$
$$\leftarrow H^p(K,K_0;G)\leftarrow H^{p-1}(K_0,G)\leftarrow\cdots$$

如果 K_0 是非空的,那么在约化上同调中存在一个类似的序列.单纯映射 $f:(K,K_0)\to(L,L_0)$诱导长正合上同调序列的同态.

证明 本定理可以通过把之字形引理应用于下列图表而得出

$$\begin{array}{ccccccccc}
0 & \leftarrow & C^{p+1}(K_0;G) & \xleftarrow{\tilde{i}} & C^{p+1}(K;G) & \xleftarrow{\tilde{j}} & C^{p+1}(K,K_0;G) & \leftarrow & 0\\
 & & \uparrow\delta & & \uparrow\delta & & \uparrow\delta & & \\
0 & \leftarrow & C^{p}(K_0;G) & \xleftarrow{\tilde{i}} & C^{p}(K;G) & \xleftarrow{\tilde{j}} & C^{p}(K,K_0;G) & \leftarrow & 0.
\end{array}$$

因为 i 和 j 均与∂交换,所以对偶映射 $\tilde{i}$ 和 $\tilde{j}$ 都与 δ 交换.δ^* 使维数上升 1 维这个事实可从之字形引理的证明得出.(如果把本页上下颠倒,那么这些箭号看上去就像是该引理证明中的那些箭号了.)

一旦我们在图表的底部添加序列

$$\begin{array}{ccccccccc}
0 & \leftarrow & C^{0}(K_0;G) & \leftarrow & C^{0}(K;G) & \leftarrow & C^{0}(K,K_0;G) & \leftarrow & 0\\
 & & \uparrow\tilde{\varepsilon} & & \uparrow\tilde{\varepsilon} & & \uparrow & & \\
0 & \longleftarrow & G & \longleftarrow & G & \longleftarrow & 0 & \longleftarrow & 0
\end{array}$$

那么约化上同调中的序列就可以类似地导出.因为 $\tilde{\varepsilon}$ 是单射.所以在 -1 维情况下,没有非平凡的上同调群出现. □

现在让我们利用这个序列来计算几个例子中的上同调群.

例 1 考虑一个正方形 K 模其边缘 K_0 的情形,如图 4.31 所示.我们把相对上链的群看作 K 的由 $K-K_0$ 所承载的那些上链.

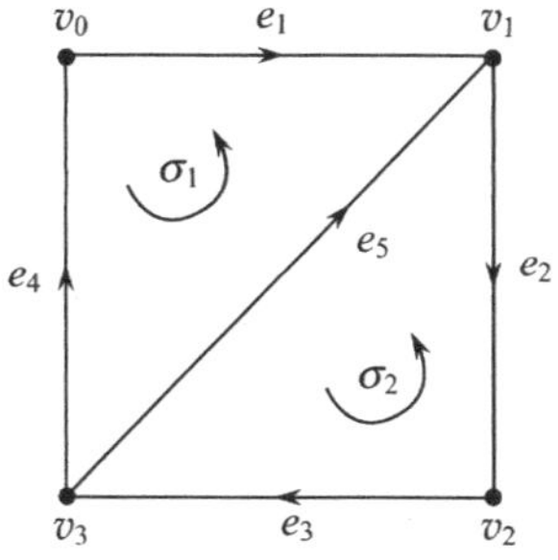

图 43.1

σ_1^* 和 σ_2^* 都是这样的上链,而且每一个都(平凡地)是一个上闭链.在 1 维情况下,只有一个被 $K-K_0$ 承载的上链 e_5^*,它的上边缘是

$$\delta e_5^* = \sigma_1^* - \sigma_2^*.$$

因而群 $H^2(K,K_0)$ 是无限循环的,而且是由上同调类 $\{\sigma_1^*\}=\{\sigma_2^*\}$ 生成的.

因为被 $K-K_0$ 承载的唯一上链不是上闭链,所以群 $H^1(K,K_0)$ 为零.又因为没有任何被 $K-K_0$ 承载的 0 维上链,所以群 $H^0(K,K_0)$ 也是零群.

现在考虑正合序列

$$\begin{array}{ccccccccccc} H^2(K_0) & \leftarrow & H^2(K) & \leftarrow & H^2(K,K_0) & \leftarrow & H^1(K_0) & \leftarrow & H^1(K) & \leftarrow & H^1(K,K_0) \\ 0 & \leftarrow & (?) & \leftarrow & \mathbf{Z} & \leftarrow & \mathbf{Z} & \leftarrow & (?) & \leftarrow & 0. \end{array}$$

我们刚才计算过 (K,K_0) 的上同调,而且我们在 §42 的例 3 中求出了 K_0 的上同调.δ^* 是什么? 群 $H^1(K_0)$ 由上闭链 e_1^* 生成.为了计算 $\delta^*\{e_1^*\}$,我们首先"把 e_1^* 拉回"到 K 上(把它看作 K 的上闭链),取它在 K 中的上边缘 δe_1^*,并把结果看作 K 模 K_0 的上闭链.由直接计算,像 K 的上链一样,$\delta e_1^* = -\sigma_1^*$.因为就像刚证明的那样,$\sigma_1^*$ 生成 $H^2(K,K_0)$,故由此可知,δ^* 是一个同构.

因此,在这个正合上同调序列中的两个未知群必为零群.

例 2 考虑 Möbius 带 M 模其边缘 E,如图 43.2 所示.我们来计算 (M,E) 的上同调和 M 的上同调.

每一个上链 σ_i^* 都(平凡地)是一个上闭链,因而它们形成 2 维相对上闭链群 $Z^2(M,E)$ 的基.同样 $e_1^*,\cdots,e_6^*$ 组成 1 维相对

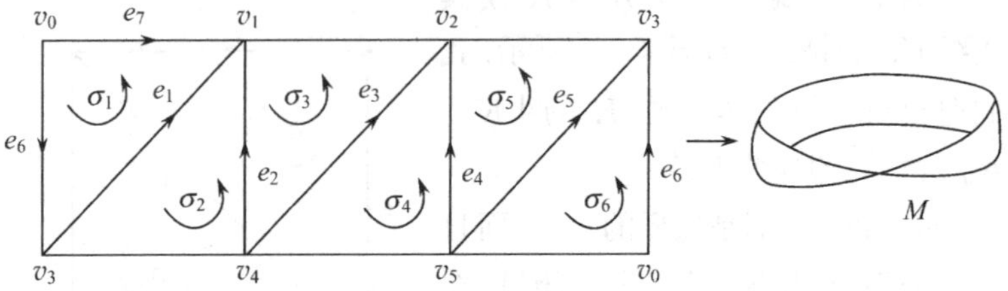

图 43.2

上链群 $C^1(M,E)$的基.(M 的其它 1 维单形在 E 中.)若以另外不同的基代替 $Z^2(M,E)$和 $C^1(M,E)$的上述基将是方便的. 让我们取

$$\sigma_1^*, \sigma_1^* - \sigma_2^*, \sigma_2^* - \sigma_3^*, \sigma_3^* - \sigma_4^*, \sigma_4^* - \sigma_5^*, \sigma_5^* - \sigma_6^*$$

作为 $Z^2(M,E)$的基,取

$$e_1^*, e_2^*, e_3^*, e_4^*, e_5^*, e_1^* + \cdots + e_6^*$$

作为 $C^1(M,E)$的基. 那么我们就能很容易地算出 $H^2(M,E)$. 我们看到 $\delta e_i^* = \sigma_i^* - \sigma_{i+1}^*, i=1,\cdots,5$;和 $\delta(e_1^* + \cdots + e_6^*) = 2\sigma_1^*$. 因而 $H^2(M,E) \simeq \mathbf{Z}/2$,而且是由 σ_1^* 生成的.

群 $H^1(M,E)$为零,因为没有 1 维的相对上闭链:这可从 δ 把我们所选取的$C^1(M,E)$的基映射到 $C^2(M,E)$的一个子群的基这个事实得出.(也可以直接证明仅当对所有 $i, n_i = 0$ 时 $n_1 e_1^* + \cdots + n_6 e_6^*$ 才是一个上闭链.)

现在考虑正合序列

$$\begin{array}{ccccccccccc} H^2(E) & \leftarrow & H^2(M) & \leftarrow & H^2(M,E) & \leftarrow & H^1(E) & \leftarrow & H^1(M) & \leftarrow & H^1(M,E) \\ 0 & \leftarrow & (?) & \leftarrow & \mathbf{Z}/2 & \xleftarrow{\delta^*} & \mathbf{Z} & \leftarrow & (?) & \leftarrow & 0. \end{array}$$

我们刚才已经计算出 $H^2(M,E)$;容易证明 $H^1(E)$是无限循环的,因为 E 是一个 6 边形.(参看§42 的例 3.)我们来计算 δ^*. 群 $H^1(E)$是由 e_7^* 生成的,其中 e_7 是 E 的任何 1 维定向单形. 选取 e_7 如图 43.2 所示. 那么由直接计算,$\delta^* e_7^* = -\sigma_1^*$;因而 δ^* 是满

射,由此立即得出 $H^2(M)=0, H^1(M)\cong\mathbf{Z}$.

习　　题

1. 如同在例 2 中那样,令 M 表示 Möbius 带. 求生成 $H^1(M)$的上闭链.

2. 考虑圆柱面 C 模其一边 E.

(a) 计算 $H^i(C,E)$.

(b) 利用偶(C,E)的长正合同调序列计算 $H^i(C)$.

n 维相对伪流形

一个单纯偶(K,K_0)称为 **n 维相对伪流形**,如果

(i) $|K|-|K_0|$的闭包等于 n 维单形的并.

(ii) K 的每一个不在 K_0 中的 $n-1$ 维单形恰好是 K 的两个 n 维单形的一个公共面.

(iii) 给定 K 的两个不在 K_0 中的 n 维单形 σ 和 σ',那么就有 K 的一系列不在 K_0 中的 n 维单形

$$\sigma = \sigma_0, \sigma_1, \cdots, \sigma_k = \sigma'$$

使得对于每个 i, $\sigma_i \cap \sigma_{i+1}$ 都是一个不在 K_0 中的 $n-1$ 维单形. 如果 $K_0=\varnothing$,则我们将 K 简称为 **n 维伪流形**.

3. 下列空间中,哪些空间按照它们熟悉的剖分是伪流形?

(a) S^1.

(b) S^2.

(c) 字母 θ.

(d) S^2 和一个交 S^2 于一点的圆周之并.

(e) 具有一个公共点的两个 S^2 的拷贝之并.

(f) S^2 当其南极和北极被等同时.

4. 证明 2 维紧流形按其通常三角剖分是伪流形.(以后我们将会看到任何连通的 n 维可剖分流形都是 n 维伪流形.)

5. 令(K,K_0)是一个 n 维相对伪流形.

(a) 给定 $\sigma\neq\sigma'$ 均不在 K_0 中. 证明存在一个序列

$$\sigma = \sigma_0, \sigma_1, \cdots, \sigma_k = \sigma'$$

像在(iii)中的情形一样,不再重述.

在这种情况下,一旦 σ 被定向,则对于每个 i,均有 σ_i 的唯一定向使得

$\partial\sigma_{i-1}+\partial\sigma_i$ 在 $\sigma_{i-1}\cap\sigma_i$ 上系数为0.我们把由此所得到的 $\sigma_k=\sigma'$ 的定向称作是由 σ 的给定的定向关于所给的序列诱导的.

(b) 令 σ 是固定的和已定向的.如果对于每一个 $\sigma'\neq\sigma$,由 σ 的定向所诱导的 σ' 的定向不依赖于连接它们的序列,则把 (K,K_0) 称作是**可定向的**.否则,把 (K,K_0) 称作**不可定向的**.

证明如果 K 是有限的,那么

$H_n(K,K_0)\simeq\mathbf{Z},H^n(K,K_0)\simeq\mathbf{Z}$,若 (K,K_0) 是可定向的,

$H_n(K,K_0)=0,H^n(K,K_0)\simeq\mathbf{Z}/2$,若 (K,K_0) 是不可定向的.

[提示:如果 γ 是 K 的所有不在 K_0 中的任意定向的 n 维单形之和,那么对于每个 $n-1$ 维相对上链 c^{n-1},$\langle\delta c^{n-1},\gamma\rangle$ 是偶数.因此,σ^* 不构成上边缘.]

(c) 推证至少在有限的情形,可定向性不依赖于 σ 的选取,实际上,它只依赖于拓扑偶 $(|K|,|K_0|)$ 而不依赖于所涉及的具体剖分.

(d) 证明如果 K 是有限的,那么

$$H_n(K,K_0;\mathbf{Z}/2)\simeq\mathbf{Z}/2\simeq H^n(K,K_0;\mathbf{Z}/2).$$

§44 上同调论

既然我们对单纯上同调群已有某些感性认识,那么让我们更一般地来论述上同调理论.我们将建立单纯上同调论和奇异上同调论,并且证明对于可三角剖分空间来说它们是自然同构的,还将验证 Eilenberg-Steenrod 公理的上同调形式.

首先,让我们在链复形的水平上进行.

链复形的上同调

令 $\mathscr{C}=\{C_p,\partial\}$ 是一个链复形;令 G 是一个 Abel 群.那么我们定义 $\mathscr{C}$ 的带 G 中系数的 ***p* 维上链群**为

$$C^p(\mathscr{C};G)=\operatorname{Hom}(C_p,G);$$

定义**上边缘算子** δ 是边缘算子的对偶;由此可知 $\delta^2=0$.我们把群和同态的族 $\{C^p(\mathscr{C};G),\delta\}$ 称为 $\mathscr{C}$ 的带 G 中系数的**上链复形**.跟通常一样,把同态

$$\delta: C^p(\mathscr{C};G) \to C^{p+1}(\mathscr{C};G)$$

的核记为 $Z^p(\mathscr{C};G)$；把它的象记为 $B^{p+1}(\mathscr{C};G)$，并且定义 $\mathscr{C}$ 的带 G 中系数的 p 维**上同调群**为

$$H^p(\mathscr{C};G) = Z^p(\mathscr{C};G)/B^p(\mathscr{C};G).$$

如果 $\{\mathscr{C};\varepsilon\}$ 是增广链复形，那么就有相应的上链复形

$$\cdots \leftarrow C^1(\mathscr{C};G) \xleftarrow{\delta_1} C^0(\mathscr{C};G) \xleftarrow{\tilde{\varepsilon}} \mathrm{Hom}(\mathbf{Z};G),$$

其中 $\tilde{\varepsilon}$ 是单射. 我们定义 $\mathscr{C}$ 的**约化上同调群**为：当 $q>0$ 时，令 $\widetilde{H}^q(\mathscr{C};G)=H^q(\mathscr{C};G)$，当 $q=0$ 时

$$\widetilde{H}^0(\mathscr{C};G) = \ker\delta_1/\mathrm{im}\tilde{\varepsilon}.$$

容易看出，如果 $\widetilde{H}^0(\mathscr{C})$ 为零，那么 $\widetilde{H}^0(\mathscr{C};G)$ 也为零，因为 $C_1 \to C_0 \to \mathbf{Z} \to 0$ 的正合性蕴涵着对偶序列的正合性. 一般(参看§42 的习题)，我们有

$$H^0(\mathscr{C};G) \simeq \widetilde{H}^0(\mathscr{C};G) \oplus G.$$

定义 设 $\mathscr{C}=\{C_p,\partial\}$ 和 $\mathscr{C}=\{C'_p,\partial'\}$ 都是链复形；设 $\phi:\mathscr{C}\to\mathscr{C}'$ 是一个链映射，使得 $\partial'\circ\phi=\phi\circ\partial$. 那么对偶同态

$$C^p(\mathscr{C};G) \xleftarrow{\tilde{\phi}} C^p(\mathscr{C}';G)$$

与 δ 交换；我们把这样的同态称为**上链映射**. 它把上闭链映射到上闭链，把上边缘映射到上边缘，因此它诱导出上同调群的同态

$$H^p(\mathscr{C};G) \xleftarrow{\phi^*} H^p(\mathscr{C}';G).$$

指派

$$\mathscr{C} \to H^p(\mathscr{C};G) \quad 和 \quad \phi \to \phi^*$$

满足通常的函子性质. 实际上，它们在链水平上已经成立.

如果 $\{\mathscr{C},\varepsilon\}$ 和 $\{\mathscr{C}';\varepsilon'\}$ 是增广链复形，并且 $\phi:\mathscr{C}\to\mathscr{C}'$ 是一个保持增广的链映射，那么 $\varepsilon'\circ\phi=\varepsilon$，因而 $\tilde{\phi}\circ\tilde{\varepsilon}'=\tilde{\varepsilon}$. 在这种情况下，$\tilde{\phi}$ 除诱导常义上同调的同态之外，还诱导约化上同调的同态.

现在设 ϕ、$\psi:\mathscr{C}\to\mathscr{C}'$ 是链映射，并设 D 是它们之间的链同伦，所以

$$D\partial + \partial' D = \phi - \psi.$$

那么 $\widetilde{D}: C^{p+1}(\mathscr{C}', G) \to C^p(\mathscr{C}; G)$是一个满足

$$\delta\widetilde{D} + \widetilde{D}\delta' = \widetilde{\phi} - \widetilde{\psi}$$

的同态.我们把它称为 $\widetilde{\phi}$ 和 $\widetilde{\psi}$ 之间的上链同伦.如果有这样一个 $\widetilde{D}$ 存在,那么由此立即可知,诱导的上同调的同态 ϕ^* 和 ψ^* 是相等的.对于给定的任何上闭链 z^p,我们有

$$\widetilde{\phi}(z^p) + \widetilde{\psi}(z^p) = \delta\widetilde{D}z^p + 0.$$

从这个观察结果能得出下列结论:

定理 44.1 令 $\mathscr{C}$ 和 $\mathscr{C}'$ 是链复形;令 $\phi: \mathscr{C} \to \mathscr{C}'$ 是链等价.那么 ϕ_* 和 ϕ^* 分别是同调的同构和上同调的同构.如果 $\mathscr{C}$ 和 $\mathscr{C}'$ 是增广的并且 ϕ 是保持增广的,那么 ϕ_* 和 ϕ^* 分别是约化同调的同构和约化上同调的同构.

证明 由于 ϕ 是一个链等价,所以有一个链映射 $\psi: \mathscr{C}' \to \mathscr{C}$ 使得 $\phi\circ\psi$ 和 $\psi\circ\phi$ 都链同伦于恒等映射.那么 $\widetilde{\psi}\circ\widetilde{\phi}$ 和 $\widetilde{\phi}\circ\widetilde{\psi}$ 均上链同伦于恒等映射,因而 $\psi^*\circ\phi^*$ 和 $\phi^*\circ\psi^*$ 分别等于 $H^p(\mathscr{C}')$的恒等映射和 $H^p(\mathscr{C})$的恒等映射.

同样的论证对于约化上同调也成立. □

最后,设

$$0 \to \mathscr{C} \xrightarrow{\phi} \mathscr{D} \xrightarrow{\psi} \mathscr{E} \to 0$$

是链复形的一个短正合序列,而且它在每一维数下都是分裂的.(例如当 $\mathscr{E}$ 是自由链复形时,这种情况就会发生.)那么对偶序列

$$0 \leftarrow C^p(\mathscr{C}; G) \xleftarrow{\widetilde{\phi}} C^p(\mathscr{D}; G) \xleftarrow{\widetilde{\psi}} C^p(\mathscr{E}; G) \leftarrow 0$$

是正合的.应用之字形引理,我们就得上同调中的长正合序列

$$\cdots \leftarrow H^p(\mathscr{C}; G) \xleftarrow{\phi^*} H^p(\mathscr{D}; G) \xleftarrow{\psi^*}$$

$$H^p(\mathscr{E}; G) \xleftarrow{\delta^*} H^{p-1}(\mathscr{C}; G) \leftarrow \cdots$$

其中 δ^* 是由上边缘算子按通常的方式诱导的.这个序列按下述的意义是自然的:如果 f 是链复形的短正合序列间的同态,那么 $\widetilde{f}$

就是对偶序列的同态,而且 f^* 是相应的长正合上同调序列的同态.

上同调的公理

现在我们来陈述 Eilenberg-Steenrod 公理的上同调形式.

给定空间偶(X,A)的一个容许类 $\mathscr{A}$ 和一个 Abel 群 G,那么关于 $\mathscr{A}$ 的带 G 中系数的上同调理论由下列内容组成:

(1) 对每个整数 p 和 $\mathscr{A}$ 中的每个空间偶(X,A)定义的一个函数,它的值是一个 Abel 群 $H^p(X,A;G)$.

(2) 一个函数,它对每一个连续映射 $h:(X,A)\to(Y,B)$和每个整数 p 指派一个同态

$$H^p(X,A;G)\xleftarrow{h^*}H^p(Y,B;G)$$

(3) 一个函数,它对 $\mathscr{A}$ 中的每一个空间偶(X,A)和每个整数 p 指派一个同态

$$H^p(X,A;G)\xleftarrow{\delta^*}H^{p-1}(A;G).$$

而且满足下列公理:

公理 1 若 i 是恒等映射,则 i^* 是恒等映射.

公理 2 $(k\circ h)^*=h^*\circ k^*$.

公理 3 δ^* 是函子的自然变换.

公理 4 序列

$$\cdots\leftarrow H^p(A;G)\xleftarrow{i^*}H^p(X;G)\xleftarrow{j^*}$$

$$H^p(X,A;G)\xleftarrow{\delta^*}H^{p-1}(A;G)\leftarrow\cdots$$

是正合的,其中 i 和 j 是包含映射.

公理 5 若 $h\simeq k$,则 $h^*=k^*$

公理 6 给定(X,A),令 U 是 X 中的一个开集,使得 $\bar{U}\subset \operatorname{Int}A$.如果$(X-U,A-U)$是容许的,那么包含映射 j 诱导上同调的同构

$$H^p(X-U,A-U;G) \xleftarrow{j^*} H^p(X,A;G).$$

公理 7 若 P 是一个单点空间,那么对于 $p\neq 0$,$H^p(P;G)=0$,而对于 $p=0$,

$$H^0(P;G)\simeq G.$$

紧支集公理在上同调论中没有与之相对应的公理.

奇异上同调论

现在我们来考虑奇异理论并证明它满足上述公理.

我们把拓扑空间偶(X,A)的带有 Abel 群 G 中的系数的奇异上同调群定义为

$$H^p(X,A;G)=H^p(\mathscr{S}(X,A);G),$$

其中 $\mathscr{S}(X,A)$是(X,A)的奇异链复形.像往常一样,若 $A=\varnothing$,则我们从记号中把它省去;若 G 是整数群.则我们也把它从记号中省去.

我们把与 $\mathscr{S}(X)$的标准增广相关的约化上同调群定为

$$\widetilde{H}^p(X;G)=\widetilde{H}^p(\mathscr{S}(X);G).$$

给定一个连续映射 $h:(X,A)\to(Y,B)$,则有一个由 $h_\#(T)=h\circ T$ 定义的链映射

$$h_\#:S_p(X,A)\to S_p(Y,B).$$

我们按照惯例以 $h^\#$ 表示 $h_\#$ 的对偶上链映射.$h^\#$ 诱导一个同态

$$H^p(X,A;G)\xleftarrow{h^*} H^p(Y,B;G).$$

(当 A 和 B 是空集时,同样的结果在约化同调中也成立,因为 $h_\#$ 是保持增广的.)甚至在链水平上函子性质(公理 1 和公理 2)也成立.因为 $S_p(X,A)$是自由的,所以链复形的短正合序列

$$0\to S_p(A)\to S_p(X)\to S_p(X,A)\to 0$$

是分裂的.因此之字形引理就可为我们给出一个长正合序列

$$\cdots \leftarrow H^p(A;G) \leftarrow H^p(X;G) \leftarrow H^p(X,A;G)$$

$$\xleftarrow{\delta^*} H^{p-1}(A;G) \leftarrow \cdots.$$

由之字形引理的自然性，连续映射 $h:(X,A)\to(Y,B)$ 诱导长正合上同调序列的同态.（若 A 是非空的，则对约化上同调有类似的结果成立.）因而公理 3 和公理 4 成立.

如果 $h,k:(X,A)\to(Y,B)$ 是同伦的，那么 $h_\#$ 和 $k_\#$ 是链同伦的，正如我们在定理 30.7 中所证明的那样. 于是 $h^\#$ 和 $k^\#$ 是上链同伦的，所以 $h^* = k^*$.

为了计算单点空间 P 的上同调，我们回想到（参看定理 30.3）P 的奇异链复形具有形式

$$\cdots \xrightarrow{\cong} Z \xrightarrow{0} Z \xrightarrow{\cong} Z \xrightarrow{0} Z \to 0.$$

于是 P 的上链复形具有形式

$$\cdots \xleftarrow{\cong} G \xleftarrow{0} G \xleftarrow{\cong} G \xleftarrow{0} G \leftarrow 0.$$

由此可知，当 $i=0$ 时，$H^i(P;G)$ 同构于 G，而在其它情况下为零.

最后，我们要谈到奇异上同调的切除性质. 需要特别指出的一点是我们对同调所作出论证不能自动地适用于上同调. 设

$$j:(X-U,A-U)\to(X,A)$$

是一个切除映射. 如果我们证明了 $j_\#$ 是一个链等价，那么也就没有什么困难了，因为 $j^\#$ 就将是一个上链等价，而且由此即可得知 j^* 是一个同构. 但是我们只证明了一个较弱的结果：j_* 是一个同构.（参看定理 31.7.）因而为使这个结果能保持到上同调上，我们还有一些工作要做.

我们所需要的是将在下一节予以证明的下列事实：

令 $\mathscr{C}$ 和 $\mathscr{D}$ 是自由链复形；令 $\phi:\mathscr{C}\to\mathscr{D}$ 是一个链映射，它在所有维数下均诱导同调的同构. 那么 ϕ 在所有维数下，对所有系数群 G，都能诱导上同调的同构.

奇异上同调的切除性质是一个直接推论：给定 $U\subset A\subset X$，适合 $\bar{U}\subset \mathrm{Int}A$，考虑包含映射

$$j:(X-U,A-U)\to(X,A).$$

因为所涉及的链复形是自由的,又因为 $j_{\#}$ 在同调中诱导一个同构,所以它在上同调中也诱导一个同构.

请注意到奇异上同调也像奇异同调一样,满足一个比公理中所叙述的还要稍强一些的切除性质.为使切除性质成立,我们需要 $\bar{U}\subset \text{Int}A$,但并不需要 U 是开的.

单纯上同调论

我们已经论述了单纯上同调的某些方面.我们定义了单纯复形偶(K,K_0)的上同调群,并且说明了一个单纯映射 f 怎样诱导这些群的同态.恰如对于同调的情形一样,要证明一个任意的连续映射诱导一个同态,仍然要做一些工作.

结构沿用§14～§18 的模式.首先我们回想起,如果 f 和 g 是对同一个连续映射的两个单纯逼近,那么它们是连接的,因而相应的链映射 $f_{\#}$ 和 $g_{\#}$ 是链同伦的.由此可知,$f^{\#}$ 和 $g^{\#}$ 是上链同伦的,所以上同调的同态 f^* 和 g^* 是相等的.此外,若 K' 是 K 的一个重分,又若 $g:(K',K'_0)\to(K,K_0)$是对恒等映射的一个单纯逼近,那么 $g_{\#}$ 是一个链等价,因而 $g^{\#}$ 是一个上链等价,而且 g^* 是一个同构.

然后,我们定义由连续映射 $h:(|K|,|K_0|)\to(|L|,|L_0|)$ 诱导的同态如下:选取 K 的一个重分 K' 使得 h 有一个单纯逼近 $f:(K',K'_0)\to(L,L_0)$.选取 $g:(K',K'_0)\to(K,K_0)$是恒等映射的单纯逼近.最后,定义

$$h^*=(g^*)^{-1}\circ f^*.$$

为了验证 h^* 不依赖于所涉及的选取,并且证实它的函子性质,就必须包含非常类似于在§18 中当我们验证同态 h_* 的相应性质时所给出的那些论证.实际上,我们恰好能够利用如同在那一节中所出现的同样的图表,并且完全保留所有诱导同态的箭号!我们把细节留给读者.

现在验证 Eilenberg-Steenrod 公理是容易的.对长正合上同序列的存在性,我们已经指出过.序列的自然性归结为证明在单纯映射情况下的自然性,而这一点我们已经做过.同伦公理、切除公理的单纯形式,以及维数公理完全像它们在奇异上同调中那样得出.这其中并无任何新的令人感兴趣的事情发生.

单纯上同调群的拓扑不变性,实际上是伦型不变性,立即可以得出.

单纯上同调与奇异上同调之间的同构

令 K 是一个单纯复形.我们在§34 中曾定义了一个链映射

$$\eta:\mathscr{C}(K)\to\mathscr{S}(|K|),$$

它在同调中诱导一个同构.虽然 η 依赖于 K 的顶点的偏序的选取,但是诱导同态 η_* 却不依赖于此.因为 η 与子复形的包含映射交换,所以它在相对群上诱导一个同态,该同态也是一个同构.现在我们来证明同样的结果对于上同调也成立.

定理 44.2 令(K,K_0)是单纯复形偶.那么 η 诱导上同调的同构

$$H^p(\mathscr{C}(K,K_0);G)\xleftarrow{\eta^*}H^p(\mathscr{S}(|K|,|K_0|);G),$$

它不依赖于 K 的顶点的偏序选取.它与 δ^* 交换并且与连续映射诱导的同态交换.

证明 假若按选定的序,$v_0<\cdots<v_p$,则链映射 η 把 K 的定向单形$[v_0,\cdots,v_p]$映射到 K 的线性奇异单形 $l(v_0,\cdots,v_p)$.因为所涉及到的链复形是自由的并且 η 诱导同调的同构,所以它也诱导上同调的同构.而且因为 η 与包含映射交换,所以它诱导相对上同调的同态.由之字形引理的自然性,这个同态与上边缘算子 δ^* 交换,因此,由五项引理,它是相对上同调中的同构.

为证明定理的其余部分,我们必须更仔细地考察 η 的定义.我们把映射 η 定义为复合映射

$$C_p(K) \xrightarrow{\phi} C'_p(K) \xrightarrow{\theta} S_p(|K|),$$

其中如果按选定的序，$v_0 < \cdots < v_p$，那么 $\phi([v_0, \cdots, v_p])$ 等于有序单形 $(v_0, \cdots, v_p)$，而且

$$\theta((w_0, \cdots, w_p)) = l(w_0, \cdots, w_p).$$

在 §13 中，我们曾把 ϕ 的链同伦逆定义为

$$\psi((w_0, \cdots, w_p)) = \begin{cases} [w_0, \cdots, w_p], & \text{若各 } w_i \text{ 互不相同}, \\ 0, & \text{其它情况}. \end{cases}$$

虽然 ϕ 依赖于顶点的序，但 ψ 和 θ 却不依赖于此. η^* 不依赖于顶点次序这个事实可从等式 $\eta^* = (\psi^*)^{-1} \circ \theta^*$ 得出.

为了证明 η^* 与诱导同态交换，我们首先考虑单纯映射 f 的情况. 我们在证明定理 13.7 中已经证明了 $f_\#$ 与 ψ 交换，而在证明定理 34.4 中，又证明了 $f_\#$ 与 θ 交换. 由此可知，$f^\#$ 与 ψ 和 θ 的对偶交换，因而 f^* 与 η^* 交换. 为把这个结果扩展到任意连续映射的情况，我们可以遵循定理 34.5 的模式进行. □

习　题

1. 若 X 是一个道路连通空间，证明 $H^0(X) \simeq \mathbf{Z}$，并求出一个生成上闭链.

2. 叙述并证明单纯上同调中的 Mayer-Vietoris 定理. 你能够对于任意系数来证明这个定理吗?

3. (a) 令 $A_1, A_2 \subset X$. 证明若 $\{A_1, A_2\}$ 是一个切除对，那么包含映射

$$\mathscr{S}(A_1) + \mathscr{S}(A_2) \to \mathscr{S}(A_1 \cup A_2)$$

不但在同调中诱导一个同构，而且在上同调中诱导一个同构.

(b) 试叙述并证明奇异上同调中的 Mayer-Vietoris 定理.

具有紧支撑单纯上同调.

令 K 是一个复形. 令 $C_c^p(K; G)$ 表示从 $C_p(K)$ 到 G 中的那些使得在 K 的除有限多个以外的所有定向单形上为零的同态所组成的群. 我们把这些同态称为**具有紧支撑的上链**.

4. (a) 证明若 K 是局部有限的，那么 δ 把 C_c^p 映射到 C_c^{p+1}. 我们把所得到的上同调群记为 $H_c^p(K;G)$，并称之为**具有紧支撑的上同调群**.

(b) 如果 K 是这样一个复形，其空间是 $\boldsymbol{R}$ 且它的顶点是整数，证明 $H_c^1(K)\cong\mathbf{Z}, H_c^0(K)=0$.

(c) 证明若 $|K|$ 是连通的并且是非紧的，那么 $H_c^0(K)=0$.

5. 对于一个映射 $h:X\to Y$ 来说，如果对于 Y 的每一个紧子集 D，集合 $h^{-1}(D)$ 均为 X 的紧子集，则我们把这个映射称为**真的**(**逆紧的**). 一个**真同伦**是其自身为真映射的同伦.

(a) 证明指派

$$K\to H_c^p(K;G) \quad 和 \quad h\to h^*$$

定义这样一个函子，它是从局部有限的单纯复形和它们的可剖空间上的逆紧的连续映射的范畴到 Abel 群和同态的范畴的. [提示：若 h 是真映射，则 h 的任何单纯逼近也是真映射. 如果 f 和 g 都是连续的而且是真的，而 D 是它们之间的链同伦，证明 $\tilde{D}$ 把有限上链映射到有限上链. 如果 $\lambda:\mathscr{C}(K)\to\mathscr{C}(K')$ 是重分算子，并且 $g:K'\to K$ 是对恒等映射的单纯逼近，证明 λ 和 $g_\#$ 的对偶均把有限上链映射到有限上链. 对于 $\lambda\circ g_\#$ 与恒等映射之间的链同伦的对偶证明同样的结论.]

(b) 证明如果

$$h,k:|K|\to|L|$$

是真同伦的，那么作为具有紧支撑的上同调的同态就有 $h^*=k^*$. [提示：证明如果 D 是在证明定理 19.2 中所构造的链同伦，那么 $\tilde{D}$ 把有限上链映射到有限上链.]

(c) 把(a)和(b)的结果扩展到相对上同调上. 具有紧支撑的上同调的长正合序列存在吗？如果存在，它对关于诱导同态是自然的吗？

(d) 对于具有紧支撑的上同调有相应的切除定理吗？

*6. 对于在 §5 的习题中所引进的基于无穷链上的同调群重作习题 5.

§45 自由链复形的上同调

直到现在为止，我们仅对少数几个简单的空间计算了它们的上同调群. 我们希望能够更广泛地计算上同调群. 我们知道，对于 CW 复形来说，胞腔链复形 $\mathscr{D}(X)$ 能够用于计算 X 的同调群，我们将要证明它也能用来计算上同调群. 我们将在§47 证明这一点. 该证明依赖于本节我们要证明的关于自由链复形的两个定理.

第一个定理说明. 对于自由链复形 $\mathscr{C}$ 和 $\mathscr{D}$ 来说, 同调群的任何同态 $H_p(\mathscr{C}) \to H_p(\mathscr{D})$ 都是由一个链映射 ϕ 诱导的. 第二个定理是说, 若自由链复形的链映射 $\phi: \mathscr{C} \to \mathscr{D}$ 在同调中诱导一个同构, 那么它也在上同调中诱导一个同构. 这第二个定理的一个独立证明将在第七章中给出, 因此如果你愿意的话, 暂时你可以只是假定这个定理.

定义 我们把 Abel 群的一个短正合序列

$$0 \to A \to B \to C \to 0,$$

其中 A 和 B 是自由的, 称为 C 的一个**自由分解**. 任何 Abel 群 C 都有自由分解. 我们可以把 B 取为由 C 的元素生成的自由 Abel 群, 把 A 取为自然射影 $B \to C$ 的核. 这就给出 C 的所谓**典型自由分解**.

自由分解具有下列有用的性质: 假设我们给出了图表

$$\begin{array}{ccccccccc}
0 & \longrightarrow & A & \xrightarrow{\phi} & B & \xrightarrow{\psi} & C & \longrightarrow & 0 \\
 & & & & & & \downarrow{\scriptstyle \gamma} & & \\
0 & \longrightarrow & A' & \xrightarrow{\phi'} & B' & \xrightarrow{\psi'} & C' & \longrightarrow & 0
\end{array}$$

其中水平序列是正合的, A 和 B 是自由的. 在这种情况下, 存在使这个图表交换的同态 $\alpha: A \to A'$ 和 $\beta: B \to B'$.

证明是容易的. 选取 B 的一个基, 若 b 是一个基元素, 则令 β 把 b 映射成集合 $(\psi')^{-1}(\gamma(\psi(b)))$ 的任何元素. 因为 ψ' 是满射, 所以这个集合是非空的. 少许图表追踪即可说明 β 把 $\mathrm{im}\phi$ 映射到 $\mathrm{im}\phi'$ 中. 因为 ϕ' 是一个单态射, 所以 β 诱导一个同态 $\alpha: A \to A'$.

现在我们来证明基本定理中的第一个.

定理 45.1 令 $\mathscr{C}$ 和 $\mathscr{C}'$ 是自由链复形. 如果 $\gamma: H_p(\mathscr{C}) \to H_p(\mathscr{C}')$ 是一个对所有 p 定义的同态, 那么存在一个诱导 γ 的链映射 $\phi: \mathscr{C} \to \mathscr{C}'$.

事实上,如果 $\beta: Z_p \to Z'_p$ 是闭链群的诱导 γ 的任何一个同态,那么 β 能够扩张成一个链映射 ϕ.

证明 在链复形 $\mathscr{C}$ 中,令 Z_p 表示 p 维闭链,令 B_p 表示 p 维边缘链.类似地,令 Z'_p 和 B'_p 是 $\mathscr{C}'$ 的 p 维闭链和 p 维边缘链.因为这些群是自由 Abel 群,所以对所有 p 都存在同态 α 和 β 使得下列图表交换:

$$\begin{array}{ccccccccc} 0 & \longrightarrow & B_p & \longrightarrow & Z_p & \longrightarrow & H_p(\mathscr{C}) & \longrightarrow & 0 \\ & & \downarrow \alpha & & \downarrow \beta & & \downarrow \gamma & & \\ 0 & \longrightarrow & B'_p & \longrightarrow & Z'_p & \longrightarrow & H_p(\mathscr{C}') & \longrightarrow & 0. \end{array}$$

我们试图把 β 扩张成 C_p 到 C'_p 的一个链映射.为考虑短正合序列

$$\begin{array}{ccccccccc} 0 & \longrightarrow & Z_p & \longrightarrow & C_p & \xrightarrow{\partial_0} & B_{p-1} & \longrightarrow & 0 \\ & & \downarrow \beta & & \downarrow \phi & & \downarrow \alpha & & \\ 0 & \longrightarrow & Z'_p & \longrightarrow & C'_p & \xrightarrow{\partial'_0} & B'_{p-1} & \longrightarrow & 0 \end{array}$$

因为 B_{p-1} 和 B'_{p-1} 是自由的,所以两个序列分裂.选取子群 U_p 和 U'_p 使得

$$C_p = Z_p \oplus U_p, \qquad C'_p = Z'_p \oplus U'_p .$$

那么 $\partial_0: U_p \to B_{p-1}$ 和 $\partial'_0: U'_p \to B'_{p-1}$ 都是同构.我们定义 $\phi: C_p \to C'_p$ 如下:在直和项 Z_p 上令它等于 $\beta: Z_p \to Z'_p$,而在直和项 U_p 上令它等于由 α 诱导的映射 $U_p \to U'_p$,那么第一个方块自动成为交换的.由定义,对于 U_p 的任何元素,第二个方块是交换的.而且由正合性,它对于 Z_p 的任何元素交换,因为

$$\alpha(\partial_0 z_p) = \alpha(0) = 0, \qquad \partial'_0 \phi(z_p) = \partial'_0(\beta(z_p)) = 0.$$

从而它对 C_p 的任何元素交换.

现在我们来证明 ϕ 是链映射.考虑图表

$$\begin{array}{ccccccc}
C_p & \xrightarrow{\partial_0} & B_{p-1} & \longrightarrow & Z_{p-1} & \longrightarrow & C_{p-1} \\
\downarrow \phi & & \downarrow \alpha & & \downarrow \beta & & \downarrow \phi \\
C'_p & \xrightarrow{\partial'_0} & B'_{p-1} & \longrightarrow & Z'_{p-1} & \longrightarrow & C'_{p-1}
\end{array}$$

其中未标记的映射都是包含映射. 由 α 和 β 的定义,中间的方块交换;正如刚才所证明的,两端的方块交换. 因而 ϕ 是一个链映射.

ϕ 诱导最初所设的同调同态 γ 这个事实可从 β 的定义得出.

□

系 45.2 设 $\{\mathscr{C},\varepsilon\}$ 和 $\{\mathscr{C}',\varepsilon'\}$ 是自由的增广链复形. 如果 $\gamma: \widetilde{H}_p(\mathscr{C})\to\widetilde{H}_p(\mathscr{C}')$ 是一个对所有 p 定义的同态,那么 γ 是由一个保持增广的链映射 $\phi:\mathscr{C}\to\mathscr{C}'$ 诱导的.

证明 考虑从 $\mathscr{C}$ 和 $\mathscr{C}'$ 得到的增广链复形,它们以 $\mathbf{Z}$ 作为其 -1 维的群,并且分别以 ε 和 ε' 作为从 0 维到 -1 维的边缘算子. 我们定义 β 在 -1 维时等于恒等映射(其中同调为零),而在其它维数时,是诱导 γ 的闭链群的任何同态. 于是上面的定理适用;所得到的链映射 ϕ 将自动保持增广. □

现在我们来证明第二个基本定理. 我们从考虑一种特殊情况开始.

引理 45.3 令

$$0\to\mathscr{C}\xrightarrow{\phi}\mathscr{D}\to\mathscr{E}\to 0$$

是自由链复形的一个正合序列. 如果 ϕ 在所有维数下均诱导同调的同构,那么它也诱导上同调的同构.

证明 同调中长正合序列的存在性和 ϕ_* 是同构的事实蕴涵着对所有 p, $H_p(\mathscr{E})=0$. 为证明 ϕ^* 是一个同构,只需证明对所有 p, $H^p(\mathscr{E};G)=0$.

令 $B_p\subset Z_p\subset E_p$ 分别表示 $\mathscr{E}$ 的 p 维边缘链、p 维闭链和 p 维链. 因为 B_{p-1} 是自由的,所以短正合序列

$$0\to Z_p\to E_p\xrightarrow{\partial_0} B_{p-1}\to 0$$

分裂.而且 $Z_p = B_p$,因为 $\mathscr{E}$ 的同调为零.因此我们能够写成 $E_p = B_p \oplus U_p$,其中∂把 B_p 映射到零,并且把 U_p 同构地映射到 B_{p-1} 上,于是

$$\operatorname{Hom}(E_p, G) \simeq \operatorname{Hom}(B_p, G) \oplus \operatorname{Hom}(U_p, G).$$

可以证实,δ 诱导这样一个同态,它把 $\operatorname{Hom}(B_p, G)$同构地映射到 $\operatorname{Hom}(U_{p+1}, G)$上,并且把 $\operatorname{Hom}(U_p, G)$映射到零.那么$\operatorname{Hom}(U_p, G)$表示 $\mathscr{E}$ 的上闭链群而且它等于 δ 的象.因而 $H^p(\mathscr{E}; G) = 0$. □

定理的这种特殊情况就是我们在上一节中实际用到的全部.可是以后我们将需要一般的形式.一般情况可以通过下列引理而归结为特殊情况.

引理 45.4 令 $\mathscr{C}$ 和 $\mathscr{D}$ 是自由链复形,令 $\phi: \mathscr{C} \to \mathscr{D}$ 是一个链映射.那么存在一个自由链复形 $\mathscr{D}'$ 和两个单链映射 $i: \mathscr{C} \to \mathscr{D}'$ 和 $j: \mathscr{D} \to \mathscr{D}'$ 使得 j 在所有维数下都诱导同调的同构,而且图表

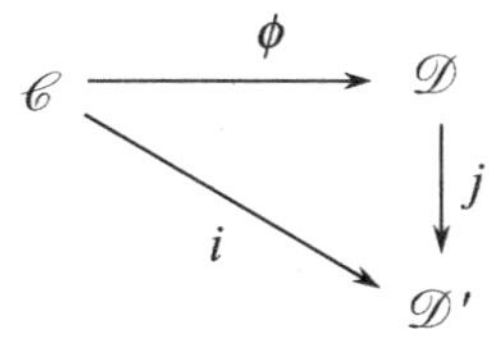

直至链同伦交换.而且,商 $\mathscr{D}'/\operatorname{im} i$ 和 $\mathscr{D}'/\operatorname{im} j$ 是自由的.

证明 $\mathscr{D}'$ 的定义完全是一个"从帽子抽象出来"的定义.以后我们将解释它的几何动机.有时,我们把它称为 ϕ 的"代数映射柱".

把 $\mathscr{D}'$ 定义为这样一个链复形,它在 p 维的链群由

$$D'_p = C_p \oplus D_p \oplus C_{p-1}$$

给出.令 $\mathscr{D}'$ 中的边缘算子由下列等式定义

$$\partial'(c_p, 0, 0) = (\partial c_p, 0, 0),$$

$$\partial'(0, d_p, 0) = (0, \partial d_p, 0),$$

$$\partial'(0, 0, c_{p-1}) = (-c_{p-1}, \phi(c_{p-1}), -\partial c_{p-1}).$$

你可以毫无困难地验证$\partial'\circ\partial'=0$.从定义显然有,自然包含映射 i:$C_p\to D'_p$ 和$j:D_p\to D'_p$ 是链映射.显然还有 D'_p 和商$D'_p/\mathrm{im}i$ 与$D'_p/\mathrm{im}j$ 都有自由的.

我们由等式

$$D(c_p)=(0,0,c_p)$$

定义一个链同伦 $D:C_p\to D'_{p+1}$.可以验证它满足等式

$$\partial' D+D\partial=j\circ\phi-i.$$

最后,我们证明 j 在同调中诱导一个同构.为此只要证明链复形 $\mathscr{D}'/\mathscr{D}$ 的同调为零.$\mathscr{D}'/\mathscr{D}$ 的第 p 个链群同构于$C_p\oplus C_{p-1}$,而且诱导的边缘算子∂''由下列等式给出:

$$\partial''(c_p,c_{p-1})=(\partial c_p-c_{p-1},-\partial c_{p-1}).$$

如果(c_p,c_{p-1})是这个链复形的一个闭链,那么尤其可以得出$\partial c_p-c_{p-1}=0$.直接计算得

$$(c_p,c_{p-1})=(c_p,\partial c_p)=-\partial''(0,c_p).$$

因而(c_p,c_{p-1})是一个边缘链. □

定理 45.5 令$\mathscr{C}$和$\mathscr{D}$是自由链复形;令$\phi:\mathscr{C}\to\mathscr{D}$是一个链映射.如果$\phi$在所有维数下均诱导同调的同构,那么$\phi$也在所有维数下诱导上同调的同构.

证明 给定ϕ,令$i:\mathscr{C}\to\mathscr{D}'$和$j:\mathscr{D}\to\mathscr{D}'$如同上面引理中一样.则我们有自由链复形的正合序列

$$0\to\mathscr{C}\xrightarrow{i}\mathscr{D}'\to\mathscr{D}'/\mathscr{C}\to 0,$$

$$0\to\mathscr{D}\xrightarrow{j}\mathscr{D}'\to\mathscr{D}'/\mathscr{D}\to 0.$$

由上面的引理,映射 j 诱导一个同调的同构;而 i 诱导同调的同构则是因为j 和ϕ 都诱导同调的同构而且i 链同伦于$j\circ\phi$.因此,由引理 45.3,在所有维数下,i 和j 分别诱导上同调的同构i^* 和 j^*.由于 i 链同伦于$j\circ\phi$,所以我们有 $i^*=\phi^*\circ j^*$.因此,ϕ^* 也是上同调的同构. □

系 45.6 令 $\mathscr{C}$ 和 $\mathscr{D}$ 是自由链复形.如果对所有 p,$H_p(\mathscr{C})\cong H_p(\mathscr{D})$,那么对于所有 p 和 G,$H^p(\mathscr{C};G)\cong H^p(\mathscr{D};G)$. □

评注 现在我们来阐明潜藏于链复形 $\mathscr{D}'$ 的定义背后的几何动机.

粗略地说,要用把 X 嵌入到一个同伦等价于 Y 的空间中的嵌入来代替一个任意连续映射 $h:X\to Y$,对此在同伦论中有一种标准作法.更确地说就是有一个空间 Y' 和两个嵌入映射 i 和 j 使得图表

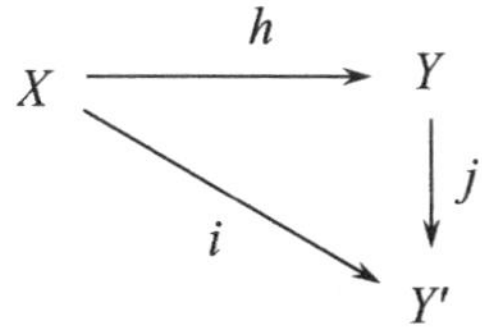

直至同伦交换,而且使得 j 是一个同伦等价.由此立即可知,h 是一个同伦等价当且仅当 i 是一个同伦等价.用这种方法,关于映射 h 的问题就可归结为关于嵌入 i 的问题.

我们把这种作法称为映射柱构造法.我们在这里来描述它并且解释链复形 $\mathscr{D}'$ 是怎样成为一个代数的类似物的.

给定 $h:X\to Y$,让我们从 $X\times I$ 和 Y 的不交并通过把 $X\times 0$ 的每一点 $(x,0)$ 与 Y 的点 $h(x)$ 等同来构造一个商空间,把所得到的粘着空间 Y' 称为 h 的**映射柱**.我们把它画成看起来像是一个"大礼帽"的形状,参看图 45.1.

令 $\pi:(X\times I)\cup Y\to Y'$ 是商映射.π 在 Y 上的限制定义一个从 Y 到 Y' 中的嵌入,并且映射 $i(x)=\pi(x,1)$ 定义 X 到 Y' 中的一个嵌入.显然 $j(Y)$ 是 Y' 的一个变形收缩核.我们恰好"把上面的礼帽向下推移到"$j(Y)$上.显然正因映射 $i:X\to Y$ 同伦于映射 $j\circ h$;故又恰好可"把 $i(X)$ 推移下去".

我们试图从代数上仿效这种构造方法.因而为了方便起见,让我们假定 Y' 可按下述方式三角剖分:$i(X)$ 和 $j(Y)$ 都是子复形而且对于 $\sigma\in X$,每个集合 $\pi(\sigma\times I)$ 也是子复形.为了记号简化.让

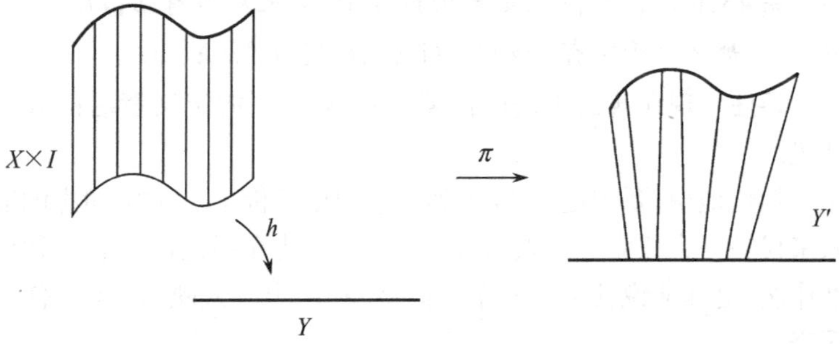

图 45.1

我们把 X 和 $i(X)$ 等同、把 Y 与 $j(Y)$ 等同. 现在 $\mathscr{C}(X)$ 起着链复形 $\mathscr{C}$ 的作用. $\mathscr{C}(Y)$ 起着 $\mathscr{D}$ 的作用、$\mathscr{C}(Y')$ 起着 $\mathscr{D}'$ 的作用. 映射 $h_{\#}:\mathscr{C}(X)\to\mathscr{C}(Y)$ 起着链映射 ϕ 的作用.

从代数上看,链复形 $\mathscr{D}'$ 像什么呢? 假设我们把 Y' 分成 CW 复形的胞腔. 则 p 维开胞腔将由 X 的 p 维开单形 $\mathrm{Int}\sigma_p$、Y 的 p 维开单形 $\mathrm{Int}\tau_p$ 以及在 X 和 Y"之间"的形如 $\pi(\mathrm{Int}\sigma_{p-1}\times\mathrm{Int}I)$ 的开胞腔组成. 那么 Y' 的第 p 个链群实质上恰好是

$$C_p(X)\oplus C_p(Y)\oplus C_{p-1}(X),$$

因为"在胞腔之间"的群同构于 $C_{p-1}(X)$. Y' 的边缘算子怎样作用在这些链上呢? 显然它的作用恰好像 ∂_X 在 X 中和 ∂_Y 在 Y 中的作用. 那么它对于第三种胞腔起什么作用呢? 在空间 $X\times I$ 中,容易看出

$$\partial(\sigma\times I)=\sigma\times 0-\sigma\times 1\pm(\partial\sigma)\times I.$$

(请务必仔细注意符号.) 当 $X\times 0$ 通过 h 粘接到 Y 上时,这个公式变为

$$\partial'(\mathrm{Int}\sigma\times\mathrm{Int}I)=h_{\#}(\sigma)-\sigma\pm(\partial\sigma)\times I.$$

最后,当我们把 Y' 的 p 维链与群 $C_p(X)\oplus C_p(Y)\oplus C_{p-1}(X)$ 等同时,这个公式变为

$$\partial'(0,0,\sigma_{p-1}) = (-\sigma_{p-1}, h_{\#}(\sigma_{p-1}), \pm\partial\sigma_{p-1}).$$

(实际上,为了使$\partial'\circ\partial'=0$,最后一个符号必定是 $-$.)此时,代数映射柱和拓扑映射柱之间的联系就很清楚了!

让我们给出这个定理的一个应用.它是联系上同调与同调的一个公式.在第七章它将被进一步推广.

定义 如果 $\mathscr{C}=\{C_i,\partial\}$是一个链复形,那么就有一个映射

$$\mathrm{Hom}(C_p,G)\times C_p \to G,$$

它把链偶(c^p,c_p)映射成 G 的元素$\langle c^p,c_p\rangle$;它是双线性的,我们把它称为"赋值映射".它诱导一个双线性映射

$$H^p(\mathscr{C};G)\times H_p(\mathscr{C})\to G,$$

我们将它称为 **Kronecker 指标**.我们同样用$\langle \alpha^p,\beta_p\rangle$表示 α^p 和 β_p 在这个映射下的象.

容易看出,Kronecker 指标是完全确定的,因为

$$\langle z^p+\delta d^{p-1},z_p\rangle = \langle z^p,z_p\rangle + \langle d^{p-1},\partial z_p\rangle,$$

$$\langle z^p,z_p+\partial d_{p+1}\rangle = \langle z^p,z_p\rangle + \langle \delta z^p,d_{p+1}\rangle.$$

如果 z^p 是上闭链,z_p 是闭链,那么两式中的末项消失.

定义 把 **Kronecker 映射**

$$\kappa: H^p(\mathscr{C};G)\to \mathrm{Hom}(H_p(\mathscr{C}),G)$$

定义为使 α 变成同态$\langle \alpha,\quad\rangle$的映射将是方便的.形式上,我们定义

$$(\kappa\alpha^p)(\beta_p) = \langle \alpha^p,\beta_p\rangle.$$

因为 Kronecker 指标按第一个变量是线性的,所以映射 κ 是一个同态.我们把验证 κ 是"自然的"留给读者.(参看习题 2.)

下列引理是基本的;它的证明没有用到本节中的任何定理.

引理 45.7 令 $\mathscr{C}$ 是一个自由链复形,那么就有一个自然的正合序列

$$0\leftarrow \mathrm{Hom}(H_p(\mathscr{C}),G)\xleftarrow{\kappa} H^p(\mathscr{C};G)\leftarrow \ker\kappa\leftarrow 0.$$

它分裂,但不是自然分裂.

证明 我们将构造一个同态

$$\lambda^*:\mathrm{Hom}(H_p(\mathscr{C}),G)\to H^p(\mathscr{C};G)$$

使得 $\kappa\circ\lambda^*$ 是恒等映射.由此即可得出,κ 是满射,而且所论的序列分裂.

令 B_p,Z_p,C_p 分别表示 $\mathscr{C}$ 中的边缘链、闭链和链.我们从射影同态

$$\pi:Z_p\to Z_p/B_p=H_p(\mathscr{C})$$

开始.正合序列 $0\to Z_p\to C_p\to B_{p-1}\to 0$ 说明 Z_p 是 C_p 中的一个直和项.因此,π 能扩张成一个同态 $\lambda:C_p\to H_p(\mathscr{C})$.通过令 $E_p=H_p(\mathscr{C})$并且令 $\mathscr{E}$ 中的所有边缘算子为零而定义一个链复形 $\mathscr{E}$.那么

$$H_p(\mathscr{E})=E_p=H_p(\mathscr{C}),$$

$$H^p(\mathscr{E};G)=\mathrm{Hom}(E_p,G)=\mathrm{Hom}(H_p(\mathscr{C}),G).$$

因为 $\mathscr{E}$ 中的边缘算子为零,所以映射 $\lambda:\mathscr{C}\to\mathscr{E}$ 是链映射.因为 $\lambda(\partial c_{p+1})=\{\partial c_{p+1}\}=0$,所以同调中的诱导同态

$$\lambda_*:H_p(\mathscr{C})\to H_p(\mathscr{E})=H_p(\mathscr{C})$$

是恒等映射(且因此是一个同构).因为若 z_p 是一个闭链,那么

$$\lambda_*(\{z_p\})=\lambda(z_p)=\pi(z_p)=\{z_p\}.$$

上同调中的诱导同态

$$H^p(\mathscr{C};G)\xleftarrow{\lambda^*}H^p(\mathscr{E};G)=\mathrm{Hom}(H_p(\mathscr{C}),G)$$

一般不是同构.

现在复合映射 $\kappa\circ\lambda^*$ 是 $\mathrm{Hom}(H_p(\mathscr{C}),G)$的恒等映射,因为若 $\{z_p\}\in H_p(\mathscr{C})$且$\gamma\in\mathrm{Hom}(H_p(\mathscr{C}),G)$,那么

$$\begin{aligned}(\kappa\lambda^*(\gamma))(\{z_p\})&=\langle\lambda^*(\gamma),\{z_p\}\rangle=\langle\tilde{\lambda}(\gamma),z_p\rangle\\&=\langle\gamma,\lambda(z_p)\rangle=\gamma(\{z_p\}).\end{aligned}$$

□

定理 45.8 令 $\mathscr{C}$ 是一个自由链复形. 如果 $H_p(\mathscr{C})$ 对所有 p 都是自由的, 那么 κ 对所有 p 均为同构.

证明 令 $\lambda:\mathscr{C}\to\mathscr{E}$ 如同上面引理中一样. 因为 $\mathscr{C}$ 的同调是自由的, 所以 $\mathscr{E}$ 是自由链复形而且定理 45.5 适用. 因为链映射 $\lambda:\mathscr{C}\to\mathscr{E}$ 在所有维数下都诱导同调的同构 λ_*, 所以 λ^* 是一个同构. $\kappa\circ\lambda^*$ 是恒等映射的事实蕴涵着 κ 也是一个同构. □

这个定理说明, 如果 $\mathscr{C}$ 的同调在所有维数下是有自由的, 那么上同调群 $H^p(\mathscr{C};G)$ 能用一种自然的方式看作是同调群 $H_p(\mathscr{C})$ 的对偶群 $\operatorname{Hom}(H_p(\mathscr{C}),G)$. 我们将在第七章中推广这个定理. 实际上, 我们所需要的全部就是单群 $H_{p-1}(\mathscr{C})$ 是自由的.

习 题

1. 检验在引理 45.4 的证明中所定义的算子 ∂' 满足 $\partial'\circ\partial'=0$.

2. (a) 证明 Kronecker 映射 κ 关于由链映射诱导的同态是自然的. 即证明, 若 $\phi:\mathscr{C}\to\mathscr{D}$ 是链映射, 那么下列图表交换:

$$\begin{array}{ccc}
\operatorname{Hom}(H_p(\mathscr{C}),G) & \xleftarrow{\ \kappa\ } & H^p(\mathscr{C};G) \\
\uparrow \tilde{\phi}^* & & \uparrow \phi^* \\
\operatorname{Hom}(H_p(\mathscr{D}),G) & \xleftarrow{\ \kappa\ } & H^p(\mathscr{D};G).
\end{array}$$

(b) Kronecker 指标的自然性自身有点难于用公式表达, 因为它按一个变量是共变的而按另一个变量却是反变的. 令 $\phi:\mathscr{C}\to\mathscr{D}$ 是一个链映射, 证明若 $\alpha\in H^p(\mathscr{D};G)$ 而 $\beta\in H_p(\mathscr{C})$, 那么

$$\langle\phi^*(\alpha),\beta\rangle=\langle\alpha,\phi_*(\beta)\rangle.$$

3. 令 X 和 Y 是两个空间并且使得 $H_n(X)$, $H^n(X)$, $H_n(Y)$, $H^n(Y)$ 都是无限循环的. 令 $f:X\to Y$ 是一个连续映射. 证明若

$$f_*:H_n(X)\to H_n(Y)$$

等于乘以 d 的乘法, 那么

$$f^*:H^n(Y)\to H^n(X)$$

(直至符号)也是乘以 d 的乘法.[提示:证明 κ 是一个同构.]

4. 因为在引理 45.7 的证明中,对于同态 $\lambda: C_p \to H_p(\mathscr{C})$ 的定义包含着任意选择,所以我们不能指望分裂同态

$$\lambda^*: \mathrm{Hom}(H_p(\mathscr{C}), G) \to H^p(\mathscr{C}; G)$$

是自然的.事实上,它不是自然的,证明如下:

(a) 求自由链复形 $\mathscr{C}$、$\mathscr{D}$ 和链映射 $\phi: \mathscr{C} \to \mathscr{D}$ 使得对于 λ 的任何选取都不能使下列图表交换:

$$\begin{array}{ccc} \mathrm{Hom}(H_p(\mathscr{C}), G) & \xleftarrow{\lambda^*} & H^p(\mathscr{C}; G) \\ \uparrow \tilde{\phi}^* & & \uparrow \phi^* \\ \mathrm{Hom}(H_p(\mathscr{D}), G) & \xleftarrow{\lambda^*} & H^p(\mathscr{D}; G). \end{array}$$

*(b) 求空间 X、Y 和一个连续映射 $f: X \to Y$,使得当置 $\mathscr{C} = \mathscr{S}(X)$, $\mathscr{D} = \mathscr{S}(Y)$ 和 $\phi = f_\#$ 时能够实现(a)的情形.

*§46 自由链复形中的链等价†

现在我们来证明定理 45.5 的另一种形式.另外我们还假定给出了自由链复形的一个链映射 $\phi: \mathscr{C} \to \mathscr{D}$,它在所有维数下均诱导同调的同构.我们证明如果 $\mathscr{C}$ 和 $\mathscr{D}$ 满足在低于某一个维数时两者均为零这个(相当弱的)附加条件,那么由此可得,不仅 ϕ^* 是一个同构,而且链映射 ϕ 本身是一个链等价.证明将涉及到我们在上一节中所构造的"代数映射柱".

首先,我们需要一个基本引理,为了以后的应用我们把它叙述成比目前所需要的更为一般化的形式.

引理 46.1 令 $\mathscr{E}$ 和 $\mathscr{F}$ 是非负链复形.设对于 $p>0$, E_p 是自由的,而且对 $p>0$, $H_p(\mathscr{F})=0$.那么在 0 维一致的任何两个链映射 $f, g: \mathscr{E} \to \mathscr{F}$ 是链同伦的.

---

† 在 §56 和 §60 当我们证明某些正合序列的自然性时将要用到本节的结果.

证明 定义 $D: E_0 \to F_1$ 为零. 那么因为在 0 维时 $g = f$, 所以等式$\partial D + D\partial = g - f$ 在 0 维时成立. 设 D 在 $p-1$ 维时已被定义, 其中 $p>0$. 选取 E_p 的一个基. 若 e 是一个基元素, 那么 $g(e) - f(e) - D(\partial e)$是完全确定的, 而且它是一个闭链(由通常计算可知). 定义 $D(e)$是 F_{p+1}的一个元素, 其边缘等于这个闭链. □

正如你可能猜测到的那样, 我们能够从零调承载子定理仔细推导出这个结果. 但是它不值得我们去做这种艰难尝试.

定理 46.2 令 $\mathscr{C}$ 和 $\mathscr{D}$ 是在低于某个维时为零的自由链复形; 令 $\phi: \mathscr{C} \to \mathscr{D}$ 是一个链映射. 如果 ϕ 在所有维数下都诱导同调的同构, 那么 ϕ 是一个链等价.

证明 现在我们重新考虑在引理 45.4 的证明中所定义的链复形 $\mathscr{D}'$. 包含映射

$$i: C_p \to D'_p = C_p \oplus D_p \oplus C_{p-1}$$

链同伦于 $j \circ \phi$, 其中 $j: D_p \to D'_p$ 是包含映射. 由于 j 和 ϕ 诱导同调的同构, 所以 i 亦如此. 由此可知, 链复形 $\mathscr{E} = \mathscr{D}'/\mathscr{C}$ 在所有维数下都有为零的同调. 于是

$$E_p \simeq D_p \oplus C_{p-1}.$$

诱导的边缘算子满足公式

$$\partial(d_p, c_{p-1}) = (\partial d_p + \phi(c_{p-1}), -\partial c_{p-1}).$$

我们把上述引理应用于链复形 $\mathscr{E}$ 和从 $\mathscr{E}$ 到其自身的任何两个链映射 f 和 g. 链复形 $\mathscr{E}$ 在低于某一维数时为零(因为 $\mathscr{C}$ 和 $\mathscr{D}$ 是这样). 我们不妨取这个维数就是 1 维. 我们知道对所有 p, E_p 是自由的且 $H_p(\mathscr{E}) = 0$. 由于任何两个链映射 $f, g: \mathscr{E} \to \mathscr{E}$ 在 0 维(平凡地)一致, 所以它们是链同伦的. 特别是, 在恒等映射和零链映射之间有一个链同伦. 即有一个同态 $D: E_p \to E_{p+1}$ 满足等式

$$\partial D + D\partial = \text{恒等映射}.$$

我们所需要的全部链映射和链同伦就隐含在这个公式之中.

回想起 $E_p \simeq D_p \oplus C_{p-1}$, 我们定义同态 $\theta, \psi, \lambda, \mu$ 为

$$D(d_p,0)=(\theta(d_p),\psi(d_p))\in D_{p+1}\oplus C_p,$$
$$D(0,c_{p-1})=(\lambda(c_{p-1}),\mu(c_{p-1}))\in D_{p+1}\oplus c_p.$$

然后,我们拼命地进行计算!首先我们算出

$$D\partial(d_p,0)=(\theta(\partial d_p),\psi(\partial d_p)),$$
$$\partial D(d_p,0)=(\partial\theta(d_p)+\phi\psi(d_p),-\partial\psi(d_p)).$$

把这两个等式相加,就得出等式

$$d_p=\theta(\partial d_p)+\partial\theta(d_p)+\phi\psi(d_p),$$
$$0=\psi(\partial d_p)-\partial\psi(d_p).$$

第二个等式说明 $\psi:D_p\to C_p$ 是一个链映射,而第一个等式说明 $\theta:D_p\to D_{p+1}$是 $\phi\circ\psi$ 与恒等映射之间链同伦.其次我们算出

$$\begin{aligned}D\partial(0,c_{p-1})&=D(\phi(c_{p-1}),0)-D(0,\partial c_{p-1})\\&=(\theta\phi(c_{p-1}),\psi\phi(c_{p-1}))-(\lambda(\partial c_{p-1}),\mu(\partial c_{p-1})),\\\partial D(0,c_{p-1})&=\partial(\lambda(c_{p-1}),\mu(c_{p-1}))\\&=(\partial\lambda(c_{p-1})+\phi\mu(c_{p-1}),-\partial\mu(c_{p-1})).\end{aligned}$$

把这些等式的第二坐标相加,就得到等式

$$c_{p-1}=\psi\phi(c_{p-1})-\mu(\partial c_{p-1})-\partial\mu(c_{p-1}),$$

此式说明 μ 是$\psi\circ\phi$ 与恒等映射之间的链同伦.

从而我们的定理得证. □

习　　题

1. 含 X 是一个空间;令 $\mathscr{A}$是 X 的一族子集,它们的内部覆盖 X.证明包含映射

$$i:\mathscr{S}^{\mathscr{A}}(X)\to\mathscr{S}(X)$$

是链等价.

2. 令 $\eta:\mathscr{C}(K)\to\mathscr{S}(|K|)$是§34 中的链映射,它诱导单纯同调与奇异同调的一个同构.证明 η 是一个链等价.

§47　CW 复形的上同调

现在我们能够计算一些熟悉空间的上同调群，并且求出生成这些群的具体上闭链．我们在进行这些计算时所使用的基本定理便是下面的：

定理 47.1　令 X 是一个 CW 复形；令 $\mathscr{D}(X)$ 是它的胞腔链复形．那么对所有的 p 和 G，

$$H^p(\mathscr{D}(X);G)\simeq H^p(X;G).$$

如果 X 是由复形 K 三角剖分的一个可剖分 CW 复形，那么这个同构是由包含映射 $\mathscr{D}(X)\to\mathscr{C}(K)$ 所诱导的．

证明　$\mathscr{D}(X)$ 和 $\mathscr{S}(X)$ 都是自由链复形．由于它们的同调群同构，因而由系45.6，它们的上同调群也是同构的．在 X 是可三角剖分的情形，包含映射 $i:\mathscr{D}(X)\to\mathscr{C}(X)$ 诱导所论的同调的同构．(参看定理 39.5.) 那么 i 也诱导上同调的同构．　□

系 47.2　令 $n>0$，那么

$$H^i(S^n;G)\simeq G,\quad 对于\ i=0\ 和\ i=n,$$

$$H^i(B^n,S^{n-1};G)\simeq G,\quad 对于\ i=n.$$

对于 i 的其它值，这些上同调群为零．

证明　第一个结论可从下列事实得出：S^n 的胞腔链复形在 0 维和 n 维是无限循环的，而在其它情况下为零；而且所有边缘算子都为零．第二个结论可从约化上同调中的长正合序列得出，而且要用到如下的事实：B^n 的约化上同调为零，这是因为 B^n 是可缩的．　□

例 1　令 X 表示环面 T 或 Klein 瓶 S．二者均可表为具有一个 2 维开胞腔、两个 1 维开胞腔和一个 0 维胞腔的 CW 复形．在 §39 的例 2 中，我们已计算出 X 的胞腔链复形具有下列形式

$$\cdots\to 0\to\mathbf{Z}\xrightarrow{\partial_2}\mathbf{Z}\oplus\mathbf{Z}\xrightarrow{\partial_1}Z\to 0.$$

令 γ 生成 $D_2(X)$；令 w_1 和 z_1 是 $D_1(X)$ 的一个基．我们知道在环

面的情况下,∂_2 和∂_1 为零.转化为对偶序列,我们算出

$$H^2(T;G)\cong G,\quad H^1(T;G)\cong G\oplus G,\quad H^0(T,G)\cong G.$$

在Klein瓶的情况,我们知道∂_1 为零,而且我们能够选取 w_1 和 z_1 使得$\partial_2\gamma=2z_1$.对偶序列具有形式

$$\cdots\leftarrow 0\leftarrow G\xrightarrow{\delta_2}G\oplus G\xleftarrow{\delta_1}G\leftarrow 0.$$

这里$\mathrm{Hom}(D_1(S),G)\cong G\oplus G$,其中第一个直和项表示那些在 z_1 上为零的同态 $\phi:D_1(S)\to G$;第二个直和项表示那些在 w_1 上为零的同态 $\psi:D_1(S)\to G$.因为∂_1 是平凡的,所以它的对偶 δ_1 也是平凡的.我们计算 δ_2 如下:

$$\langle\delta_2\phi,\gamma\rangle=\langle\phi,\partial_2\gamma\rangle=2\langle\phi,z_1\rangle=0,$$

$$\langle\delta_2\psi,\gamma\rangle=\langle\psi,\partial_2\gamma\rangle=2\langle\psi,z_1\rangle.$$

因而 δ_2 把第一个直和项映射为零,在第二个直和项上它等于乘以2的乘法.我们推出

$$H^2(S;G)\cong G/2G,H^1(S;G)\cong$$

$$G\oplus\ker(G\xrightarrow{2}G),H^0(S;G)\cong G.$$

特别地,

$$H^2(S)\cong\mathbf{Z}/2,\quad H^1(S)\cong\mathbf{Z},\quad H^0(S)\cong\mathbf{Z}.$$

在上面的例子中所给出的计算是典型的.一旦有了胞腔链复形 $\mathscr{D}(X)$,则计算上同调群并不困难.

然而,却有一个随之而来的更困难的问题,那就是寻求生成这些群的具体的单纯上闭链的问题.在下一节.当我们研究上积时,我们将需要有这样的上闭链在手.那么我们将如何求出它们呢?

在同调的情况下,要求出 X 的生成同调的单纯闭链并不困难.让我们把 T 和 S 表示成矩形 L 的商空间,如图 47.1 所示.L 的链 d——它是 L 的反时定向的所有 2 维单形之和——是$(L,\mathrm{Bd}L)$的一个基本闭链,因而它的象 $\gamma=g_\#(d)$生成胞腔链群 $D_2(X)$.类似地,链

$$w_1 = [a, b] + [b, c] + [c, a],$$
$$z_1 = [a, d] + [d, e] + [e, a]$$

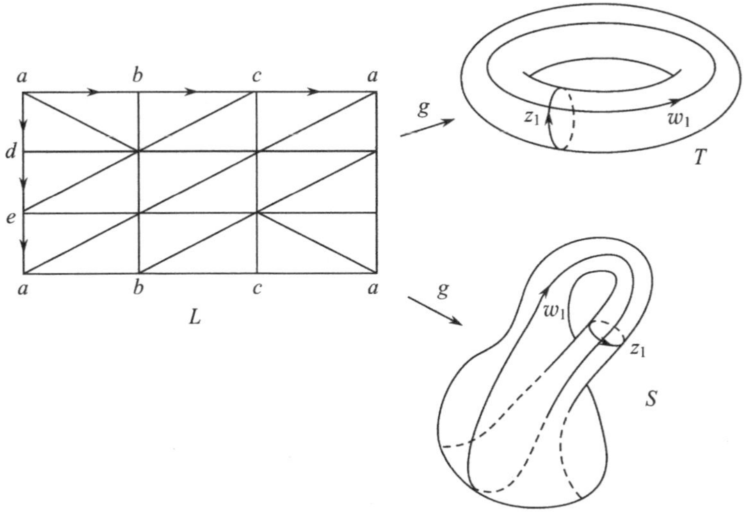

图 47.1

是胞腔链群 $D_1(X)$的一个基. 据我们所知,这些链是代表 $\mathscr{D}(X)$ 的同调的某些元素的闭链. 现在因为同构 $H_i(\mathscr{D}(X)) \cong H_i(X)$是由包含映射 $i: \mathscr{D}(X) \to \mathscr{C}(X)$诱导的,所以同样是这些链——现在可以看成 $\mathscr{C}(X)$中的链——就表示 X 的单纯同调的元素.

可是,对于上同调的情况就不那么容易了. 在这种情况下会发生什么事情呢? 当然我们可以求出胞腔链复形 $\mathscr{D}(X)$的上同调的生成元: 把基本闭链 γ 映射到 1 的同态 $\lambda: D_2(X) \to \mathbf{Z}$ 生成 $\mathrm{Hom}(D_2(X), \mathbf{Z}) \cong \mathbf{Z}$. 而且由

$$\langle \phi, w_1 \rangle = 1, \quad \langle \phi, z_1 \rangle = 0,$$
$$\langle \psi, w_1 \rangle = 0, \quad \langle \psi, z_1 \rangle = 1.$$

定义的同态 $\phi,\psi: D_1(X)\to\mathbf{Z}$ 是群 $\operatorname{Hom}(D_1(X),\mathbf{Z})\simeq\mathbf{Z}\oplus\mathbf{Z}$ 的一个基. 对于环面而言，δ 为零，因而 λ 生成 $H^2(\mathscr{D}(T))$ 并且 ϕ 和 ψ 表示 $H^1(\mathscr{D}(T))$ 的一个基. 对于 Klein 瓶而言，我们有 $\delta\phi=0$, $\delta\psi=2\lambda$，因而 λ 表示 $H^2(\mathscr{D}(S))\simeq\mathbf{Z}/2$ 的非零元，而且 ϕ 表示 $H^1(\mathscr{D}(S))\simeq\mathbf{Z}$ 的一个生成元.

然而，与同调中的情况不同，同态 λ,ϕ,ψ 不能被"看成"单纯复形 X 的上闭链. 因为包含映射 $i: D_p(X)\longrightarrow C_p(X)$ 诱导一个反向同态

$$\operatorname{Hom}(D_p(X),\mathbf{Z})\xleftarrow{\tilde{i}}\operatorname{Hom}(C_p(X),\mathbf{Z}).$$

这个同态是一个**限制**映射. 为了求出单纯复形 X 的那些生成 X 的单纯上同调的上闭链，我们必须把 λ,ϕ,ψ **拉回**到上闭链

$$z^2: C_2(X)\longrightarrow\mathbf{Z},$$

$$w^1,z^1: C_1(X)\longrightarrow\mathbf{Z}.$$

它们在子群 $D_2(X)$ 和 $D_1(X)$ 上的限制分别等于 λ,ϕ 和 ψ.

虽然没有求这种上闭链的一般程序，但是在目前的情况下，因为我们知道，我们已把上闭链假定为像一个"尖桩篱笆"，所以就像我们马上要说明的那样，我们能够求出所要求的上闭链而不会遇到太多困难.

例 2 环面的上同调的生成元. 如同在上面的例子中那样我们把 T 表示成矩形的商空间. 令 w_1 和 z_1 如上例所述. 由直接计算可知，图 47.2 中所画出的上链 w^1 和 z^1 是 T 的上闭链. 而且，当我们在生成 $D_1(X)$ 的闭链 w_1 和 z_1 上赋值时，我们就得到

$$\langle w^1,w_1\rangle=1,\langle w^1,z_1\rangle=0,$$

$$\langle z^1,w_1\rangle=0,\langle z^1,z_1\rangle=1.$$

因而 w^1 是 ϕ 的"拉回"，z^1 是 ψ 的拉回. 因此它们表示 $H^1(T)$ 的一个基.

类似地，若 σ 是 T 的反时针定向的任何 2 维单形，那么 σ^* 是 T 的一个上闭链. 因为 $\langle\sigma^*,\gamma\rangle=1$，所以 σ^* 在 $C_2(X)$ 的子群

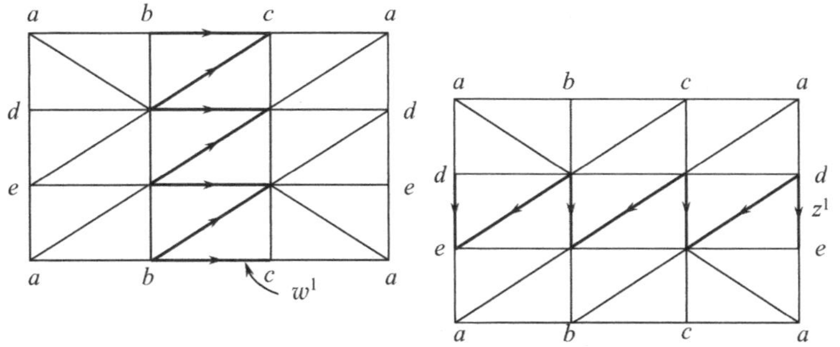

图 47.2

$D_2(X)$上的限制等于 λ,因此 σ^* 是 λ 的拉回.因而 σ^* 表示 $H^2(T)$的一个生成元.(更一般地,若 T 的所有 2 维单形是反时针定向的,那么 T 的上链$\sum n_i\sigma_i^*$ 是λ 的拉回当且仅当$\sum n_i=1$.)

例 3 Klein 瓶的整系数上同调的生成元.我们遵循上例的模式.在图 47.2 中交换矩形右边上的记号 d 和 e,那么它就表示 Klein 瓶.于是 w^1 仍然表示一个上闭链;它生成 $H^1(S)$.而且上链 σ^* 表示 $H^2(S)$的非零元.(更一般地,上链$\sum n_i\sigma_i^*$ 表示$H^2(S)$的非零元,当且仅当$\sum n_i$ 是奇数.)

例 4 Klein 瓶的带 $\mathbf{Z}/2$ 的系数的上同调的生成元.上同调群由

$$H^2(S;\mathbf{Z}/2)\cong\mathbf{Z}/2,H^1(S;\mathbf{Z}/2)\cong\mathbf{Z}/2\oplus\mathbf{Z}/2,H^0(S;\mathbf{Z}/2)\cong\mathbf{Z}/2$$

给出.上面的论证方式适用于证明图 47.2 中的上链 w^1 和 z^1 生成 1 维上同调.(如果你愿意的话,可以把箭头去掉,因为在群 $\mathbf{Z}/2$ 中 $1=-1$.因而把 z^1 作为一个上闭链是没有问题的.)上链 σ^*(或者更一般地 $\sigma_1^*+\cdots+\sigma_k^*$,其中 k 为奇数)生成 $H^2(S;\mathbf{Z}/2)$.

例 5 P^2 的带 $\mathbf{Z}/2$ 系数的上同调.我们有

$$H^i(P^2;\mathbf{Z}/2)\cong\mathbf{Z}/2,i=0,1,2.$$

如果 σ 是一个 2 维单形,那么上链 σ^* 生成 2 维群.在图 47.3 中所

画出的上闭链生成 $H^1(P^2;Z/2)$，因为它在生成 $D_1(X)$ 的闭链

$$[a,b]+[b,c]+[c,d]+[d,e]+[e,f]+[f,a]$$

上的值是 1.

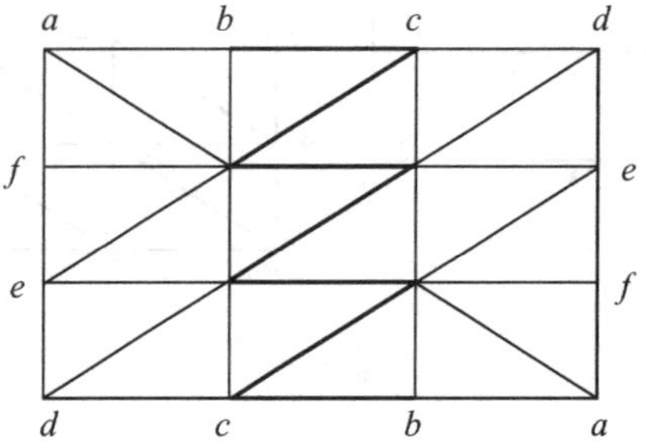

图 47.3

习　　题

1. 计算 P^n 和 P^∞ 的分别带有整系数、$\mathbf{Z}/2$ 的系数和有理系数的上同调.

2. 计算 $\boldsymbol{C}P^n$ 和 $\boldsymbol{C}P^\infty$ 的上同调.

3. 计算 $H^i(T\# T)$. 如果像在§6 的习题中所指出的那样，$T\# T$ 是可三角剖分的，那么请求出生成上同调的单纯上闭链.

4. 计算 $P^2\# P^2\# P^2\# P^2$ 的带 $\mathbf{Z}/2$ 系数的上同调. 求出生成上同调的单纯上闭链.

5. 计算 Klein 瓶 S 的带 $\mathbf{Z}/6$ 系数的上同调；并像在例 3 和例 4 中那样求出有代表性的上闭链.

6. 计算五褶笨伯帽 X 的带 $\mathbf{Z}$ 系数和 $\mathbf{Z}/5$ 系数的上同调.（参看§6 的习题 6.）将 X 三角剖分并求出生成这些上同调的上闭链.

7. 计算透镜空间 $L(n,k)$ 的带 $\mathbf{Z}$ 系数和 $\mathbf{Z}/n$ 系数的上同调.

8. 三角剖分 S^2 和环面 T；令 $f:T\longrightarrow S^2$ 是一个单纯映射. 通过比较 $f_\#$ 和 $f^\#$ 在生成元上的值，证明：如果 $f_*:H_2(T)\longrightarrow H_2(S^2)$ 等于乘以 d 的乘法，那么 $f^*:H^2(S^2)\longrightarrow H^2(T)$ 也是. 与§45 的习题 3 相比较.

§48 上　积

§45 的结果告诉我们，如果同调群不能区分两种空间，那么上同调群也不能区分. 于是人们可能要问："为什么要费心来研究上同调？它究竟能用来干什么？"

对于这个问题有几种不同的答案. 一种答案是，当人们研究把从一个空间到另一个空间的映射进行直至同伦的分类问题时，上同调就会自然出现. 另一种答案则认为，当人们对流形上的微分形式进行积分时，要涉及到上同调. 还有另外一种答案，那就是本节我们要给出的. 我们将要证明上同调群有一种附加的代数结构——环的结构；而且要证明这种环能够把群本身所不能区分的空间区分开来.

我们将通过对于乘法运算给出一个具体的上链公式来定义上同调的环结构. 这表明了环结构在历史上最初是如何得到的. 该公式大约是在 1936 年由 Alexander，Čech 和 Whitney 所发现的. 在当时，它看起来似乎是很神秘的，它的几何意义也根本不清楚. 而且，为什么在上同调中有乘法运算，而在同调中却没有，这是很令人费解的.

在紧定向流形的情况下，它的同调有一个环结构，这是早就为人所知的. 我们把这个环中的乘法运算称为交积，而且它有明显的几何意义. 但是要把这种乘法推广到更一般的空间上去的所有尝试都失败了. 为什么对于一般空间存在上同调环但不存在同调环这个问题，直到 1942 年，当 Lefschetz 对上同调中的乘法运算给出了一种新的定义时，才变得清楚了. 至于当同调环和上同调环都有定义时，两者之间是什么关系这个问题，大约在同一时期也被弄清楚了. Poincaré 对偶定理证明了这两种环是同构的. 以后我们还将返回到这些问题上来. (参看 §61 和 §69.)

环、模、域的回顾

我们从回顾代数学中关于环和模的若干基本事实开始.

一个**环** R 是一个写成加法形式的 Abel 群,并且带有一个满足以下两条公理的乘法运算:

(1)(结合律) $\alpha\cdot(\beta\cdot\gamma)=(\alpha\cdot\beta)\cdot\gamma$.

(2)(分配律) $\alpha\cdot(\beta+\gamma)=\alpha\cdot\beta+\alpha\cdot\gamma$,

$(\alpha+\beta)\cdot\gamma=\alpha\cdot\gamma+\beta\cdot\gamma$.

如果 $\alpha\cdot\beta=\beta\cdot\alpha$ 对所有 α,β 成立,则 R 称为**交换的**.如果 R 中有一个元素 1 使得对所有 α, $\alpha\cdot 1=1\cdot\alpha=\alpha$,则我们把 1 称为 R 的**单位元**.如果 R 有单位元,容易看出这个元素是唯一的,而且对所有 α 有 $(-1)\cdot\alpha=-\alpha$ 和 $0\cdot\alpha=0$.

如果 R 是有单位元的交换环,而且 R 还满足以下的附加条件:对于每个 α 都有一个 β 使得 $\alpha\cdot\beta=1$,则我们把 R 称为一个**域**.

例 1 环的例子很多,其中常见的几个列举如下:

(i) 整数集 $\mathbf{Z}$.

(ii) 整数模 n 的集合 $\mathbf{Z}/n$.

(iii) $n\times n$ 整数矩阵的集合.

(iv) 整系数多项式的集合.

域的例子中有:

(v) $\mathbf{Z}/p$,其中 p 是素数.

(vi) 有理数集 $\mathbf{Q}$.

(vii) 实数集 $\mathbf{R}$.

(viii) 复数集 $\mathbf{C}$.

在以上的每种情况中,乘法运算均为通常意义下数的乘法.

现在假设 A 是一个加群,R 是一个带有单位元的交换环.如果有一个二元运算 $R\times A\longrightarrow A$(写成数乘)使得对于 $\alpha,\beta\in R$, $a,b\in A$,有

(1) $\alpha(a+b)=\alpha a+\alpha b$.

(2) $(\alpha+\beta)a=\alpha a+\beta a$.

(3) $\alpha(\beta a)=(\alpha\cdot\beta)a$.

(4) $1a=a$.

那么我们说 A 具有 R 上的**模**的构造. 如果 A 和 B 是 R 模,那么一个**模同态**是一个同态 $\phi: A \longrightarrow B$ 而且使得对于 $\alpha\in R$ 和 $\alpha\in A$ 则有 $\phi(\alpha a)=\alpha\phi(a)$ 成立. 这样一个同态的核和上核具有自然的 R 模结构. 在 R 是一个域 F 的特殊情况下,我们把 A 称为 F 上的**向量空间**,并且将同态 ϕ 称为**线性变换**.

在本书中我们将没有多少机会来论述模的问题. 我们所关心的主要问题都与环和向量空间有关.

例 2 给定 R,我们总能把它看作其自身上的一个 R 模. 更一般地,如果我们定义

$$\alpha(\beta_1,\cdots,\beta_n)=(\alpha\beta_1,\cdots,\alpha\beta_n)$$

那么笛卡儿积 R^n 成为一个 R 模.

例 3 如果 G 是一个 Abel 群,那么 G 有一个 $\mathbf{Z}$ 模的自然构造,它是通过像平常那样定义 ng 是 n 倍和 $g+\cdots+g$ 而得到的.

上积

贯穿本节和下一节,我们将始终令 R 表示一个具有单位元 1 的交换环.

定义 令 X 是一个拓扑空间. 令 $S^p(X;R)=\mathrm{Hom}(S_p(X),R)$ 表示 X 的带 R 中的系数的 p 维奇异上链组成的群. 我们定义一个映射

$$S^p(X;R)\times S^q(X;R)\xrightarrow{\cup} S^{p+q}(X;R)$$

如下:如果 $T:\Delta_{p+q}\longrightarrow X$ 是一个 $p+q$ 维奇异单形,则令

$$\langle c^p\cup c^q,T\rangle=\langle c^p,T\cdot l(\varepsilon_0,\cdots,\varepsilon_p)\rangle\cdot \langle c^q,T\cdot l(\varepsilon_p,\cdots,\varepsilon_{p+q})\rangle.$$

我们把上链 $c^p\cup c^q$ 称为上链 c^p 和 c^q 的**上积**.

回想到，$l(w_0,\cdots,w_p)$是对于 $i=0,1,\cdots,p$，把 ε_i 映射成 w_i 的线性奇异单形.映射 $T\circ l(\varepsilon_0,\cdots,\varepsilon_p)$恰好是 T 在 Δ_{p+q}的“p 维前面”Δ_p 上的限制，它是 X 上的一个 p 维奇异单形.类似地，$T\circ l(\varepsilon_p,\cdots,\varepsilon_{p+q})$粗略地说就是 T 在 Δ_{p+q}的“q 维后面”上的限制，它是 X 上的一个 q 维奇异单形.上面的等式右边所表示的乘法当然是环 R 中的乘法.

这个难以理解的公式究竟表示什么意思还有待进一步考察.

定理 48.1 上链的上积是双线性的而且是结合的.在每一个 0 维奇异单形取值为 1 的上链 z^0 起着单位元的作用.而且下列的上边缘公式成立：

$$(*)\qquad \delta(c^p\cup c^q)=(\delta c^p)\cup c^q+(-1)^p c^p\cup(\delta c^q).$$

证明 双线性是直接的，因为两个上链相加是通过把它们的值相加来实现的，而且 R 中的乘法是分配的.结合律也是直接的，$(c^p\cup c^q)\cup c^r$ 在 $T:\Delta_{p+q+r}\longrightarrow X$ 上的值等于下列三式之积：

$$\langle c^p,T\circ l(\varepsilon_0,\cdots,\varepsilon_p)\rangle,$$
$$\langle c^q,T\circ l(\varepsilon_p,\cdots,\varepsilon_{p+q})\rangle,$$
$$\langle c^r,T\circ l(\varepsilon_{p+q},\cdots,\varepsilon_{p+q+r})\rangle.$$

$c^p\cup(c^q\cup c^r)$在 T 上的值等于同一个值.$c^p\cup z^0=z^0\cup c^p=c^p$ 可直接从定义得出.

为了检验上边缘公式，我们来计算$(*)$式两边在 $T:\Delta_r\longrightarrow X$ 上的值，其中为了方便我们令 $r=p+q+1$.在 T 上取值的两个上链$(\delta c^p)\cup c^q$ 和$(-1)^p c^p\cup(\delta c^q)$分别等于下列两个表达式：

$$\sum_{i=0}^{p+1}(-1)^i\langle c^p,T\circ l(\varepsilon_0,\cdots,\hat{\varepsilon}_i,\cdots,\varepsilon_{p+1})\rangle\cdot$$
$$\langle c^q,T\circ l(\varepsilon_{p+1},\cdots,\varepsilon_r)\rangle$$

和

$$(-1)^p \sum_{i=p}^{r} (-1)^{i-p} \langle c^p, T \circ l(\varepsilon_0, \cdots, \varepsilon_p) \rangle \cdot$$
$$\langle c^q, T \circ l(\varepsilon_p, \cdots, \hat{\varepsilon}_i, \cdots, \varepsilon_r) \rangle.$$

若将两式相加,那么第一个表达式的最后一项与第二个表达式的第一项相抵消,剩下来的恰好就是$\langle c^p \cup c^q, \partial T \rangle$的表达式. □

定理 48.2 上链的上积诱导一个运算

$$H^p(X;R) \times H^q(X;R) \xrightarrow{\cup} H^{p+q}(X;R),$$

它是双线性的而且是结合的,上同调类$\{z^0\}$起着单位元的作用.

证明 如果 z^p 和 z^q 是上闭链,那么它们的上积也是上闭链,这是因为

$$\delta(z^p \cup z^q) = \delta z^p \cup z^q + (-1)^p z^p \cup \delta z^q = 0.$$

这个积的上同调类只依赖于 z^p 和 z^q 的上同调类,因为

$$(z^p + \delta d^{p-1}) \cup z^q = z^p \cup z^q + \delta(d^{p-1} \cup z^q)$$

和

$$z^p \cup (z^q + \delta d^{q-1}) = z^p \cup z^q + (-1)^p \delta(z^p \cup d^{q-1}). \quad □$$

定理 48.3 如果 $h: X \longrightarrow Y$ 是一个连续映射,那么 h^* 保持上积.

证明 事实上,上链映射 $h^\#$ 保持上链的上积. 因为由定义,$h^\#(c^p \cup c^q)$在 T 上的值等于$c^p \cup c^q$ 在$h \circ T$ 上的值,而该值为

$$\langle c^p, h \circ T \circ l(\varepsilon_0, \cdots, \varepsilon_p) \rangle \cdot \langle c^q, h \circ T \circ l(\varepsilon_p, \cdots, \varepsilon_{p+q}) \rangle,$$

而且 $h^\#(c^p) \cup h^\#(c^q)$在 T 上的值也等于同一个值. □

定义 令 $H^*(X;R)$表示外直和$\oplus H^i(X;R)$. 上积运算使得这个群成为一个有单位元的环. 我们把它称为 X 的带R 中系数的**上同调环**.

如果 $h: X \longrightarrow Y$ 是一个连续映射,那么 h^* 是环的同态. 因此,一个同伦等价诱导一个环同态. 这说明上同调环是一个拓扑不变量,实际上是一个伦型不变量.

交换性

我们还没有讨论上同调环是否交换的问题.实际上它一般不是交换的.相反,它具有一种通常称之为反交换性的性质.尤其是,若 $\alpha^p \in H^p(X;R)$,$\beta^q \in H^q(X;R)$,那么

$$\alpha^p \cup \beta^q = (-1)^{pq}\beta^q \cup \alpha^p.$$

我们并不马上来证明这个公式,因为以后当我们给出上积的另一种等价定义之后,证明将变得非常容易.

下一节我们将在几种特殊情况下来计算上同调环.但是,首先让我们来引入上积运算的几种广义形式.

带一般系数的上积

令 G 是一个任意的 Abel 群.那么我们指出,当我们把它解释成一个函数

$$S^p(X) \times S^q(X;G) \xrightarrow{\cup} S^{p+q}(X;G)$$

时,上积公式有意义.在这种情况下,c^p 是一个取整数值的上链,c^q 是一个在 G 中取值的上链,而且公式右边的乘法是把 (n,g) 变为 ng 的普通乘积运算.双线性性是直接的.结合性,当它有意义时,即当它包含映射

$$S^p(X) \times S^q(X) \times S^r(X;G) \longrightarrow S^{p+q+r}(X;G)$$

时成立.在每个 0 维单形 T 上取值为 1 的上链 z^0 起着左单位元的作用.上边缘公式的证明没有变化,就像由连续映射诱导的同态 h^* 保持上积的证明一样.

因此,我们就有一个完全确定的上积运算

$$H^p(X) \times H^q(X;G) \xrightarrow{\cup} H^{p+q}(X;G).$$

通常所考虑的最一般的上积运算由一个称作“系数配对”的双线性映射 $\alpha: G \times G' \longrightarrow G''$ 开始,用这个映射代替上链公式中的乘法运算,我们就得到一个完全确定的上积

$$H^p(X;G)\times H^q(X;G)\xrightarrow{\cup}H^{p+q}(X;G).$$

但我们将不需要这种程度的一般性.

相对上积

有时候我们需要在相对上同调群上定义上积运算.我们可以利用与以前相同的上积公式.我们将需要的相对上积是下列形式的:

$$H^p(X,A;R)\times H^q(X;R)\longrightarrow H^{p+q}(X,A;R),$$

$$H^p(X,A;R)\times H^q(X,A;R)\longrightarrow H^{p+q}(X,A;R).$$

(其中第二个实际上只是第一个的限制.)这些上积的存在性容易证实.因为若 $c^p:S_p(X)\longrightarrow R$ 在由 A 承载的所有 p 维奇异单形上为零,那么 $c^p\cup c^q$ 在由 A 承载的所有 $p+q$ 维奇异单形为零.恰如以前一样,上边缘公式成立,因而我们就有一个上同调水平的诱导运算.双线性性与结合性是直接的,就像由连续映射诱导的同态保持上积运算那样.类 $\{z^0\}\in H^0(X;R)$ 对于这些运算中的第一个起着右单位元的作用.

最一般的相对上积运算是双线性映射

$$H^p(X,A;R)\times H^q(X,B;R)\longrightarrow H^{p+q}(X,A\cup B;R).$$

每当 $\{A,B\}$ 是一个切除对时,它有定义.参看习题.

习　题

1.令 A 是 X 的一个道路连通分支;令 B 是 X 的其余道路连通分支之并;假定 $B\neq\varnothing$.令 c^0 是这样的一个上链,它在每个 $T:\Delta_0\longrightarrow A$ 上的值是1,而在每个 $T:\Delta_0\longrightarrow B$ 上的值为0.证明 c^0 是一个上闭链,并对一个一般的上同调类 β^p 来描述 $\{c^0\}\cup\beta^p$.

2.令 $A\subset X$;令 $i:A\longrightarrow X$ 是包含映射.令 $\eta\in H^q(X;R)$;令 $\eta|_A$ 表示 $i^*(\eta)\in H^q(A;R)$.证明下列图表交换:

如果始终以 $\eta\cup$ 代替 $\cup\,\eta$,那么将会发生什么情况?

$$\begin{array}{ccccccc} H^{p+1}(X,A;R) & \longleftarrow & H^p(A;R) & \longleftarrow & H^p(X;R) & \longleftarrow & H^p(X,A;R) \\ \downarrow \cup\eta & & \downarrow \cup(\eta|A) & & \downarrow \cup\eta & & \downarrow \cup\eta \\ H^{p+q+1}(X,A;R) & \longleftarrow & H^{p+q}(A;R) & \longleftarrow & H^{p+q}(X;R) & \longleftarrow & H^{p+q}(X,A;R). \end{array}$$

3. 证明如果$\{A,B\}$是一个切除对,那么上积公式诱导一个双线性映射

$$H^p(X,A;R)\times H^q(X,B;R)\longrightarrow H^{p+q}(X,A\cup B;R).$$

解释这种情况下的结合性.

4. (a) 若 G 是一个 Abel 群,证明当 $\phi\in\mathrm{Hom}(G,R)$且 $\alpha\in R,g\in G$ 时定义$\langle\alpha\phi,g\rangle=\alpha\cdot\langle\phi,g\rangle$,就能赋予群 $\mathrm{Hom}(G,R)$以 R 模的结构.证明:若 $f:G\longrightarrow G'$是一个同态,则 $\tilde{f}$ 是 R 模的同态.

(b) 像在(a)中那样赋予 $S^p(X;R)=\mathrm{Hom}(S_p(X),R)$以 R 模的结构.证明 δ 是一个 R 模的同态,从而 $H^p(X;R)$具有 R 模的构造.

(c) 证明　若 $h:X\longrightarrow Y$ 是一个连续映射,则 h^* 是一个 R 模的同态.

(d) 证明上积当分别作为每一个变量的函数时是一个 R 模同态.(这意味着 $H^*(X;R)$就是我们有时候所说的**带算子的环** R.在 R 是一个域F 的特殊情况下,我们把它称为 F 上的**代数**.)

§49　曲面的上同调环

计算 X 的奇异上同调环,即使在 X 是CW 复形的情况下,也没有一般的方法.原因不难发现:是 X 的胞腔链复形不能**确定**X 的上同调环.这就是说,两个 CW 复形可能有同构的胞腔链复形而没有同构的上同调环!

因此为了计算上积,我们还是借助于单纯上同调.本节我们定义一个单纯上积公式,在单纯理论与奇异理论的标准同构下,它对应于前面的奇异上链公式.然后我们利用这个公式计算若干例子.

定义　给定一个复形 K,选取 K 的顶点的一种偏序,它能使 K 的每个单形的顶点全序化.我们把

$$C^p(K;R)\times C^q(K;R)\xrightarrow{\ \cup\ }C^{p+q}(K;R)$$

定义为:当按给定的序有 $v_0<\cdots<v_{p+q}$时,就有下列公式成立:

$$\langle c^p \cup c^q, [v_0, \cdots, v_{p+q}] \rangle = \langle c^p, [v_0, \cdots, v_p] \rangle \cdot \langle c^q, [v_p, \cdots, v_{p+q}] \rangle.$$

这个公式与奇异理论中的相应公式之间的相似性是惊人的.

定理 49.1 给定 K 的顶点的一种序,那么相应的单纯上积是双线性的并且是结合的.在 K 的每个顶点取值为 1 的上链 z^0 起着单位元的作用.定理 48.1 的上边缘公式(*)成立.如果 $\eta: C_p(K) \longrightarrow S_p(|K|)$是 § 34 中由给定的序所决定的链映射,那么它的对偶 $\tilde{\eta}$ 把奇异上积映射到单纯上积.

证明 证明是直接的.只有上边缘公式需要作些说明.我们能够用证明定理 48.1 时所用过的同样的计算来证明它;只需记号稍作改变.也可以利用下列事实来证明它:由于 η 把基元映射到基元,所以 η 是单射而且它的象是 $S_p(|K|)$中的直和项.因此它的对偶 $\tilde{\eta}$ 是满射.因而对于给定的单纯上链 c^p 和 c^q,可以把它们拉回到$|K|$的奇异上链,比方说是 $\tilde{c}^p$ 和 $\tilde{c}^q$.我们知道,在奇异理论中上边缘公式对于 $\tilde{c}^p \cup \tilde{c}^q$ 成立.因为 $\tilde{\eta}$ 既保持上积又保持上边缘,所以同样的上边缘公式在单纯理论中对于 $c^p \cup c^q$ 也必然成立. □

定理 49.2 单纯上积诱导一个运算

$$H^p(K;R) \times H^q(K;R) \xrightarrow{\cup} H^{p+q}(K;R),$$

它是双线性的并且是结合的.它不依赖于 K 的顶点序.上同调类 $\{z^0\}$起着单位元的作用.如果 $h: |K| \longrightarrow |L|$是连续映射,则 h^* 保持上积.

证明 像以前一样,∪的存在性可从边缘公式得出.链映射 η 诱导奇异上同调与单纯上同调之间的一个保持上积的同构 η^*.因为 η^* 不依赖于 K 中次序的选取,因而在单纯上同调中上积也不依赖于序的选取.

因为 h^* 在奇异同调中保持上积,而且 η^* 与 h^* 交换,所以同态 h^* 在单纯理论中也必然保持上积. □

我们特别指出,一般若 $f: K \longrightarrow L$ 是单纯映射,那么上链映射 $f^\#$ 在上链水平上未必保持上积.因为单纯上积是利用顶点的具体序来定义的,而且单纯映射 f 未必保持 K 和 L 中的顶点次序. 若要完全在定向单纯理论内解决问题,那么这将是一个需要认真对待的问题,要证明上同调的上积的自然性是很困难的.

我们注意到,更一般的上积

$$H^p(K)\times H^q(K;G)\xrightarrow{\cup} H^{p+q}(K;G)$$

和

$$H^p(K,A;R)\times H^q(K,B;R)\xrightarrow{\cup} H^{p+q}(K,A\cup B;R)$$

在单纯理论中存在,就像它们在奇异理论中存在一样. 实际上,相对上积在单纯理论中比在奇异理论中容易定义,因为若 c^p 在 $C_p(A)$ 上为零,c^q 在 $C_q(B)$ 上为零,那么 $c^p\cup c^q$ 在 $C_p(A\cup B)$ 上自动为零,因为 $A\cup B$ 的任何单形必然或在 A 中或在 B 中.(当然在这种情况下,$\{A,B\}$ 是切除对,因此奇异上积也有定义. 参看§34 的习题.)

现在让我们计算某些例子. 首先我们需要一个术语.

定义 因为上同调环在 0 维有一个单位元,所以乘以这个元的乘法绝不是平凡的. 然而可能碰巧正维数的上同调类的每个积都为零. 在这种情况下,我们则说上同调环是**平凡环**.

有些上同调环,它就不是平凡的.

例 1 考虑环面 T. 令 w^1 和 z^1 表示在图 49.1 中画出的上闭

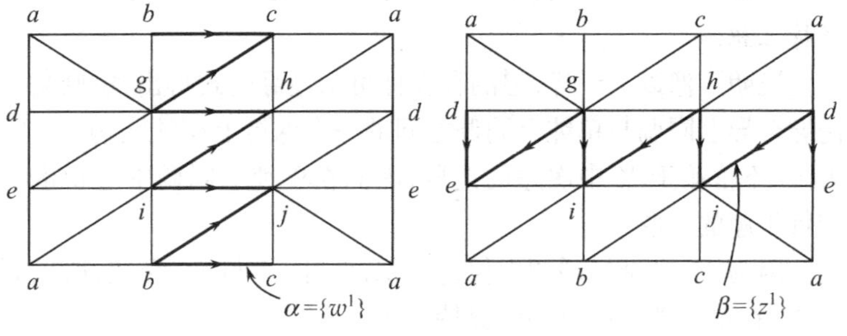

图 49.1

链. 我们知道, $\alpha=\{w^1\}$和 $\beta=\{z^1\}$生成 $H^1(T)$. 如果我们反时针定向每个2维单形, 那么$\Lambda=\{\sigma^*\}$生成 $H^2(T)\cong\mathbf{Z}$, 其中 σ 是 T 的任何一个2维定向单形. 一般, 若$\sigma_1,\cdots,\sigma_k$ 是 T 的2维定向单形, 那么上链$\sum n_i\sigma_i{}^*$上同调于$(\sum n_i)\sigma_i^*$.

把 T 的顶点按字母顺序排序. 利用这个序我们就能计算 $w^1\cup z^1$ 在每一个2维定向单形 σ 上的值. 注意到$\langle w^1\cup z^1,\sigma\rangle=0$, 除非 σ 有一个面在 w^1 的承载子中, 而且另有一个面在 z^1 的承载子中. 因而唯一可能的非零值出现在当 σ 是单形 ghi 或 hij 之一时. 我们计算得

$$\begin{aligned}\langle w^1\cup z^1,[g,h,i]\rangle&=\langle w^1,[g,h]\rangle\cdot\langle z^1,[h,i]\rangle\\&=1\cdot 1=1,\\\langle w^1\cup z^1,[h,i,j]\rangle&=\langle w^1,[h,i]\rangle\cdot\langle z^1,[i,j]\rangle\\&=(-1)\cdot 0=0.\end{aligned}$$

因而 $w^1\cup z^1=[g,h,i]^*$. 由于$[g,h,i]$的定向是顺时针的, 因此, 按标准生成元, $\alpha\cup\beta=-\Lambda$.

类似的计算说明

$$\langle z^1\cup w^1,[g,h,i]\rangle=0\cdot(-1)=0,$$
$$\langle z^1\cup w^1,[g,h,i]\rangle=1\cdot 1=1.$$

因而 $z^1\cup w^1=[h,i,j]^*$. 从而 $\beta\cup\alpha=\Lambda$. (这恰好是我们对反交换性所要求的.)

类似的直接计算能够说明 $\alpha\cup\alpha=0$ 和 $\beta\cup\beta=0$. 择其一而述之, 我们注意到, w^1 同调于图49.2中所画出的上链 y^1. 由于不存在2维单形使它的一个面在 w^1 的承载子内且另有一个面在 y^1 的承载子内, 所以必有 $w^1\cup y^1=0$. 因此 $\alpha\cup\alpha=0$. 类似的论证说明 $\beta\cup\beta=0$.

另一种可供选择的计算方法可以从反交换性蕴涵着 $\alpha\cup\alpha=-(\alpha\cup\alpha)$而得出. 因为 $H^2(T)$没有2阶元素, 所以 $\alpha\cup\alpha$ 必然为零. 类似的说法也适用于 $\beta\cup\beta$.

我们可以用 $H^*(T)$的生成元写出其乘法表来说明 $H^*(T)$

的环结构. 这个表(省略了单位元)为

$\cup$	α	β	Λ
α	0	$-\Lambda$	0
β	Λ	0	0
Λ	0	0	0

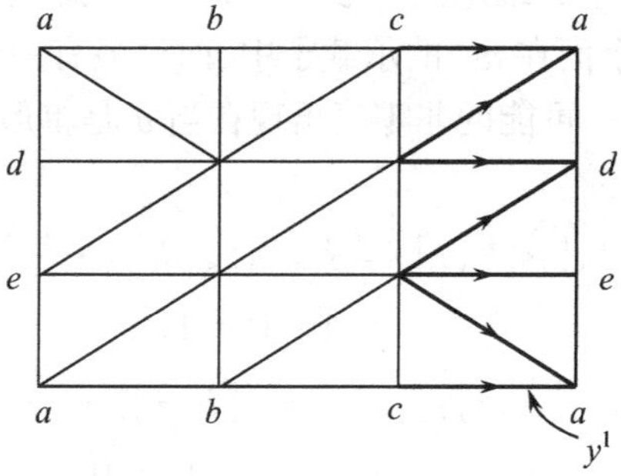

图 49.2

其中由于维数的原因,最后一行和最后一列为零.

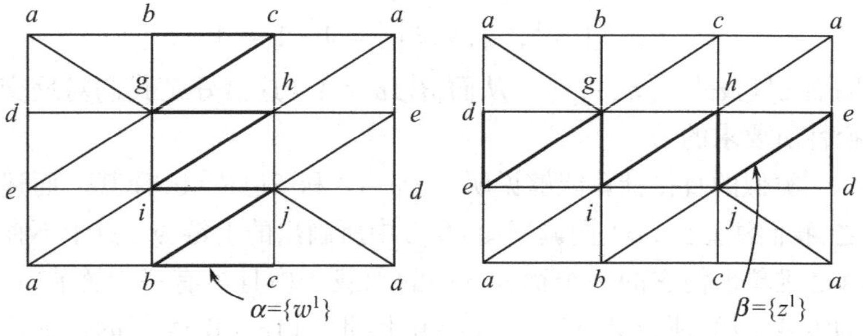

图 49.3

例 2 现在我们来考虑 Klein 瓶 S. 我们来计算带 $\mathbf{Z}/2$ 系数的上同调环. 我们知道, $H^1(S;\mathbf{Z}/2)$是由图 49.3 所示的上闭链 w^1

和 z^1 生成的.而且对任何 2 维单形 σ 而言,$H^2(S;\mathbf{Z}/2)$都能由 σ^* 生成.(由于在 $\mathbf{Z}/2$ 中 $1=-1$,所以我们省去了定向.)令 $\alpha=\{w^1\}$、$\beta=\{z^1\}$和 $\Lambda=\{\sigma^*\}$.假如模 2 约化系数,则我们在例 1 中所进行的某些计算可以毫无改变地适用.尤其是

$$w^1 \cup z^1 = [g,h,i]^*,$$

$$w^1 \cup y^1 = 0,$$

其中 y^1 是图 49.2 中所画出的上链(不带箭头).我们推出 $\alpha\cup\beta=\Lambda$ 和 $\alpha\cup\alpha=0$.

计算 $z^1\cup z^1$ 必须直接来做,因为我们不能像对 w^1 所做的那样"把它拉离自身".(为什么?)上链 $z^1\cup z^1$ 在$[d,e,g]$,$[e,g,i]$和$[d,e,j]$上取值为 1,而在其它所有 2 维单形上取值为 0.因而它上同调于 $3\sigma^*=\sigma^*$.我们推出 $\beta\cup\beta=\Lambda$.

从而 $H^*(S;\mathbf{Z}/2)$的乘法表具有下列形式:

$\cup$	α	β	Λ
α	0	Λ	0
β	Λ	Λ	0
Λ	0	0	0

例 3 考虑连通和 $P^2\# P^2$.我们计算它的带 $\mathbf{Z}/2$ 系数的上同调环.让我们把 $P^2\# P^2$ 表示成一个 CW 复形 X,使它具有一个 0 维胞腔、一个 2 维胞腔和两个 1 维胞腔.参看图 49.4.X 的 1 维胞腔的基本闭链是

$$w^1 = [a,b]+[b,c]+[c,a] \text{ 和}$$

$$z^1 = [a,d]+[d,e]+[e,a].$$

其 2 维胞腔的基本闭链 γ 是反时针定向的所有 2 维单形之和.由直接计算得$\partial w_1=\partial z_1=0$ 和$\partial\gamma=-2w_1-2z_1$.当我们转化为对偶的(上链)复形 $\mathrm{Hom}(\mathscr{D}(X),\mathbf{Z}/2)$时,所有边缘算子为零(因为我们使用的是 $\mathbf{Z}/2$ 系数).因而对于奇异上同调我们有

$$H^1(P^2\# P^2;\mathbf{Z}/2)\simeq\mathbf{Z}/2\oplus\mathbf{Z}/2,$$

$$H^2(P^2 \# P^2;\mathbf{Z}/2) \cong \mathbf{Z}/2.$$

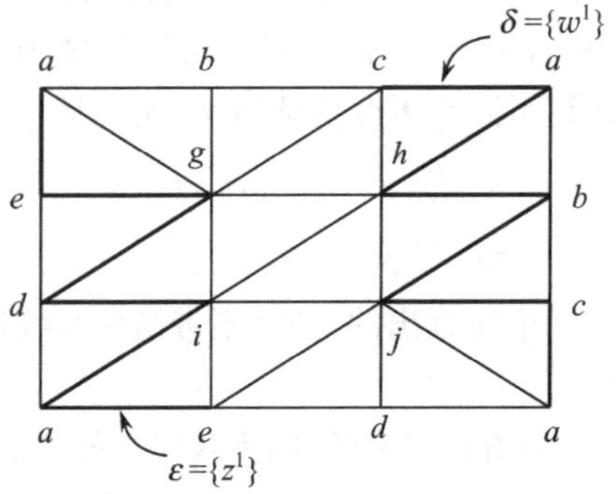

图 49.4

现在转换到单纯上同调，我们看到如图所示的上闭链 w^1 和 z^1，当把它们限制在 $D_1(X)$上时，可以作为 $\mathrm{Hom}(D_1(X),\mathbf{Z}/2)$的基，因为

$$\langle w^1, w_1\rangle = 1,\ \langle w^1, z_1\rangle = 0$$

$$\langle z^1, w_1\rangle = 0,\ \langle z^1, z_1\rangle = 1.$$

从而等价类 $\delta=\{w^1\}$和 $\varepsilon=\{z^1\}$生成 H^1，$\Lambda=\{\sigma^*\}$生成 H^2(其中 σ 是任何 2 维单形). 直接计算表明

$$w^1 \cup z^1 = 0,$$

$$w^1 \cup w^1 = [a,c,j]^*,$$

$$z^1 \cup z^1 = [a,e,g]^*.$$

因而 $H^*(P^2 \# P^2;\mathbf{Z}/2)$有乘法表

$\cup$	δ	ε	Λ
δ	Λ	0	0
ε	0	Λ	0
Λ	0	0	0

但是我们知道，$P^2 \# P^2$ 同胚于 Klein 瓶 S.(参看图 6.9.)因

而它们的上同调环同构，尽管这个乘法表与我们在例 2 中所算出的乘法表很不相同. 我们把构造这两个环之间的同构留给读者.

这个例子说明了下面这样一个重要事实：一般我们不能通过检查两个环的乘法表就立即确定这两个环是否同构.

例 4 考虑图 49.5 中所画出的空间 X，它是具有一个公共点的两个拓扑圆周和一个 2 维拓扑球面的并. 我们把它称为楔积 $S^1 \vee S^1 \vee S^2$. 该空间 X 能够表示成具有一个 0 维胞腔、一个 2 维胞腔和两个 1 维胞腔的 CW 复形. 当我们写出这些胞腔的基本链

$$w_1 = [a,b] + [b,c] + [c,a],$$

$$z_1 = [a,d] + [d,e] + [e,a],$$

$$z_2 = \partial[a,f,g,h]$$

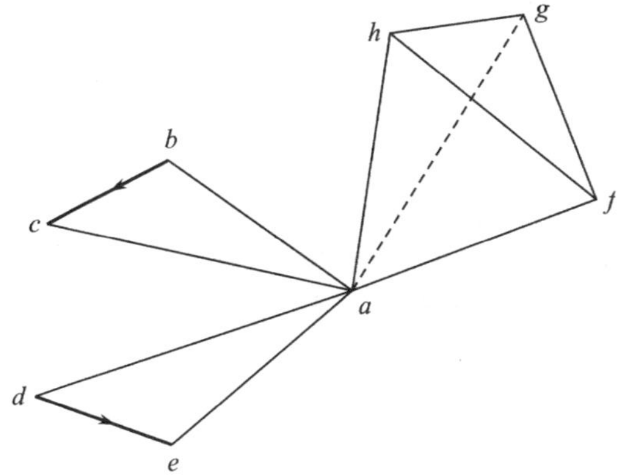

图 49.5

时，我们就会看出这个胞腔链复形中的边缘算子全都为零. 因此，X 的胞腔链复形 $\mathscr{D}(X)$ 同构于环面 T 的胞腔复形 $\mathscr{D}(T)$.

这说明 X 的同调群和上同调群分别同构于 T 的同调群和上同调群. 然而它们的上同调**环**却不同构. 因为容易看出 X 的上同调环是平凡的. 考虑上闭链

$$w^1 = [b,c]^* \text{ 和 } z^1 = [d,e]^*.$$

由于闭链 w_1 和 z_1 是链群 $D_1(X)$ 的基，所以上闭链 w^1 和 z^1 给出上链群 $\mathrm{Hom}(D_i(X),\boldsymbol{Z})$ 的对偶基. 因为任何 2 维单形既没有在 w^1 的承载子中的面，也没有在 z^1 的承载子中的面，所以所有上积 $w^1 \cup z^1$，$w^1 \cup w^1$ 和 $z^1 \cup z^1$ 都为零.

我们希望通过上面的例子使读者确信上积通常是不容易计算的. 困难在于为了使用上积公式，我们就必须下降到单纯水平上并且具体求出具有代表性的上链.

结果，任何能为我们提供某些关于上积的信息的定理一般来说就可能成为有用的定理. 在以后的章节中我们将证明两个这样的定理. 其中一个定理将告诉我们关于积空间 $X \times Y$ 的上同调环的某些结果. 另一个定理则为我们提供关于流形的上同调环的信息. 特别是它使我们够计算出射影空间的上同调环.

习　　题

在本节习题中，我们将始终令 T 表示环面，令 S 表示 Klein 瓶.

1. 令 $f: S^2 \longrightarrow T$ 是连续的，证明 $f^*: H^2(T) \longrightarrow H^2(S^2)$ 是平凡的，并且推断 $f_*: H_2(S^2) \longrightarrow H_2(T)$ 是平凡的. 对于连续映射 $g: T \longrightarrow S^2$，你能说出哪些结果?

2. 如果 $f: X \longrightarrow Y$，试证明在下列各种情况下

$$f^*: H^2(Y;\mathbf{Z}/2) \longrightarrow H^2(X;\mathbf{Z}/2)$$

是平凡的:

(a) $X = S^2, Y = S$.

(b) $X = S, Y = T$.

(c) $X = T, Y = S$.

3. 试给出下列上同调环的乘法表:

(a) $H^*(T \# \cdots \# T)$.

(b) $H^*(P^2;\mathbf{Z}/2)$.

(c) $H^*(P^2 \# \cdots \# P^2;\mathbf{Z}/2)$.

4. 在例 2 和例 3 的环之间定义一个同构.

5. 考虑 Klein 瓶 S 和空间 $P^2 \vee S^1$ 的上同调环.

(a) 证明这些环在整系数条件下是同构的.

(b) 证明这些环在 $\mathbf{Z}/2$ 系数下不同构.[请注意:仅证明它们有不同的乘法表是不够的!]

6. 计算三褶笨伯帽的带 $\mathbf{Z}/3$ 系数的上同调环.

7. (a) 令(M,E)表示 Mübius 带和它的边缘.计算上积运算

$$H^*(M,E;\mathbf{Z}/2)\times H^*(M;\mathbf{Z}/2)\longrightarrow H^*(M,E;\mathbf{Z}/2),$$

$$H^*(M,E;\mathbf{Z}/2)\times H^*(M,E;\mathbf{Z}/2)\longrightarrow H^*(M,E;\mathbf{Z}/2).$$

(b) 当 M 是柱面 $S^1\times I$ 且 $E=S^1\times \mathrm{Bd}I$ 时重作(a).

8. 令 A 是 S^3 中的两个单连接圆周之并;令 B 是两个不连接的圆周之并,如图 49.6 所示.证明 S^3-A 和 S^3-B 的上同调群是同构的,但是它们的上同调环却不同构.

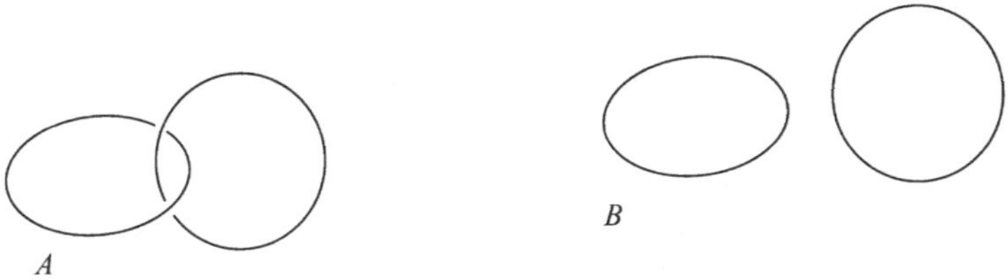

图 49.6

第六章　带任意系数的同调

在研究了带任意系数的上同调之后，现在我们返回到曾在第一章对于单纯理论简单介绍过的一个对象——带任意系数的同调.

首先，我们引入一个称为张量积的代数函子，并研究它的性质.它在同调理论中所起的作用类似于 Hom 函子对于上同调所起的作用.然后从总体上研究带任意系数的同调.

§50　张　量　积

如果 A 和 B 是 Abel 群，那么它们的笛卡儿积 $A \times B$ 当然是一个 Abel 群，而且我们常常要考虑从群 $A \times B$ 到一个 Abel 群 C 的同态.然而有时人们宁愿考虑从 $A \times B$ 到 C 的**双线性函数**，也就是说当分别把它们看作每一个变量的函数时，它们都是同态.本节我们要定义一个 Abel 群，称为 A 和 B 的张量积，并且记为 $A \otimes B$.它具有如下的性质：从 $A \times B$ 到 C 的双线性函数能够自然地作从 $A \otimes B$ 到 C 的同态，且反之亦然.用这种方法，双线性函数的研究就可以归结为比较熟悉的同态的研究.

定义　令 A 和 B 是 Abel 群.令 $F(A,B)$ 是由集合 $A \times B$ 生成的自由 Abel 群.令 $R(A,B)$ 是由形如

$$(a+a',b)-(a,b)-(a',b),$$

$$(a,b+b')-(a,b)-(a,b')$$

的所有元素生成的子群，其中，$a,a' \in A$，$b,b' \in B$.我们定义

$$A \otimes B = F(A,B)/R(A,B),$$

并且称之为 A 和 B 的**张量积**，把元素对 (a,b) 的陪集记为 $a \otimes b$.

现在因为 $A\times B$ 的元素是$F(A,B)$的基元素，所以从集合 $A\times B$ 到 Abel 群 C 的任何函数f决定从$F(A,B)$到 C 的唯一一个同态．这个函数 f 是双线性的当且仅当它们把子群$R(A,B)$映射为零．因而从 $A\otimes B$ 到C 的每一个同态均产生一个从$A\times B$ 到C 的双线性函数，且反之亦然．

请注意到，$F(A,B)$的任何元素都是元素对(a,b)的有限线性组合，因而 $A\otimes B$ 的任何元素都是形如$a\otimes b$ 的元素的有限线性组合．

特别提示　元素 $a\otimes b$ 不是$A\otimes B$ 的典型元素，反而却是一个典型的生成元．

由定义，在 $A\otimes B$ 中有下列关系：

$$(a+a')\otimes b=a\otimes b+a'\otimes b,$$

$$a\otimes(b+b')=a\otimes b+a\otimes b'.$$

因为

$$a\otimes b=(0+a)\otimes b=0\otimes b+a\otimes b,$$

所以立即得 $0\otimes b=0$．类似地，对所有 a，$a\otimes 0=0$．由此可知，

$$(-a)\otimes b=-(a\otimes b)=a\otimes(-b),$$

因为把 $a\otimes b$ 加到上式中的每一个表达式上都得零．一个直接推论是，当 n 是任意整数时有关系式

$$(na)\otimes b=n(a\otimes b)=a\otimes(nb).$$

定义　令 $f:A\to A'$和$g:B\to B'$都是同态．那么就有唯一的一个同态

$$f\otimes g:A\otimes B\to A'\otimes B'$$

使得对所有的 a,b 都有$(f\otimes g)(a\otimes b)=f(a)\otimes g(b)$．我们把这个同态称为 f 和g 的**张量积**．

这是下列事实的一个直接推论：可以验证将(a,b)映射成 $f(a)\otimes g(b)$的、从 $A\times B$ 到$A'\otimes B'$的函数是双线性的．我们把验证下列定理同样也留给读者．

定理 50.1　把(A,B)映射到 $A\otimes B$ 并且把(f,g)映射到 f

$\otimes g$ 的函数是从 Abel 群偶和同态的范畴到 Abel 群和同态的范畴的一个共变函子. □

以后我们将说明怎样计算张量积. 暂时我们仅仅提出下列定理.

定理 50.2 存在一个将 $n\otimes g$ 映射为 ng 的同构

$$\mathbf{Z}\otimes G \cong G,$$

它关于 G 的同态是自然的.

证明 将 $\mathbf{Z}\times G$ 映射到 G、把 (n,g) 映射为 ng 的函数是双线性的,因而它诱导一个把 $n\otimes g$ 映射成 ng 的同态 $\phi:\mathbf{Z}\otimes G\to G$.

令 $\psi:G\to\mathbf{Z}\otimes G$ 是由等式 $\psi(g)=1\otimes g$ 定义的,那么 ψ 是一个同态. 对于 $g\in G$,我们有

$$\phi\psi(g) = \phi(1\otimes g) = g;$$

而在 $\mathbf{Z}\otimes G$ 的典型生成元 $n\otimes g$ 上,我们有

$$\psi\phi(n\otimes g) = \psi(ng) = 1\otimes(ng) = n\otimes g.$$

因而 ψ 是 ϕ 的逆.

自然性是下列图表的交换性的推论

$$\begin{array}{ccc}
\mathbf{Z}\otimes G & \xrightarrow{\cong} & G \\
{\scriptstyle i_Z\otimes f}\downarrow & & \downarrow{\scriptstyle f} \\
\mathbf{Z}\otimes H & \xrightarrow{\cong} & H.
\end{array}$$

□

现在我们来导出张量积的一些普遍性质.

首先让我们指出一个常见的谬误. 设 A' 是 A 的子群, B' 是 B 的子群. 那么很容易认为 $A'\otimes B'$ 可以看成 $A\otimes B$ 的子群. 但是一般来说这是不正确的. 包含映射 $i:A'\to A$ 和 $j:B'\to B$ 确实产生一个同态

$$i\otimes j:A'\otimes B'\to A\otimes B,$$

但是这个同态一般不是单射. 例如,整数集 $\mathbf{Z}$ 是有理数加群 $\mathbf{Q}$ 的

一个子群. 但是$\mathbf{Z}\otimes\mathbf{Z}/2$是一个非平凡群，而 $\mathbf{Q}\otimes\mathbf{Z}/2$ 却是平凡的，因为在 $\mathbf{Q}\otimes\mathbf{Z}/2$ 中，

$$a\otimes b=(a/2)\otimes 2b=(a/2)\otimes 0=0.$$

虽然单射的张量积一般不是单的，但是满射的张量积却总是满的. 这就是下列引理的实质.

引理 50.3 设同态 $\phi:B\to C$ 和 $\phi':B'\to C'$ 是满的，那么

$$\phi\otimes\phi':B\otimes B'\to C\otimes C'$$

也是满的，而且它的核是 $B\otimes B'$ 的一个由形如 $b\otimes b'$ 的所有元素生成的子群，其中 $b\in\ker\phi$ 或者 $b'\in\ker\phi'$.

证明 令 G 表示由形如 $b\otimes b'$ 的那些元素生成的 $B\otimes B'$ 的子群. 显然 $\phi\otimes\phi'$ 把 G 映射为零，因而它诱导一个同态

$$\Phi:(B\otimes B')/G\to C\otimes C'.$$

我们通过定义 Φ 的逆 Ψ 来证明 Φ 是一个同构.

开始，我们先由规则 $\psi(c,c')=b\otimes b'+G$ 定义一个函数

$$\psi:C\times C'\to(B+B')/G,$$

其中，我们选取 b 使得 $\phi(b)=c$ 且选取 b' 使得 $\phi'(b')=c'$. 然后证明 ψ 是完全确定的. 假设 $\phi(b_0)=c$ 且 $\phi'(b'_0)=c'$，那么

$$b\otimes b'-b_0\otimes b'_0=((b-b_0)\otimes b')+(b_0\otimes(b'-b'_0)).$$

这个元素在 G 中，因为 $b-b_0\in\ker\phi$ 且 $b'-b'_0\in\ker\phi'$. 因而 ψ 是完全确定的. 由其定义可知 ψ 是双线性的，因而它诱导一个同态

$$\Psi:C\otimes C'\to(B\otimes B')/G.$$

容易难证 $\Phi\circ\Psi$ 和 $\Psi\circ\Phi$ 是恒等映射. □

恰如对于 Hom 函子的情况所做的那样，我们来考虑如何把正合序列“张量化”.

定理 50.4 设序列

$$A\xrightarrow{\phi}B\xrightarrow{\psi}C\to 0$$

是正合的，那么序列

$$A \otimes G \xrightarrow{\phi \otimes i_G} B \otimes G \xrightarrow{\psi \otimes i_G} C \otimes G \to 0$$

也是正合的. 如果 ϕ 是单射并且第一个序列分裂, 那么 $\phi \otimes i_G$ 也是单射而且第二个序列分裂.

证明 上面的引理蕴涵着 $\psi \otimes i_G$ 是满射, 而且它的核是由形如 $b \otimes g (b \in \ker\psi)$ 的所有元素生成的 $B \otimes G$ 的子群 D. $\phi \otimes i_G$ 的象是由形如 $\phi(a) \otimes g$ 的所有元素生成的子群 E. 由于 $\mathrm{im}\phi = \ker\psi$, 所以 $D = E$.

设 ϕ 是单射, 并且序列分裂. 令 $p: B \to A$ 是一个同态使得 $p \circ \phi = i_A$. 那么

$$(p \otimes i_G) \circ (\phi \otimes i_G) = i_A \otimes i_G = i_{A \otimes G},$$

因而 $\phi \otimes i_G$ 是单射, 而且 $p \otimes i_G$ 分裂已张量化的序列. □

系 50.5 存在一个自然的同构

$$\mathbf{Z}/m \otimes G \cong G/mG.$$

证明 取正合序列

$$0 \to \mathbf{Z} \xrightarrow{m} \mathbf{Z} \to \mathbf{Z}/m \to 0$$

并且以 G 与它作张量积就得到正合序列

$$\mathbf{Z} \otimes G \xrightarrow{m \otimes i_G} \mathbf{Z} \otimes G \to \mathbf{Z}/m \otimes G \to 0.$$

应用定理 50.2, 就得出正合序列

$$G \xrightarrow{m} G \to \mathbf{Z}/m \otimes G \to 0.$$

从而本系定理成立. □

现在我们证明张量积的另一些性质.

定理 50.6 我们有下列的自然同构:

(a) $A \otimes B \cong B \otimes A$.

(b) $(\oplus A_\alpha) \otimes B \cong \oplus (A_\alpha \otimes B)$,

$A \otimes (\oplus B_\alpha) \cong \oplus (A \otimes B_\alpha)$.

(c) $A \otimes (B \otimes C) \cong (A \otimes B) \otimes C$.

证明 我们来建立这些同构,而把自然性留给读者去验证.

(a) 把(a,b)变成(b,a)的映射 $A\times B\to B\times A$ 诱导一个从$F(A,B)$到 $F(B,A)$的同构,它把 $R(A,B)$映射到 $R(B,A)$上.

(b) 应用引理 4.1.由假设,存在同态

$$j_\beta: A_\beta \to \oplus A_\alpha \text{ 和 } \pi_\beta: \oplus A_\alpha \to A_\beta$$

使得当 $\alpha\neq\beta$ 时 $\pi_\beta\circ j_\alpha$ 是平凡的,当 $\alpha=\beta$ 时它等于恒等映射.令

$$f_\beta = j_\beta \otimes i_\beta: A_\beta \otimes B \to (\oplus A_\alpha)\otimes B,$$

$$g_\beta = \pi_\beta \otimes i_\beta: (\oplus A_\alpha)\otimes B \to A_\beta \otimes B.$$

那么 $g_\beta\circ f_\alpha$ 当$\alpha\neq\beta$ 时是平凡的,而当 $\alpha=\beta$ 时等于恒等映射.现在$(\oplus A_\alpha)\otimes B$ 是由形如$a\otimes b$ 的元素生成的,其中 $a\in\oplus A_\alpha, b\in B$.由于 a 又等于形如$j_\alpha(a_\alpha)$的元素的有限和,因而我们看到,$(\oplus A_\alpha)\otimes B$ 是由群$f_\alpha(A_\alpha\otimes B)$生成的.(b)款中的第一个同构的存在性可从引理 4.1 得出.

(b) 款中的第二个同构可由交换性得出.

(c) 为了定义一个把张量积 $A\otimes(B\otimes C)$映射到 Abel 群 G 中的同态,我们必须在集合 $A\times(B\times C)$上定义一个双线性函数 f.为了使 f 对于第二个变量是线性的,那么对于固定的 a,它必须是由一个从集合 $a\times B\times C$ 到G 中的双线性映射转化而来的.我们断言,对于从集合 $A\times B\times C$ 到G 中的映射f 来说,如果它分别按三个变量中的每一个都是线性的,那么它恰好定义一个从 $A\otimes(B\otimes C)$到 G 中的同态.我们把这样的函数称为**多重线性函数**.类似的论证说明从$(A\otimes B)\otimes C$ 到G 中的同态可以用完全相同的方法得出.

现在考虑函数

$$f(a,b,c) = a\otimes(b\otimes c),$$

$$g(a,b,c) = (a\otimes b)\otimes c.$$

它们分别是从 $A\times B\times C$ 到$A\otimes(B\otimes C)$和$(A\otimes B)\otimes C$ 的多重线性函数,而且它们分别诱导同态

$$(A\otimes B)\otimes C\xrightarrow{F}A\otimes(B\otimes C)\xrightarrow{G}(A\otimes B)\otimes C.$$

$F\circ G$ 和 $G\circ F$ 在这些群的生成元上都起着恒等映射的作用，因而它们都是恒等映射. □

系 50.7 如果序列

$$0\to A\to B\to C\to 0$$

是正合的并且 G 是无挠的，那么序列

$$0\to A\otimes G\to B\otimes G\to C\otimes G\to 0.$$

也是正合的.

证明 第一步 我们首先证明如果 G 是自由的，那么本系定理成立. 因为对所有 D，$D\otimes Z$ 自然同构于 D，所以序列

$$(*)\qquad 0\to A\otimes Z\to B\otimes Z\to C\otimes Z\to 0$$

是正合的. 因此，

$$0\to A\otimes G\to B\otimes G\to C\otimes G\to 0$$

也是正合的，因为由上面的定理，这个序列同构于$(*)$型序列的直和，而且正合序列的直和也是正合的.

第二步 我们证明下述事实：令 $a_1,\cdots,a_k\in A$；$b_1,\cdots,b_k\in B$. 设 $A\otimes B$ 的元素 $\Sigma a_i\otimes b_i$ 为零. 那么有 A 和 B 的有限生成子群 A_0 和 B_0 分别包含$\{a_1,\cdots,a_k\}$和$\{b_1,\cdots,b_k\}$，使得当把 $\Sigma a_i\otimes b_i$ 看作 $A_0\otimes B_0$ 的元素时，它为零.

回想到 $A\otimes B$ 等于 $F(A,B)$ 被有一定关系的子群 $R(A,B)$ 除得的商. 等式 $\Sigma a_i\otimes b_i=0$ 意味着 $F(A,B)$ 的元素 $\Sigma(a_i,b_i)$ 在 $R(A,B)$ 之中. 即它能写成形如

$$(a+a',b)-(a,b)-(a',b)$$

和

$$(a,b+b')-(a,b)-(a,b')$$

的项的有限线性组合. 令 A_0 表示由这有限多项的第一个分量与 $a_1,\cdots,a_k$ 一起生成的 A 的子群；令 B_0 表示由这有限多项的第二个分量连同 $b_1,\cdots,b_k$ 一起生成的 B 的子群. 那么当我们把形式和

$\Sigma(a_i, b_i)$看成$F(A_0, B_0)$的一个元素时，它在定义$A_0 \otimes B_0$时用到的相关子群中. 因而当看成$A_0 \otimes B_0$的元素时，和$\Sigma a_i \otimes b_i$为零.

第三步　现在我们来完成证明. 设

$$0 \to A \xrightarrow{\phi} B \xrightarrow{\psi} C \to 0$$

是正合的而且G是无挠的. 我们要证明$\phi \otimes i_G$是单射. $A \otimes G$的典型元素是有限和$\Sigma a_i \otimes g_i$. 假设它在$\phi \otimes i_G$的核中，那么$\Sigma\phi(a_i) \times g_i$在$B \otimes G$中为零. 分别选取$B, G$的有限生成子群$B_0$和$G_0$使得当看作$B_0 \otimes G_0$中的元素时，这个和为零. 应用由包含映射诱导的映射$B_0 \otimes G_0 \to B \otimes G_0$，则我们可以看出，当看作$B \otimes G_0$的元素时，它为零.

由于作为G的一个子群G_0是无挠的，因此由于G_0是有限生成的，所以它是自由的. 结果，序列

$$0 \to A \otimes G_0 \to B \otimes G_0 \to C \otimes G_0 \to 0$$

是正合的. 我们推出，当看作$A \otimes G_0$的元素时，$\Sigma a_i \otimes g_i$必然为零. 应用由包含映射诱导的映射$A \otimes G_0 \to A \otimes G$，则我们看出，当看作$A \otimes G$的元素时，$\Sigma a_i \otimes g_i$也为零. □

当A为有限生成时，我们已证明的这些定理使我们能够计算群$A \otimes B$. 因为$\otimes$运算与直和运算交换，于是我们有规则

$$\mathbf{Z} \otimes G \simeq G, \qquad \mathbf{Z}/m \otimes G \simeq G/mG.$$

尤其是，自由Abel群的张量积是自由Abel群. 为了以后的应用，我们将这个事实正式叙述如下：

定理 50.8　*如果A是以$\{a_i\}$为基的自由Abel群，B是以$\{b_j\}$为基的自由Abel群. 那么$A \otimes B$是以$\{a_i \otimes b_j\}$为基的自由Abel群.*

证明　令$\langle a_i \rangle$和$\langle b_j \rangle$分别表示A和B的由a_i和b_j生成的无限循环子群. 那么

$$A = \bigoplus \langle a_i \rangle, \qquad B = \bigoplus \langle b_j \rangle.$$

由此可知,$A \otimes B \cong \bigoplus(\langle a_i \rangle \otimes \langle b_j \rangle)$. 由于 $\mathbf{Z} \otimes \mathbf{Z}$ 是无限循环的而且是由 $1 \otimes 1$ 生成的,同样,$\langle a_i \rangle \otimes \langle b_j \rangle$是无限循环的而且是由 $a_i \otimes b_j$ 生成的. 于是定理成立. □

模的张量积

像往常一样,令 R 是一个有单位元的交换环. 如果 A 和 B 是 R 上的模,那么(就像我们在§41 的习题中所提到的那样)从 A 到 B 的所有模同态构成的群 $\mathrm{Hom}_R(A,B)$具有 R 模的构造. 对于张量积函子可以得到类似的情况. 实际上,我们将只对 R 是域的情况感兴趣. 但是我们不妨暂时考虑一般情况.

令 A 和 B 是环 R 上的模. 跟以前一样,令 $F(A,B)$是由集合 $A \times B$ 生成的自由 Abel 群. 但是现在令 $R(A,B)$是由形如

$$(a + a', b) - (a, b) - (a', b),$$
$$(a, b + b') - (a, b) - (a, b'),$$
$$(\alpha a, b) - (a, \alpha b), \quad \alpha \in R$$

的元素生成的子群. 那么 $F(A,B)/R(A,B)$具有 R 上模的结构:给定 α,我们由规则 $\alpha(a,b) = (\alpha a, b)$定义一个 $F(A,B)$到其自身的映射. 这个映射将 $R(A,B)$映入其自身内. 例如,当我们把 α 应用到上面所列出的 $R(A,B)$的第一个生成元上时,就有

$$\begin{aligned}&(\alpha(a + a'), b) - (\alpha a, b) - (\alpha a', b)\\ &= (\alpha a + \alpha a', b) - (\alpha a, b) - (\alpha a', b).\end{aligned}$$

由定义后一元素在 $R(A,B)$中. 类似的说法也适用于所列出的第二个生成元. 对于第三个生成元,我们有

$$\begin{aligned}\beta(\alpha a, b) - \beta(a, \alpha b) &= (\beta(\alpha a), b) - (\beta a, \alpha b)\\ &= (\alpha(\beta a), b) - (\beta a, \alpha b),\end{aligned}$$

由定义它在 $R(A,B)$中.

因而我们在商 F/R 上有一个诱导运算. 模性质容易验证. 我

们把所得到的模记为 $A\otimes_R B$，并把它称为 A 和 B **在环 R 上的张量积**. 像以前一样把 (a,b) 的陪集记为 $a\otimes b$. 除了 $A\otimes B$ 中的通常关系之外，在 $A\otimes_R B$ 中还有关系

$$\alpha(a\otimes b)=(\alpha a)\otimes b=a\otimes(\alpha b).$$

现在让我们来考虑一个集映射 $f:A\times B\to C$，它单独按每一个变量都是一个模同态. 由于它把 $R(A,B)$ 映射为零，所以它诱导一个同态

$$g:A\otimes_R B\to C,$$

可以证实这实际上是一个模同态.

请注意到 $A\otimes_R B$"小于"$A\otimes B$. 实际上它同构于 $A\otimes B$ 被由形如 $(\alpha a)\otimes b-a\otimes(\alpha b)$ 的所有项生成的子群去除所得到的商群. 这类似于 Hom 函子的情况，在那里 $\mathrm{Hom}_R(A,B)$ 是 $\mathrm{Hom}(A,B)$ 的一个子群.

如果 $f:A\to A'$ 和 $g:B\to B'$ 是模同态，那么存在一个模同态

$$f\otimes g:A\otimes_R B\to A'\otimes_R B',$$

对于所有 a,b，它把 $a\otimes b$ 映射为 $f(a)\otimes g(b)$，因为把 (a,b) 变成 $f(a)\otimes g(b)$ 的映射单独按每一个变量都是一个模同态.

本节的定理都能推广到模的张量积，其证明留作习题.

习　题

1. 令 G 是一个具有挠子群 T 的 Abel 群. 令 H 是一个可除群. 证明 $G\otimes H\cong(G/T)\otimes H$. [注：$T$ 未必是 G 中的直和项！]

2. 证明加群 $\mathbf{Q}$ 是无挠的但不是自由的. [提示：比较 $\mathbf{Q}\otimes\mathbf{Z}/2$.]

3. 证明：若 A 和 B 都是 $\mathbf{Z}$ 模，那么

$$A\otimes_{\mathbf{Z}}B=A\otimes B.$$

4. 令 A 是一个 R 模. 证明存在一个 R 模的同构

$$R\otimes_R A\cong A.$$

5. 对于 $\otimes_R$ 证明定理 50.4 和定理 50.6 的类似结果.

6. 令 A,B,C 都是域 F 上的向量空间.

(a) 证明 $\otimes_F$ 保持向量空间的正合序列. [提示:每一个这样的序列都是分裂的.]

(b) 如果 A 和 B 分别有向量空间的基 $\{a_i\}$ 和 $\{b_j\}$, 证明 $\{a_i \otimes b_j\}$ 是 $A \otimes_F B$ 的向量空间基.

7. 如果 A 和 B 是 $\mathbf{Q}$ 上的向量空间, 证明

$$A \otimes_{\mathbf{Q}} B = A \otimes B.$$

§51 带任意系数的同调

现在我们利用张量积函子来普遍定义带任意系数的同调群. 处理方法将沿用 §44 的模式, 在那里我们论述了带任意系数的上同调理论.

我们首先在链复形的水平上进行讨论, 然后专门研究奇异理论, 最后研究单纯理论, 在这方面我们将证明我们在这里所使用的带任意系数的同调的定义等价于 §10 中所给出的定义.

链复形的同调

令 G 是一个 Abel 群, 令 $\mathscr{C} = \{C_p, \partial\}$ 是一个链复形. 我们用 $H_p(\mathscr{C}; G)$ 表示链复形 $\mathscr{C} \otimes G = \{C_p \otimes G; \partial \otimes i_G\}$ 的第 p 个同调群, 并且称为 $\mathscr{C}$ 的第 p 个**带 G 中系数的同调群**.

如果 $\{\mathscr{C}, \varepsilon\}$ 是增广链复形, 那么我们就有从 $\mathscr{C} \otimes G$ 得出的相应链复形, 它是通过在 -1 维添加群 $\mathbf{Z} \otimes G \simeq G$, 并且用 $\varepsilon \otimes i_G$ 作为从 0 维到 -1 维的边缘算子而得到的. 它的同调群记为 $\widetilde{H}_p(\mathscr{C}; G)$, 并且称为 $\mathscr{C}$ 的**带 G 中系数的约化同调群**. 如果 $\widetilde{H}_0(\mathscr{C})$ 为零, 那么 $\widetilde{H}_0(\mathscr{C}; G)$ 也为零, 因为 $C_1 \to C_0 \to \mathbf{Z} \to 0$ 的正合性蕴涵着

$$C_1 \otimes G \to C_0 \otimes G \to \mathbf{Z} \otimes G \to 0$$

的正合性. 一般我们有

$$H_0(\mathscr{C}; G) \simeq \widetilde{H}_0(\mathscr{C}; G) \oplus G.$$

请注意到,如果 G 是整数群,那么 $\mathscr{C}\otimes G$ 自然与 $\mathscr{C}$ 同构.因而 $\mathscr{C}$ 的平常同调可以看作"带 $\mathbf{Z}$ 中系数的同调".

如果 $\phi:\mathscr{C}\to\mathscr{D}$ 是链映射,那么 $\phi\otimes i_G:\mathscr{C}\otimes G\to\mathscr{D}\otimes G$ 也是链映射.为了方便,诱导同调的同态宁可记为

$$\phi_*:H_p(\mathscr{C};G)\to H_p(\mathscr{D};G)$$

而不记为 $(\phi\otimes i_G)_*$.如果 $\mathscr{C}$ 和 $\mathscr{D}$ 是增广的而且 ϕ 是保持增广的,那么 $\phi\otimes i_G$ 不仅诱导常义同调的同态而且诱导约化同调的同态.

如果 $\phi,\psi:\mathscr{C}\to\mathscr{C}'$ 都是链映射,而且 D 是它们之间的链同伦,那么 $D\otimes i_G$ 是 $\phi\otimes i_G$ 和 $\psi\otimes i_G$ 之间的链同伦.由此可知,若 ϕ 和 ψ 是链同伦的,那么 ϕ_* 和 ψ_* 作为带任意系数的同调的同态是相等的;同样可知若 ϕ 是链等价,那么 $\phi\otimes i_G$ 也是一个链等价.

最后,假设有链复形的短正合序列

$$0\to\mathscr{C}\to\mathscr{D}\to\mathscr{E}\to 0,$$

它在每一维数下都是分裂的,那么张量序列

$$0\to G_p\otimes G\to D_p\otimes G\to E_p\otimes G\to 0$$

是正合的.应用之字形引理,就得到一个长正合序列

$$\cdots\to H_p(\mathscr{C};G)\to H_p(\mathscr{D};G)\to H_p(\mathscr{E};G)\xrightarrow{\partial_*}H_{p-1}(\mathscr{C};G)\to\cdots$$

其中 ∂_* 是由 $\partial\otimes i_G$ 诱导的.这个序列关于由链映射诱导的同态是自然的.

奇异同调

我们把拓扑偶 (X,A) 的带 G 中系数的奇异同调群定义为

$$H_p(X,A;G)=H_p(\mathscr{S}(X,A);G).$$

像往常一样,如果 A 是空集,那么我们就从记号中把它省去.我们定义约化同调群为

$$\widetilde{H}_p(X;G)=H_p(\{\mathscr{S}(X),\varepsilon\};G),$$

其中 ε 是 $\mathscr{S}(X)$ 的通常增广映射.

因为 $S_p(X,A)$是自由 Abel 群,所以群 $S_p(X,A)\otimes G$ 是 G 的拷贝的直和.实际上,如果$\{T_\alpha\}$是由 X 的那些像集不在A 中的 p 维奇异单形组成的族,那么这些奇异单形 T_α 的模$S_p(A)$的陪集构成 $S_p(X,A)$的一个基.因此 $S_p(X,A)\otimes G$ 的每一个元素能唯一地表示成一个有限和$\Sigma T_\alpha\otimes g_\alpha$.这是我们表示一个带 G 中系数的 p 维奇异链的通常方式.这样一个链的极小承载子是集合 $T_\alpha(\Delta_p)$的并,这里的并是对所有那些使得 $g_\alpha\neq 0$ 的指标而取的.它当然是个紧集.

一个连续映射 $h:(X,A)\to(Y,B)$产生一个链映射

$$h_\# \otimes i_G:\mathscr{S}(X,A)\otimes G\to\mathscr{S}(Y,B)\otimes G.$$

有时我们把这个映射简记为 $h_\#$,并且把诱导同调的同态简记为 h_*.函子性是直接的,实际上它在链水平上成立.

因为 $S_p(X,A)$是自由的,所以链复形的短正合序列

$$0\to S_p(A)\to S_p(X)\to S_p(X,A)\to 0$$

分裂.因此我们就得到一个带 G 中系数的长正合同调序列,而且它关于由连续映射诱导的同态是自然的.

如果 $h,k:(X,A)\to(Y,B)$是同伦的,那么由定理 30.7 的证明可知,在 $h_\#$和 $k_\#$之间存在一个链同伦.于是 $h_\#\otimes i_G$ 和$k_\#\otimes i_G$ 是链同伦的,因而 h_*和 k_*作为带 G 中系数的同调的映射是相等的.

直接考虑单点空间 P 的奇异链复形就会导致下列结果:对于 $i\neq 0$,$H_i(P;G)=0$,而 $H_0(P;G)\simeq G$.

奇异同调的"紧支集性质"能够立即转化为带任意系数的奇异同调的同一性质.

奇异同调的唯一需要谨慎对待的性质是切除性质.

令(X,A)是一个拓扑空间偶,令 U 是 X 的子集使得 $\bar{U}\subset\mathrm{Int}A$.我们知道包含映射

$$j:(X-U,A-U)\to(X,A)$$

在常义同调中诱导一个同构.我们要证明它在带任意系数的同调中也诱导一个同构.

做这件事的一种方法是利用定理 46.2,它蕴涵着 $j_{\#}$ 是链等价.(请注意,所涉及到的链复形是自由的,而且在低于某一个维数时为零.)另一种可供选择的方法是,我们可以证明下列定理,它是定理 45.5 的一个类似结果.

定理 51.1 令 $\mathscr{C}$ 和 $\mathscr{D}$ 是自由链复形.如果链映射 $\phi:\mathscr{C}\to\mathscr{D}$ 在所有维数下都诱导同调的同构,那么链映射

$$\phi\otimes i_G:\mathscr{C}\otimes G\to\mathscr{D}\otimes G$$

也是如此.

证明 第一步 我们首先考虑有自由链复形的短正合序列

$$0\to\mathscr{C}\to\mathscr{D}\to\mathscr{E}\to 0$$

的情形.我们知道对所有 $p,H_p(\mathscr{E})=0$,而我们想要证明对所有 $p,H_p(\mathscr{E};G)=0$.如同在引理 45.3 的证明中那样,我们可以写成 $E_p=B_p\oplus U_p$,在那里∂把 B_p 映射为零,并且把 U_p 同构地映射到 B_{p-1}上.于是

$$E_p\otimes G\simeq(B_p\otimes G)\oplus(U_p\otimes G),$$

而且 $\phi\otimes i_G$ 把$B_p\otimes G$ 映射为零,把 $U_p\otimes G$ 同构地映射到$B_{p-1}\otimes G$ 上.由此可知对所有 $p,H_p(\mathscr{E};G)=0$.

第二步 现在一般情形可从引理 45.4 得出.给定 $\phi:\mathscr{C}\to\mathscr{D}$,那么就有一个链复形 $\mathscr{D}'$和到内的链映射 $i:\mathscr{C}\to\mathscr{D}'$ 与 $j:\mathscr{D}\to\mathscr{D}'$ 使得 j 在所有维数下诱导同调的同构;$j\circ\phi$链同伦于 i;而且 $\mathscr{D},\mathscr{D}'/\operatorname{im}i$,$\mathscr{D}'/\operatorname{im}j$都是自由的.如果 ϕ_* 在常义同调中是一个同构,那么 $i_*=j_*\circ\phi_*$ 也如此.于是由第一步,i 和 j 均诱导带任意系数的同调的同构.因而 ϕ 诱导同样的同构. □

单纯同调

令(K,K_0)是一个单纯复形偶;令 G 是一个 Abel 群.我们把

(K,K_0)的带 G 中系数的单纯同调定义为

$$H_p(K,K_0;G) = H_p(\mathscr{C}(K,K_0);G).$$

我们定义 K 的约化同调群为

$$\widetilde{H}_p(K;G) = H_p(\{\mathscr{C}(K),\varepsilon\};G),$$

其中 ε 是 $\mathscr{C}(K)$的通常增广.

现在我们让 K 的每一个不在K_0 中的 p 维单形对应G 的一个拷贝.那么群 $C_p(K,K_0)\otimes G$ 恰好是G 的这些拷贝的直和.实际上,如果我们将 K 的不在 K_0 中的 p 维单形 σ_α 任意定向,那么 $C_p(K,K_0)\otimes G$ 的每一个元就能够唯一的表示成一个有限和$\Sigma\sigma_\alpha\otimes g_\alpha$.于是它的边缘就可表示为 $\Sigma(\partial\sigma_\alpha)\otimes g_\alpha$.

关于同我们在 §10 中给出的带任意系数的同调的定义之间的联系现在就清楚了.在那一节,我们用一个有限的形式和 $c_p = \Sigma g_\alpha\sigma_\alpha$ 表示一个带G 中系数的p 维单纯链c_p,而且它的边缘由公式

$$\partial c_p = \Sigma g_\alpha(\partial\sigma_\alpha)$$

表示.这说明在§10 定义的链复形 $\mathscr{C}(K;G)$同构于链复形 $\mathscr{C}(K)\otimes G$.今后在论及带任意系数的单纯同调时,我们将使用后一种形式的链复形.

至于诱导同态和长正合同调序列的存在性以及 Eilenberg-Steenrod 公理的验证是如此简单,以至于我们可以将细节省略.论证可遵循在§44 节中对于单纯上同调所给出的论证模式.

单纯理论与奇异理论之间的同构

我们已有§34 的链映射

$$\eta: C_p(K,K_0)\to S_p(|K|,|K_0|),$$

它在常义同调中诱导一个同构.从定理 51.1 又知道,它在带任意系数的同调中也诱导一个同构.至于它不依赖于在定义 η 时所使用的顶点序以及它与边缘同态∂_*交换、与由连续映射诱导的同态交换等这些事实可以像在定理 44.2 的证明中那样得出.

CW 复形的同调

如果 X 是一个带有胞腔链复形 $\mathscr{D}(X)$的 CW 复形,那么我们知道对于所有 p, $H_p(\mathscr{D}(X))\cong H_p(X)$. 从引理 45.1 可知,存在诱导这个同构的一个链映射,于是从引理 51.1 可知

$$H_p(\mathscr{D}(X)\otimes G)\cong H_p(X;G).$$

因而 X 的胞腔链复形能够用来计算带任意系数的同调. 如果 X 是可三角剖分的 CW 复形,那么诱导这个同构的链映射是包含映射

$$j:\mathscr{D}(X)\to\mathscr{C}(X).$$

习 题

1. 若$\{\mathscr{C},\varepsilon\}$是一个增广链复形,那么证明

$$H_0(\mathscr{C};G)\cong\widetilde{H}_0(\mathscr{C};G)\oplus G.$$

[提示:序列 $0\to\ker\varepsilon\to C_0\to Z\to 0$ 分裂.]

2. 利用胞腔链复形来计算 $T\# T$, $P^2\# P^2\# P^2$, P^N 和 k 褶笨伯帽的带一般系数 G 的同调.

3. **定理** 令 $\mathscr{C}$ 是一个自由链复形. 那么就有一个自然的正合序列

$$0\to H_p(\mathscr{C})\otimes G\xrightarrow{\phi}H_p(\mathscr{C}\otimes G)\to \operatorname{cok}\phi\to 0,$$

其中 ϕ 是由包含映射诱导的. 这个序列分裂,但不自然分裂. 如果 $H_i(\mathscr{C})$对所有 i 是自由的,那么 ϕ 是一个同构.

[注:这个定理是引理 45.7 和定理 45.8 对于同调的类似结果. 在下一章中,它将被推广.]

4. 令 R 是一个有单位元的交换环,令 $\mathscr{C}$ 是一个链复形. 证明 $C_p\otimes R$ 可以通过对 $\alpha,\beta\in R$ 定义

$$\alpha(c_p\otimes\beta)=c_p\otimes(\alpha\beta)$$

而被赋予 R 模的结构. 证明 $H_p(\mathscr{C};R)$具有 R 模的结构,而且链映射诱导 R 模的同态. 证明∂_*是 R 模同态.

第七章　同 调 代 数

在第五章我们已经看到，具有同构的同调群的两个空间也必有同构的上同调群．这个事实引导人们猜想，一个空间的上同调群在某种程度上是由同调群决定的．这种猜想在本章将被证实．我们将确切说明(带任意系数的)上同调群是怎样由(带整系数的)同调群决定的．我们把所涉及到的这个定理称为上同调的万有系数定理．定理的叙述不仅涉及到我们已经研究过的“Hom”函子，而且还要涉及到我们即将引进的称为“Ext”的一种新函子．

类似地，我们知道如果两个空间有同构的整同调群，那么它们带任意系数的同调群也同构．恰似上同调群的情形，原来带任意系数的同调群是由带整系数的同调群决定的．所涉及的定理称为同调的万有系数定理，它不仅涉及到张量积函子，而且还涉及到我们将要引进的一种称为“挠积”的新函子．

这些函子就构成了称为同调代数的一个一般学科的一部分．虽然它的起源实质上是拓扑的，但是当今它已发展成为对许多纯代数问题有用的独立的代数分支．我们对它的兴趣仅限于它与拓扑学的联系．

当我们研究积空间 $X\times Y$ 的同调时，这些函子也起重要作用．原来，$X\times Y$ 的拓扑是由 X 的拓扑和 Y 的拓扑决定的．这种关系用一种称为 Künneth 序列的正合序列的形式表达出来．它涉及到张量积函子和挠积函子．

如果同调是有限生成的，那么对于上同调就有一个类似的序列成立．一般它对上积有用，而且对于计算 $X\times Y$ 的上同调环特别有用．

§ 52 Ext 函子

与函子 Hom(A,B)相伴的是另一个双变量函子,称为 Ext(A,B).它跟 Hom 函子一样,对于第一个变量是反变的,对于第二个变量是共变的.这就意味着给定了同态 $\gamma:A\to A'$和 $\delta:B\to B'$,那么就有一个同态

$$\mathrm{Ext}(\gamma,\delta):\mathrm{Ext}(A',B')\to\mathrm{Ext}(A,B).$$

而且通常的函子性质成立.

要定义这个函子必须做些预备工作.但是它的关键性质是容易记忆的,我们将它表述成一个定理的形式.

定理 52.1 存在这样一个函数,它对 Abel 群 A 的每一个自由分解

$$0\to R\xrightarrow{\phi}F\xrightarrow{\varphi}A\to 0$$

和对每一个 Abel 群 B,指派一个正合序列

$$0\leftarrow\mathrm{Ext}(A,B)\xleftarrow{\pi}\mathrm{Hom}(R,B)\xleftarrow{\tilde{\phi}}\mathrm{Hom}(F,B)$$
$$\xleftarrow{\tilde{\varphi}}\mathrm{Hom}(A,B)\leftarrow 0.$$

这个函数在下述的意义上是自然的:自由分解的同态

$$\begin{array}{ccccccccc}
0 & \longrightarrow & R & \longrightarrow & F & \longrightarrow & A & \longrightarrow & 0\\
 & & \downarrow{\scriptstyle\alpha} & & \downarrow{\scriptstyle\beta} & & \downarrow{\scriptstyle\gamma} & & \\
0 & \longrightarrow & R' & \longrightarrow & F' & \longrightarrow & A' & \longrightarrow & 0
\end{array}$$

和 Abel 群的同态 $\delta:B'\to B$ 产生正合序列的同态:

$$\begin{array}{ccccccccc}
0\leftarrow & \mathrm{Ext}(A,B) & \leftarrow & \mathrm{Hom}(R,B) & \leftarrow & \mathrm{Hom}(F,B) & \leftarrow & \mathrm{Hom}(A,B) & \leftarrow 0\\
 & \uparrow{\scriptstyle\mathrm{Ext}(\gamma,\delta)} & & \uparrow{\scriptstyle\mathrm{Hom}(\alpha,\delta)} & & \uparrow{\scriptstyle\mathrm{Hom}(\beta,\delta)} & & \uparrow{\scriptstyle\mathrm{Hom}(\gamma,\delta)} & \\
0\leftarrow & \mathrm{Ext}(A',B') & \leftarrow & \mathrm{Hom}(R',B') & \leftarrow & \mathrm{Hom}(F',B') & \leftarrow & \mathrm{Hom}(A',B') & \leftarrow 0.
\end{array}$$

稍后我们将证明这个定理.然后用它来导出 Ext 函子的其它性质,并且计算 Ext 函子.

现在我们来定义 Ext 函子.我们以一个引理开始.

引理 52.2 假设我们给出 A 和 A'的相应自由分解之间的同态

$$\begin{array}{ccccccccc} 0 & \longrightarrow & R & \xrightarrow{\phi} & F & \longrightarrow & A & \longrightarrow & 0 \\ & & \alpha\downarrow & & \downarrow\beta & & \downarrow\gamma & & \\ 0 & \longrightarrow & R' & \xrightarrow{\phi'} & F' & \longrightarrow & A' & \longrightarrow & 0 \end{array}$$

和同态 $\delta: B'\to B$,那么存在唯一的一个同态 ε 使得下列正合序列的图表交换:

$$\begin{array}{ccccccccc} 0 \longleftarrow \operatorname{cok}\tilde{\phi} & \longleftarrow & \operatorname{Hom}(R,B) & \xleftarrow{\tilde{\phi}} & \operatorname{Hom}(F,B) & \longleftarrow & \operatorname{Hom}(A,B) & \longleftarrow & 0 \\ \uparrow\varepsilon & & \uparrow\operatorname{Hom}(\alpha,\delta) & & \uparrow\operatorname{Hom}(\beta,\delta) & & \uparrow\operatorname{Hom}(\gamma,\delta) & & \\ 0 \longleftarrow \operatorname{cok}\tilde{\phi}' & \longleftarrow & \operatorname{Hom}(R',B') & \xleftarrow[\tilde{\phi}']{} & \operatorname{Hom}(F',B') & \longleftarrow & \operatorname{Hom}(A',B') & \longleftarrow & 0. \end{array}$$

同态 ε 不依赖于 α 和 β 的选取.

证明 Hom 的函子性说明上面的图表中右边的两个方块是交换的.因此,$\operatorname{Hom}(\alpha,\delta)$诱导上核的同态.

我们来证明 ε 不依赖于 α 和 β 的选取.设$\{\alpha',\beta',\gamma'\}$是两个给定的自由分解之间的另一个同态.把 A 的自由分解看作一个链复形 $\mathscr{A}$,将它标记使得 A 是 0 维群.对 A'也同样来做,得到一个链复形 $\mathscr{A}'$.那么$\{\alpha,\beta,\gamma\}$和$\{\alpha',\beta',\gamma'\}$都是 $\mathscr{A}$ 到 $\mathscr{A}'$ 的链映射.由正合性,$\mathscr{A}$ 和 $\mathscr{A}'$ 的同调群为零.但上同调群未必为零,实际上,群 $\operatorname{cok}\tilde{\phi}$ 恰好是 2 维上同调群 $H^2(\mathscr{A};B)$,且 $\operatorname{cok}\tilde{\phi}'=H^2(\mathscr{A}';B')$.映射 ε 恰好是由链映射$\{\alpha,\beta,\gamma\}$诱导的上同调的同态.

由于引理 46.1 的假设条件被链复形 $\mathscr{A}$ 和 $\mathscr{A}'$ 满足,因此在链映射$\{\alpha,\beta,\gamma\}$和$\{\alpha',\beta',\gamma'\}$之间有一个链同伦 D.那么 $\operatorname{Hom}(D,\delta)$是相应上链映射之间的上链同伦.由此可知,它们诱导 2 维上同调群的同一个同态 ε. □

定义 我们把上面引理中所构造的同态 ε 称作是由 γ 和 δ **诱导的**,因为它只依赖于 γ 和 δ 以及所涉及到的自由分解.

我们来证明函子性的另一种形式.首先我们证明复合运算能够正确进行.令 $\alpha,\beta,\gamma,\delta,\varepsilon$ 如引理中所述,并假设

$$\begin{array}{ccccccccc} 0 & \longrightarrow & R' & \longrightarrow & F' & \longrightarrow & A' & \longrightarrow & 0 \\ & & \Big\downarrow{\scriptstyle \alpha'} & & \Big\downarrow{\scriptstyle \beta'} & & \Big\downarrow{\scriptstyle \gamma'} & & \\ 0 & \longrightarrow & R'' & \longrightarrow & F'' & \longrightarrow & A'' & \longrightarrow & 0 \end{array}$$

是另一个自由分解的同态,及 $\delta':B''\to B'$ 是另一个 Abel 群的同态.令 ε' 是由 γ' 和 δ' 诱导的同态.等式

$$\mathrm{Hom}(\gamma,\delta)\circ\mathrm{Hom}(\gamma',\delta')=\mathrm{Hom}(\gamma'\circ\gamma,\delta\circ\delta')$$

以及对于 α,α' 和 β,β' 的类似等式蕴涵着 $\varepsilon\circ\varepsilon'$ 是由 $\gamma'\circ\gamma$ 和 $\delta\circ\delta'$ 诱导的同态.

其次我们证明,如果 i_A 和 i_B 是恒等映射,那么它们诱导的同态 ε 是同构.在两个自由分解相同的情况下,这肯定是正确的,因为此时 α 和 β 可选取为恒等映射,因而 ε 是恒等映射.但是正如我们马上要证明的那样,在

$$\begin{array}{ccccccccc} 0 & \longrightarrow & R & \xrightarrow{\phi} & F & \longrightarrow & A & \longrightarrow & 0 \\ & & \Big\downarrow{\scriptstyle \alpha} & & \Big\downarrow{\scriptstyle \beta} & & \Big\downarrow{\scriptstyle i_A} & & \\ 0 & \longrightarrow & R' & \xrightarrow{\phi'} & F' & \longrightarrow & A' & \longrightarrow & 0, \end{array}$$

的情况下,它也是正确的.令 $\varepsilon:\mathrm{cok}\tilde{\phi}'\to\mathrm{cok}\tilde{\phi}$ 是由 (i_A,i_B) 关于这些自由分解诱导的映射.选取 α' 和 β' 使得下列图表交换:

$$\begin{array}{ccccccccc} 0 & \longrightarrow & R' & \xrightarrow{\phi'} & F' & \longrightarrow & A & \longrightarrow & 0 \\ & & \Big\downarrow{\scriptstyle \alpha'} & & \Big\downarrow{\scriptstyle \beta'} & & \Big\downarrow{\scriptstyle i_A} & & \\ 0 & \longrightarrow & R & \xrightarrow{\phi} & F & \longrightarrow & A & \longrightarrow & 0. \end{array}$$

(在这里我们要用到 F' 是自由的这一事实.)令 $\varepsilon':\operatorname{cok}\tilde{\phi}\to\operatorname{cos}\tilde{\phi}'$ 是由(i_A,i_B)关于这些自由分解诱导的映射.由前面的评述,复合映射 $\varepsilon\circ\varepsilon'$ 和 $\varepsilon'\circ\varepsilon$ 都等于恒等映射.因而 ε 是一个同构.

从这些评注可知,给定 A 和 B,如果我们选取 A 的任何自由分解,那么群 $\operatorname{cok}\tilde{\phi}$ 将(直至同构)都不依赖于这种选取.这个事实把我们引导到关于 $\operatorname{cok}\tilde{\phi}$ 的"典型形式"的下列定义,我们将称之为 $\operatorname{Ext}(A,B)$.

定义 如果 A 是一个 Abel 群,那么令 $F(A)$ 表示由 A 的元素生成的自由 Abel 群,并且令 $R(A)$ 是自然射形 $F(A)\to A$ 的核.我们将序列

$$0\to R(A)\xrightarrow{\phi}F(A)\to A\to 0$$

称为 A 的典型自由分解.(参看§45.)我们把群

$$\operatorname{cok}\tilde{\phi}=\operatorname{Hom}(R(A),B)/\tilde{\phi}(\operatorname{Hom}(F(A),B))$$

记为 $\operatorname{Ext}(A,B)$.如果 $\gamma:A\to A'$ 和 $\delta:B'\to B$ 是同态,那么我们能把 γ 扩张成 A 的典型自由分解到 A' 的典型自由分解的同态,而且定义

$$\operatorname{Ext}(\gamma,\delta):\operatorname{Ext}(A',B')\to\operatorname{Ext}(A,B)$$

是由 γ 和 δ 关于这些自由分解诱导的同态.

前面的评论说明 Ext 是一个双变量函子,它关于第一个变量是反变的,关于第二个变量是共变的.

有时我们把群 $\operatorname{Ext}(A,B)$ 称为 B *由* A *扩张的群*.对于这个术语的解释,请参看文献[Mac L].

现在来证明我们的基本定理.

定理 52.1 的证明 正合序列

$$0\to R\xrightarrow{\phi}F\to A\to 0$$

可引出正合序列

$$0\leftarrow\operatorname{cok}\tilde{\phi}\leftarrow\operatorname{Hom}(R,B)\leftarrow\operatorname{Hom}(F,B)\leftarrow\operatorname{Hom}(A,B)\leftarrow 0.$$

鉴于前面的评述,存在一个由(i_A,i_B)诱导的 $\operatorname{cok}\tilde{\phi}$ 到 $\operatorname{Ext}(A,B)$

的同构.我们利用这个同构就可以在这个序列中以 Ext(A,B)代替 cok$\tilde{\phi}$.

剩下的是要检验自然性.就像在定理的叙述中那样,令 α,β,γ 定义A 和A'的各自的自由分解的一个同态.令 $\delta:B'\to B$.考虑下列图表:

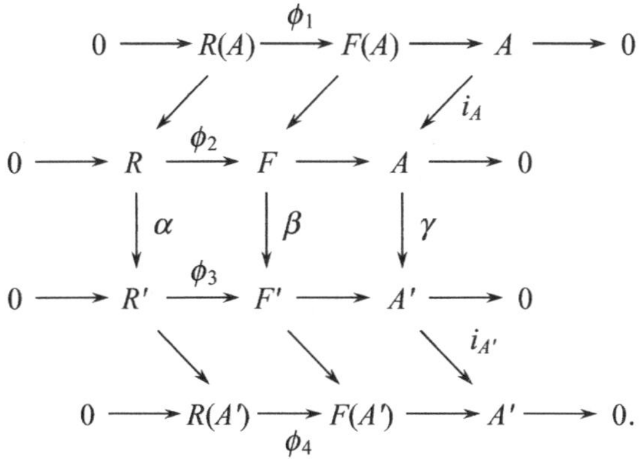

存在分别由$(i_{A'},i_{B'})$,(γ,δ)和(i_A,i_B)诱导的同态

$$\mathrm{cok}\tilde{\phi}_4 \xrightarrow{\varepsilon_3} \mathrm{cok}\tilde{\phi}_3 \xrightarrow{\varepsilon_2} \mathrm{cok}\tilde{\phi}_2 \xrightarrow{\varepsilon_1} \mathrm{cok}\tilde{\phi}_1,$$

ε_3 和 ε_1 都是同构.由函子性,复合映射 $\varepsilon_1\circ\varepsilon_2\circ\varepsilon_3$ 是由

$$(i_{A'}\circ\gamma\circ i_A,\ i_B\circ\delta\circ i_{B'})=(\gamma,\delta)$$

关于典型自由分解诱导的唯一同态,因而它必然等于 Ext(γ,δ).因此图表

$$\begin{array}{ccccc}
\mathrm{Ext}(A,B) & \underset{\cong}{\overset{\varepsilon_1}{\longleftarrow}} & \mathrm{cok}\,\tilde{\phi}_2 & \longleftarrow & \mathrm{Hom}(R,B) \\
\uparrow{\scriptstyle \mathrm{Ext}(\gamma,\delta)} & & \uparrow{\scriptstyle \varepsilon_2} & & \uparrow{\scriptstyle \mathrm{Hom}(\alpha,\delta)} \\
\mathrm{Ext}(A',B') & \underset{\cong}{\overset{\varepsilon_3}{\longleftarrow}} & \mathrm{cok}\,\tilde{\phi}'_3 & \longleftarrow & \mathrm{Hom}(R',B')
\end{array}$$

交换.于是证明完成. □

现在我们来证明 Ext 函子更进一步的性质.

定理 52.3 (a) 存在自然同构

$$\mathrm{Ext}(\bigoplus A_\alpha, B) \cong \Pi \mathrm{Ext}(A_\alpha, B),$$

$$\mathrm{Ext}(A, \Pi B_\alpha) \cong \Pi \mathrm{Ext}(A, B_\alpha).$$

(b) 若 A 是自由的,则 $\mathrm{Ext}(A,B)=0$.

(c) 给定 B,则有一个正合序列

$$0 \leftarrow \mathrm{Ext}(\mathbf{Z}/m, B) \leftarrow B \xleftarrow{m} B \leftarrow \mathrm{Hom}(\mathbf{Z}/m, B) \leftarrow 0$$

证明 在证明中我们将用到下列事实:(1) 正合序列的直和与直积都是正合的;(2) 自由 Abel 群的直和(而不是直积)也是 Abel 群.

(a) 令 $0 \to R_\alpha \to F_\alpha \to A_\alpha \to 0$ 是 A_α 的自由分解,那么 $0 \to \bigoplus R_\alpha \to \bigoplus F_\alpha \to \bigoplus A_\alpha \to 0$ 是$\bigoplus A_\alpha$ 的自由分解.由定理 52.1,两个序列

$$0 \leftarrow \mathrm{Ext}(A_\alpha, B) \leftarrow \mathrm{Hom}(R_\alpha, B) \leftarrow \mathrm{Hom}(F_\alpha, B) \leftarrow \mathrm{Hom}(A_\alpha, B) \leftarrow 0,$$

$$0 \leftarrow \mathrm{Ext}(\bigoplus A_\alpha, B) \leftarrow \mathrm{Hom}(\bigoplus R_\alpha, B)$$
$$\leftarrow \mathrm{Hom}(\bigoplus F_\alpha, B) \leftarrow \mathrm{Hom}(\bigoplus A_\alpha, B) \leftarrow 0$$

都是正合的.第一种类型的序列的直积给出一个序列,以其右边三项它与第二个序列同构.因此它们的左边项之间也有一个同构.由一般性论证,事实上同构$\mathrm{Ext}(\bigoplus A_\alpha, B) \to \Pi \mathrm{Ext}(A_\alpha, B)$是自然的.

类似地,如果 $0 \to R \to F \to A \to 0$ 是 A 的自由分解,那么序列

$$0 \leftarrow \mathrm{Ext}(A, B_\alpha) \leftarrow \mathrm{Hom}(R, B_\alpha) \leftarrow \mathrm{Hom}(F, B_\alpha) \leftarrow \mathrm{Hom}(A, B_\alpha) \leftarrow 0,$$

$$0 \leftarrow \mathrm{Ext}(A, \Pi B_\alpha) \leftarrow \mathrm{Hom}(R, \Pi B_\alpha) \leftarrow \mathrm{Hom}(F, \Pi B_\alpha)$$
$$\leftarrow \mathrm{Hom}(A, \Pi B_\alpha) \leftarrow 0,$$

都是正合的.由于第一型序列的直积与第二个序列在右面的三项是一致的(所论的同构是自然的),所以它们的左边的群也一致.而且同构也是自然的.

为了验证(c),我们从自由分解

$$0 \to \mathbf{Z} \to \mathbf{Z} \to \mathbf{Z}/m \to 0$$

开始.利用定理52.1,我们得到正合序列

$$0 \leftarrow \mathrm{Ext}(\mathbf{Z}/m, B) \leftarrow \mathrm{Hom}(\mathbf{Z}, B) \leftarrow \mathrm{Hom}(\mathbf{Z}, B) \leftarrow \mathrm{Hom}(\mathbf{Z}/m, B) \leftarrow 0,$$

由此即可得出(c). □

这个定理使我们能够在 A 是有限生成时计算 $\mathrm{Ext}(A, B)$.因为 Ext 与有限直和交换,而且我们有下列规则

$$\mathrm{Ext}(\mathbf{Z}, G) = 0, \qquad \mathrm{Ext}(\mathbf{Z}/m, G) \cong G/mG.$$

习　题

1. 证明如果 B 是可除的,那么 $\mathrm{Ext}(A, B) = 0$.

2. 假设

$$A = \mathbf{Z} \oplus \mathbf{Z}/2 \oplus \mathbf{Z}/4 \oplus \mathbf{Z}/6, \quad B = \mathbf{Z} \oplus \mathbf{Z} \oplus \mathbf{Z}/9 \oplus \mathbf{Z}/12$$

计算 $\mathrm{Hom}(A, B)$和 $\mathrm{Ext}(A, B)$.

3. 令 S^1 表示加群 $\mathbf{R}/\mathbf{Z}$.它同构于具有单位模的复数的乘法群,并且常常被称为圆周群.

(a) 如果 A 是有限生成的,假设 $G = S^1$,试用 A 的 Betti 数和挠系数计算出 $\mathrm{Hom}(A, G)$和 $\mathrm{Ext}(A, G)$.

(b) 在 $G = \mathbf{Q}$ 的情况下,重作(a).

4. 如果我们用一个群 G(从左边或从右边)"Hom"一个短正合序列,所得到的序列可能不再是正合的.Ext 函子在某种意义上度量了使正合性失效的扩张程度.我们有下列定理:

定理 *存在这样的函子,它对 Abel 群的每个短正合序列*

$$0 \to A \to B \to C \to 0$$

和每一个 Abel 群 G,均指派两个正合序列:

$$0 \leftarrow \mathrm{Ext}(A, G) \leftarrow \mathrm{Ext}(B, G) \leftarrow \mathrm{Ext}(C, G) \leftarrow \mathrm{Hom}(A, G) \leftarrow \mathrm{Hom}(B, G) \leftarrow \mathrm{Hom}(C, G) \leftarrow 0,$$

$$0 \to \mathrm{Hom}(G, A) \to \mathrm{Hom}(G, B) \to \mathrm{Hom}(G, C) \to \mathrm{Ext}(G, A) \to \mathrm{Ext}(G, B) \to \mathrm{Ext}(G, C) \to 0$$

证明 (a) 为得到第二个序列,令 $0 \to R \to F \to G \to 0$ 是 G 的一个自由分解,并把蛇形引理应用于下列图表:

$$\begin{array}{ccccccccc}
0 & \longrightarrow & \mathrm{Hom}(F,A) & \longrightarrow & \mathrm{Hom}(F,B) & \longrightarrow & \mathrm{Hom}(F,C) & \longrightarrow & 0 \\
 & & \downarrow & & \downarrow & & \downarrow & & \\
0 & \longrightarrow & \mathrm{Hom}(R,A) & \longrightarrow & \mathrm{Hom}(R,B) & \longrightarrow & \mathrm{Hom}(R,C) & \longrightarrow & 0.
\end{array}$$

(b) 给定一个 Abel 群 G,证明存在一个正合序列

$$0 \to G \to H \to K \to 0$$

其中 H 和 K 是可除的. 有时我们把这样一个正合序列称为 G 的一个**内射分解**. [提示:只要求出 H 就行了,因为可除群的商是可除的. 写成 $G = F/R$,其中 F 是自由的,而且构造一个从 F 到 $\mathbf{Q}$ 的拷贝的一个直和的同态.]

(c) 证明有这样一个函子,它对 G 的每个内射分解 $0 \to G \to H \to K \to 0$ 和每一个 Abel 群 A,指派一个正合序列

$$0 \to \mathrm{Hom}(A, G) \to \mathrm{Hom}(A, H) \to \mathrm{Hom}(A, K) \to \mathrm{Ext}(A, G) \to 0.$$

(d) 利用蛇形引理导出本定理的第一个序列.

§53 上同调的万有系数定理

现在我们来说明一个空间的同调群怎样决定上同调群. 答案被表示成一个短正合序列的形式,其中包括群 H^p,H_p 和 H_{p-1},还包括 Hom 函子和 Ext 函子.

我们已经知道,如果 $\mathscr{C}$ 是一个自由链复形,那么就有一个自然的正合序列

$$0 \leftarrow \mathrm{Hom}(H_p(\mathscr{C}), G) \xleftarrow{\kappa} H^p(\mathscr{C}; G) \leftarrow \ker\kappa \leftarrow 0.$$

(参看引理 45.7). 现在我们确定 $\ker\kappa$,并且证明它只依赖于群 $H_{p-1}(\mathscr{C})$和群 G.

定理 53.1(上同调的万有系数定理) 令 $\mathscr{C}$ 是一个自由链复形;令 G 是一个 Abel 群. 那么就有一个正合序列

$$0 \leftarrow \mathrm{Hom}(H_p(\mathscr{C}), G) \xleftarrow{\kappa} H^p(\mathscr{C}; G) \leftarrow \mathrm{Ext}(H_{p-1}(\mathscr{C}), G) \leftarrow 0,$$

它关于由链映射诱导的同态是自然的;它分裂,但不自然分裂.

证明 第一步 令 C_p、Z_p，B_p 分别表示 $\mathscr{C}$ 的 p 维链群、p 维闭链群和 p 维边缘链群. 考虑正合序列

$$0 \to Z_p \xrightarrow{i} C_p \xrightarrow{\partial_0} B_{p-1} \to 0.$$

它分裂是因为 B_{p-1} 是自由的. 定义一个链复形 $\mathscr{Z}$ 如下：令它的 p 维闭链群是 Z_p 并且令其边缘算子是 ∂ 的限制. 那么 $\mathscr{Z}$ 中的所有边缘算子为零. 类似地定义一个链复形 $\mathscr{D}$，使得 $D_p = B_{p-1}$ 且它的边缘算子是 ∂ 的限制，则 $\mathscr{D}$ 中的所有边缘算子为零.

于是我们有链复形的一个(分裂的)短正合序列

$$0 \to Z_p \xrightarrow{i} C_p \xrightarrow{\partial_0} D_p \to 0.$$

由定义，映射 i 是一个链映射，而且映射 ∂_0 平凡地就是一个链映射(因为 $\partial \circ \partial = 0$).

应用 Hom 函子，我们得到一个上链复形的短正合序列并且由此得到一个长正合上同调序列，我们考虑其中的五项：

$$(*) \qquad H^{p+1}(\mathscr{D};G) \xleftarrow{\beta} H^p(\mathscr{Z};G) \xleftarrow{i^*} H^p(\mathscr{C};G) \xleftarrow{\partial_0^*} H^p(\mathscr{D};G)$$
$$\xleftarrow{\beta} H^{p-1}(\mathscr{Z};G).$$

为了避免混淆，我们用 β 代替 δ^* 表示之字形同态.

第二步 现在来确定这个序列的五项和同态 β. 由于链复形 $\mathscr{D}$ 有平凡的边缘算子，因而相应的上链复形也具有平凡的上边缘算子. 因此群 $H^{p+1}(\mathscr{D};G)$ 等于上链群 $\mathrm{Hom}(D_{p+1};G) = \mathrm{Hom}(B_p, G)$. 同理，$H^p(\mathscr{Z};G) = \mathrm{Hom}(Z_p, G)$.

因而 β 就是映射

$$\mathrm{Hom}(B_p, G) \xleftarrow{\beta} \mathrm{Hom}(Z_p, G).$$

我们证明它恰好是包含映射 $j_p : B_p \to Z_p$ 的对偶映射 $\tilde{j}_p$.

我们通过从左到右地追踪图表

$$
\begin{array}{ccccc}
 & & \mathrm{Hom}(C_{p+1},G) & \xleftarrow{\tilde{\partial}_0} & \mathrm{Hom}(B_p,G) \\
 & & \uparrow{\scriptstyle \delta} & & \\
\mathrm{Hom}(Z_p,G) & \xleftarrow{\tilde{i}} & \mathrm{Hom}(C_p,G) & &
\end{array}
$$

就可得出之字形同态 β 如下:令 f 是 $\mathrm{Hom}(Z_p,G)$的一个元.请注意到,因为在 $\mathscr{Z}$ 中所有边缘算子为零,所以 $\delta f=0$.通过 $\tilde{i}$ 把 f 拉回到 $\mathrm{Hom}(C_p,G)$的一个元 g.(即把 f 扩张成同态 $g:C_p\to G$.)构成 δg 并且通过 $\tilde{\partial}_0$ 把它拉回到 $\mathrm{Hom}(B_p,G)$的一个元.我们证明 $\tilde{j}_p(f)$是 δg 的这样一个拉回,即我们要证明 $\tilde{\partial}_0\tilde{j}_p(f)=\delta g$.那么我们的结果即可得证.

由计算得

$$\langle\delta g,c_{p+1}\rangle=\langle g,\partial c_{p+1}\rangle=\langle f,\partial c_{p+1}\rangle,$$

最后一个等式成立是因为 ∂c_{p+1} 在 Z_p 中.类似地,

$$\langle\tilde{\partial}_0\tilde{j}_p(f),c_{p+1}\rangle=\langle f,j_p(\partial_0 c_{p+1})\rangle=\langle f,\partial c_{p+1}\rangle.$$

第三步　现在我们来证明定理.五项正合序列(*)产生出一个短正合序列

(**)　　$0\leftarrow\ker\tilde{j}_p\leftarrow H^p(\mathscr{C};G)\leftarrow\operatorname{cok}\tilde{j}_{p-1}\leftarrow 0.$

我们只需确定映射

$$\mathrm{Hom}(B_p,G)\xleftarrow{\tilde{j}_p}\mathrm{Hom}(Z_p,G)$$

的核和上核.由于序列

$$0\to B_p\xrightarrow{j_p}Z_p\xrightarrow{\pi}H_p(\mathscr{C})\to 0$$

是 $H_p(\mathscr{C})$的一个自由分解.因此序列

(***)　$0\leftarrow\mathrm{Ext}(H_p(\mathscr{C}),G)\leftarrow\mathrm{Hom}(B_p,G)\xleftarrow{\tilde{j}_p}\mathrm{Hom}(Z_p,G)$

$\xleftarrow{\tilde{\pi}}\mathrm{Hom}(H_p(\mathscr{C}),G)\leftarrow 0$

是正合的. 于是 $\tilde{j}_p$ 的核与上核是明显的. 因而定理中正合序列的存在性得以证实.

第四步 我们验证序列的自然性. 令 $\phi:\mathscr{C}\to\mathscr{C}'$ 是一个链映射, 令 C'_p, Z'_p, B'_p 分别表示 $\mathscr{C}'$ 的链、闭链和边缘链. 链映射

$$
\begin{array}{ccccccccc}
0 & \longrightarrow & Z_p & \xrightarrow{i} & C_p & \xrightarrow{\partial_0} & B_{p-1} & \longrightarrow & 0 \\
 & & \downarrow{\scriptstyle\phi} & & \downarrow{\scriptstyle\phi} & & \downarrow{\scriptstyle\phi} & & \\
0 & \longrightarrow & Z'_p & \xrightarrow{i'} & C'_p & \xrightarrow{\partial'_0} & B'_{p-1} & \longrightarrow & 0
\end{array}
$$

定义短正合序列的一个同态, 至于 ϕ 与 i 交换是因为 i 是包含映射, ϕ 与 ∂_0 交换是因为 ϕ 是一个链映射. 由此可知, ϕ 诱导从 $\mathscr{C}'$ 的相应序列到五项正合序列(*)的一个同态, 因此又诱导从 $\mathscr{C}'$ 的相应序列到短正合序列(* *)的一个同态. 唯一剩下需要说明的是正合序列(* * *)关于由链映射诱导的同态是自然的. 因而 $\ker\tilde{j}_p$ 和 $\mathrm{cok}\,\tilde{j}_{p-1}$ 跟适当的 Hom 群和 Ext 群的同构也是自然的.

第五步 为了完成证明, 我们来说明所论正合序列的同态

$$\mathrm{Hom}(H_p(\mathscr{C}),G)\leftarrow H^p(\mathscr{C};G)$$

等于 Kronecker 映射 κ. 那么该序列的分裂就是引理 45.7 的推论.

所论正合序列的同态等于下列图表中的复合映射 $(\tilde{\pi})^{-1}\circ i^*$:

$$
\begin{array}{ccccc}
\mathrm{Hom}(Z_p,G) \supset & \ker\tilde{j}_p & \xleftarrow{\ i^*\ } & H^p(\mathscr{C};G) \\
 & \tilde{\pi}\uparrow\cong & \swarrow{\scriptstyle\kappa} & \\
 & \mathrm{Hom}(H_p(\mathscr{C});G) & &
\end{array}
$$

其中, $\tilde{j}_p$ 是包含映射 $j_p: B_p\to Z_p$ 的对偶映射, i^* 是由包含映射 $i: Z_p\to C_p$ 诱导的, $\tilde{\pi}$ 是射影 $\pi: Z_p\to H_p(\mathscr{C})$ 的对偶映射. 我们需要证明图表是交换的.

令$\{z^p\}$是$H^p(\mathscr{C};G)$的一个元,我们证明

$$\tilde{\pi}\kappa(\{z^p\}) = i^*(\{z^p\}) = \tilde{i}(z^p),$$

那么证明就完成了.令 $z_p \in Z_p$,我们计算出

$$[\tilde{\pi}\kappa(\{z^p\})](z_p) = [\kappa(\{z^p\})](\pi(z_p)) = \langle \{z^p\}, \{z_p\} \rangle$$
$$= \langle z^p, z_p \rangle = \langle z^p, i(z_p) \rangle = \langle \tilde{i}(z^p), z_p \rangle. \square$$

系 53.2 令(X,A)是一个拓扑偶.则有一个正合序列

$$0 \leftarrow \mathrm{Hom}(H_p(X,A),G) \leftarrow H^p(X,A;G)$$
$$\leftarrow \mathrm{Ext}(H_{p-1}(X,A),G) \leftarrow 0$$

它关于由连续映射诱导的同态是自然的;它分裂,但不自然分裂.

□

系 53.3 令$\mathscr{C}$和$\mathscr{D}$是自由链复形,令$\phi:\mathscr{C}\to\mathscr{D}$是一个链映射.如果$\phi_*:H_i(\mathscr{C})\to H_i(\mathscr{D})$对于$i=p$和$i=p-1$是同构,那么

$$H^p(\mathscr{C};G) \xleftarrow{\phi^*} H^p(\mathscr{D};G)$$

就是同构.

证明 利用万有系数序列的自然性和五项引理. □

这个系定理为定理 45.5 提供了另外一种可供选择的证明.实际上,它证明了比该定理中所叙述的更多的东西,因为我们不必假定ϕ_*在所有的维数下都是同构.

带域系数的万有系数定理

常用的还有万有系数定理的另一种形式.它所考虑的是系数群是一个域 F 的情况.如果同调和上同调都采用域 F 中的系数,那么它就将上同调与同调联系起来.

我们已经知道,如果$\mathscr{C}$是链复形且 F 是一个域,那么

$$\mathrm{Hom}(C_p,F) \text{ 和 } C_p \otimes F$$

都以一种自然的方式具有 F 上向量空间的结构.给定 $\alpha\in F$,$c^p \in \mathrm{Hom}(C_p,F)$,$c_p\in C_p$,我们定义

$$\langle \alpha c^p, c_p \rangle = \alpha \cdot \langle c^p, c_p \rangle,$$

$$\alpha(c_p \otimes \beta) = c_p \otimes (\alpha\beta).$$

(参看§48 和§51 的习题.)δ 和∂都是向量空间的同态(线性变换),因而

$$H^p(\mathscr{C};F) \text{ 和 } H_p(\mathscr{C};F)$$

也具有 F 上向量空间的结构.我们证明它们作为向量空间实际上是对偶的.

我们回想到,如果 A 和 B 都是 F 上的向量空间,那么 $\mathrm{Hom}_F(A,B)$也是 F 上的向量空间,它是 A 到 B 的线性变换的集合.如果 $f:A\to A'$和 $g:B\to B'$都是线性变换,那么 $\mathrm{Hom}(f,g)$也是一个线性变换.(参看§41 的习题.)我们要想在这种背景之下证明上同调的万有系数定理.我们所面临的困难是对于上链空间的标题有几种可能的选择,即

$$\mathrm{Hom}(C_p,F),\mathrm{Hom}(C_p \otimes F,F),\mathrm{Hom}_F(C_p \otimes F,F).$$

由定义,其中第一个给出 $\mathscr{C}$ 的带 F 中系数的上同调 $H^p(\mathscr{C};F)$.我们将证明第三个也同样如此.

引理 53.4 令 $\mathscr{C}$ 是一个链复形,令

$$\omega:\mathrm{Hom}(C_p,F)\to \mathrm{Hom}_F(C_p \otimes F,F)$$

是由等式

$$\langle \omega(f), c_p \otimes \alpha \rangle = \langle f, c_p \rangle \cdot \alpha$$

定义的,其中 $f\in \mathrm{Hom}(C_p,F)$, $c_p \in C_p$, $\alpha \in F$. 那么 ω 是向量空间的同构,而且它与 δ 交换.

证明 严格说来,我们能用上面的公式把 $\omega(f)$定义为笛卡儿乘积 $C_p\times F$ 上的一个函数,并注意到它是双线性的.为了验证 $\omega(f)$是一个线性变换,我们计算得

$$\begin{aligned}\langle \omega(f), \alpha(c_p \otimes \beta)\rangle &= \langle \omega(f), c_p \otimes \alpha\beta \rangle = \langle f, c_p \rangle \cdot (\alpha\beta) \\ &= \alpha \cdot (\langle f, c_p \rangle \cdot \beta) = \alpha \cdot \langle \omega(f), c_p \otimes \beta \rangle.\end{aligned}$$

映射 ω 是单射.设 $\omega(f)$是零线性变换,那么特别地,对所有

$c_p \in C_p$,

$$\langle \omega(f), c_p \otimes 1 \rangle = 0 = \langle f, c_p \rangle \cdot 1.$$

这就蕴涵着 f 是零同态.

映射 ω 是满射. 令 $\phi: F \to F$ 是一个线性变换. 让我们用等式 $f(c_p) = \phi(c_p \otimes 1)$ 定义 $f: C_p \to F$. 由此可知, f 是 Abel 群的同态, 因为 $f(0)=0$ 而且

$$\begin{aligned} f(c_p + d_p) &= \phi((c_p + d_p) \otimes 1) = \phi(c_p \otimes 1 + d_p \otimes 1) \\ &= f(c_p) + f(d_p). \end{aligned}$$

此外, $\omega(f) = \phi$, 因为

$$\langle \omega(f), c_p \otimes \alpha \rangle = \langle f, c_p \rangle \cdot \alpha = \alpha \cdot \phi(c_p \otimes 1),$$

$$\phi(c_p \otimes \alpha) = \phi(\alpha \cdot (c_p \otimes 1)) = \alpha \cdot \phi(c_p \otimes 1).$$

最后一个等式成立是因为 ϕ 不仅是 Abel 群的同态, 而且是一个线性变换.

映射 ω 与 δ 交换. 我们计算得

$$\begin{aligned} \langle \delta\omega(f), c_{p+1} \otimes \alpha \rangle &= \langle \omega(f), (\partial \otimes i_F)(c_{p+1} \otimes \alpha) \rangle \\ &= \langle f, \partial c_{p+1} \rangle \cdot \alpha = \langle \delta f, c_{p+1} \rangle \cdot \alpha \\ &= \langle \omega(\delta f), c_{p+1} \otimes \alpha \rangle. \end{aligned}$$

□

定理 53.5 令 $\mathscr{C}$ 是一个自由链复形; 令 F 是一个域. 那么就有一个自然的向量空间同构

$$\mathrm{Hom}_F(H_p(\mathscr{C}; F), F) \leftarrow H^p(\mathscr{C}; F).$$

证明 我们仿效万有系数定理的证明. 首先我们注意到, 如果

$$0 \to A \to B \to C \to 0$$

是由 F 上的向量空间和线性变换组成的短正合序列, 那么对于 F 上的任何向量空间 V 来说, 对偶序列

$$0 \leftarrow \mathrm{Hom}_F(A, V) \leftarrow \mathrm{Hom}_F(B, V) \leftarrow \mathrm{Hom}_F(C, V) \leftarrow 0$$

是正合的, 其证明是容易的, 因为任何向量空间都有基, 所以第一个序列分裂.

令 $\mathscr{E}$ 表示链复形 $\mathscr{C}\otimes F$. 那么 $E_p = C_p \otimes F$ 是 F 上的向量空间. 令 B_p 和 Z_p 分别表示链复形 $\mathscr{E}$ 的边缘链和闭链,它们也是 F 上的向量空间. 考虑向量空间的短正合序列

$$0 \to Z_p \to E_p \to B_{p-1} \to 0.$$

它产生出对偶序列

$$0 \leftarrow \mathrm{Hom}_F(Z_p, F) \leftarrow \mathrm{Hom}_F(E_p, F) \leftarrow \mathrm{Hom}_F(B_{p-1}, F) \leftarrow 0.$$

我们像以前一样应用之字形引理. 由上面的引理,中间的上链复形同构于上链复形 $\mathrm{Hom}(C_p, F)$. 因此,用跟以前同样的论证,我们可得出正合序列

$$0 \leftarrow \ker \tilde{j}_p \leftarrow H^p(\mathscr{C}; F) \leftarrow \mathrm{cok}\, \tilde{j}_{p-1} \leftarrow 0,$$

其中 $j_p: B_p \to Z_p$ 是包含映射.

现在我采取不同方法证明. 考虑正合序列

$$0 \to B_p \xrightarrow{j_p} Z_p \to H_p(\mathscr{E}) \to 0.$$

因为它是由向量空间和线性变换构成的序列,所以其对偶序列是正合的:

$$0 \leftarrow \mathrm{Hom}_F(B_p, F) \xleftarrow{\tilde{j}_p} \mathrm{Hom}_F(Z_p, F) \leftarrow \mathrm{Hom}_F(H_p(\mathscr{E}), F) \leftarrow 0.$$

因此, $\mathrm{cok}\, \tilde{j}_p = 0$ 且

$$\ker \tilde{j}_p \simeq \mathrm{Hom}_F(H_p(\mathscr{C}; F), F).$$

于是定理得证. □

系 53.6 若 (X, A) 是一个拓扑偶,那么就有向量空间的一个自然同构

$$\mathrm{Hom}_F(H_p(X, A; F), F) \leftarrow H^p(X, A; F) \qquad \square$$

这个定理说明,如果 F 是一个域,那么向量空间 $H^p(X, A; F)$ 能以一种自然的方式等同于向量空间 $H_p(X, A; F)$ 的对偶向量空间. 在 $H_p(X, A; F)$ 的维数是有限的情况下,这意味着 $H^p(X, A; F)$ 和 $H_p(X, A; F)$ 作为向量空间是同构的(虽然不是自然地同构).

在微分几何中,通常是处理紧流形而且是用实数域作为系数.因为在这种情况下,同调向量空间和上同调向量空间是对偶的,所以微分几何学家有时就像它们是同一个研究对象一般来对待同调和上同调.不用说,这有可能导致混乱.

习　　题

1. 令 $\mathscr{C}$ 是一个自由链复形,证明若 $H_{p-1}(\mathscr{C})$ 是自由的,或者 G 是可除的,那么 Kronecker 映射 κ 是一个同构.

2. 用万有系数定理分别计算 $T\#T, P^2\#P^2\#P^2, P^N$ 和 k 褶笨伯帽的带一般系数 G 的上同调.

3. 假定 $H_i(X)$ 对所有 i 都是有限生成的.

(a) 用 X 的 Betti 数和挠系数计算 $H^p(X;G)$,并与§42 的习题 5 作比较.

(b) 在 G 是圆周群 $S^1=\mathbf{R}/\mathbf{Z}$ 时,重作(a).

(c) 当 $G=\mathbf{Q}$ 时重作(a).

4. 同态 $\alpha:G\rightarrow G'$ 能产生两个同态

$$\alpha_*:H_i(\mathscr{C};G)\rightarrow H_i(\mathscr{C};G'),$$
$$\alpha^*:H^i(\mathscr{C};G)\rightarrow H^i(\mathscr{C};G').$$

将它们称为**系数同态**.证明:上同调的万有系数序列关于系数同态是自然的.

5. 令 (K,K_0) 是一个 n 维相对伪流形.(参看§43 的习题.)设 K 是有限的.证明如果 (K,K_0) 是可定向的,那么 $H_{n-1}(K,K_0)$ 的挠子群为零,否则它是 2 阶群.

§54　挠　　积

与函子 Hom 相伴并且是从它导出的另一个函子称为 Ext.两者都包含在上同调的万有系数定理的叙述之中.类似地,与张量积函子相伴并从它导出的是另一个函子,我们称之为挠积.这两个函子都包括在同调的万有系数定理的叙述中.挠积的构造是那样地类似于 Ext 函子的结构,以至于我们可以略去其若干细节.

挠积是这样一个函子,它对 Abel 群的序偶 A,B,指派一个 Abel 群 $A*B$,并且对同态的序偶 $\gamma:A\to A'$ 和 $\delta:B\to B'$ 指派一个同态

$$\gamma*\delta:A*B\to A'*B'.$$

像张量积一样,它关于两个变量都是共变的.

我们把挠积的关键性质表述为下列定理,其证明将在后面给出.

定理 54.1 存在这样一个函数,它对 Abel 群 A 的每个自由分解

$$0\to R\to F\to A\to 0$$

以及对每一个 Abel 群 B,均指派一个正合序列

$$0\to A*B\to R\otimes B\to F\otimes B\to A\otimes B\to 0.$$

并且这个函数按下述意义是自然的:A 的自由分解到 A' 的自由分解的一个同态和 B 到 B' 的一个同态诱导相应正合序列的一个同态.

首先,我们来证明一个引理.

引理 54.2 给定自由分解的同态

$$\begin{array}{ccccccccc}
0 & \longrightarrow & R & \xrightarrow{\phi} & F & \xrightarrow{\psi} & A & \longrightarrow & 0\\
 & & \downarrow{\scriptstyle\alpha} & & \downarrow{\scriptstyle\beta} & & \downarrow{\scriptstyle\gamma} & & \\
0 & \longrightarrow & R' & \xrightarrow{\phi'} & F' & \xrightarrow{\psi'} & A' & \longrightarrow & 0
\end{array}$$

和同态 $\delta:B\to B'$,那么存在唯一的一个同态 ε 使得下列图表交换:

$$\begin{array}{ccccccccccc}
0 & \to & \ker(\phi\otimes i_B) & \longrightarrow & R\otimes B & \xrightarrow{\phi\otimes i_B} & F\otimes B & \xrightarrow{\psi\otimes i_B} & A\otimes B & \longrightarrow & 0\\
 & & \downarrow{\scriptstyle\varepsilon} & & \downarrow{\scriptstyle\alpha\otimes\delta} & & \downarrow{\scriptstyle\beta\otimes\delta} & & \downarrow{\scriptstyle\gamma\otimes\delta} & & \\
0 & \to & \ker(\phi'\otimes i_{B'}) & \longrightarrow & R'\otimes B' & \xrightarrow{\phi'\otimes i_{B'}} & F'\otimes B' & \xrightarrow{\psi'\otimes i_{B'}} & A'\otimes B' & \longrightarrow & 0.
\end{array}$$

这个同态 ε 不依赖于 α 和 β 的选取.

证明 $\otimes$的函子性质说明上面的图表中右边的两个方块是交换的.因此,$\alpha\otimes\delta$诱导核的同态ε.

对于ε不依赖于α和β的选择的证明可以像在引理52.2的证明中那样进行.令$\{\alpha',\beta',\gamma\}$是另一种选取,我们把$\{\alpha,\beta,\gamma\}$和$\{\alpha',\beta',\gamma\}$看作从一个链复形$\mathscr{A}$到另一个链复形$\mathscr{A}'$的链映射.它们之间有一个链同伦$D$,于是$D\otimes\delta$就是$\mathscr{A}\otimes B$到$\mathscr{A}'\otimes B'$的相应链映射之间的链同伦.因而它们诱导同一个同态

$$\begin{array}{ccc} \varepsilon:\ H_2(\mathscr{A};B) & \longrightarrow & H_2(\mathscr{A}';B') \\ \| & & \| \\ \ker(\phi\otimes i_B) & & \ker(\phi'\otimes i_{B'}). \end{array}$$ □

我们把同态ε称作是由γ和δ**诱导的**关于所述自由分解的同态.

正如在§52中那样,我们可以看出ε是函子性地依赖于γ和δ.也就是说,由(γ,δ)和(γ',δ')诱导的同态的复合是由$(\gamma\circ\gamma',\delta\circ\delta)$诱导的同态.而且由$(i_A,i_B)$诱导的同态是一个同构.

定义 给定A,令

$$0\to R(A)\xrightarrow{\phi}F(A)\to A\to 0$$

是A的典型自由分解.我们把群$\ker(\phi\otimes i_B)$记为$A*B$,并称之为A和B的**挠积**.如果$\gamma:A\to A'$和$\delta:B\to B'$是同态,那么我们把γ扩张成典型自由分解的一个同态,并且定义

$$\gamma*\delta:A*B\to A'*B'$$

是由γ和δ诱导的关于这些自由分解的同态.

上面的说法表明挠积是一个双变量的函子,而且关于两个变量都是共变的.

定理54.1的证明现在就变得简单了.给定任何自由分解

$$0\to R\xrightarrow{\phi}F\to A\to 0,$$

上面的评述说明(i_A,i_B)诱导$\ker(\phi\otimes i_B)$到$A*B$的一个同构.

因而定理中所说的正合序列存在. 自然性可以像在定理 52.1 的证明中那样加以证明.

一个为挠积所具有而不为 Ext 所具有的性质是交换性. 我们现在就着手证明它. 首先我们需要一个引理.

引理 54.3 *存在这样一个函数,它对每一个 Abel 群的正合序列*

$$0 \to A \to B \to C \to 0$$

和每一个 Abel 群 D,均指派一个正合序列

$$0 \to D * A \to D * B \to D * C \to D \otimes A \to D \otimes B \to D \otimes C \to 0.$$

这个函数关于短正合序列的同态和 Abel 群的同态是自然的.

证明 这个结果类似于 §52 习题 4 中所述的定理. 令

$$0 \to R \xrightarrow{\phi} F \to D \to 0$$

是 D 的一个自由分解. 因为 R 和 F 是自由的,所以在下列图表中就有水平方向的正合性

$$\begin{array}{ccccccccc} 0 & \longrightarrow & R\otimes A & \longrightarrow & R\otimes B & \longrightarrow & R\otimes C & \longrightarrow & 0 \\ & & \downarrow{\scriptstyle \phi\otimes i_A} & & \downarrow{\scriptstyle \phi\otimes i_B} & & \downarrow{\scriptstyle \phi\otimes i_C} & & \\ 0 & \longrightarrow & F\otimes A & \longrightarrow & F\otimes B & \longrightarrow & F\otimes C & \longrightarrow & 0. \end{array}$$

(参看图 50.7.)把这个图表看作链复形的短正合序列,应用之字形引理就得到同调中的一个正合序列,它具有下列形式

$$0 \to \ker(\phi \otimes i_A) \to \ker(\phi \otimes i_B) \to \ker(\phi \otimes i_C) \to$$
$$\operatorname{cok}(\phi \otimes i_A) \to \operatorname{cok}(\phi \otimes i_B) \to \operatorname{cok}(\phi \otimes i_C) \to 0.$$

(这个结果称为"蛇形引理",参看 §24 的习题 2.)定理 54.1 使我们能够确定这些项;

$$\ker(\phi \otimes i_A) \simeq D * A, \qquad \operatorname{cok}(\phi \otimes i_A) \simeq D \otimes A.$$

对于 B 和 C 也有类似的结果成立.

之字形引理的自然性和定理 54.1 中的序列的自然性为我们给出了这个正合序列的自然性. □

定理 54.4 (a) 存在一个自然同构

$$A * B \cong B * A.$$

(b) 存在下列自然同构

$$(\bigoplus A_\alpha) * B \cong \bigoplus (A_\alpha * B),$$

$$A * (\bigoplus B_\alpha) \cong \bigoplus (A * B_\alpha).$$

(c) 若 A 或 B 是无挠的,则 $A * B = 0$.

(d) 给定 B,则有一个正合序列

$$0 \to (\mathbf{Z}/m) * B \to B \xrightarrow{m} B \to (\mathbf{Z}/m) \otimes B \to 0.$$

证明 首先注意到,若 B 是无挠的,那么由系 50.7 可知,当我们把 A 的自由分解用 B 作张量积时,正合性能够保持.由此可知,$A * B = 0$.

(a) 将上面的引理应用于 A 的自由分解 $0 \to R \to F \to A \to 0$,我们就得到一个六项的正合序列.因为 R 和 F 是无挠的,所以前面的项

$$0 \to B * R \to B * F$$

为零.剩下的是正合序列

$$0 \to B * A \to B \otimes R \to B \otimes F \to B \otimes A \to 0.$$

按其最后三项,这个序列自然同构于定理 54.1 中的序列

$$0 \to A * B \to R \otimes B \to F \otimes B \to A \otimes B \to 0.$$

因此,前面的项也是同构的.自然性是直接的.

(b) 令

$$0 \to R_\alpha \to F_\alpha \to A_\alpha \to 0$$

是 A_α 的一个自由分解.那么

$$0 \to \bigoplus R_\alpha \to \bigoplus F_\alpha \to \bigoplus A_\alpha \to 0$$

就是 $\bigoplus A_\alpha$ 的一个自由分解.把第一个序列先用 B 作张量积,然后再求和,以及把第二个序列用 B 作张量积,那么我们就得到两个序列

$$0 \to \bigoplus (A_\alpha * B) \to \bigoplus (R_\alpha \otimes B) \to \bigoplus (F_\alpha \otimes B) \to \bigoplus (A_\alpha \otimes B) \to 0,$$

$$0 \to (\bigoplus A_\alpha) * B \to (\bigoplus R_\alpha) \otimes B \to (\bigoplus F_\alpha) \otimes B \to (\bigoplus A_\alpha) \otimes B \to 0.$$

因为这两个序列的最后三项是自然同构的,所以它们的第一项也同构.自然性是直接的.这就证明了(b)款的第一个同构.第二个同构可从交换性得出.

(c) 这可从本证明开头所作的评述和交换性得出.

(d) 我们从自由分解

$$0 \to \mathbf{Z} \to \mathbf{Z} \to \mathbf{Z}/m \to 0$$

开始.用 B 作张量积,则得到序列

$$0 \to \mathbf{Z}/m * B \to \mathbf{Z} \otimes B \xrightarrow{m \otimes i_B} \mathbf{Z} \otimes B \to \mathbf{Z}/m \otimes B \to 0.$$

(d) 中的序列由此得出. □

评注 我们仅对 Abel 群研究了 Ext 函子和挠积函子,它们分别是从函子 Hom 和函子$\otimes$"导出"的.如果我们是处理环 R 上的模,那么正如已指出的那样,我们就得到函子 Hom_R 和$\otimes_R$.于是就产生这样一个问题:我们对模也能引入 Ext 和挠积吗?对这个问题的回答基本上就构成了同调代数这个学科的内容.(参看文献[MacL].)

很像在 Abel 群的情形中那样,我们从自由 R 模的概念开始.然后,给定一个 R 模A,令 F_0 表示由 A 的元素生成的自由模.那么就有一个自然的满态射 $\phi: F_0 \to A$.可是在一般环 R 的情形,自由模的子模未必是自由的.因而也就无需任何短正合序列 $0 \to R \to F \to A \to 0$,其中 R 和 F 是自由的.然而我们可以令 F_1 表示由 $\ker\phi$ 的元素生成的自由R 模并得到一个正合序列$F_1 \to F_0 \to A \to 0$,其中 F_1 和 F_0 是自由的.类似地继续下去,我们就可得到一个正合序列

$$\cdots \to F_k \xrightarrow{\phi_k} F_{k-1} \to \cdots \xrightarrow{\phi_1} F_0 \to A \to 0,$$

其中每个 F_i 都是自由的.我们把这样一个序列称为 R 模 A 的**自由分解**.应用函子 Hom_R,我们得到一个序列

$$\cdots \xleftarrow{\tilde{\phi}_2} \mathrm{Hom}_R(F,G) \xleftarrow{\tilde{\phi}_1} \mathrm{Hom}_R(F_0,G) \leftarrow \mathrm{Hom}_R(A,G) \leftarrow 0.$$

在右面的两项处,正合性成立.对于 $n \geqslant 1$,我们定义

$$\mathrm{Ext}_R^n(A,G) = \ker\tilde{\phi}_{n+1}/\mathrm{im}\tilde{\phi}_n.$$

因而我们能得到 Ext 群的整个序列! 当然如果 $R = \mathbf{Z}$,那么 Ext_R^n 对于 $n > 1$ 为零,而对于 $n = 1$ 等于 Ext.

利用 $\otimes_R$,一种类似的构造法将为我们给出群 $\mathrm{Tor}_m^R(A,G)$ 的一个序列.我们已经证明的关于 Ext 和挠积的许多定理都能推广到关于这些新群的叙述.而且无论对于拓扑学还是代数学都有大量的富有成果的应用.

本节的定理使我们能够在群为有限生成时来计算张量积和挠积.除了对于 Hom 和 Ext 的那些规则外,我们再把这些乘积的规则总结如下:

$\mathbf{Z}\otimes G \cong G$	$\mathbf{Z} * G = 0$
$\mathrm{Hom}(\mathbf{Z},G) \cong G$	$\mathrm{Ext}(\mathbf{Z},G) = 0$
$\mathbf{Z}/m \otimes G \cong G/mG$	$\mathbf{Z}/m * G \cong \ker(G \xrightarrow{m} G)$
$\mathrm{Hom}(\mathbf{Z}/m,G) \cong \ker(G \xrightarrow{m} G)$	$\mathrm{Ext}(\mathbf{Z}/m,G) \cong G/mG$

特别是,这些规则又蕴涵着下列的规则,其中 $d = \gcd(m,n)$.

$\mathbf{Z}/m \otimes \mathbf{Z} \cong \mathbf{Z}/m$	$\mathbf{Z}/m * \mathbf{Z} = 0$
$\mathrm{Hom}(\mathbf{Z}/m,\mathbf{Z}) = 0$	$\mathrm{Ext}(\mathbf{Z}/m,\mathbf{Z}) \cong \mathbf{Z}/m$
$\mathbf{Z}/m \otimes \mathbf{Z}/n \cong \mathbf{Z}/m * \mathbf{Z}/n \cong \mathrm{Hom}(\mathbf{Z}/m,\mathbf{Z}/n) \cong \mathrm{Ext}(\mathbf{Z}/m,\mathbf{Z}/n) \cong \mathbf{Z}/d$	

习　题

1. 如果

$$A = \mathbf{Z} \oplus \mathbf{Z}/2 \oplus \mathbf{Z}/4 \oplus \mathbf{Z}/6, B = \mathbf{Z} \oplus \mathbf{Z} \oplus \mathbf{Z}/9 \oplus \mathbf{Z}/12,$$

计算 $A \otimes B$ 和 $A * B$.

2. 令 A 是有限生成的.

(a) 若 S^1 是圆周群,试用 A 的 Betti 数和挠系数计算 $A \otimes S^1$ 和 $A * S^1$.

(b) 以 $\mathbf{Q}$ 代替 S^1,重复(a).

3. 设 $\phi: A \to B$ 是一个同态.证明

$$A * C \xrightarrow{\phi * i_C} B * C$$

是一个同态.据证若 $A' \subset A, B' \subset B$,那么 $A' * B'$ 能够自然地看成 $A * B$ 的一个子群.

4. 令 T_A 和 T_B 分别是 A 和 B 的挠子群.利用引理 54.3 证明包含映射诱导一个同构

$$A * T_B \to A * B.$$

推断 $A * B \cong T_A * T_B$.

5. 证明 $A * B$ 一般是一个挠群.[提示:考虑序列 $0 \to A * T_B \to R \otimes T_B \to F \otimes T_B \to A \otimes T_B \to 0$.]

§55　同调的万有系数定理

恰似上同调群 $H^p(X;G)$ 的情形,也有一个以同调群 $H_p(X)$ 和 $H_{p-1}(X)$ 来表示同调群 $H_p(X;G)$ 的定理.除了以张量积和挠积分别代替 Hom 函子和 Ext 函子并且箭号相反之外,两个定理的叙述是相似的.

定理 55.1(同调的万有系数定理)　令 $\mathscr{C}$ 是一个自由链复形;令 G 是一个 Abel 群.那么就有一个正合序列

$$0 \to H_p(\mathscr{C}) \otimes G \to H_p(\mathscr{C};G) \to H_{p-1}(\mathscr{C}) * G \to 0,$$

它关于由链映射诱导的同态是自然的.它分裂,但不是自然分裂.

我们可以给出这个定理的一种直接证明,它完全类似于上同调的万有系数定理的证明.但是我们将推迟证明,而且是从我们将在§58证明的,称为Künneth定理的一个更为普遍的定理来导出它.

系 55.2 令(X,A)是一个拓扑偶,则有一个正合序列

$$0 \to H_p(X,A) \otimes G \to H_p(X,A;G) \to H_{p-1}(X,A) * G \to 0,$$

它关于由连续映射诱导的同态是自然的;它分裂,但不是自然分裂. □

系 55.3 令$\mathscr{C}$和$\mathscr{D}$是自由链复形;令$\phi:\mathscr{C}\to\mathscr{D}$是一个链映射.如果$\phi_*:H_i(\mathscr{C})\to H_i(\mathscr{D})$对于$i=p$和$i=p-1$是同构,那么

$$\phi_*:H_p(\mathscr{C};G) \to H_p(\mathscr{D};G)$$

对于任意的G都是一个同构.

证明 这个结果可以从万有系数序列的自然性和五项引理得出. □

这个系提供了定理51.1的一种可供选择的证明.

习 题

1. 令$\mathscr{C}$是一个自由链复形.证明:若$H_{p-1}(\mathscr{C})$或者G是无挠的,那么$H_p(\mathscr{C})\otimes G\simeq H_p(\mathscr{C};G)$.

2. 利用万有系数定理计算$T\# T, P^2\# P^2\# P^2, P^N$和$k$褶笨伯帽的带一般系数$G$的同调.并且与§51的习题2相比较.

3. 假定$H_i(X)$对于所有i都是有限生成的.

(a) 用X的Betti数和挠系数计算$H_p(X;G)$.

(b) 当G是圆周群S^1时,重复(a).

(c) 当$G=\mathbf{Q}$时重复(a).

4. 令$\mathscr{C}$是一个自由链复形.证明:如果$H_i(\mathscr{C})$对所有i都是有限生成的,那么

$$H_p(\mathscr{C};\mathbf{Z}/n) \simeq H^p(\mathscr{C};\mathbf{Z}/n).$$

(这个同构不是自然的.)

5. 证明若 K 是一个有限复形,那么同调群 $H_n(K)$是当 p^k 遍历所有素数量且 i 遍历从 0 到 n 的整数时,由各群 $H_i(K;\mathbf{Z}/p^k)$唯一决定的.

6. 证明:如果 K 是有限复形,那么同调群 $H_p(K)$是由群 $H_p(K;S')$和 $H_{p+1}(K;S')$唯一决定的.

7. 证明:若 T 是环面,S 是 Klein 瓶;且 $f:T\to S$,那么

$$f_*:H_2(T;\mathbf{Z}/2)\to H_2(S;\mathbf{Z}/2)$$

是平凡的.

8. 举例说明系 55.2 中序列的分裂不是自然的.

*9. 证明定理 55.1.[提示:令 $\mathscr{Z},\mathscr{C},\mathscr{D}$ 如同定理 53.1 的证明中所述.那么就有一个正合序列

$$\cdots\to H_{p+1}(\mathscr{D};G)\xrightarrow{\beta}H_p(\mathscr{Z};G)\to H_p(\mathscr{C};G)\to H_p(\mathscr{D};G)\to\cdots.$$

证明 β 是由包含映射 $j_p:B_p\to Z_p$ 诱导的.]

*§56 其它万有系数定理†

我们已经阐述过两个万有系数定理,它们是用带整系数的同调分别表示带任意系数的同调群和上同调群.人们可能要问,同调和上同调是否在某种意义上对称?即同样是这些群是否能用带整系数的上同调来表示呢?事实上,有两个短正合序列就是这样的.然而,它们并非在完全一般的意义上成立,而是仅当同调群 $H_i(\mathscr{C})$是有限生成时才成立.我们现在就来考虑它们.

这些序列是通过重新标记上链复形$\{\mathrm{Hom}(C_i,\mathbf{Z}),\delta\}$的群使之成为一个链复形,然后利用我们已经考虑过的万有系数定理而导出的.与此相邻的问题是,群 $\mathrm{Hom}(C_i,\mathbf{Z})$一般不是自由的,因而需要一些限制性的假设.

定理 56.1 令 $\mathscr{C}$ 是一个自由链复形;令 G 是一个 Abel 群.如

† 本节要用到 §46 的结果.

果 $\mathscr{C}$ 在每一维数下都是有限生成的，那么就有正合序列

$$0 \leftarrow \mathrm{Hom}(H^p(\mathscr{C}),G) \leftarrow H_p(\mathscr{C};G) \leftarrow \mathrm{Ext}(H^{p+1}(\mathscr{C}),G) \leftarrow 0,$$

$$0 \to H^p(\mathscr{C}) \otimes G \to H^p(\mathscr{C};G) \to H^{p+1}(\mathscr{C}) * G \to 0,$$

它们关于由链映射诱导的同态是自然的；它们分裂，但不是自然分裂.

证明 第一步 由于 C_p 是自由的和有限生成的，所以上链复形 $\{\mathrm{Hom}(C_p,\mathbf{Z}),\delta\}$ 是自由的. 我们定义一个链复形 $\mathscr{E}$ 如下：令 $E_p = \mathrm{Hom}(C_{-p},\mathbf{Z})$，而且把 $\mathscr{C}$ 的通常上边缘算子 δ 取为 $\mathscr{E}$ 中的边缘算子 ∂E. 于是我们就得到万有系数序列

$$0 \leftarrow \mathrm{Hom}(H_{-p}(\mathscr{E}),G) \leftarrow H^{-p}(\mathscr{E};G) \leftarrow \mathrm{Ext}(H_{-p-1}(\mathscr{E}),G) \leftarrow 0,$$

$$0 \to H_{-p}(\mathscr{E}) \otimes G \to H_{-p}(\mathscr{E};G) \to H_{-p-1}(\mathscr{E}) * G \to 0,$$

其中为了方便，我们始终以 $-p$ 代替 p，从定义立即有 $H_{-p}(\mathscr{E}) = H^p(\mathscr{C})$. 我们将证明有自然同构

(∗) $\qquad H_{-p}(\mathscr{E};G) \cong H^p(\mathscr{C};G),$

(∗∗) $\qquad H^{-p}(\mathscr{E};G) \cong H_p(\mathscr{C};G).$

那么定理就证明了.

第二步 我们首先证明，如果 A 是自由的并且是有限秩的，那么就有一个由等式

$$[\Phi(\phi \otimes g)](a) = \phi(a) \cdot g$$

定义的自然同构

$$\Phi: \mathrm{Hom}(A,\mathbf{Z}) \otimes G \to \mathrm{Hom}(A,G).$$

(严格说来，我们是通过这个公式把 Φ 定义在偶 (f,g) 上. 我们注意到，$\Phi(f,g)$ 实际上是 A 到 G 的一个同态. 而且我们注意到，Φ 是双线性的.)

令 $a_1,\cdots,a_k$ 是 A 的一个基；令 $\tilde{a}_1,\cdots,\tilde{a}_k$ 是 $\mathrm{Hom}(A,\mathbf{Z})$ 的对偶基，它是由 $\tilde{a}_i(a_j) = \delta_{ij}$ 定义的，其中当 $i \neq j$ 时 $\delta_{ij} = 0$，当 $i = j$ 时 $\delta_{ij} = 1$. $\mathrm{Hom}(A,\mathbf{Z}) \otimes G$ 是 G 的 k 个拷贝的直和，第 i 个拷贝是由形如 $\tilde{a}_i \otimes g$，$(g \in G)$，的所有元素组成的. 群 $\mathrm{Hom}(A,G)$ 也是 G

的 k 个拷贝的直和,其中第 i 个拷贝是由所有在 $a_j(j\neq i)$ 上为零的同态组成的. G 的这两种拷贝在 Φ 下是同构的,因为 $\Phi(\tilde{a}_i\otimes g)$ 是 A 到 G 中的同态,它把 a_i 映射到 g,而把 $a_j(j\neq i)$ 映射到 0.

第三步 为证明(*)式,我们回想到 $E_{-p}=\mathrm{Hom}(C_p,\mathbf{Z})$ 并且应用第二步,就得到一个同构

$$E_{-p}\otimes G\cong\mathrm{Hom}(C_p,G).$$

这个同构的自然性意味着 $\partial_E\otimes i_G$ 对应于 δ. 因而正如所期望的那样 $H_{-p}(\mathscr{E};G)=H^p(\mathscr{C};G)$.

第四步 我们证明,如果 A 是自由的并且是有限秩的,那么有一个自然同构

$$e:A\to\mathrm{Hom}(\mathrm{Hom}(A,\mathbf{Z}),\mathbf{Z})$$

定义为

$$[e(a)](\phi)=\phi(a),$$

其中 $a\in A,\phi\in\mathrm{Hom}(A,\mathbf{Z})$.

首先我们验证 $e(a)$ 是从 $\mathrm{Hom}(A,\mathbf{Z})$ 到 Z 中的一个同态;然后验证 e 自身是一个同态. 为了证明 e 是一个同构,选取 A 的一个基 $a_1,\cdots,a_k$;令 $\tilde{a}_1,\cdots,\tilde{a}_k$ 是 $\mathrm{Hom}(A,\mathbf{Z})$ 的对偶基;而且令 $\tilde{\tilde{a}}_1,\cdots,\tilde{\tilde{a}}_k$ 是 $\mathrm{Hom}(\mathrm{Hom}(A,\mathbf{Z}),\mathbf{Z})$ 的相应的对偶基. 所涉及到的所有群都是秩为 k 的自由 Abel 群,同态 e 把 a_i 映射到 $\tilde{\tilde{a}}_i$,因为对所有 j

$$[e(a_i)](\tilde{a}_j)=\tilde{a}_j(a_i)=\delta_{ij}=\tilde{\tilde{a}}_i(a_j).$$

第五步 为了证明(* *)式,我们先用第四步接着应用第二步来定义自然同构

$$A\otimes G\to\mathrm{Hom}(\mathrm{Hom}(A,\mathbf{Z}),\mathbf{Z})\otimes G\to\mathrm{Hom}(\mathrm{Hom}(A,\mathbf{Z}),G).$$

置 $A=C_p$,则我们得到一个自然同构

$$C_p\otimes G\to\mathrm{Hom}(\mathrm{Hom}(C_p,\mathbf{Z}),G)=\mathrm{Hom}(E_{-p},G).$$

由自然性,边缘算子 $\partial\otimes i_G$ 对应于上边缘算子 $\tilde{\partial}_E$,因而我们得到一

个自然同构

$$H_p(\mathscr{C};G) \cong H^{-p}(\mathscr{E};G),$$

这正是我们所期望的. □

上述定理在拓扑学上并没有太大的重要性.它所适用的唯一令人感兴趣的情况是有限单纯复形或有限 CW 复形的同调.然而,稍需努力,便可得到一个更加广泛得多的定理.

定理 56.2 如果把 $\mathscr{C}$ 在每一维数下都是有限生成的这个假设用 $\mathscr{C}$ 在低于某一维数时为零,而且 $\mathscr{C}$ 的同调在每一维数下都是有限生成的这一假设来代替,那么上面的定理仍然成立.

为了证明这个定理,我们需要下列引理.

引理 56.3 令 $\mathscr{C}$ 是一个自由链复形使得 $H_i(\mathscr{C})$ 对于每个 i 都是有限生成的.那么存在一个自由链复形 $\mathscr{C}'$,它在每一维数下都是有限生成的,而且它的同调同构于 $\mathscr{C}$ 的同调.如果 $\mathscr{C}$ 在低于某一个维数时为零,则 $\mathscr{C}'$ 亦如此.

证明 令 β_p 是 $H_p(\mathscr{C})$ 的 Betti 数,令 $t_1^{(p)},\cdots,t_{k_p}^{(p)}$ 是它的挠系数.令 U_p, V_p, W_p 是自由 Abel 群,其中 U_p 的秩为 k_{p-1}, V_p 的秩为 β_p, W_p 的秩是 k_p.令

$$C'_p = U_p \oplus V_p \oplus W_p.$$

令 $\partial': C'_{p+1} \to C'_p$ 在 $V_{p+1} \oplus W_{p+1}$ 上为零.选取 U_{p+1} 和 W_p 的基,而且定义 $\partial': U_{p+1} \to W_p$ 是这样一个同态,它关于这些基的矩阵是

$$\begin{bmatrix} t_1^{(p)} & & \\ & \ddots & \\ & & t_{k_p}^{(p)} \end{bmatrix}.$$

那么 ∂' 就满足引理的要求. □

定理 56.2 的证明 如同在上述引理中那样选取链复形 $\mathscr{C}'$.鉴于定理 45.1,我们能够选取一个链映射 $\phi: \mathscr{C}' \to \mathscr{C}$ 使之诱导给定的同构 $H_i(\mathscr{C}') \to H_i(\mathscr{C})$.从已陈述过的万有系数定理(或者从定理 45.5 和定理 51.1)可知,对所有 i 和 G, ϕ 还诱导同构

$$H_i(\mathscr{C}';G)\cong H_i(\mathscr{C};G) \quad \text{和} \quad H^i(\mathscr{C}';G)\cong H^i(\mathscr{C};G).$$

于是所论及的万有系数序列对于 $\mathscr{C}'$ 成立.利用由 ϕ 诱导的同构,在这些正合序列中,我们可以用 $\mathscr{C}$ 代替 $\mathscr{C}'$.

所得到的 $\mathscr{C}$ 的正合序列实际上并不依赖于 $\mathscr{C}'$ 和 ϕ 的选取.这是自然性的一个推论,我们现在就来证明它.

令 $\theta:\mathscr{C}\to\mathscr{D}$ 是一个链映射,其中 $\mathscr{C}$ 和 $\mathscr{D}$ 都是在低于某个维数时为零的自由链复形,而且 $H_i(\mathscr{C})$ 和 $H_i(\mathscr{D})$ 对每个 i 都是有限生成的.我们要证明 θ 诱导定理中的万有系数序列的同态.

在这里我们(第一次)需要链映射 ϕ 实际上是一个链等价(定理 46.2)这个事实.

像在上述引理中那样,令 $\phi:\mathscr{C}'\to\mathscr{C}$ 和 $\psi:\mathscr{D}'\to\mathscr{D}$ 是链映射,它们在所有维数下均诱导同调的同构.这里 $\mathscr{C}'$ 和 $\mathscr{D}'$ 是自由的、在每一维数下都是有限生成的、而且在低于某一维数时为零.根据定理 46.2,ϕ 和 ψ 分别有链同伦逆 $\lambda:\mathscr{C}\to\mathscr{C}'$ 和 $\mu:\mathscr{D}\to\mathscr{D}'$.

于是 ϕ 诱导 $\mathscr{C}$ 的正合序列与 $\mathscr{C}'$ 的正合序列之间的一个同构,实际上,这就是我们是怎样得出 $\mathscr{C}$ 的正合序列的.类似的说法也适用于 ψ.考虑图表

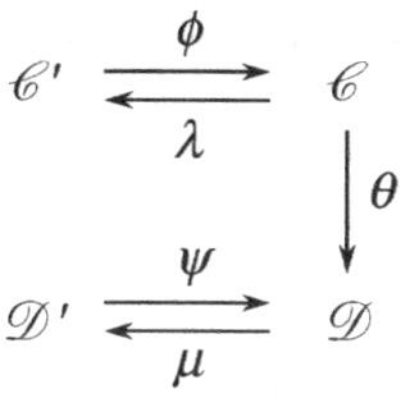

由定理 56.1 的自然性性质,复合映射 $\mu\circ\theta\circ\phi$ 诱导 $\mathscr{C}'$ 的正合序列与 $\mathscr{D}'$ 的正合序列之间的同态.由此可知,$\psi\circ(\mu\circ\theta\circ\phi)\circ\lambda$ 诱导 $\mathscr{C}$ 的正合序列与 $\mathscr{D}$ 的正合序列之间的同态.但是这个同态同伦于 θ.

把这个结果应用 $\mathscr{C}=\mathscr{D}$ 且 θ 为恒等映射的特殊情况,我们就会看到,正合序列不依赖于 $\mathscr{C}'$ 和 ϕ 的选取. □

系 56.4 令(X,A)是一个拓扑偶,使得 $H_i(X,A)$对于每个 i 都是有限生成的,那么就有自然正合序列

$$0 \leftarrow \mathrm{Hom}(H^p(X,A),G) \leftarrow H_p(X,A;G)$$
$$\leftarrow \mathrm{Ext}(H^{p+1}(X,A),G) \leftarrow 0,$$
$$0 \to H^p(X,A) \otimes G \to H^p(X,A;G) \to H^{p+1}(X,A) * G \to 0.$$

它们分裂,但不是自然分裂. □

习　题

1. 在证明引理 56.3 中所使用的论证方法有一个特点,它能使人们猜测到可能存在它的函子形式.在这里给出它的详细阐述:

令 **C** 是这样一个范畴,它的对象都是自由链复形 $\mathscr{C}$,其中每一个链复形都是在低于某一维数时为零,并且使得 $H_i(\mathscr{C})$对每个 i 都是有限生成的.令 **C**′是这样一个范畴,它的对象是由 **C** 的那些其链群在每一个维数下都是有限生成的对象组成的.在两种情况下,态射都是链映射的链同伦类.

令 J:**C**′→**C** 是包含函子.证明有一个函子 G:**C**→**C**′使得 $G\circ J$ 是 **C**′的恒等函子并且 $J\circ G$ 自然等价于 **C** 的恒等函子.

§57　链复形的张量积

本节我们要引进一种代数方法,我们将用它来研究积空间的同调.我们要定义两个链复形的张量积,并说明怎样使它成为一个链复形.

定义　令 $\mathscr{C}=\{C_p,\partial\}$和 $\mathscr{C}'=\{C'_p,\partial'\}$是链复形.我们定义它们的张量积 $\mathscr{C}\otimes\mathscr{C}'$是这样一个链复形,它的 m 维链定义为

$$(\mathscr{C}\otimes\mathscr{C}')_m=\bigoplus_{p+q=m}C_p\otimes C'_q,$$

并且它的边缘算子$\bar{\partial}$由等式

$$\bar{\partial}(c_p\otimes c'_q)=\partial c_p\otimes c'_q+(-1)^p c_p\otimes\partial' c'_q$$

给出.

形式上,我们把$\bar{\partial}$定义为集合 $C_p\times C'_q$上的一个函数,由于它是双线性的,所以它诱导出张量积的一个同态.

容易验证$\bar{\partial}^2=0$;也容易验证,若 $\phi:\mathscr{C}\to\mathscr{D}$ 和 $\phi':\mathscr{C}'\to\mathscr{D}'$ 是链映射,那么 $\phi\otimes\phi'$ 也是链映射.

请注意到,如果 $\mathscr{C}$ 和 $\mathscr{C}'$ 是自由链复形,那么 $\mathscr{C}\otimes\mathscr{C}'$ 也是.实际上,若 $\{a_\alpha^p\}$ 是 C_p 的一个基,$\{b_\beta^q\}$ 是 C'_q 的一个基,那么集合

$$\{a_\alpha^p\otimes b_\beta^q \mid p+q=m\}$$

就是群$(\mathscr{C}\otimes\mathscr{C}')_m$ 的一个基.

定义 令$\{\mathscr{C},\varepsilon\}$和$\{\mathscr{C}',\varepsilon'\}$是增广链复形.我们用同态 $\bar{\varepsilon}$ 来增广 $\mathscr{C}\otimes\mathscr{C}'$,这里 $\bar{\varepsilon}$ 是复合映射

$$C_0\otimes C'_0\xrightarrow{\varepsilon\otimes\varepsilon'}\mathbf{Z}\otimes\mathbf{Z}\xrightarrow{\cong}\mathbf{Z}.$$

可以验证 $\bar{\varepsilon}$ 是满射,而且 $\bar{\varepsilon}\circ\bar{\partial}=0$.

我们现在给出潜藏于 $\mathscr{C}\otimes\mathscr{C}'$ 的定义背后的几何动机.

令 K 和 L 是单纯复形,并且其中 K 是局部有限的.那么$|K|\times|L|$是一个 CW 复形,具有胞腔 $\sigma\times\tau$,其中 $\sigma\in K$,$\tau\in L$.实际上,它是一种特殊的 CW 复形,称为"正则胞腔复形";因此它能被三角剖分使得每一个胞腔是一个子复形的可剖空间.(参看 §38 的例 4 和习题 5.)

令 $\mathscr{D}(K\times L)$表示 CW 复形$X=|K|\times|L|$的胞腔链复形.令 M 表示X 的基本单纯复形.因为 X 是可三角剖分的,所以我们能够在链群 $D_m(K\times L)$的定义中使用单纯同调.这个链群是一个自由 Abel 群,且对适合 $p+q=m$ 的每个胞腔$\sigma^p\times\tau^q$对应一个基元素.该基元素是 $\sigma^p\times\tau^q$ 的一个基本链.

如果我们将 K 和L 的单形作一次性定向,那么它们分别形成 $\mathscr{C}(K)$和 $\mathscr{C}(L)$的基.$\mathscr{C}(K)\otimes\mathscr{C}(L)$的 m 维链群的一个基由所有适合 $p+q=m$ 的元素 $\sigma^p\otimes\tau^q$ 组成.

由此可知,群

$$(\mathscr{C}(K)\otimes\mathscr{C}(L))_m \quad 和 \quad D_m(K\times L)$$

是同构的,因为它们都是自由 Abel 群而且它们的基之间有一个 1-1 对应 ϕ,为$(\mathscr{C}(K)\otimes\mathscr{C}(L))_m$ 的基元$\sigma^p\otimes\tau^q$ 指派 $p+q$ 维胞腔

$\sigma\times\tau$ 的一个基本闭链.我们将证明,可以对这个同构作适当的选择使得它保持边缘算子,从而使得它也是一个链复形的同构.

定理 57.1 如果 K 和 L 是单纯复形;如果 $|K|\times|L|$ 能被三角剖分,因而每个胞腔 $\sigma\times\tau$ 是一个子复形的可剖空间,那么

$$\mathscr{C}(K)\otimes\mathscr{C}(L)\simeq\mathscr{D}(K\times L).$$

从而 $\mathscr{C}(K)\otimes\mathscr{C}(L)$ 能够用来计算 $|K|\times|L|$ 的同调.

证明 我们用归纳法进行证明.$(\mathscr{C}(K)\otimes\mathscr{C}(L))_0$ 的基元素具有形式 $v\otimes w$,其中 v 是 K 的顶点,w 是 L 的顶点.定义 $\phi(v\otimes w)$ 是 $v\times w$ 的一个 0 维基本闭链.(即 $\phi(v\otimes w)=v\times w$.)

每当 v 是 K 的顶点,w 是 L 的顶点时,$\mathscr{C}(K)\otimes\mathscr{C}(L)$ 的增广 $\bar{\varepsilon}$ 满足等式 $\bar{\varepsilon}(v\otimes w)=1$.链复形 $\mathscr{D}(K\times L)$ 作为 $\mathscr{C}(M)$ 的一个子复形是增广的,因而 $\varepsilon(v\times w)=1$.由于 $\varepsilon\circ\phi=\bar{\varepsilon}$ 对 0 维链成立,从而映射 ϕ 是保持增广的.

作为归纳步骤,我们假定当维数 i 低于 $m(m\geqslant 1)$ 时,

$$\phi:(\mathscr{C}(K)\otimes\mathscr{C}(L))_i\to D_i(K\times L)$$

已被定义,而且在这些维数下 $\phi\circ\bar{\partial}=\partial\circ\phi$ 成立.我们进一步假定对于 $p+q<m$,链 $\phi(\sigma^p\otimes\tau^q)$ 是胞腔 $\sigma^p\times\tau^q$ 的基本闭链.于是我们在 m 维来定义 ϕ.

考虑基元素 $\sigma^p\otimes\tau^q$,其中 $p+q=m$.令

$$c_{m-1}=\phi(\bar{\partial}(\sigma^p\otimes\tau^q)).$$

那么 c_{m-1} 是基于 X 的单纯复形 M 的一个 $m-1$ 维链.

首先我们注意到,如果 $m=1$,那么 $c_0\in\ker\varepsilon$,因为

$$\varepsilon(c_0)=\varepsilon\phi(\bar{\partial}c_1)=\bar{\varepsilon}(\bar{\partial}c_1)=0.$$

其次,我们注意到,若 $m>1$,那么 c_{m-1} 是一个闭链.因为由归纳假设

$$\partial c_{m-1}=\partial\phi(\bar{\partial}(\sigma^p\otimes\tau^q))=\phi\bar{\partial}(\bar{\partial}(\sigma^p\otimes\tau^q))=0.$$

现在我们证明 c_{m-1} 被 $\mathrm{Bd}(\sigma\times\tau)$ 承载.当 $\dim\sigma>0$ 时,让我们写成 $\partial\sigma=\Sigma s_i$,其中 s_i 是 $p-1$ 维的定向单形.类似地,当 $\dim\tau$

>0 时,我们写成 $\partial\tau = \Sigma t_j$. 于是当 $\dim\sigma > 0$, $\dim\tau > 0$ 时, 我们有公式

$$c_{m-1} = \sum_i \phi(s_i \otimes \tau) + (-1)^p \sum_j \phi(\sigma \otimes t_j).$$

当 $\dim\sigma = 0$ 时,第一个和式从这个公式中消失;当 $\dim\tau = 0$ 时,第二个和式消失. 由于链 $\phi(s_i \otimes \tau)$ 被 $s_i \times \tau$ 承载, $\phi(\sigma \otimes t_j)$ 由 $\sigma \times t_j$ 承载,所以闭链 c_{m-1} 被 $\mathrm{Bd}(\sigma \times \tau)$ 承载.

由于 $\mathrm{Bd}(\sigma \times \tau)$ 在拓扑上是一个 $m-1$ 维球面,所以我们来证明 c_{m-1} 是这个 $m-1$ 维球面的基本闭链. 即它生成群 $\widetilde{H}_{m-1}(\mathrm{Bd}(\sigma \times \tau))$,这个群是无限循环的,而且当 $m>1$ 时,它等于 $m-1$ 维闭链组成的群;当 $m=1$ 时,它等于群 $\ker\varepsilon$.

或者 $\dim\sigma > 0$,或者 $\dim\tau > 0$,不妨假定为前者. 那么 $\partial\sigma = \Sigma s_i$,而且 c_{m-1} 在胞腔 $s_i \times \tau$ 上的限制等于 $\phi(s_i \otimes \tau)$,由假设它是该胞腔的一个基本闭链,由此可知, c_{m-1} 为零,并且不是其它闭链的倍数. 因而 c_{m-1} 是无限循环群 $\widetilde{H}_{m-1}(\mathrm{Bd}(\sigma \times \tau))$ 的一个生成元.

现在考虑正合序列

$$0 \to H_m(\sigma \times \tau, \mathrm{Bd}(\sigma \times \tau)) \xrightarrow{\partial_*} \widetilde{H}_{m-1}(\mathrm{Bd}(\sigma \times \tau)) \to 0.$$

两端的群为零是因为 $\sigma \times \tau$ 是零调的. 因为在这种情况下,同调群等于闭链群,所以这个序列实际上就是序列

$$0 \to Z_m(\sigma \times \tau, \mathrm{Bd}(\sigma \times \tau)) \to \tilde{Z}_{m-1}(\mathrm{Bd}(\sigma \times \tau)) \to 0,$$

其中当 $m=1$ 时, $\tilde{Z}_{m-1}$ 表示 $\ker\varepsilon$. 我们定义 $\phi(\sigma^p \otimes \tau^q)$ 是胞腔 $\sigma \times \tau$ 的唯一基本闭链使得

$$\partial\phi(\sigma^p \otimes \tau^q) = c_{m-1}.$$

于是 $\partial\phi = \phi\bar{\partial}$,从而我们的结果得证. □

习　题

1. (a) 证明 $\bar{\partial}^2 = 0$.

(b) 证明若 $\mathscr{C}$ 和 $\mathscr{C}'$ 分别由 ε,ε' 增广,那么 $\mathscr{C}\otimes\mathscr{C}'$ 由

$$C_0\otimes C'_0\xrightarrow{\varepsilon\otimes\varepsilon'}\mathbf{Z}\otimes\mathbf{Z}\simeq\mathbf{Z}$$

增广.

2. 令 $\phi,\psi:\mathscr{C}\to\mathscr{D}$ 和 $\phi',\psi':\mathscr{C}'\to\mathscr{D}'$ 都是链映射.

(a) 证明 $\phi\otimes\phi':\mathscr{C}\otimes\mathscr{C}'\to\mathscr{D}\otimes\mathscr{D}'$ 是链映射.

(b) 证明:若 D 是 ϕ 到 ψ 的链同伦,那么 $D\otimes\phi'$ 是 $\phi\otimes\phi'$ 到 $\psi\otimes\phi'$ 的链同伦.

(c) 如果 D 是 ϕ' 到 ψ' 的链同伦,求 $\psi\otimes\phi'$ 到 $\psi\otimes\psi'$ 的一个链同伦.

(d) 证明如果 ϕ 和 ϕ' 是链等价,那么 $\phi\otimes\phi'$ 也是链等价.

3. $\mathscr{C}\otimes\mathscr{C}'$ 中的边缘算子公式看起来似乎是相当任意的.这就是说,还有其它一些公式,它们同样是有效的.

令 K 和 L 是复形,令 $\hat{\partial}$ 是 $\mathscr{C}(K)\otimes\mathscr{C}(L)$ 的边缘算子使得:

(i) 如果 K_0 和 L_0 分别是 K 和 L 的子复形,那么 $\hat{\partial}$ 把 $\mathscr{C}(K_0)\otimes\mathscr{C}(L_0)$ 映射到其自身.

(ii) 若 v 是 K 的顶点,w 是 L 的顶点,那么

$$\hat{\partial}=\pm\,\partial_K\otimes i\qquad \text{在 } C_1(K)\otimes C_0(w)\text{ 上},$$

$$\hat{\partial}=\pm\, i\otimes\partial_L\qquad \text{在 } C_0(v)\otimes C_1(L)\text{ 上}.$$

如同在定理 57.1 中一样,假定 $X=|K|\times|L|$ 是可剖分的,那么就能证明链复形 $\{\mathscr{C}(K)\otimes\mathscr{C}(L),\hat{\partial}\}$ 同构于胞腔链复形 $\mathscr{D}(X)$.

4. 证明公式

$$\hat{\partial}\,(c_p\otimes c'_q)=(-1)^q\partial c_p\otimes c'_q+c_p\otimes\partial c'_q$$

定义 $\mathscr{C}\otimes\mathscr{C}'$ 的一个能够满足习题 3 要求的边缘算子.

§58 Künneth 定理

现在我们来证明一个基本定理,它使我们能够计算两个链复形的张量积的同调.可以料想,它的证明实质上是高度代数化的.

我们要证明的第一件事就是在适当的假设条件下,就会有从张量积 $H_p(\mathscr{C})\otimes H_q(\mathscr{C}')$ 到群 $H_{p+q}(\mathscr{C}\otimes\mathscr{C}')$ 内的一个自然的单态射.

定义 我们定义一个同态

$$\Theta:H_p(\mathscr{C})\otimes H_q(\mathscr{C}')\to H_{p+q}(\mathscr{C}\otimes\mathscr{C}')$$

如下：如果 z_p 是 $\mathscr{C}$ 的一个 p 维闭链，z'_q 是 $\mathscr{C}'$ 的一个 q 维闭链，那么令

$$\Theta(\{z_p\} \otimes \{z'_q\}) = \{z_p \otimes z'_q\}.$$

利用边缘算子 $\bar{\partial}$ 的公式，可以看出 $z_p \otimes z'_q$ 是 $\mathscr{C} \otimes \mathscr{C}'$ 的一个闭链. 为证明 Θ 是完全确定的，我们来做计算

$$(z_p + \partial d_{p+1}) \otimes z'_q = z_p \otimes z'_q + \bar{\partial}(d_{p+1} + z'_q),$$

$$z_p \otimes (z'_q + \partial' d'_{p+1}) = z_p \otimes z'_q + (-1)^p \bar{\partial}(d_{p+1} + z'_q).$$

因为 Θ 是由包含映射 $Z_p \otimes Z_q \to (\mathscr{C} \otimes \mathscr{C}')_{p+q}$ 诱导的，所以它关于链映射是自然的.

引理 58.1 令 $\mathscr{C}$ 和 $\mathscr{C}'$ 都是链复形且使得在每一维数下闭链在链中形成一个直和项.(例如当 $\mathscr{C}$ 和 $\mathscr{C}'$ 都是自由的，那么这种情况就会发生.)那么

$$\Theta: \bigoplus_{p+q=m} H_p(\mathscr{C}) \otimes H_q(\mathscr{C}') \to H_m(\mathscr{C} \otimes \mathscr{C}')$$

是一个单态射，而且它的象是一个直和项.

证明 我们定义一个与 θ 反向的同态 λ，使得 $\lambda \circ \theta$ 等于恒等同态. 这就足够了.

令 Z_p 表示 $\mathscr{C}$ 中的 p 维闭链构成的群，令 Z'_q 表示 $\mathscr{C}'$ 中的 q 维闭链群. 我们从自然射影 $Z_p \to H_p(\mathscr{C})$ 和 $Z'_q \to H_q(\mathscr{C}')$ 开始. 因为闭链在链中形成一个直和项，所以这些映射能分别扩张成同态

$$\phi: C_p \to H_p(\mathscr{C}) \quad 和 \quad \phi': C'_q \to H_q(\mathscr{C}').$$

令 $\mathscr{E}$ 是这样一个链复形，它的第 p 个群是 $H_p(\mathscr{C})$，而且它的边缘算子为零. 类似地，令 $\mathscr{E}'$ 是这样一个复形，它的第 q 个群是 $H_q(\mathscr{C}')$ 且它的边缘算子为零. 那么可以验证：$\phi: \mathscr{C} \to \mathscr{E}$ 和 $\phi': \mathscr{C}' \to \mathscr{E}'$ 都是链映射. 由于

$$\phi \otimes \phi': \mathscr{C} \otimes \mathscr{C}' \to \mathscr{E} \otimes \mathscr{E}'$$

是链映射，因而它诱导一个同态

$$\lambda: H_m(\mathscr{C} \otimes \mathscr{C}') \to H_m(\mathscr{E} \otimes \mathscr{E}')$$

因为 $\mathscr{E}\otimes\mathscr{E}'$ 中的边缘算子为零，所以 $\mathrm{Hm}(\mathscr{E}\otimes\mathscr{E}')$ 就等于 m 维链群

$$(\mathscr{E}\otimes\mathscr{E}')_m=\bigoplus_{p+q=m}H_p(\mathscr{C})\otimes H_q(\mathscr{C}').$$

验证 $\lambda\circ\Theta$ 为恒等同态是平凡的，因为

$$\lambda\Theta(\{z\}\otimes\{z'\})=\lambda(\{z\otimes z'\})=\phi(z)\otimes\phi'(z')$$
$$=\{z\}\otimes\{z'\}.$$ □

现在来证明我们的主要定理，它能确定群 $\operatorname{cok}\theta$.

定理 58.2(链复形的 Künneth 定理) 令 $\mathscr{C}$ 是一个自由链复形；令 $\mathscr{C}'$ 是一个链复形．那么就有一个正合序列

$$0\to\bigoplus_{p+q=m}H_p(\mathscr{C})\otimes H_q(\mathscr{C}')\xrightarrow{\Theta}H_m(\mathscr{C}\otimes\mathscr{C}')$$
$$\to\bigoplus_{p+q=m}H_{p-1}(\mathscr{C})*H_q(\mathscr{C}')\to 0,$$

它关于由链映射诱导的同态是自然的．如果 $\mathscr{C}'$ 的闭链是链中的直和项，那么这个序列分裂，但不是自然分裂．

证明 令 C_p, Z_p, B_p 分别表示 $\mathscr{C}$ 的 p 维链、p 维闭链和 p 维边缘链．类似地，令 C'_p, Z'_p 和 B'_p 是 $\mathscr{C}'$ 的相应链．

第一步 我们从正合序列

$$0\to Z_p\xrightarrow{j}C_p\xrightarrow{\partial_0}B_{p-1}\to 0$$

开始，它分裂是因为 B_{p-1} 是自由的．令 Z 是这样一个链复形，它的 p 维群是 Z_p 且它的边缘算子为零．令 $\mathscr{D}$ 是这样一个链复形，它的 p 维群 D_p 等于 B_{p-1}，而且它的边缘算子为零．那么上面的序列就成为链复形的短正合序列．

现在用 C'_q 作张量积并在约束条件 $p+q=m$ 下求和．正合性能够保留下来，因为原序列分裂，而且正合序列的直和是正合的．于是我们得到一个正合序列

$$0\to\bigoplus(Z_p\otimes C'_q)\xrightarrow{j\otimes i'}\bigoplus(C_p\otimes C'_q)$$
$$\xrightarrow{\partial_0\otimes i'}\bigoplus(D_p\otimes C'_q)\to 0,$$

其中 i' 表示 $\mathscr{C}'$ 的恒等映射．因为所涉及到的映射都是链映射，所

以这是一个链复形的短正合序列

$$0 \to (\mathscr{Z} \otimes \mathscr{C}')_m \to (\mathscr{C} \otimes \mathscr{C}')_m \to (\mathscr{D} \otimes \mathscr{C}')_m \to 0.$$

$\mathscr{C} \otimes \mathscr{C}'$中的边缘算子照常记为$\bar{\partial}$. 末端的群中的边缘算子具有$\pm i \otimes \partial'$的形式,其中 i 是 $\mathscr{C}$ 中的恒等映射. 例如在 $\mathscr{Z} \otimes \mathscr{C}'$ 中,我们计算出

$$\bar{\partial}(z_p \otimes c'_q) = (-1)^p z_p \otimes \partial' c'_q.$$

因为$\partial z_p = 0$. 类似的说法也适用于 $\mathscr{D} \otimes \mathscr{C}'$.

从链复形的这个短正合序列我们就能得出一个长正合同调序列,考虑其中的五项:

$$H_{m+1}(\mathscr{D} \otimes \mathscr{C}') \xrightarrow{\beta_{m+1}} H_m(\mathscr{Z} \otimes \mathscr{C}') \to H_m(\mathscr{C} \otimes \mathscr{C}') \to H_m(\mathscr{D} \otimes \mathscr{C}')$$
$$\xrightarrow{\beta_m} H_{m-1}(\mathscr{Z} \otimes \mathscr{C}'),$$

其中,β_m 表示之字形同态. 这个序列关于由链映射诱导的同态是自然的. 考虑诱导序列

$$(*) \qquad 0 \to \operatorname{cok}\beta_{m+1} \to H_m(\mathscr{C} \otimes \mathscr{C}') \to \ker\beta_m \to 0.$$

它也是自然的. 我们来确定这个短正合序列的各项.

在进行之前,让我们回想到若 B 是C 的子群,并且 A 是自由的,那么由包含映射诱导的映射

$$A \otimes B \to A \otimes C$$

是单射. 因此在这种情况下,我们可以把 $A \otimes B$ 看作$A \otimes C$ 的一个子群. 在接下来的证明过程中,我们将随意使用这个事实.

第二步　我们计算群 $H_m(\mathscr{Z} \otimes \mathscr{C}')$. 我们要证明有一个由包含映射诱导的同构

$$\bigoplus_{p+q=m} Z_p \otimes H_q(\mathscr{C}') \simeq H_m(\mathscr{Z} \otimes \mathscr{C}').$$

$\mathscr{Z} \otimes \mathscr{C}'$的 m 维链群是

$$(\mathscr{Z} \otimes \mathscr{C}')_m = \bigoplus_{p+q=m} Z_p \otimes C'_q.$$

为了计算 $\mathscr{Z} \otimes \mathscr{C}'$的闭链和边缘链,我们从正合序列

$$0 \to Z'_q \to C'_q \to B'_{q-1} \to 0$$

开始.因为 Z_p 是自由的,所以当用 Z_p 作张量积时,我们就会得出下列图表中水平方向和竖直方向的正合性

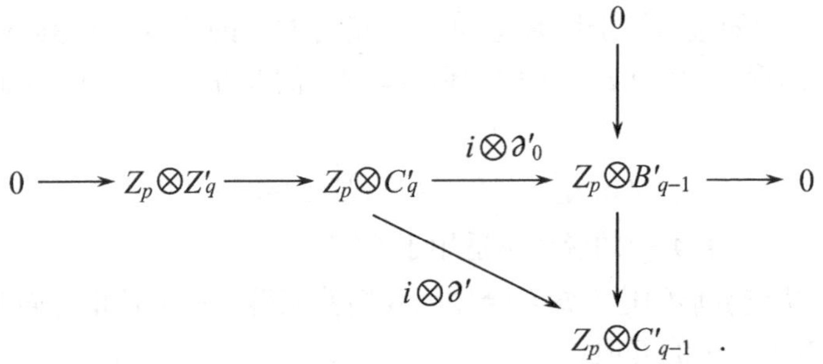

由此可知,$i \otimes \partial'$ 的核是 $C_p \otimes C'_q$ 的子群 $Z_p \otimes Z'_q$;而 $i \otimes \partial'$ 的象是 $Z_p \otimes C'_{q-1}$ 的子群 $Z_p \otimes B'_{q-1}$.因此,$\mathscr{Z} \otimes \mathscr{C}'$ 的 m 维闭链群和边缘链群分别是

$$\bigoplus_{p+q=m} Z_p \otimes Z'_q \quad \text{和} \quad \bigoplus_{p+q=m} Z_p \otimes B'_q .$$

现在考虑正合序列

$$0 \to B'_q \to Z'_q \to H_q(\mathscr{C}') \to 0.$$

作张量积并求和,则我们得到正合序列

$$0 \to \bigoplus Z_p \otimes B'_q \to \bigoplus Z_p \otimes Z'_q \to \bigoplus Z_p \otimes H_q(\mathscr{C}') \to 0,$$

求和是在约束条件 $p+q=m$ 下进行的.因为这个序列的前两个群是 $\mathscr{Z} \otimes \mathscr{C}'$ 的 m 维边缘链群和 m 维闭链群,所以它的最后一个群同构于 $H_m(\mathscr{Z} \otimes \mathscr{C}')$,这正是我们所要求的.

第三步　完全类似地论证说明 $\mathscr{D} \otimes \mathscr{C}'$ 的 m 维闭链群是群

$$\bigoplus_{p+q=m} D_p \otimes Z'_q ,$$

而且包含映射诱导一个同构

$$\bigoplus_{p+q=m} D_p \otimes H_q(\mathscr{C}') \simeq H_m(\mathscr{D} \otimes \mathscr{C}').$$

第四步　现在我们证明之字形同态 β_m 是由包含映射 $j: \beta_p \to Z_p$ 诱导的.更确切地说,我们是要证明下列图表交换:

$$
\begin{array}{ccc}
H_{m+1}(\mathscr{D}\otimes\mathscr{C}') & \xrightarrow{\beta_{m+1}} & H_m(\mathscr{Z}\otimes\mathscr{C}') \\
\Big\uparrow \cong & & \Big\uparrow \cong \\
\bigoplus_{p+q=m} D_{p+1}\otimes H_q(\mathscr{C}') & \xrightarrow{j\otimes i'_*} & \bigoplus_{p+q=m} Z_p\otimes H_q(\mathscr{C}').
\end{array}
$$

(请回想到 $B_p = D_{p+1}$).

映射 β_{m+1}是通过下列之字形图表而定义的:

$$
\begin{array}{ccccc}
 & & \bigoplus_{p+q=m} C_{p+1}\otimes C'_q & \xrightarrow{\partial_0\otimes i'} & \bigoplus_{p+q=m} D_{p+1}\otimes C'_q \\
 & & \Big\downarrow \bar{\partial} & & \\
\bigoplus_{r+s=m} Z_r\otimes C'_s & \overset{j\otimes i'}{\overline{\qquad\quad}} & \bigoplus_{r+s=m} C_r\otimes C'_s & &
\end{array}
$$

我们从 $\mathscr{D}\otimes\mathscr{C}'$ 的 $m+1$ 维闭链群的一个元开始. 由前面的步骤可知,这个闭链群是

$$\bigoplus_{p+q=m} D_{p+1}\otimes Z'_q.$$

因为 $D_{p+1}=B_p$,所以这个群的典型生成元具有 $b_p\otimes z'_p$ 的形式,其中 $b_p\in B_p$, $z'_q\in Z'_q$ 且 $p+q=m$. 拉回到 $\mathscr{C}\otimes\mathscr{C}'$,则我们得到元素 $c_{p+1}\otimes z'_q$,其中$\partial_0 c_{p+1}=b_p$. 应用$\bar{\partial}$,则我们得元素

$$\bar{\partial}(c_{p+1}\otimes z'_q) = \partial c_{p+1}\otimes z'_q \pm c_{p+1}\otimes\partial' z'_q = b_p\otimes z'_q.$$

最后,我们把这个元拉回到 $\mathscr{Z}\otimes\mathscr{C}'$ 上就得到元素 $b_p\otimes z'_q$,这正是我们从它开始的那个元素!

第五步　现在我们就能确定 β_m 的核和上核. 从自由分解

$$0\to B_p\to Z_p\to H_p(\mathscr{C})\to 0$$

开始. 用 $H_q(\mathscr{C}')$作张量积,就得到序列

$$0\to H_p(\mathscr{C}) * H_q(\mathscr{C}')\to B_p\otimes H_q(\mathscr{C}')\to Z_p\otimes H_q(\mathscr{C}')$$
$$\to H_p(\mathscr{C})\otimes H_q(\mathscr{C}')\to 0.$$

中间的那个映射是由包含映射诱导的.在约束条件 $p+q=m$ 下求和并利用第四步,我们就得出序列

$$0\to\bigoplus_{p+q=m}H_p(\mathscr{C})*H_q(\mathscr{C}')\to H_{m+1}(\mathscr{D}\otimes\mathscr{C}')\xrightarrow{\beta_{m+1}}$$
$$H_m(\mathscr{Z}\otimes\mathscr{C}')\to\bigoplus_{p+q=m}H_p(\mathscr{C})\otimes H_q(\mathscr{C}')\to 0.$$

现在 β_{m+1} 的核和上核是明显的.从这个序列和第一步中的(*)式即可得出本定理.因为两个序列都是自然的,所以 Künneth 序列也是自然的.

最后我们指出,序列(*)中的映射

$$\operatorname{cok}\beta_{m+1}\to H_m(\mathscr{C}\otimes\mathscr{C}')$$

是由包含映射 $\mathscr{Z}\otimes\mathscr{C}'\to\mathscr{C}\otimes\mathscr{C}'$ 诱导的.因此,Künneth 序列中的第一个映射恰好是引理 58.1 中的映射 Θ. □

系 58.3 令 $\mathscr{C},\mathscr{C}',\mathscr{D},\mathscr{D}'$ 都是链复形,而且 $\mathscr{C}$ 和 $\mathscr{D}$ 是自由的;令 $\phi:\mathscr{C}\to\mathscr{D}$ 和 $\phi':\mathscr{C}'\to\mathscr{D}'$ 都是链映射,而且它们在所有维数下都诱导同调的同构.那么 $\phi\otimes\phi':\mathscr{C}\otimes\mathscr{C}'\to\mathscr{D}\otimes\mathscr{D}'$ 在所有维数下均诱导同调的同构.

证明 应用 Künneth 序列的自然性和五项引理,即可得到本系的结论.

例 1 令 K 和 L 是单纯复形,并且 K 或者 L 是局部有限的.上一节的结果说明链复形 $\mathscr{C}(K)\otimes\mathscr{C}(L)$ 能够用来计算 $|K|\times|L|$ 的同调.因为 $\mathscr{C}(K)$ 和 $\mathscr{C}(L)$ 都是自由的,所以 Künneth 定理蕴涵着.

$$H_m(|K|\times|L|)\simeq\bigoplus_{p+q=m}$$
$$[H_p(K)\otimes H_q(L)\oplus H_{p-1}(K)*H_q(L)].$$

例 2 特别是,对于乘积 $S^r\times S^s$,我们有

$$H_m(S^r\times S^s)\simeq\bigoplus_{p+q=m}H_p(S^r)\otimes H_q(S^s).$$

因此当 $r\neq s$ 时,

$$H_m(S^r\times S^s)\simeq\begin{cases}\mathbf{Z}, m=0,r,s,r+s,\\ 0,\text{其它情形}.\end{cases}$$

当 $r=s$ 时,

$$H_m(S^r\times S^r)\cong\begin{cases}\mathbf{Z}, m=0,2r,\\ \mathbf{Z}\oplus\mathbf{Z}, m=r,\\ 0,\text{其它情形}.\end{cases}$$

例 3 给定 $\alpha\in H_p(K)$ 和 $\beta\in H_q(L)$,那么在 $H_{p+q}(|K|\times|L|)$ 中应当有一个对应的元素,这在几何上是显然的.在自然单同态 Θ 下,$\alpha\otimes\beta$ 在 $H_{p+q}(|K|\times|L|)$ 中的象称为 α 和 β 的**同调叉积**,并且记为 $\alpha\times\beta$.它的行为在某种意义上很像笛卡儿乘积.例如在环面 $T=S^1\times S^1$ 上,由 Künneth 定理,在图58.1 中所画出的两个1维同调类的叉积是2维同调的生成元.看来这是非常合理的;如果 $z=\Sigma s_i$ 是 S^1 的三角剖分 K 的一个基本链,那么 $z\otimes z=\Sigma s_i\otimes s_j$ 表示 $K\times K$ 的适当定向的所有 2 维胞腔之和.

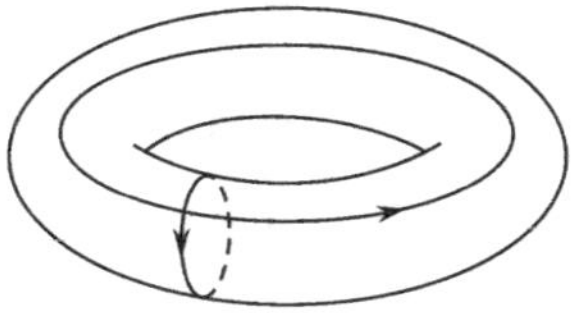

图 58.1

若在 K 中给定一个闭链 z 表示 $H_p(K)$ 中的一个 k 阶挠元,在 L 中给定一个闭链 z' 表示 $H_q(L)$ 中的一个 l 阶挠元,那么在 $|K|\times|L|$ 的同调中就有两个相应的 $n=\gcd(k,l)$ 阶元素;当然其中的一个是它们的 $p+q$ 维叉积,而另一个则是由 $H_p(K)*H_q(L)$ 产生的 $p+q+1$ 维元.至于为什么会这样,在几何上并不清楚.那么这个意想不到的元素是从何而来的呢?

让我们写成

$$kz=\partial d \quad \text{和} \quad lz'=\partial' d',$$

其中 d 和 d' 分别是 K 和 L 的链.这个出乎意料的 $p+q+1$ 维元可以通过下列计算而显现出来:

$$\begin{aligned}\bar{\partial}(d\otimes d')&=(kz)\otimes d'+(-1)^{p+1}d\otimes(lz')\\&=n\left[\frac{k}{n}(z\otimes d')+(-1)^{p+1}\frac{l}{n}(d\otimes z')\right].\end{aligned}$$

这样以来,括号中的表达式是一个 $p+q+1$ 维的闭链,而且它的 n 倍是一个边缘链!这就是我们要寻求的元素.

同调的万有系数定理

现在我们把同调的万有系数定理作为 Künneth 定理的一个系而推导出来.

定理 55.1 的证明 令 $\mathscr{C}$ 是一个自由链复形;令 G 是一个 Abel 群.我们用等式

$$C'_p = \begin{cases} G, & p = 0, \\ 0, & p \neq 0, \end{cases}$$

定义一个链复形 $\mathscr{C}'$.$\mathscr{C}'$中的所有边缘算子为零.链复形 $\mathscr{C}'$一般不是自由的,但是在每一维数下,闭链确实在链中(平凡地)构成一个直和项.

我们计算出

$$(\mathscr{C} \otimes \mathscr{C}')_m = \oplus_{p+q=m} C_p \otimes C'_q = C_m \otimes G,$$

$$\bar{\partial}(c_m \otimes g) = \partial c_m \otimes g + 0.$$

因而$\{\mathscr{C} \otimes \mathscr{C}', \bar{\partial}\}$等于链复形$\{\mathscr{C} \otimes G, \partial \otimes i_G\}$.现在我们应用 Künneth 定理,并且应用下列事实

$$H_0(\mathscr{C}') = G,$$

$$H_p(\mathscr{C}') = 0, \quad p \neq 0.$$

那么,同调的万有系数定理就是一个直接推论. □

带域系数的 Künneth 定理

设 $\mathscr{E}$ 和 $\mathscr{E}'$ 都是链复形,而且它们的链群是域 F 上的向量空间,它们的边缘算子是线性变换.在这种情况下,我们可以构造一个链复形 $\mathscr{E} \otimes_F \mathscr{E}'$,使它的 m 维链群是

$$\oplus_{p+q=m}(E_p \otimes_F E'_q).$$

它是 F 上的一个向量空间.(参看§50.)映射$\bar{\partial}$是一个线性变换,

所以它的核和象也是线性空间.

在这种情况下,Künneth 定理要简化得多.

定理 58.4 设链复形 $\mathscr{E}$ 和 $\mathscr{E}'$ 都是域F 上的向量空间,而且边缘算子是向量空间的同态. 那么 $H_p(\mathscr{E})$和 $H_q(\mathscr{E}')$都是 F 上的向量空间,并且有向量空间的自然同构

$$\bigoplus_{p+q=m}H_p(\mathscr{E})\otimes_F H_q(\mathscr{E}')\to H_m(\mathscr{E}\otimes_F\mathscr{E}').$$

证明 如果始终以$\otimes_F$ 代替$\otimes$,那么 Künneth 定理证明的前四步可以不作改变地进行. 最先出现的变化是在第五步,在那里,我们取序列

$$0\to B_p\to Z_p\to H_p(\mathscr{E})\to 0$$

并将它与 $H_q(\mathscr{E}')$作张量积. 因为我们是在向量空间的背景下来作,所以就得到序列

$$0\to B_p\otimes_F H_q(\mathscr{E}')\xrightarrow{\beta_{m+1}} Z_p\otimes_F H_q(\mathscr{E}')\to H_p(\mathscr{E})\otimes_F H_q(\mathscr{E}')\to 0.$$

这就是说,没有挠积项出现. 结果,对所有 m,同态 β_{m+1}的核为零. □

接下来是带域系数的 Künneth 定理.

定理 58.5 令 $\mathscr{C}$ 和 $\mathscr{C}'$是自由链复形;令 F 是一个域. 那么就有一个自然同构

$$\bigoplus_{p+q=m}H_p(\mathscr{C};F)\otimes_F H_q(\mathscr{C}';F)\to H_m(\mathscr{C}\otimes\mathscr{C}';F).$$

证明 我们把上面的定理应用于链复形 $\mathscr{E}=\mathscr{C}\otimes F$ 和 $\mathscr{E}'=\mathscr{C}'\otimes F$,而它们都是 F 上的向量空间. 那么我们就得到一个自然同构

$$\bigoplus_{p+q=m}H_p(\mathscr{E})\otimes_F H_q(\mathscr{E}')\to H_m(\mathscr{E}\otimes_F\mathscr{E}').$$

现在由定义,$H_p(\mathscr{E})=H_p(\mathscr{C};F)$,$H_q(\mathscr{E}')=H_q(\mathscr{C}';F)$. 所以剩下的是要证明有一个向量空间的自然同构

$$f:\mathscr{E}\otimes_F\mathscr{E}'\to(\mathscr{C}\otimes\mathscr{C}')\otimes F,$$

它也是一个链映射. 那么我们的定理即可得证. 让我们用等式

$$(*)\qquad f(x,\alpha,y,\beta)=(x\otimes y)\otimes\alpha\beta$$

来定义映射

$$f: C_p \times F \times C'_q \times F \rightarrow C_p \otimes C'_q \otimes F.$$

这个映射是多重线性的,因而它为我们给出一个同态

$$f': (C_p \otimes F) \otimes (C'_q \otimes F) \rightarrow C_p \otimes C'_q \otimes F.$$

于是 f'实际上单独按每一个变量都是向量空间的同态. 例如,若 y 和 β 是固定的,则有

$$\begin{aligned} f'(\gamma(x \otimes \alpha) \otimes (y \otimes \beta)) &= f'((x \otimes \gamma\alpha) \otimes (y \otimes \beta)) \\ &= x \otimes y \otimes (\gamma\alpha)\beta = \gamma(x \otimes y \otimes \alpha\beta). \end{aligned}$$

因而 f'诱导一个同态

$$f'': (C_p \otimes F) \otimes_F (C'_q \otimes F) \rightarrow C_p \otimes C'_q \otimes F.$$

容易证明 f''是一个同构. 如果$\{x_\alpha\}$是 $\mathscr{C}$ 的一个基,$\{y_\beta\}$是 $\mathscr{C}'$ 的一个基,那么$\{x_\alpha \otimes y_\beta\}$是 $\mathscr{C} \otimes \mathscr{C}'$ 的一个基. $\{x_\alpha \otimes 1\}$和$\{y_\beta \otimes 1\}$分别构成 $\mathscr{C} \otimes F$ 和 $\mathscr{C}' \otimes F$ 的向量空间基;因此$\{(x_\alpha \otimes 1) \otimes_F (y_\beta \otimes 1)\}$构成$(\mathscr{C} \otimes F) \otimes_F (\mathscr{C}' \otimes F)$的向量空间基. 它们在 f''下的象是$\{(x_\alpha \otimes y_\beta) \otimes 1\}$,而它构成$(\mathscr{C} \otimes \mathscr{C}') \otimes F$ 的向量空间基. □

例 4 令 K 和 L 是单纯复形,其中 K 或者 L 是局部有限的. 那么就有一个向量空间的同构

$$\bigoplus_{p+q=m} H_p(K;F) \otimes_F H_q(L;F) \rightarrow H_m(|K| \times |L|;F).$$

这个事实可从上面的引理得出,一旦我们注意到,由于对所有 i,

$$H_i(\mathscr{C}(K) \otimes \mathscr{C}(L)) \simeq H_i(|K| \times |L|),$$

那么由定理 45.1 和定理 51.1,对任意系数 F,同样的结果成立.

习　题

1. 证明 Künneth 定理在约化同调中不成立.

2. 令 K_0 和 L_0 分别是 K 和 L 的子复形,假定 K 或 L 是局部有限的,另外,$|K| \times |L|$照例是可剖分的. 证明有一个链映射,它诱导同调的同构

$$\mathscr{C}(K, K_0) \otimes \mathscr{C}(L, L_0) \rightarrow \mathscr{D}(K \times L, (K_0 \times L) \cup (K \times L_0)).$$

导出相对单纯同调中的 Künneth 序列.

3. 令 $\mathscr{C}$ 是一个自由链复形.证明有一个自然正合序列

$$0\to\bigoplus_{p+q=m}H_p(\mathscr{C})\otimes H_q(\mathscr{C}';G)\to H_m(\mathscr{C}\otimes\mathscr{C}';G)$$
$$\to\bigoplus_{p+q=m}H_{p-1}(\mathscr{C})*H_q(\mathscr{C}';G)\to 0.$$

证明若 $\mathscr{C}'$ 是自由的并且或者 G 是无挠的或者 $H_i(\mathscr{C}')$ 对所 i 是无挠的,那么这个序列分裂.

§59 Eilenberg-Zilber 定理

现在我们证明对于任意拓扑空间偶,链复形 $\mathscr{S}(X)\otimes\mathscr{S}(Y)$ 能够用来计算 $X\times Y$ 的奇异同调.这个证明的关键工具是零调模定理.

定理 59.1 如果 $\{\mathscr{C},\varepsilon\}$ 和 $\{\mathscr{C}',\varepsilon'\}$ 都是零调的增广链复形,而且 $\mathscr{C}$ 是自由的,那么 $\{\mathscr{C}\otimes\mathscr{C}',\bar{\varepsilon}\}$ 也是零调的.

证明 我们证明当 $m=0$ 时, $H_m(\mathscr{C}\otimes\mathscr{C}')$ 是无限循环的,而在其它情况下为零.这就证明 $\mathscr{C}\otimes\mathscr{C}'$ 对于任何增广是零调的.

因为 $\mathscr{C}$ 是自由的,所以我们能够应用 Künneth 定理.因为所涉及到的每一个群要么为零,那么是无限循环的,所以对所有 p 和 q 都有

$$H_p(\mathscr{C})*H_q(\mathscr{C}')=0.$$

因此

$$H_m(\mathscr{C}\otimes\mathscr{C}')\simeq\bigoplus_{p+q=m}H_p(\mathscr{C})\otimes H_q(\mathscr{C}').$$

如果 m 是正整数,那么群 $H_p(\mathscr{C})$ 和 $H_q(\mathscr{C}')$ 中至少有一个为零,从而 $H_m(\mathscr{C}\otimes\mathscr{C}')=0$. 如果 $m=0$,那么

$$H_0(\mathscr{C}\otimes\mathscr{C}')\simeq H_0(\mathscr{C})\otimes H_0(\mathscr{C}')\simeq\mathbf{Z}\otimes\mathbf{Z}\simeq\mathbf{Z}.\qquad\square$$

定理 59.2(Eilenberg-Zilber 定理) 对于每一个拓扑空间偶 X,Y,都有互为链同伦逆的链映射

$$\mathscr{S}(X)\otimes\mathscr{S}(Y)\underset{\nu}{\overset{\mu}{\rightleftarrows}}\mathscr{S}(X\times Y),$$

它们关于由连续映射诱导的链映射是自然的.

证明 考虑拓扑空间偶和连续映射偶的范畴.我们定义从这个范畴到增广链复形的范畴的两个函子如下:

$$G(X,Y)=\mathscr{S}(X)\otimes\mathscr{S}(Y),\quad G'(X,Y)=\mathscr{S}(X\times Y),$$
$$G(f,g)=f_{\#}\otimes g_{\#},\qquad G'(f,g)=(f\times g)_{\#}.$$

容易验证它们的函子性质.

令 $\mathscr{M}$ 是所有偶(Δ_p,Δ_q)构成的族,其中 Δ_k 表示 k 维标准单形.我们要证明 G 和 G' 都是零调的,而且对于模 $\mathscr{M}$ 的族是自由的.那么本定理立即从零调模定理得出.

零调性容易验证.因为 $\Delta_p\times\Delta_q$ 是可缩空间,所以增广链复形 $\{\mathscr{S}(\Delta_p\times\Delta_q),\varepsilon\}$是零调的.由上面的引理,链复形$\{\mathscr{S}(\Delta_p)\otimes\mathscr{S}(\Delta_q),\bar{\varepsilon}\}$是零调的.

我们证明 G'是自由的.给定一个非负整数 m,令与这个整数相应的由 $\mathscr{M}$ 中的对象组成的加标族由单个偶(Δ_m,Δ_m)组成,并且令 $S_m(\Delta_m\times\Delta_m)$的对应元素是对角映射 $d:\Delta_m\to\Delta_m\times\Delta_m$.我们证明当$(f,g)$遍历所有连续映射偶

$$(f,g):(\Delta_m,\Delta_m)\to(X,Y)$$

时,元素

$$[G'(f,g)](d)=(f\times g)_{\#}(d)=(f\times g)\circ d$$

是互不相同的而且遍历群 $S_m(X\times Y)$的一个基.但是

$$(f\times g)\circ d:\Delta_m\to X\times Y$$

恰好是由 $T(z)=(f(z),g(z))$按坐标给出的映射 T.对于每个映射偶(f,g),我们就有一个不同的奇异单形 T,而且 $X\times Y$ 上的每一个奇异单形都具有这种形式.因而这些元素确实构成 $S_m(X\times Y)$的一个基.

现在我们证明 G 是自由的.给定一个非负整数 m,令与这个整数相对应的,由 $\mathscr{M}$ 中的对象组成的加标族是

$$\{(\Delta_p,\Delta_q)\mid p+q=m\}.$$

在此情况下，指标集是由符合条件 $p+q=m$ 的所有非负整数偶 (p,q) 组成的. 令 $(\mathcal{S}(\Delta_p)\otimes\mathcal{S}(\Delta_q))_m$ 中与指标 (p,q) 相对应的元素是 $i_p\otimes i_q$，其中 $i_k:\Delta_k\to\Delta_k$ 表示空间 Δ_k 上的恒等奇异单形. 我们需要证明，当 (p,q) 遍历其指标集并且 (f,g) 遍历所有映射

$$(f,g):(\Delta_p,\Delta_q)\to(X,Y)$$

时，元素

$$[G(f,g)](i_p\otimes i_q)=(f_\#\otimes g_\#)(i_p\otimes i_q)=f\otimes g$$

互不相同而且组成群 $(\mathcal{S}(X)\otimes\mathcal{S}(Y))_m$ 的一个基. 但 $S_p(X)$ 是自由的并且以所有奇异单形 $f:\Delta_p\to X$ 的集合作为一个基. 类似地，$S_q(Y)$ 以所有奇异单形 $g:\Delta_q\to Y$ 的集合作为一个基. 由定理 50.8，$S_p(X)\otimes S_q(Y)$ 以诸元素 $f\otimes g$ 为基. 于是证明完毕. □

定理 59.3（**拓扑空间的 Künneth 定理**） 给定拓扑空间 X，Y，那么就有一个正合序列

$$0\to\bigoplus_{p+q=m}H_p(X)\otimes H_q(Y)\to H_m(X\times Y)$$
$$\to\bigoplus_{p+q=m}H_{p-1}(X)*H_q(Y)\to 0.$$

它关于由连续映射诱导的同态是自然的；它分裂，但不是自然分裂. □

我们把这个定理中的单态射

$$H_p(X)\otimes H_q(Y)\to H_m(X\times Y)$$

称为**同调叉积**. 它等于复合映射

$$H_p(X)\otimes H_q(Y)\xrightarrow{\Theta}H_m(\mathcal{S}(X)\otimes\mathcal{S}(Y))\xrightarrow{\mu_*}H_m(X\times Y),$$

其中 Θ 是由包含映射诱导的，μ 是 Eilenberg-Zilber 链等价. 我们将没有多少机会去使用这个同调叉积，但是上同调中一个类似的叉积将被证明是相当重要的，这一点我们在下面的两节中将会看到.

定理 59.4 令 X 和 Y 是拓扑空间；令 F 是一个域. 那么就有一个自然同构

$$\bigoplus_{p+q=m} H_p(X;F) \otimes_F H_q(Y;F) \to H_m(X \times Y;F). \qquad \square$$

为了以后的应用,如果对于 Eilenberg-Zilber 链等价有一个具体公式,那将是方便的.我们在这里给出这样一个公式.

定理 59.5 令 $\pi_1: X \times Y \to X$ 和 $\pi_2: X \times Y \to Y$ 是射形映射,我们定义

$$\nu: S_m(X \times Y) \to \bigoplus_{p+q=m} S_p(X) \otimes S_q(Y)$$

为

$$\nu(T) = \sum_{i=0}^{m} [\pi_1 \circ T \circ l(\varepsilon_0, \cdots, \varepsilon_i)] \otimes [\pi_2 \circ T \circ l(\varepsilon_i, \cdots, \varepsilon_m)].$$

那么 ν 是一个保持增广的自然链等价.

证明 容易验证 ν 是自然的和保持增广的.检验 ν 是一个链映射只是一些直接计算,其复杂程度跟我们平常所做的这类计算相当.实际上当我们直接计算时,就会发现 $\bar{\partial}\nu(T)$ 的表达式等于 $\nu(\partial T)$ 的表达式加上一些附加项.我们有

$$\begin{aligned}\bar{\partial}\nu(T) - \nu(\partial T) = & \sum_{i=1}^{m}(-1)^i [T_X \circ l(\varepsilon_0, \cdots, \hat{\varepsilon}_i)] \\ & \otimes [T_Y \circ l(\varepsilon_i, \cdots, \varepsilon_m)] \\ & + \sum_{i=1}^{m-1}(-1)^i [T_X \circ l(\varepsilon_0, \cdots, \varepsilon_i)] \\ & \otimes [T_Y \circ l(\varepsilon_i, \cdots, \varepsilon_m)].\end{aligned}$$

其中 $T_X = \pi_1 \circ T$, $T_Y = \pi_2 \circ T$.这此项成对地相抵消.

于是从 Eilenberg-Zilber 定理的证明可知 ν 是一个链映射. $\square$

Eilenberg-Zilber 定理的原始证明没有用到零调模,而是使用了映射 ν 和由类似公式定义一个链映射 μ.我们可以写出公式证明 $\nu \circ \mu$ 和 $\mu \circ \nu$ 都链同伦于恒等映射.

习　题

1. 证明有一个(非自然的)同构

$$H_m(X \times Y) \cong \bigoplus_{p+q=m} H_p(X; H_q(Y)).$$

2. (a) 令 $A \subset X, B \subset Y$. 利用 Eilenberg-Zilber 定理证明有一个自然链等价

$$\mathscr{S}(X,A) \otimes \mathscr{S}(Y,B) \to \frac{\mathscr{S}(X \times Y)}{\mathscr{S}(X \times B) + \mathscr{S}(A \times Y)}.$$

(b) 叙述并证明相对奇异同调中的 Künneth 定理. 假设 $\{X \times B, A \times Y\}$ 是切除对.

3. 令 ν 是在定理 59.5 中定义的链映射. 证明它是自然的和保持增广的. 验证 ν 是个链映射.

4. (a) 令 X 和 Y 是 CW 复形. 证明它们的胞腔链复形的张量积 $\mathscr{D}(X) \otimes \mathscr{D}(Y)$ 能够用来计算 $X \times Y$ 的同调.

* (b) 证明 $\mathscr{D}(X) \otimes \mathscr{D}(Y)$ 和 $\mathscr{S}(X) \otimes \mathscr{S}(Y)$ 实际上是链等价的.

(c) 通过计算链复形 $\mathscr{D}(P^2) \otimes \mathscr{D}(P^3)$ 中的群和边缘算子来计算 $P^2 \times P^3$ 的同调.

(d) 用 Künneth 定理验证(c)的结果.

5. 计算下列拓扑空间的同调:

(a) $S^2 \times P^5$

(b) $P^3 \times P^5$

(c) $S^3 \times L(n,k)$

(d) $L(n,k) \times L(m,j)$

(e) $S^1 \times S^1 \times S^3$

(f) $\mathbf{C}P^2 \times \mathbf{C}P^3$

6. 设 M 是一个 n 维紧连通流形, 且使得 $H_n(M) \simeq \mathbf{Z}$. 那么在 M 的 Betti 数和挠系数之间存在着某些联系. 试用上题的结果阐述关于这些关系的猜想.

* §60 上同调的 Künneth 定理

通过先用 Künneth 定理来计算一个积空间的同调, 然后再利用上同调的万有系数定理, 人们总能计算出这个积空间的上同调. 但是人们可能还是希望 Künneth 定理有一种能够直接适用于上同调的形式. 我们现在就来证明这样一个定理. 它对于计算我们在下一节将要研究的积空间的上同调环有用.

首先我们在上同调中引入叉积运算.在这里我们只给出定义,而把讨论它的性质推迟到下一节.

我们将始终令 R 是一个有单位元的交换环.

令 $\mathscr{C}$ 和 $\mathscr{C}'$ 是链复形.相应于链复形 $\mathscr{C}$,有一个上链复形 $\mathrm{Hom}(\mathscr{C},R)$,它的 p 维群是 $\mathrm{Hom}(C_p,R)$.类似地,我们也有一个上链复形 $\mathrm{Hom}(\mathscr{C}',R)$.我们用一种人们可能预料到的形式把这些上链复形的张量积变成一个上链复形:使 $\mathrm{Hom}(\mathscr{C},R)\otimes\mathrm{Hom}(\mathscr{C}',R)$ 的 m 维上链群是

$$\bigoplus_{p+q=m}\mathrm{Hom}(C_p,R)\otimes\mathrm{Hom}(C'_q,R),$$

而且上边缘算子由下列规则给出

$$\bar{\delta}(\phi^p\otimes\psi^q)=\delta\phi^p\otimes\psi^q\oplus(-1)^p\phi^p\otimes\delta'\psi^q.$$

粗略地说,这个上链复形是先进行 Hom 运算,然后进行张量运算而得到的.当然也可以先作张量运算再作 Hom 运算.那么我们就得到上链复形 $\mathrm{Hom}((\mathscr{C}\otimes\mathscr{C}'),R)$,它的 m 维群是

$$\mathrm{Hom}((\mathscr{C}\otimes\mathscr{C}')_m,R),$$

它的上边缘算子是 $\bar{\partial}$ 的对偶,因而我们把它记为 $\tilde{\bar{\partial}}$.

从这些上链复形中的第一个到第二个有一个自然同态,现描述如下:

定义 令 $p+q=m$;令

$$\theta:\mathrm{Hom}(C_p,R)\otimes\mathrm{Hom}(C'_q,R)\to\mathrm{Hom}((\mathscr{C}\otimes\mathscr{C}')_m,R)$$

是一个由等式

$$\langle\theta(\phi^p\otimes\psi^q),c_r\otimes c'_s\rangle=\langle\phi^p,c_r\rangle\cdot\langle\psi^q,c_s\rangle$$

定义的同态.

在这里我们约定,$\langle\phi^p,c_r\rangle=0$,除非 $p=r$;且 $\langle\psi^q,c'_s\rangle=0$,除非 $q=s$.换句话说,我们约定,$\mathrm{Hom}(C_p,R)$的任何元素 ϕ^p 自动地扩张成 $\oplus C_r$ 到 R 中的一个同态,记号没有改变,而且这是通过令它在除了 C_p 以外的所有直和项上为零来实现的.

引理 60.1 同态 θ 是一个自然的上链映射.

证明 令 $\phi\in \mathrm{Hom}(C_p,R)$,$\psi\in \mathrm{Hom}(C'_q,R)$,其中 $p+q=m$.令 $r+s=m+1$.我们作计算

$$\begin{aligned}\langle\theta(\bar{\delta}(\phi\otimes\psi)),c_r\otimes c'_s\rangle &= \langle\delta\phi,c_r\rangle\langle\psi,c'_s\rangle+(-1)^p\\ &\quad\langle\phi,c_r\rangle\langle\delta'\psi,c'_s\rangle,\end{aligned}$$

$$\begin{aligned}\langle\tilde{\bar{\partial}}\theta(\phi\otimes\psi),c_r\otimes c'_s\rangle &= \langle\theta(\phi\otimes\psi),\bar{\partial}(c_r\otimes c'_s)\rangle\\ &= \langle\phi,\partial c_r\rangle\langle\psi,c'_s\rangle+(-1)^r\\ &\quad\langle\phi,c_r\rangle\langle\psi,\partial' c'_s\rangle.\end{aligned}$$

这些表达式除了末项上的符号$(-1)^p$和$(-1)^r$之外是相等的.可是,若 $p\neq r$,那么$\langle\phi,c_r\rangle=0$,于是这些末项都变为零.

从定义显然有,若 $f:C_p\to D_p$和$g:C'_q\to D'_q$是同态,那么

$$\theta\circ(\tilde{f}\otimes\tilde{g})=(\widetilde{f\otimes g})\circ\theta.$$

因而 θ 是自然的. □

现在我们在上同调中定义一个类似于 Θ 的同态,这个 Θ 曾出现在 Künneth 定理的同调形式中.

定义 定义一个同态

$$\Theta:H^p(\mathscr{C};R)\otimes H^q(\mathscr{C}';R)\to H^m(\mathscr{C}\otimes\mathscr{C}';R),$$

(其中 $p+q=m$)如下:令 ϕ 和ψ 分别是$\mathscr{C}$和$\mathscr{C}'$的p 维上闭链和q维上闭链.那么定义

$$\Theta(\{\phi\}\otimes\{\psi\})=\{\theta(\phi\otimes\psi)\}.$$

请注意到 $\theta(\phi\otimes\psi)$是一个上闭链,因为

$$\tilde{\bar{\partial}}\theta(\phi\otimes\psi)=\theta(\bar{\delta}(\phi\otimes\psi))=\theta(\delta\phi\otimes\psi\pm\phi\otimes\delta'\psi),$$

又因为 ϕ 和ψ 是上闭链,所以上式为零.类似的计算说明 Θ 是完全确定的.

定义 令 $m=p+q$.我们把**上同调叉积**定义为复合映射

$$\begin{aligned}H^p(X;R)\otimes H^q(Y;R)&\xrightarrow{\Theta}H^m(\mathscr{S}(X)\otimes\mathscr{S}(Y);R)\\ &\xrightarrow{\nu^*}H^m(X\times Y,R),\end{aligned}$$

其中 ν 为 Eilenberg-Zilber 链等价. $\alpha^p \otimes \beta^q$ 在这个同态下的象记为 $\alpha^p \times \beta^q$.

让我们注意到,恰如上积的情况那样,同态 Θ 也能对于除 R 之外的其它系数来定义. 例如,关于 θ 的公式能够用来定义一个同态

$$\theta: \mathrm{Hom}(C_p, \mathbf{Z}) \otimes \mathrm{Hom}(C'_q, G) \to \mathrm{Hom}((\mathscr{C} \otimes \mathscr{C}')_m, G),$$

它是一个自然的上链映射. 当 $R = G = \mathbf{Z}$ 时,它与前面的映射相同.

类似地,我们还注意到, $\mathrm{Hom}(C_p, R)$ 和 $\mathrm{Hom}(C'_q, R)$ 都具有 R 模的构造. 从 θ 的定义可知

$$\theta(\alpha\phi \otimes \psi) = \theta(\phi \otimes \alpha\psi) = \alpha\theta(\phi \otimes \psi).$$

这意味着 θ 诱导一个同态

$$\theta: \mathrm{Hom}(C_p, R) \otimes_R \mathrm{Hom}(C'_q, R) \to \mathrm{Hom}((\mathscr{C} \otimes \mathscr{C}')_m, R),$$

这实际上是一个 R 模的同态. 当 R 是一个域 F 时,就会出现我们特别感兴趣的情况,在这种情况下, θ 是向量空间的线性变换.

由于在这两种情况下,我们在上同调水平上都有一个诱导同态 Θ,因而也就有一个上同调叉积运算. 在其中一种情况下,叉积是一个同态

$$H^p(X) \otimes H^q(Y; G) \to H_m(X \times Y; G).$$

在另一种情况下,它是一个 R 模同态

$$H^p(X; R) \otimes_R H^q(Y; R) \to H^m(X \times Y; R).$$

最一般的叉积是对于任意的**系数配对**而定义的,它是 R 模的同态. $A \otimes_R A' \to A''$. 我们将不需要这种程度的一般性.

整系数的 Künneth 定理

现在我们来证明上同调中的 Künneth 定理. 我们暂且限于整数系数. 证明的想法是重新标记群 $\mathrm{Hom}(C_p, \mathbf{Z})$,以便使 $\mathrm{Hom}(\mathscr{C}, \mathbf{Z})$成为一个链复形,然后应用我们已证明的 Künneth 定理. 首先

遇到的一个困难是，$\mathrm{Hom}(C_p,\mathbf{Z})$一般不是自由的，因而就需要一些限制性的假设.

另外还有一个困难. 由定义，$\mathscr{C}\otimes\mathscr{C}'$的上同调是从上链复形 $\mathrm{Hom}((\mathscr{C}\otimes\mathscr{C}')_m,\mathbf{Z})$算出的. 但是这与我们要对它应用 Künneth 定理的上链复形

$$\mathrm{Hom}(\mathscr{C},\mathbf{Z})\otimes\mathrm{Hom}(\mathscr{C}',\mathbf{Z})$$

是不相同的. 这正是同态 θ 能够发挥作用的地方. 我们来证明下列引理.

引理 60.2 令 $\mathscr{C}$ 和 $\mathscr{C}'$ 是当低于某一维数时为零的链复形. 再设 $\mathscr{C}$ 是自由的并且在每一维数下都是有限生成的. 那么

$$\theta:\bigoplus_{p+q=m}\mathrm{Hom}(C_p,\mathbf{Z})\otimes\mathrm{Hom}(C'_q,\mathbf{Z})\to\mathrm{Hom}((\mathscr{C}\otimes\mathscr{C}')_m,\mathbf{Z})$$

是一个同构.

证明 为了证明的需要，我们把 θ 分解成两个映射的复合:

$$\mathrm{Hom}(C_p,\mathbf{Z})\otimes\mathrm{Hom}(C'_q,\mathbf{Z})\xrightarrow{M}\mathrm{Hom}(C_p\otimes C'_q,\mathbf{Z}),$$

$$\bigoplus\mathrm{Hom}(C_p\otimes C'_q,\mathbf{Z})\xrightarrow{e}\mathrm{Hom}(\bigoplus C_q\otimes C'_q,\mathbf{Z}),$$

其中求和运算是在约束条件 $p+q=m$ 下进行的. 映射 M 满足等式

$$\langle M(\phi^p\otimes\psi^q),c_p\otimes c'_q\rangle=\langle\phi^p,c_p\rangle\cdot\langle\psi^q,c'_q\rangle.$$

映射 e 定义如下: 如果 $F:C_p\otimes C'_q\to\mathbf{Z}$，那么 $e(F)$是从$\bigoplus_{r+s=m}C_r\otimes C_s$ 到 $\mathbf{Z}$ 中的映射，它在直和项 $C_p\otimes C'_q$ 上等于F，而在其它直和项上均为零.

第一步　因为 C_p是自由的和有限秩的，由此可知，

$$M:\mathrm{Hom}(C_p,\mathbf{Z})\otimes\mathrm{Hom}(C'_q,\mathbf{Z})\to\mathrm{Hom}(C_p\otimes C'_q,\mathbf{Z})$$

是一个同构: 令 $a_1,\cdots,a_k$ 是 C_p的一个基，令 $\tilde{a}_1,\cdots,\tilde{a}_k$ 是 $\mathrm{Hom}(C_p,Z)$的对偶基. 左边的群是 $\mathrm{Hom}(C'_q,\mathbf{Z})$的 k 个拷贝的直和，第 i 个直和项是子群

$$\langle\tilde{a}_i\rangle\otimes\mathrm{Hom}(C'_q,\mathbf{Z}),$$

其中$\langle \tilde{a}_i \rangle$是由 $\tilde{a}_i$ 生成的无限循环群. 由于 $C_p \otimes C'_q$ 是C'_q 的k 个拷贝的直和,第 i 个拷贝是$\langle a_i \rangle \otimes C'_q$,因而 $\mathrm{Hom}(C_p \otimes C'_q, \mathbf{Z})$是$\mathrm{Hom}(C'_q, \mathbf{Z})$的 k 个拷贝的直和,第 i 个拷贝是由对于$j \neq i$ 在$\langle a_j \rangle \otimes C'_q$ 上为零的所有同态组成的. 由于 M 是$\langle \tilde{a}_i \rangle \otimes \mathrm{Hom}(C'_q, \mathbf{Z})$与 $\mathrm{Hom}(C_p \otimes C'_q, \mathbf{Z})$的第 i 个直和项之间的同构,因而 M 是一个同构.

第二步 映射 e 显然是一个单射,而且它的象是由那些在除去有限多个以外的所有直和项上为零的$\oplus C_p \otimes C'_q$ 到 Z 中的同态所组成的. 因而 e 一般不是满射. 然而,由于 $\mathscr{C}$ 和 $\mathscr{C}'$在低于某个维数时为零,所以直和

$$\bigoplus_{p+q=m} (C_p \otimes C'_q)$$

是有限的. 因此在我们目前的假设条件下,e 是一个同构. □

定理 60.3(上同调的 Künneth 定理) 令 $\mathscr{C}$ 和 $\mathscr{C}'$ 都是在低于某个维数时为零的链复形. 设 $\mathscr{C}$ 是自由的并且在每一维数下都是有限生成的. 那么就有一个自然正合序列

$$0 \to \bigoplus_{p+q=m} H^p(\mathscr{C}) \otimes H^q(\mathscr{C}') \xrightarrow{\Theta} H^m(\mathscr{C} \otimes \mathscr{C}') \to$$
$$\bigoplus_{p+q=m} H^{p+1}(\mathscr{C}) * H^q(\mathscr{C}') \to 0.$$

如果 $\mathscr{C}'$ 是自由的并且每一维数下都是有限生成的,那么这个序列分裂(但不是自然分裂).

证明 令 $\mathscr{E}$ 和 $\mathscr{E}'$ 是这样的链复形,它们的 $-p$ 维链群分别由等式

$$E_{-p} = \mathrm{Hom}(C_p, \mathbf{Z}) \quad \text{和} \quad E'_{-p} = \mathrm{Hom}(C'_p, \mathbf{Z})$$

定义,而它们的边缘算子分别是 δ 和 δ'. 因为 $\mathscr{E}$ 是自由的,所以 Künneth 定理适用. 于是就有一个正合序列

$$0 \to \bigoplus (H_{-p}(\mathscr{E}) \otimes H_{-q}(\mathscr{E}')) \to H_{-m}(\mathscr{E} \otimes \mathscr{E}') \to$$
$$\bigoplus (H_{-p-1}(\mathscr{E}) * H_{-q}(\varepsilon')) \to 0,$$

其中直和运算是在约束条件 $-p-q=-m$ 下进行的. 现在由定

义,有 $H_{-p}(\mathscr{E})=H^p(\mathscr{C}),H_{-q}(\mathscr{E}')=H^q(\mathscr{C}')$.而且由上面的引理,存在上链复形的一个自然同构

$$(\mathscr{E}\otimes\mathscr{E}')_{-m}=(\mathrm{Hom}(\mathscr{C},\mathbf{Z})\otimes\mathrm{Hom}(\mathscr{C}',\mathbf{Z}))_m$$
$$\xrightarrow{\theta}\mathrm{Hom}((\mathscr{C}\otimes\mathscr{C}')_m,\mathbf{Z}).$$

它诱导一个自然同构

$$H_{-m}(\mathscr{E}\otimes\mathscr{E}')\to H^m(\mathscr{C}\otimes\mathscr{C}').$$

把这些事实结合起来,我们就得到上同调的 Künneth 序列.因为映射

$$H_{-p}(\mathscr{E})\otimes H_{-q}(\mathscr{E}')\to H_{-m}(\mathscr{E}\otimes\mathscr{E}')\to H^m(\mathscr{C}\otimes\mathscr{C}')$$

分别是由包含映射和 θ 诱导的,所以它们的复合等于 Θ.

如果 $\mathscr{C}'$ 是自由的而且在每一个维数下都是有限生成的,那么 $\mathscr{E}'$ 是自由的,而且序列分裂. □

系 60.4 在上述定理中,$\mathscr{C}$ 在每一维数下都是有限生成的这个假设可以用 $H_i(\mathscr{C})$ 对于每个 i 都是有限生成的假设来代替;类似地 $\mathscr{C}'$ 在每一维数下有限生成的假设可代之以 $H_i(\mathscr{C}')$ 对每个 i 都是有限生成的.

证明 本证明类似于定理 56.2 的证明.如果 $\mathscr{C}$ 是自由的并且在低于某一维数时为零,而且 $H_i(\mathscr{C})$ 对于每个 i 都是有限生成的,那么我们能够选取一个自由链复形 $\mathscr{D}$,它在低于某一维数时为零,使得 $H_i(\mathscr{D})\simeq H_i(\mathscr{C})$,并且 $\mathscr{D}$ 在每一维数下都是有限生成的.由定理 45.1,有一个链映射 $\phi:\mathscr{C}\to\mathscr{D}$,它在所有维数下均诱导同调的同构.由定理 46.2,它是一个链等价.那么

$$\phi\otimes i':\mathscr{C}\otimes\mathscr{C}'\to\mathscr{D}\otimes\mathscr{C}'$$

也是一个链等价.(参看 §57 的习题.)

因为 Künneth 定理对 $\mathscr{D}\otimes\mathscr{C}'$ 成立,所以它对于 $\mathscr{C}\otimes\mathscr{C}'$ 也成立.序列的自然性能够像在定理 56.2 的证明中那样得出.

如果 $H_i(\mathscr{C}')$ 对每个 i 都是有限生成的,那么我们可以类似地进行.我们可以将 $\mathscr{C}'$ 代之以在每一维数下都是有限生成的一个等

价的链复形 $\mathscr{D}'$. □

定理 60.5 令 X 和 Y 是拓扑空间. 设 $H_i(X)$ 对于每个 i 都是有限生成的. 那么就有一个自然正合序列

$$0 \to \bigoplus_{p+q=m} H^p(X) \otimes H^q(Y) \xrightarrow{\times} H^m(X \times Y)$$
$$\to \bigoplus_{p+q=m} H^{p+1}(X) * H^q(Y) \to 0.$$

如果 $H_i(Y)$ 对于每个 i 都是有限生成的,那么这个序列分裂(但不是自然分裂). □

带域系数的 Künneth 定理

正如对于同调的情形一样,如果上同调取为带域中的系数,那么 Künneth 定理相当简化.

定理 60.6 令 $\mathscr{C}$ 和 $\mathscr{C}'$ 是低于某个维数时为零的链复形,而且 $\mathscr{C}$ 是自由的, $H_i(\mathscr{C})$ 在每一维数下都是有限生成的,那么就有一个自然同构.

$$\bigoplus_{p+q=m} (H^p(\mathscr{C};F) \otimes_F H^q(\mathscr{C}';F)) \xrightarrow{\Theta} H^m(\mathscr{C} \otimes \mathscr{C}';F).$$

证明 经过通常论证,我们可以设 $\mathscr{C}$ 本身在每一维数下都是有限生成的. 分别由

$$E_{-p} = \mathrm{Hom}(C_p, F) \quad 和 \quad E'_{-q} = \mathrm{Hom}(C'_q, F)$$

定义的链复形 $\mathscr{E}$ 和 $\mathscr{E}'$ 是 F 上的向量空间. 由 Künneth 定理的“向量空间形式”(定理 58.4),存在一个自然的向量空间同构

$$\bigoplus_{p+q=m} = H_{-p}(\mathscr{E}) \otimes_F H_{-q}(\mathscr{E}') \to H_{-m}(\mathscr{E} \otimes_F \mathscr{E}')$$

由于 $\mathscr{C}$ 和 $\mathscr{C}'$ 在低于某一维数时为零, $\mathscr{C}$ 是自由的而且在每一维数下都是有限生成的,所以引理 60.2 的证明可以基本不变地用来证明映射 θ 定义 $\mathscr{E} \otimes_F \mathscr{E}'$ 到 $\mathrm{Hom}(\mathscr{C} \otimes \mathscr{C}', F)$ 的一个向量空间同构,而且它还是一个上链映射. 于是定理成立. □

系 60.7 令 X 和 Y 是拓扑空间,设 $H_i(X)$ 对每个 i 都是有限生成的. 如果 F 是一个域,那么就有一个自然的向量空间的同

构

$$\bigoplus_{p+q=m} H^p(X;F)\otimes_F H^q(Y;F)\xrightarrow{\times} H^m(X\times Y;F). \qquad \square$$

习　　题

1. 叙述并证明相对奇异上同调中的 Künneth 定理.(参看 §59 的习题 2.)

2. 计算下列各个空间的上同调群.你既可以使用 Künneth 定理,也可以把万有系数定理应用于 §59 习题 5 的结果.

(a) $S^2\times P^5$

(b) $P^3\times P^5$

(c) $S^3\times L(n,k)$

(d) $L(n,k)\times L(m,j)$

(e) $S^1\times S^1\times S^3$

(f) $\mathbf{C}P^2\times\mathbf{C}P^3$

3. 令 M 是一个 n 维紧连通流形且使得 $H_n(M)\simeq Z$. 那么 M 的同调群和上同调群之间存在某种关系. 把上题的计算与你在 §59 习题 5 中所做的计算相比较,以阐述关于这些关系的猜想.

* §61　应用:积空间的上同调环

在上一节,我们定义了上同调叉积并且用它得到了上同调中的 Künneth 定理. 本节我们要探讨它的若干性质,并用它来获得关于上同调环的结构的信息.

我们始终都是先对带 R 中系数的叉积来叙述我们的结果,然后说明它们对于带$(\mathbf{Z},G)$系数的叉积能扩大到什么范围成立.

定义　我们把叉积定义为上同调的同态 Θ 和 ν^* 的复合. 因为这些同态分别是由上链映射 θ 和 $\tilde{\nu}$ 诱导的,所以叉积是由上链映射 $\tilde{\nu}\circ\theta$ 诱导的. 我们相应地定义

$$c^p\times c^q=\tilde{\nu}\circ\theta(c^p\otimes c^q),$$

并且把它称为**上链叉积**.

这个运算可诱导出上同调的叉积.我们将它计算如下:令 $m = p+q$.如果 $T:\Delta_m \to X\times Y$,那么

$$\begin{aligned}\langle c^p \times c^q, T\rangle &= \langle \theta(c^p \otimes c^q), \nu(T)\rangle \\ &= \sum_{i=0}^{m}\langle c^p, \pi_1 \circ T \circ l(\varepsilon_0,\cdots,\varepsilon_i)\rangle \cdot \\ &\quad \langle c^q, \pi_2 \circ T \circ l(\varepsilon_i,\cdots,\varepsilon_m)\rangle.\end{aligned}$$

由于这些项中只有一项是非零的,这就是 $i=p$ 的那一项.于是我们推得下列引理.

引理 61.1 上链叉积由下列公式给出:

$$\begin{aligned}\langle c^p \times c^q, T\rangle = \langle c^p, \pi_1 \circ T \circ l(\varepsilon_0,\cdots,\varepsilon_p)\rangle \cdot \\ \langle c^q, \pi_2 \circ T \circ l(\varepsilon_p,\cdots,\varepsilon_m)\rangle.\end{aligned}$$ □

这个结果对于$(\mathbf{Z}, G)$系数也成立.用语言表述就是,$c^p \times c^q$ 在 T 上的值等于 c^p 在 T 的第一个分支的前面上的值乘以 c^q 在 T 的第二个分支的后面上的值之积!

现在我们来导出叉积的若干性质.

定理 61.2 (a) 如果 $\lambda: X\times Y \to Y\times X$ 是颠倒坐标的映射,那么

$$\lambda^*:(\beta^q \times \alpha^p) = (-1)^{pq}\alpha^p \times \beta^q.$$

(b) 在 $H^*(X\times Y\times Z;R)$中,我们有等式$(\alpha\times\beta)\times\gamma = \alpha\times(\beta\times\gamma)$.

(c) 令 $\pi_1: X\times Y\to X$ 是射影映射.令 1_Y 是环$H^*(Y;R)$的单位元.那么

$$\pi_1^*(\alpha^p) = \alpha^p \times 1_Y.$$

类似地有

$$\pi_2^*(\beta^q) = 1_X \times \beta^q.$$

证明 (a) 考虑链映射

$$\begin{array}{ccc}(\mathscr{S}(X)\otimes\mathscr{S}(Y))_m & \xleftarrow{\nu} & S_m(X\times Y)\\ \downarrow\omega & & \downarrow\lambda_\#\\ (\mathscr{S}(Y)\otimes\mathscr{S}(X))_m & \xleftarrow{\nu} & S_m(Y\times X),\end{array}$$

其中我们把 ω 定义为

$$\omega(c_p\otimes c_q)=(-1)^{pq}(c_q\otimes c_p).$$

那么可以验证 ω 是一个链映射.(如果没有符号,那么它就不是链映射.)正如我们马上就要证明的那样,这个图表直至链同伦是交换的.

我们知道链映射 $\lambda_\#$ 和 ν 保持增广而且它们关于由连续映射诱导的同态是自然的.容易验证 ω 具有同样的性质.考虑函子

$$G(X,Y)=\mathscr{S}(X\times Y),\qquad G'(X,Y)=\mathscr{S}(Y)\otimes\mathscr{S}(X),$$
$$G(f,g)=(f\times g)_\#,\qquad G'(f,g)=g_\#\otimes f_\#.$$

我们已经证明这些函子是自由的,而且关于模对象的集族 $\mathscr{M}=\{(\Delta_p,\Delta_q)\}$ 是零调的.因此,G 到 G' 的任何两个自然变换自然是链同伦的.正如我们所指出的那样,链映射 $\omega\circ\nu$ 和 $\nu\circ\lambda_\#$ 是两个这样的自然变换,因此它们是链同伦的.

考虑对偶图表

$$\begin{array}{ccccc}\otimes S^p(X;R)\otimes S^q(Y;R) & \xrightarrow{\theta} & \mathrm{Hom}((\mathscr{S}(X)\otimes\mathscr{S}(Y))_m,R) & \xrightarrow{\tilde{\nu}} & S^m(X\times Y;R)\\ \uparrow\eta & & \uparrow\tilde{\omega} & & \uparrow\lambda^\#\\ \otimes S^q(Y;R)\otimes S^p(X;R) & \xrightarrow{\theta} & \mathrm{Hom}((\mathscr{S}(Y)\otimes\mathscr{S}(X))_m,R) & \xrightarrow{\tilde{\nu}} & S^m(Y\times X;R),\end{array}$$

其中我们定义 η 为

$$\eta(c^q\otimes c^p)=(-1)^{pq}c^p\otimes c^q.$$

可以验证这个图表的第一个方块是交换的.第二个方块直至上链同伦交换.因此,这个诱导上同调的图表实际上是交换的.于是,(a)成立.

(b)和(c)的证明可以像(a)的证明那样用零调模论证方法进行.然而,用上链叉积公式则更容易.尤其是,若用该公式则(b)的证明是平凡的.为了验证(c),令 z^p 是 X 的一个上闭链,它代表 $H^p(X;R)$ 的一个元 α^p.那么 $\alpha^p\times 1_Y$ 就可由上链 $z^p\times z^0$ 表示,其中 z^0 是 Y 的一个上闭链,它在 Y 的每一个 0 维奇异单形上的值是 1.如果 $T:\Delta_p\to X\times Y$ 是一个 p 维奇异单形,那么我们计算出

$$\begin{aligned}\langle z^p\times z^0,T\rangle &= \langle z^p,\pi_1\circ T\circ l(\varepsilon_0,\cdots,\varepsilon_p)\rangle\cdot\\ &\qquad \langle z^0,\pi_2\circ T\circ l(\varepsilon_p)\rangle\\ &= \langle z^p,\pi_1\circ T\rangle\cdot 1=\langle \pi_1^{\#}(z^p),T\rangle.\end{aligned}$$

因此正如所要证明的那样,$\alpha^p\times 1_Y=\pi_1^*(\alpha^p)$.对于 $1_X\times\beta^q$ 的证明是类似的. □

我们要特别指出的是,所有这三条性质,只要作适当的解释,则对于叉积的其它形式也成立.如果在等式的左边用$(\mathbf{Z},G)$的系数,而在等式的右边用$(G,\mathbf{Z})$的系数,那么反交换性(a)成立.如果系数群中的两个都是 $\mathbf{Z}$,或者其中一个是 G,那么结合性(b)成立.如果 $1_Y\in H^0(Y)$,$\alpha^p\in H^p(X;G)$,那么(c)中的第一个语句为真,因为此时 $\alpha^p\times 1_Y\in H^p(X\times Y;G)$ 而且语句有意义.类似的说法适用于 $1_X\times\beta^q$.

这个叉积公式与上积公式的相似性或许使你猜测到这两者之间有着某种联系.这就是下面的定理.

定理 61.3 令 $d:X\to X\times X$ 是由 $d(x)=(x,x)$ 给出的对角映射.那么

$$d^*(\alpha^p\times\beta^q)=\alpha^p\cup\beta^q.$$

这个公式对于两种形式的上同调叉积都成立.

证明 令 z^p 和 z^q 分别是 α^p 和 β^q 的典型上闭链.如果 $T:\Delta_{p+q}\to X$ 是一个奇异单形,那么我们计算得

$$\begin{aligned}\langle d^{\#}(z^p\times z^q),T\rangle &= \langle z^p\times z^q,d\circ T\rangle\\ &= \langle z^p,\pi_1\circ(d\circ T)\circ l(\varepsilon_0,\cdots,\varepsilon_p)\rangle\cdot\end{aligned}$$

$$\langle z^q, \pi_2 \circ (d \circ T) \circ l(\varepsilon_p, \cdots, \varepsilon_{p+q}) \rangle$$

$$= \langle z^p \cup z^q, T \rangle.$$

其中我们利用了 $\pi_1 \circ d = i_X = \pi_2 \circ d$ 这个事实. □

这个定理应归于 Lefschetz. 它最终说明了为什么上同调具有环的结构,而同调却没有这种结构. 同调和上同调都具有叉积,但是只有在上同调中我们才能构成这个叉积与由对角映射诱导的同态的复合运算. 在同调中我们有图表

$$H_p(X) \otimes H_q(X) \xrightarrow{\times} H_{p+q}(X \times X) \xrightarrow{d_*} H_{p+q}(X),$$

在这里 d_* 处于相反的方向!

系 61.4 上积是反交换的. 即

$$\alpha^p \cup \beta^q = (-1)^{pq} \beta^q \cup \alpha^p.$$

这个公式对于上积的两种形式都成立.

证明 令 $\lambda: X \times X \to X \times X$ 是倒换坐标的映射. 那么 $\lambda \circ d = d$. 于是我们计算得出

$$\alpha^p \cup \beta^q = d^*(\alpha^p \times \beta^q) = (\lambda \circ d)^*(\alpha^p \times \beta^q)$$

$$= d^*((-1)^{pq} \beta^q \times \alpha^p) = (-1)^{pq} \beta^q \cup \alpha^p. \quad \square$$

现在我们在积空间的上同调中计算上积

定理 61.5 在上同调环 $H^*(X \times Y; R)$ 中,下列公式成立:

$$(\alpha \times \beta) \cup (\alpha' \times \beta') = (-1)^{(\dim\beta)(\dim\alpha')} (\alpha \cup \alpha') \times (\beta \cup \beta').$$

证明 令 $\pi_1: X \times Y \to X$ 和 $\pi_2: X \times Y \to Y$ 是射影映射.

第一步 我们首先证明,当 β 和 α' 分别是它们各自的上同调环的单位元时公式成立. 令 z^p 是代表 α 的上闭链, z^q 是代表 β' 的上闭链. 那么 $\alpha \times \beta'$ 由 $z^p \times z^q$ 表示. 于是

$$\langle z^p \times z^q, T \rangle = \langle z^p, \pi_1 \circ T \circ l(\varepsilon_0, \cdots, \varepsilon_p) \rangle \cdot$$

$$\langle z^q, \pi_2 \circ T \circ l(\varepsilon_p, \cdots, \varepsilon_{p+q}) \rangle$$

$$= \langle \pi_1^{\#}(z^p), T \circ l(\varepsilon_0, \cdots, \varepsilon_p) \rangle \cdot$$

$$\langle \pi_2^{\#}(z^q), T \circ l(\varepsilon_p, \cdots, \varepsilon_{p+q}) \rangle$$

$$= \langle \pi_1^{\#}(z^p) \cup \pi_2^{\#}(z^q), T \rangle.$$

因而我们得到所要求的公式

$$\alpha \times \beta' = \pi_1^*(\alpha) \cup \pi_2^*(\beta') = (\alpha \times 1_Y) \cup (1_X \times \beta').$$

第二步　我们现在来证明当 β 和 β' 等于它们的上同调环的单位元时公式成立.由上积的自然性,

$$\pi_1^*(\alpha) \cup \pi_1^*(\alpha') = \pi_1^*(\alpha \cup \alpha').$$

这个公式说明

$$(\alpha \times 1_Y) \cup (\alpha' \times 1_Y) = (\alpha \cup \alpha') \times 1_Y.$$

第三步　最后,我们来证一般情形.我们作计算得

$$\begin{aligned}(\alpha \times \beta) \cup (\alpha' \times \beta') &= (\alpha \times 1_Y) \cup (1_X \times \beta) \cup (\alpha' \times 1_Y) \\ &\quad \cup (1_X \times \beta') \\ &= (-1)^{(\dim\beta)(\dim\alpha')}(\alpha \times 1_Y) \cup (\alpha' \times 1_Y) \\ &\quad \cup (1_X \times \beta) \cup (1_X \times \beta') \\ &= (-1)^{(\dim\beta)(\dim\alpha')}(\alpha \cup \alpha') \times (\beta \cup \beta').\end{aligned}$$

□

这个定理使我们能够用 $H^*(X)$和 $H^*(Y)$中的上积运算来计算上同调环 $H^*(X \times Y; R)$的元素的上积.当上同调的 Künneth 定理成立的情况下,我们可以更加正式地叙述这个事实,正如我们在下面的定理中所做的那样.

定义　给定 X 和 Y,如果 $\beta \in H^p(Y,R)$,$\alpha' \in H^q(X;R)$,那么我们通过定义

$$(\alpha \otimes \beta) \cup (\alpha' \otimes \beta') = (-1)^{pq}(\alpha \cup \alpha') \otimes (\beta \cup \beta')$$

来对张量积

$$H^*(X;R) \otimes_R H^*(Y;R)$$

赋予环的构造.

可以验证这个运算是完全确定的,而且满足环的公理.特别是对于结合律符号正确.

定理 61.6 设 $H_i(X)$ 对所有 i 都是有限生成的. 那么, 叉积定义环的一个单态射

$$H^*(X)\otimes H^*(Y)\rightarrow H^*(X\times Y).$$

如果 F 是一个域, 那么叉积定义代数的同构

$$H^*(X;F)\otimes_F H^*(Y;F)\rightarrow H^*(X\times Y;F). \qquad \square$$

例 1 考虑 $S^n\times S^m$ 的上同调环, 其中 $n,m\geqslant 1$. 令 $\alpha^n\in H^n(S^n)$ 和 $\beta^m\in H^m(S^m)$ 是生成元. 那么 $H^*(S^n\times S^m)$ 是自由的, 且秩为 4, 并且以 $1\times 1,\alpha\times 1,1\times\beta,\alpha\times\beta$ 为基. 正维数元素的唯一非平凡积是 $(\alpha\times 1)\cup(1\times\beta)=\alpha\times\beta$.

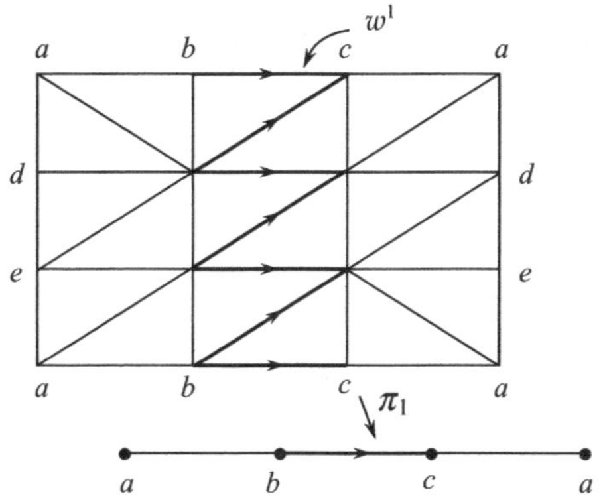

图 61.1

当 $n=m=1$ 的特殊情况下, 这个空间是环面, 这是我们已经计算过的上同调环. 让我们来画出这些上同调类. 像在图 61.1 中那样用图解法表示环面. 如果 X 表示子空间 $abca$, 那么它的 1 维上同调的一个生成元由上闭链 $x^1=[b,c]^*$ 表示. 因为射影映射 π 是单纯映射, 所以上闭链 $\pi_1^{\#}(x^1)$ 就是 T 的上闭链 w^1, 如图所示. 因而这个上闭链代表上同调类 $\alpha\times 1$. 类似地, 在图 61.2 中所画出的上闭链 z^1 代表上同调类 $1\times\beta$, 其中 β 是由空间 $Y=adea$ 的上闭链 $[d,e]^*$ 所代表的. 于是, $(\alpha\times 1)\cup(1\times\beta)=\alpha\times\beta$, 而且

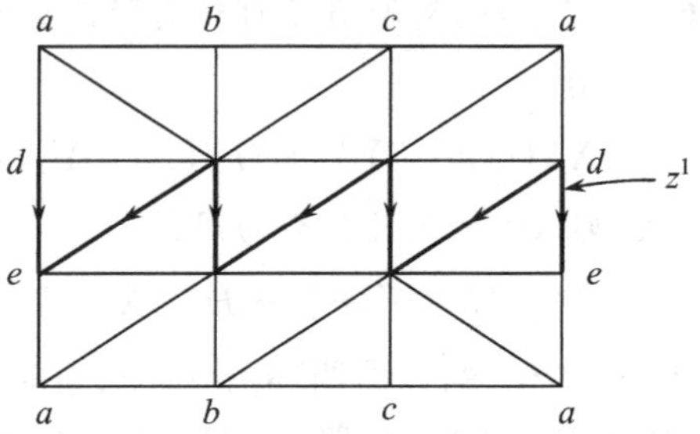

图 61.2

这个类生成 $H^2(T)$. 当然,这个事实是我们已经知道的.

例 2 考虑 $P^2 \times P^2$ 的带 $\mathbf{Z}/2$ 系数的上同调环. 令 $\alpha \in H^1(P^2;\mathbf{Z}/2)$是非零元素,那么 $\alpha^2 = \alpha \cup \alpha$ 是非零的.(参看§49 的习题.)由上面的定理,向量空间$H^*(P^2 \times P^2;\mathbf{Z}/2)$是 9 维的,并且具有下列的基元素:

0 维 1×1

1 维 $\alpha \times 1, 1 \times \alpha$

2 维 $\alpha^2 \times 1, \alpha \times \alpha, 1 \times \alpha^2$,

3 维 $\alpha^2 \times \alpha, \alpha \times \alpha^2$

4 维 $\alpha^2 \times \alpha^2$

乘法表容易写出来.因为系数域是 $\mathbf{Z}/2$,所以不涉及符号的问题.

习 题

1. (a) 令 $A \subset X, B \subset Y$. 证明如果$\{X \times A, A \times Y\}$是切除的,那么对于通常的系数集,有一个相对叉积.

$$H^p(X,A) \otimes H^q(Y,B) \to H^{p+q}(X \times Y, (X \times B) \cup (A \times Y)).$$

(b) 对于相对上积证明定理 61.3 和定理 61.4.

2. (a) 设上同调叉积是如同本节中所定义的,上积是由公式 $\alpha \cup \beta = d^*(\alpha \times \beta)$定义的.利用叉积的性质证明上积运算$\cup$是双线性的和结合的,而且类$\{z^0\}$起着单位元的作用.

(b) 设上积是如何在 § 48 中那样定义的，而且我们用公式

$$\alpha \times \beta = \pi_1^*(\alpha) \cup \pi_2^*(\beta)$$

来定义叉积，其中 $\pi_1: X \times Y \to X$ 和 $\pi_2: X \times Y \to Y$ 是射影映射. 试用上积的性质证明叉积是双线性的和结合的，并证明 $\pi_1^*(\alpha) = \alpha \times 1_Y$ 和 $\alpha \cup \beta = d^*(\alpha \times \beta)$

3. 计算下列上同调环：

(a) $H^*(S^1 \times S^1 \times S^3)$

(b) $H^*((T \# T) \times S^3)$，其中 T 是环面.

(c) $H^*((S^1 \times S^1) \# (S^2 \times S^4))$.

(一般，如果 M 和 N 是 n 维连通流形，那么 $M \# N$ 是通过从 M 和 N 上各挖去一个 n 维开球并把剩下的部分沿着它们的边缘粘合在一起而得到的. 在我们考虑过的例子中，这个流形是(直至同胚)完全确定的. 然而，正如我们将看到的那样，这并不是普遍成立的，除非我们引进了“定向”的问题.)

4. 令 M 是一个 n 维紧连通流形，而且满足条件 $H^n(M) \simeq \mathbf{Z}$. 利用上题的结果提出一个关于上积运算

$$H^k(M) \otimes H^{n-k}(M) \to H^n(M)$$

的猜想.

5. 令 S 表示 Klein 瓶，令 T 表示环面. 计算下列上同调环：

(a) $H^*(T \times S)$.

(b) $H^*(T \times S; \mathbf{Z}/2)$.

第八章　流形上的对偶

正如以前我们曾经说过的那样,流形是最熟悉和最重要的几何对象之一.因此,我们对于流形所能证明的任何定理都可能是有用的,不仅在拓扑学中,而且在微分几何和其它数学分支中都是有用的.对偶性定理就是这种定理的例子.

我们已经知道,在任意一个拓扑空间的同调群和上同调群之间存在一种关系,我们将它表述为上同调的万有系数定理.对于流形而言,还有另一个这样的关系,它被表述为著名的 Poincaré 对偶定理.如果我们认为万有系数定理表达了同调和上同调之间的代数对偶性的话,那么 Poincaré 定理实际上就可以基本上看作是表达了流形的几何对偶性.这种对偶性并不是对任意空间都成立,而是特别依赖于流形所具有的性质.

在这些几何型对偶与代数型对偶之间存在一定的相互影响,这种相互影响有若干有趣的应用.我们将用它来解决流形上同调环的计算问题.

还有几个更进一步的对偶性定理,它们分别冠以 Lefschetz、Alexander 和 Pointryagin 的名字.我们将在适当的时机着手处理它们.所有这些定理均以这样那样的方式涉及到流形的代数拓扑性质.

我们始终假定读者熟悉局部同调群(§35).

§62　两个复形的联接

本节我们引进两个复形联接的概念并研究它的若干性质.

定义　令 K 和 L 都是某个 Euclid 空间 $\mathbf{E}^J$ 中的非空复形.令 $s = v_0 \cdots v_m$ 是 K 的一般单形,$t = w_0 \cdots w_n$ 是 L 的一般单形.设每

当 $s \in K$ 和 $t \in L$ 时,顶点 $v_0, \cdots, v_m, w_0, \cdots, w_n$ 都是独立的,那么我们令

$$s * t = v_0 \cdots v_m w_0 \cdots w_n$$

表示它们所张成的单形.如果所有单形 $s * t$ 和它们的面组成的集族是一个单纯复形,那么我们就把这个复形称为 K 和 L 的**联接**,并且记为 $K * L$.

若 K 由单个顶点 v 组成,则 $v * L$ 如已经定义的那样,就是 L 上的一个锥.如果 K 由两个点组成,那么 $K * L$ 就是 L 的双角锥,并且记为 $S(L)$.一般使 $K * L$ 存在的条件在下列引理中给出.

引理 62.1 令 K 和 L 是 $\mathbf{E}^J$ 中不相交的非空复形.

(a) 如果 $K * L$ 存在,那么它的可剖空间等于把 $|K|$ 的点与 $|L|$ 的点连接起来的所有线段之并,两条这样的线段至多在一个公共端点上相交.

(b) 反之,如果每一对连接 $|K|$ 的点与 $|L|$ 的点的线段至多在一个公共端点相交,那么 $K * L$ 存在.

证明 第一步 我们证明下列结果:令 $\sigma = v_0 \cdots v_m w_0 \cdots w_n$ 是 $\mathbf{E}^J$ 中的一个单形,那么 σ 等于连接 $s = v_0 \cdots v_m$ 的点与 $t = w_0 \cdots w_n$ 的点的所有线段之并,两条这样的线段至多相交于一个公共端点.而且 $\operatorname{Int}\sigma$ 等于连接 $\operatorname{Int}s$ 的点与 $\operatorname{Int}t$ 的点的所有开线段的并.

这个结果曾在§1 作为一个习题给出过.在这里我们给出一个证明.

让我们首先证明关于 $\operatorname{Int}\sigma$ 的陈述.设 $p = \lambda x + (1 - \lambda)y$,其中 $0 < \lambda < 1$,并且 $x \in \operatorname{Int}s, y \in \operatorname{Int}t$.那么 $x = \sum \alpha_i v_i, y = \sum \beta_j w_j$,其中 $\alpha_i > 0, \beta_j > 0$,而且 $\sum \alpha_i = \sum \beta_j = 1$.因此

$$p = \sum (\lambda \alpha_i) v_i + \sum (1 - \lambda) \beta_j w_j,$$

其中各系数均为正数而且它们的和为 1.因而 p 在 $\operatorname{Int}\sigma$ 中.反过

来,设 $p\in \mathrm{Int}\sigma$,使得

$$p = \sum \gamma_i v_i + \sum \delta_j w_j$$

其中 $\gamma_i > 0, \delta_j > 0$ 且 $\sum \gamma_i + \sum \delta_j = 1$. 置 $\lambda = \sum \gamma_i, \alpha_i = \gamma_i/\lambda$, $\beta_j = \delta_j/(1-\lambda)$, 那么

$$p = \lambda \sum \alpha_i v_i + (1-\lambda)\sum \beta_j w_j .$$

因而 p 位于一条连接 $\mathrm{Int}s$ 的一点和 $\mathrm{Int}t$ 的一点的线段的内部.

现在我们证明关于 σ 的陈述. 由于 σ 是凸的,所以它包含连接 s 的点和 t 的点的所有线段. 反过来,设 $x\in\sigma$ 而且它既不在 s 中也不在 t 中,那么 x 在 σ 的一个既与 s 有公共点又与 t 有公共点的面 σ' 的内部. 由上一段的结果知道, x 位于连接 $\sigma'\cap s$ 的点与 $\sigma'\cap t$ 的点的一条开线段上.

最后,我们证明这些线段中的任何两条至多在一个公共端点相交. 假设 p 是一个在两条这样的线段上的点,即 p 等于

$$\lambda \sum \alpha_i v_i + (1-\lambda)\sum \beta_j w_j = \lambda' \sum \alpha'_i v_i + (1-\lambda')\sum \beta'_j w_j ,$$

其中 $0\leqslant\lambda,\lambda'\leqslant 1, \alpha_i\geqslant 0, \beta_j\geqslant 0, \alpha'\geqslant 0, \beta'_j\geqslant 0$ 而且 $\sum \alpha_i = \sum \beta_j = \sum \alpha'_i = \sum \beta'_j = 1$. 由于在这个等式两边的系数和都等于1,所以我们从 σ 的顶点的独立性推出

$$\lambda\alpha_i = \lambda'\alpha'_i ,$$

$$(1-\lambda)\beta_j = (1-\lambda')\beta'_j .$$

对其中的第一个等式求和,则我们看到 $\lambda = \lambda'$. 如果 $\lambda = 0$ 或者 $\lambda = 1$,那么 p 是每条线段的一个端点. 否则,这两个等式蕴涵着 $\alpha_i = \alpha'_i$ 和 $\beta_j = \beta'_j$,于是两条线段重合.

第二步 现在我们证明(a). 考虑互不相同的线段 xy 和 $x'y'$,其中,

$$x\in \mathrm{Int}s,\quad x'\in \mathrm{Int}s',\quad s, s'\in K;$$

$$y\in \mathrm{Int}t,\quad y'\in \mathrm{Int}t',\quad t, t'\in L.$$

由于线段 xy 的内部在 $\mathrm{Int}(s*t)$中,所以我们有包含关系

$$xy \subset (\mathrm{Int}s) \cup (\mathrm{Int}(s*t)) \cup (\mathrm{Int}t),$$

$$x'y' \subset (\mathrm{Int}s') \cup (\mathrm{Int}(s'*t')) \cup (\mathrm{Int}t').$$

因为 $K*L$ 是一个复形,所以当 $s\neq s'$且$t\neq t'$时这六个开单形是互不相交的.如果 $s=s'$而$t\neq t'$,那么它们只在集合 $\mathrm{Int}s$ 中相交,因而线段至多在端点 x,x'相交.若 $s\neq s'$而$t=t'$,那么线段至多相交于端点 y,y'.最后,若 $s=s'$且$t=t'$,那么从第一步知道,线段至多相交于一个公共端点.

第三步　我们证明(b).我们首先证明,若 $v_0\cdots v_m\in K$, $w_0\cdots w_n\in L$,那么各点 $v_0,\cdots,v_m,w_0,\cdots,w_n$ 是线性无关的.考虑把 Δ_{m+n+1}映入 $\mathbf{E}^J$ 中的线性映射

$$l = l(v_0,\cdots,v_m,w_0,\cdots,w_n).$$

这个映射把每一条连接 $\varepsilon_0\cdots\varepsilon_m$ 的点到$\varepsilon_{m+1}\cdots\varepsilon_{m+n+1}$的点的线段线性地映射到一条连接 $v_0\cdots v_m$ 的一点到$w_0\cdots w_n$ 的一点的线段上.那么由假设,l 是单射.因此,这些点所张成的平面必定是 $m+n+1$ 维的;否则,线性映射 l 不可能是单射.因此,$v_0,\cdots,v_m$, $w_0,\cdots,w_n$ 是独立的.

由此可知 $K*L$ 存在.因为若 $K*L$ 的两个单形有相交的内部,那么单形必然具有 $s*t$ 的形式.$\mathrm{Int}s*t$ 的每一点在连接$|K|$的一点到$|L|$的一点的一条开线段上.如果 $\mathrm{Int}s*t$ 和 $\mathrm{Int}s'*t'$相交,那么两条这样的开线段必然相交.如果 $\mathrm{Int}s*t$ 与 $\mathrm{Int}s'$相交于一点 y,那么 y 位于这样一条线段的内部而且是另一条线段的端点.类似地,若 $\mathrm{Int}s*t$ 与 $\mathrm{Int}t'$相交于一点,结果也是这样.这些情形中的每一种均与假设矛盾. □

设 K 和L 都是复形,但是它们在 Euclid 空间中并不处于使得 $K*L$ 有定义的情况.那么我们可以求出分别同构于 K 和L 的复形 K_0 和 L_0 使得 K_0*L_0 有定义.例如,对于某个指标集 J,我们可以取 K_0 和 L_0 是标准单形 Δ^J 的互不相交的子复形.

引理 62.2　*设 $K*L$ 存在并且设K 是局部有限的.那么由*

$$\pi(x,y,t)=(1-t)x+ty$$

定义的映射

$$\pi: |K|\times|L|\times I\rightarrow|K*L|$$

是一个商映射. 对于每个 $x\in|K|$ 和 $y\in|L|$, 它把 $x\times|L|\times 0$ 坍缩到一点且把 $|K|\times y\times 1$ 坍缩到一点, 除此之外, 它是 1-1 的.

证明 $|K|\times|L|\times I$ 的拓扑关于子空间 $\sigma\times\tau\times I$ 是凝聚的, 其中 $\sigma\in K,\tau\in L$. 为了证明这个事实, 我们应用 §20 的结果. $|L|\times I$ 的拓扑关于子空间 $\tau\times I(\tau\in L)$ 是凝聚的. 因为 $|K|$ 是局部紧的 Hausdorff 空间, 因而 $|K|\times|L|\times I$ 的拓扑关于子空间 $|K|\times\tau\times I$ 是凝聚的. 反过来, 因为 $\tau\times I$ 是局部紧的 Hausdorff 空间(实际上是紧的), 因而 $|K|\times\tau\times I$ 的拓扑关于子空间 $\sigma\times\tau\times I(\sigma\in K,\tau\in L)$ 也是凝聚的. 因而 A 在 $|K|\times|L|\times I$ 中是闭的, 当且仅当它与每个空间 $\sigma\times\tau\times I$ 的交在该空间中是闭的.

由于由定义, π 作为 $\sigma\times\tau\times I$ 到 $\sigma*\tau$ 上的映射是连续的. (两者都是 Euclid 空间的子空间.) 而且 $\sigma*\tau$ 到 $|K*L|$ 中的包含映射是连续的. 因而 $\pi|_{\sigma\times\tau\times I}$ 是连续的. 因为 $|K|\times|L|\times I$ 的拓扑关于这些子空间是凝聚的, 所以 π 是连续的.

为证明 π 是商映射, 设 $\pi^{-1}(C)$ 在 $|K|\times|L|\times I$ 中是闭的. 那么它与 $\sigma\times\tau\times I$ 的交是闭的并且因此是紧的. 我们推出 $C\cap(\sigma*\tau)$ 是紧的, 并因此是闭的. 由此 C 在 $K*L$ 中是闭的.

从引理 62.1 可知, π 恰好实现了所指出的粘合. □

系 62.3 设 $K*L$ 和 $M*N$ 都有定义, 其中 K 是局部有限的. 如果 $|K|\approx|M|,|L|\approx|N|$, 那么 $|K*L|\approx|M*N|$.

证明 因为 $|K|$ 是局部紧的, 所以 $|M|$ 也是局部紧的. 因此 M 是局部有限的. 如果 $h:|K|\rightarrow|M|$ 和 $k:|L|\rightarrow|N|$ 都是同胚, 那么 $h\times k\times i_I$ 通过上述引理中所指出的商映射诱导 $|K*L|$ 与 $|M*N|$ 的一个同胚, 它在 $|K|$ 上等于 h, 在 $|L|$ 上等于 k. □

引理 62.4 令 J,K,L 都是复形. 假定 $J*K$ 和 $(J*K)*L$ 存在. 那么 $J*K=K*J$ 且 $(J*K)*L=J*(K*L)$.

证明 定义的对称性说明 $J*K=K*J$. 类似地,如果 $(J*K)*L$ 有定义,那么对于 $v_0\cdots v_m\in J, w_0\cdots w_n\in K, x_0\cdots x_p\in L$ 来说,各点

$$v_0,\cdots,v_m,w_0,\cdots,w_n,x_0,\cdots,x_p$$

是独立的,而且它们所张成的单形的集族连同这种单形的面一起构成一个复形. 而这恰好是复形 $J*(K*L)$. □

定理 62.5 *假设 $K*L$ 存在,若 $|L|\approx S^{n-1}$,那么对所有 i,*

$$\widetilde{H}_{i+n}(K*L)\simeq\widetilde{H}_i(K).$$

证明 在 $n=1$ 的情形,$|L|$ 由两点组成,而且复形 $K*L$ 恰好就是 K 的双角锥. 所论同构的存在性是 Mayer-Vietoris 序列的一个推论.(参看定理 25.4.)

一般我们假设定理在 n 维时成立,并且来证明它在 $n+1$ 维时成立.

鉴于系 62.3,只要证明定理对于其空间同胚于 S^n 的任何具体复形 L 成立就行了. 选取一个复形 J 使得 $|J|\approx S^{n-1}$,而且令 $L=J*\{w_0,w_1\}$ 是 J 的一个双角锥. 那么容易看出 $|L|\approx S^n$. 于是

$$\begin{aligned}\widetilde{H}_i(k)&\simeq\widetilde{H}_{i+n}(K*J) &&\text{由归纳假设,}\\ &\simeq\widetilde{H}_{i+n+1}((K*J)*\{w_0,w_1\}) &&\text{如早已指出的,}\\ &\simeq\widetilde{H}_{i+n+1}(K*L) &&\text{由引理 62.4.}\end{aligned}$$ □

现在我们应用这些结果来研究任意单纯复形的局部性质.

定义 令 s 是复形 K 的一个单形. s 在 K 中的**星形**,记为 $\mathrm{St}s$,是 K 的以 s 为面的所有单形的内部之并. $\mathrm{St}s$ 的闭包记为 $\overline{\mathrm{St}}s$,它是 K 的以 s 为面的所有单形的并,并且称之为 s 在 K 中的**闭星形**. s 在 K 中的**链环**,记为 $\mathrm{Lk}s$,是 K 的在 $\overline{\mathrm{St}}s$ 中但不与 s 相交的所有单形之并.

当 s 是一个顶点时,我们已经给出过这些定义. 参看 §2.

一般,若 $s=v_0\cdots v_n$,那么 $\mathrm{St}s$ 是 $|K|$ 的一个开子集,它是由在 $v_0,\cdots v_n$ 中的每个顶上其重心坐标全为正的那些点 x 组成的. 即

$$\mathrm{St}s = \mathrm{St}v_0 \cap \cdots \cap \mathrm{St}v_n .$$

请注意到，$\mathrm{St}s$ 是由 K 的所有形如 $s * t$ 的单形组成的，而且 s 的链环等于这种单形的所有面 t 的并. 因而集合 $\overline{\mathrm{St}}s$ 和集合 $\mathrm{Lk}s$ 都是 K 的子复形的可剖空间. 我们常常用记号 $\overline{\mathrm{St}}s$ 和 $\mathrm{Lk}s$ 既表示这些复形，也表示它们的可剖空间.

例 1 在图 62.1 所画出的 2 维复形中，顶点 g 的链环由六边形 $abcdefa$ 和顶点 h 组成. 1 维单形 ag 的链环由两个顶点 b 和 f 组成. 顶点 h 的链环是顶点 g.

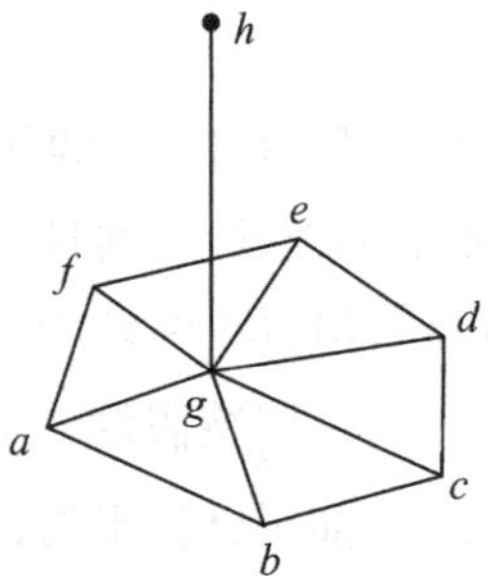

图 62.1

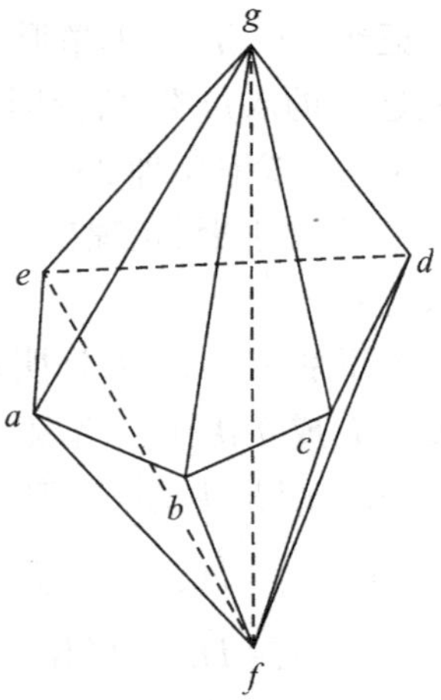

图 62.2

在图 62.2 中画出的 3 维复形中，1 维复形 fg 的链环是五边形 $P = abcdea$，而顶点 f 的链环是锥 $P * g$. 1 维单形 ab 的链环是 1 维单形 fg. 顶点 a 的链环是 2 维单形 hfg 和 efg 的并.

当我们证明下列引理时，要把上面的例子牢记心中.

引理 62.6 令 K 是一个复形，令 s 是 K 的一个单形. 那么

$$\overline{\mathrm{St}}s = s * \mathrm{Lk}s,$$

$$\overline{\mathrm{St}}s - \mathrm{St}s = \mathrm{Bd}s * \mathrm{Lk}s.$$

请注意到，在这里我们把 s，$\mathrm{Bd}s$ 和 $\mathrm{Lk}s$ 不仅看作 $|K|$ 的子空间，而且也看作 K 的子复形. 为了使这些等式即使在 $\mathrm{Lk}s$ 或 $\mathrm{Bd}s$ 为空集时也能成立，我们约定对所有 K，$K * \varnothing = \varnothing * K = K$.

证明 第一个等式直接从定义得出. $\overline{\mathrm{St}}s$ 是 K 的所有形如 $s * t$ 的单形之并. $\mathrm{Lk}s$ 是这种单形的所有面 t 之并.

另一方面，如果 K 的一个单形在 $\overline{\mathrm{St}}s$ 中，但不在 $\mathrm{St}s$ 中，那么它必然是 $s * t$ 的一个形如 $s' * t'$ 的面，其中 s' 是 s 的一个真面，而 t' 是 t 的一个面. 由于 t 在 $\mathrm{Lk}s$ 中，所以 t' 也在其中. 因此，$s' * t'$ 在 $\mathrm{Bd}s * \mathrm{Lk}s$ 中. 反过来，这种形式的每一个单形在 $\overline{\mathrm{St}}s$ 中但不在 $\mathrm{St}s$ 中. □

习　题

1. 令 s 表示图 62.2 中的单形 fg. 试描述 $\hat{s} * \mathrm{Lk}s$，$\hat{s} * \mathrm{Bd}s$ 和 $\mathrm{Bd}s * \mathrm{Lk}s$.

2. 若 X 和 Y 是拓扑空间，让我们定义 $X * Y$ 是通过把每个集合 $x \times Y \times 0$ 等同于一个点、把每个集合 $X \times y \times 1$ 等同于一个点而得到的 $X \times Y \times I$ 的商空间.

(a) 证明映射

$$i(x) = x \times Y \times 0 \text{ 和 } j(y) = X \times y \times 1$$

分别定义 X 和 Y 到 $X * Y$ 中的嵌入.

(b) 证明：若 $X \approx X'$，$Y \approx Y'$，那么 $X * Y \approx X' * Y'$.

(c) 证明：$X * Y \approx Y * X$.

*3. 证明：存在一个分裂的短正合序列

$$0 \to \widetilde{H}_{p+1}(X * Y) \to \widetilde{H}_p(X \times Y) \to \widetilde{H}_p(X) \oplus \widetilde{H}_p(Y) \to 0.$$

*4. 证明：$(X * Y) * Z \approx X * (Y * Z)$. [提示：那种“显然的”证明是无效的. 你可以证实商映射

$$(X \times Y \times I_1) \times Z \times I_2 \to (X * Y) \times Z \times I_2 \to (X * Y) * Z,$$

$$X \times (Y \times Z \times I_2) \times I_1 \to X \times (Y * Z) \times I_1 \to X * (Y * Z)$$

能够完成不同的粘合. 而在空间 $X \times Y \times Z \times \Delta_2$ 中引进下列关系：

$$(x, y, z, w) \sim (x', y, z, w), \quad w \in \varepsilon_1 \varepsilon_2,$$

$$(x,y,z,w) \sim (x,y',z,w), \quad w \in \varepsilon_0\varepsilon_2,$$
$$(x,y,z,w) \sim (x,y,z',w), \quad w \in \varepsilon_0\varepsilon_1.$$

令 W 是商空间;令 π 是商映射.令 $f: I_1 \times I_2 \to \Delta_2$ 把 $t \times I_2$ 线性地映射到从 $t \in \varepsilon_0\varepsilon_1 = [0,1]$ 到 ε_2 的线段上.证明

$$X \times Y \times Z \times I_1 \times I_2 \xrightarrow{id \times f} X \times Y \times Z \times \Delta_2 \xrightarrow{\pi} W$$

完成与上面的商映射中的第一个同样的粘合.推断 W 同胚于$(X * Y) * Z$.证明 W 还同胚于$X * (Y * Z)$.]

§63 同调流形

本节我们将定义同调流形并导出它们的若干局部性质.除了其它一些拓扑空间之外,同调流形类还包括所有拓扑流形,因而它是一种广泛而重要的空间类.可剖分的同调流形将是各种对偶性定理所涉及的基本对象.

为了方便起见,在本节中我们将论述相对同调流形的情形,尽管一直到§70我们才证明相对情况下的对偶定理.

约定 在本章中我们将经常涉及到可剖分空间.如果 X 是带有一个特定三角剖分的可剖空间,那么我们将经常混用记号,对于空间和剖分它的复形不作记号上的区分.例如,我们可能指的是(空间)X 的一点,或者是(复形)X 的一个单形.但是在每种情况下,由上下文会把真正含义区分清楚.

定义 对于一个拓扑空间偶(X,A)来说,如果 X 的每一个不在A 中的点x,局部同调群 $H_i(X,X-x)$,当 $i \neq n$ 时为零,而当 $i=n$ 时是无限循环群,那么我们把拓扑空间偶(X,A)称为 ***n* 维相对同调流形**.在 A 是空集的情况下,我们就把 X 简称为 ***n* 维同调流形**.

如果 M 是一个 n 维带边流形,那么偶$(M,\mathrm{Bd}M)$是一个 n 维相对同调流形.(参看§35.)更一般地,若(X,A)是任何一个使得 $X-A$ 是n 维流形的偶,那么(X,A)是 n 维相对同调流形.

于是,如果(X,A)是一个可剖分的 n 维相对同调流形,那么

X 的局部同调性质反映在 X 的单形的链环的同调群中.这种联系由下列引理给出.

引理 63.1 令 s 是复形 K 的一个 k 维单形;令 $\hat{s}$ 是它的重心.那么

$$H_i(|K|,|K|-\hat{s})=\begin{cases}\widetilde{H}_{i-k-1}(\mathrm{Lk}s) & \text{若 } \mathrm{Lk}s\neq\varnothing,\\ H_i(s,\mathrm{Bd}s) & \text{若 } \mathrm{Lk}s=\varnothing.\end{cases}$$

证明 如果 $\mathrm{Lk}s=\varnothing$,那么 s 不是 K 的其它任何单形的面.因此 $\mathrm{Int}s$ 在 $|K|$ 中是开的.由此可知

$$\mathrm{H}_i(|K|,|K|-\hat{s})\simeq\mathrm{H}_i(s,s-\hat{s})\simeq\mathrm{H}_i(s,\mathrm{Bd}s).$$

由切除性,第一个同构成立,而第二个同构成立是因为 $\mathrm{Bd}s$ 是 $s-\hat{s}$ 的变形收缩核.

现在设 $\mathrm{Lk}s\neq\varnothing$.因为 s 的重心在开集 $\mathrm{St}s$ 内,所以我们可以切除 $\overline{\mathrm{St}}s$ 的余集而得到一个同构

$$H_i(|K|,|K|-\hat{s})\simeq H_i(\overline{\mathrm{St}}s,\overline{\mathrm{St}}s-\hat{s}).$$

从关于凸集的基本结果我们知道 $|s|=|\hat{s}*\mathrm{Bd}s|$;从引理 62.2 可以可到

$$|\overline{\mathrm{St}}s|=|s*\mathrm{Lk}s|=|\hat{s}*\mathrm{Bd}s*\mathrm{Lk}s|.$$

(由我们的约定,即使 $\mathrm{Bd}s$ 是空的,这些等式也成立.)

由此可知,$|\overline{\mathrm{St}}\,s|$ 是零调的,因为它是一个以 $\hat{s}$ 为顶点的锥.于是如果我们删去锥的顶点,那么剩下的部分就能通过一个变形收缩而坍缩到锥的底上.(参看引理 35.5.)特别是,$|\mathrm{Bd}s*\mathrm{Lk}s|$ 是 $\overline{\mathrm{St}}\,s-\hat{s}$ 的变形收缩核.我们可以推出

$$\begin{aligned}H_i(|K|,|K|-\hat{s})&\simeq H_i(\overline{\mathrm{St}}s,\overline{\mathrm{St}}s-\hat{s})\simeq\widetilde{H}_{i-1}(\overline{\mathrm{St}}s-\hat{s})\\&\simeq\widetilde{H}_{i-1}(\mathrm{Bd}s*\mathrm{Lk}s)\simeq\widetilde{H}_{i-k-1}(\mathrm{Lk}s).\end{aligned}$$

当 $\mathrm{Bd}s=\varnothing$ 时最后一个同构是一个等式,在此情况下 $k=0$;而在其它情况下,由定理 62.5 可知这个同构成立,这是因为 $\mathrm{Bd}s$ 在拓扑上是一个 $k-1$ 维球面. □

定理 63.2 令 (X,A) 是一个可剖分的 n 维相对同调流形.

令 s 是 X 的一个不在 A 中的 k 维单形.如果 $\mathrm{Lk}s$ 是空集,那么 $k=n$;如果 $\mathrm{Lk}s$ 非空,那么它具有 $n-k-1$ 维球面的同调,其中 $n-k-1\geqslant 0$.不论哪种情况发生,均有 $k\leqslant n$.

证明 由于 s 不在 A 中,故其重心 $\hat{s}$ 在 $X-A$ 中.因此,在 n 维情况下,X 在 $\hat{s}$ 处的局部同调群是无限循环的,而在其它情况下为零.

如果 $\mathrm{Lk}s$ 是空的,那么由上面的引理,$H_n(s,\mathrm{Bd}s)\cong H_n(X,X-\hat{s})$,它是非平凡的.因此 $\dim s=n$.如果 $\mathrm{Lk}s$ 是空的,那么它的诱导同调在 $n-k-1$ 维是无限循环的,而在其情况下为零.尤其是,这就蕴涵着 $n-k-1\geqslant 0$ 或者 $k<n$. □

系 63.3 令(X,A)是可剖分的 n 维相对同调流形.

(a) $X-A$ 的闭包等于 n 维单形的并.

(b) X 的每一个不在 A 中的 $n-1$ 维单形 s 恰好是 X 的两个 n 维单形公共面.

证明 (a) 令 s 是 X 的一个不在 A 中的 k 维单形.上面的定理说明 $k\leqslant n$.如果 $k<n$,那么 $\mathrm{Lk}s$ 是一个 $n-k-1$ 维同调球面,因而它包含一个 $n-k-1$ 维单形 t.于是 s 是 n 维单形 $s*t$ 的一个面.

(b) 如果 s 是 X 的一个不在 A 中的 $n-1$ 维单形,那么 $\mathrm{Lk}s$ 是一个 0 维同调球面,由于 $\overline{\mathrm{St}}s$ 是 n 维的而且 $\overline{\mathrm{St}}s=s*\mathrm{Lk}s$,所以复形 $\mathrm{Lk}s$ 必然是 0 维的.这意味着 $\mathrm{Lk}s$ 恰有两个点组成.因此(b)成立. □

这个定理说明,一个可剖分的 n 维相对同调流形(X,A)满足相对伪流形定义中的前两个条件.(关于伪流形的定义可参看§43的习题.)如果空间 $X-A$ 是连通的,那么(X,A)也满足第三个条件.关于这个事实的证明概括在习题中.正如我们将看到的那样,它也可以从对偶性定理导出.

例 1 令 X 是一个环面 T 与一个 2 维球面 S^2 的不交并;令 $S(X)$是 X 的双角锥;令 $A=\{w_0,w_1\}$由双角锥的顶点组成.参看图 63.1.那么$(S(X),A)$是一个 3 维相对同调流形,因为

$S(X)-A$同胚于$X\times(-1,1)$,而后者是一个3维流形.子空间$(S(T),A)$和$(S(S^2),A)$也是3维相对同调流形,而且它们还是3维相对伪流形.空间$S(S^2)$是3维同调流形,但空间$S(T)$不是.因为w_0在$S(T)$中的链环不是2维同调球面,而是一个环面.

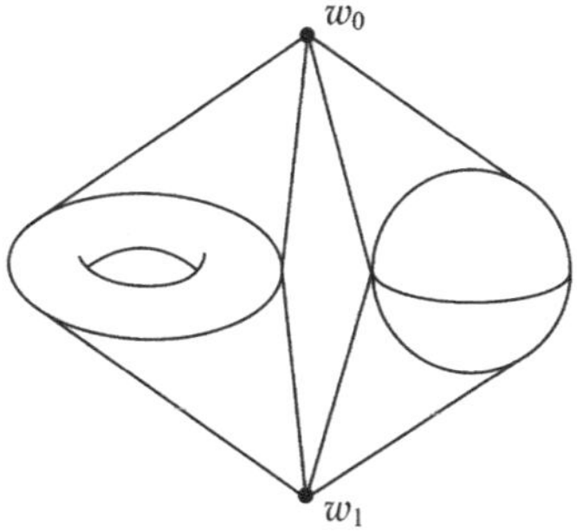

图63.1

例2 我们通常所画的关于流形的插图也许会引导你猜测到下列结果:如果M是一个可剖分的n维拓扑流形,那么M的每一个k维单形的链环是一个$n-k-1$维拓扑球面.

例如,这个结果对于2维流形的通常三角剖分确实成立,1维单形的链环是0维球面,顶点的链环是1维球面.这个猜想是一个长期悬而未决的问题,并且是直到最近才以否定的形式得以解决.R·D·Edwards在5维情况下给出了一个反例,其细节是相当复杂的.

例3 确实存在着不是拓扑流形的n维同调流形.我们可以概述这种流形的构造,但其证明要用到我们未曾研究过的工具.

我们所需要的基本事实是,存在一个可剖分的3维紧流形M,它是一个3维同调球面,但是它的基本群$\pi_1(M)$不为零.这种构造可在文献[S-T]中找到.M的基本群是正二十面体群.

现在我们构成双角锥$S(M)=M*\{w_0,w_1\}$.这个空间是一个4维同调流形:因为$S(M)-\{w_0,w_1\}$同胚于4维流形$M\times(-1,1)$,所以局部同调条件除了可能在双角锥的顶点出现例外,在其它所有点上均被满足.由于$\mathrm{Lk}w_0=\mathrm{Lk}w_1=M$,而且$M$是一个3维同调球面,所以局部同调条件在$w_0$点和$w_1$点也被满足.

然后我们需要单独论证来证明在一个可剖分的n维拓扑流

形上,每个顶点的链环,虽然它可能在拓扑上不是 $n-1$ 维球面,但是它必定具有 $n-1$ 维球面的伦型. 由于 $\pi_1(M)\neq 0$,所以 M 不可能有 3 维球面的伦型,因而 $S(M)$不可能是 4 维拓扑流形.

习　题

下列习题中的每一道题均依赖于它前面的一道题.

1. 令(X,A)是三角剖分的空间偶. 设对于 X 的每一个不在 A 中的 k 维单形都有:(i) $k\leqslant n$,(ii) 当 $k<n$ 时,$H_i(\mathrm{Lk}s)\cong H_i(S^{n-k-1})$. 证明$(X,A)$是一个 n 维相对同调流形.

2. 令(X,A)是一个可剖分的 n 维相对同调流形. 若 S 是 X 的一个不在 A 中的 k 维单形并且 $k<n$. 证明 $\mathrm{Lk}s$ 是一个 $n-k-1$ 维同调流形. [提示:将 $\mathrm{Lk}s$ 看作 X 的子复形. 然后当 $t\in \mathrm{Lk}s$ 时证明 $\mathrm{Lk}(t,\mathrm{Lk}(s,X))=\mathrm{Lk}(t*s,X)$.]

3. **定理**　令(X,A)是一个可剖分的 n 维相对同调流形,而且 $X-A$ 是连通的. 那么(X,A)是一个 n 维相对伪流形.

[提示:当 $n=1$ 时结果是平凡的. 假设当维数低于 n 时结果成立. 如果对于每一个 n,都有 X 的一系列不在 A 中的 n 维单形

$$\sigma=\sigma_0,\sigma_1,\cdots,\sigma_k=\sigma'$$

使得 $\sigma_i\cap\sigma_{i+1}$是一个不在 A 中的 $n-1$ 维单形,那么我们定义 $\sigma\sim\sigma'$. 令 X_1 是一个等价类的元素之并;令 X_2 是其余等价类的元素之并. 令 s 是复形 X 的一个单形使得 $s\notin A$ 和 $s\subset X_1\cap X_2$. 若 $k=\dim s$,那么 $k<n-1$;证明 $\mathrm{Lk}s$ 是一个 $n-k-1$ 维伪流形. 推断$\overline{\mathrm{St}}s$ 的每两个 n 维单形都是等价的.]

4. **系**　令(X,A)是可剖分的 n 维相对同调流形. 若 s 是 X 的一个不在 A 中的单形,那么 $\mathrm{Lk}s$ 是一个有限复形. [提示:如果 X 是一个 m 维伪流形且 $H_m(X)\neq 0$,那么 X 必定是有限的.]

§64　对偶块复形

为了简单起见,在以下的几节中我们将只限于考虑 n 维同调流形 X 的情况. 我们所使用的方法以后在考虑相对同调流形的情

况时将会再次出现.

与可三角剖分的同调流形 X 相关的还有一种划分,它将 X 划分成一些子集,这些子集是(或几乎是)开胞腔,使得 X 成为一个正则(或几乎正则的)胞腔复形.这些子集实际上并非真正的拓扑胞腔,只不过是同调胞腔.由于不能把它们称作"胞腔",而又缺乏一个更好的术语,因而我们将称之为"块".而且我们将把这些块的集族称为 X 的对偶块分解.恰似对于胞腔链复形那样,与这个块复形相伴的也有一个链复形.它能够用来计算 X 的同调和上同调.我们将把它称为"对偶链复形";它在证明对偶性定理中将是一个至关重要的工具.

定义 令 X 是一个局部有限单纯复形,令 $\mathrm{sd}X$ 表示它的首次重心重分.$\mathrm{sd}X$ 的单形具有下列形式

$$\hat{\sigma}_{i_1}\hat{\sigma}_{i_2}\cdots\hat{\sigma}_{i_k}$$

其中 $\sigma_{i_1}>\sigma_{i_2}>\cdots>\sigma_{i_k}$.由于 $\mathrm{sd}X$ 的每个顶点均为 X 的某个单形的重心,故我们可按 X 的单形的维数递增的次序对 X 的顶点赋予偏序.这个偏序在 $\mathrm{sd}X$ 的每一个单形上诱导一个线序.给定 X 的一个单形 σ,则 $\mathrm{sd}X$ 的所有以 $\hat{\sigma}$ 为*初始*顶点的开单形之并恰好是 $\mathrm{Int}\sigma$.我们定义 $D(\sigma)$ 为 $\mathrm{sd}X$ 的所有以 $\hat{\sigma}$ 为最后一个顶点开单形之并.我们把这个集合称为**对偶于 σ 的块**.

块 $D(\sigma)$ 所起的作用类似于 CW 复形的开胞腔的作用.我们把 $D(\sigma)$ 的闭块 $\bar{D}(\sigma)$ 称为**对偶于 σ 的闭块**.它等于 $\mathrm{sd}X$ 的以 $\hat{\sigma}$ 为初始顶点的所有单形的并;它是 $\mathrm{sd}X$ 的一个子复形的可剖空间.我们令 $\dot{D}(\sigma)=\bar{D}(\sigma)-D(\sigma)$.

例 1 令 X 是图 64.1 中所画出的 2 维复形.复形 $\mathrm{sd}X$ 用虚线标出.对偶于任何 2 维单形 σ 的块由其重心 $\hat{\sigma}$ 单独组成.对偶于 1 维单形 $s=ab$ 的块 $D(ab)$ 由其重心 $\hat{s}$ 和把 $\hat{s}$ 与以 ab 为面的两个三角形的重心连接起来的两条开线段组成.对偶于顶点 e 的块是图中所示的阴影区域;相应的闭块由此区域加上它的边界构成.请注意到这样一个有趣的事实,这就是,$\dot{D}(e)$ 是较低维的块

$D(s_i)$当 s_i 遍历以 e 为面的所有 1 维单形和 2 维单形时的并. 正如我们将看到的那样,一般来说这种情形将会成立.

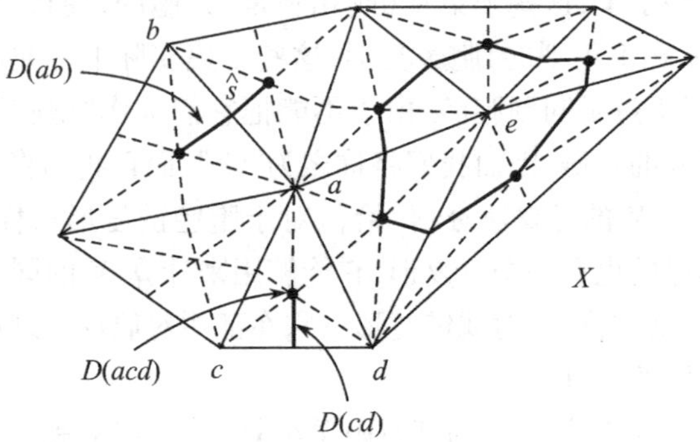

图 64.1

例 2　令 X 是图 64.2 中所画出的复形. 它是多边形 $cdefc$ 与线段 ab 的联接. 你可以在心中想像出复形 $\mathrm{sd}X$ 的样子. 对偶于

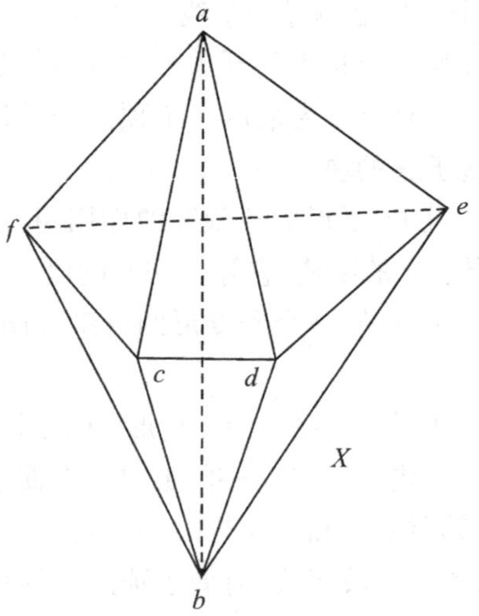

图 64.2

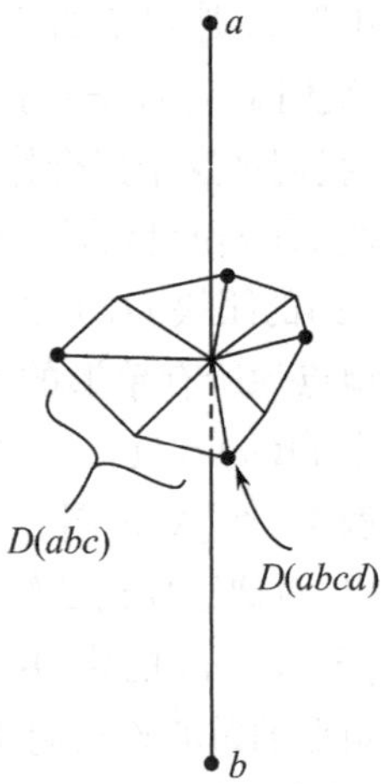

图 64.3

X 的每一个 3 维单形的块是它的重心. 对偶于 2 维单形 abc 的闭块由连接 abc 的重心与以 abc 为面的两个 3 维单形的重心的两条线段组成. 对偶于 1 维单形 ab 的闭块 $\bar{D}(ab)$ 是在图 64.3 中画出的闭八边形区域; 集合 $\dot{D}(ab)$ 是它的边界, 它是对偶于 X 的以 ab 为面的 2 维单形和 3 维单形的块之并.

当我们证明下列定理时, 要把这些例子牢记心中.

定理 64.1 令 X 是一个局部有限的单纯复形, 它是完全由 n 维单形和它们的面组成的. 令 σ 是 X 的一个 k 维单形. 那么

(a) 各对偶块是互不相交的而且这们的并是 $|X|$.

(b) $\bar{D}(\sigma)$ 是 $\text{sd}X$ 的一个 $n-k$ 维子复形的可剖空间.

(c) $\dot{D}(\sigma)$ 是所有以 σ 为一个真面的单形 τ 的对偶块 $D(\tau)$ 之并, 而且这些块的维数低于 $n-k$.

(d) $\bar{D}(\sigma)$ 等于锥 $|\dot{D}(\sigma) * \hat{\sigma}|$.

(e) 若对于 $i=n$, $H_i(X, X-\hat{\sigma}) \cong \mathbf{Z}$, 而在其它情况下为零, 那么 $(\bar{D}(\sigma), \dot{D}(\sigma))$ 具有 $n-k$ 维胞腔模其边缘的同调.

证明 (a) $\text{sd}X$ 的开单形是不相交的, 而且每一个开单形恰好在一个块 $D(\sigma)$ 中, 即在使得 $\hat{\sigma}$ 为其最后顶点的一个块中.

(b) 给定 k 维的 σ, 令 σ' 是 X 的一个以 σ 为面的 n 维单形. 那么就有 X 的单形的一个序列

$$\sigma' = \sigma_n \succ \sigma_{n-1} \succ \cdots \succ \sigma_k = \sigma$$

使得序列中每个单形的维数比它前面一个单形的维数小 1. 那么 $\text{sd}X$ 的单形 $\hat{\sigma}_n \hat{\sigma}_{n-1} \cdots \hat{\sigma}_k$ 的维数是 $n-k$ 而且在 $\bar{D}(\sigma)$ 中. 显然, $\text{sd}X$ 的具有更大维数的任何单形都不可能以 $\hat{\sigma}_k$ 作为它的最后顶点, 因为 X 没有任何维数大于 n 的单形.

(c)～(d) 由于 $\bar{D}(\sigma)$ 是 $\text{sd}X$ 的所有以 $\hat{\sigma}$ 为其最后顶点的单形之并, 所以它具有下列形式

$$\hat{\sigma}_{i_1} \cdots \hat{\sigma}_{i_p} \hat{\sigma}.$$

这样一个单形与 $\dot{D}(\sigma)$ 的交由这个单形删去 $\hat{\sigma}$ 而得到的面组成. 因而 $\dot{D}(\sigma)$ 由形如

$$\hat{\sigma}_{i_1}\cdots\hat{\sigma}_{i_p},\quad \sigma_{i_p}\succ\sigma$$

的所有单形组成.于是这样一个单形的内部包含在 $D(\sigma_{i_p})$中;反之,sd$X$ 的任何一个在$D(\sigma_{i_p})$中的开单形具有这种形式.由此可知,$\dot{D}(\sigma)$是适合于 $\sigma_{i_p}\succ\sigma$ 的块$D(\sigma_{i_p})$的并,而且$|\bar{D}(\sigma)|=|\dot{D}(\sigma)*\hat{\sigma}|$.

(e) 若 $\dim\sigma=n$,那么 $D(\sigma)$由单个点 $\hat{\sigma}$组成,它当然是个 0 维胞腔.假设 $\dim\sigma=k<n$.在复形 sd$X$ 中,闭星形$\overline{\mathrm{St}}(\hat{\sigma},\mathrm{sd}X)$等于所有形如

$$\tau=\hat{\sigma}_{i_1}\cdots\hat{\sigma}_{i_p}\hat{\sigma}_{i_{p+1}}\cdots\hat{\sigma}_{i_q}$$

的单形之并,其中 $\hat{\sigma}_{i_{p+1}}=\sigma$,并且对所有 j,$\sigma_{i_j}\succ\sigma_{i_{j+1}}$.由这个序列中 $\hat{\sigma}$左边的顶点所张成的 τ 的面是$\dot{D}(\sigma)$的典型单形.由这个序列中的 $\hat{\sigma}$及其右边的顶点所张成的面是 sdσ 的典型单形.我们推出

$$\overline{\mathrm{St}}(\hat{\sigma},\mathrm{sd}X)=\dot{D}(\sigma)*\mathrm{sd}\sigma=\dot{D}(\sigma)*\hat{\sigma}*\mathrm{sd}(Bd\sigma).$$

于是也有

$$\overline{\mathrm{St}}(\hat{\sigma},\mathrm{sd}X)=\hat{\sigma}*\mathrm{Lk}(\hat{\sigma},\mathrm{sd}X)$$

成立.我们推出

$$\mathrm{Lk}(\hat{\sigma},\mathrm{sd}X)=\dot{D}(\sigma)*\mathrm{sd}(Bd\sigma).$$

因为 sd$(Bd\sigma)$在拓扑上是一个 $k-1$ 维球面(或者当 $k=0$ 时为空集),所以

$$\widetilde{H}_{i+k}(\mathrm{Lk}(\hat{\sigma},\mathrm{sd}X))\simeq\widetilde{H}_i(\dot{D}(\sigma)).$$

因为 X 在 $\hat{\sigma}$点的局部同调,在 n 维是无限循环的,而在其它维数为零,所以由引理 63.1,Lk$(\hat{\sigma},\mathrm{sd}X)$是一个 $n-1$ 维同调球面.因此,$\dot{D}(\sigma)$是一个 $n-k-1$ 维同调球面.

由于 $\bar{D}(\sigma)$是零调的(因为它是一个锥),所以长正合同调序列为我们给出一个同构

$$H_i(\bar{D}(\sigma),\dot{D}(\sigma))\simeq\widetilde{H}_{i-1}(\dot{D}(\sigma)).$$

从而我们断定$(\bar{D}(\sigma),\dot{D}(\sigma))$具有 $n-k$ 维胞腔模其边缘的同调. □

定义 令 X 是一个局部有限的复形,而且是一个 n 维同调流形[†].那么上面的定理适用于 X 的每一个单形 σ. 我们把对偶块 $D(\sigma)$组成的集族称为 X 的**对偶块分解**. 把至多是 p 维的块之并记为X_p,并且称之为 X 的 **p 维对偶骨架**. X 的**对偶链复形** $\mathscr{D}(X)$ 是通过令其 p 维链群为

$$D_p(X) = H_p(X_p, X_{p-1})$$

而定义的. 它的边缘算子是三元组(X_p, X_{p-1}, X_{p-2})的正合序列中的同态∂_*.

由于 p 维对偶骨架X_p 是 sd$X$ 的子复形的可剖空间,所以有时候我们宁愿把它看成一个复形而不看作一个空间. 尤其是,为了方便在$D_p(X)$的定义中我们将使用单纯同调.

对所有实用的目的而言,在计算同调和上同调中,对偶链复形所起的作用就像胞腔链复形对于 CW 复形所起的作用是一样的. 我们重复 §39 的模式来证明下列定理.

定理 64.2 令 X 是一个局部有限的复形,而且是一个 n 维同调流形. 令 X_p 是X 的 p 维对偶骨架,令 $\mathscr{D}(X)$是 X 的对偶链复形.

(a) 群 $H_i(X_p, X_{p-1})$对于 $i\neq p$ 为零,对于 $i=p$ 是自由 Abel 群. 当 $i=p$ 时,它的一个基可用下述办法得出:在 $D(\sigma)$遍历 X 的所有 p 维块时选取各群$H_p(\bar{D}(\sigma),\dot{D}(\sigma))$的生成元,并且在包含映射诱导的同态下取它们在 $H_p(X_p, X_{p-1})$中的象.

(b) 对偶链复形 $\mathscr{D}(X)$能够用来计算 X 的同调. 实际上, $D_p(X)$等于$C_p(\text{sd}X)$的一个子群,它是那些被 X_p 承载且其边缘由X_{p-1}承载的链组成的. 而且包含映射 $D_p(X)\to C_p(\text{sd}X)$诱导一个同调的同构;因此它也诱导带任意系数的同调同构和上同调

---

† 实际上,是 n 维同调流形的每一个复形都是有限的. 参看 §63 的习题.

同构.

证明 (a) 款的证明遵循引理 39.2 的方式进行,但是更加容易.因为对于每个 σ,$\bar{D}(\sigma)$是以 $\hat{\sigma}$为顶点的锥,它的底 $\dot{D}(\sigma)$是 $\bar{D}(\sigma)-\hat{\sigma}$的变形收缩核.这些变形收缩诱导 $X_p-\bigcup_p\hat{\sigma}$到 X_{p-1}上的一个变形收缩,其中$\bigcup_p\hat{\sigma}$表示 X 的所有 $n-p$ 维单形 σ 的重心之并.

如果$\sum_p(\bar{D}(\sigma),\dot{D}(\sigma))$表示 X 的 p 维块的拓扑和,那么我们就有下列交换图表

$$\begin{array}{ccccc}
\Sigma_p(\bar{D}(\sigma),\dot{D}(\sigma)) & \longrightarrow & \Sigma_p(\bar{D}(\sigma),\bar{D}(\sigma)-\hat{\sigma}) & \longleftarrow & \Sigma_p(D(\sigma),D(\sigma)-\hat{\sigma}) \\
\downarrow & & \downarrow & & \downarrow = \\
(X_p,X_{p-1}) & \longrightarrow & (X_p,X_p-\bigcup_p\hat{\sigma}) & \longleftarrow & \bigcup(D(\sigma),D(\sigma)-\hat{\sigma})
\end{array}$$

其中水平映射在奇异同调中诱导同调的同构;而竖向映射是包含映射.(a) 款对于奇异同调成立,因此对单纯同调也成立.

(b) 款是定理 39.5 的直接推论. □

现在我们已具备了证明 Poincaré 对偶定理所需要的基本工具.

习 题

1. 考虑环面 T 的通常三角剖分.

(a) 对 T 的对偶块分解中的块画出略图;请注意到,实际上它们把 T 变成一个正则胞腔复形.

(b) 令 $\mathscr{C}(T)$表示 T 的单纯链复形,令 $\mathscr{D}(T)$表示对偶链复形.把 T 的 2 维单形 σ 按反时针定向;对其 1 维单形 e 任意定向.通过对每个 2 维定向单形 σ,置

$$\phi(\sigma^*)=D(\sigma)=\hat{\sigma}$$

定义一个同构

$$\phi:C^2(T)\longrightarrow D_0(T).$$

通过对每个 1 维定向单形 e,令 $\phi(e^*)$等于$(\bar{D}(e),\dot{D}(e))$的一个基本链来定义一个同构

$$\phi: C^1(T) \longrightarrow D_1(T).$$

证明:我们可以适当选取 ϕ 以使得

$$\partial\phi(e^*) = \phi(\delta e^*).$$

(c) 通过令 $\phi(v^*)$等于$(\bar{D}(v),\dot{D}(v))$的一个基本链来定义

$$\phi: C^0(T) \longrightarrow D_2(T).$$

证明:若 2 维胞腔 $\bar{D}(v)$被反时针定向.那么

$$\partial\phi(v^*) = \phi(\delta v^*).$$

(d) 对所有 p 推断$H^p(T) \simeq H_{2-p}(T)$(我们已经知道这个结果).

这个习题表明了 Poincaré 对偶性是怎样被证明的.

2. 对于 Klein 瓶重复习题 1,对同调和上同调都用 $\mathbf{Z}/2$ 系数.请注意到,由于不涉及符号,从而这个证明更容易.

§65 Poincaré 对偶

Poincaré 对偶定理是拓扑学中最惊人的结果之一.按其原来的形式,它说明对于一个可剖分的 n 维紧定向流形 X 来说,k 维和$n-k$ 维的 Betti 数相等,而且 k 维和 $n-k-1$ 维的挠系数相等.现在它作为一个定理被以不同但等价的方式表述为:X 的 k 维和 $n-k$ 维的同调群和上同调群是同构的.

另外还有在 X 是不可定向时或者在 X 是非紧时成立的 Poincaré 对偶性的相应形式,以后我们将讨论它们.

我们将给出 Poincaré 对偶性的两种证明.第一种是我们在本节中就要给出的,它是比较直接和直观的.但是第二种(我们将在§67 中给出)却能为我们提供更多有价值的信息,除了关于流形上的上积的信息之外,还有关于对偶同构如何作用于连续映射的信息.

定义 令 X 是一个可剖分的n 维紧同调流形.如果能够对 X 的所有 n 维单形σ_i 定向,从而它们的和 $\gamma = \sum \sigma_i$ 是一个闭链,则

我们说 X 是**可定向的**，并且把这种闭链 γ 称为 X 的**定向闭链**.

如果 X 是不连通的，那么 X 的每一个分支自身是一个 n 维同调流形. 为使 X 是可定向的，充分必要条件是 X 的每一个分支是可定向的. X 的每个分支的定向闭链之和是 X 的定向闭链. 不久我们将证明 X 的可定向性不依赖于 X 的具体三角剖分.（参看系 65.4.）

定理 65.1（Poincaré 对偶——第一种形式） *令 X 是一个可剖分的 n 维紧同调流形. 如果 X 是可定向的，那么对所有 p，均有同构*

$$H^p(X;G)\cong H_{n-p}(X;G),$$

其中 G 是一个任意的系数群. 如果 X 是不可定向的，那么对所有 p，均有同构

$$H^p(X;\mathbf{Z}/2)\cong H_{n-p}(X;\mathbf{Z}/2).$$

证明 我们将用 X 的单纯链复形 $\mathscr{C}(X)$ 来计算 X 的上同调，用 X 的对偶链复形 $\mathscr{D}(X)$ 计算 X 的同调. 在 X 的 p 维单形和 X 的 $n-p$ 维对偶块之间存在一个 1 - 1 对应，它把每一个单形映射到它的对偶块. 因此自由 Abel 群 $C^p(X)$ 和 $D_{n-p}(X)$ 是同构的，它是通过把 $C^p(X)$ 的基元 σ^*（这里 σ 是一个 p 维定向单形）映射到 $H_{n-p}(\bar{D}(\sigma),\dot{D}(\sigma))$ 的一个生成元的同构 ϕ 来实现的. 如果 X 是可定向的，那么我们将证明可以适当选取 $\phi(\sigma^*)$ 的符号以使得下列图表交换：

$$\begin{array}{ccc}
C^{p-1}(X) & \xrightarrow{\ \phi\ } & D_{n-p+1}(X) \\
\downarrow{\scriptstyle\delta} & & \downarrow{\scriptstyle\partial} \\
C^{p}(X) & \xrightarrow{\ \phi\ } & D_{n-p}(X).
\end{array}$$

这将证明在整系数情况下 Poincaré 对偶同构的存在性.

为了定义 ϕ，我们如下进行：首先把 X 的 n 维单形定向，从而它们的和 γ 是一个闭链. 对于 X 的其它单形可任意定向.

我们从在 n 维情况下定义 ϕ 开始. X 的 n 维定向单形 σ 构成 $C_n(X)$ 的一个基;它们的对偶 σ^* 形成 $C^n(X)$ 的一个基. n 维单形 σ 的对偶块 $\bar{D}(\sigma)$ 是 0 维胞腔 $\hat{\sigma}$. 注意到 $\hat{\sigma}$ 是群 $H_0(\hat{\sigma})$ 的一个生成元,故我们可以定义 $\phi(\sigma^*)=\hat{\sigma}$. 从而我们就定义了一个同构

$$\phi: C^n(X) \longrightarrow D_0(X).$$

然后,我们在 $n-1$ 维情况下定义 ϕ. 令 s 是一个 $n-1$ 维定向单形. 我们希望定义 $\phi(s^*)$ 使得

$$\partial\phi(s^*) = \phi(\delta s^*).$$

由于 s 恰好是 X 的两个 n 维单形 σ_0 和 σ_1 的一个面;因为 γ 是一个闭链,所以可把它们适当定向使得 $\partial\sigma_0+\partial\sigma_1$ 在 s 上的系数为零. 假设可选取标号使得 $\partial\sigma_0$ 在 s 上的系数为 -1,而 $\partial\sigma_1$ 在 s 上的系数为 1. 那么 $\delta s^*=\sigma_1^*-\sigma_0^*$,从而由定义

$$\phi(\delta s^*) = \hat{\sigma}_1 - \hat{\sigma}_0.$$

1 维块 $\bar{D}(s)$ 是从 $\hat{s}$ 到 $\hat{\sigma}_0$ 和 $\hat{\sigma}_1$ 的线段之并. 我们定义

$$\phi(s^*) = [\hat{\sigma}_0, \hat{s}] + [\hat{s}, \hat{\sigma}_1],$$

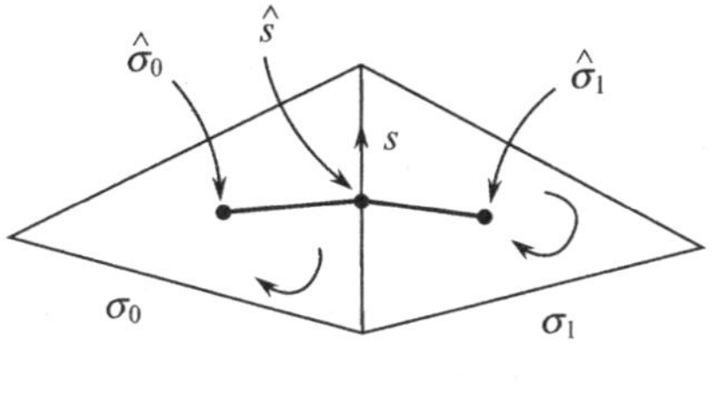

图 65.1

参看图 65.1. 那么正如我们所期望的那样, $\phi(s^*)$ 是 1 维胞腔 $(\bar{D}(s),\dot{D}(s))$ 的一个基本闭链;而且

$$\partial\phi(s^*) = \hat{\sigma}_1 - \hat{\sigma}_0 = \phi(\delta s^*).$$

一般,假设在维数 $p+1<n$ 时 ϕ 已被定义. 我们希望在 p 维定义它使得对于每个 p 维定向单形 s,有

$$\partial\phi(s^*) = \phi(\delta s^*).$$

给定 p 维定向单形 s，我们计算出

$$\delta s^* = \sum \varepsilon_i \sigma_i^*,$$

其中求和是对于那些 s 是它的一个面的所有 $p+1$ 维单形 σ_i 进行的，并且 $\varepsilon_i = \pm 1$ 是 s 在$\partial\sigma_i$ 的表达式中的系数. 那么

$$\phi(\delta s^*) = \sum \varepsilon_i \phi(\sigma_i^*).$$

我们将证明 $\phi(\delta s^*)$是 $\dot{D}(s)$的一个基本链.

由假设，链 $\phi(\sigma_i^*)$是对偶于 σ_i 的块$\bar{D}(\sigma_i)$的一个基本链. 这个块在 $\dot{D}(\sigma)$中，因为 $\sigma_i \succ \sigma$. 因而对于每个 i，$\phi(\sigma_i^*)$均被 $\dot{D}(s)$承载. 那么链 $\phi(\delta s^*)$也被 $\dot{D}(s)$承载. 而且，$\phi(\delta s^*)$是一个闭链，因为由归纳假设，$\partial\phi(\delta s^*) = \phi\delta\delta s^*$. 由于 $\dot{D}(s)$是一个 $n-p-1$ 维同调球面，其中 $n-p-1>0$. 闭链 $\phi(\delta s^*)$是非平凡的，而且它不是其它闭链的倍数，因为它在块 $\bar{D}(\sigma_i)$上的限制等于 $\phi(\sigma_i^*)$，而 $\phi(\sigma_i^*)$是这个块模$\dot{D}(\sigma)$的一个基本闭链. 因此，如所断言的那样，$\phi(\delta s^*)$表示 $H_{n-p-1}(\dot{D}(\sigma))$的一个生成元.

考虑正合序列

$$0 \to H_{n-p}(\bar{D}(s), \dot{D}(s)) \xrightarrow{\partial *} H_{n-p-1}(\dot{D}(s)) \to 0.$$

由于维数的原因，同调群等于闭链群. 定义 $\phi(s^*)$是$(\bar{D}(s), \dot{D}(s))$的基本闭链，它的边缘等于生成元 $\phi(\delta s^*)$. 于是如所期望的那样，对于 p 维情形 ϕ 被定义，而且$\partial\phi(s^*) = \phi(\delta s^*)$.

这样，对于整系数的情况定理就被证明了. 为了证明它对于任意系数成立，我们注意到同构

$$\mathrm{Hom}(C_p(X), G) \simeq \mathrm{Hom}(C_p(X), \mathbf{Z}) \otimes G \xrightarrow{\phi \otimes i_G} D_{n-p}(X) \otimes G$$

与 δ 和∂交换.（这两个同构中的第一个在定理 56.1 的第二步已被证明.）

最后，我们来考虑不可定向的情形. 粗略地说，同样的证明就

可以完成.我们用归纳法定义一个同构

$$\mathrm{Hom}(C_p(X),\mathbf{Z}/2)\xrightarrow{\phi}D_{n-p}(X)\otimes\mathbf{Z}/2.$$

如果 σ 是一个 n 维单形,那么我们令 σ^* 表示这样一个上链,它在 σ 上的值是 $[1]\in\mathbf{Z}/2$,而在其它单形上的值为零.于是我们定义 $\phi(\sigma^*)=\hat{\sigma}\otimes[1]$.如果 s 是一个 $n-1$ 维单形,而且它是 n 维单形 σ_0 和 σ_1 的一个面,那么我们定义 $\phi(\sigma^*)=([\hat{\sigma}_0,\hat{s}]+[\hat{s},\hat{\sigma}_1])\otimes[1]$.因为系数群是 $\mathbf{Z}/2$,所以符号不起作用.证明的其余部分,只需把"基本闭链"一词用"带 $\mathbf{Z}/2$ 系数的唯一非平凡闭链"来代替,就能不作改变地进行到底. □

让我们注意到,在这个证明中并没什么特别的地方,只是用单纯链复形计算 X 的上同调,而用对偶链复形计算 X 的同调而已.不妨也可以用其它方法来作.因为既然 ϕ 是一个同构,所以 ϕ 的对偶也是一个同构

$$\mathrm{Hom}(\mathrm{Hom}(C_p(X),\mathbf{Z}),\mathbf{Z})\xleftarrow{\tilde{\phi}}\mathrm{Hom}(D_{n-p}(X),\mathbf{Z}),$$

它把 $\mathscr{D}(X)$中的算子 ε 映射到 δ 在 $\mathscr{C}(X)$中的对偶算子.因为有一个自然同构

$$C_p(X)\simeq\mathrm{Hom}(\mathrm{Hom}(C_p(X),\mathbf{Z}),\mathbf{Z}),$$

它把∂映射到 δ 的对偶(参看定理 56.1 的第四步),所以结果是一个与 δ 和∂交换的同构

$$C_p(X)\longleftarrow\mathrm{Hom}(D_{n-p}(X),\mathbf{Z}).$$

系 65.2 令 X 是一个可剖分的 n 维紧同调流形.如果 X 是连通的,那么对于 X 的任何两个 n 维单形 σ,σ',都有 X 的一系列 n 维单形

$$\sigma=\sigma_0,\sigma_1,\cdots,\sigma_k=\sigma'$$

使得对于每个 i,$\sigma_i\cap\sigma_{i+1}$都是 X 的一个 $n-1$ 维单形.

证明 如果有这样一个序列连接 σ 和 σ',则我们定义 $\sigma\sim\sigma'$.这个关系显然是一个等价关系.如果系数群取为 $\mathbf{Z}/2$,那么任何一个等价类中的 n 维单形之和 $\sum\sigma_i$ 是一个闭链.因为给定 X 的一

个 $n-1$ 维单形 s,两个以 s 为面的 n 维单形是等价的,因而这样的两个单形或者都在这个和中出现,或者都不出现.不论在哪种情况下,$\partial(\sum\sigma_i)$在 s 上的系数都是$[0]\in\mathbf{Z}/2$.

我们断言只存在一个等价类,因为如若不然 X 就有不只一个 $\mathbf{Z}/2$ 上的非平凡的 n 维闭链,但这与下列事实矛盾

$$H_n(X;\mathbf{Z}/2)\cong H^0(X;\mathbf{Z}/2)\cong\mathbf{Z}/2. \qquad \square$$

请注意到这个定理说明,一个可剖分的连通紧同调流形是一个伪流形.(参看系 63.3 及其后面的说明.)

系 65.3 令 X 是一个可剖分的 n 维紧同调流形.若 X 是连通的,那么对于 X 是可定向的有 $H_n(X)\cong\mathbf{Z}$,对于 X 是不可定向的有 $H_n(X)=0$.

证明 如果 X 是可定向的,那么 $H_n(X)\cong H^0(X)\cong\mathbf{Z}$.反过来我们证明,若 $H_n(X)\neq 0$,那么 X 是可定向的.将 X 的 n 维单形任意定向.令 z 是 X 的一个带整系数的非平凡 n 维闭链.于是如果 σ_i 和 σ_{i+1} 是 X 的具有一个 $n-1$ 维公共面的 n 维单形,而且若 z 在 σ_i 上的系数为 m,那么它在 σ_{i+1} 上的系数必为 $\pm m$.鉴于上面的系,z 在 X 的每一个 n 维单形上必然具有包括符号都一致的同一个系数.设这个系数的绝对值为 m.那么用 m 去除 z,就为我们给出 X 的一个定向闭链. □

系 65.4 设 X 是一个可剖分的 n 维紧同调流形.那么 X 是可定向的当且仅当对于 X 的每一个分支 X_i,都有 $H_n(X_i)\cong\mathbf{Z}$. □

这说明 X 的可定向性确实不依赖于 X 的剖分.

下列的系依赖于上一章中证明的万有系数定理.

系 65.5 令 X 是一个可剖分的 n 维紧同调流形,并假定 X 是连通的.

(a) 如果 X 是可定向的,那么 $H_{n-1}(X)$没有挠子群,而且对于所有 G,

$$H_n(X;G)\cong G\cong H^n(X;G).$$

(b) 如果 X 是不可定向的,那么 $H_{n-1}(X)$的挠子群是 2 阶

的，并且对所有 G，

$$H_n(X;G)\cong \ker(G\xrightarrow{2}G),\quad H^n(X;G)\cong G/2G.$$

特别有 $H_n(X)=0$ 和 $H^n(X)\cong\mathbf{Z}/2$.

证明 (a) 当 X 可定向时，计算是直接的，因为由 Poincaré 对偶性

$$H^n(X;G)\cong H_0(X;G),\quad H_n(X;G)\cong H^0(X;G).$$

因为 X 是连通的，所以每个 0 维群同构于 G. 由此可知，$H_{n-1}(X)$ 没有挠子群. 因为

$$H^n(X)\cong \operatorname{Hom}(H_n(X),\mathbf{Z})\oplus \operatorname{Ext}(H_{n-1}(X),\mathbf{Z}).$$

因为(由定理 52.3)$\operatorname{Ext}(H_{n-1}(X),\mathbf{Z})$同构于 $H_{n-1}(X)$的挠子群，所以这个挠子群必然为零.

(b) 现在假设 X 是不可定向的. 我们来计算 $H_n(X;G)$. 令 $\sum\sigma_i$ 是X 的任意定向的所有n 维单形之和. 若 $g\in G$ 的阶为 2，那么$\sum g\sigma_i$ 显然是X的一个闭链，由于每个 $n-1$维单形恰好是两个 n 维单形的公共面. 反过来，令 z 是X 的带G 系数的一个非平凡闭链. 如果 z 在X 的n 维定向单形σ 上的系数是g，那么 z 在与σ 有一个 $n-1$ 维公共面的每个 n 维单形上的系数必然是 $\pm g$；否则 z 就不可能是一个闭链. 应用系 65.2 说明 z 在X 的每一个n 维单形上的系数是 $\pm g$；因而 $z=g(\sum\varepsilon_i\sigma_i)$，其中 $\varepsilon_i=\pm 1$，而且求和是在 X 的所有n 维单形上进行的. 但此时链$\sum\varepsilon_i\sigma_i$ 不可能是一个闭链，因为那将意味着 X 是可定向的. 因此 $\partial(\sum\varepsilon_i\sigma_i)$ 至少在一个 $n-1$ 维单形 s 上具有非零的系数. 这个系数是 ± 2，因为 s 恰是X 的两个 n 维单形的一个公共面. 我们推出 ∂z 在 s 上的系数是 $\pm 2g$，这就意味着 g 的阶是 2(由于 z 是闭链). 特别地，$g=-g$，于是 $z=g(\sum\varepsilon_i\sigma_i)=\sum g\sigma_i$.

这样一来，X 的n 维闭链由形如$\sum g\sigma_i$ 的所有链组成，其中 g

为零或者阶为 2. 由于在 n 维情况下,闭链群等于同调群,由此可知,

$$H_n(X;G) \cong \ker(G \xrightarrow{2} G).$$

现在我们证明 $H_{n-1}(X)$的挠子群 $T_{n-1}(X)$同构于 $\mathbf{Z}/2$. 由于 $H_n(X)=0$,所以从万有系数定理得

$$H_{n-1}(X) * G \cong H_n(X;G) \cong \ker(G \xrightarrow{2} G).$$

因此

$$T_{n-1}(X) * G \cong \ker(G \xrightarrow{2} G) \cong \mathbf{Z}/2 * G.$$

特别是

$$T_{n-1}(X) * \mathbf{Z}/m \cong \begin{cases} 0, & m \text{ 为奇数}, \\ \mathbf{Z}/2, & m \text{ 为偶数}. \end{cases}$$

由此可知,T_{n-1}没有奇数挠系数 $2p+1$(在这个表达式中置 $m=2p+1$ 则得出矛盾);它只有一个偶数挠系数(置 $m=2$),而且这个挠系数不具有 $2k(k>1)$的形式(置 $m=2k$). 因此 $T_{n-1}(X) \cong \mathbf{Z}/2$.

最后,从上同调的万有系数定理得

$$H^n(X;G) \cong \operatorname{Ext}(H_{n-1}(X),G) \cong G/2G. \qquad \square$$

习　　题

1. 令 M 和 N 是可剖分的 n 维紧连通流形. 令 $f:M \to N$. 证明:若 M 是可定向的,而 N 是不可定向的,那么

$$f_*: H_n(M;\mathbf{Z}/2) \longrightarrow H_n(N;\mathbf{Z}/2)$$

是平凡的.

2. 令 X 是一个可剖分的紧定向流形,且第 i 个 Betti 数为 $\beta_i(X)$. 回想到我们把

$$\chi(X) = \sum (-1)^i \beta_i(X)$$

称为 X 的 Euler 数(参看 §22.)

(a) 证明:如果 $\dim X$ 是奇数,那么 $\chi(X)=0$.

(b) 如果 $\dim X$ 等于 $2k$,试用 $\beta_i(i\leqslant k)$表示 $\chi(X)$.

(c) 给出对于切向量场的应用.(参看 §22 的习题 4).

3. 令 X 是一个 n 维同调流形(不必是紧的),它被一个局部有限的复形所剖分.导出非紧同调流形的 Poincaré 对偶同构如下:

(a) 证明

$$H_c^p(X;\mathbf{Z}/2)\cong H_{n-p}(X;\mathbf{Z}/2),$$

其中 H_c^p 表示具有紧支集的上同调.证明

$$H^p(X;\mathbf{Z}/2)\cong H_{n-p}^{\infty}(X;\mathbf{Z}/2),$$

其中 H_{n-p}^{∞}表示基于无穷链上的同调.

(b) 证明:若 X 是连通的,那么 X 是一个 n 维伪流形.

(c) 如果能将 X 的n 维单形σ_i 定向,使得(可能是无穷的)链 $\sum\sigma_i$ 是闭链,那么我们说 X 是**可定向的**.证明在此情况下,对所有 G,

$$H_c^p(X;G)\cong H_{n-p}(X;G),H^p(X;G)\cong H_{n-p}^{\infty}(X;G).$$

推断 X 的可定向性只依赖于底拓扑空间而不依赖具体的三角剖分.

§66 卡 积

为了给出 Poincaré 对偶性的另一种证明,我们必须首先探讨一个实际上是纯粹代数的问题.严格说来,它应当归入到上一章,甚至归入到第五章中.它是一种确定的运算,称为上同调类和同调类的卡积.它的定义在形式上类似于我们在 §48 中给出的上积的定义.它之所以有用就在于它与对偶定理相联系,这一点不久就将显示出来.

贯穿本节,我们始终令 R 表示一个有单位元的交换环.

定义 令 X 是一个拓扑空间.我们定义一个映射

$$S^p(X;R)\otimes S_{p+q}(X;R)\xrightarrow{\frown}S_q(X;R)$$

如下:如果 $T:\Delta_{p+q}\to X$ 是 X 上的一个奇异单形,并且 $\alpha\in R$,那么令

$$c^p \cap (T \otimes \alpha) = T \circ l(\varepsilon_0, \cdots, \varepsilon_q) \otimes \alpha \cdot \langle c^p, l(\varepsilon_q, \cdots, \varepsilon_{p+q}) \rangle.$$

我们把这个链称为上链 C^p 和链 $T \otimes \alpha$ 的**卡积**.

粗略地说,$C^p \cap (T \otimes \alpha)$等于 T 在 Δ_{p+q} 的 q 维前面上的限制,而且以 α 与 c^p 在 T 的 p 维后面上的值之积为系数.

如同关于上积的情况那样,卡积也有替代形式.它们之中有映射

$$S^p(X;G) \otimes S_{p+q}(X;\mathbf{Z}) \xrightarrow{\cap} S_q(X;G),$$

$$S^p(X;F) \otimes_F S_{p+q}(X;F) \xrightarrow{\cap} S_q(X;F),$$

其中 G 是任意 Abel 群,F 是一个域.它们全部都可由上面的卡积公式给出.卡积的这些附加形式对我们也将是有用的.

定理 66.1 卡积是双线性的,而且关于连续映射是自然的.它满足边缘公式

$$\partial(d^p \cap c_{p+q}) = (-1)^q(\delta d^p \cap c_{p+q}) + d^p \cap \partial c_{p+q},$$

而且通过公式

$$c^p \cap (d^q \cap e_{p+q+r}) = (c^p \cup d^q) \cap e_{p+q+r}$$

与上积相联系.

证明 双线性性质容易验证.对自然性的表述比证明更困难.给定一个连续映射 $f:X \to Y$,考虑下列图表

$$\begin{array}{ccccc}
S^p(X) & \otimes & S_{p+q}(X) & \xrightarrow{\cap} & S_q(X) \\
\uparrow f^\# & & \downarrow f_\# & & \downarrow f_\# \\
S^p(Y) & \otimes & S_{p+q}(Y) & \xrightarrow{\cap} & S_q(Y)。
\end{array}$$

(为了方便我们省略了系数.)自然性说明如果 $c^p \in S^p(Y)$,$d_{p+q} \in S_{p+q}(X)$,那么

$$f_\#(f^\#(c^p) \cap d_{p+q}) = c^p \cap f_\#(d_{p+q}).$$

通过直接计算容易验证这个公式.上边缘公式和上积公式的证明

是直接的,但是相当繁琐.我们把细节留给读者. □

实际上这些公式对于卡积的三种形式全都成立.在系数配对 $G\otimes\mathbf{Z}\to G$ 的情况下,必须添加使上积公式有意义这个附加条件.当 c^p,d^q 和 e_{p+q+r} 中的两个带 $\mathbf{Z}$ 中的系数,另一个带 G 中的系数时,这种情况就会发生.

定理 66.2 卡积诱导一个同态

$$H^p(X;R)\otimes H_{p+q}(X;R)\xrightarrow{\cap}H_q(X;R).$$

它是自然的而且满足公式

$$\alpha^p\cap(\beta^q\cap\gamma_{p+q+r})=(\alpha^p\cup\beta^q)\cap\gamma_{p+q+r}.$$

同样的结果对于卡积的其它两种形式也成立.

证明 首先我们指出,如果 d^p 是一个上闭链, c_{p+q} 是一个闭链,那么 $d^p\cap c_{p+q}$ 是一个闭链:

$$\partial(d^p\cap c_{p+q})=(-1)^q\delta d^p\cap c_{p+q}+d^p\cap\partial c_{p+q}=0.$$

其次我们说明, $\cap$ 把自然射影

$$Z^p(X;R)\otimes Z_{p+q}(X;R)\longrightarrow H^p(X;R)\otimes H_{p+q}(X;R)$$

的核映射到 $B_q(X;R)$ 中.这个核是由两个群 $B^p\otimes Z_{p+q}$ 和 $Z^p\otimes B_{p+q}$ 的元素生成的.边缘公式说明

$$(\text{上边缘})\cap(\text{闭链})=(-1)^{q+1}\delta d^{p-1}\cap z_{p+q}=\partial(d^{p-1}\cap z_{p+q}),$$

$$(\text{上闭链})\cap(\text{边缘})=z^p\cap\partial c_{p+q+1}=\partial(z^p\cap c_{p+q+1}),$$

正如所期望的那样,两者都是边缘.自然性以及上积公式都是直接的. □

与 Kronecker 指标的关系

在同调-上同调水平上卡积的自然性由下列形式的图表表示(为了方便在这里我们省略了系数):

$$\begin{array}{ccccc} H^p(X) & \otimes & H_{p+q}(X) & \longrightarrow & H_q(X) \\ \uparrow f^* & & \downarrow f_* & & \downarrow f_* \\ H^p(Y) & \otimes & H_{p+q}(Y) & \longrightarrow & H_q(Y). \end{array}$$

这个图表与 Kronecker 指标的相应图表之间的相似性使人们猜想到这两者之间存在着某种联系.确实如此,现在我们就来讨论这种联系.

回想起在§45,我们曾把 Kronecker 指标定义作由上链在(下)链上的赋值所诱导的同态

$$\langle\ ,\ \rangle: H^p(X;G)\otimes H_p(X)\longrightarrow G.$$

定理 66.3 令 $\varepsilon_*: H_0(X;G)\longrightarrow G$ 是由增广映射 ε 诱导的同态,当 X 道路连通时,它是一个同构.那么 Kronecker 指标等于复合映射

$$H^p(X;G)\otimes H_p(X)\xrightarrow{\cap} H_0(X;G)\xrightarrow{\varepsilon_*} G.$$

证明 增广映射 $\varepsilon: C_0\to\mathbf{Z}$ 产生一个同态 $C_0\otimes G\to\mathbf{Z}\otimes G\cong G$,它把边缘映射为零.因此它诱导一个同调同态 ε_*.我们直接计算如下:如果 $T:\Delta p\to X$,那么

$$\begin{aligned}\varepsilon(c^p\cap T) &= \varepsilon[T\circ l(\varepsilon_0)\otimes\langle c^p, T\circ l(\varepsilon_0,\cdots,\varepsilon_p)\rangle] \\ &= \langle c^p, T\rangle.\end{aligned}$$

于是定理成立. □

把 Kronecker 映射

$$\kappa: H^p(X;G)\longrightarrow \mathrm{Hom}(H_p(X),G)$$

定义为把 α 变成同态$\langle\alpha,\ \rangle$的映射是方便的.这个映射的自然性要比 Kronecker 指标的自然性容易表述.卡积也有一种类似的形式,它的自然性由下列交换图表表示

$$
\begin{array}{ccc}
H_{p+q}(X;R) & \xrightarrow{\ \cap\ } & \mathrm{Hom}(H^p(X;R),H_q(X;R)) \\
\Big\downarrow f_* & & \Big\downarrow \mathrm{Hom}(f^*,f_*) \\
H_{p+q}(Y;R) & \xrightarrow{\ \cap\ } & \mathrm{Hom}(H^p(Y;R),H_q(Y;R)),
\end{array}
$$

其中水平方向的映射把同调类 γ_{p+q}映射到同态"$\cap\gamma_{p+q}$".实际上这正是我们所常用的自然性的确切表达方式.

单纯卡积

正如关于上积的情形一样,如果要顺利地进行计算,我们就需要有一个适合于单纯理论的公式.至于如何得到这样一个公式,现在就该清楚了.

定义 给定一个复形 K,选取 K 的顶点的一种偏序使之能将每个单形的顶点线序化.我们由公式

$$
\begin{aligned}
& c^p \cap ([v_0,\cdots,v_{p+q}]\otimes\alpha) \\
&= [v_0,\cdots,v_q]\otimes\alpha\cdot\langle c^p,[v_q,\cdots,v_{p+q}]\rangle
\end{aligned}
$$

定义一个同态

$$
C^p(K;R)\otimes C_{p+q}(K;R)\xrightarrow{\ \cap\ } C_q(K;R),
$$

并且把它称为**单纯卡积**.

定理 66.4 单纯卡积满足定理 66.1 的边缘公式和上积公式.它在单纯理论中诱导一个同态

$$
H^p(K;R)\otimes H_{p+q}(K;R)\to H_q(K;R);
$$

该同态在单纯理论与奇异理论之间的标准同构下对应于奇异卡积.

证明 令 $\eta: C_p(K)\to S_p(|K|)$是在§34 中定义的链映射,它诱导单纯理论与奇异理论之间一个同构.因为 η 是到直和项上的单态射,所以它的对偶 $\tilde{\eta}$ 是满射.

我们首先证明 η 与 $\cap$ 在链水平上交换. 即给定 $c^p \in C^p(K;R)$,我们能够选取 $d^p \in S^p(|K|;R)$适合 $\tilde{\eta}(d^p)=c^p$,并且验证对于 $c_{p+q} \in C_{p+q}(K;R)$,有

$$\eta(c^p \cap c_{p+q}) = d^p \cap \eta(c_{p+q}).$$

为证明这个公式,我们假定 $v_0 < \cdots < v_{p+q}$,并做计算

$$\begin{aligned}
&\eta(c^p \cap [v_0,\cdots,v_{p+q}] \otimes \alpha) \\
&= l(v_0,\cdots,v_q) \otimes \alpha \cdot \langle c^p,[v_q,\cdots,v_{p+q}]\rangle \\
&= l(v_0,\cdots,v_q) \otimes \alpha \cdot \langle d^p, l(v_q,\cdots,v_{p+q})\rangle \\
&= d^p \cap \eta([v_0,\cdots,v_{p+q}] \otimes \alpha).
\end{aligned}$$

最后这个等式用到下列事实:

$$l(v_0,\cdots,v_{p+q}) \circ l(\varepsilon_0,\cdots,\varepsilon_q) = l(v_0,\cdots,v_q).$$

边缘公式和上积公式可以像在定理 66.1 中那样通过直接计算来证明,也可以从奇异理论的类似公式导出. 例如,给定 c^p,同前面一样令 $\tilde{\eta}(d^p)=c^p$. 于是如果我们对所要求的等式

$$(*) \qquad \partial(c^p \cap c_{p+q}) = (-1)^q \delta c^p \cap c_{p+q} + c^p \cap \partial c_{p+q}$$

两边都应用 η,那么我们就得到有效等式

$$\partial(d^p \cap \eta(c_{p+q})) = (-1)^q \delta d^p \cap \eta(c_{p+q}) + d^p \cap \partial\eta(c_{p+q}).$$

因为 η 是一个单态射,所以($*$)必定成立. 利用 $\tilde{\eta}$ 与上积交换这个事实,那么类似的论证也适用于上积公式. □

相对卡积

正如对于上积的情况那样,卡积也有相对形式. 在以下的叙述中它将是有用的. 最一般的相对卡积是一个双线性映射

$$H^p(X,A) \otimes H_{p+q}(X,A \cup B) \longrightarrow H_q(X,B),$$

它在$\{A,B\}$是一个切除对时有定义.(为了方便我们在这里省略了系数.)实际上我们只是对 A 或B 为空集,或者 $A=B$ 的情形感兴趣. 也就是说我们关心下列运算:

$$H^p(X)\otimes H_{p+q}(X,B)\xrightarrow{\cap}H_q(X,B),$$

$$H^p(X,A)\otimes H_{p+q}(X,A)\xrightarrow{\cap}H_q(X),$$

$$H^p(X,A)\otimes H_{p+q}(X,A)\xrightarrow{\cap}H_q(X,A).$$

这些卡积的存在性容易证实. 令 $c^p\in S^p(X)$, $d_{p+q}\in S_{p+q}(X)$. 为了得到第一个运算. 我们只需注意到，如果 d_{p+q}是由 B 承载的，那么由其定义，$c^p\cap d_{p+q}$也是由 B 承载的. 为了证实第二个运算的存在性，我们注意到，如果 c^p 在由 A 承载的所有链上为零，而且若 d_{p+q}由 A 承载，那么 $c^p\cap d_{p+q}=0$. 第三个运算等于第二个运算再经过射影映射 $H_q(X)\to H_q(X,A)$而得到的.

如同以前一样，边缘公式和上积公式成立. 因此，我们在相对同调和上同调的水平上就有一个自然的双线性映射.

在单纯理论中我们有类似的相对卡积. 我们只要重复对于绝对卡积已给出的论证即可.

习　题

1. 通过置 $d_{p+q}=T\otimes\alpha$ 并由直接计算来验证定理 66.1 的自然性公式.

2. 用下述方法来验证定理 66.1 的边缘公式：置 $c_{p+q}=T\otimes\alpha$ 并把 $(-1)^q\delta d^p\cap c_{p+q}$和$d^p\cap\partial c_{p+q}$的表达式相加. 大多数的项相互抵消，剩余的表达式为

$$\sum_{i\leqslant q}(-1)^iT\circ l(\varepsilon_0,\cdots,\hat{\varepsilon}_i,\cdots,\varepsilon_q)\otimes\alpha\cdot\langle d^p,T\circ l(\varepsilon_q,\cdots,\varepsilon_{p+q})\rangle,$$

其中第 q 项是从$(-1)^q\delta d^p\cap c_{p+q}$的表达式留下来的，而 $i<q$ 的那些项是从$d^p\cap\partial c_{p+q}$的表达式中留下来的.

3. 置 $e_{p+q+r}=T\otimes\alpha$ 并直接计算来验证定理 66.1 的上积公式.

4. 令 T 为环面；令 α 和 β 是 $H^1(T)$的通常生成元；令 Γ 和 Λ 分别生成 $H_2(T)$和 $H^2(T)$.（参看 §49 的例 1.）

(a) 计算 $\alpha\cap\Gamma$ 和 $\beta\cap\Gamma$，并画出示意图.

(b) 计算 $\Lambda\cap\Gamma$.

(c) 验证 $\alpha \cap (\beta \cap \Gamma) = (\alpha \cup \beta) \cap \Gamma$.

5. 令 P^2 为射影平面,令 $\Gamma_{(2)}$ 表示 $H_2(P^2;\mathbf{Z}/2)$ 的非零元. 计算同态 $\cap \Gamma_{(2)}$ 在群 $H^i(P^2;\mathbf{Z}/2)(i=1,2)$ 上的值.

6. 令 (X,A) 是一个可三角剖分偶,令 $\alpha \in H_n(X,A)$. 那么 $\partial_* \alpha$ 是 $H_{n-1}(A)$ 的一个元. 考虑下列图表

$$\begin{array}{ccccccc}
H^p(X,A) & \longrightarrow & H^p(X) & \longrightarrow & H^p(A) & \longrightarrow & H^{p+1}(X,A) \\
\downarrow \cap\alpha & & \downarrow \cap\alpha & & \downarrow \cap\partial_*\alpha & & \downarrow \cap\alpha \\
H_{n-p}(X) & \longrightarrow & H_{n-p}(X,A) & \longrightarrow & H_{n-p-1}(A) & \longrightarrow & H_{n-p-1}(X).
\end{array}$$

证明:每一个方块直至符号是交换的. 所涉及到符号是什么?

§67 Poincaré 对偶的另一种证明

现在我们给出 Poincaré 对偶定理的另一种证明. 在这个证明中,对偶同构将利用卡积来构造. 我们还将得出几个有趣的推论,其中包括对偶同构的一个自然性公式以及它不依赖于所涉及的三角剖分的一个证明.

定义 令 X 是一个可剖分的 n 维紧同调流形. (请注意,并未假定 X 的任何具体三角剖分.) 令 X_i 是 X 的一个分支. 如果 X 是可定向的,那么 $H_n(X_i)$ 是无限循环的,并且把 $H_n(X_i)$ 的一个生成元 $\Gamma^{(i)}$ 称为 X_i 的一个**定向类**. 我们把类 $\Gamma^{(i)}$ 在由包含映射诱导的同构

$$\oplus H_n(X_i) \simeq H_n(X)$$

下的象称为 X 的一个**定向类**,并且记为 Γ. 类似地,如果 X 不必是可定向的,而且 $\Gamma_{(2)}^{(i)}$ 是 $H_n(X_i,\mathbf{Z}/2)$ 的唯一非平凡元,那么我们把这些元素在 $H_n(X;\mathbf{Z}/2)$ 中的象记为 $\Gamma_{(2)}$,并且称为 X 的**在 $\mathbf{Z}/2$ 上的一个定向类**.

如果给定 X 的一个具体剖分,那么 $\Gamma^{(i)}$ 可由分支 X_i 的适当

定向的所有 n 维单形之和来表示，Γ 可由 X 的适当定向的所有 n 维单形之和 γ 表示. 类似地，$\Gamma_{(2)}$ 由 X 的每一个带有系数 $[1]\in \mathbf{Z}/2$ 的 n 维单形之和表示.

定理 67.1 （**Poincaré 对偶——第二种形式**） 令 X 是一个可剖分的 n 维紧同调流形. 如果 X 是可定向的，并且 $\Gamma\in H_n(X)$ 是 X 的一个定向类，那么

$$H^p(X;G)\xrightarrow{\cap\,\Gamma} H_{n-p}(X;G)$$

对于任意 G 都是同构. 无论 X 是不是可定向的，

$$H^p(X;\mathbf{Z}/2)\xrightarrow{\cap\,\Gamma_{(2)}} H_{n-p}(X;\mathbf{Z}/2)$$

都是同构.

证明 证明的思想与以前是相同的. 我们选取 X 的一个三角剖分，它是把 X 分成它的对偶块的划分，而且构造一个与 δ 和 ∂ 交换的同构

$$\phi: C^p(X)\longrightarrow D_{n-p}(X).$$

所不同的是我们要通过用卡积公式来构造 ϕ.

第一步 我们首先证明下列基本事实：令 K 是一个复形，令 $g:\mathrm{sd}\,K\to K$ 是恒等映射的一个单纯逼近. 那么给定 $\sigma\in K$，恰有 $\mathrm{sd}\sigma$ 的一个单形 t 使得 g 把它映射到 σ 上，而其它单形均被映射到 σ 的真面上.

回想到，如果 $\sigma\in K$，那么由于 $\hat{\sigma}$ 在 σ 的内部，所以映射 g 必然把 $\hat{\sigma}$ 映射到 σ 的顶点之一.

我们对于 σ 的维数用数学归纳法. 如果 σ 是一个顶点 v，那么 $g(v)=v$，于是我们的结果成立. 如果 $\sigma=v_0v_1$，那么 $g(v_0)=v_0$ 且 $g(v_1)=v_1$，而 $g(\hat{\sigma})$ 或者等于 v_0，或者等于 v_1. 无论哪种情况发生，g 把两个单形 $v_0\hat{\sigma}$ 和 $v_1\hat{\sigma}$ 中的一个坍缩到一点，并把另一个映射到 v_0v_1 上.

一般地令 s 是一个 k 维单形 $v_0\cdots v_k$. 由归纳假设，σ 的每个 $k-1$ 维面 $s_i=v_0\cdots\hat{v}_i\cdots v_k$ 恰好包含 $\mathrm{sd}K$ 的一个 $k-1$ 维单形 t_i，

它被 g 映射到 s_i 上.因而 $\mathrm{sd}\sigma$ 的每个 k 维单形,可能除了形如 $\hat{\sigma} * t_i (i=0,\cdots,k)$ 的 k 维单形之外,均被 g 坍缩.于是 g 把 $\hat{\sigma}$ 映射到 σ 的顶点之一.不妨设 $g(\hat{\sigma})=v_j$.由于

$$g(t_i) = s_i = v_0 \cdots \hat{v}_i \cdots v_k,$$

所以映射 g 把 $\hat{\sigma} * t_j$ 映射到 σ 上,而且对于 $i \neq j$ 把每个单形 $\hat{\sigma} * t_i$ 坍缩到 s_i 上.

第二步　我们还有另一个基本事实,这就是,令 K 是一个复形,令 $\mathrm{sd}: C_p(K) \to C_p(\mathrm{sd}K)$ 是§17 中定义的重心重分链映射.若 σ 是 K 的一个 p 维定向单形,那么 $\mathrm{sd}\sigma$ 是 $\mathrm{sd}K$ 的位于 σ 内的适当定向的所有 p 维单形之和.

我们用数学归纳法来证明.公式 $\mathrm{sd}(v)=v$ 说明结果对于 0 维成立.一般令 σ 的维数为 p.于是链 $\partial\sigma$ 是 σ 的适当定向的 $p-1$ 维面的和.那么由归纳假设 $\mathrm{sd}(\partial\sigma)$ 是 $\mathrm{sd}\ K$ 的所有位于 $Bd\sigma$ 内的适当定向的 $p-1$ 维单形之和.由此可知

$$\mathrm{sd}\sigma = [\hat{\sigma}, \mathrm{sd}(\partial\sigma)]$$

是 $\mathrm{sd}\ K$ 的位于 σ 内的适当定向的所有 p 维单形之和.

第三步　现在令 X 是定理中所述的流形,并且选取一个具体三角剖分.令 γ 是关于这个剖分的代表 Γ 的闭链.在复形 $\mathrm{sd}X$ 中,我们将使用顶点的标准偏序,并且用这个序把 $\mathrm{sd}X$ 的单形定向.对于 X 的单形可任意定向.

由第二步,链 $\mathrm{sd}\gamma$ 是 $\mathrm{sd}X$ 的带有符号 ± 1 的所有 n 维定向单形之和.因为它是一个闭链,所以 $\mathrm{sd}\gamma$ 是 $\mathrm{sd}X$ 的定向闭链.

选取 $g: \mathrm{sd}X \to X$ 是恒等映射的一个单纯逼近.考虑图表

$$\begin{array}{ccc} C^p(X) & \overset{\psi}{\dashrightarrow} & D_{n-p}(X) \\ \downarrow{\scriptstyle g^\#} & & \downarrow{\scriptstyle j} \\ C^p(\mathrm{sd}\,X) & \xrightarrow{\cap\,\mathrm{sd}\,\gamma} & C_{n-p}(\mathrm{sd}\,X), \end{array}$$

其中 j 是从 X 的对偶链复形到 $\mathrm{sd}X$ 的单纯链复形中的包含映射. 我们将证明 $g^{\#}$ 和 $\cap\,\mathrm{sd}\gamma$ 的复合把 $C^p(X)$ 同构地映射到 $C_{n-p}(\mathrm{sd}X)$的子群 $D_{n-p}(X)$上. 由此可知,存在唯一的一个同构 ψ 使得这个图表交换.

首先我们来证明一个预备结果:若 σ 是 X 的一个 p 维定向单形,那么$g^{\#}(\sigma^*)\cap\mathrm{sd}\gamma$等于 $\mathrm{sd}X$ 的位于块$\bar{D}(\sigma)$中带有系数 ± 1 的所有 $n-p$ 维单形之和.

我们通过直接计算证明这个事实. 给定 σ,那么由第一步,恰好有 $\mathrm{sd}X$ 的一个 p 维单形 t,它被 g 映射到σ 上. 于是

$$g^{\#}(\sigma^*) = \pm\, t^*,$$

其中符号依赖于所选取的定向. 让我们来计算卡积 $t^*\cap\mathrm{sd}\gamma$.

回顾单纯卡积的公式. 给出复形 K 的顶点的一个序,并给出 K 的一个上链 c^p 和一个 $p+q$ 维单形 τ,则链 $c^p\cap\tau$ 等于 τ 的"g 维前面"乘以 c^p 在 τ 的"p 维后面"上的值.

现在 t 是 $\mathrm{sd}X$ 的一个 p 维单形而且具有形式

$$t = [\hat{s}_p, \cdots, \hat{s}_o],$$

其中 $s_p=\sigma$,而且对每个 i, s_i 的维数恰好是i. 此外,$\mathrm{sd}\gamma$ 是 $\mathrm{sd}X$ 的所有 n 维单形之和,而且每个单形具有形式

$$\tau = [\hat{\sigma}_n, \cdots, \hat{\sigma}_0],$$

其中对于每个 i 来说,σ_i 恰好是i 维的. 除了 t 等于τ 的后面,即除非

$$t = [\hat{s}_p, \cdots, \hat{s}_0] = [\hat{\sigma}_p, \cdots\hat{\sigma}_0],$$

那么链 $t^*\cap\tau$ 都将为零,而在该情况下,$t^*\cap\tau$ 等于$[\hat{\sigma}_n,\cdots,\hat{\sigma}_p]$. 由此可知,$t^*\cap\mathrm{sd}\gamma$ 是 $\mathrm{sd}X$ 的带有符号 ± 1 的所有形如

$$[\hat{\sigma}_n, \cdots, \hat{\sigma}_p]$$

的单形之和,并且其中 $\sigma_p=s_p=\sigma$. 这些单形恰好是$\bar{D}(\sigma)$的 $n-p$ 维单形.

现在来证明我们要证的结果. 我们要证明 $g^{\#}(\sigma^*)\cap\mathrm{sd}\gamma$ 实

际上是块$(\bar{D}(\sigma),\dot{D}(\sigma))$的一个基本闭链.

我们知道,$g^{\#}(\sigma^*)\cap \mathrm{sd}\gamma$ 是由 $\bar{D}(\sigma)$承载的一个非平凡的 $n-p$维链,而且它不是其它任何链的倍数(因其系数都是± 1).要证明它是一个基本链,只需证明它的边缘是由 $\dot{D}(\sigma)$承载的.为此,我们做计算

$$(*)\qquad \begin{aligned}\partial(g^{\#}(\sigma^*)\cap \mathrm{sd}\gamma) &= (-1)^{n-p}\delta g^{\#}(\sigma^*)\cap \mathrm{sd}\gamma + 0\\ &= (-1)^{n-p} g^{\#}(\delta\sigma^*)\cap \mathrm{sd}\gamma.\end{aligned}$$

由于 $\delta\sigma^*$ 是形如$\pm\sigma_{p+1}^*$的项之和,其中 σ_{p+1}是 X 的以σ 作为一个面的$p+1$ 维单形.由刚才证明的结果,链 $g^{\#}(\sigma_{p+1}^*)\cap \mathrm{sd}\gamma$ 是由对偶于σ_{p+1}的块 $\bar{D}(\sigma_{p+1})$承载的.因为 $\sigma_{p+1}\succ\sigma$,所以这个块包含在 $\dot{D}(\sigma)$中.因而如所期望的那样,$g^{\#}(\delta\sigma^*)\cap \mathrm{sd}\gamma$ 是由$\dot{D}(\sigma)$所承载的.

第四步　至此我们已经证明了同构

$$\psi: C^p(X) \longrightarrow D_{n-p}(X)$$

存在,而且它把基元σ^*映射到σ 的对偶块的一个闭链.因此,ψ 类似于定理 56.1 中的同构 ϕ.唯一剩下的问题是它能否跟 δ 和∂交换.除了至多只差一个符号外,它与 δ 和∂是交换的.上面的公式$(*)$为我们给出等式

$$\partial\psi(c^p) = (-1)^{n-p}\psi(\delta c^p).$$

由于符号$(-1)^{n-p}$不影响上闭链群和边缘链群.由此可知,恰似 ϕ 的情形一样,ψ 诱导$H^p(X)$与 $H_{n-p}(\mathscr{D}(X))$之间的一个同构.(事实上,ψ 与ϕ 仅差一个符号.参看习题 1.)

由于包含映射 $\mathscr{D}(X)\to\mathscr{C}(\mathrm{sd}X)$诱导一个同调的同构,那么由此可知复合映射

$$H^p(X) \xrightarrow{g^*} H^p(\mathrm{sd}X) \xrightarrow{\cap\{\mathrm{sd}\gamma\}} H_{n-p}(\mathrm{sd}X)$$

是一个同构.那么如果我们把 sd$X$ 的同调与 X 的同调等同起来,例如这可以通过转化为可剖分空间 X 的同调,或转化为奇异同调和上同调来实现,则我们看到由于 g^* 是恒等映射,所以这个同构可以表示成

$$H^p(X)\xrightarrow{\cap\Gamma}H_{n-p}(X)$$

的形式.

第五步　为了处理任意系数的情形,我们先来证实复合映射

$$C^p(X)\otimes G\cong C^p(X;G)\xrightarrow{g^\#}C^p(\mathrm{sd}X;G)$$
$$\xrightarrow{\cap\,\mathrm{sd}\gamma}D_{n-p}(X)\otimes G$$

等于第四步中的同构 $C^p(X)\to D_{n-p}(X)$与 G 上的恒等映射所作的张量积.因此它是一个同构.

第六步　在 X 不必是可定向的情况下,如果我们模 2 约化所有系数,那么上面的证明仍然有效.第一步和第二步不变.第三步中的论证说明 $g^\#(\sigma^*)\cap\mathrm{sd}\gamma_{(2)}$是块$(\bar{D}(\sigma),\dot{D}(\sigma))$的(带 $\mathbf{Z}/2$ 系数的)非平凡的 $n-p$ 维闭链.因为不必涉及符号问题,所以第四步变得更容易了. □

虽然我们对这个定理的证明始终使用了单纯同调,但是通过一个保持卡积的同构,单纯理论与奇异理论是同构的,这就意味着这个定理对于奇异理论也成立.尤其是,由$\cap\Gamma$ 给出的同构只依赖于同调类 Γ,而不依赖于所涉及的任何具体剖分.

上述定理为我们给出了关于 Poincaré 对偶同构怎样对于连续映射起作用的信息.特别是我们有下列定理,它的证明是卡积自然性的一个直接推论.

定理 67.2　令 X 和 Y 是可剖分的、可定向的、连通的 n 维紧同调流形;令 Γ_X 和Γ_Y 分别是X 和 Y 的定向类.给定 $f:X\to Y$,令 d 是一个整数,使得 $f_*(\Gamma_X)=d\cdot\Gamma_Y$.那么下列图表交换:

$$\begin{array}{ccc}H^k(X;G) & \xrightarrow[\cong]{\cap\Gamma_X} & H_{n-k}(X;G)\\ \big\downarrow f^* & & \big\downarrow f_*\\ H^k(Y;G) & \xrightarrow{\cap d\,\Gamma_Y} & H_{n-k}(Y;G).\end{array}$$

尤其是，若 $d=\pm 1$，那么 f^* 是单射而 f_* 是满射. 在不要求 X 和 Y 是可定向的情况下，同样的结果对于 $G=\mathbf{Z}/2$ 成立. □

定义 在这个定理的叙述中所出现的整数 d 称为 f 关于定向闭链 Γ_X 和 Γ_Y 的**度**. 由于 Γ_X 和 Γ_Y 直至符号都是唯一确定的，所以 d 也是如此. 如果 $X=Y$ 且 $\Gamma_X=\Gamma_Y$，那么 d 是唯一确定的.

Poincaré 对偶的第二种形式——其中的同构是通过使用卡积而得到的——它所具有的重要性远远超出了刚才证明的自然性图表. 请注意到，即使 X 是不可剖分的，但只要知道我们用 X 的定向类表示什么意思，那么定理 67.1 所述的一切仍然有意义. 这个事实启发我们，通过在奇异理论中使用卡积，就可以得出对于不假定可剖分性的任意紧拓扑流形的 Poincaré 对偶的一种证明. 实际情况正是如此. 有兴趣的读者可以查阅文献[D_o]（也可以查阅文献[G-H]，[V]或者[S]）.

习 题

1. 给定义 X 的定向闭链 γ，并且像在定理 67.1 的证明中那样构造 ψ.

(a) 由下列规则定义 ϕ：

$$\phi(c^p)=(-1)^{\alpha(p)}\psi(c^p),$$

其中对所有 k，有

$$\alpha(4k+n)=0,\quad \alpha(4k+n+2)=1,$$
$$\alpha(4k+n+1)=0,\quad \alpha(4k+n+3)=1,$$

证明 ϕ 满足条件 $\phi\delta=\partial\phi$.

(b) 证明：若 σ 是 X 的一个 n 维单形，而且就像它出现在闭链 γ 中那样定向，那么 $\psi(\sigma^*)=\hat{\sigma}$. [提示：$\varepsilon(\psi(\sigma^*))=\varepsilon(g_\#(\psi(\sigma^*)))=\varepsilon(\sigma^*\cap\gamma)$.]

(c) 推证(a)款中的同态 ϕ 与定理 65.1 的证明中的那个 ϕ 是完全相同的.

2. 令 X 和 Y 是可剖分的、连通的 n 维紧同调流形，令 $f: X\to Y$.

(a) 证明如果 X 和 Y 是可定向的，并且 f 具有非零的度数，那么 $\beta_i(X)\geqslant\beta_i(Y)$，其中 β_i 表示第 i 个 Betti 数.

(b) 如果 $f_*: H_n(X;\mathbf{Z}/2)\to H_n(Y;\mathbf{Z}/2)$是非平凡的,那么对于 $H_i(X;\mathbf{Z}/2)$和 $H_i(Y;\mathbf{Z}/2)$你能说出些什么结果?

3. 令 X_n 表示环面的n 重连通和;令 $X_0=S^2$. 证明当且仅当 $n\geqslant m$ 时,存在一个具有非零度数的映射 $f: X_n\to X_m$.

4. 令 X_n 如同习题 3 中所述;令 Y_n 是射影平面的n 重连通和($n\geqslant 1$). 给定 f,考虑条件:

(*) f_* 作为带 $\mathbf{Z}/2$ 系数的 H_2 上的一个映射是非平凡的.

(a) 证明存在一个满足条件(*)的映射 $f: Y_n\to Y_m$,当且仅当 $n\geqslant m$.

(b) 证明不存在任何满足条件(*)的映射 $f: X_n\to Y_m$.

映射 $f: Y_m\to X_n$ 的情况将在下一节的习题中考虑.

*§68 应用:流形的上同调环†

现在我们把 Poincaré 对偶定理用于计算流形的上同调环问题. 虽然我们不能计算出每个紧流形的上同调环,但是我们将要证明的这个定理足以使我们能够计算出实射影空间和复射影空间的上同调环. 这种计算反过来又引导出象 Borsuk-Ulam 定理和所谓"火腿三明治定理等这样一些拓扑学的经典定理的证明".

定义 令 A 和B 是具有相同秩数的自由 Abel 群. 令 C 是一个无限循环群. 如果有 A 的基 $a_1,\cdots,a_m$ 和 B 的基 $b_1,\cdots,b_m$,使得

$$f(a_i\otimes b_j)=\delta_{ij}\gamma$$

对所有 $i,j=1,\cdots,m$ 成立,其中 γ 是C 的一个生成元,则我们说同态

$$f: A\otimes B\to C$$

是一个**对偶配对**.

定理 68.1 令 X 是一个可剖分的、可定向的、连通的 n 维紧

† 在本节中我们假定读者熟悉射影空间(§40);我们还要用到上同调的万有系数定理(§53).

同调流形. 令 $T^k(X)$ 表示 $H^k(X)$ 的挠子群. 那么上积运算诱导一个同态

$$\frac{H^k(X)}{T^k(X)} \otimes \frac{H^{n-k}(X)}{T^{n-k}(X)} \to H^n(X),$$

它是一个对偶配对.

证明 令 $\alpha \in H^k(X), \beta \in H^{n-k}(X)$. 如果 α 是一个有限阶的元素,那么 $\alpha \cup \beta$ 也是有限阶的. 由于 $H^n(X)$ 是无限循环的,所以这就蕴涵着 $\alpha \cup \beta = 0$. 如果 β 是有限阶的,那么类似的说法也适用. 因此(由引理 50.3),上积诱导一个同态

$$\frac{H^k(X)}{T^k(X)} \otimes \frac{H^{n-k}(X)}{T^{n-k}(X)} \to H^n(X).$$

选取 $H^n(X)$ 的一个生成元 Λ. 然后选取 $H_n(X)$ 的一个生成元 Γ,而且选取它的符号使得同构

$$(*) \qquad H^n(X) \xrightarrow{\cap \Gamma} H_0(X) \xrightarrow{\varepsilon_*} Z$$

把 Λ 映射到 1. 那么 $\varepsilon_*(\Lambda \cap \Gamma) = 1$.

为证明定理,我们将求出 $H^k(X)$ 的元素 $\alpha_1, \cdots, \alpha_m$ 和 $H^{n-k}(X)$ 的元素 $\beta_1, \cdots, \beta_m$,使得

$$\alpha_i \cup \beta_j = \delta_{ij}\Lambda, \quad i, j = 1, \cdots, m,$$

并且使得它们模挠子群的陪集分别形成 $H^k(X)/T^k(X)$ 和 $H^{n-k}(X)/T^{n-k}(X)$ 的基,并分别记为 $\{\alpha_i\}$ 和 $\{\beta_j\}$.

以上所述是证明的思路. 首先存在一个几何对偶同构

$$\cap \Gamma : H^{n-k}(X) \to H_k(X),$$

它是从与 Γ 的卡积而得到的. 这个同构诱导 $H^{n-k}(X)/T^{n-k}(X)$ 与 $H^k(X)/T^k(X)$ 的一个同构.

其次,存在一个从 Kronecker 映射 κ 得到的代数对偶同构 κ^*. 它可从正合序列

$$0 \leftarrow \operatorname{Hom}(H_k(X), \mathbf{Z}) \xleftarrow{\kappa} H^k(X) \leftarrow \operatorname{Ext}(H_{k-1}(X), \mathbf{Z}) \leftarrow 0$$

得出如下:左边的群同构于 $\operatorname{Hom}(H_k(X)/T_k(X), \mathbf{Z})$. 因而是自由

的;而右边的群是一个挠群.因此存在一个诱导同态

$$\mathrm{Hom}\left(\frac{H_k(X)}{T_k(X)},\mathbf{Z}\right)\xleftarrow{\kappa^*}\frac{H^k(X)}{T^k(X)}.$$

它是通过公式

$$[\kappa^*\{\alpha\}]\{\beta\}=[\kappa(\alpha)](\beta)=\langle\alpha,\beta\rangle=\varepsilon_*(\alpha\cap\beta)$$

与卡积相关的.联合这两种类型的对偶即可给出我们的定理.

考虑同构的序列

$$\frac{H^{n-k}}{T^{n-k}}\underset{\cong}{\xrightarrow{\cap\Gamma}}\frac{H_k}{T_k}\cong\mathrm{Hom}\left(\frac{H_k}{T_k},\mathbf{Z}\right)\underset{\cong}{\xleftarrow{\kappa^*}}\frac{H^k}{T^k}.$$

(为了方便,在这里我们从记号中省略了 X.)任意选取 H^{n-k}/T^{n-k} 的一个基 $\{\beta_1\},\cdots,\{\beta_m\}$.令 $\{\gamma_1\},\cdots,\{\gamma_m\}$ 是对所有 j 由等式 $\beta_j\cap\Gamma=\gamma_j$ 定义的 H_k/T_k 的对应基.令 $\gamma_1^*,\cdots,\gamma_m^*$ 是由等式 $\gamma_i^*(\{\gamma_j\})=\delta_{ij}$ 定义的 $\mathrm{Hom}(H_k/T_k,\mathbf{Z})$ 的相应的对偶基.最后,令 $\{\alpha_1\},\cdots,\{\alpha_m\}$ 是对于所有 i 由等式 $\kappa^*(\{\alpha_i\})=\gamma_i^*$ 定义的 H^k/T^k 的相应基.

为了证明 $\alpha_i\cup\beta_j=\delta_{ij}\Lambda$,只须(应用由(*)式给出的 $H^n(X)$ 与 $\mathbf{Z}$ 的同构)证明

$$\varepsilon_*((\alpha_i\cup\beta_j)\cap\Gamma)=\delta_{ij}\varepsilon_*(\Lambda\cap\Gamma)=\delta_{ij}$$

就行了.我们做计算如下:

$$\begin{aligned}\delta_{ij}&=\gamma_i^*(\{\gamma_j\})=[\kappa^*\{\alpha\}](\{\beta_j\}\cap\Gamma)=\langle\alpha_i,\beta_j\cap\Gamma\rangle\\&=\varepsilon_*(\alpha_i\cap(\beta_j\cap\Gamma))=\varepsilon_*((\alpha_i\cup\beta_j)\cap\Gamma).\end{aligned}$$ □

当系数构成一个域时类似的定理成立:

定理 68.2 令 X 是一个可剖分的、连通的 n 维紧同调流形.令 F 是一个域;若 X 是不可定向的,则假定 F 等于 $\mathbf{Z}/2$.令 Λ 生成 $H^n(X;F)$.那么就有 $H^k(X;F)$的(向量空间)基 $\alpha_1,\cdots,\alpha_m$ 和 $H^{n-k}(X;F)$的(向量空间)基 $\beta_1,\cdots,\beta_m$,使得对于 $i,j=1,\cdots,m$,

$$\alpha_i\cup\beta_j=\delta_{ij}\Lambda.$$

证明 在可定向的情况下,选取 Γ 使得同态

$$H^n(X;F) \xrightarrow{\cap \Gamma} H_0(X;F) \xrightarrow{\varepsilon_*} F$$

把 Λ 映射到 $1 \in F$. 在不可定向的情形, $\Gamma_{(2)}$ 是唯一的. 于是与以前一样,用下列图表进行:

$$H^{n-k}(X;F) \underset{\cong}{\xrightarrow{\cap \Gamma'}} H_k(X;F) \cong \mathrm{Hom}_F(H_k(X;F),F)$$

$$\underset{\cong}{\xleftarrow{\kappa^*}} H^k(X;F).$$

这里 Γ' 根据情况,或者表示 Γ,或者表示 $\Gamma_{(2)}$. □

例 1 让我们再次来考虑环面. 由定理 68.1, $H^1(T)$ 有一个基 α_1,α_2,而且还有 $H^1(T)$ 的一个基 β_1,β_2 使得 $\alpha_i \cup \beta_j = \delta_{ij}\Lambda$,其中 Λ 是 $H^2(T)$ 的一个生成元. 图 68.1 中画出的两个"尖桩篱笆"状的上闭链 w^1 和 z^1 为我们给出 H^1 的一个基,而且所示的上闭链 σ^* 生成 $H^2(T)$. 回想到 $z^1 \cup w^1 = \sigma^*$. 如果令 α_1 和 α_2 分别是 z^1 和 w^1 的上同调类,令 β_1 和 β_2 分别是 w^1 和 $-z^1$ 的上同调类,令 Λ 是 σ^* 的上同调类,那么定理的结论成立. 这些计算我们曾在 §49 的例 1 中做过.

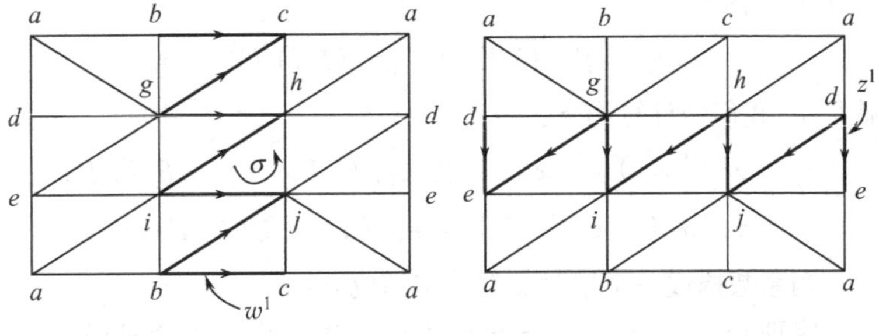

图 68.1

定理的证明告诉我们这应当是一个行之有效的方法. 如果由上闭链 w^1 开始,那么几何的(Poincaré)对偶映射 ψ 把 w^1 映射成图 68.2 中所画出的**闭链** c_1. (我们知道对偶于 w^1 的闭链由对偶

于在 w^1 的承载子中出现的单形的块所承载.为了验证 ψ 把 w^1 映射成 c_1 而不是映射成 $-c_1$ 需要相当细心.)闭链 c_1 同调于沿矩形边界线的胞腔 B 所表示的闭链.在**代数**对偶 κ^* 下,这个闭链 B 又对应于这样一个上闭链,它在 B 上的为 1,而在沿另一方向环绕环面的闭链 A 上的值为 0.上闭链 z^1 就是这样一个上闭链.因而在联合的几何-代数对偶同构下,w^1 被映射到 z^1.这恰好是我们所期望的,因为 $\{z^1 \cup w^1\} = \Lambda$,而 $z^1 \cup z^1 = w^1 \cup w^1 = 0$.

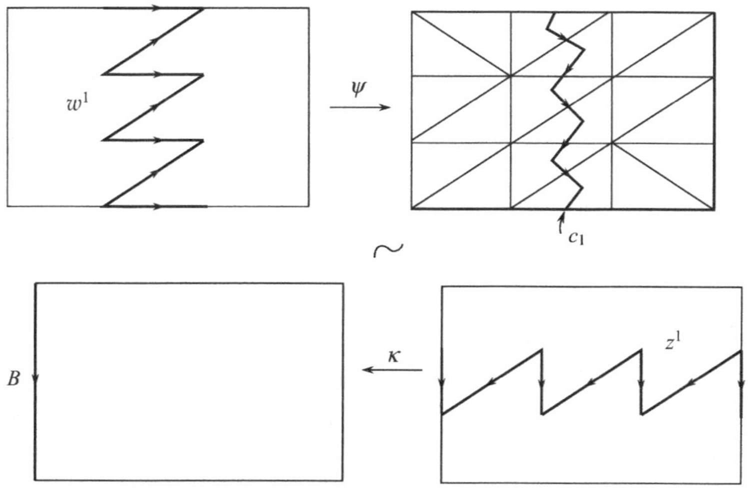

图 68.2

现在我们将这些结果应用于实射影空间 P^n.我们知道 P^n 是可剖分的(参看引理 40.7),因而 Poincaré 对偶性适用.P^n 的胞腔链复形在 $k=0,\cdots,n$ 每一维数下都是无限循环的,而且边缘算子要么为 0,要么是乘以 2 的乘法.因此,对于 $k=0,\cdots,n$,$H^k(P^n;\mathbf{Z}/2)$都是 1 维的向量空间.剩下的是要在环 $H^*(P^n;\mathbf{Z}/2)$中计算上积.

定理 68.3 如果 u 是 $H^1(P^n;\mathbf{Z}/2)$的非零元,那么对于 $k=$

2,…,n,u^k 是$H^k(P^n;\mathbf{Z}/2)$的非零元. 因而 $H^*(P^n;\mathbf{Z}/2)$是 $\mathbf{Z}/2$ 上的一个截断多项式代数,而且在 1 维时有一个生成元 u,截断是通过置 $u^{n+1}=0$ 而进行的.

证明 我们用数学归纳法来证,并且由 $n=2$ 开始. 向量空间 $H^1(P^2;\mathbf{Z}/2)$是 1 维的. 若 u 是它的非零元,那么由定理 68.2, $u^2=u\cup u$ 必定是非零的.

假设定理对于 $n-1$ 维成立. 包含映射 $j:P^{n+1}\to P^n$ 在维数低于n 时,诱导($\mathbf{Z}/2$ 上的)同调和上同调的同构. 因此由归纳假设,若 $u\in H^1(P^n;\mathbf{Z}/2)$是非零元,那么 $u^2,\cdots,u^{n-1}$也是非零元. (回想到 j^* 是一个环同态.)剩下的是要证明 $u^n\neq 0$.

由定理 68.2 可知,有 $H^1(P^n;\mathbf{Z}/2)$的一个基 α_1 和 $H^{n-1}(P^n;\mathbf{Z}/2)$的一个基 β_1,使得 $\alpha_1\cup\beta_1$ 生成 $H^n(P^n;\mathbf{Z}/2)$. 因为 u 和 u^{n-1} 分别是这两个群的唯一非零元,所以必定有 $\alpha_1=u,\beta_1=u^{n-1}$. 因而正如我们所期望的那样, $u^n=u\cup u^{n-1}\neq 0$. □

系 68.4 $H^*(P^\infty;\mathbf{Z}/2)$是 $\mathbf{Z}/2$ 上的一个多项式代数,而且有一个单独的 1 维生成元.

证明 这个系可从下列两个事实得出. 其一是包含映射 $j:P^n\to P^\infty$ 在维数$\leqslant n$ 时诱导($\mathbf{Z}/2$ 上的)一个上同调的同构;其二是 j^* 保持上积运算. □

现在我们利用这个结果来证明拓扑学的几个经典定理.

定义 对于映射 $f:S^n\to S^m$ 来说,如果对所有 $x\in S^n$ 都有 $f(-x)=-f(x)$,那么我们把它称作是**保持对径点的**.

定理 68.5 如果 $f:S^n\to S^m$ 是连续的和保持对径点的,那么 $n\leqslant m$.

证明 令 $a_n=(1,0,\cdots,0)\in S^n$;我们把它称为 S^n 的"基点". 令 F 表示域 $\mathbf{Z}/2$.

第一步 令 $\pi_n:S^n\to P^n$ 是通常的商映射. 我们要证明,如果 $\alpha:I\to S^n$ 是从a_n 到其对径点 $-a_n$ 的任何道路,那么 $\pi_n\circ\alpha$ 表示 $H_1(P^n;F)$的非零元. 参看图 68.3.

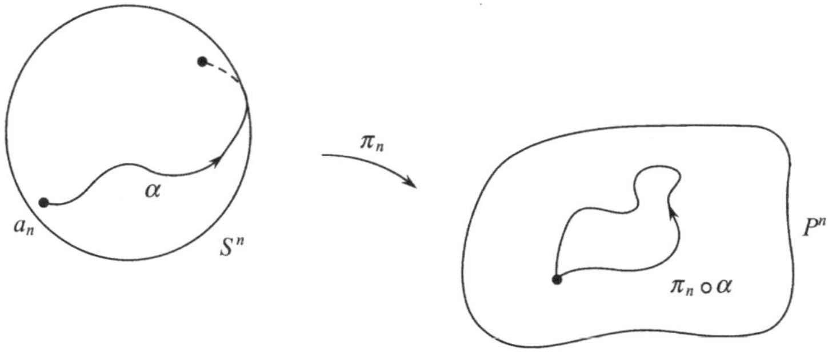

图 68.3

如果 α 是标准道路

$$\beta(t) = (\cos\pi t, \sin\pi t, 0, \cdots, 0),$$

那么这个结论是容易证明的. 因为此时 β 是 (I, BdI) 到 (E_+^1, S^0) 的同态, 其中 E_+^1 是 S^1 的上半弧. 而且 π_1 把 (E_+^1, S^0) 映射到 (P^1, P^0) 上, 把 S^0 拼缩到一点. 由我们关于 CW 复形的基本结果, $H_1(E_+^1, S^0)$ 的一个生成元在 $(\pi_1)_*$ 下的象是 P^n 的 1 维胞腔的一个基本闭链. 看作一个奇异单形 $i: \Delta_1 \to I$, 恒等映射生成 $H_1(I, BdI; F)$, 因此奇异单形 $\pi_1 \circ \beta \circ i = \pi_1 \circ \beta$ 生成 $H_1(P^n; F)$.

为了证明同样的结果对于一般道路 α 成立, 我们进行如下: 考虑 1 维奇异链 $\alpha - \beta$, 其中 β 是如上所述的标准道路. 因为其边缘为零, 所以它是 S^n 的一个奇异闭链. 在 $n > 1$ 的情况下, $H_1(S^n) = 0$, 而 $\alpha - \beta$ 必然是某个 2 维链 d 的边缘. 于是

$$\pi_n \circ \alpha - \pi_n \circ \beta = \partial(\pi_n \circ d),$$

因而 $\pi_n \circ \alpha$ 和 $\pi_n \circ \beta$ 是同调的. 因此作为带 F 系数的闭链, 它们也是同调的.

如果 $n = 1$, 则我们要用到映射 $\pi_1: S^1 \to P^1$ 的度数为 2 这个事实. 由于 $\alpha - \beta$ 是 S^1 的一个奇异闭链, 所以闭链 $\pi_1 \circ \alpha - \pi_1 \circ \beta$ 表示 $H_1(P^1)$ 的生成元的偶数倍. 特别地, 它表示 $H_1(P^1; F)$ 的零

元. 于是 $\pi_1 \circ \alpha$ 和 $\pi_1 \circ \beta$ 作为带 F 系数的闭链是同调的.

第二步　令 $f: S^n \to S^m$ 是一个保持对径点的连续映射. 选取 S^m 的一个旋转,比方说 $\rho: S^m \to S^m$,它把 $f(a_n)$ 映射到 S^m 的基点 a_m. 那么 $g = \rho \circ f$ 是连续的和保持对径点的,并且把 a_n 映射到 a_m. 通过商映射 π_n 和 π_m,映射 g 诱导一个连续映射 $h: P^n \to P^m$:

$$\begin{array}{ccc} S^n & \xrightarrow{\quad g \quad} & S^m \\ {\scriptstyle \pi_n}\downarrow & & \downarrow{\scriptstyle \pi_m} \\ P^n & \xrightarrow{\quad h \quad} & P^m \end{array}$$

我们可证明 $h_*: H_1(P^n;F) \to H_1(P^m;F)$ 是非平凡的.

令 α 是 S^n 中从 a_n 到 $-a_n$ 的任何道路. 因为 g 保持对径点,所以 $g(-a_n) = -a_m$,因而 $g \circ \alpha$ 是 S^m 中从 a_m 到 $-a_m$ 的一条道路. 由于 $h_\#$ 把闭链 $\pi_n \circ \alpha$ 映射到闭链 $\pi_m \circ g \circ \alpha$;因此由第一步,同态 h_* 把 $H_1(P^n;F)$ 的非零元映射到 $H_1(P^m,F)$ 的非零元.

第三步　现在我们来证明定理. 对于 $k = m, n$,利用同构

$$\mathrm{Hom}_F(H_1(P^k;F), F) \xleftarrow{\kappa^*} H^1(P^k;F)$$

的自然性,从第二步可知,上同调的同态 h^*

$$H^1(P^n;F) \xleftarrow{h^*} H^1(P^m;F)$$

是非平凡的. 令 $u \in H^1(P^m;F)$ 是非平凡的,那么 $h^*(u) \in H^1(P^n;F)$ 是非平凡的. 因为 h^* 是环同态,所以 $h^*(u^n) = (h^*(u))^n$. 由上面的定理,后一元素是非平凡的. 因此,u^n 必然也是非平凡的. 由此可知,$m \geqslant n$. □

定理 68.6(Borsuk-Ulam 定理)　如果 $h: S^n \to R^n$ 是连续映射,那么 $h(x) = h(-x)$ 至少对于一个 $x \in S^n$ 成立.

证明　假如 $h(x) \neq h(-x)$ 对所有 $x \in S^n$ 成立,那么由

$$f(x) = \frac{h(x) - h(-x)}{\| h(x) - h(-x) \|}$$

定义的函数 $f: S^n \to S^{n-1}$ 是连续的并且是保持对径点的. 但是这样的函数不存在. □

定理 68.7(小火腿三明治定理) 令 A_1 和 A_2 是 R^2 中的两个有界可测集. 那么在 $\mathbf{R}^2$ 中存在一条直线把 A_1 和 A_2 都平分.

这个结果并不是基本的. 甚至在 A_1 和 A_2 都是三角形区域的简单情况下, 也可尝试求出这样一条直线!

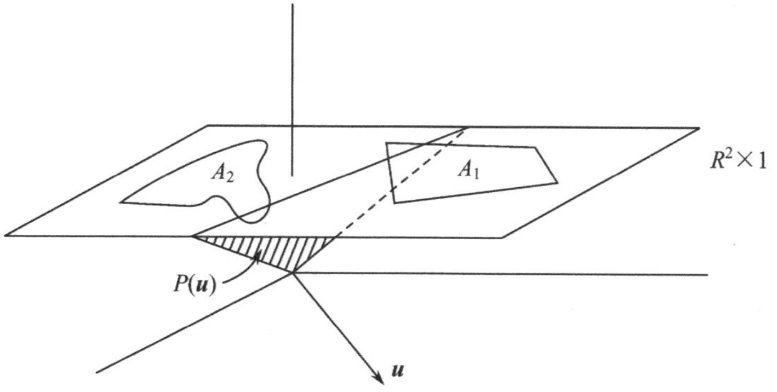

图 68.4

证明 设 A_1 和 A_2 位于 $\mathbf{R}^3$ 中的平面 $\mathbf{R}^2\times 1$ 上. 对 $\mathbf{R}^3$ 中的每个单位向量 $\boldsymbol{u}$, 考虑过原点而垂直于 $\boldsymbol{u}$ 的平面 $P(\boldsymbol{u})$. 当向量 $\boldsymbol{u}$ 取定时, 令 $f_i(\boldsymbol{u})$ 等于 A_i 的位于 $P(\boldsymbol{u})$ 的同一侧的那一部分的测度. 参看图 68.4. 请注意到

$$f_i(\boldsymbol{u}) + f_i(-\boldsymbol{u}) = A_i \text{ 的测度}.$$

于是函数

$$\boldsymbol{u} \to (f_1(\boldsymbol{u}), f_2(\boldsymbol{u}))$$

是 S^2 到 $\mathbf{R}^2$ 中的连续映射. 由 Borsuk-Ulam 定理, 对于某个 $\boldsymbol{a}\in S^2$,

$$(f_1(\boldsymbol{a}), f_2(\boldsymbol{a})) = (f_1(-\boldsymbol{a}), f_2(-\boldsymbol{a})).$$

那么

$$f_i(\boldsymbol{a}) = \frac{1}{2}(A_i \text{ 的测度}).$$

因而平面 $P(\boldsymbol{a})$与平面 $\mathbf{R}^2 \times 1$ 的交线就是我们所要求的平分 A_1 和 A_2 的直线. □

这个定理的证明可以推广来证明对于 $\mathbf{R}^n$ 中的 n 个有界可测集,存在 $\mathbf{R}^n$ 中的一个 $n-1$ 维平面把它们都平分. 如果我们把一个火腿三明治看作是由两片面包夹一片火腿构成的,那么在 $n=3$ 的情况下,这个定理说明,我们只需切一刀就能同时把两片面包和一片火腿都平分!

习　　题

1. 令 T 如同例 1 中所述,令 $g:\mathrm{sd}T \to T$ 是恒等映射的一个单纯逼近. 验证如果 $\mathrm{sd}\gamma$ 是 $\mathrm{sd}T$ 的反时针定向的所有 n 维单形之和,那么 $g^{\#}(w^1) \cap \mathrm{sd}\,\gamma$ 是图 68.2 中所画出的闭链 c_1.

2. (a) 如果 $\phi:R \to R'$是有单位元的交换环之间的同态,那么证明诱导同态

$$H^*(X;R) \to H^*(X;R')$$

是一个环同态.

(b) 利用系数同态 $\mathbf{Z} \to \mathbf{Z}/2$ 来计算 P^{2k},P^{2k+1}和 P^{∞} 的上同调环.

3. 证明在任何给定的时刻,在地球表面上都存在着温度和气压都相等的对径点.

4. 计算下列的上同调环:

(a) $S^3 \times P^5$ 的带 $\mathbf{Z}$ 和 $\mathbf{Z}/2$ 系数的.

(b) $P^2 \times P^3$ 的带 $\mathbf{Z}/2$ 系数的.

5. 假定 $\mathbf{C}P^n$ 能被三角剖分.(它确实能被剖分.)

(a) 计算上同调环 $H^*(\mathbf{C}P^n)$和 $H^*(\mathbf{C}P^{\infty})$.

(b) 证明如果 $f:\mathbf{C}P^n \to \mathbf{C}P^n$,那么 f 的度数等于 a^n,其中 a 为某个整数.

(c) 证明每个映射 $f:\mathbf{C}P^{2n} \to \mathbf{C}P^{2n}$ 都有不动点.

(d) 证明不存在任何 -1 度的映射 $f:\mathbf{C}P^{2n} \to \mathbf{C}P^{2n}$.

(e) 如果 $f:\mathbf{C}P^{2n+1} \to \mathbf{C}P^{2n+1}$没有不动点,那么 f 的度数是多少?

*6. 假设我们按下述办法构造一个流形 M:取 CP^2 的两个拷贝,并且从每一个拷贝上挖去一个小的 4 维开球,再把两个剩下的空间沿着它们的 3 维边缘粘接在一起.讨论 M 的上同调环,并与 $S^2\times S^2$ 的上同调环进行比较.

7. 令 X 是一个可剖分的、连通的 7 维同调流形.设

$$H_7(X)\cong\mathbf{Z},\quad H_6(X)\cong\mathbf{Z},$$
$$H_5(X)\cong\mathbf{Z}/2,\quad H_4(X)\cong\mathbf{Z}\oplus\mathbf{Z}/3.$$

给出你所能知道的关于 X 的上同调群和上同调环 $H^*(X)$ 的所有信息.

8. 令 X 是一个可剖分的、可定向的 $4n+2$ 维紧同调流形.证明 $H_{2n+1}(X)\cong\mathbf{Z}$ 不可能成立.

9. 令 $X_0=S^2$;令 X_n 是 T 与其自身的 n 重连通和;令 Y_n 是 P^2 与其自身的 n 重连通和.给定 f,考虑条件

(*) f_* 是 H_2 的带 $\mathbf{Z}/2$ 系数的非平凡同态.

(a) 证明任何映射 $f:Y_{2n}\to X_n$ 都不满足条件(*).[提示:如果 $\phi:A\to B$ 是一个同态,其中 A 和 B 是自由的,并且 $\operatorname{rank}A>\operatorname{rank}B$,那么 $\ker\phi$ 具有正的秩数而且是 A 中的直和项.选取 $H^1(X_n)$ 的一个基 $\beta_1,\cdots,\beta_{2n}$ 使得 $f^*(\beta_1)=0$.转换到 $\mathbf{Z}/2$ 系数.应用定理 68.2 的证明.]

(b) 证明:有一个映射 $f:Y_{2n+1}\to X_n$ 满足条件(*).[提示:首先证明 $Y_3\approx T\#P^2$.]

(c) 证明:当且仅当 $m\geqslant 2n+1$ 时存在满足条件(*)的映射 $f:Y_m\to X_n$.

*§69 应用:透镜空间的同伦分类†

贯穿本节我们始终令 X 表示一个可剖分的、连通的 n 维紧流形.如果 X 是可定向的,那么令 Γ 表示 X 的一个定向类,并且令 R 表示任意一个有单位元的交换环.如果 X 是不可定向的,那么就令 Γ 表示类 $\Gamma_{(2)}$,并且令 $R=\mathbf{Z}/2$.

由于在上同调中已给出了由上积定义的环结构,所以 Poincaré 对偶同构

† 在本节中我们假定读者熟悉透镜空间(§40).

$$H^*(X;R) \xrightarrow{\cap \Gamma} H_*(X;R)$$

就能为我们给出同调中的一个诱导的环结构,我们称之为同调交环.这个环在上同调被发现以前已广为人知;粗略地说,我们把两个同调类的交积 $\alpha \cdot \beta$ 定义为代表 α 和 β 的两个闭链的几何交.以这种方式定义同调交环并导出它的性质要包括大量的工作.此外,虽然已证明了乘法运算是一个拓扑不变量,但是人们发现一般经过连续映射,即使是同维流形之间的连续映射,这个乘法运算也不能被保持下来.结果,试图把交积从流形扩展到任意可剖空间的所有努力均告失败,看来也就不足为奇了.

现在我们从不同角度审视此事.我们将上同调环看作自然的研究对象,而把流形的同调交环的存在性看作是偶然侥幸从 Poincaré 对偶同构得到的结果.

虽然我们并不打算详细研究同调交环,然而我们将证明一个引理,把环运算解释为闭链的几何交.这个引理将使我们能够在透镜空间的上同调环中做计算.

定义 我们定义 X 的两个同调类的交积如下:给定 $\alpha_p \in H_p(X;R)$,$\beta_q \in H_q(X;R)$,选取 α^{n-p} 和 β^{n-q} 使得

$$\alpha^{n-p} \cap \Gamma = \alpha_p, \quad \beta^{n-q} \cap \Gamma = \beta_q.$$

那么定义

$$\alpha_p \cdot \beta_q = (\alpha^{n-p} \cup \beta^{n-q}) \cap \Gamma.$$

请注意,当 X 为可定向时,结果的符号依赖于定向类 Γ.还要注意到 α_p 和 β_q 的积的维数是 $p+q-n$.正是这个事实使得与几何交的联系成为可能,因为这恰好是 $\mathbf{R}^n$ 中一般的 p 维平面与一般 q 维平面的交的维数.

引理 69.1 令 α_p 和 β_q 是 X 的同调类,$p+q=n$;令 X 是可剖分的,令 α_p 由 sd$X$ 的一个被 X 的 p 维对偶骨架所承载的闭链 c_p 所表示;令 β_q 由 X 的一个闭链 d_q 表示.

设 c_p 和 d_q 的承载子只在 X 的 q 维单形 σ 的重心这一点上相

交. 如果 d_q 在单形 σ 上的系数是 $\pm a$, 而 c_p 在对偶胞腔 $D(\sigma)$ 上的系数是 $\pm b$. 那么 $\alpha_p \cdot \beta_q$(直至符号)由 sd$X$ 的 0 维链 $ab\hat{\sigma}$ 表示.

证明 令 α^q 和 β^p 是上同调类并使得

$$\alpha^q \cap \Gamma = \alpha_p, \quad \beta^p \cap \Gamma = \beta_q.$$

那么由同调交环的定义,

$$\alpha_p \cdot \beta_q = (\alpha^q \cup \beta^p) \cap \Gamma = \alpha^q \cap (\beta^p \cap \Gamma) = \alpha^q \cap \beta_q.$$

因为由增广映射 ε 诱导的同态 $\varepsilon_*: H_0(X;R) \to R$ 是一个同构, 所以要证明我们的结果, 只要证明

$$\pm ab = \varepsilon_*(\alpha_p \cdot \beta_q) = \varepsilon_*(\alpha^q \cap \beta_q) = \langle \alpha^q, \beta_q \rangle.$$

我们通过求出 α^q 的一个典型上闭链来对这个 Kronecker 指标赋值. 将 X 的各单形定向. 令 γ 是 X 的代表 Γ 的一个 n 维闭链. 令 $\psi: C^q(X) \to D_p(X)$ 是由图表

$$\begin{array}{ccc} C^q(X) & \xrightarrow{\ \psi\ } & D_p(X) \\ \downarrow{\scriptstyle g^\#} & & \downarrow{\scriptstyle j} \\ C^q(\mathrm{sd}\,X) & \xrightarrow{\ \cap\, sd\,\gamma\ } & C_p(\mathrm{sd}\,X) \end{array}$$

定义的同构, 其中 g 是恒等映射的一个单纯逼近. 如果 σ_i 是 X 的一个 q 维定向单形, σ_i^* 是相应的基本上链, 那么 $\psi(\sigma_i^*)$ 是对偶于 σ_i 的 p 维块 $\bar{D}(\sigma_i)$ 的基本闭链, 我们把它记为 z_i.

于是代表 α_p 的闭链具有形式

$$c_p = \sum b_j z_j = \sum b_j \psi(\sigma_j^*).$$

我们断言, α^q 可用由等式

$$c^q = \sum b_j \sigma_j^*$$

定义的上闭链表示. $\partial\psi = \pm \psi\delta$ 这个事实蕴涵着 c^q 是一个上闭链; 而 ψ 诱导同构 $\cap\Gamma$ 意味着 c^q 代表 α^q.

于是闭链 d_q 具有形式

$$d_q = \sum a_i \sigma_i .$$

仅当 $i=j$ 时,承载链 z_j 的对偶胞腔 $\bar{D}(\sigma_j)$ 才与单形 σ_i 相交,而且在这种情况下,它们相交于 σ_i 的重心 $\hat{\sigma}_i$. c_p 的承载子由那些使得 $b_j \neq 0$ 的对偶胞腔 $\bar{D}(\sigma_j)$ 组成,而 d_q 的承载子由符合 $a_i \neq 0$ 的那些单形 σ_i 组成. 由于这些承载子只能相交于唯一的一点 $\hat{\sigma}$,由此可知,使得两个系数 b_i 和 a_i 都不为零的唯一指标就是使得 $\sigma_i = \sigma$ 的指标 i. 于是我们的引理成立:

$$\begin{aligned}\langle \alpha^q, \beta_q \rangle = \langle c^q, d_q \rangle &= \sum b_j a_i \langle \sigma_j^*, \sigma_i \rangle \\ &= \sum b_i a_i = \pm ba .\end{aligned}$$

□

为了把这个结果应用于透镜空间的上同调,我们需要一种称为 Bockstein 同态的运算,这种运算我们曾在 §24 的习题中对同调引进过.

定义 令 $\mathscr{C}$ 是一个自由链复形. 给定 Abel 群的正合序列

$$0 \to G \to G' \to G'' \to 0$$

考虑相伴的两个短正合序列

$$0 \to C_p \otimes G \to C_p \otimes G' \to C_p \otimes G'' \to 0,$$

$$0 \to \mathrm{Hom}(C_p, G) \to \mathrm{Hom}(C_p, G') \to \mathrm{Hom}(C_p, G'') \to 0.$$

从之字形引理,我们可以得到两个同态

$$\beta_* : H_p(\mathscr{C}; G'') \to H_{p-1}(\mathscr{C}; G),$$

$$\beta^* : H^p(\mathscr{C}; G'') \to H^{p+1}(\mathscr{C}; G),$$

它们关于由连续映射诱导的同态是自然的. 我们把它们称为与所论的系数序列相伴的 **Bockstein 同态**.

引理 69.2 令 X 是可定向的. 那么 Bockstein 同态与 Poincaré 对偶同构直至符号在内是可交换的.

证明 令 $\phi: C^k(X) \to D_{n-k}(X)$ 是定理 65.1 中的 Poincaré 对偶同构. 考虑交换图表

$$\begin{array}{ccccccccc} 0 & \longrightarrow & C^k(X)\otimes G & \longrightarrow & C^k(X)\otimes G' & \longrightarrow & C^k(X)\otimes G'' & \longrightarrow & 0 \\ & & \downarrow & & \downarrow & & \downarrow & & \\ 0 & \longrightarrow & D_{n-k}(X)\otimes G & \longrightarrow & D_{n-k}(X)\otimes G' & \longrightarrow & D_{n-k}(X)\otimes G'' & \longrightarrow & 0 \end{array}$$

其中竖向同态是由 ϕ 诱导的. 因为$\partial\phi=\phi\delta$,所以我们有相应正合同调序列的诱导同态. 尤其是,图表

$$\begin{array}{ccc} H^k(X;G'') & \xrightarrow{\beta^*} & H^{k+1}(X;G) \\ \downarrow\cong & & \downarrow\cong \\ H_{n-k}(X;G'') & \xrightarrow{\beta_*} & H_{n-k-1}(X;G) \end{array}$$

是交换的. 这里我们用到这样一个事实,即我们有上链复形的一个自然同构

$$C^i(X)\otimes G\cong \mathrm{Hom}(C_i(X),G),$$

因而我们可以利用其中的任何一个上链复形来计算 X 的上同调. 我们还用之字形结构的自然性推出上链复形$\{C^i(X)\otimes G\}$能够用于计算 β^*,而且$\{D_i(X)\otimes G\}$能够用于计算 β_*.

由 ϕ 诱导的同构与由 $\cap\Gamma$ 诱导的同构之间仅仅相差一个符号,从而我们的引理成立. □

现在我们把这些结果应用于透镜空间. 回想到,如果 n 与 k 是互素的正整数,那么透镜空间 $X=L(n,k)$是一个可剖分、可定向、连通的 3 维紧流形. 此外,X 还具有 CW 复形的构造,它的胞腔链复形 $\mathscr{D}(X)$在 $i=0,1,2,3$ 每一个维数下都是无限循环的,而且边缘算子或者为 0,或者是乘以 n 的乘法. 由此可知,

$$H_i(X;\mathbf{Z}/n)\cong\mathbf{Z}/n\cong H^i(X;\mathbf{Z}/n),\quad i=1,2,3.$$

定理 69.3 令 $X=L(n,k)$;令 Λ 生成无限循环群 $H^3(X)$;令 $\Lambda_{(n)}$表示在由 $\mathbf{Z}\to\mathbf{Z}/n$ 诱导的系数同态下,Λ 在 $H^3(X;\mathbf{Z}/n)$中

的象.令

$$\beta^*: H^1(X;\mathbf{Z}/n) \to H^2(X;\mathbf{Z}/n)$$

是与系数序列

$$0 \to \mathbf{Z}/n \xrightarrow{n} \mathbf{Z}/n^2 \to \mathbf{Z}/n \to 0$$

相伴的 Bockstein 同态.考虑环 $H^*(X;\mathbf{Z}/n)$.那么存在 $H^1(X;\mathbf{Z}/n)$的一个生成元 u 使得

$$u \cup \beta^*(u) = \pm \frac{1}{[k]}\Lambda_{(n)},$$

其中 $1/[k]$是$[k]$在环 $\mathbf{Z}/n$ 中的唯一逆元.

证明 令

$$\beta_*: H_2(X;\mathbf{Z}/n) \to H_1(X;\mathbf{Z}/n)$$

是与给定的系数序列相伴的同调的 Bockstein 同态.由于 Bockstein 同态与 Poincaré 对偶直符号是可交换的,所以只需证明在同调中存在 $H_2(X;\mathbf{Z}/n)$的一个生成元 w 使得

$$w \cdot \beta_*(w) = \pm (1/[k])\Lambda_{(n)} \cap \Gamma.$$

我们知道,$\Lambda_{(n)} \cap \Gamma$ 是 $H_0(X;\mathbf{Z}/n)$的一个生成元,它等于 $v_0 \otimes [1]$的同调类,其中 v_0 是 X 的一个顶点,$[1] \in \mathbf{Z}/n$.

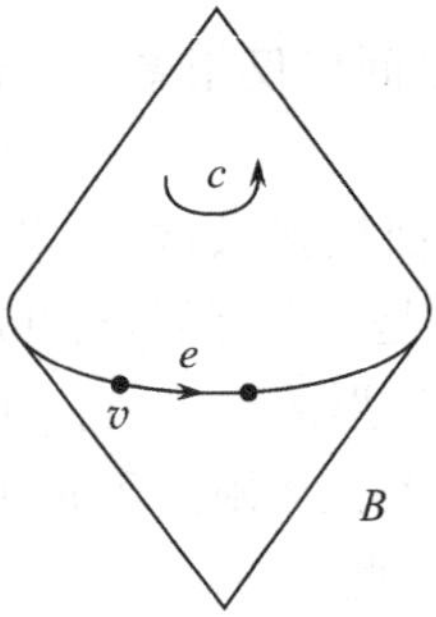

图 69.1

首先我们来确定 w.令 v,e 和 c 分别表示X 的 0 维,1 维和 2 维胞腔的基本闭链,如图 69.1 所示.正如我们在定理 40.9 的证明中所指出的那样,$\partial c = ne$.当我们把 c 看作是带 $\mathbf{Z}/n$ 系数的链时,c 是一个闭链.令 w 是c 的同调类,则它生成 $H_2(X;\mathbf{Z}/n)$.

现在我们来计算 $\beta_*(w)$.我们可以利用 X 的胞腔链复形来计算β_*.应用之字形引理,我们由 c 开始,它是带 $\mathbf{Z}/n$ 系数的一个闭链.于是我们把它"看作"一个带 $\mathbf{Z}/n^2$ 系数的链.然后取它的

边缘(它仍然是 ne),最后再除以 n.从而得$\beta_*(w)=\{e\}$,其中 e 被看作是带 $\mathbf{Z}/n$ 系数的闭链.

最后,我们来计算交积 $w\cdot\beta_*(w)=\{c\}\cdot\{e\}$.不幸的是我们还不能直接计算这个积,因为 e 的承载子和 c 的承载子远不止相交于一个点.为了完成这个计算,我们将用同调的闭链代替 c 和 e.

首先注意到,c 同调于图 69.2 中画出的闭链 d.实际上图中的立体的上半部的适当定向的边缘等于链 $c-d$.

其次,如同 69.3 中所画出的那样,令 z 是从多面体的顶点延伸到底上的一条闭链.我们断言,当在 X 中考虑时,它同调于闭链 $-ke$,因为在顶点 v 与它在经过$\theta=2\pi k/n$ 角的旋转之下的象之间有 1 维胞腔 e 的k 个拷贝.当在 B 中计算时,图中用阴影标出的 2 维链的边缘等于链 $ke+z+s_1+s_2$,其中 s_1 和 s_2 是图中画出的两个斜向的 1 维链.这些斜向的 1 维链在构成 X 的过程中作等同之后相互消掉.因而当在 $L(n,k)$中计算时,阴影标出的 2 维链的边缘等于 $ke+z$.

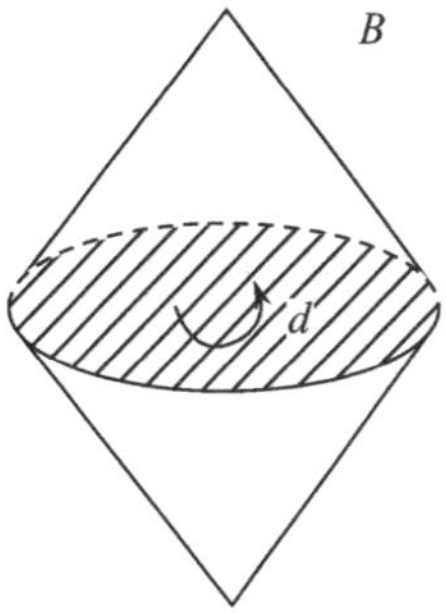

图 69.2

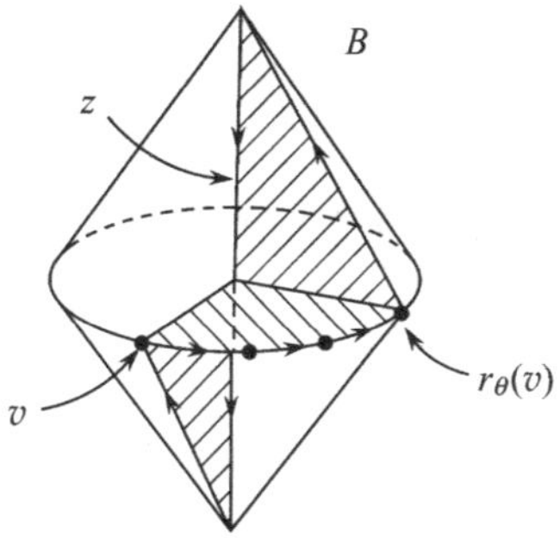

图 69.3

现在$\{d\}$和$\{z\}$的交积就容易计算了,因为它们的承载子相交于单独一点.实际上,我们必须剖分 X 并把 z 挤到 1 维对偶骨架上,以便应用上面的引理.但是按照这种方式不难做到使所得的承载子仍然与 d 只交于一点.于是从引理 69.1 可得$\{d\}\cdot\{z\}$等于

± 1乘上 H_0 的具体生成元. 因为 $\{d\} = w$, $\{z\} = \{-ke\} = -k\beta^*(w)$,于是我们的结果得证. □

定理 69.4 为使 $X = L(n,k)$和 $Y = L(n,l)$有相同的伦型,其必要条件是

$$k = \pm a^2 l \pmod{n}$$

对于某个 a 成立.

证明 令 $f: X \to Y$ 是一个同伦等价. 令 Λ 生成 $H^3(X)$, Λ'生成$H^3(Y)$. 如同在上面的引理中那样选取 $u \in H^1(X;\mathbf{Z}/n)$和 $v \in H^1(Y;\mathbf{Z}/n)$,使得

$$u \cup \beta^*(u) = \pm \frac{1}{[k]}\Lambda_{(n)}, \quad v \cup \beta^*(v) = \pm \frac{1}{[l]}\Lambda'_{(n)}.$$

由于 $f^*(v) = au$ 对于某个整数成立. 那么

$$\begin{aligned} \pm \frac{1}{[l]} f^*(\Lambda'_{(n)}) &= f^*(v \cup \beta^*(v)) = f^*(v) \cup \beta^*(f^*(v)) \\ &= (au) \cup \beta^*(au) = a^2(u \cup \beta^*(u)) \\ &= \pm \frac{a^2}{[k]}\Lambda_{(n)}. \end{aligned}$$

由于 f 是同伦等价,因此 f^* 把 Λ'映射到 $\pm\Lambda$,因而把 $\Lambda'_{(n)}$映射到 $\pm\Lambda_{(n)}$. 于是我们推出

$$1/[l] = \pm a^2/[k],$$

从而定理得证. □

实际上,为了使 $L(n,k)$和 $L(n,l)$具有相同的伦型,本定理中所述的条件不但是必要的而且也是充分的,其充分性是 J. H. C. Whitehead 的一个定理. 因而透镜空间是同胚分类和伦型分类都已解决的罕见的一类空间.(参看 § 40 的习题.)

以前曾经有一个属于 Hurewicz 的经典猜想,其大意是具有相同伦型的两个紧流形也应该是同胚的. 这个猜想对于 2 维流形来说肯定是正确的. 但是在 3 维情况下,透镜空间 $L(7,k)$提供了一

个反例.因为$2\equiv(3)^2\cdot1 \pmod 7$,所以$L(7,1)$和$L(7,2)$有相同的伦型.但是由在§40中所讨论的结果,它们不是同胚的,因为

$$2\not\equiv\pm 1 \pmod 7,\quad 2\cdot 1\not\equiv\pm 1 \pmod 7.$$

习　题

1. 证明:如果$f:L(n,k)\to L(n,l)$是一个度数为d的映射,那么

$$kd\equiv\pm a^2 l \pmod n$$

对于某个整数a成立.

2. 利用这里所述的结果和§40习题中的结果,将流形$L(7,k)(k=1,\cdots,6)$和流形$L(10,k)$(k与10互素)分别按同胚和按伦型进行分类.

3. 令$X=L(n,k)$.

(a) 证明:如果u_i生成$H^i(X;\mathbf{Z}/n)(i=1,2)$,那么$u_1\cup u_2$生成$H^3(X;\mathbf{Z}/n)$.[提示:首先通过证明$\beta^*:H^1\to H^2$是一个同构来证明存在生成元$u_1$,$u_2$使得$u_1\cup u_2$生成$H^3$.]

(b) 证明$u_1\cup u_2$要么是零,要么是2阶的.

这个习题说明上同调环$H^*(X;\mathbf{Z}/n)$对于按伦型将透镜空间进行分类来说,单凭其自身是不够的.除此之外,我们还需要Bockstein运算β^*

Bockstein运算是所谓上同调运算的一个特例.一般,一个(p,q,G,G')型的上同调运算θ是一个对所有拓扑偶(X,A)定义的集映射

$$\theta:H^p(X,A;G)\longrightarrow H^q(X,A;G')$$

它关于由连续映射诱导的同态是自然的.上同调运算的存在为空间的上同调提供了比环更为丰富的结构.就像透镜空间的情形一样,这些运算常常能为我们提供关于所论空间的宝贵信息.

§70　Lefschetz对偶

正如人们所期望的那样,Poincaré对偶定理能够推广到相对同调流形.这个推广应归功于Lefsehetz.就象我们将看到的那样,在带边流形的情况下,它呈现出一种特别优美的形式.

首先,我们需要一个引理.回想到,如果X的每一个其顶点在

A 中的单形它自身也在 A 中，那么我们把 A 称为 X 的满子复形.

一般说来，X 的子复形未必是满的. 但是如果我们换成首次重心重分，那么我们就能很容易地证明 $\mathrm{sd}A$ 是 $\mathrm{sd}X$ 的满子复形. 令 $s=\hat{\sigma}_1\cdots\hat{\sigma}_k$ 是 $\mathrm{sd}X$ 的一个单形，其中 $\sigma_1>\sigma_2>\cdots>\sigma_k$，那么 $s\subset\sigma_1$. 如果 s 的每一个顶点属于 $\mathrm{sd}A$，那么特别地就有 $\hat{\sigma}_1\in\mathrm{sd}\,A$，因而 $\mathrm{Int}\sigma_1$ 与 $|A|$ 相交. 由此可知，$\sigma_1\in A$. 因而如所断言的那样，$s\subset\sigma_1\subset|A|$.

引理 70.1 *令 A 是有限单纯复形 X 的一个满子复形. 令 C 由 X 的不与 A 相交的所有单形组成. 那么 $|A|$ 是 $|X|-|C|$ 的变形收缩核，而且 $|C|$ 是 $|X|-|A|$ 的变形收缩核.*

证明 首先，我们指出，X 的每一个顶点要么属于 A 要么属于 C. 其次，我们注意到，C 是 X 的一个满子复形：如果 σ 的顶点在 C 中，那么单形 σ 不可能与 $|A|$ 相交，因此它必然在 C 中. 第三，我们还注意到，A 是由 X 的所有不与 $|C|$ 相交的单形组成的，A 的每一个单形不与 $|C|$ 相交. 反过来，若 σ 不与 $|C|$ 相交，那么 σ 的每个顶点都在 A 中，从而属于 A.

由对称性，只要证明 $|A|$ 是 $|X|-|C|$ 的变形收缩核就行了. 令 σ 是 X 的一个既不属于 A 也不属于 C 的单形. 那么 $\sigma=s*t$，其中 s 是由 σ 的那些属于 A 的顶点张成的，而 t 是由属于 C 的顶点张成的. 于是 $s\in A,t\in C$. $\sigma-s-t$ 的每一个点 x 在连接 s 的一点与 t 的一点的唯一一条线段上. 让我们用 $f_\sigma(x)$ 表示这条线段在 A 中的那个端点. 我们通过令 f_σ 在 s 上等于恒等映射而把它扩张到单形 s 上，那么 f_σ 在 $\sigma-t$ 上是连续的.（实际上，如果 $s=v_0\cdots v_p,t=v_{p+1}\cdots v_n$，而且 x 在 σ-t 内，那么

$$x=\sum_{i=0}^{n}\alpha_i v_i \quad \text{蕴涵着} \quad f_\sigma(x)=\sum_{i=0}^{p}\frac{\alpha_i}{\lambda}v_i,$$

其中 $\lambda=\sum_{i=0}^{p}\alpha_i$. 参看引理 62.1 的证明.）

那么立即可知，任何两个函数 f_σ 在其定义域的公共部分是一

致的.因此我们可以用等式

$$f(x)=\begin{cases}x, & 若\ x\in A,\\ f_\sigma(x), & 若\ x\in\sigma-|C|\ 且\ \sigma\notin A,\end{cases}$$

定义一个把$|X|-|C|$收缩到$|A|$上的连续函数

$$f:|X|-|C|\to|A|.$$

那么函数 $F(x,t)=(1-t)x+tf(x)$就是所要求的变形收缩. □

在不假定 X 为有限的情况下,上述引理也能成立,但是在这种情况下证明 F 是连续的更需要当心.在有限的情况下不会发生问题.

定义 令(X,A)是一个紧的、可剖分的 n 维相对同调流形.如果能对 X 的所有不在A 中的n 维单形σ_i 定向使得它们之和$\gamma=\sum\sigma_i$ 是(X,A) 的闭链,那么我们就说(X,A) 是 **可定向的**,并且把这种闭链 γ 称为(X,A)的**定向闭链**.

定理 70.2(Lefschetz 对偶) 令(X,A)是一个可剖分的、紧的 n 维相对同调流形.如果(X,A)是可定向的,那么对所有 G 都有下列同构成立:

$$H^k(X,A;G)\cong H_{n-k}(|X|-|A|;G),$$

$$H_k(X,A;G)\cong H^{n-k}(|X|-|A|;G).$$

如果(X,A)是不可定向的,那么这些同构对于 $G=\mathbf{Z}/2$ 成立.

在这个定理的叙述中,$|X|-|A|$的同调群和上同调群都应该理解为奇异群,因为$|X|-|A|$不是 X 的子复形的可剖空间.(虽然它是可剖分的,但是我们没有证明.)

证明 令 X^* 表示 X 的首次重心重分的一个子复形,它是由所有不与$|A|$相交的那些单形组成的.由于$|A|$是 sd$X$ 的一个满子复形的可剖空间,由上述引理,$|X^*|$是$|X|-|A|$的一个变形收缩核.因此,在本定理的叙述中,我们可以用 X^* 代替$|X|-|A|$.

如同在 Poincaré 对偶的证明中一样,我们考虑对偶于 X 的单形的块$D(\sigma)$组成的集族.我们将证明下述论断:

空间$|X^*|$等于那些与 X 的不在A 中的单形σ 对偶的所有块

$D(\sigma)$之并.

为证明这个事实,令 $s=\hat{\sigma}_1\cdots\hat{\sigma}_k$ 是 $\mathrm{sd}X$ 的一个单形,其中 $\sigma_1 \succ\cdots\succ\sigma_k$. 那么 s 在对偶块 $\bar{D}(\sigma_k)$中. 如果 s 不与$|A|$相交,那么特别地,顶点 $\hat{\sigma}_k$ 不在$|A|$中,因此单形 σ_k 就不属于A. 反之,如果 σ_k 不属于A,那么各单形 $\sigma_1,\cdots,\sigma_k$ 也都不属于A,因为它们均以 σ_k 作为一个面. 因此 s 不与$|A|$相交. 参看图 70.1.

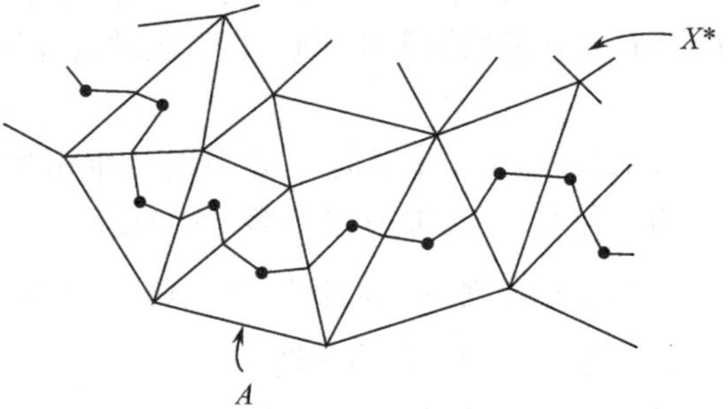

图 70.1

由于对每个与不在 A 中的σ 相对应的块$D(\sigma)$来说,点 $\hat{\sigma}$在$|X|-|A|$中,因而 $H_i(|X|,|X|-\hat{\sigma})$对于 $i=n$ 是无限循环的,而在其它情况下为零. 由此可知,$(\bar{D}(\sigma),\dot{D}(\sigma))$是一个$(n-\dim\sigma)$维的同调胞腔. 令 $\mathscr{D}(X^*)$表示 X^* 的对偶链复形,群 $D_p(X^*)$是由 p 维同调胞腔$(\bar{D}(\sigma),\dot{D}(\sigma))$的基本闭链生成的. 恰如以前一样,包含映射 $\mathscr{D}(X^*)\to\mathscr{C}(X^*)$在同调和上同调中均可诱导一个同构.(参看定理 64.2.)

现在我们考虑(X,A)是可定向的情况. 回想到,相对上同调群 $C^k(X,A)$可以自然地看作由 X 的所有在A 的单形上为零的上链组成的$C^k(X)$的子群. 因此它是一个自由 Abel 群,而且带有一个当 σ 遍历X 的不在A 中所有k 维单形时由上链σ^*组成的一个基. 把在 Poincaré 对偶的第一个证明中用过的论证毫无改变地重复一遍就能为我们给出一个具有性质 $\phi\delta=\partial\phi$ 的同构

$$C^k(X,A) \xrightarrow{\phi} D_{n-k}(X^*).$$

同构

$$H^k(X,A) \cong H_{n-k}(X^*) \cong H_{n-k}(|X| - |A|)$$

的存在性立即可得.这就是我们要证明的对偶同构中的第一个.

为得到第二个对偶同构,我们回想到群 $\mathrm{Hom}(C^k(X,A),\mathbf{Z})$ 自然同构于群 $C_k(X,A)$.(参看定理 56.1 的第四步.)因为 ϕ 是同构,所以它的对偶

$$\mathrm{Hom}(C^k(X,A),\mathbf{Z}) \xleftarrow{\tilde{\phi}} \mathrm{Hom}(D_{n-k}(X^*),\mathbf{Z})$$

也是一个同构.因此我们有同构

$$H_k(X,A) \underset{\cong}{\xleftarrow{\phi^*}} H^{n-k}(X^*) \cong H^{n-k}(|X| - |A|).$$

当 (X,A) 可定向时,对于任意系数的情形的证明,或者当 (X,A) 不可定向时,对于 $\mathbf{Z}/2$ 系数的证明,恰如在 Poincaré 对偶的证明中那样,可以毫无困难地完成. □

系 70.3 令 (X,A) 是一个可剖分的、紧的 n 维相对同调流形,而且 $|X|-|A|$ 是连通的.如果 σ 和 σ' 是 X 的两个不在 A 中的 n 维单形,那么就有一系列不在 A 中的 n 维单形

$$\sigma = \sigma_0, \sigma_1, \cdots, \sigma_k = \sigma'$$

使得对于每个 i,$\sigma_i \cap \sigma_{i+1}$ 是一个不在 A 中的 $n-1$ 维单形.

证明 对于 X 的两个不在 A 中的 n 维单形,如果存在这样的序列连接它们,则我们定义这两个单形是等价的.任何一个等价类的成员之和是 (X,A) 的一个带 $\mathbf{Z}/2$ 系数的相对闭链.我们能够断言只有唯一的一个等价类,因为

$$H_n(X,A;\mathbf{Z}/2) \cong H^0(|X| - |A|;\mathbf{Z}/2) \cong \mathbf{Z}/2. \qquad \square$$

系 70.4 令 (X,A) 是一个紧的、可剖分的 n 维相对同调流形.假设 $|X|-|A|$ 是连通的.那么如果 (X,A) 是可定向的,则 $H_n(X,A) \cong \mathbf{Z}$;若 (X,A) 是不可定的,则 $H_n(X,A)=0$.

证明 证明可按系 65.3 的方式进行. □

系 70.5 可剖分的 n 维紧相对同调流形 (X,A) 是可定向

的，当且仅当对于$|X|-|A|$的每一个分支X_i，均有$H_n(\bar{X}_i,\bar{X}_i\cap A)\cong\mathbf{Z}$. □

这说明(X,A)的可定向性不依赖于(X,A)的剖分.

定义 令(X,A)是一个可剖分的n维紧相对同调流形.令$X_1,\cdots,X_k$是$X-A$的各个分支；令$A_i=\bar{X}_i\cap A$.如果(X,A)是可定向的，那么$H_n(\bar{X}_i,A_i)$是无限循环的；该群的生成元$\Gamma^{(i)}$称为$(\bar{X}_i,A_i.)$的定向类.各个类$\Gamma^{(i)}$在由包含映射诱导的同构

$$\bigoplus H_n(\bar{X}_i,A_i)\cong H_n(X,A)$$

下的象称为(X,A)的**定向类**，并且记为Γ.类似地，如果(X,A)不必是可定向的，而且$\Gamma_{(2)}^{(i)}$是$H_n(\bar{X}_i,A_i;\mathbf{Z}/2)$的唯一非平凡元，那么这些类在$H_n(X,A;\mathbf{Z}/2)$中的象记为$\Gamma_{(2)}$，并且称为$(X,A)$**在$\mathbf{Z}/2$上的定向类**.

如果对(X,A)给定了一个具体剖分，那么Γ由X的不在A中的并且适当定向的所有n维单形之和γ表示；而$\Gamma_{(2)}$由所有这些单形，但是每一个均带系数$[1]\in\mathbf{Z}/2$的和表示.

此时人们要问的一个很自然的问题是，Poincaré 对偶的第二种形式的证明（它包含卡积）能否推广到相对情形？答案是不能！那么让我们来考查困难究竟在哪里.

我们象在定理 67.1 的证明中那样开始.选取一个映射

$$g:(\mathrm{sd}X,\mathrm{sd}A)\to(X,A),$$

它是恒等映射的单纯逼近.令γ是(X,A)的一个定向闭链.考虑图表

$$\begin{array}{ccc}
C^k(X,A) & \overset{\psi}{\dashrightarrow} & D_{n-k}(X^*) \\
\Big\downarrow g^{\#} & & \Big\downarrow j \\
C^k(\mathrm{sd}\,X,\mathrm{sd}\,A) & \xrightarrow{\ \cap\mathrm{sd}\,\gamma\ } & C_{n-k}(\mathrm{sd}\,X),
\end{array}$$

其中j像以前一样是包含映射.仔细检查定理 67.1 的证明可知

$g^{\#}$和$\cap \mathrm{sd}\gamma$的复合把$C^k(X,A)$同构地映射到$C_{n-k}(\mathrm{sd}X)$的子群上,而它是$D_{n-k}(X^*)$在j下的象.恰似以前一样,所得到的同构ψ,包括符号在内,对于同构ϕ来说都是一个合适的候选对象.(这里,我们在定义映射$\cap \mathrm{sd}\gamma$的过程中当然是使用相对卡积

$$C^k(\mathrm{sd}X,\mathrm{sd}A)\otimes C_n(\mathrm{sd}X,\mathrm{sd}A)\to C_{n-k}(\mathrm{sd}X).)$$

到目前为止,还没有出现困难.当我们转换到同调-上同调水平时,就出现了问题.在这个水平上我们有一个同态

$$H^k(X,A)\xrightarrow{\cap \Gamma}H_{n-k}(X).$$

这个映射的值域不是群$H_{n-k}(|X|-|A|)$,尽管我们希望是它!

因而 Lefschetz 对偶一般不能由卡积和(X,A)的定向类来表达.我们能够说明的全部仅是下列定理.

定理 70.6 令(X,A)是一个可剖分的n维紧相对同调流形.如果(X,A)是可定向的,则令Γ表示一个定向类.那么下列图表直到依赖于k和n的符号是交换的:

$$\begin{array}{ccc}
H^k(X,A;G) & \xrightarrow[\cong]{\phi_*} & H_{n-k}(X-A;G) \\
 & \searrow^{\cap\Gamma} & \downarrow j_* \\
 & & H_{n-k}(X;G).
\end{array}$$

(这里,ϕ_*是 Lefschetz 对偶同构,j是包含映射.)当(X,A)不可定向时,若以$\Gamma_{(2)}$代替Γ,以$\mathbf{Z}/2$代替G,那么同样的结论成立.

证明 选取(X,A)的一个三角剖分.然后考虑图表

$$\begin{array}{ccccc}
C^k(X,A) & \xrightarrow[\cong]{\phi} & D_{n-k}(X^*) & \xrightarrow{\eta} & S_{n-k}(|X^*|) \\
\downarrow g^{\#} & & \downarrow j_* & & \downarrow \\
 & & & & S_{n-k}(|X|-|A|) \\
 & & & & \downarrow \\
C^k(\mathrm{sd}\,X,\mathrm{sd}\,A) & \xrightarrow{\cap \mathrm{sd}\,\gamma} & C_{n-k}(\mathrm{sd}\,X) & \xrightarrow{\eta} & S_{n-k}(|X|).
\end{array}$$

其中，η 是把单纯链映射为奇异链的链映射；未标记的映射是由包含映射诱导的. 定理 67.1 的证明适合于证明第一个方块直至符号交换；图表的其余部分也是交换的. □

有一种情况，Lefschetz 对偶同构实际上是由卡积给出的，这就是带边流形的情况. 现在我们就来考虑这种情况.

定义 令 M 是一个 n 维带边流形. 如果有一个同胚

$$h:\mathrm{Bd}M \times [0,1) \to U,$$

它的象是 M 中的一个开集使得对于每一个 $x \in \mathrm{Bd}M$ 都有 $h(x,0)=x$，那么我们就说 $\mathrm{Bd}M$ 在 M 中有一个**积邻域**.

事实上，这样的积邻域总是存在，但其证明显然是非平凡的.（参看文献[B_2].）

定理 70.7（Poincaré-Lefschetz 对偶） 令 M 是一个可剖分的 n 维带边紧流形，使得 $\mathrm{Bd}M$ 在 M 中有一个积邻域.

如果 $(M,\mathrm{Bd}M)$ 是可定向的，令 $\Gamma \in H_n(M,\mathrm{Bd}M)$ 是 $(M,\mathrm{Bd}M)$ 的一个定向类. 那么对于任意的 G，均有同构

$$H^k(M,\mathrm{Bd}M;G) \xrightarrow{\cap \Gamma} H_{n-k}(M;G),$$

$$H^k(M;G) \xrightarrow{\cap \Gamma} H_{n-k}(M,\mathrm{Bd}M;G).$$

如果 $(M,\mathrm{Bd}M)$ 是不可定向的，那么若以 $\mathbf{Z}/2$ 代替 G，以 $\Gamma_{(2)}$ 代替 Γ，则同样的结果成立.

证明 我们首先证明包含映射诱导一个同构

$$j_*:H_{n-k}(M-\mathrm{Bd}M;G) \to H_{n-k}(M;G).$$

令 $h:\mathrm{Bd}M \times [0,1) \to M$ 是边缘的一个积邻域. 令

$$N = M - h(\mathrm{Bd}M \times [0,1/2)).$$

参看图 70.2. 由于 $\mathrm{Bd}M \times [1/2,1)$ 不仅是 $\mathrm{Bd}M \times [0,1)$ 的变形收缩核，而且是 $\mathrm{Bd}M \times (0,1)$ 的变形收缩核. 因此 N 是 M 和 $M-\mathrm{Bd}M$ 的变形收缩核. 因而在图表

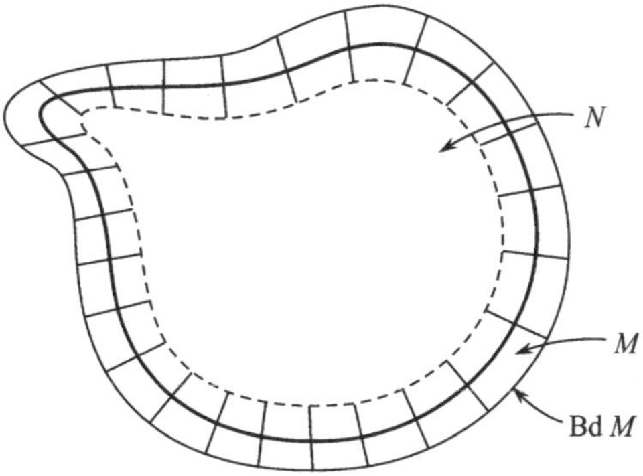

图 70.2

$$\begin{array}{ccc} & \nearrow & M-\mathrm{Bd}M \\ N & & \downarrow j \\ & \searrow & M \end{array}$$

中左边的两个包含映射都是同伦等价. 于是 j 也是同伦等价.

于是定理所述的两个同构中的第一个可从定理 70.6 的自然性图表置 $A=\mathrm{Bd}M$ 而得出.

现在我们来导出另一个同构. 让我们三角剖分$(M,\mathrm{Bd}M)$. (由定理 35.3)空间 $\mathrm{Bd}M$ 是 M 的单形的一个并;因为它是 $n-1$ 维流形,所以它是 $n-1$ 维单形的并. 现在我们断言,$\mathrm{Bd}M$ 的每个 $n-1$ 维单形 s 恰好是 M 的一个 n 维单形 σ 的面. 一方面它必定是至少一个 n 维单形的面,因为 M 是 n 维单形的并;另一方面它又不可能是多于一个 n 维单形的面,因为由引理 63.1,

$$H_n(M,M-\hat{s})\simeq\widetilde{H}_0(\mathrm{Lk}(s,M)),$$

而且因为 $\hat{s}$ 是 $\mathrm{Bd}M$ 的一点,所以这两个群中,前者为零.

设 γ 是$(M,\mathrm{Bd}M)$的一个定向闭链. 那么 γ 是 M 的所有 n 维单形之和. 由于 $\mathrm{Bd}M$ 每个 $n-1$ 维单形恰好是 M 的一个 n 维单

形的面，所以链$\partial\gamma$在 BdM 的每个 $n-1$ 维单形上的系数是± 1. 由于$\partial\gamma$是一个闭链，所以它必然是 BdM 的一个定向闭链.

令 $\Gamma=\{\gamma\}$. 那么类$\partial_*\Gamma=\{\partial\gamma\}$是 Bd$M$ 的一个定向类. 考虑下列图表

$$\begin{array}{ccccccccc}
H^{k-1}(\mathrm{Bd}\,M) & \to & H^k(M,\mathrm{Bd}\,M) & \to & H^k(M) & \to & H^k(\mathrm{Bd}\,M) & \to & H^{k+1}(M,\mathrm{Bd}\,M) \\
\downarrow \cap\partial_*\Gamma & & \downarrow \cap\Gamma & & \downarrow \cap\Gamma & & \downarrow \cap\partial_*\Gamma & & \downarrow \cap\Gamma \\
H_{n-k}(\mathrm{Bd}\,M) & \to & H_{n-k}(M) & \to & H_{n-k}(M,\mathrm{Bd}\,M) & \to & H_{n-k-1}(\mathrm{Bd}\,M) & \to & H_{n-k-1}(M)
\end{array}$$

其中假定所有群都带有 G 的系数. 容易验证这个图表直至符号是交换的. 由 Poincaré 对偶，第一个和第四个竖向映射是同构，又由 Poincaré-Lefschetz 对偶，第二个和第五个竖向映射是同构. 因此第三个竖向映射也是同构.

如果 M 是不可定向的，假如我们以 $\mathbf{Z}/2$ 代替 G，以 $\Gamma_{(2)}$ 代替 Γ，那么同样的论证仍然适用. □

作为 Poincaré-Lefschetz 对偶的一个应用，我们来考虑如下的问题：给定一个 n 维紧流形，在什么条件下，它是一个 $n+1$ 维紧流形 M 的边缘？有一个完整的理论来处理这个问题，我们称之为配边理论. 在这里我们只证明一个基本结果.

定理 70.8 令 M 是一个可剖分的紧带边流形. 设 $\dim M=2m+1$. 设 BdM 是非空的，并且在 M 中有一个积邻域. 那么向量空间 $H_m(\mathrm{Bd}M;Z/2)$是偶数维的.

证明 第一步 考虑向量空间和线性变换的正合序列

$$\cdots \to A_{k-1} \xrightarrow{\phi_{k-1}} A_k \xrightarrow{\phi_k} A_{k+1} \to \cdots,$$

其中 A_k 和 ϕ_k 对于所有整数 k 都有定义，而且当$|k|$充分大时，$\dim A_k=0$. 我们断定

$$\mathrm{rank}\phi_k = \dim A_k - \dim A_{k-1} + \dim A_{k-2} - \cdots,$$

$$\mathrm{rank}\phi_{k-1} = \dim A_k - \dim A_{k+1} + \dim A_{k+2} - \cdots$$

证明是直接的. 在 A_i 处的正合性告诉我们

$$\dim A_i = \operatorname{rank}\phi_{i-1} + \operatorname{rank}\phi_i.$$

求和就得出我们所要求的等式.

第二步　使用 $Z/2$ 系数(我们已将其从记号中隐去),我们得到向量空间的一个正合序列

$$\cdots \to H^k(M) \xrightarrow{\mu_k} H^k(\mathrm{Bd}M) \xrightarrow{\nu_k} H^{k+1}(M,\mathrm{Bd}M) \to \cdots.$$

令

$$\beta_k = \dim H^k(M),$$

$$\gamma_k = \dim H^k(\mathrm{Bd}M),$$

$$\alpha_{k+1} = \dim H^{k+1}(M,\mathrm{Bd}M).$$

将第一步应用于这个序列.我们从项 $H^k(\mathrm{Bd}M)$处开始,先对左边求和,再对右边求和就得出

$$(*)\qquad \operatorname{rank}\nu_k = \sum_{i=0}^{\infty}(-1)^i(\gamma_{k-i} - \beta_{k-i} + \alpha_{k-i}),$$

$$(**)\ \operatorname{rank}\mu_k = \sum_{i=0}^{\infty}(-1)^i(\gamma_{k+i} - \alpha_{k+i+1} + \beta_{k+i+1}).$$

由于 Lefschetz 对偶和代数对偶为我们给出同构

$$H^j(M,\mathrm{Bd}M) \simeq H_{n-j}(M) \simeq H^{n-j}(M),$$

$$H^j(\mathrm{Bd}M) \simeq H_{n-j-1}(\mathrm{Bd}M) \simeq H^{n-j-1}(\mathrm{Bd}M).$$

因此,$\alpha_j = \beta_{n-j}$, $\gamma_j = \gamma_{n-j-1}$.把这些结果代入($**$)式中并与($*$)式相比较,则我们看出

$$\operatorname{rank}\mu_k = \operatorname{rank}\nu_{n-k-1}.$$

尤其是因为 $n = 2m+1$,所以 $\operatorname{rank}\mu_m = \operatorname{rank}\nu_m$.于是

$$\begin{aligned}\dim H_m(\mathrm{Bd}M) = \dim H^m(\mathrm{Bd}M) &= \gamma_m \\ &= \operatorname{rank}\mu_m + \operatorname{rank}\nu_m = 2(\operatorname{rank}\nu_m),\end{aligned}$$

它显然是偶数.　□

系 70.9　流形 P^{2m} 不是 $2m+1$ 维可剖紧流形的边缘.　□

习　题

1. 令(X,A)是一个紧的可剖分的 n 维相对同调流形. 假定 $X-A$ 是连通的. 证明若 X 是可定向的, 则

$$H_n(X,A;G) \cong G \cong H^n(X,A;G);$$

如果 X 是不可定向的, 那么

$$H_n(X,A;G) \cong \ker(G \xrightarrow{2} G)$$

$$H^n(X,A;G) \cong G/2G.$$

2. 令 M 是一个可剖分、可定向的 n 维带边紧流形. 设 BdM 是两个 $n-1$ 维流形 V_0 和 V_1 的不交并, 而且 $\mathrm{Bd}M$ 在 M 中有积邻域. 令 Γ 是$(M,\mathrm{Bd}M)$的一个定向闭链. 证明

$$H^k(M,V_0) \xrightarrow{\cap \Gamma} H_{n-k}(M,V_1)$$

是一个同构. [提示: 考虑三元组$(M,\mathrm{Bd}M,V_1)$的正合序列.]

3. 利用 $\mathbf{C}P^n$ 能被三角剖分这个事实. 证明流形 $\mathbf{C}P^{2m}$ 不能构成边界.

4. 哪些 2 维紧流形能形成边界?

5. 令 M 是一个可剖分、可定向的 n 维带边紧流形. 证明上积定义一个对偶配对

$$\frac{H^k(M,\mathrm{Bd}M)}{T^k(M,\mathrm{Bd}M)} \otimes \frac{H^{n-k}(M)}{T^{n-k}(M)} \to H^n(M,\mathrm{Bd}M),$$

其中 T^i 表示 H^i 的挠子群.

6. 令 M 是挖去了两个开圆盘的环面. 参看图 70.3.

(a) 计算 $H^1(M)$和 $H^1(M,\mathrm{Bd}M)$, 画出其生成上闭链.

(b) 验证习题 5 中的对偶配对的存在性.

(c) 证明上积不能定义对偶配对

$$\frac{H^1(M,\mathrm{Bd}M)}{T^1(M,\mathrm{Bd}M)} \otimes \frac{H^1(M,\mathrm{Bd}M)}{T^1(M,\mathrm{Bd}M)} \to H^2(M,\mathrm{Bd}M).$$

7. 令 X 是一个可剖分的 n 维紧同调流形. 令 A 和 B 是 X 的一个剖分的两个子复形的可剖空间, 并且 $B \subset A$. 当 X 为可定向时, 可令 G 是任意的; 否则令 $G=\mathbf{Z}/2$. 证明存在同构

$$H^k(A,B;G) \cong H_{n-k}(X-B,X-A;G),$$

$$H_k(A,B;G) \cong H^{n-k}(X-B,X-A;G).$$

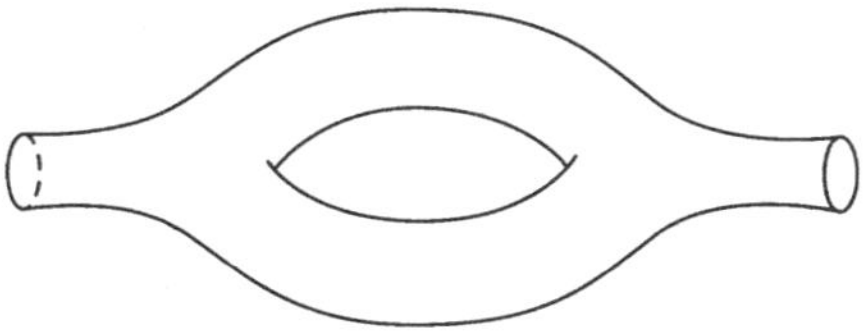

图 70.3

[提示:剖分 X 使得 A 和 B 都是满子复形的可剖空间.若 C 是 X 的一个满子复形;那么令 X_C 表示 $\mathrm{sd}X$ 的所有不与 C 相交的单形的集族.考虑下列图表和它的对偶:

$$\begin{array}{ccccccccc} 0 & \longleftarrow & C^k(A,B) & \longleftarrow & C^k(X,B) & \longleftarrow & C^k(X,A) & \longleftarrow & 0 \\ & & & & \phi\Big\downarrow & & \phi\Big\downarrow & & \\ 0 & \longleftarrow & D_{n-k}(X_B,X_A) & \longleftarrow & D_{n-k}(X_B) & \longleftarrow & D_{n-k}(X_A) & \longleftarrow & 0.] \end{array}$$

*8. 试将 Lefschetz 对偶推广到非紧流形的情形.

9. 令(X,A)是一个可剖分的 n 维相对同调流形,但不是紧的.证明若$|X|-|A|$是连通的,那么(X,A)是一个 n 维相对伪流形.

§71 Alexander 对偶

Alexander 对偶定理几乎是跟 Poincaré 对偶定理一样的历史悠久.它比 Lefschetz 对偶定理要早上若干年.按其原来的形式,它论述了 n 维球面 S^n 的一个子复形 A 的 Betti 数和挠系数跟它的余复形 S^n-A 的 Betti 数和挠系数之间的关系.现在 Alexander 对偶定理是用上同调的语言来表述并且用 Lefschetz 对偶来证明.

定理 71.1(Alexander 对偶) 令 A 是 S^n 的一个非空真子集,设(S^n,A)是可剖分的.那么就存在同构

$$\widetilde{H}^k(A)\simeq\widetilde{H}_{n-k-1}(S^n-A).$$

证明 为避免平凡性,假定 $n>0$.剖分空间偶(S^n,A).

第一步 我们首先在 $k \neq n, n-1$ 的情况下来证明定理. 考虑正合序列

$$\widetilde{H}^{k+1}(S^n) \leftarrow H^{k+1}(S^n, A) \xleftarrow{\delta^*} \widetilde{H}^k(A) \leftarrow \widetilde{H}^k(S^n)$$

因为两端的群为零,所以 δ^* 是一个同构. 现在因为 (S^n, A) 是 n 维相对流形,所以我们可用 Lefschetz 对偶性推出

$$H^{k+1}(S^n, A) \cong H_{n-k-1}(S^n - A) = \widetilde{H}_{n-k-1}(S^n - A).$$

把这个同构跟由 δ^* 给出的同构结合就得出我们所要求的同构.

第二步 我们证明在 $k = n-1$ 的情况下定理成立. 为此,上面的论证需要作些修改. 像以前一样,我们有正合序列

$$H^n(S^n) \xleftarrow{j^*} H^n(S^n, A) \xleftarrow{\delta^*} \widetilde{H}^{n-1}(A) \leftarrow 0,$$

其中 $j: S^n \to (S^n, A)$ 是包含映射. 我们推出

$$\widetilde{H}^{n-1}(A) \cong \ker j^*.$$

令 Γ 是 S^n 的一个定向类,并且令 $k: (S^n - A) \to S^n$ 是包含映射. 我们利用 Poincaré 对偶和 Lefshetz 对偶可以得出下列图表中的同构:

$$\begin{array}{ccc}
H^n(S^n, A) & \xrightarrow{\quad j^* \quad} & H^n(S^n) \\
\cong \downarrow \phi_* & \searrow^{\cap j_* \Gamma} & \cong \downarrow \cap \Gamma \\
H_0(S^n - A) & \xrightarrow{\quad k_* \quad} & H_0(S^n).
\end{array}$$

由于这个图表直至符号交换,由此可知,

$$\ker j^* \cong \ker k_*.$$

于是从序列

$$0 \to \widetilde{H}_0(S^n - A) \to H_0(S^n - A) \xrightarrow{k_*} H_0(S^n) \to 0$$

的正合性得出

$$\ker k_* \cong \widetilde{H}_0(S^n - A),$$

其中序列正合性的证明留作习题.联合这些同构就可得出我们所要的同构.

第三步　剩下的是要证明定理对于 $k=n$ 成立.我们首先证明包含映射 $i:A\to S^n$ 诱导零同态

$$H^n(A)\xleftarrow{i^*}H^n(S^n).$$

群 $H^n(S^n)$是无限循环的,而且是由 σ^* 的上同调类生成的,其中 σ 是 S^n 的任何定向单形.由于 A 是 S^n 的真子复形,所以我们能构选取 σ 是在A 的外边,于是$i^\#(\sigma^*)$是零上链.

现在来考虑正合序列

$$0=H^{n+1}(S^n,A)\xleftarrow{\delta^*}H^n(A)\xleftarrow{i^*}H^n(S^n).$$

由于 i^* 是零同态,故由此可知 $H^n(A)=0$.因此群

$$\widetilde{H}^n(A)=H^n(A)\quad 和\quad \widetilde{H}_{-1}(S^{n-1}-A)$$

是同构的,因为二者都为零. □

系 71.2(多面体的 Jordan 曲线定理)　令 $n>0$.如果 A 是S^n 的一个同胚于 S^{n-1}的子集,而且(S^n,A)是可剖分的.那么 S^n-A 恰好有两个道路连通分支,而且 A 是它们的公共边界.

证明　因为 S^{n-1}不能同胚于 S^n,所以 A 是S^n 的真子集.因为 $A\approx S^{n-1}$,所以 $\widetilde{H}^{n-1}(A)$是无限循环的;另外还有

$$\widetilde{H}^{n-1}(A)\simeq\widetilde{H}_0(S^n-A);$$

从这两个事实即可得出 S^n-A 恰好有两个道路连通分支.如果 s 是A 的一种(非常细的)重分中的一个 $n-1$ 维单形,那么令 $B=A-\operatorname{Int}s$,我们就有

$$0=\widetilde{H}^{n-1}(B)\simeq\widetilde{H}_0(S^n-A),$$

正如在定理 36.3 的证明中那样,从这个事实即可得出 A 是两个道路连通分支C_1 和 C_2 的公共边界.因而我们能够用一条与 A 在 $\operatorname{Int}s$ 的点上相交的道路把C_1 的点和 C_2 的点连接起来. □

习　题

1. 令 A 是 X 的一个非空真子集. 证明:若 X 是道路连通的,那么序列

$$0 \to \widetilde{H}_0(A) \to H_0(A) \to H_0(X) \to 0$$

是正合的. 这个事实完成了 Alexander 对偶的证明.

2. 设 A 是 S^n 的一个非空真子集而且 (S^n, A) 是可剖分的. 证明:如果 A 是零调的,那么 $S^n - A$ 也是零调的.

3. 令 A 是一个 $n-1$ 维同调流形. 证明如果 A 同胚于 S^n 的一个子集 B,而且 (S^n, B) 是可剖分的,那么 A 是可定向的.

4. 证明 Alexander 对偶的下列形式:令 A 是 S^n 的一个非空真子集. 如果 (S^n, A) 是可剖分的,那么

$$\widetilde{H}_k(A) \cong \widetilde{H}^{n-k-1}(S^n - A).$$

[提示:求一个复形 C,使得它是 $S^n - A$ 的变形收缩核.]

5. 证明 n 维球的 Alexander 对偶性:令 A 是 B^n 的一个非空真子集;令 $\partial A = A \cap \mathrm{Bd} B^n$. 如果 (B^n, A) 是可剖分的,证明

$$H^k(A, \partial A) \cong \widetilde{H}_{n-k-1}(B^n - A).$$

[提示:考虑 $\mathrm{Bd}(B^n \times I)$ 的子集 $(A \times 1) \cup (\partial A \times I) \cup (B^n \times 0)$.]

§72　Lefschetz 对偶和 Alexander 对偶的“自然”形式

在定理 70.6 中所述的 Lefschetz 对偶同构

$$H^k(X, A) \xrightarrow{\phi_*} H_{n-k}(X - A)$$

的自然性性质总的说来是相当不令人满意的. 例如,同构 ϕ_* 不依赖于 (X, A) 的剖分,甚至它在 X 的重分下是不变量,但实际上它却不那么明显!

这种自然性的缺失一直延续到 Alexander 对偶,这反映在我们在上一节只能证明 Jordan 曲线定理的多面体形式.

本节我们将得出 Lefsehetz 同构和 Alexander 同构的更加自然

的形式. 当我们引进属于 Čech 的另一种形式的上同调之后，这些同构将使我们能够在 A 是 S^n 的任意闭子集的情况下来构造 Alexander 对偶同构.

首先是一个定义和一个引理.

定义 令 A 是有限复形 X 的一个子复形的可剖空间. 定义 $\mathrm{St}(A,X)$ 是当 σ 遍历 X 的位于 A 中的所有单形时，所有集合 $\mathrm{St}(\sigma,X)$ 的并. 我们把它称为 **A 在 X 中的星形**.

如果 C 是 X 的所有不与 A 相交的单形组成的集族，那么立刻就有

$$\mathrm{St}(A,X) = |X| - |C|.$$

如果 A 是 X 的一个**满子**复形的可剖空间，那么从引理 70.1 可知，A 是 $\mathrm{St}(A,X)$ 的变形收缩核. 可是要注意，A 未必是闭星形 $\overline{\mathrm{St}}(A,X)$ 的变形收缩核. 参看图 72.1.

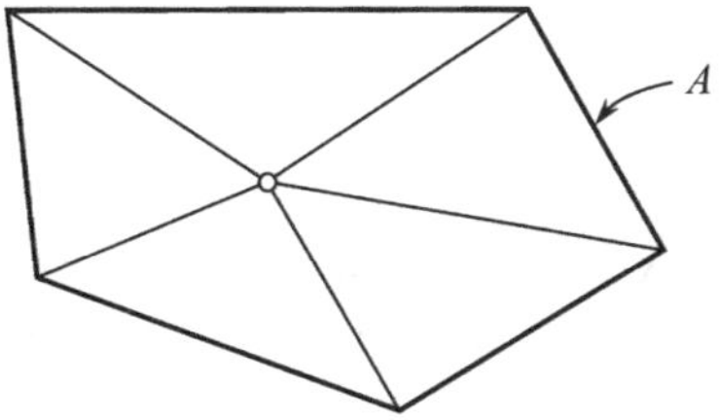

图 72.1

引理 72.1 令 X 是一个有限复形；令 A 是 X 的一个满子复形的可剖空间；令 C 是 X 的所有不与 A 相交的单形之并；令 $\mathrm{sd}X$ 是 X 的首次重心重分.

(a) 空间 $|X|$ 是下列三个集合的不交并:

$$U_A = \mathrm{St}(A,\mathrm{sd}X),$$

$$U_C = \mathrm{St}(C,\mathrm{sd}X),$$

$$B = \overline{U}_A - U_A = \overline{U}_C - U_C.$$

(b) 下列包含映射是同伦等价:

$$A \to U_A \to \overline{U}_A \to \mathrm{St}(A, X),$$

$$C \to U_C \to \overline{U}_C \to \mathrm{St}(C, X).$$

证明 集合 U_A 和 U_C 分别画在图 72.2 和图 72.3 中.令

$$s = \hat{\sigma}_1 \cdots \hat{\sigma}_k$$

表示 sd$X$ 的一般单形,其中 $\sigma_1 \succ \cdots \succ \sigma_k$.

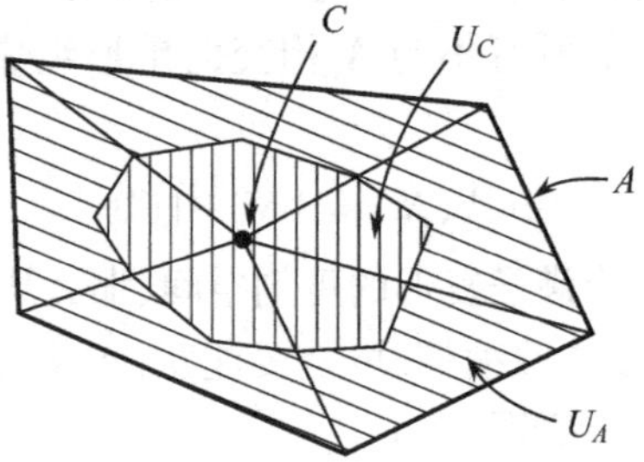

图 72.2

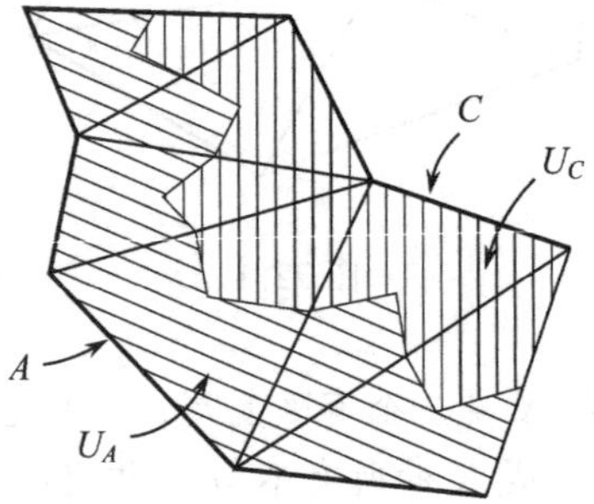

图 72.3

第一步 我们证明 U_A 是那些适合 $\sigma_k \subset A$ 的单形 $s = \hat{\sigma}_1 \cdots \hat{\sigma}_k$ 的内部之并.如果 $\sigma_k \subset A$,那么 $\hat{\sigma}_k \in A$,因而由定义,

$$\mathrm{Int}\,s \subset \mathrm{St}(\hat{\sigma}_k, \mathrm{sd}X) \subset U_A.$$

反之,若 $\text{Int}s \subset U_A$,那么 s 的某个顶点 $\hat{\sigma}_j$ 在 A 中,由此可知 σ_j 在 A 中,于是它的面 σ_k 也在 A 中.

由对称性可知,U_C 是那些适合 $\sigma_k \subset C$ 的单形 s 的内部之并.因此 U_A 和 U_C 是 $|X|$ 中不相交的开集.

第二步　我们证明,如果 σ_k 既不在 A 中也不在 C 中,那么 $s = \hat{\sigma}_1 \cdots \hat{\sigma}_k$ 在 $\overline{U}_A - U_A$ 中而且在 $\overline{U}_C - U_C$ 中.那么(a)款得证.

单形 σ_k 必定有在 A 中的一个顶点 v 和在 C 中的一个顶点 w.那么

$$\hat{\sigma}_1 \cdots \hat{\sigma}_k \hat{v} \quad \text{和} \quad \hat{\sigma}_1 \cdots \hat{\sigma}_k \hat{w}$$

在 $\text{sd}X$ 的两个单形,它们的内部分别在 U_A 和 U_C 中.因而它们的公共面 s 既在 $\overline{U}_A - U_A$ 中又在 $\overline{U}_C - U_C$ 中.

第三步　令 $D = \overline{U}_A$.由(a)款,$D = X - U_C$.我们要证明 D 是 $\text{sd}X$ 的一个满子复形的可剖空间,而且

$$\text{St}(D, \text{sd}X) = \text{St}(A, X).$$

首先,我们来证明 D 是满的.如果 $s = \hat{\sigma}_1 \cdots \hat{\sigma}_k$ 的内部在 U_C 中,那么 $\sigma_k \subset C$,因而 $\hat{\sigma}_k \notin D$.由此可知,如果 s 的所有顶点都在 D 中,那么 s 必然在 D 中.

我们证明 $\text{sd}X$ 的顶点 $\hat{\sigma}$ 在 D 中当且仅当 σ 与 A 相交.由于 $\text{sd}X$ 的顶点 $\hat{\sigma}$ 在 U_C 中当且仅当它在 C 中,而且这种情况发生当且仅当 $\sigma \subset C$.因此 $\hat{\sigma}$ 在 D 中当且仅当 σ 不在 C 中,即当且仅当 σ 与 A 相交.

现在我们证明 $\text{St}(D, \text{sd}X) \subset \text{St}(A, X)$.设 $s = \hat{\sigma}_1 \cdots \hat{\sigma}_k$ 有一个顶点 $\hat{\sigma}_i$ 在 D 中.那么如同刚才所证明的那样,σ_i 必与 A 相交,因而 σ_i 有一个顶点 v 在 A 中.由于 $\sigma_1 \succ \sigma_i \succ \sigma$,因而必有

$$\text{Int}s \subset \text{Int}\sigma_i \subset \text{St}(v, X) \subset \text{St}(A, X).$$

为了证明逆向包含关系成立,令 σ 是 X 的有一个顶点 v 在 A 中的单形.那么 $\hat{\sigma}$ 在 D 中.由于 $\text{Int}\sigma$ 是 $\text{sd}X$ 的那些以 $\hat{\sigma}$ 为初始顶点的单形的内部的并.因而

$$\operatorname{Int}\sigma \subset \operatorname{St}(\hat{\sigma}, \operatorname{sd}X) \subset \operatorname{St}(D, \operatorname{sd}X).$$

第四步　我们来证明(b). 考虑包含映射

$$A \xrightarrow{i} U_A \xrightarrow{j} D \xrightarrow{k} \operatorname{St}(D, \operatorname{sd}X).$$

由于 A 和 D 是 $\operatorname{sd}X$ 的满子复形的可剖空间,所以 i 和 k 都是同伦等价. 因为 $\operatorname{St}(D, \operatorname{sd}X) = \operatorname{St}(A, X)$,而且 A 是 X 的满子复形,所以映射 $k \circ j \circ i$ 是同伦等价. 由此可知 j 也是一个同伦等价.

由对称性,包含映射

$$C \to U_C \to \bar{U}_C \to \operatorname{St}(C, X)$$

也都是同伦等价. □

定义　令(X, A)是一个可剖分偶. 如果 $D \subset X$,并且存在偶(X, A)的某个剖分使得 D 是一个子复形的可剖空间,那么我们说 D 是(X, A)**中的多面体**. 若 $A = \varnothing$,则我们简称 D 是 X 中的**多面体**.

请特别注意,如果 C 和 D 是 X 中的多面体,但是这并不意味着一定存在 X 的一个剖分,使得对于这同一个剖分来说,C 和 D 同时都是子复形的可剖空间. 例如,x 轴 C 和集合

$$D = (0,0) \cup \left\{\left(x, x\sin\frac{1}{x}\right) \mid x \neq 0)\right\}$$

都是 $\mathbf{R}^2$ 中的多面体,但是并不存在 $\mathbf{R}^2$ 的任何剖分使 C 和 D 同时成为子复形的可剖空间.

引理 72.2　令 D 是可剖分的紧空间 X 中的多面体. 那么存在 D 的任意小的邻域 U 使得

(1) $\bar{U}$ 和 $X - U$ 都是 X 中的多面体.

(2) 下列包含映射都是同伦等价:

$$D \to U \to \bar{U} \text{ 和} (X - \bar{U}) \to (X - U) \to (X - D).$$

实际上,如果 X 被剖分得使 D 成为 X 的一个满子复形的可剖空间,那么 $U = \operatorname{St}(D, \operatorname{sd}^N X)$对所有 $N \geqslant 1$ 均满足这些条件.

证明　只需证明,如果 D 是 X 的一个满子复形的可剖空间,那么 $U = \operatorname{St}(D, \operatorname{sd}X)$满足引理的要求即可.

上面的引理说明包含映射 $D\to U\to \overline{U}$ 是同伦等价. 为了考虑其它包含关系,令 A 是 X 的所有不与 D 相交的单形之并,那么我们就有下列图表:

$$\begin{array}{ccccccc} A \to \mathrm{St}(A, \mathrm{sd}X) & \to & \overline{\mathrm{St}}(A, \mathrm{sd}X) & \to & \mathrm{St}(A, X) \\ \| & & \| & & \| \\ (X-\overline{U}) & \to & (X-U) & \to & (X-D), \end{array}$$

其中前两个等式可从上一引理的(a)款得出,第三个等式从定义得出. 由上面的引理,这个图表中的包含映射是同伦等价. □

定理 72.3(Lefschetz 对偶) 令(X,A)是一个紧的、可剖分的 n 维相对同调流形. 那么就有一个函数,它对(X,A)中每一个包含 A 的多面体指派一个同构

$$\lambda_D: H^k(X,D;G)\to H_{n-k}(X-D;G).$$

这个指派对于多面体的包含映射是自然的. 当(X,A)为可定向时,群 G 是任意的,否则 $G=\mathbf{Z}/2$.

证明 在可定向的情形,令 Γ 是(X,A)的一个定向类;在其它情况下,令它表示 $\mathbf{Z}/2$ 上的定向类.

第一步 如果 U 是 A 的任何一个使得 $\overline{U}$ 成为(X,A)中的多面体的邻域,令 $X_U=X-U$,那么 X_U 也是(X,A)中的多面体. 令 Γ_U 表示 Γ 在同态

$$H_n(X,A)\xrightarrow{m_*}H_n(X,\overline{U})\xrightarrow{k_*^{-1}}H_n(X_U,\mathrm{Bd}U)$$

下的象. (这里 m 和 k 是包含映射, $\mathrm{Bd}U=\overline{U}-U$.)我们来证明 Γ_U 是相对同调流形$(X_U,\mathrm{Bd}U)$在可定向情况下的一个定向类;而在不可定向的情况下,它是 $\mathbf{Z}/2$ 上的定向类.

证明是容易的. 剖分(X,A)使得 $\overline{U}$ 是一个子复形的可剖空间. 那么 Γ 由 X 的所有不在 A 中的并适当定向的 n 维单形之和来表示. 它在 $k_*^{-1}\circ m_*$ 下的象由不在 $\overline{U}$ 中的那些单形之和表示,它自动成为$(X_U,\mathrm{Bd}U)$的一个闭链.

我们把 Γ_U 看作 Γ 在 X_U 上的"限制".

第二步　令 D 是(X,A)中包含 A 的一个多面体. 令 U 是 D 的满足上述引理条件的任何邻域,使得 $A,D,\overline{U}$ 均为 X 的某个剖分的子复形的可剖空间. 参看图 72.4.

下列图表直至符号可交换:

$$\begin{array}{ccc} H^k(X_U,\mathrm{Bd}\,U) & \xrightarrow[\cong]{\phi_*} & H_{n-k}(X_U-\mathrm{Bd}\,U) \\ & \searrow^{\cap\Gamma_U} & \downarrow j_* \\ & & H_{n-k}(X_U). \end{array}$$

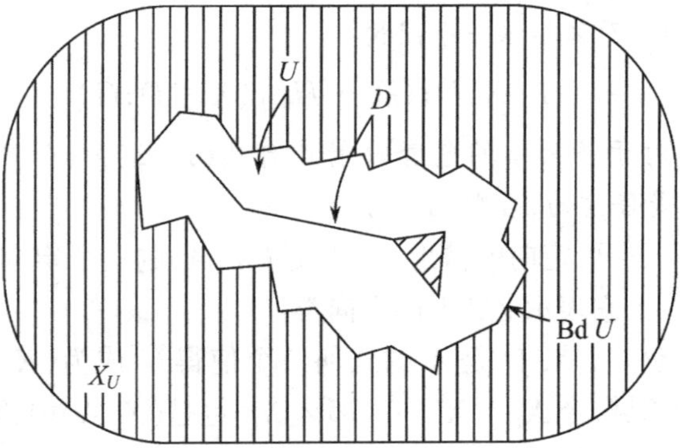

图 72.4

这里 ϕ_* 是被三角剖分的相对同调流形$(X_U,\mathrm{Bd}U)$的 Lefschetz 对偶同构,为了简单起见,我们从记号中省略了 G. 由于 $X_U=X-U$, $X_U-\mathrm{Bd}U=X-\overline{U}$,因此包含映射 j 是同伦等价. 由此可知,$\cap\Gamma_U$ 在单纯理论中是一个同构;于是它在奇异理论中也是一个同构.

在奇异理论中考虑下列图表:

$$H^k(X,D)\xleftarrow{i^*}H^k(X,\overline{U})\xrightarrow{k^*}H^k(X_U,\mathrm{Bd}U)\xrightarrow{\cap\Gamma_U}$$

$$H_{n-k}(X_U) \xrightarrow{l_*} H_{n-k}(X-D)$$

其中 i,k,l 都是包含映射.因为 k 是切除映射,所以同态 k^* 是一个同构.因为 $i:D\to\overline{U}$ 和 $l:(X-U)\to(X-D)$ 都是同伦等价,所以同态 i^* 和 l_* 是同构.

我们暂时把复合同构记为

$$\lambda_{D,U}:H^k(X,D)\to H_{n-k}(X-D).$$

请注意到它不依赖于所涉及的具体剖分,就像 Lefschetz 同构那样.

第三步　我们来验证同构 $\lambda_{D,U}$ 的自然性的一种形式.设 E 是 (X,A) 中的一个多面体使得 $A\subset E\subset D$,并且设 V 是 E 的一个像在第二步中那样选取的邻域使得 $\overline{V}\subset U$.(由上面的引理,E 的这种邻域总是存在.)参看图 72.5.我们证明 $\lambda_{D,U}$ 和 $\lambda_{E,V}$ 与包含映射所诱导的同态交换.

为了证明这个事实,我们来考虑下列令人望而生畏的图表:

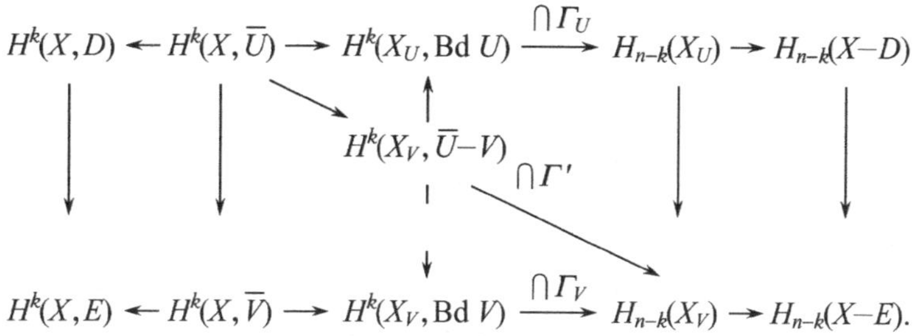

在这里我们必须把这些群理解为奇异群,因为偶$(X_V,\overline{U}-V)$未必是可三角剖分的.这是由 $\overline{U}$ 和 $\overline{V}$ 可能不是 X 的同一个剖分的子复形的可剖空间而引起的.在这个图表中顶上的一行映射定义 $\lambda_{D,U}$,底下的一行映射定义 $\lambda_{E,V}$.所有未标记的映射都是由包含映射诱导的.类 Γ' 是 Γ 的适当的"限制",即 Γ 在

$$H_n(X,A)\to H_n(X,\overline{U})\xleftarrow{\cong} H_n(X_V,\overline{U}-V)$$

下的像.由卡积的自然性,图表中的方形块和三角形块都是交换

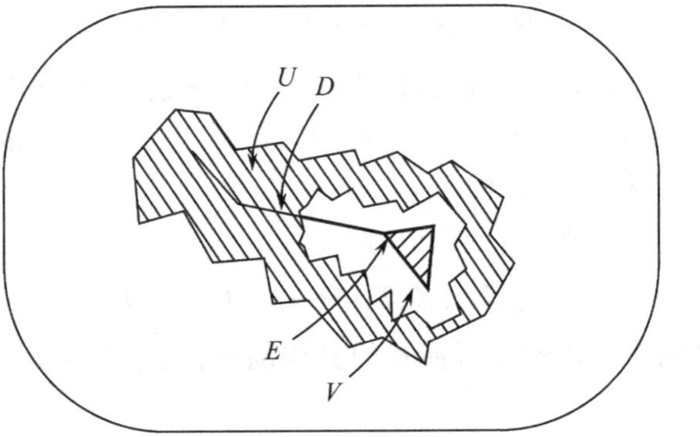

图 72.5

的.我们的结果随即得出.

第四步　现在我们证明 $\lambda_{D,U}$不依赖于U 的选取,我们把上一步应用到 $D=E$ 的情况.如果 U 和U'是D 的两个满足引理 72.2 的条件的邻域,那么我们就能选取 V(也适合这些条件)使得 $D\subset\overline{V}\subset U\cap U'$.那么由第二步,

$$\lambda_{D,U}=\lambda_{D,V}=\lambda_{D,U'}.$$

我们定义 $\lambda_D=\lambda_{D,U}$.那么 λ_D 关于包含映射$E\to D$ 的自然性立即从第三步得出. □

系 72.4(Alexander 对偶)　令 n 固定.那么存在一个函数,它对 S^n 中的每一个非空正多面体A 指派一个同构

$$\alpha_A:\widetilde{H}^k(A)\to\widetilde{H}_{n-k-1}(S^n-A).$$

这个指派关于包含映射是自然的.

证明　注意到 α_A 可以定义为同构的复合

$$\widetilde{H}^k(A)\xrightarrow{\delta^*}H^{k+1}(S^n,A)\xrightarrow{\lambda_A}H_{n-k-1}(S^n-A),$$

其中的两个同构都是自然的,由此即可得出 $k<n-1$ 的情形.类似地,从定义 Alexander 同构时所使用的图表的自然性得出 $k=$

$n-1$的情形. $k=n$ 的情形是平凡的. □

习　题

1. 令 D 是 S^n 中的一个多面体,它是两个不相交的集合 A 和 B 之并,并且适合

$$A \approx S^k, \qquad B \approx S^{n-k-1},$$

其中 $0 \leqslant k \leqslant n-1$. 包含映射诱导同态

$$\phi: \widetilde{H}_k(A) \to \widetilde{H}_k(S^n - B),$$

$$\psi: \widetilde{H}_{n-k-1}(B) \to \widetilde{H}_{n-k-1}(S^n - A).$$

Alexander 对偶蕴涵着这些群都是无限循环的. 证明 ϕ 和 ψ 直至符号都等于乘以同一个整数 m 的乘法. (参看 §36 的习题 3.) 这个整数可度量 A"环绕" B 的次数. [提示:将 S^n 单纯剖分使得 A 和 B 是满子复形的可剖空间,而且任何单形都不会既与 A 相交又与 B 相交. 令 C 是不与 A 相交的所有单形之并. 从下列图表开始:

$$\begin{array}{ccc} \widetilde{H}^{n-k-1}(C) & \longrightarrow & \widetilde{H}^{n-k-1}(B) \\ \downarrow{\scriptstyle \alpha_C} & & \downarrow{\scriptstyle \alpha_B} \\ \widetilde{H}_k(S^n - C) & \longrightarrow & \widetilde{H}_k(S^n - B). \end{array}$$

]

§73　Čech 上同调

到目前为止,我们已经研究了两种同调和上同调的理论,即单纯理论和奇异理论. 还有若干种其它理论,其中最著名的是 Čech 理论. 这个理论被证明在上同调的情形特别令人满意. 现在我们就来考虑它.

我们将构造一个拓扑空间的 Čech 上同调群,并且证明当 Čech 上同调群和单纯上同调群都有定义时,两者是一致的. 我们还将构造一个使得 Čech 理论和奇异理论不一致的拓扑空间. 在下一节,

我们将用 Čech 上同调来证明 Alexander 对偶的一种广义形式.

我们从有向集的概念开始.

定义 一个**有向集** J 是一个带有关系 $<$ 的集合并且使得

(1) 对所有 $\alpha \in J$, $\alpha < \alpha$ 成立.

(2) $\alpha < \beta$ 和 $\beta < \gamma$ 蕴涵着 $\alpha < \gamma$.

(3) 给定 α 和 β,则存在 δ 使得 $\alpha < \delta$ 且 $\beta < \delta$.

我们将元素 δ 称为 α 和 β 的**上界**.

例 1 任何全序集在关系 $\leqslant$ 之下是一个有向集.

例 2 我们来考虑这样一个集族,它的元素是拓扑空间 X 的开覆盖 $\mathscr{A}$. 若 $\mathscr{B}$ 是 $\mathscr{A}$ 的一个加细,则称 $\mathscr{A} < \mathscr{B}$,并以此使该集合成为有向集. 这意味着对 $\mathscr{B}$ 的每一个元素 B 来说,$\mathscr{A}$ 中至有一个能包含它的元素 A. 条件(1)和(2)是直接的;为证实(3),我们指出,给定 X 的开覆盖 $\mathscr{A}$ 和 $\mathscr{B}$,那么集族

$$\mathscr{D} = \{A \cap B \mid A \in \mathscr{A}, B \in \mathscr{B}\}$$

是 X 的一个开覆盖,而且它加细 $\mathscr{A}$ 和 $\mathscr{B}$.

定义 对应于有向集 J,一个由 Abel 群和同态组成的**有向系**是 Abel 群的一个加标族 $\{G_\alpha\}_{\alpha \in J}$,连同对于每一对指标 $\alpha < \beta$ 都有定义的一族同态

$$f_{\alpha\beta}: G_\alpha \to G_\beta,$$

并且使得

(1) $f_{\alpha\alpha}: G_\alpha \to G_\alpha$ 是恒等同态.

(2) 如果 $\alpha < \beta < \gamma$,那么 $f_{\beta\gamma} \circ f_{\alpha\beta} = f_{\alpha\gamma}$,即下列图表交换:

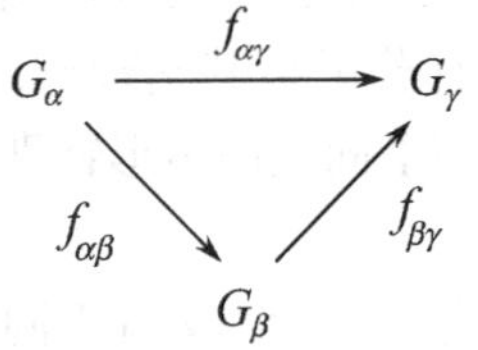

定义 给定 Abel 群和同态的一个有系,我们定义一个称为该系的**方向极极**的群如下:取群 G_α 的不交并,并且按下列办法引进

一个等价关系：如果对 α 和 β 的某个上界 δ(对于 $g_\alpha \in G_\alpha$ 和 $g_\beta \in G_\beta$)，有

$$f_{\alpha\delta}(g_\alpha) = f_{\beta\delta}(g_\beta)$$

那么我们就称 $g_\alpha \sim g_\beta$. 方向极限是等价类的集合，我们把它记为

$$\varinjlim_{\alpha \in J} G_\alpha .$$

我们通过定义

$$\{g_\alpha\} + \{g_\beta\} = \{f_{\alpha\delta}(g_\alpha) + f_{\beta\delta}(g_\beta)\}$$

使它成为一个 Abel 群，其中 δ 是 α 和 β 的某个上界.

容易看出，这个运算是完全确定的而且使方向极限成为一个 Abel 群. 我们指出下列基本事实：

(1) 如果所有映射 $f_{\alpha\beta}$ 都是同构，那么 $\varinjlim G_\alpha$ 同构于群 G_α 中的任何一个.

(2) 如果所有映射 $f_{\alpha\beta}$ 都是零同态，那么 $\varinjlim G_\alpha$ 是平凡群. 更一般地，如果对每个 α 都有一个 β 使得 $\alpha < \beta$ 且 $f_{\alpha\beta}$ 是零同态，那么 $\varinjlim G_\alpha$ 是平凡群.

定义 令 J 和 K 是两个有向集. 令 $\{G_\alpha, f_{\alpha\beta}\}$ 和 $\{H_\gamma, g_{\gamma\delta}\}$ 是 Abel 群和同态的伴随有向系. **有向系的映射** Φ，首先是一个保持序关系的集映射 $\phi: J \to K$，其次对于每个 $\alpha \in J$，它是一个同态

$$\phi_\alpha : G_\alpha \to H_{\phi(\alpha)},$$

并且使得下列图表中交换性成立，其中 $\gamma = \phi(\alpha)$，$\delta = \phi(\beta)$ 且 $\alpha < \beta$：

$$\begin{array}{ccc} G_\alpha & \xrightarrow{f_{\alpha\beta}} & G_\beta \\ \phi_\alpha \downarrow & & \downarrow \phi_\beta \\ H_\gamma & \xrightarrow{g_{\gamma\delta}} & H_\delta \end{array}$$

这样一个映射 Φ 诱导一个同态，我们把它称为同态 ϕ_α 的**方向极限**：

$$\underrightarrow{\Phi}:\underrightarrow{\lim}_{\alpha\in J}G_\alpha \to \underrightarrow{\lim}_{\gamma\in K}H_\gamma.$$

它把 $g_\alpha\in G_\alpha$ 的等价类映射到 $\phi_\alpha(g_\alpha)$ 的等价类.

例 3 令 $\{G_\alpha, f_{\alpha\beta}\}$ 是 Abel 群和同态的一个有向系；令 H 是一个 Abel 群. 如果对每一个 α 都有一个同态 $\phi_\alpha: G_\alpha \to H$，而且每当 $\alpha<\beta$ 时，$\phi_\beta\circ f_{\alpha\beta}=\phi_\alpha$，那么我们就有一个诱导同态

$$\underrightarrow{\Phi}:\underrightarrow{\lim}G_\alpha \to H.$$

这是上面的构造的一种特殊情况，其中第二个有向系由单个群 H 组成.

例 4 设有 Abel 群和同态的序列

$$G_1 \xrightarrow{f_1} G_2 \xrightarrow{f_2} G_3 \to \cdots.$$

如果每当 $m<n$ 时，我们定义

$$f_{mn} = f_{n-1}\circ f_{n-2}\circ\cdots\circ f_m,$$

那么这个序列就成为一个带有指标集 $J=\mathbf{Z}_+$ 的有向系.

例如，若每个群 G_i 都是整数群，每个映射 ϕ_i 都是乘以 2 的乘法，那么就得到有向系

$$Z \xrightarrow{2} Z \xrightarrow{2} Z \to \cdots.$$

容易看出，它的方向极限同构于二进制有理数群 H（它是形如 $m/2^n$ (m,n 为整数）的所有有理数组成的加群）：由等式 $\phi_n(m)=m/2^n$ 定义

$$\phi_n: G_n \to H.$$

那么可以验证 $\phi_n\circ f_{n-1}=\phi_{n-1}$. 容易证实$\underrightarrow{\Phi}$既是单射又是满射.

定义 令 J 是一个有向集. J_0 是 J 的子集. 如果对于每个 $\alpha\in J$，都存在 $\delta\in J_0$，适合于 $\alpha<\delta$，那么我们就说 J_0 在 J 中是**共尾的**.

定理 73.1 设给定了一个由有集 J 标记的 Abel 群和同态的有向系 $\{G_\alpha, f_{\alpha\beta}\}$. 若 J_0 在 J 中是共尾的，那么 J_0 是一个有向集，而且包含映射诱导一个同构

$$\varinjlim_{\alpha\in J_0} G_\alpha \cong \varinjlim_{\alpha\in J} G_\alpha .$$

证明 有向集的公理容易被验证. 在 J_0 中给定 α,β,它们在 J 中有上界,因而在 J_0 中也就有上界. 令 $\phi: J_0 \to J$ 是包含映射,而且对于每个 $\alpha \in J_0$,令 $\phi_\alpha: G_\alpha \to G_{\phi(\alpha)}$ 是恒等映射. 那么我们就得到一个诱导同态

$$\underrightarrow{\Phi}: \varinjlim_{\alpha\in J_0} G_\alpha \to \varinjlim_{\alpha\in J} G_\alpha .$$

它是一个满射,因为给定 g_α,它等价于某个 $g_\delta(\delta\in J_0)$. 为证明它的核为零,设 $\alpha\in J_0$,且对于某个 $\beta\in J$,$g_\alpha \sim 0_\beta$. 那么就有 J 中的某个元素 δ 使得

$$f_{\alpha\delta}(g_\alpha) = f_{\beta\delta}(0_\beta) = 0_\delta .$$

选取 $\varepsilon\in J_0$ 适合 $\delta<\varepsilon$. 那么

$$f_{\alpha\varepsilon}(g_\alpha) = f_{\delta\varepsilon}(0_\delta) = 0_\varepsilon .$$

因而 $g_\alpha \sim 0_\varepsilon$,其中 $\varepsilon\in J_0$. □

现在我们来定义 Čech 上同调群.

定义 令 $\mathscr{A}$ 是空间 X 的一个子集族. 我们定义一个抽象单纯复形,称为 $\mathscr{A}$ 的**神经**,记为 $N(\mathscr{A})$. 它的顶点是 $\mathscr{A}$ 的元素,它的单形是 $\mathscr{A}$ 的有限子族 $\{A_1,\cdots,A_n\}$ 使得

$$A_1 \cap A_2 \cap \cdots \cap A_n \neq \varnothing .$$

于是如果 $\mathscr{B}$ 是加细 $\mathscr{A}$ 的一个集族,那么我们能够通过选取 $g(B)$ 是 $\mathscr{A}$ 的一个包含 B 的元素来定义一个映射 $g:\mathscr{B}\to\mathscr{A}$. 如果 $\{B_1,\cdots,B_n\}$ 是 $N(\mathscr{B})$ 的一个单形,那么 $\{g(B_1),\cdots,g(B_n)\}$ 就是 $N(\mathscr{A})$ 的一个单形,因为 $\bigcap B_i$ 是非空的并且包含在 $\bigcap g(B_i)$ 中. 因而顶点映射 g 诱导一个单纯映射

$$g: N(\mathscr{B}) \to N(\mathscr{A}).$$

在选取 g 的过程中有某种程度的任意性,但是对于 g 的任何其它选择 g' 也都是跟 g 连接的,因为

$$\bigcap B_i \subset \bigcap (g(B_i) \cap g'(B_i)).$$

从而我们能够作出如下的定义.

定义 如果 $\mathscr{B}$ 是 $\mathscr{A}$ 的一个加细,那么我们就有唯一确定的同态

$$g_*: H_k(N(\mathscr{B});G) \to H_k(N(\mathscr{A});G),$$
$$g^*: H^k(N(\mathscr{A});G) \to H^k(N(\mathscr{B});G),$$

它们是由对所有 $B \in \mathscr{B}$ 满足条件 $g(B) \supset B$ 的单纯映射 g 诱导的.我们称之为**由加细诱导的同态**.

定义 令 J 是由空间 X 的所有开覆盖组成的有向集,它是由当 $\mathscr{B}$ 是 $\mathscr{A}$ 的加细时就令 $\mathscr{A} < \mathscr{B}$ 来定向的.我们用下述办法来构造一个有向系:对 J 的元素 $\mathscr{A}$ 指派群

$$H^k(N(\mathscr{A});G),$$

而且对于序偶 $\mathscr{A} < \mathscr{B}$ 指派由加细诱导的同态

$$f_{\mathscr{A}\mathscr{B}}: H^k(N((\mathscr{A});G) \to H^k(N(\mathscr{B});G).$$

我们用等式

$$\check{H}^k(X;G) = \varinjlim_{\mathscr{A} \in J} H^k(N(\mathscr{A});G)$$

定义 X 的带 G 中系数的 k 维 **Čech 上同调群**.

我们用类似的方式把 X 的约化 Čech 上同调群定义为约化群 $\widetilde{H}^k(N(\mathscr{A});G)$的方向极限.

因为这些群只依赖于 X 的开覆盖族,所以它们显然是 X 的拓扑不变量.

尽管这个定义很抽象,但是正如我们马上要证明的那样,在可剖空间的情况下.它并没有为我们提供任何新的东西.

定理 73.2 令 K 是一个单纯复形,那么

$$\check{H}^k(|K|;G) \simeq H^k(K;G).$$

同样的结果对约化上同调也成立.

证明 对于任何复形 K,令 $\mathscr{A}(K)$是$|K|$的由它的顶点的开星形组成的覆盖.对 K 的顶点 v 指派$N(\mathscr{A}(K))$的顶点 Stv 的顶点对应f_K 定义复形K 与抽象复形$N(\mathscr{A}(K))$之间的一个同构.因

为 $v_0\cdots v_n$ 是K 的一个单形当且仅当

$$\mathrm{St}v_0\cap\cdots\cap\mathrm{St}v_n\neq\varnothing;$$

而这等价于说$\{\mathrm{St}v_0,\cdots,\mathrm{St}v_n\}$是 $N(\mathscr{A}(K))$的一个单形.

如果 K'是K 的一个重分,那么就有恒等映射 $h:K'\to K$ 的一个单纯副近,它是由条件

$$\mathrm{St}(w,K')\subset\mathrm{St}(h(w),K)$$

所确定的顶点映射 h 诱导的.同一个顶点对应也能用来定义一个单纯映射 $g:N(\mathscr{A}(K'))\to N(\mathscr{A}(K))$,它对 $N(\mathscr{A}(K'))$的顶点 $\mathrm{St}(w,K')$指派 $N(\mathscr{A}(K))$的顶点 $\mathrm{St}(h(w),K)$.于是下列图表交换:

$$\begin{array}{ccc}
K' & \xrightarrow[\cong]{f_{K'}} & N(\mathscr{A}(K')) \\
\Big\downarrow h & & \Big\downarrow g \\
K & \xrightarrow[\cong]{f_K} & N(\mathscr{A}(K))
\end{array}$$

四个上同调中的诱导映射全都是同构.

现在我们来考虑当 K'取遍 K 的所有重分时,$|K|$的具有形式 $\mathscr{A}(K')$的开覆盖构成的族 J_0.一般单纯逼近定理蕴涵着这个族 J_0.在$|K|$的所有开覆盖组成的族 J 中是共尾的.(如果 K 是有限的,那么有限单纯逼近定理就足够了.)因此

$$\check{H}^k(|K|;G)\cong\varinjlim H^k(K';G),$$

其中右边的有向系是由 K 的所有重分组成的族来标记的.在后一个有向系中每一个映射 h^* 都是同构,因此正如所期望的那样,方向极限同构于 $H^k(K;G)$. □

这个定理说明 Čech 上同调和单纯上同调,当两者都有定义时它们是一致的.但是对于更一般的空间来说,Čech 上同调将会是什么样呢? 为了进行必要的计算,我们将证明 Čech 上同调的一个基本的"连续性质".首先我们需要一个引理.

引理 73.3 令 Y 是正规空间 X 的一个紧子空间. 考虑由 Y 的覆盖 $\mathscr{A}$ 组成的有向集 L,而组成覆盖 $\mathscr{A}$ 的集合在 X 中(而不是在 Y 中)是开的. 那么

$$\check{H}^k(Y;G) \cong \varinjlim_{\mathscr{A}\in L} H^k(N(\mathscr{A});G).$$

同样的结果在约化上同调中也成立.

证明 第一步 令 $U_1,\cdots,U_n$ 是 X 的一个开覆盖. 我们要证明存在 X 的一个开覆盖 $V_1,\cdots,V_n$ 使得对于每个 i,都有 $\overline{V}_i\subset U_i$.

集合 $X-(U_2\cup\cdots\cup U_n)$ 是 U_1 的一个闭子集. 由正规性,我们能够选出一个包含它的开集 V_1 使得 $\overline{V}_1\subset U_1$. 那么 V_1, $U_2,\cdots,U_n$ 覆盖X. 使用同样的构造方法选取 V_2 包含 $X-(V_1\cup U_3\cup\cdots\cup U_n)$使得 $\overline{V}_2\subset U_2$. 那么 $V_1,V_2,U_3,\cdots,U_n$ 覆盖X. 类似地继续进行下去.

第二步 令 $\mathscr{C}=\{C_1,\cdots,C_n\}$和 $\mathscr{D}=\{D_1,\cdots,D_n\}$是具有同一指标集的两个标记族. 假如

$$C_{i_1}\cap\cdots\cap C_{i_p}\neq\varnothing \qquad \Leftrightarrow \quad D_{i_1}\cap\cdots\cap D_{i_p}\neq\varnothing,$$

则我们说它们的神经是**自然同构的**. 这意味着顶点映射 $C_i\rightarrow D_i$ 诱导一个单纯同构$N(\mathscr{C})\rightarrow N(\mathscr{D})$. 我们要证明下述论断:令$\{C_1,\cdots,C_n\}$是由 X 中的闭集组成的集族,令$\{U_1,\cdots,U_n\}$是由 X 中的开集组成的集族,而且对所有 i,$C_i\subset U_i$. 那么存在由 X 的开集组成的一个集族$\{W_1,\cdots,W_n\}$使得对所有 i,$C_i\subset W_i$ 并且$\overline{W}_i\subset U_i$,而且$\{C_1,\cdots,C_n\}$和$\{W_1,\cdots,W_n\}$的神经是自然同构的.

考虑 X 的具有形式

$$E_{i_1,\cdots,i_p}=C_{i_1}\cap\cdots\cap C_{i_p}$$

的所有子集组成的集族 $\mathscr{E}$. 令 E 是不与C_1 相交的所有这种集合的并. 那么 E 在X 中是闭的而且不与C_1 相交. 选取 W_1 是 X 的一个包含C_1 的开集并且使得它的闭包不与 E 相交且在U_1 内. 我们要证明$\{\overline{W}_1,C_2,\cdots,C_n\}$和$\{C_1,C_2,\cdots,C_n\}$的神经是自然同构的.

为此，只须证明

$$\overline{W}_1 \cap C_{i_1} \cap \cdots \cap C_{i_p} \neq \varnothing \Leftrightarrow C_1 \cap C_{i_1} \cap \cdots \cap C_{i_p} \neq \varnothing.$$

蕴涵关系$\Leftarrow$是平凡的，因为 $C_1 \subset \overline{W}_1$. 我们来证另一个蕴涵关系$\Rightarrow$. 如果右边的集合是空集，那么集合 $C_{i_1} \cap \cdots \cap C_{i_p}$ 不与 C_1 相交. 因而由定义，它被包含在 E 中，那么由 W_1 的定义，它不与 $\overline{W}_1$ 相交. 因此左边的集合也是空集.

再次使用这种构造方法选取 W_2，使得 $C_2 \subset W_2$ 且 $\overline{W}_2 \subset U_2$，而且

$$\{\overline{W}_1, \overline{W}_2, C_3, \cdots, C_n\} \text{ 和 } \{\overline{W}_1, C_2, C_3, \cdots, C_n\}$$

的神经是自然同构的. 类似地继续下去.

第三步　对于 Y 的一个由在 X 中开的集合组成的覆盖 $\mathscr{W} = \{W_1, \cdots, W_n\}$ 如果 $\{W_1, \cdots, W_n\}$ 和 $\{W_1 \cap Y, \cdots, W_n \cap Y\}$ 的神经是自然同构的，则我们说 $\mathscr{W}$ 是适合于 Y 的. 令 L 是 Y 的由在 X 中开的集合构成的所有覆盖的族；令 L_0 是由那些适合于 Y 的覆盖构成的子族. 我们证明 L_0 在 L 中是共尾的.

令 $\mathscr{A}$ 是 Y 的由在 X 中开的集合构成的一个覆盖. 转化为覆盖 Y 的一个有限的子集族 $\{U_1, \cdots, U_n\}$. 考虑 Y 的由在 Y 中开的集合组成的覆盖

$$\{U_1 \cap Y, \cdots, U_n \cap Y\}.$$

将第一步应用到正规空间 Y. 选取一个由在 Y 中开的集合组成的能够覆盖 Y 的集族 $\{V_1, \cdots, V_n\}$，使得 $\overline{V}_i \subset (U_i \cap Y)$ 对每个 i 成立. 令 $C_i = \overline{V}_i$，并且应用第二步来求出 X 的一个开集族 $\mathscr{W} = \{W_1, \cdots, W_n\}$ 使得 $C_i \subset W_i$, $\overline{W}_i \subset U_i$，而且使得 $\{C_i, \cdots, C_n\}$ 和 $\{\overline{W}_1, \cdots, \overline{W}_n\}$ 的神经是自然同构的.

由于 $\mathscr{W}$ 加细 $\mathscr{A}$，而且 $\mathscr{W}$ 覆盖 Y. 于是，$\mathscr{W}$ 适应于 Y 这一事实可从下列蕴涵关系得出.

$$\begin{array}{ccc} C_{i_1}\cap\cdots\cap C_{i_p}\neq\varnothing & \Leftrightarrow & \overline{W}_{i_1}\cap\cdots\cap\overline{W}_{i_p}\neq\varnothing \\ \Downarrow & & \Uparrow \\ W_{i_1}\cap\cdots\cap W_{i_p}\cap Y\neq\varnothing & \Rightarrow & W_{i_1}\cap\cdots\cap W_{i_p}\neq\varnothing. \end{array}$$

第四步 一般若 $\mathscr{A}=\{A_1,\cdots,A_n\}$ 是 Y 的一个由在 X 中开的集合组成的覆盖，令 $\mathscr{A}\cap Y$ 表示 Y 的由在 Y 中开的集合组成的覆盖 $\{A_1\cap Y,\cdots,A_n\cap Y\}$. 考虑下列四个有向集：

$$L=\{\mathscr{A}\mid\mathscr{A}\text{是 }Y\text{ 的由在 }X\text{ 中开的集合组成的覆盖}\},$$
$$L_0=\{\mathscr{W}\mid\mathscr{W}\in L\text{ 并且 }\mathscr{W}\text{适合于 }Y\},$$
$$J=\{\mathscr{B}\mid\mathscr{B}\text{是 }Y\text{ 的由在 }Y\text{ 中开的集合组成的覆盖}\},$$
$$J_0=\{\mathscr{W}\cap Y\mid\mathscr{W}\in L_0\}.$$

请注意到，J 中的每一个元素 $\mathscr{B}$，对于 L 中的某个 $\mathscr{A}$，等于 $\mathscr{A}\cap Y$.

我们已经证明了 L_0 在 L 中是共尾的，由此立即可得 J_0 在 J 中是共尾的：给定 $\mathscr{B}\in J$，则对于某个 $\mathscr{A}\in L$ 就有 $\mathscr{B}$ 等于 $\mathscr{A}\cap Y$. 于是如果 $\mathscr{W}$ 是 L_0 的一个加细 $\mathscr{A}$ 的元素，那么由此可知 $\mathscr{W}\cap Y$ 加细 $\mathscr{A}\cap Y=\mathscr{B}$.

于是本引理成立. 因为

$$\begin{aligned}\check{H}^k(Y;G)&=\varinjlim\nolimits_J H^k(N(\mathscr{B});G) && \text{由定义,}\\ &\cong\varinjlim\nolimits_{J_0} H^k(N(\mathscr{W}\cap Y);G) && \text{因为 } J_0 \text{ 在 } J \text{ 中共尾,}\\ &\cong\varinjlim\nolimits_{L_0} H^k(N(\mathscr{W});G) && \text{因为 } N(\mathscr{W})\cong N(\mathscr{W}\cap Y),\\ &\cong\varinjlim\nolimits_{L} H^k(N(\mathscr{A});G) && \text{因为 } L_0 \text{ 在 } L \text{ 中共尾.}\end{aligned}$$
□

定理 73.4 令 X 是一个可剖分的紧空间. 令 $D_1\supset D_2\supset\cdots$ 是 X 中的多面体序列，其交是 Y. 那么

$$\check{H}^k(Y;G)\cong\varinjlim H^k(D_n;G).$$

同样的结果在约化上同调中也成立.

证明 为了简便起见，我们将从记号中省略 G. 定理结论中的方向极限不依赖于各空间 D_n 具体剖分. 令 X_n 是 X 的一个适当选取的剖分使得 D_n 是 X 的一个满子复形的可剖空间，而且使 X_n 的单形的最大直径小于 $1/n$，还使得包含映射 $|X_{n+1}|\to|X_n|$

满足星形条件.让我们用 K_n 表示 X_n 的其可剖空间是 D_n 的子复形.那么同构

$$\varinjlim H^k(D_n) \cong \varinjlim H^k(K_n)$$

平凡地成立.

第一步　给定 n.考虑 D_n 的由在 D_n 中的开集组成的并且是由

$$\mathscr{A}' = \{\mathrm{St}(v, K_n) \mid v \in K_n\}$$

定义的覆盖.那么正如我们在定理 73.2 的证明中所指出的那样,我们就会有一个由 $f_n(v) = \mathrm{St}(v, K_n)$ 定义的单纯同构 $f_n : K_n \to N(\mathscr{A}'_n)$.就象我们马上要证明的那样,与我们在那里所使用的同样的论证能够被用来转化为上同调的方向极限的同构.

令 $h : K_{n+1} \to K_n$ 是包含映射 $|K_{n+1}| \to |K_n|$ 的一个单纯逼近,那么我们把 $g : \mathscr{A}'_{n+1} \to \mathscr{A}'_n$ 定义为

$$g(\mathrm{St}(w, K_{n+1})) = \mathrm{St}(h(w), K_n).$$

这个映射 g 诱导一个单纯映射 $g : N(\mathscr{A}'_{n+1}) \to N(\mathscr{A}'_n)$ 使得下列图表交换:

$$\begin{array}{ccc}
K_{n+1} & \xrightarrow[\cong]{f_{n+1}} & N(\mathscr{A}'_{n+1}) \\
\downarrow h & & \downarrow g \\
K_n & \xrightarrow[\cong]{f_n} & N(\mathscr{A}'_n)
\end{array}$$

恰如以前一样,我们可以推出

$$\varinjlim H^k(K_n) \cong \varinjlim H^k(N(\mathscr{A}'_n)).$$

然而,在这种情况下,我们不能把左边的群等同于一个具体的单纯上同调群,因为 h^* 未必是一个同构.

第二步　给定 n.考虑由

$$\mathscr{A}_n = \{\mathrm{St}(v, X_n) \mid v \in K_n\}$$

定义的 D_n 的覆盖.这是 D_n 的一个由 X 中的开集组成的覆盖,而

集族 $\mathscr{A}'_n$ 是 D_n 的一个由 D_n 中的开集组成的覆盖.集族 $\mathscr{A}_{n+1}$ 是 $\mathscr{A}_n$ 的加细,因为包含映射 $|X_{n+1}|\to|X_n|$ 满足星形条件.

我们证明 $\mathscr{A}_n$ 和 $\mathscr{A}'_n$ 的神经是自然同构的,所论的顶点映射对于每个顶点 $v\in K_n$ 都把 $\mathrm{St}(v,K_n)$ 映射到 $\mathrm{St}(v,X_n)$. 由于 $\mathrm{St}(v,K_n)\subset\mathrm{St}(v,X_n)$,所以立即有

$$\bigcap \mathrm{St}(v_i,K_n)\neq\varnothing \quad\Rightarrow\quad \bigcap \mathrm{St}(v_i,X_n)\neq\varnothing.$$

我们再来证逆向包含关系. 如果 $\bigcap\mathrm{St}(v_i,X_n)\neq\varnothing$,那么各顶点 v_i 张成 X_n 的一个单形 σ. 因为 v_i 是 K_n 的顶点,而且 K_n 是满的,所以 σ 必然属于 K_n. 于是如所期望的那样,$\bigcap\mathrm{St}(v_i,K_n)\neq\varnothing$.

由此立即可得

$$\varinjlim H^k(N(\mathscr{A}'_n))\cong\varinjlim H^k(N(\mathscr{A}_n)).$$

第三步　现在我们证明 Y 的覆盖族 $\{\mathscr{A}_1,\mathscr{A}_2,\cdots\}$ 在 Y 的由 X 中的开集组成的所有覆盖 $\mathscr{B}$ 的族 L 中是共尾的.

首先我们指出下列事实:如果 D 是度量空间 X 的一个紧子集,且 $\mathscr{B}$ 是 D 的一个由 X 中的开集组成的覆盖,那么就有一个 $\delta>0$ 使得直径小于 δ 且与 D 相交的任何集合必定在 $\mathscr{B}$ 的一个元素中. 这是一般拓扑学中的"Lebesgue 数引理"的一种扩展,其证明留作习题.

现在令 $\mathscr{B}$ 是 Y 的由 X 中的开集组成的任意一个覆盖. 首先我们证明对于某个 n,比如说 $n=N$,$\mathscr{B}$ 覆盖 $D_n=|K_n|$. 因为如若不然,我们就能对每一个 n 选取一点 $x_n\in D_n$,使得 x_n 不在 $\mathscr{B}$ 的任何元素之中. 那么有某个子序列 x_{n_i} 收敛并且必收敛于 Y 的一点(因为 $Y=\bigcap D_n$). 但是 $\mathscr{B}$ 覆盖 Y 的一个邻域,因而对于充分大的 i,它必然覆盖点 x_{n_i}.

现在我们应用扩展的 Lebesgue 数引理,选取 δ 使得直径小于 δ 且与 D_N 相交的任何集合必定在 $\mathscr{R}$ 的一个元素之中. 然后选取 $m>N$ 充分大使得 $1/m<\delta/2$. 由此可知 $\mathscr{A}_m$ 加细 $\mathscr{B}$. 因为给定 K_m 的一个顶点 v,我们有

$$\dim \mathrm{St}(v, X_m) \leqslant 2/m < \delta.$$

因为 $v \in |K_m| \subset |K_N|$，所以集合 $\mathrm{St}(v, K_m)$ 与 $|K_N|$ 相交，因而它在 $\mathscr{B}$ 的一个元素之中.

第四步　现在我们证明定理. 我们有

$$\begin{aligned}
\varinjlim \check{H}^k(D_n) &\cong \varinjlim H^k(K_n) \\
&\cong \varinjlim H^k(N(\mathscr{A}'_n)) \quad \text{由第一步}, \\
&\cong \varinjlim H^k(N(\mathscr{A}_n)) \quad \text{由第二步}, \\
&\cong \varinjlim_{\mathscr{B} \in L} H^k(N(\mathscr{B})) \quad \text{由第三步}.
\end{aligned}$$

由上面的引理，末了这个群同构于 $\check{H}^k(Y)$. □

系 73.5　令 X 是拓扑学家的封闭正弦曲线. 那么

$$H^1(X) = 0 \quad (\text{奇异上同调})$$
$$\check{H}^1(X) \cong Z \quad (\check{\mathrm{C}}\text{ech 上同调})$$

证明　为了方便，我们把 X 表示成平面中的线段之并，如图 73.1 所示.

第一步　让我们首先计算 X 的奇异同调和奇异上同调. 令 U 是 X 与平面 $\mathbf{R}^2$ 中适合于 $y > \frac{1}{8}$ 的所有点 (x, y) 的集合之交，令

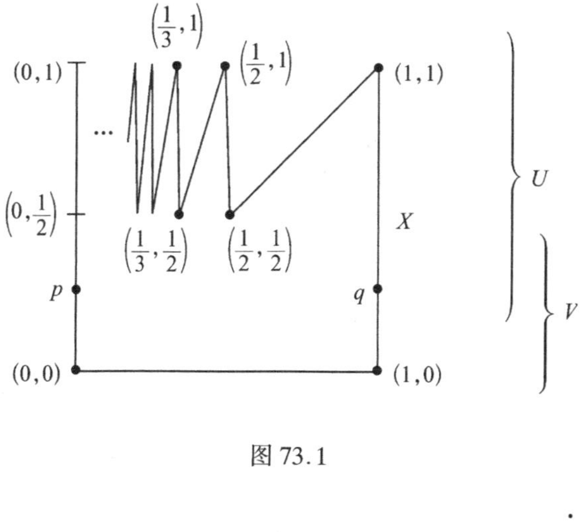

图 73.1

V 是 X 与那些适合 $y<3/8$ 的所有点(x,y)的集合之交. 因为 U 和 V 是开的,所以在奇异同调中,我们有 Mayer-Vietoris 序列:

$$H_1(U)\oplus H_1(V)\to H_1(X)\to \widetilde{H}_0(U\cap V)$$

$$\xrightarrow{i_*}\widetilde{H}_0(U)\oplus\widetilde{H}_0(V).$$

由于 V 同胚于一个开区间,因而 $H_1(V)=\widetilde{H}_0(V)=0$. 空间 U 有两个道路连通分支 U_1 和 U_2,其中一分支同胚于一个开区间,另一个分支同胚于一个半开区间. 因此

$$H_1(U)\simeq H_1(U_1)\oplus H_1(U_2)=0.$$

群 $\widetilde{H}_0(U)$是无限循环的而且是由 0 维链 $q-p$ 生成的,其中,$p=\left(0,\dfrac{1}{4}\right)\in U_1$, $q=\left(1,\dfrac{1}{4}\right)\in U_2$. 空间 $U\cap V$ 由两个不相交的线段组成,因而 $\widetilde{H}_0(U\cap V)$也是无限循环的并且是由 $q-p$ 生成的. 由此可知 i_* 是一个同构,从而 $H_1(X)=0$. 于是上同调的万有系数定理蕴涵着 $H^1(X)=0$.(人们也可以选择利用上同调中的 Mayer-Vietoris 序列证明这个事实.)

第二步 现在让我们来计算 X 的Čech上同调. 我们把 X 表示成多面体的交如下:对于每个 n,令 C_n是图 73.2 中所画出的闭矩形区域. 令 $D_n=X\cup C_n$,那么 D_n是多面体. 由上面的定理,

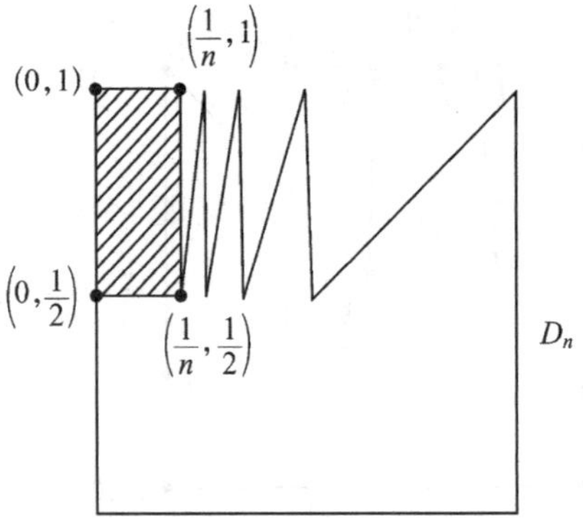

图 73.2

$$\check{H}'(X) \cong \varinjlim H'(D_n).$$

由于 D_n 是具有圆周的伦型的空间,因而 $H^1(D_n) \cong \mathbf{Z}$. 而且容易看出 D_{n+1} 是 D_n 的变形收缩核,从而包含映射 i 诱导一个同构

$$H'(D_{n+1}) \xleftarrow{i^*} H'(D_n).$$

由此可知 $\check{H}^1(X) \cong \mathbf{Z}$. □

我们仅仅是简略地论及到 Čech 上同调这个主题. 为了全面展开对这个问题的论述,我们就需要定义由连续映射诱导的同态(这是容易的),把定义扩展到偶(X,A)的上同调,并且验证 Eilenberg-Steenrod 公理(这需要做若干工作). 有兴趣的读者可以查阅文献[E-S]的第九章和第十章.

习 题

1. 检验例 4 的细节.

2. 系统

$$\mathbf{Z} \xrightarrow{2} \mathbf{Z} \xrightarrow{3} \mathbf{Z} \xrightarrow{4} \mathbf{Z} \rightarrow \cdots$$

的方向极限是一个熟悉的群,它是什么群?

3. 验证在定义 Čech 上同调时所使用的群和同态的系统是一个有向系.

4. 证明在定理 73.4 的证明中所引用的扩展的 Lebesque 数引理.

5. 令 X 表示实心环面 $B^2 \times S^1$,并且令 $f: X \rightarrow X$ 是图 73.3 中所示的嵌入映射. 令 $X_0 = X$,令 $X_1 = f(X_0)$,一般地令 $X_{n+1} = f(X_n)$. 令 $S = \bigcap X_n$. 空间 S 常被称为螺线管.

(a) 描述空间 X_2.

(b) 计算 $\check{H}'(S)$.

6. 给定空间 X,令 $\mathscr{C}$ 是 X 的紧子空间族,并且通过当 $C \subset D$ 时令 $C < D$ 来定向. 证明 $\mathscr{C}$ 是一个有向集. 用下列规则定义一个有向系:

$$G_C = H_i(C),$$

$$f_{C,D} = i_*: H_i(C) \rightarrow H_i(D),$$

其中 i 是包含映射, H_i 表示奇异同调. 证明

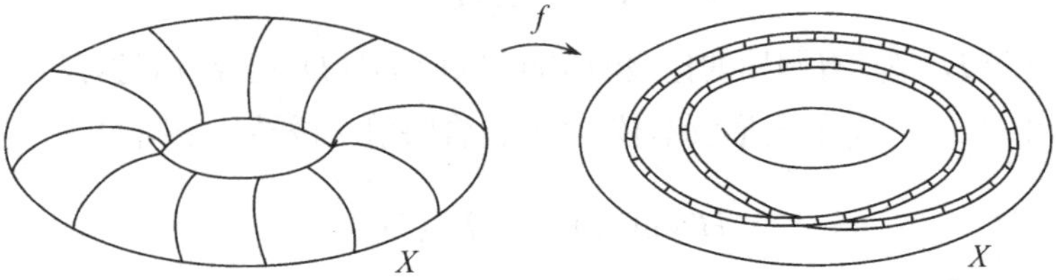

图 73.3

$$H_i(X) \cong \varinjlim H_i(C).$$

(这恰好是奇异同调的紧支集性质的另一种表达方式.)

§74 Alexander-Pontryagin 对偶

现在我们来证明 Alexander 对偶定理的一种广义形式,它可适用于 S^n 的任意闭子空间,而不仅仅是适用于 S^n 中的多面体.作为一个应用,我们导出 Jordan 曲线定理的一种比迄今为止我们所见到的任何一种都更加广泛的形式.

定理 74.1(Alexander-Pontryagin 对偶) 令 A 是 S^n 的闭的非空真子集.那么

$$\check{\tilde{H}}^k(A) \cong \tilde{H}_{n-k-1}(S^n - A).$$

(Čech 上同调)　　(奇异同调)

证明 选取 S^n 的一种充分细的剖分,使得不是 X 的每一个单形都与 A 相交.考虑 X 的逐次加细的重分序列 $\mathrm{sd}X, \mathrm{sd}^2X, \cdots$.

令 A_m 表示由那些与 A 相交的单形连同它们的面组成的 sd^mX 的子复形.那么 $|A_m|$ 是 X 中的一个非空正多面体,并且对所有 m, $|A_{m+1}| \subset |A_m|$.而且 A 是各集合 $|A_m|$ 的交.

Alexander 对偶定理为我们给出了一个同构

$$\alpha_m : \tilde{H}^k(A_m; G) \to \tilde{H}_{n-k-1}(X - A_m; G).$$

由于这个同构关于包含映射是自然的,所以它诱导方向极限的一个同构

$$\alpha:\varinjlim \widetilde{H}^k(A_m;G)\to \varinjlim \widetilde{H}_{n-k-1}(X-A_m;G).$$

由定理 73.4,左边的群同构于约化的 Čech 上同调群 $\check{\widetilde{H}}(A;G)$. 我们若能证明右边的群同构于奇异同调群 $\widetilde{H}_{n-k-1}(X-A;G)$,那么定理就被证明了.

考虑由包含映射诱导的各个同态

$$\widetilde{H}_{n-k-1}(X-A_m)\to \widetilde{H}_{n-k-1}(X-A).$$

它们诱导方向极限的同态

$$\varinjlim \widetilde{H}_{n-k-1}(X-A_m)\to \widetilde{H}_{n-k-1}(X-A).$$

这个同态是一个同构的事实可从奇异同调的紧支集性质得出:每一个奇异单形 $T:\Delta_p\to X-A$ 在一个紧集中,因而在各开集 $X-A_m$ 之一中.从而 $X-A$ 的每一个奇异闭链都被某个 $X-A_m$ 承载.而且,两个这种奇异闭链之间的任何同调均可对于某个 p 由 $X-A_{m+p}$ 承载. □

系 74.2 *令 $n>1$.令 M 是可剖分的 $n-1$ 维连通紧流形.设 $h:M\to S^n$ 是一个嵌入.那么 M 是可定向的而且 $S^n-h(M)$ 恰好有两个道路连通分支,$h(M)$ 是它们的公共边界.*

证明 由 Alexander 对偶,我们知道 $\widetilde{H}^{n-1}(M)\simeq\widetilde{H}_0(S^n-h(M))$.因为 M 是可剖分的,所以它的 Čech 上同调群和单纯上同调群是同构的.假若 M 是不可定向的,那么我们应该有 $H^{n-1}(M)\simeq\mathbf{Z}/2$,虽然群 $\widetilde{H}_0(S^n-h(M))$ 是自由 Abel 群.所以我们断定 M 是可定向的.因此 $H^{n-1}(M)\simeq\mathbf{Z}$.而且 $S^n-h(M)$ 恰好有两个道路连通分支 U 和 V.

证明 $h(M)$ 是 U 和 V 的公共边界完全像在 Jordan 曲线定理的证明(§36)中那样进行.我们所需要的全部只是这样一个事实:如果我们从 M 中去掉一个小的 $n-1$ 维开单形 s 的内部,那么 h

$(M-\text{Int}s)$就不能把 S^n 分离开.而这又可从下述事实得出:(令 $M_0=h(M-\text{Int}s)$)我们有

$$\widetilde{H}_0(S^n-M_0)\cong \check{H}^{n-1}(M_0)\cong H^{n-1}(M_0)=0. \qquad \square$$

习　　题

1. 令 X 是拓扑学家的封闭正弦曲线.如果 $f:X\to S^n$ 是一个嵌入,那么请计算 $\widetilde{H}_i(S^n-f(X))$.

2. 证明:若以奇异上同调代替 Čech 上同调,那么 Alexander-Pontryagin 对偶性不成立.

3. 证明不论是 Klein 瓶还是射影平面都不能被嵌入到 $\mathbf{R}^3$ 中;但是它们能够嵌入到 $\mathbf{R}^4$ 中.[提示:如果我们从 P^2 中去掉一个开圆盘,那么剩下的是一个 Möbius 带.]

4. 令 A 和 B 是 S^n 中的闭集.证明如果 $A\approx B$,那么对所有 i,

$$H_i(S^n-A)\cong H_i(S^n-B).$$

图 74.1

[请注意:不能由此而得出 S^n-A 和 S^n-B 自身同胚.图 74.1 画出了一个从 S^1 到 S^3 的嵌入,称为"锁缝结".它的余集 C 不同胚于 S^1 在 S^3 中的标准嵌入的余集 D.因为虽然 C 和 D 的同调群是同构的,但是它们的基本群却是不同的.参看文献[C-F],第六章.]

参 考 文 献

[B] Brown M. A proof of the generalized Schoenflies theorem. Bull Am. Math. Soc. ,66,74～76,1960

[B_2] Brown M. Locally flat imbedding of lopological manifold. Ann. Math, 75,331～341,1962

[C-F] Crowell R. H. and Fox R. H. . Introduction to Knot Theory, Ginn, 1963, Springer-Verlag, 1977

[D_0] Dold A. Lectures on Algebraic Topology. Springer-Verlag, 1972

[D] Dugundji J. Topology, Allyn & Bacon, 1966

[E-S] Eilenberg S. and Steenroel N. Fundations of Algebraic Topology. Princeton Univ. Press, 1952

[F] Fuchs M. A note on mapping cylinders. Mich. Math. J. , 18, pp. 289～290, 1971

[G-H] Greenberg M J. and Harper J R. Algebraic Topology: A First Course. Benjamin/Cummings, 1981
(中译本《代数拓扑》,刘亚星等译,高等教育出版社,1981.)

[H-W] Hilton P J and Wylie S. Homology Theory. Cambridge Univ. Press, 1960

[H-Y] Hocking J G and Young G S. Topology. Addison-Wesley, 1961

[K] Kelley J L. General Topology. Van Nostrand Reinhold, 1955; Springer-Verlag, 1975
[中译本《一般拓扑学》吴从炘等译,科学出版社,1982.]

[MacL] MacLane S. Homology. Springer-Verlag, 1963.

[Ma] Massey M S. Algebraic Topology: An Introduction. Harcourt Brace Jevanovich, 1967; Springer-Verlag, 1977

[Mu] Munkres J. R. Topology, A First Couse. Prentice-Hall, 1975
(中译本《拓扑学基本教程》罗嵩龄等译,科学出版社,1987.)

[N] Newman M. H. A. Topology of Plane Sets of Points. Cambridge Univ. Press, 1951

[S-T] Seifert H and Threlfall W. Lehrbuch der Topology. Teubner 1934;

Chelsea, 1947; translated as A Textbook of Topology, Academic Press, 1980.
(中译本《拓扑学》江泽涵译,人民教育出版社,1982.)
[S] Spanier E. Algbraic Topology. Mc Graw-Hill, 1966; Springer-Verlag, 1982
(前三章的中译本《代数拓扑学》,左再思译,上海科学技术出版社,1987.)
[V] Vick J. Homology Theory. Academic Press, 1973
[Wh] Whitehead G W. Elements of Homotopy. Springer-Verlag, 1978
[W] Willard S. General Topology. Addison-Wesley, 1970

索　引

（中文按汉语拼音字母排序，含外文的词汇按字母排序）